21世纪机械类教材

21世纪高等学校机械设计制造及其自动化专业系列教材

互换性与技术测量

（第六版）

主　编　卢文龙　常素萍　张新宝

副主编　王　健　汪　洁　李　鹏

主　审　杨曙年

华中科技大学出版社

中国·武汉

内 容 简 介

本书是在教材《互换性与技术测量》(第五版)(杨曙年等主编)的基础上,基于新一代 GPS(产品几何技术规范)的最新国家标准和技术资料,结合教学经验,经过全面修改编写而成的。全书以产品几何技术规范的功能、设计、认证(检验)之间的一致性和全方位的规范化为基础,以各类制造装备制件(包括零、部件和整机)的几何参数为研究对象,介绍涉及设计、制造及使用全过程的几何参数精度理论及相应技术规范、精度的测试与评价方法,以及精度设计方法及其应用,这些知识和技能是高等工科院校制造类及仪器仪表类等专业的重要技术基础。

本书可供高等院校机械类、近机类以及仪器仪表类专业本科教学使用,也可供相关专业专科学生、有关科研院所科研人员及工程技术人员参考。

图书在版编目(CIP)数据

互换性与技术测量 / 卢文龙,常素萍,张新宝主编. -- 6 版. -- 武汉:华中科技大学出版社,2024. 11.
(21 世纪高等学校机械设计制造及其自动化专业系列教材). -- ISBN 978-7-5772-1400-9

Ⅰ. TG801

中国国家版本馆 CIP 数据核字第 2024AU1368 号

互换性与技术测量(第六版)   卢文龙   常素萍   张新宝   主编
HUHUANXING YU JISHU CELIANG(DI-LIU BAN)

策划编辑:万亚军
责任编辑:吴 晗
封面设计:原色设计
责任监印:朱 玢
出版发行:华中科技大学出版社(中国·武汉)   电话:(027)81321913
     武汉市东湖新技术开发区华工科技园   邮编:430223
录　　排:武汉市洪山区佳年华文印部
印　　刷:武汉科源印刷设计有限公司
开　　本:787mm×1092mm　1/16
印　　张:21.75
字　　数:571 千字
版　　次:2024 年 11 月第 6 版第 1 次印刷
定　　价:59.80 元

21 世纪高等学校
机械设计制造及其自动化专业系列教材
编审委员会

21世纪高等学校
机械设计制造及其自动化专业系列教材

总 序 一

"中心藏之，何日忘之"，在新中国成立60周年之际，时隔"21世纪高等学校机械设计制造及其自动化专业系列教材"出版9年之后，再次为此系列教材写序时，《诗经》中的这两句诗又一次涌上心头。衷心感谢作者们的辛勤写作，感谢多年来读者对这套系列教材的支持与信任，感谢为这套系列教材出版与完善作过努力的所有朋友们。

追思世纪交替之际，华中科技大学出版社在众多院士和专家的支持与指导下，根据1998年教育部颁布的新的普通高等学校专业目录，紧密结合"机械类专业人才培养方案体系改革的研究与实践"和"工程制图与机械基础系列课程教学内容和课程体系改革研究与实践"两个重大教学改革成果，约请全国20多所院校数十位长期从事教学和教学改革工作的教师，经多年辛勤劳动编写了"21世纪高等学校机械设计制造及其自动化专业系列教材"。这套系列教材共出版了20多本，涵盖了"机械设计制造及其自动化"专业的所有主要专业基础课程和部分专业方向选修课程，是一套改革力度比较大的教材，集中反映了华中科技大学和国内众多兄弟院校在改革机械工程类人才培养模式和课程内容体系方面所取得的成果。

这套系列教材出版发行9年来，已被全国数百所院校采用，受到了教师和学生的广泛欢迎。目前，已有13本列入普通高等教育"十一五"国家级规划教材，多本获国家级、省部级奖励。其中的一些教材(如《机械工程控制基础》《机电传动控制》《机械制造技术基础》等)已成为同类教材的佼佼者。更难得的是，"21世纪高等学校机械设计制造及其自动化专业系列教材"也已成为一个著名的丛书品牌。9年前为这套教材作序的时候，我希望这套教材能加强各兄弟院校在教学改革方面的交流与合作，对机械工程类专业人才培养质量的提高起到积极的促进作用，现在看来，这一目标很好地达到了，让人倍感欣慰。

李白讲得十分正确："人非尧舜，谁能尽善?"我始终认为，金无足赤，人无完人，文无完文，书无完书。尽管这套系列教材取得了可喜的成绩，但毫无疑问，这套书中，某本书中，这样或那样的错误、不妥、疏漏与不足，必然会存在。何况形势总在不断地发展，更需要进一步来完善，与时俱进，奋发前进。较之9年前，机械工程学科有了很大的变化和发展，为了满足当前机械工程类专业人才培养的需要，华中科技大学出版社在教育部高等学校机械学科教学指导委员会的指导下，对这套系列教材进行了全面修订，并在原基础上进一步拓展，在全国范围内约请了一大批知名专家，力争组织最好的作者队伍，有计划地更新和丰富"21世纪高等学校机械设计制造及其自动化专业系列教材"。此次修订可谓非常必要，十分及时，修订工作也极为认真。

"得时后代超前代，识路前贤励后贤。"这套系列教材能取得今天的成绩，是几代机械工程教育工作者和出版工作者共同努力的结果。我深信，对于这次计划进行修订的教材，编写者一定能在继承已出版教材优点的基础上，结合高等教育的深入推进与本门课程的教学发展形势，广泛听取使用者的意见与建议，将教材凝练为精品；对于这次新拓展的教材，编写者也一定能吸收和发展原教材的优点，结合自身的特色，写成高质量的教材，以适应"提高教育质量"这一要求。是的，我一贯认为我们的事业是集体的，我们深信由前贤、后贤一起一定能将我们的事业推向新的高度！

尽管这套系列教材正开始全面的修订，但真理不会穷尽，认识不是终结，进步没有止境。"嘤其鸣矣，求其友声"，我们衷心希望同行专家和读者继续不吝赐教，及时批评指正。

是为之序。

中国科学院院士

2009.9.9

21世纪高等学校
机械设计制造及其自动化专业系列教材

总序二

制造业是立国之本,兴国之器,强国之基。当今世界正处于以数字化、网络化、智能化为主要特征的第四次工业革命的起点,世界各大强国无不把发展制造业作为占据全球产业链和价值链高端位置的重要抓手,并先后提出了各自的制造业国家发展战略。我国要实现加快建设制造强国、发展先进制造业的战略目标,就迫切需要培养、造就一大批具有科学、工程和人文素养,具备机械设计制造基础知识,以及创新意识和国际视野,拥有研究开发能力、工程实践能力、团队协作能力,能在机械制造领域从事科学研究、技术研发和科技管理等工作的高级工程技术人才。我们只有培养出一大批能够引领产业发展、转型升级和创造新兴业态的创新人才,才能在国际竞争与合作中占据主动地位,提升核心竞争力。

自从人类社会进入信息时代以来,随着工程科学知识更新速度加快,高等工程教育面临着学校教授的课程内容远远落后于工程实际需求的窘境。目前工业互联网、大数据及人工智能等技术正与制造业加速融合,机械工程学科在与电子技术、控制技术及计算机技术深度融合的基础上还需要积极应对制造业正在向数字化、网络化、智能化方向发展的现实。为此,国内外高校纷纷推出了各项改革措施,实行以学生为中心的教学改革,突出多学科集成、跨学科学习、课程群教学、基于项目的主动学习的特点,以培养能够引领未来产业和社会发展的领导型工程人才。我国作为高等工程教育大国,积极应对新一轮科技革命与产业变革,在教育部推进下,基于"复旦共识""天大行动"和"北京指南",各高校积极开展新工科建设,取得了一系列成果。

国家"十四五"规划纲要提出要建设高质量的教育体系。而高质量的教育体系,离不开高质量的课程和高质量的教材。2020年9月,教育部召开了在我国教育和教材发展史上具有重要意义的首届全国教材工作会议。近年来,包括华中科技大学在内的众多高校的机械工程专业结合自身的办学特色,引入先进的教育理念,在专业建设、人才培养模式、教学内容、教学方法、课程建设等方面积极开展教学改革,取得了较好的效果,建设了一大批优质课程。为了将这些优秀的教学改革经验和教学内容推广给全国高校,华中科技大学出版社联合华中科技大学在内的一批高校,在"21世纪高等学校机械设计制造及其自动化专业系列教材"的基础

上,再次组织修订和编写了一批教材,以支持我国机械工程专业的人才培养。具体如下:

(1)根据机械工程学科基础课程的边界再设计,结合未来工程发展方向修订、整合一批经典教材,包括将画法几何及机械制图、机械原理、机械设计整合为机械设计理论与方法系列教材等。

(2)面向制造业的发展变革趋势,积极引入工业互联网及云计算与大数据、人工智能技术,并与机械工程专业相关课程融合,新编写智能制造、机器人学、数字孪生技术等教材,以开阔学生视野。

(3)以学生的计算分析能力和问题解决能力、跨学科知识运用能力、创新(创业)能力培养为导向,建设机械工程学科概论、机电创新决策与设计等相关课程教材,培养创新引领型工程技术人才。

同时,为了促进国际工程教育交流,我们也规划了部分英文版教材。这些教材不仅可以用于留学生教育,也可以满足国际化人才培养需求。

需要指出的是,随着以学生为中心的教学改革的深入,借助日益发展的信息技术,教学组织形式日益多样化;本套教材将通过互联网链接丰富多彩的教学资源,把各位专家的成果展现给各位读者,与各位同仁交流,促进机械工程专业教学改革的发展。

随着制造业的发展、技术的进步,社会对机械工程专业人才的培养还会提出更高的要求;信息技术与教育的结合,科研成果对教学的反哺,也会促进教学模式的变革。希望各位专家同仁提出宝贵意见,以使教材内容不断完善;也希望通过本套教材在高校的推广使用,促进我国机械工程教育教学质量的提升,为实现高等教育的内涵式发展贡献一份力量。

中国科学院院士

2021 年 8 月

前　言

"互换性与技术测量"以标准化和计量学两个学科的基本理论为基础,是一门综合性很强的应用技术基础学科,涵盖几何参数精度理论及相应技术规范、精度测试与评价方法,以及精度的设计方法及其应用等内容,保证制件具备经济、合理的制造和使用质量,是机械类、近机类以及仪器仪表类等涉及制造和测试计量学科各专业的重要技术基础。

产品几何技术规范(geometrical product specifications,GPS)体系是制造业领域的基本技术标准,贯穿一切几何产品从研究、开发、设计、制造、验收、使用到维修等生命周期的全过程。新一代GPS标准体系以计量数学为理论基础,并充分考虑与CAX集成的需要,借鉴CAD/CAM中表面/实体的几何造型技术概念与思路,实现功能描述、规范设计、图样表达和认证评定全过程的数学表达和规范统一,为设计、制造与检验之间提供产品从设计规范、检测技术到比对原则和量值溯源的工具,成为产品设计工程师、制造工程师和计量测试工程师之间共同依据的准则,为产品设计、制造与认证提供一个更加丰富清晰的交流工具。

本书融入"精度"技术相关最新国际标准和国家标准——GPS标准体系,以及测量方法与技术的最新科技成果,强化标准化、测量方法等基础知识与零件或装备精度设计、测试和评价之间的逻辑联系,符合技术标准与计量技术全球融合和国际化的趋势。

由于本书的主要使用对象为高等学校本科生,因此,本书对GPS标准体系和理论系统进行了简要阐述,主要介绍各相关标准所涉及的基本概念和基本术语定义、标准的基本构成规律、几何参数误差的控制和检测评价方法,以及设计方法和图样标注方法等。

全书分为9章。第1章和第2章为基本原理部分,其中第1章介绍互换性原理及其所属学科标准化原理,以及GPS标准体系结构和理论体系的基本知识;第2章介绍测量技术的基本概念、测量的基本原则,测量数据获取及分析处理的基本方法。第3章、第4章和第5章分别介绍构成制件基本几何要素的尺寸、形状和位置,以及表面粗糙度的精度规范及其设计与应用。第6章和第7章介绍滚动轴承、键与花键、螺纹、锥度与角度,以及齿轮等典型零部件的几何精度规范及其设计与应用。第8章介绍制件各要素间,以及制件与制件之间相关尺寸的精度联系及尺寸链的基本分析与计算方法。第9章介绍工程实践中常用的几何量精密测量方法、关键技术和测量系统。

本书可供高等院校机械类、近机类以及仪器仪表类专业本科教学使用,也可供相关专业学生专业、有关科研院所科研人员及工程技术人员参考。

本书由卢文龙、常素萍、张新宝任主编,由杨曙年主审。各章编写分工为:第1章、第2章,卢文龙编写;第3章至第6章,常素萍、卢文龙、张新宝编写;第7章,卢文龙、汪洁、张新宝编写;第 8 章,常素萍、王健编写;第 9 章,常素萍、李鹏编写。本书配套电子资源由常素萍制作完成。

本次修订期间,新一代 GPS 国家标准陆续颁布,本版针对新一代 GPS 国家标准对相关内容做了大量调整与修改。由于编者的水平有限,修订过程中难免存在不当之处,欢迎读者批评指正。

编　者

2024 年 8 月于华中科技大学

目　　录

第1章

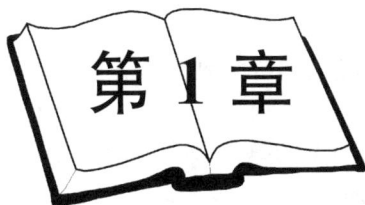

互换性与标准化概论

1.1 互换性概述

1.1.1 互换性的含义

所谓互换性(interchangeability),顾名思义,即事物可以相互替换的特性。在工程及日常生活中,产品或制件互换性的体现比比皆是。例如:计算机的 U 盘可在不同计算机上使用,同一计算机也可使用不同厂家的 U 盘;家用白炽灯泡损坏更换同规格的新灯泡即可正常使用;自行车、汽车、拖拉机等机械的零件损坏后,换上同规格的新零件即能重新使用。这里提到的 U 盘、灯泡、机械零件等,在同一规格内可以替换使用,它们都是具有互换性的产品。

互换性概述

从理论上讲,要使一批产品或制件具有可以互相替换使用的特性,需要将它们的所有实际参数(如尺寸、形状等几何参数及强度、硬度等力学性能参数)的数值加工制造得完全一致,使得任取其中一件,其应用效果都是相同的。由于实际生产中不可避免地存在制造误差,要获得完全一致的产品几乎不可能也不必要。因而在按互换性原则组织生产时,只要将一批产品或零件实际参数值的变动限制在允许的极限范围内,保证它们充分近似,即可实现互换性并获得最佳的技术经济效益。

机械工程中互换性的定义归结为:按规定的几何、物理及其他质量参数的公差要求,分别制造机器的各个组成部分,使其在装配或更换时不需辅助加工或修配,便能很好地满足使用和生产上的要求。

1.1.2 互换性的分类

根据使用要求以及互换的对象、程度、部位和范围的不同,互换性可分为不同的种类。

1. 按决定性参数分类

按决定性参数或使用要求,互换性可分为几何参数互换性与功能互换性等两类。

(1)几何参数互换性　几何参数互换性是指通过规定几何参数的极限来保证成品的几何参数值充分近似所达到的互换性。此为狭义互换性,即通常所讲的互换性;有时也局限于反映保证零件尺寸配合或装配要求的互换性,也是本书主要涉及的互换性。

(2)功能互换性　功能互换性是指通过规定功能参数的极限所达到的互换性。功能参数既包括几何参数,也包括一些其他参数,如材料强度、化学稳定性、光学透过率等参数。此为广义互换性,往往着重于保证除几何参数互换性要求或装配要求以外的其他功能要求。

2. 按实现方法及互换程度分类

按实现方法及互换程度的不同,互换性可分为完全互换(极值互换)性和不完全互换性等两类。

(1) 完全互换性　完全互换性是指零部件在装配或更换时不需要辅助加工与修配,只要规格和型号完全一致,即可保证百分之百地满足使用要求的性质。

(2) 不完全互换性　不完全互换性是指零部件在装配或更换时需要选择或做些加工才能完成装配的性质。

不完全互换性通常包括概率互换(大数互换)、分组互换、调整互换和修配互换等几个种类。

① 概率互换　概率互换是指零部件的设计制造仅能以接近 1 的概率来满足互换性的要求的性质。在某些生产场合,从制造技术和制造经济性综合考虑,可按概率互换性要求组织生产,允许一批零件中的极少数不能互换。

② 分组互换　分组互换通常用于某些大批量生产且装配精度要求很高的零件。此时若采用完全互换性组织生产,则零件互换参数值的允许变动量将很小,从而使零件加工困难、加工成本高,甚至无法加工。在这种情况下,可按分组互换性要求组织生产:将零件互换参数值的允许变动量适当加大,以减小加工难度;而在加工完毕后再用测量器具将零件按实际参数值的大小分为若干个组,使同组零件的实际参数值的差别减小,然后按组进行装配。此时,仅同组内的零件可以互换,组与组之间不可互换。分组互换在保证装配精度及使用要求的同时,又使零件易于加工有助于降低制造成本。例如,滚动轴承内、外套圈及滚动体在装配之前,通常要分成十几组甚至几十组;内燃机的活塞、活塞销和连杆在装配前,往往要分为三四组。

③ 调整互换和修配互换　调整互换和修配互换这两类互换是提高整机互换性水平的一种补充手段,较多应用于单件小批量生产中,特别是在重型机械和精密仪器制造中。在机构或机器装配过程时,往往必须改变装配链中某一零件实际参数值的大小,以其为调整环来减小或消除(补偿)其他零件装配中的累积误差,从而满足总的装配精度等使用要求。调整互换性就是通过更换调整环零件或改变它的位置的互换性质,而修配互换性是通过对调整环零件部分材料的修配来改变调整环实际参数值的大小,从而达到补偿装配精度的目的的互换性质。需要指出的是,此时组成机构或机器装配链中的所有零件仍然按互换性原则制成,装配过程也遵循互换性原则,但必须对调整环进行调整或修配才能达到总装配精度要求。显然,在进行这样的调整或修配后,若要更换机构或机器的组成零件,则必须对调整环重新进行相应的调整或修配。

3. 按部位或范围分类

从独立的标准部件或机构等方面来讲,互换性可分为外互换与内互换两类。

(1) 外互换　外互换是指部件或机构与其外部相配零件间的互换性。例如,滚动轴承内套圈与支承轴、外套圈与轴承座孔之间的配合为外互换。从使用的角度考虑,滚动轴承作为标准部件,其外互换采用完全互换。

(2) 内互换　内互换是指部件或机构内部组成零件之间的互换性。例如,滚动轴承内、外套圈的滚道分别与滚动体(如滚珠、滚柱等)之间的配合为内互换。因这些组成零件的精度要求高,加工难度大,生产批量大,故它们的内互换采用分组互换。

在实际生产组织中,究竟采用何种形式的互换性,要根据产品的精度要求与复杂程度、产量大小(生产规模)、生产设备以及技术水平等一系列因素来决定。

1.1.3　互换性的意义

机械工程中互换性是提高生产水平和进行文明生产的有力手段,主要体现在产品或制件的设计、制造和使用等方面。

从使用上看,若产品或制件具有互换性,则它们磨损或损坏后,可以方便、及时地用新的备件取代。由于零件具有互换性,因而维修方便,维修时间短,费用少,可以保证机器工作的连续性和持久性,从而可显著提高机器的利用率。

从制造上看,装配时,由于零部件具有互换性,不需辅助加工和修配,故能减轻装配工作量,缩短装配周期,并且可按流水作业方式进行装配工作,乃至进行自动装配,从而可大大提高装配生产率。加工时,按互换性原则组织专业化生产,方便采用先进工艺和高效专用加工设备,提高产品质量和生产效率,降低生产成本。

从设计上看,按互换性原则来设计零部件,尽量采用具有互换性的零部件或独立机构以及总成,可简化计算、绘图等工作,缩短设计周期,也便于各种现代计算机辅助设计(CAD)方法的应用。这对发展产品的多样化、系列化,促进产品结构、性能的不断改进,都有重大作用。

从上述互换性的作用可知,在机器制造中遵循互换性原则,不仅能显著地提高劳动生产率,而且能有效地保证产品质量和降低成本,因而互换性是机器制造可持续发展的重要生产原则和技术基础。从根本上讲,按互换性原则组织生产,实质上就是按分工协作的原则组织生产,可以获得巨大的经济效益。

1.2　标准和标准化

生产制造中要实现互换性,对机械产品的精度设计,需要协调设计、制造、检测、使用等各环节对精度的不同要求,制定标准,进行产品系列化、零部件通用化、工艺及原材料的标准化工作。互换性生产与标准化分不开,且标准化贯穿互换性生产的全过程,是广泛实现互换性生产的前提与重要方法。

GB/T 20000.1《标准化工作指南　第 1 部分:标准化和相关活动的通用术语》给出了标准和标准化的定义。标准化(standardization)是为了在既定范围内获得最佳秩序,促进共同效益,对现实问题或潜在问题确立共同使用和重复使用的条款以及编制、发布和应用文件的活动。标准(standard)是通过标准化活动,按照规定的程序经协商一致制定,为各种活动或其结果提供规则、指南或特性,供共同使用和重复使用的文件。

1.2.1　标准

1. 标准的特征

标准所涉及的对象是共同使用和重复使用的事物和概念。例如,批量生产的产品在生产过程中的重复加工制造和检测等,机械设计时反复使用的概念、符号等。相关企业应在"科学、技术和实践经验的综合成果"的客观基础上,对标准涉及的对象进行规范,反映其内在本质并符合客观发展规律,最大限度地限制重复使用时的杂乱和无序化,获得最佳的社会、经济效益。

标准是一种统一的规范,在标准的制定过程中,需要考虑社会发展和国民经济的整体与全局的利益,由标准主管部门组织进行广泛的调研和多方协商。标准的制定、批准、发布、实施、修订和废止等,具有一套严格的形式。标准制定后,有些是要强制执行的,如一些医药、食品、环境、安全等标准。

2. 标准分类

标准分类方法有多种。按标准应用的区域分为国际标准、区域标准、国家标准、行业标准、地方标准和企业标准；按标准应用的领域分为技术标准和管理标准。在我国，行业标准、地方标准和企业标准不得与国家标准相抵触。图 1-1 所示为标准的分类关系。

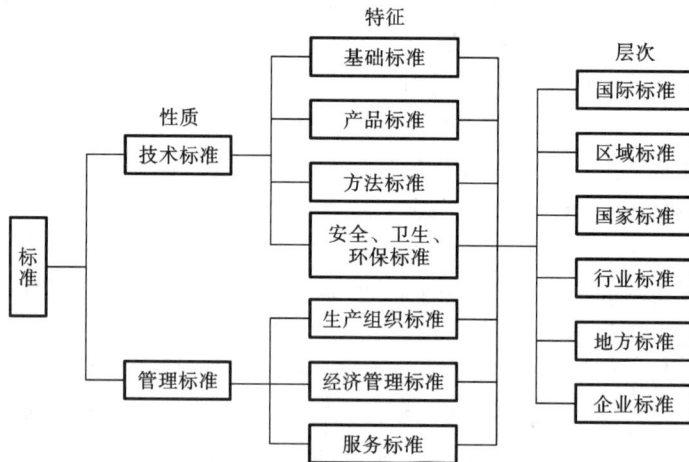

图 1-1　标准的分类关系

机械制造领域所采用的技术标准可分成下列四类：

（1）基础标准　基础标准是指以标准化共性要求和前提条件为对象，在较广范围内普遍使用或具有指导意义的标准，如计量单位、术语、符号、优先数系、机械制图、极限与配合、零件结构要素等标准。

（2）产品标准　产品标准是指以产品及其构成部分为对象，规定要达到的部分或全部技术要求的标准，如机电设备、仪器仪表、工艺装备、零部件、毛坯、半成品及原材料等基本产品或辅助产品的标准。产品标准包括产品品种系列标准和产品质量标准。前者规定产品的分类、形式、尺寸、主要性能参数等，后者规定产品的质量特征和使用性能指标等，如质量指标、检验方法、验收规则，以及包装、储存、运输、使用、维修等。

（3）方法标准　方法标准是指以生产技术活动中的重要程序、规划、方法为对象的标准，如设计计算方法、设计规程、工艺规程、生产方法、操作方法、试验方法、验收规则、分析方法、采样方法等标准。

（4）安全、卫生、环保标准　该标准是指专门为了安全、卫生与环境保护目的而制定的标准。

1.2.2　标准化的基本原理

标准化的主要作用在于为了预期目的改进产品、过程或服务的适用性，防止贸易壁垒，并促进技术合作。随着科技水平的不断发展及贯彻标准实践经验的不断累积，人们对标准化对象的认知也随之深化，标准化过程是在制定—贯彻—修订的不断循环中逐步上升的运动过程。因此，标准化不是孤立的，而是以建立最佳秩序获取最佳效益为目的，制定标准、贯彻标准、修订标准的社会实践过程。

标准化是组织现代化大生产的重要手段，其作为实现专业化协作生产的必要前提，是科学管理的重要组成部分。标准化是提高产品质量的技术保证,有助于合理开发产品种类,合理利用资源,保证安全生产。标准化是联系科学研究、设计、生产、流通和使用等环节的技术纽带,是整个社会经济合理化的技术基础。

标准化是发展贸易、提高产品在国内外市场竞争能力的技术保障。在当今经济全球化的大趋势下,标准化更显现出至关重要的作用。在国际贸易中,标准化是突破贸易技术壁垒、实现各国技术交流和贸易往来的基础,构建贸易技术壁垒、实现技术控制和市场占领的重要手段。

标准化的基本原理主要有下列五个:

1. 最佳协调原理

最佳协调原理是在一定的范围和条件下,按技术及经济的全面要求,在标准化系统中的各个组成要素之间找到最好的平衡状态。例如,从使用角度看,要求产品品种多样化;而从制造角度看,应减少品种、增加批量。在制定标准时,需要平衡品种与批量之间的矛盾。

2. 简化统一原理

简化统一原理是在标准化系统中,对由许多要素构成的集合体,通过定性或定量的组成参数,实现简化、统一。例如,滚动轴承的配合尺寸,齿轮的模数,孔、轴配合的直径,螺纹的大径等技术参数通常都可以有许多不同的数值。从生产要求上讲,希望扩大数值的间隔,尽量减少参数值的个数,增加具有同一参数值产品的批量,以利于生产管理及采用先进工艺并降低成本;而从使用要求上讲,参数值的间隔过大是不好的,但间隔过小也无必要,甚至不便。因此,应对技术参数值进行简化和统一,对公称尺寸进行标准化,制定尺寸分段、公差分级、配合分类、基孔制与基轴制等。

3. 分解合成原理

分解合成原理是标准化系统中的集合体,都可层层分解为基本标准化单元,而且各基本标准化单元也可合成为标准化集合体。

4. 优选再现原理

优选再现原理是标准化系统中由许多要素构成的集合体,可以主动重复再现其组成要素间的最佳协调。

5. 稳定过渡原理

稳定过渡原理是标准化系统中,各组成要素间的最佳平衡状态都应保持一段时间的相对稳定,然后才能而且必须过渡到新的最佳平衡状态。

在标准化的这些基本原理中,最佳协调原理概括了标准化的意义与依据,是标准化最基本的原理,是其他原理的基础;简化统一原理与分解合成原理概括了标准化的方法;优选再现原理与稳定过渡原理概括了标准贯彻与修订的关系。

1.2.3　技术参数值系列的标准化

1. 技术参数值系列标准化的目的

技术参数是为了衡量产品零部件特征或性能,把处处稠密、处处连续的实数进行离散化,按照一定规律排列的数值系列。

在机械生产中,产品几何参数的数值通常与零部件加工制造中的刀具、夹具、量具以及专

技术参数值系列的标准化

用机床等的相应参数密切相关。由于产品几何参数值变化较多,容易导致尺寸规格繁多杂乱,从而给生产组织、协作配套以及使用维修等带来诸多困难。从方便设计、制造(包括协作配套)、管理、使用和维修等方面考虑,技术参数的数值应从全局角度进行协调,适当简化与统一,实现数值系列的标准化。

目前,用于数值分级的数值系列主要有:一般数值系列(算术级数、阶梯算术级数等),优先数系列,模数系列和 E 系列等。

2. 优先数系的构成规律

优先数(preferred numbers)和优先数系(series of preferred numbers)就是对各种技术参数的数值进行协调、简化和统一的一种科学的数值分级制度。

提及数值分级,人们很容易就想到采用各相邻项数值的绝对差相等的算术级数(等差级数)。然而,算术级数数值序列中,相邻项数值的相对差不等,且序列数值跨度越大,相对差的变化也越大。例如,由自然数构成的等差级数序列中,1 与 2 之间的相对差为 100%,而 10 与 11 之间的相对差仅 10%。此外,若技术参数按算术级数分级,在它们参与工程运算后,结果往往不再是算术级数中的项了,这将不利于数值的传播。例如,若对轴径 d 的数值按算术级数分级,则相应算出的轴的截面积 $A = \pi d^2/4$ 的数列就不再是算术级数了。因而算术级数不宜用做优先数系。

若按几何级数(等比级数)对数值进行分级,则可避免上述问题。例如,首项为 1,公比为 q 的几何级数数值系列,其相邻项的相对差都是 $(q-1)\times 100\%$,从而在整个数系中,数值的分布相对均匀。同样以上述轴的直径 d 和截面积 A 为例,当 d 为公比为 q 的几何级数序列时,A 则为公比为 q^2 的几何级数数值系列;同时,由材料力学知识可知,该轴传递转矩的能力同其直径 d 的三次方成正比,即转矩将是一个公比为 q^3 的几何级数数值系列。可见,按几何级数对数值进行分级,将使数值的传播有序化。

由此可知,工程技术中的主要参数若按几何级数分级,不但数系中数值分布相对均匀,而且经过数值传播后,与其相关的其他量的数值也有可能按同样的数学规律分级。因而按几何级数的规律构成优先数系,将能获得很好的技术经济效果。

3. 优先数系的标准

现在普遍采用的优先数系是一种十进制的几何级数。它的基本构成规律如下。

(1) 数系的项值依次包含…,0.001,0.01,0.1,1,10,100,…这些数,即由 $10^{\pm N}$(其中 N 为整数)组成的十进数序列。

(2) 十进数序列按…,0.001~0.01,0.01~0.1,0.1~1,1~10,10~100,100~1000,…的规律分成若干区间,称为"十进段"。

(3) 每个"十进段"内都按同一公比 q 细分,形成一个公比为 q 的几何级数数值系列。这样,可根据实际需要取不同的公比 q,从而得到不同分级间隔的数值系列,形成优先数系。

我国标准 GB/T 321—2005《优先数和优先数系》采用的优先数系与国际标准 ISO 3:1973 相同,其适用于各种量值的分级,特别是在确定产品的参数或参数系列时,应按该标准规定的基本系列值选用。标准中,优先数系分别用系列代号 R5、R10、R20、R40、R80 表示。这五种优先数系的公比分别用代号 q_5、q_{10}、q_{20}、q_{40}、q_{80} 表示,下标 5、10、20、40、80 分别表示各系列中每个"十进段"被细分的段数。即,R5 系列中每个"十进段"被细分为 5 个小段;R10 系列相应分为 10 小段;R20 系列相应分为 20 小段;R40 系列相应分为 40 小段;R80 系列相应分为 80 小段。各系列公比数值如下。

对于 R5 系列,$q_5 = \sqrt[5]{10} \approx 1.5849 \approx 1.6$;

对于 R10 系列,$q_{10} = \sqrt[10]{10} \approx 1.2589 \approx 1.25$;

对于 R20 系列,$q_{20} = \sqrt[20]{10} \approx 1.1220 \approx 1.12$;

对于 R40 系列,$q_{40} = \sqrt[40]{10} \approx 1.0593 \approx 1.06$;

对于 R80 系列,$q_{80} = \sqrt[80]{10} \approx 1.0294 \approx 1.03$。

其中,R5,R10,R20,R40 为基本系列,也是常用系列,它们的数值如表 1-1 所示;而 R80 则为补充系列,用于数值间隔要求更为细密的场合,其数值如表 1-2 所示。

表 1-1 优先数基本系列

常 用 值				计算值[①]	基本系列与计算值间相对误差/(%)
R5	R10	R20	R40		
1.00	1.00	1.00	1.00	1.0000	0
			1.06	1.0593	+0.07
		1.12	1.12	1.1220	−0.18
			1.18	1.1885	−0.71
	1.25	1.25	1.25	1.2589	−0.71
			1.32	1.3335	−1.01
		1.40	1.40	1.4125	−0.88
			1.50	1.4962	+0.25
1.60	1.60	1.60	1.60	1.5849	+0.95
			1.70	1.6788	+1.26
		1.80	1.80	1.7783	+1.22
			1.90	1.8836	+0.87
	2.00	2.00	2.00	1.9953	+0.24
			2.12	2.1135	+0.31
		2.24	2.24	2.2387	+0.06
			2.36	2.3714	−0.48
2.50	2.50	2.50	2.50	2.5119	−0.47
			2.65	2.6607	−0.40
		2.80	2.80	2.8184	−0.65
			3.00	2.9854	+0.49
	3.15	3.15	3.15	3.1623	−0.39
			3.35	3.3497	+0.01
		3.55	3.55	3.5481	+0.05
			3.75	3.7584	−0.22

续表

常　用　值				计算值[①]	基本系列与计算值间相对误差/(%)
R5	R10	R20	R40		
4.00	4.00	4.00	4.00	3.9811	+0.47
			4.25	4.2170	+0.78
		4.50	4.50	4.4668	+0.74
			4.75	4.7315	+0.39
	5.00	5.00	5.00	5.0119	−0.24
			5.30	5.3088	−0.17
		5.60	5.60	5.6234	−0.42
			6.00	5.9566	+0.73
6.30	6.30	6.30	6.30	6.3096	−0.15
			6.70	6.6834	+0.25
		7.10	7.10	7.0795	+0.29
			7.50	7.4989	+0.01
	8.00	8.00	8.00	7.9433	+0.71
			8.50	8.4140	+1.02
		9.00	9.00	8.9125	+0.98
			9.50	9.4406	+0.63
10.00	10.00	10.00	10.00	10.0000	0

注:① 对理论值取 5 位有效数字的近似值,计算值对理论值的相对误差小于 1/20000。

表 1-2　优先数补充系列

R80 常　用　值									
1.00	1.25	1.60	2.00	2.50	3.15	4.00	5.00	6.30	8.00
1.03	1.28	1.65	2.06	2.58	3.25	4.12	5.15	6.50	8.25
1.06	1.32	1.70	2.12	2.65	3.35	4.25	5.30	6.70	8.50
1.09	1.36	1.75	2.18	2.72	3.45	4.37	5.45	6.90	8.75
1.12	1.40	1.80	2.24	2.80	3.55	4.50	5.60	7.10	9.00
1.15	1.45	1.85	2.30	2.90	3.65	4.62	5.80	7.30	9.25
1.18	1.50	1.90	2.36	3.00	3.75	4.75	6.00	7.50	9.50
1.22	1.55	1.95	2.43	3.07	3.85	4.87	6.15	7.75	9.75

　　优先数系中的每一个数即为优先数。按理论公比计算所得的优先数的理论值为无理数,实际应用中不便。优先数系标准制定中,取理论值的 5 位有效数字的近似值作为计算值,其与理论值的相对误差小于 1/20000,主要用于精度要求高的计算;再对计算值做保留 3 位有效数字的圆整,得到的数为常用值,其对计算值的相对误差为 +1.26% ~ −1.01%。

4. 优先数系的主要优点

1) 数值分级合理

　　数系中各相邻项的相对差相等,即系列中数值间隔相对均匀。因而选用优先数系,技术参数的分布经济合理,能在产品品种规格的数量与用户实际需求之间达到理想的平衡状态。

2）规律明确，利于数值的扩散

优先数系是等比数列，其各项的对数又构成等差数列；同时任意两优先数理论值的积、商和任一项的整次幂仍为同系列的优先数；依次从 R5、R10、R20、R40 到 R80，后一系列包含前一系列的全部项值。这些特点能方便设计计算，同时有利于数值的扩散。

3）国际统一的数值制，共同的技术基础

优先数系是国际上统一的数值分级制，是各国共同采用的基础标准；它适用于不同领域各种技术参数的分级，为技术经济工作上的统一和简化，以及产品参数的协调提供了共同的基础。

4）具有广泛的适应性

优先数系的项值可向两端无限延伸，因而优先数的范围是不受限制的。

同时在任一个优先数系中，每 P 项取一项值可组成该系列的派生系列。例如，若从 R10 系列中每三项取一个值，则根据首项的取值可构成多种 R10/3 系列，当首项取 1 时，构成的系列为 1.00，2.00，4.00，8.00，…；首项取 1.25 时，构成的系列为 1.25，2.50，5.00，10.00，…。派生系列给优先数系数值及数值间隔的选取带来更多的灵活性，因而也给不同的应用带来更多的适应性。

另外，优先数系不仅广泛应用于技术标准的制定，也广泛用于尚未标准化的对象。这样，可使各种技术参数值的选择，从一开始就纳入标准化的轨道，为以后进行标准化奠定基础。

1.3　GPS 标准体系

1.3.1　产品几何技术规范(GPS)

产品几何技术规范(geometrical product specifications，GPS)是 ISO/TC 213 针对几何产品的设计与制造而制定的一个几何技术标准体系，涵盖产品几何特征的尺寸、几何形状和位置、表面结构等多方面，贯穿几何产品开发、设计、制造、验收、使用和维修等产品生命周期的全过程。

GPS 标准体系建立了以不确定度为核心依据，以对偶性原理为支撑的新体系结构形式，以解决以下问题：现行标准体系的不完整性；设计、制造和认证（检验）之间标准基础理论的不统一；设计、制造以及检验工程师之间缺乏共同的技术语言，无法有效沟通，导致测量评估失控引发的质量争议。GPS 标准的综合模型及其内在关系如图 1-2 所示。

GPS 标准的综合模型将标准与计量整合成一个综合系统，贯穿几何产品的设计、制造和检验整个生产过程，成为设计、制造和计量测试人员之间的共同依据的准则，为产品设计、制造及计量测试人员提供一套共同语言，建立一个交流平台，如图 1-3 所示。

在 GPS 标准的综合模型中，利用规范将产品功能、设计、制造及检验等 GPS 各阶段关联在一起。根据几何产品功能要求确定组成零件的几何要素在图样上表示的规则、定义和检验原则。将涉及产品功能、设计与制造及检验规范的标准："图样标注规范——公差规范——要素几何特征值规范——规范与认证一致性比较规范——实际要素特征值的检验规范——检验仪器要求规范——检验仪器校准标定规范"用标准链的模式联系在一起，利用该标准链实现产品设计、制造及计量之间信息传递，实现产品功能描述——规范设计——检验/认证的一致性表达。

GPS 使用不确定度作为核心依据，以控制不同层次和不同精度功能要求的产品几何量规

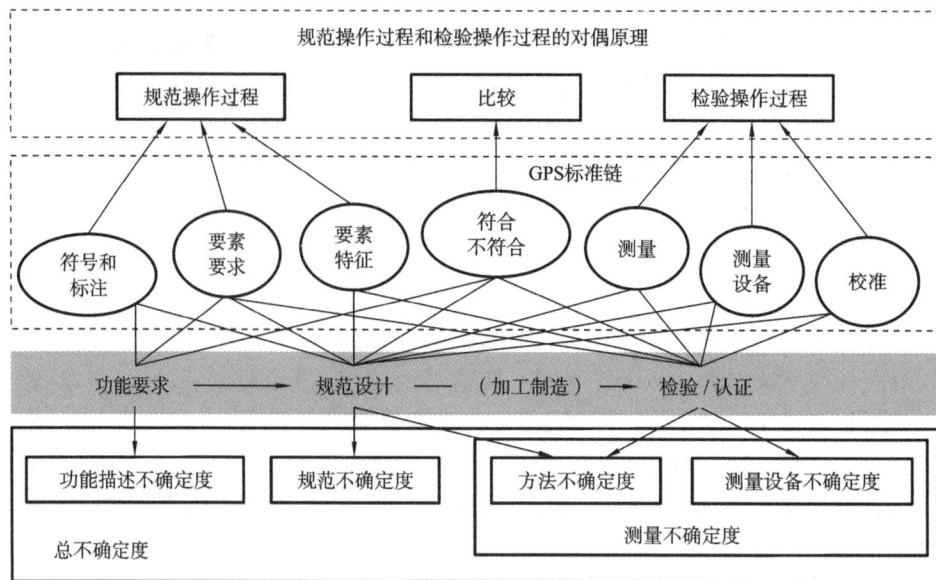

图 1-2　GPS 标准的综合模型及其内在关系

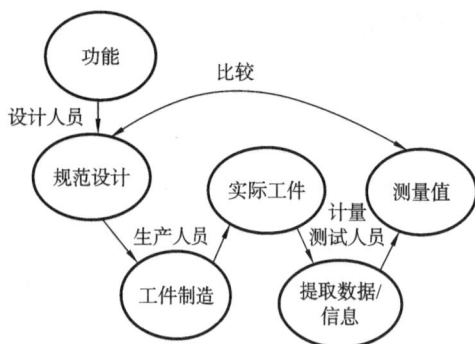

图 1-3　GPS 平台

范,使产品制造和检验的资源能够合理、高效地分配,实现几何产品从构思到真实产品转化过程的管控。GPS 标准的综合模型将规范设计与检验认证过程构成一个物像对应系统,根据规范设计和检验/认证的对偶性关系,将标准与计量通过不确定度的传递关联起来,以解决基于几何学标准的规范设计与检验/认证理论基础不统一,使测量评估失控,引起对产品合格性评估产生歧义的矛盾。

依据 GPS 标准的综合模型,几何产品的"功能描述——规范设计——检验/认证"一致性表达是通过不同规范的操作与操作链来实现。操作链包括功能操作链(function operator)、规范操作链(specification operator)和认证操作链(verification operator)。功能操作链将产品的功能要求转换为功能规范,规范操作链对规范表面模型的操作,将功能规范转换为几何要素的特征规范,即:确定几何要素的特征规范值/图样标注;根据几何要素的特征规范确定工件的制造规范并据此生产出实际工件;认证操作链对认证表面模型的操作,从被认证的实际工件表面提取数据信息形成认证表面模型,获得测量结果(特征值);最终将检测评定的测量结果与图样标注的规范值进行比较,以获得产品的合格性认证。

1.3.2　GPS 标准体系模型

GPS 标准所涉及的范围包括:工件尺寸和几何公差、表面结构及其相关的检验原则、测量器具和校准要求,也包括测量不确定度的评定和控制、基本表达方法以及在图样标注的解释等,具体如下:

（1）GPS 的基本规则、原则和定义，几何性能规范及其检验/认证；

（2）线性尺寸、角度尺寸、形状、位置、方向、表面粗糙度、表面波纹度等从宏观到微观的几何特征；

（3）制造工艺（如机加工、铸造、冲压等）不同的加工公差等级分类标准和典型零件（如螺纹件、键、齿轮等）的公差等级；

（4）生产过程的各个环节，包括设计、制造、计量、质量保证等。

GPS 标准的类型有 GPS 基础标准、GPS 通用标准和 GPS 补充标准三个类型。GPS 标准体系模型采用矩阵结构表示各类标准的关系，如图 1-4 所示。

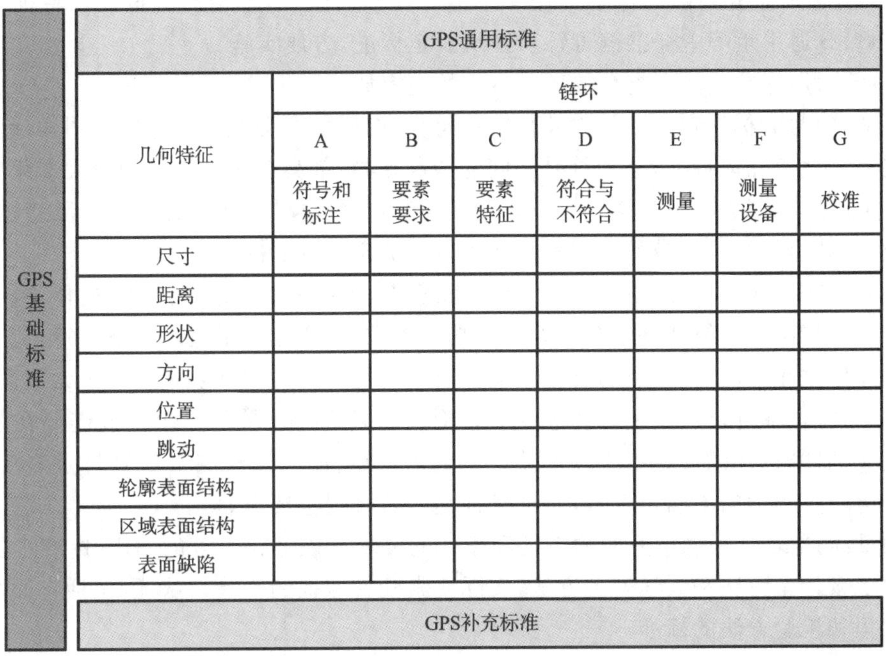

GPS基础标准	几何特征	GPS通用标准						
		链环						
		A	B	C	D	E	F	G
		符号和标注	要素要求	要素特征	符合与不符合	测量	测量设备	校准
	尺寸							
	距离							
	形状							
	方向							
	位置							
	跳动							
	轮廓表面结构							
	区域表面结构							
	表面缺陷							
	GPS补充标准							

图 1-4　GPS 标准体系矩阵结构模型

1. GPS 基础标准

GPS 基础标准（fundamental GPS standards）是协调和规划 GPS 标准体系中各标准的依据，其适用于所有几何特征类别和其他类别，以及 GPS 矩阵中的所有链环。所有 GPS 标准都在 GB/T 4249 的原则和规则下进行总体规划，在 GB/T 20308 的 GPS 体系框架中找到各自的位置。为了明确单个标准在整个标准体系中的作用及其与其他标准的联系，要求每个 GPS 标准都要将所提出的或涉及其他标准的概念，在其附录里绘制成概念图，并在标准体系的总框架和标准链的矩阵中，标明其所属的 GPS 标准类别和在 GPS 通用标准中所影响的标准链环。

2. GPS 通用标准

GPS 通用标准（general GPS standards）是 GPS 标准的主体，包括用来确立产品几何特征的图样标注、参数定义、检验原则及仪器校准的一整套标准（即标准链），是面向设计、制造、检测人员的应用标准。对应每一个几何特征都存在一条特定的标准链，由一系列 GPS 通用标准依次排列，构成 GPS 通用标准矩阵。GPS 通用标准矩阵将影响同类几何特征的所有标准有序排列组合，从而便于说明各标准不同的作用和相互关系。

GPS 通用标准矩阵由矩阵行和矩阵列组成。矩阵行是 GPS 标准表征的几何特征类,即组成零件的尺寸、距离、形状、方向、位置、跳动、轮廓表面结构、区域表面结构、表面缺陷共 9 个几何特征。矩阵列是标准链的链环,是影响同一几何特征的一系列相关标准,分为符号和标注、要素要求、要素特征、符合不符合、测量、测量设备和校准的标准。矩阵列将零件的功能要求、设计规范及检验认证规范关联在一起,提供了统一的数学理论基础和统一的规范模式。

GPS 通用标准矩阵中的每一行对应一类几何特征,描述其在图样上表示的规则、定义和检验原则等标准;一系列 GPS 标准构成一个 GPS 标准链,即所有影响同一几何特征的一系列相关标准。一个 GPS 标准链由七个链环组成,每个链环至少包含一个标准,各链环之间相互关联,并影响着其他链环中的标准。任一个链环标准的缺少,都会影响该几何特征功能的实现。根据 GPS 通用矩阵中标准链可针对性地制定标准,方便实施。

在 GPS 通用标准矩阵中七个链环所对应的内容如下。

链环 A:符号和标注定义了工件几何特征符号、图样标注等规则的标准。图样标注时经常使用一些符号代表几何特征,这些符号之间的微小差异,都会造成含义上的较大变化。

链环 B:要素要求定义公差特征、公差带、约束和参数,包括确定几何特征、尺寸特征、表面结构参数、形状、尺寸、公差带的方向和位置以及参数定义的标准。

链环 C:要素特征定义工件上要素的特征和条件,包括分离、提取、滤波、拟合、组合和重构等操作定义的标准。该链环基于几何要素的功能需求,对实际要素及其特征进行定义,确定与图样中公差标注相对应的非理想几何体(实际要素特征),并将实际要素定义为无限数据点集。

链环 D:符合不符合定义了对规范要求和检验结果进行比较的要求。该链环在兼顾链环 B 和 C 定义的同时,详细规定了工件偏差评定要求,说明如何比较测量结果与公差极限,并考虑测量或检验过程中的不确定度,以验证工件是否符合规范要求。

链环 E:测量定义了测量要素的特征和条件的要求。该链环包含的 GPS 标准主要描述工件的提取要素计量方法和数学处理方法,实际要素几何特征的检验与认证,包括有关实际工件的检验过程和检验方法的标准。

链环 F:测量设备定义了测量设备的要求。本链环所包含的 GPS 标准描述了测量器具或各种类型的测量仪器,定义了测量仪器特性,这些特性影响着测量过程及测量仪器本身带来的不确定度,同时还包括测量器具已定义特性的最大允许极限误差值。

链环 G:校准定义了测量设备的校准要求和校准程序。本链环所包含的 GPS 标准描述环 F 中测量器具的定标、校准和使用流程,以及检验要求。

如图 1-5 给出了 GPS 通用标准矩阵中一个直线度标准链之间关系的例子,GPS 通用标准矩阵中每一个链分别包含了产品设计(建立规范)、制造(解释规范)以及认证(检验与评定)过程。链环 A、链环 B、链环 C 用于规范设计过程,链环 E、链环 F、链环 G 用于检验/认证过程。规范设计过程是将功能要求转换成规范链并用图形语言表达,规定几何要素特性的过程;检验/认证过程是将规范链转换成检验/认证链进行操作,得到特性测量值的过程;链环 D 则用于对检验认证过程的测量值与规范设计过程的给定值进行一致性比较。

GPS 通用标准以工件/要素的几何特征为对象,将产品设计(建立规范)、制造(解释规范)以及认证(检验与评定)的标准关联,形成产品功能要求、设计规范及测量评定方法等相关标准及信息之间准确的表达和系统的传递方法,对全过程实施全方位的规范化。GPS 通用标准链将公差设计的规范设计过程和误差评定的认证过程采用并行对应的原则,通过不确定度将规范和认证集成在一起,保证设计功能的实现和认证结果的可溯源性。

环号	A	B	C	D	E	F	G
要素几何特征	符号和标注	要素要求	要素特征	符合不符合	测量	测量设备	校准
直线度	— 0.1	0.1					

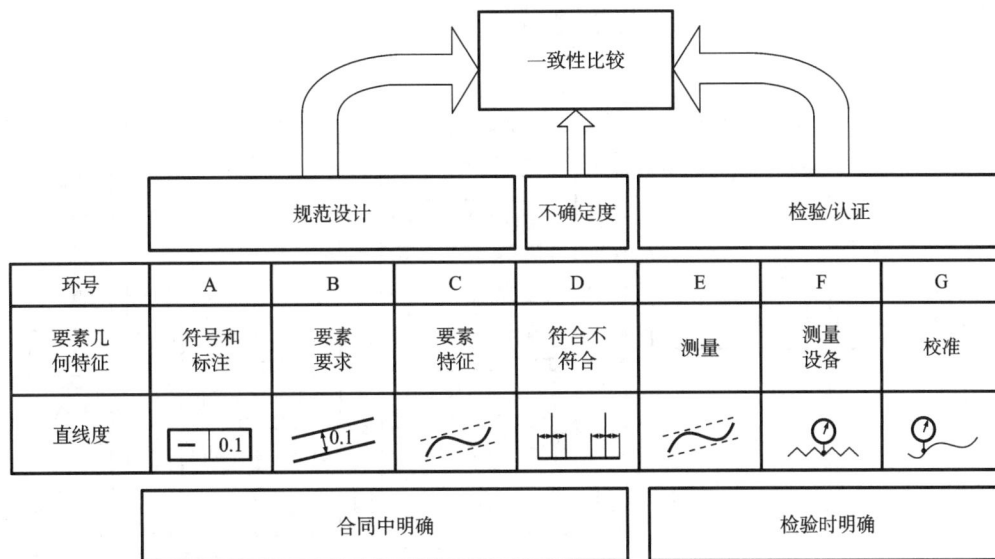

图 1-5　GPS 通用标准矩阵及其内在关系

3. GPS 补充标准

GPS 补充标准(complementary GPS standards)针对特定的加工过程或典型的机器零部件的 GPS 标准,是对 GPS 通用标准在要素特定范畴的补充规定。其基于制造工艺和要素本身的类型提出包含特定的几何特征和要素制图标注方法、定义以及验证原理。GPS 补充标准既包括特定加工过程(如铸造、焊接、高温加工等)的公差标准,也包括典型零部件(如齿轮、螺纹、键、花键、轴承等)的公差标准等。

1.3.3　GPS 的理论体系

1. GPS 的理论体系框架

在 GPS 标准体系的基本理论框架中,通过对零件几何要素的定义,建立了参数化的几何模型和技术规范,并统一了数学模型和规范数学符号。依据表面模型(surface model),通过操作(operation)和操作集(operator)的数学方法对零件进行操作,从而得到几何要素或其特征值、公称值以及极限值,以指导公差设计。

GPS 标准体系依据规范操作集(specification operator)与检验操作集(verification operator)的对偶性,将几何产品规范设计与检验/认证形成一个物像对应系统,并把标准与计量通过不确定度的传递关系联系起来,通过扩展不确定度的量化统计特性与经济杠杆作用,将产品的功能、规范与测量检验集成一体,统筹优化过程资源的配置。GPS 体系中不确定度、操作集、操作之间的关系如图 1-6 所示。

2. 表面模型

表面模型(surface model)是表示虚拟的或实际工件的物理极限集的模型,是实现几何产品的名义几何定义阶段、规范设计阶段及检验/认证阶段规范表达的基础。在规范设计阶段,设计工程师基于几何产品的功能要求,用表面模型对实际工件表面进行模拟,对限定要素进行各种操作,确定在满足功能要求前提下几何要素的最大偏差,用来指导公差设计。在检验/认

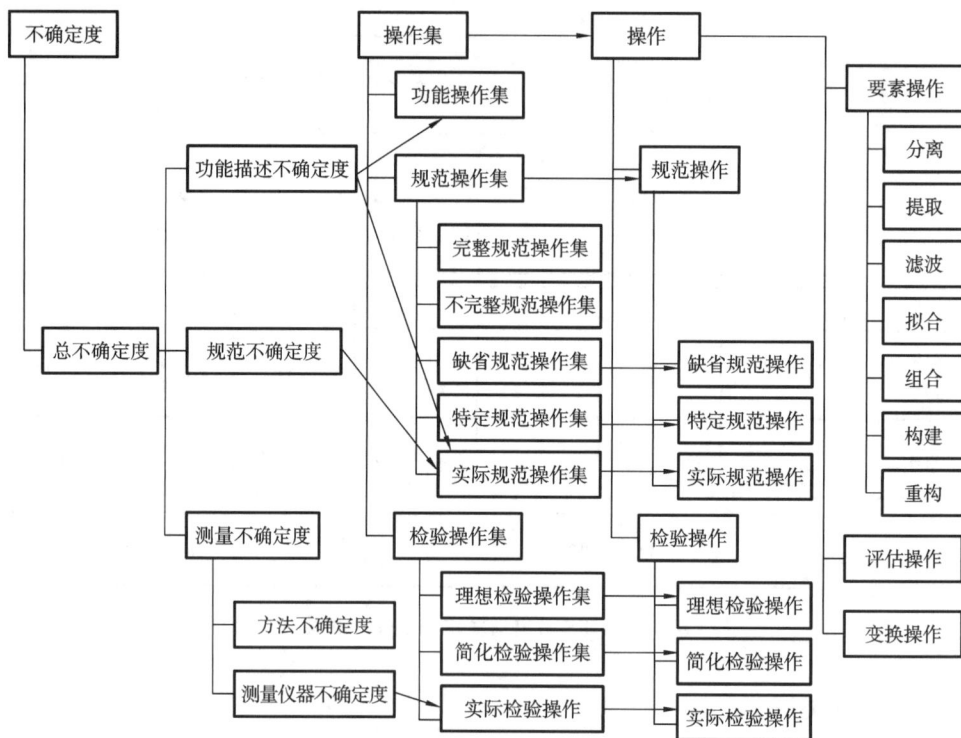

图 1-6　GPS 的理论框架体系

证阶段,计量工程师将实际工件与表面模型对应,通过操作确定实际工件的误差,最终将实际工件与表面模型进行一致性比较,以判定其是否符合规范要求及能否满足功能需要。

　　根据 GPS 的不同实施阶段,表面模型可分为公称表面模型、肤面模型、离散表面模型和采样表面模型,如图 1-7 所示。

表面模型	公称表面模型	肤面模型	离散表面模型	实际工件表面	采样表面模型
图例					
实施阶段	规范设计			生产制造	检验/认证

图 1-7　表面模型图例

　　(1) 公称表面模型(nominal surface model)是由设计者定义的具有理想形状的工件模型。作为一个理想要素,公称表面模型在尺寸和形状上均完美,是由无限个点所构成的连续表面。它主要用于规范零件的功能要求,作为产品设计的基础依据。基于此,设计者通过构建具有理想形状和尺寸的工件,确保其满足预期的产品功能需求。

　　(2) 肤面模型(skin model)是工件与其周围环境的物理分界面模型。它体现了设计者对几何规范的表达,是一种模拟真实表面但非完美形状的模型。肤面模型既不同于理想表面模型,也不同于零件的真实表面,而充当着两者之间的桥梁。在规范设计阶段,设计者依据零件制造工艺,并在满足零件功能要求的前提下,通过模拟仿真实际零件,得到了这种非理想的表面模型。通过对肤面模型的操作,可以限定零件要素几何特征的变动范围,即确定这些几何特征的极限值或允许值,从而为零件的制造与认证检验提供依据。肤面模型还用于表示连续表面的规范操作集和检验操作集,其本质是由无限多个点构成的非理想要素连续表面。

(3) 离散表面模型(discrete surface model)是从肤面模型中提取的表面模型。离散表面模型用于表述考虑有限点的规范操作集和检验操作集,是非理想要素。

(4) 采样表面模型(sampled surface model)是通过物理提取实际工件模型而获得的表面模型,即利用测量仪器对实际工件表面进行采样,获取的一系列测量点构成的轮廓表面模型。采样表面模型是基于对实际工件表面的测量得到的非理想表面模型,作为实际工件表面的替代体,由有限个测量点组成。通过对采样表面模型进行操作,可以提取实际工件要素的几何特征值,进而评定所获得的特征值或实际偏差值。

3. 几何要素

几何要素(geometrical feature)是构成工件几何特征的点、线和面,在几何产品的规范、加工和检验/认证过程中起着重要的作用。产品设计通过对组成零件的几何要素在尺寸、形状和位置方面进行规范,并依据功能要求确定适当的公差;制造则是对这些规范的实现;检验则是对实际工件几何要素与设计规范一致性的验证。

几何要素分为理想要素(ideal feature)和非理想要素(non-ideal feature)。理想要素是由参数化方程定义的要素,具有形状参数、尺寸参数、方位要素和骨架要素四个属性。参数化方程不仅表达了理想要素的类型(如直线、平面、圆柱面、锥面、球面、圆环面等),而且反映了其本质特征。非理想要素依赖于非理想表面模型(如肤面模型、离散表面模型和采样表面模型),属于存在缺陷的要素,其内容可能是整个非理想要素表面模型,也可能仅为其中的一部分。

根据几何产品在规范设计、生产制造、检验/认证各阶段的不同要求,几何要素可分别划分为规范领域、物理领域和检验领域。在规范设计阶段,由设计者想象的几何要素存在于规范领域;在生产制造阶段,实际工件的几何要素存在于物理领域;在检验/认证阶段,检验人员通过测量提取的几何要素存在于检验领域。基于几何要素存在这三个领域的思想,为描述几何要素在图样上的表达与其测量及分析之间的差异,依据零件的功能需求,进一步将几何要素划分为组成要素和导出要素两大类。

1) 组成要素

组成要素(integral feature)是指构成工件实际表面或表面模型的几何要素。根据几何要素存在的三个领域,组成要素分为公称组成要素、规范组成要素、实际组成要素、提取组成要素和拟合组成要素五种类型,图 1-8 所示为组成要素的图例说明。

(1) 公称组成要素(nominal integral feature):由技术图样或其他方法确定的理想要素。它是基于功能要求设计的、没有任何误差的理想要素。

(2) 规范组成要素(specification integral feature):按照规定的方法,通过一种或多种操作从肤面模型中分离出来的组成要素。这是设计者根据零件的功能要求,从肤面模型中确定的、与制造工艺及检验方法相一致的非理想要素。

(3) 实际组成要素(real integral feature):由替代实际工件表面的无穷多个连续点构成的组成要素。实际工件表面是实际存在的,并将工件与周围介质分隔开。由于加工误差,实际工件与理想形状之间存在差异。

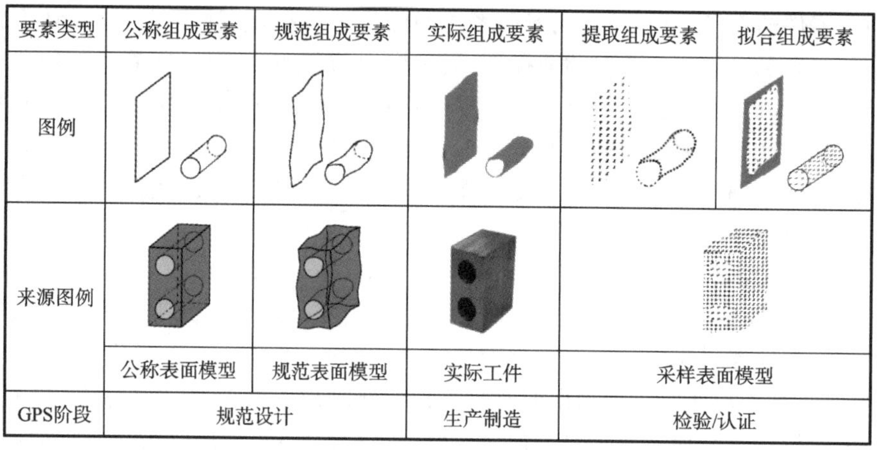

要素类型	公称组成要素	规范组成要素	实际组成要素	提取组成要素	拟合组成要素
图例					
来源图例					
	公称表面模型	规范表面模型	实际工件	采样表面模型	
GPS阶段	规范设计		生产制造	检验/认证	

图 1-8　组成要素图例

（4）提取组成要素（extracted integral feature）：通过测量仪器按照规定的方法，从实际组成要素上提取有限个点所形成的替代要素。在工件检验中，为了确定已加工工件的形状与公称几何要素的偏差，使用测量设备扫描工件的实际表面，提取有限个点来表示工件表面。由于测量误差，所记录的点可能与真实表面存在差异。不同的提取方法可能导致不同的替代要素，因此每个实际组成要素可以有多个替代要素。

（5）拟合组成要素（associated integral feature）：按照规定的方法，由提取组成要素形成的、具有理想形状的组成要素。为了评定实际工件是否合格，需要根据特定规则，对提取组成要素中的点进行拟合，形成拟合组成要素，并与规范设计中的规范组成要素进行比较，以判定零件是否合格。基于不同的拟合算法，一个提取组成要素可能对应多个拟合组成要素。

2）导出要素

导出要素（derived feature）是对组成要素或滤波要素进行一系列操作而产生的中心的、偏移的、一致的或镜像的几何要素。根据不同阶段，导出要素分为公称导出要素、规范导出要素、提取导出要素及拟合导出要素，如图 1-9 所示。

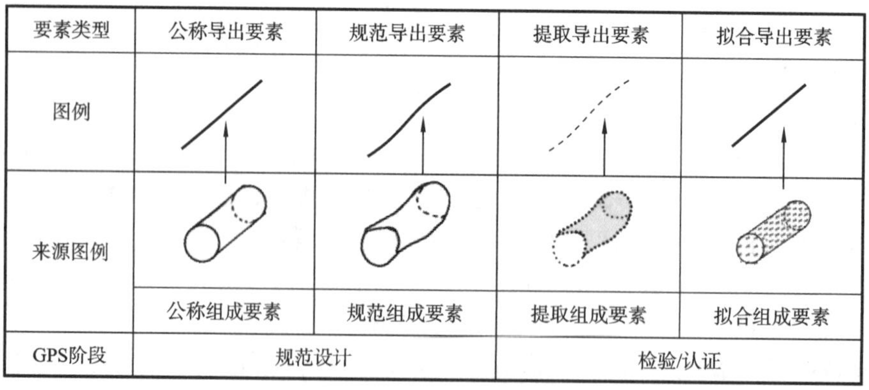

要素类型	公称导出要素	规范导出要素	提取导出要素	拟合导出要素
图例				
来源图例				
	公称组成要素	规范组成要素	提取组成要素	拟合组成要素
GPS阶段	规范设计		检验/认证	

图 1-9　导出要素图例

（1）公称导出要素（nominal derived feature）是从一个或几何公称组成要素中导出的中心点、中心线、中心平面或偏移面。公称导出要素为理想要素。

（2）规范导出要素（specification derived feature）是从一个或几个规范组成要素中导出的

中心点、中心线、中心平面或偏移面。规范导出要素为非理想要素。

（3）提取导出要素（extracted derived feature）是从一个或多个提取组成要素中导出的中心点、中心线、中心平面或偏移面。提取导出要素为非理想要素。

（4）拟合导出要素（associated derived feature）是从一个或多个拟合组成要素中导出的中心点、轴线或中心平面及偏移面。拟合导出要素为理想要素。

可用图 1-10 所示的圆柱解释上述定义的几何要素术语的意义。圆柱表面是一个公称组成要素，它与设计者的想象一致，没有任何误差。圆柱具有一根轴线——公称导出要素，规定为圆柱的中心线，圆柱表面的所有母线到中心线的距离相同。在制造过程中，由于加工方法的影响，所制成的工件与理想形状存在误差，通过加工得到的工件是完整封闭的实际组成要素。工件检验是为了确定已加工出的工件形状与公称几何要素的误差，通过测量设备扫描检测工件的实际组成要素，但所记录的点不同于真实表面的点，因为存在着测量误差；通过测量提取的点所表示的工件表面称为提取组成要素。依据给定的规则，利用计算机评估所提取的点，通过提取组成要素计算出的理想圆柱是拟合组成要素，其轴线称为拟合导出要素。

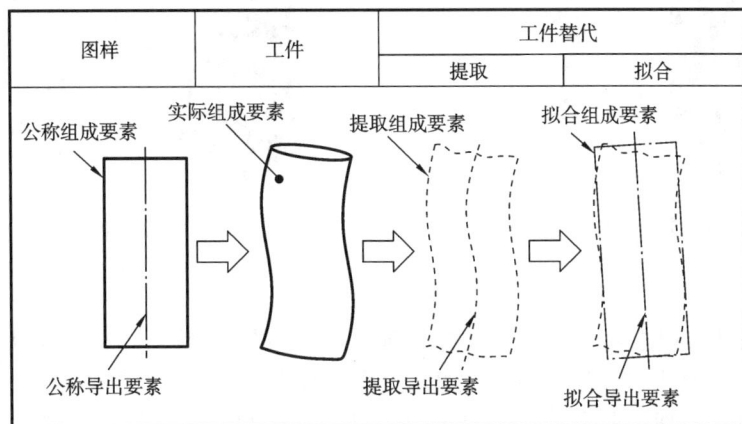

图 1-10　以圆柱为例对几何要素术语的解释

4. 操作

GPS 规范要求设计者根据功能要求定义工件的表面模型，并对表面模型应用一系列操作及操作链等数学工具，以获取几何要素的特征值及其几何变动范围（极限值），用于工件的制造与检验认证。

操作是为了体现要素、获得几何要素的规范值和特征值，对表面模型或实际工件表面进行的特殊处理方法，包括要素操作、变换（transformation）和评估（evaluation）。其中，要素操作包括分离（partition）、提取（extraction）、滤波（filtering）、拟合（fitting）、组合（combination）、构建（construction）、重构（reconstruction）和简化（reduction）等；变换是将一个变动曲线转换为另一个变动曲线的操作；评估是确定公称值、特征值或特征规范值，并判定要素几何特征与规范一致性的操作。

（1）分离是确定属于工件实际表面或工件表面模型上部分几何要素的操作，即确定几何要素的某一部分。依据特定规则，它可用于从公称表面模型中获得相应的理想要素；也可用于从肤面模型、实际工件或采样表面模型中获得相应的非理想要素；同时，还可以获得理想要素或非理想要素的部分，如图 1-11 所示。

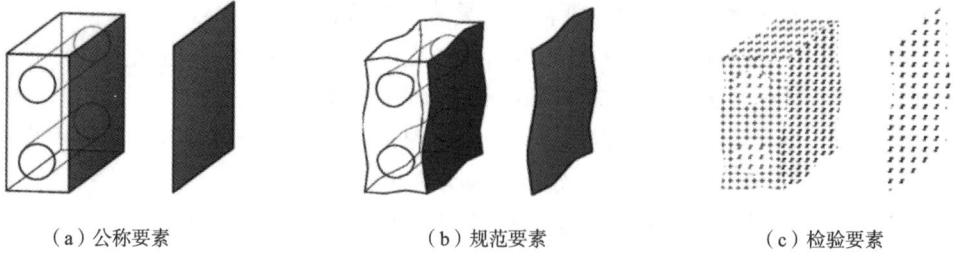

（a）公称要素　　　　　　　（b）规范要素　　　　　　　（c）检验要素

图 1-11　分离操作

（2）提取是从一个非理想要素中识别特定点的操作，依据规定的规则从几何要素上获取一系列点。在对非理想要素进行提取操作时，应根据特定规则，将其上连续的点进行离散化处理，并利用检测设备对要素进行检测，再对采集的离散数据进行计算机处理，如图 1-12 所示。利用这些离散点的特征可以近似表示该非理想要素的特征。

（a）肤面模型　　　　　　　　　　　　（b）实际工件表面

图 1-12　提取操作

（3）滤波是从非理想要素中生成所需非理想要素，或通过降低信息层次将一条变动曲线转换为另一条变动曲线的操作。在进行滤波操作过程中，采用特定规则从非理想要素中提取所需的特征信息。非理想要素包含粗糙度、波纹度、结构和形状等信息。图 1-13 以粗糙度为例，将轮廓 $z(x)$ 通过一个低通滤波器 $H_0(\omega)$ 和一个高通滤波器 $H_1(\omega)$ 分成波度成分 $w(x)$ 和

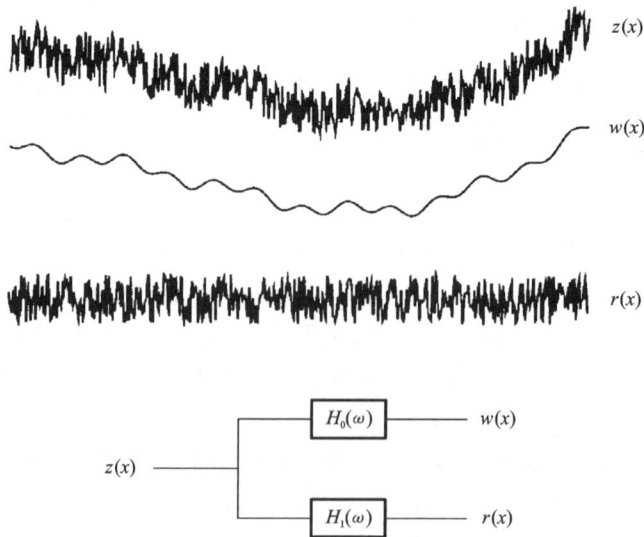

图 1-13　滤波操作

粗糙度 $r(x)$ 成分。

（4）拟合是按照一定准则使理想要素逼近非理想要素的操作。拟合的目的是描述和表达非理想要素的特征，并依据特定准则完成非理想要素向理想要素的转换。任何一个非理想要素都可对应一个理想要素，但由于采用的拟合规则不同，其对应的理想要素也会有所差异。拟合准则规定了特征目标及约束条件，后者决定了特征值或对其给出了极限。例如，一条非理想直线对应一条理想直线；一个非理想圆柱面对应一个理想圆柱面。对提取表面的拟合，可设置不同的拟合目标，如最小二乘拟合、最小区域拟合等，并采用相应的目标函数。例如，利用一个理想圆柱对一个非理想圆柱进行拟合时，按最小二乘法要求拟合圆柱面与被拟合圆柱面上各点的距离平方和最小；按极值法，则可采用最大内切圆柱面或最小外接圆柱面进行拟合（图 1-14）。

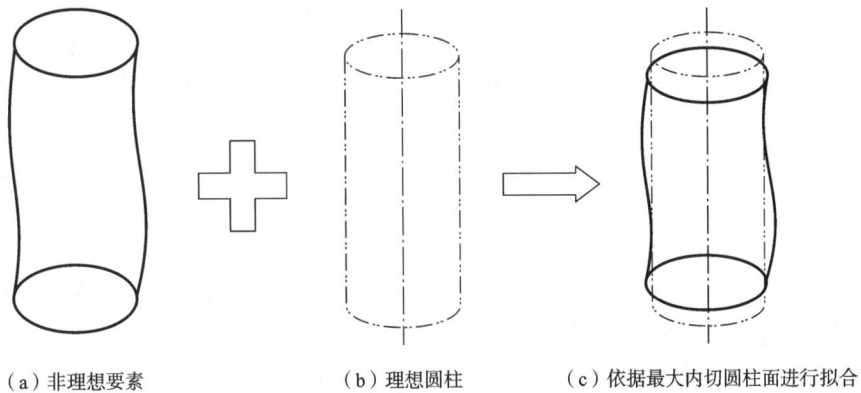

（a）非理想要素　　　　　（b）理想圆柱　　　　　（c）依据最大内切圆柱面进行拟合

图 1-14　拟合操作

（5）组合是将多个要素结合以实现特定功能的操作。组合操作可用于理想要素，也可用于非理想要素。例如，通过组合操作，可以将具有相同功能的点组成一条线；若要确定圆柱的轴心线，首先将圆柱沿轴向划分为若干截面，确定每个截面的圆心后，再对各圆心进行组合，即可获得圆柱的轴线。此外，还可将两个位置要素之间的相对位置信息组合成一个复合要素，从而体现其本质特征，如图 1-15 所示，两个平行的理想圆柱通过组合操作确定了两圆柱面之间的距离特征。

（6）构建是根据约束条件从已有理想要素中建立新理想要素的操作，其本质在于构建满足一定约束条件并与原理想要素存在特定关系的新要素。例如，对被构建要素进行交集运算，两个平面交构成一条直线（图 1-16）；三个平面交构成一个点；又如，将一个理想圆柱沿其轴线划分为若干截面，即利用若干平面与圆柱进行构建操作实现。

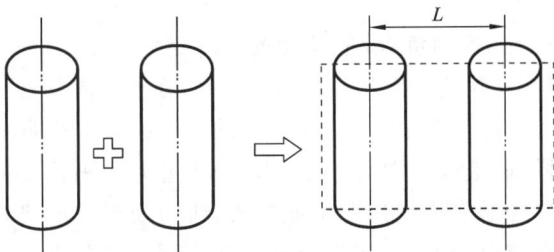

图 1-15　组合操作

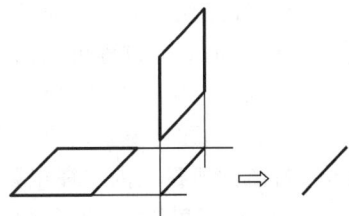

图 1-16　构建操作

（7）重构是从一个提取要素中建立连续要素的操作，即利用非连续的要素（如提取要素）创建连续要素。

（8）简化是通过计算建立一个导出要素的操作。例如，当几何要素的中心被定义为构成该要素的若干提取点的重心时，中心便是通过简化操作得到的。

5. 规范操作和检验操作

1）规范操作

规范（specification）将工件特征允许的偏差范围表述为允许极限，分为尺寸规范（specification by dimension）和区域规范（specification by zone）。其中，尺寸规范是限定本质特征或理想要素之间方位特征允许值的规范，而区域规范则是在理想要素限定的空间内，限定非理想要素允许变动范围的规范。

规范操作（specification operation）是指利用数学公式、几何表达式、数学算法或它们的组合来定义规范部分的操作。作为一种理论概念，多个规范操作按照一定顺序组合在一起形成规范操作集（specification operator），用于描述产品的功能需求。规范操作包括缺省规范操作、特定规范操作和实际规范操作。

（1）缺省规范操作（default specification operation）是指在缺少任何附加信息或修饰符的情况下，依据基本 GPS 规范所规定的要求而进行的规范操作。缺省规范操作可能来源于国家标准、企业标准或图样中规定的缺省规范操作集。例如，在轴的直径规范中，缺省规范为 $\phi30\pm0.1$，其中 30 表示直径数值，0.1 表示直径偏差，该规范采用两点法评估直径；在表面粗糙度 Ra 的规范中，缺省规则规定默认滤波器为高斯滤波器，并明确了滤波器的缺省截止波长。缺省规范操作简化了规范表达，满足了部分图样表达的需要。

（2）特定规范操作（special specification operation）是指在基本 GPS 规范中，通过采用附加信息或一个或多个修饰符以改变或修正缺省规范操作，从而满足工件特定功能要求的操作。一个特定规范操作即为非缺省规范操作。例如，在轴的直径规范中，当使用包容要求修饰符 Ⓔ 时，采用最小外接圆柱进行拟合；在表面粗糙度 Ra 的规范中，使用截止波长为 2.5 mm 的特殊高斯滤波器进行滤波操作，即构成特定规范操作。

（3）实际规范操作（actual specification operation）是指产品技术文件中隐含标注（缺省规范操作情况）或明确标注（特定规范操作情况）的 GPS 要求所对应的规范操作。实际规范操作既可以直接采用，也可以通过间接方式采用，甚至可能在不同规范中被隐含采用。例如，若规范标注为 $\phi30\pm0.1$，其中 30 表示直径数值，0.1 表示直径偏差，则在实际规范操作中采用两点法评估直径；当规范标注为 $Ra1.5$ 及截止波长为 2.5 mm 时，在实际规范操作中，先使用具有指定截止波长 2.5 mm 的高斯滤波器（作为缺省滤波器）进行滤波操作，再计算表面结构要求。

2）规范设计过程

规范设计过程对应于肤面模型，是由设计工程师负责，把设计意图转变为特定 GPS 规范的过程。规范的具体过程可以描述为：根据零件功能确定的公称表面模型，在满足零件功能的条件下，根据制造工艺要求，模拟产生零件的实际工件表面，建立工件的肤面模型。根据肤面模型对要规范的几何要素实施分离操作；对提取组成要素进行滤波操作，从中获取所需要的几何要素；对滤波所得到的非理想要素，通过拟合操作得到拟合组成要素，作为规范几何要素的替代。当两个或更多的要素受到一个公差要求影响时，采用组合操作获取适合的要素。当公差要求是依据两个或更多几何要素时，采用构建操作定义一些其他的理想要素。

3）检验操作

检验是指检验人员通过对实际工件进行测量，比较工件的实际表面与工件规范中允许的偏差是否一致，以确定工件是否合格的过程。当对一个工件进行检验时，检验人员依据公称表面模型以及在规范设计中根据肤面模型确定的要素特征值和允许几何偏差（公差），制定检验/认证计划；对于特殊表面和公差，需采用专用的测量工具。

检验操作（verification operation）是指按照规范操作规定所实施的测量过程、测量设备或两者结合的操作。在机械工程的几何领域中，检验操作用于验证产品是否符合相应的规范要求。例如，使用千分尺测量轴径时，应采用两点直径法进行评估；对于完工表面的检验，则采用公称探针半径为 $2~\mu m$、采样间隔为 $0.5~\mu m$ 的方法，从表面提取数据点。检验操作包括理想检验操作、简化检验操作和实际检验操作。

（1）理想检验操作（perfect verification operation）是以一种没有有意偏差的理想方法对实际规范操作进行检验的过程。尽管理想检验操作采用理想方法检验规范操作，并且该方法本身不会产生测量不确定度，但测量不确定度可能来源于其他因素，如工件缺陷或所用测量设备的计量特性偏差。校准的目的是用于评定源于测量设备产生的测量不确定度值。例如，在表面粗糙度检验中，规范规定的提取操作要求采用 $2~\mu m$ 名义探针半径及 $0.5~\mu m$ 的采样间隔从表面提取数据点。

（2）简化检验操作（simplified verification operation）是指在实际规范操作中有意引入偏差的检验操作。除在执行操作时因计量特性偏差而产生的测量不确定度外，有意偏差同样会引入测量不确定度。例如，在轴尺寸检验中，如果采用千分尺进行两点拟合直径测量，而规范规定应采用最小外接圆柱拟合方法，则这种方法将产生有意偏差，并增加测量不确定度。

（3）实际检验操作（actual verification operation）是在实际测量过程中采用的检验操作，其偏差既取决于测量设备的计量特性，也取决于设计偏差。

4）检验过程

检验过程对应于实际工件，由计量工程师负责，在规范设计过程之后实施，其目的是检验 GPS 规范中所定义的要素或要素特征。检验的具体过程可以描述为：对实际工件表面中待认证的表面要素实施分离操作；通过测量工具对实际要素进行提取操作，将实际工件表面上连续的点离散化，用有限的离散点近似地表示该实际表面要素的特征；对提取出的组成要素进行滤波操作，从中获取所需的几何要素；对滤波后得到的非理想要素，通过拟合操作获得拟合组成要素，作为评估几何要素的替代。当两个或更多的要素受到一个公差要求的影响时，采用组合操作获取适合的要素。当公差要求依据两个或更多几何要素确定时，采用构建操作定义其他理想要素；通过将公差要求与一个理想要素本质特征的唯一值，或与两个理想要素之间位置特征的唯一值进行比较，以确定一致性。

6. 操作集

操作集，也称为操作算子，是指为获得产品功能要求的完整描述、几何特征规范值（如公差）或特征值（如实际偏差）而使用的一组有序操作的集合。要获取一个几何要素，需要对表面模型进行一系列操作，这些操作的顺序和次数取决于几何要素的类型和功能。通过操作集，可以得到各种要素特征，实现对要素的规范和检验。根据 GPS 的不同阶段，操作集分为功能操作集、规范操作集和检验操作集。

1）功能操作集

功能操作集（function operator）是与工件或要素的预期功能完全相关的操作集。功能操作集是一个理想化的概念,用于评估规范操作集或检验操作集与功能需求的吻合程度。在大多数情况下,当功能操作集无法通过一系列已定义的操作集合来表述时,它被视为一系列能完整表达工件功能需求的规范操作或检验操作。例如,评估一个轴在孔中无泄漏运行 2000 h 的能力。

2) 规范操作集

规范操作集(specification operator)是规范操作的有序集合,是对技术产品文件中所标注的 GPS 规范综合且完整的解释。在几何产品设计阶段,设计工程师可以用表面模型对实际肤面进行模拟,对限定的几何要素进行分离、提取、滤波、拟合、集成、构造和评估等操作,在满足功能要求前提下确定该要素的最大偏差,用以指导公差要求设计。

规范操作集可能是不完整的,在这种情况下,会产生规范不确定度。规范操作集旨在给出特定的定义,例如圆柱的特定"直径"可能是两点直径、最小外接圆柱直径、最大内切圆柱直径、最小二乘圆柱直径等,而不是通用概念上的直径。规范操作集与功能操作集之间的差异会导致功能描述的不确定度。

例如,如果轴的规范是 $\phi30h7$,那么其上极限偏差和下极限偏差的规范操作集可能是:① 从肤面模型中分离非理想圆柱面;② 采用最小二乘拟合准则的圆柱类型理想要素进行拟合;③ 构建与拟合圆柱体轴线垂直且相交的直线;④ 提取出每条直线与非理想圆柱面相交的两点;⑤ 评估每组两点间的距离,其中,最大距离与上极限比较,最小距离与下极限比较。

(1) 完整规范操作集(complete specification operator)是一组有序的、具有明确定义的、完整的规范操作组成的规范操作集。一个完整规范操作集是明确的,所以它不存在规范不确定度。例如局部直径的规范定义了两个相对点之间的任意距离。

(2) 不完整规范操作集(incomplete specification operator)是缺失一个或多个规范操作、不完整定义的或无序的规范操作集。一个不完整规范操作集是不明确的,因此会导致规范不确定度。当给定的是不完整规范操作集时,为了建立相应的检验操作集,有必要增加缺失的操作或者操作缺失的部分,或者在不完整规范操作集里对操作进行排序。例如,台阶尺寸 30±0.1 规范,规范未指定拟合方法。

(3) 缺省规范操作集(default specification operator)是应用于基本 GPS 规范的、不带任何附加信息或修饰符的规范操作集。缺省规范操作集可以是:① 由 ISO 标准确定的 ISO 缺省规范操作集;② 由国家标准确定的国家缺省规范操作集;③ 由企业标准/文件确定的企业缺省规范操作集;④ 对应于以上其中之一的图样标注中的图样缺省规范操作集。

例如,根据标准,$Ra1.5$ 规范表明:① 从一个肤面模型中分离出非理想表面;② 从非理想表面的多个位置上分离出非理想线;③ 采用 GB/T 10610 中规定的评定长度和采样间隔进行提取;④ 采用 GB/T 10610 中规定的高斯滤波器的截止波长和探针半径进行滤波;⑤ 按 GB/T 3505 和 GB/T 10610(16%规则)的规定评估 Ra 值。由于这些操作中的每一个都是缺省规范操作,当它们以缺省的顺序组合时,规范操作集是一个缺省规范操作集。

(4) 特定规范操作集(special specification operator)是指当使用特定 GPS 规范时,包含一个或多个特定规范操作的规范操作集。特定规范操作集由 GPS 规范确定。通过修改一个或多个操作,可以从一个缺省操作集建立一个特定规范操作集。例如,轴 $\phi30\pm0.1$Ⓔ 的规范是一个特定规范操作集,因为采用最小外接圆柱拟合规范操作不是一个缺省规范操作。$Ra1.5$ 的规范,采用 2.5 mm 滤波器对表面进行滤波,该规范是一个特定规范操作集,因为其滤波过程使用的截止波长规范操作不是一个缺省规范操作。

（5）实际规范操作集（actual specification operator）是由实际产品技术文件给出的、从实际规范中得到的规范操作集。解释实际规范操作集所依据的标准应直接地或间接地确定。

缺省规范操作集、特定规范操作集和实际规范操作集都可能是完整规范操作集，也可能是不完整规范操作集。实际规范操作集可能是特定规范操作集，也可能是缺省规范操作集。

3）检验操作集

检验操作集（verification operator）是检验操作的有序集合。在检验阶段，计量工程师将实际工件与表面模型对应考虑，对组成实际工件表面的几何要素进行分离、提取、滤波、拟合、集成、构造和评估等一系列操作，形成的有序的操作集合。依据检验操作集，确定实际工件的误差大小，最后对实际工件表面模型与肤面模型进行一致性比较，从而确定实际工件是否符合规范要求，能否满足零件的功能需要。检验操作集是一个规范操作集的计量仿真，是测量程序的基础，因此检验操作集可能不是相应规范操作集的理想模拟。在这种情况下，二者的差异会导致方法不确定度，其是测量不确定度的一部分。检验操作集可分为理想检验操作集、简化检验操作集和实际检验操作集。

（1）理想检验操作集（perfect verification operator）是按规定顺序组合的一组完整且理想的检验操作组成的检验操作集。理想检验操作集唯一的测量不确定度分量，是由操作集所用测量设备的计量特性偏差引起的。校准的目的是评定由测量设备引起的测量不确定度分量的大小。

例如，根据标准，$Ra1.5$ 的检验规范是：① 从实际工件中分离所要求的表面；② 通过测量设备在多个位置进行物理定位，以分离非理想线；③ 用符合 GB/T 6062 要求的测量设备从表面提取数据，评定长度依据 GB/T10610；④ 用 GB/T 10610 规定的高斯滤波器（其截止波长、针尖半径及采样间隔需符合规范）进行滤波；⑤ 按 GB/T 3505 和 GB/T 10610（16％规则）的规定评估 Ra 值。由于上述每个操作均为理想检验操作，且严格按规范所规定的顺序执行，因此该检验操作集是理想检验操作集。

（2）简化检验操作集（simplified verification operator）是指包含一个或多个简化检验操作，或偏离预定排列顺序，或两者兼有的检验操作集。除操作集执行过程中测量设备的计量特性偏差可能引起测量不确定度外，简化检验操作和操作顺序的偏差也会产生测量不确定度分量，且这些不确定度的大小与实际工件的几何特征（形状和角度的偏差）有关。例如，按标准，轴直径规范 $\phi30\pm0.1$Ⓔ 的上极限检验采用两点直径评估，若使用千分尺测量轴径，则该方法属于简化检验操作集，因为规范要求测量的是轴的最小外接圆柱直径。根据标准，对规范 $Ra1.5$ 的简化检验操作集，可以用如下方法：① 从实际工件中分离所要求的表面；② 通过测量设备在多个位置的物理定位，分离非理想线；③ 使用带有导轨的测量设备提取表面数据，评定长度依据 GB/T 10610；④ 使用 GB/T 10610 规定的高斯滤波器（其截止波长、针尖半径及采样间隔需符合规范）进行滤波；⑤ 按 GB/T 3505 和 GB/T 10610（16％规则）的规定评估 Ra 值。由于上述操作未完全符合理想检验操作，例如使用了带导轨的表面结构测量设备，该设备并未被规范明确规定为可用提取操作，因此该检验操作集属于简化检验操作集。

（3）实际检验操作集（actual verification operator）是实际检验操作的有序集合，可能与理想检验操作集存在差异。该差异导致的方法不确定度，加上测量设备的测量不确定度，共同构成测量不确定度。

7. 不确定度

不确定度（uncertainty）是表征合理地赋予某一预定值或相关值的分散性，以及与预定值或相关值相联系的参数。预定值可以是测量结果或规范限,相关值通常指对相同要素采用两个不同操作集(如规范操作集与实际检验操作集)所得到的数值之间的差异,也可以指同一操作集产生的数值之间的差异,如规范操作集与要素/要素功能相关的数值(即功能操作集)。GPS 量化的不确定度包括功能描述不确定度、规范不确定度、测量不确定度和总不确定度等,一般与 GB/T 18779.2 和 GB/T 27418 中的扩展不确定度相对应。

1) 功能描述不确定度

功能描述不确定度(ambiguity of the description of the function)是指来源于实际规范操作算子与功能操作算子之间差异所产生的不确定度,反映了规范是否充分表达了产品的功能要求。因此,该不确定度在本质上定性地反映了产品功能要求与规范表达之间的匹配程度。一般情况下,单一 GPS 规范不足以完整描述产品功能,通常需要采用一系列 GPS 规范来描述产品功能,因此功能描述不确定度与单个 GPS 规范之间并无直接对应关系。

例如,若某轴的功能操作算子要求该轴在密封条件下连续运转 2000 h 而不发生泄漏,而规范操作算子规定该轴的尺寸为 $\phi30h7$、表面粗糙度为 $Ra1.5$,则功能描述不确定度来源于规范是否能够确保:符合规范要求的轴能够无泄漏地运转 2000 h,而不符合规范要求的轴则不能保证无泄漏运转 2000 h。

2) 规范不确定度

规范不确定度(ambiguity of specification)是指当规范用于实际工件时,实际规范操作集固有的不确定度,反映了规范本身在表达上存在的不明确性。规范不确定度与测量不确定度具有相似的性质,若二者相关,规范不确定度可能构成测量不确定度概算的一部分。规范不确定度量化了规范操作集的不确定性,其大小还取决于预期或实际工件几何特征(如形状或角度偏差)的变化范围。

在实际工作中,规范不确定度往往来源于技术文件中对拟合规则、滤波器类型等规范说明的不明确;不完整的规范定义或不准确的图样标注均可能导致规范不确定度的产生。当所有必要的规范操作均已明确定义时,规范不确定度则可认为不存在。例如,直径尺寸 $\phi30\pm0.1$Ⓔ 的规范不确定度可能源于不同拟合规则下获得的直径值不一致,原因在于规范中未明确规定应采用何种拟合规则。

3) 测量不确定度

在 GPS 标准体系中,测量不确定度(measurement uncertainty)的概念与《测量不确定度表示指南》(GUM)中给出的定义基本一致,即测量不确定度用于描述测量结果的离散性,是对测量结果进行完整表述的重要参数。严格来说,一个测量结果只有附加了测量不确定度指标,才能被认为是完整的。测量不确定度包括方法不确定度和测量设备不确定度。

方法不确定度(method uncertainty)是由实际规范操作集与实际检验操作集之间的差异所引起的不确定度,此处不考虑因计量特性偏差而产生的实际检验操作集的不确定度。若采用不完整的规范操作集作为实际规范操作集,通常需要通过增加缺失的操作步骤来构建一个与之不冲突的完整规范操作集,从而建立相应的理想检验操作集。基于理想检验操作集选定实际检验操作集时,两者之间的偏离即构成测量不确定度(即方法不确定度与测量设备不确定度之和)。方法不确定度的大小反映了所选实际检验操作集与理想检验操作集之间的偏离程度,即便使用理想的测量设备,也无法将测量不确定度降低到低于方法不确定度的水平。例如,如果某轴的规范标注为 $\phi30\pm0.1$Ⓔ,并且要求采用理想的千分尺(即无刻度误差、测量面理想且互相平行)检验该规范的上极限,则方法不确定度来源于用千分尺测得的值与利用理想仪器测得的最小外接圆直径值之间的差异。

4）总不确定度

总体不确定度（total uncertainty）是指功能描述不确定度、规范不确定度和测量不确定度三者之和。总不确定度的大小反映了实际检验操作集与功能操作集之间的偏离程度，并描述了基于测量结果对产品性能的综合评价。需要指出的是，总不确定度、规范不确定度和功能描述不确定度均具有不可预测且难以量化的特点。

例如，若某轴的功能操作集要求其在孔中无泄漏运转 2000 h，而规范操作集规定该轴的尺寸为 ϕ30h7、表面结构为 Ra1.5，并要求滤波器截止波长为 2.5 mm，则总不确定度主要来源于测量设备（如表面结构测量设备和千分尺）的测量能力，其核心在于：通过测量能否保证符合规范要求的轴在 2000 h 内无泄漏运行，而不符合规范要求的轴则不能保证无泄漏运行。

在 GPS 标准体系中，功能描述不确定度、规范不确定度与测量不确定度可以直接对比；通常由设计工程师负责管理功能描述不确定度和规范不确定度，而计量工程师则负责评定测量不确定度。产品在设计、制造和计量各阶段的优化配置，均需基于对各类不确定度的合理认识与分配。

1.3.4　GPS 标准体系特点

1. 系统性强

GPS 标准体系从产品功能要求、规范设计到认证检验，整个系统过程的各主要环节均得到统筹考虑与协调统一，实现了全流程的规范化。

GPS 标准体系在理论与技术两个层面上相辅相成：以"规范"为主线，以"不确定度"与"操作集"为纽带，其理论基础与共性技术得以协调统一，充分体现出先进性与系统性。通过对"不确定度"理论的拓展，实现了产品功能、规范设计与检验评定的统筹优化，从而使 GPS 体系在理论层面上实现了量化、统一与规范化；同时，基于对偶性原理，建立了"操作"技术及其操作集，将功能描述、规范设计与检验评定各阶段有机衔接，实现了并行工程在 GPS 领域中的应用。

在设计图样表达方面，GPS 标准体系不仅给出公差要求，还必须提供检验标准；而在执行检验或验证时，必然涉及零件的功能要求及加工工艺状况（如精度、配合、工艺能力指数等）。这对设计人员提出了更高要求，要求其具备设计、工艺与检测的综合知识。

当然，规范的制定也必须建立在设计、工艺与检测综合理论及应用技术的基础上。

2. 理论性强

GPS 标准体系涵盖了从要素几何特征的定义、规范设计、生产，到检验测量各操作环节。在整个体系中，数学在描述、定义、建模及信息传递方面无处不在，数学的系统化应用达到了前所未有的水平。例如，在定义理想要素、建立参数化几何模型及规范设计中，均涉及基于并行工程的虚拟仿真模型；在检验操作中，则应用了计量数学工具。

GPS 标准体系基于对偶性原理，通过分离、提取、滤波、拟合、组合、构建与重构等操作，体现了工程数学与 CAD/CAM/CAT 中实体建模、几何造型以及信号分析与数据处理（包括误差分离、滤波算法、拟合目标优化、采样原理及应用技术）等现代技术的有机结合。

不确定度理论及其拓展应用，实现了 GPS 标准体系的系统优化和量化统一。GPS 标准体系基于 GUM 及系统量化统一的新思路，进一步完善了测量不确定度的概念和内涵，规范了测量不确定度的评定程序，并在此基础上，将测量不确定度的概念进行了拓展，利用扩展后不确定度的统计和量化特性,实现了产品的功能、规范与测量评定量化集成,通过不确定度的杠杆调节作用,实现过程资源配置的统筹优化,提高产品的综合效益。

3. 操作性强

GPS 标准体系由基于几何学的旧标准发展为基于计量学的新标准,使得产品设计、制造与检验过程中体现出更高的科学性、规范性与统一性,具有较强的操作性。

按照旧标准,理想要素仅在几何学上定义为点、线、面,由于缺乏统一规范,实际测量时难以体现;而 GPS 标准体系承认误差的存在,基于计量学原理并结合现代技术,以拟合方式近似理想要素,从而确立评定基准,并进一步规范了测量过程中的各项操作。

GPS 标准中对图样标注要求的清晰化、系统化和规范化,也使得实际加工中检验评定操作得以统一,从而减少了操作的随意性。

尽管在规范设计与功能描述阶段的"可操作性"涉及信息技术、特征识别技术及先进设计技术,目前仅能遵循"操作"原则,其理论和方法仍待进一步研究与开发。

4. 集成性强

在 GPS 标准体系中,从系统综合模型规划、要素描述,到规范与检测过程中对偶性"操作"的实施,均充分考虑了与 CAX 系统集成的需求;同时,体系基于应用数学,借鉴了 CAD 及 CAD/CAM 中表面/实体几何造型技术的概念与思路,实现了功能描述、规范设计、图样表达与检验评定全过程的数学化表达与统一规范。这有利于 GPS 标准各环节间信息的高效传递,并对进一步实现 GPS 与 CAX 之间的信息集成与共享具有重要意义。

1.3.5　我国建立 GPS 标准体系的意义

随着经济全球化的发展,世界制造业呈现出以下明显趋势:

(1)绿色制造。在日益严格的环境与资源约束下,绿色制造正越来越多被重视,并将成为21 世纪先进制造技术的重要特征。

(2)制造业与高新技术融合。制造业是高新技术的重要载体,而高新技术又为制造业的发展提供坚实的技术支撑。

(3)信息技术与制造技术融合。这种融合将推动制造技术水平的提升,并给设计与制造带来深刻甚至革命性的变化。

(4)极端制造。极端制造是制造技术发展的重要领域,例如制造航天飞行器、超常规动力装备、超大型冶金与石油化工装备等极大尺寸、极高功能的重大装备;以及制造微纳电子器件、微纳光机电系统等极小尺度、极高精度的产品。

在全球制造业标准领域,产品几何技术规范是最主要的技术标准之一。适应现代先进制造技术的 GPS 标准体系,基于计量数学的概念和数学模型,充分考虑了与 CAX 系统集成的需求,并借鉴了 CAD/CAM 中表面/实体几何造型技术的理念,实现了功能描述、规范设计、图样表达与检验评定全过程的数学化表达和统一规范。这不仅为产品设计、制造与检验提供了从设计规范、检测技术到比对原则及量值溯源的一整套工具,也为设计、制造与计量测试人员提供了一种共同语言,从而构建了统一的交流平台。

GPS 标准将成为国际经济运作中确保产品质量、国际贸易及安全法规全球一致性的重要支撑工具,并被国际公认为基础标准。作为所有几何产品标准的基础,GPS 标准的技术水平不仅影响单个产品、企业或行业,更关乎整个国家工业化水平,体现国家制造业的竞争力。

据估计,GPS 标准的应用可节约设计中约 10% 的几何规范修订成本;减少制造过程中约

20％的材料浪费；降低检测过程中约 20％的仪器、测量与评估成本；并缩短约 30％的产品开发周期。

在当今工业全球化背景下，GPS 标准不仅是传统集中生产模式下设计、制造及计量测试人员为满足产品功能要求而进行信息交换的工具，而且已成为国际经济运作中唯一可靠的交流与评判手段。它不仅用于衡量企业间的竞争与经济风险，还为生产任务转包及子项目协议提供约束条件。事实上，GPS 标准的应用已从工业领域扩展到商业领域，并进一步渗透到国民经济各个部门。现今，大多数国家和地区均将 GPS 体系视为保障产品质量、促进国际贸易及统一安全法规的重要支撑工具。

随着新世纪知识的迅速积累和经济全球化的持续推进，基于 GPS 的"标准与计量"体系的重要作用正日益受到国际社会的认可，其水平不仅决定国家制造业的竞争力，也对国民经济发展产生重大影响。

思政知识点

互换性和标准化的起源和发展

纵观古今中外，互换性原理始于兵器制造，在中国，这一概念可追溯至春秋战国时期（公元前 770 年—公元前 221 年）的兵器生产。如春秋时期的弩机结构复杂，使用灵活。在秦始皇陵兵马俑坑出土的大量弩机中，其组成部件（如青铜方头圆柱销与销孔）已能保证一定的配合精度，体现了初步的互换性。

18 世纪初，美国机械工程师伊莱·惠特尼（Eli Whitney）提出了零件可互换理念，把滑膛枪的构造拆分成最基本的零件，利用样板、钻孔模和夹具等工装模具制造出能通用互换的零件并组装成步枪。19 世纪中叶，美国斯普林菲尔德军工厂实现了火枪零件批量的互换生产。

随着工业革命的推进，织布机、缝纫机和自行车等新兴机械产品需求大幅提升，促使高精度工具和机床出现，互换性生产由军火工业迅速扩大到一般机械制造业。工业标准是实现生产专业化与协作的基础，英国机械工程师约瑟夫·惠特沃斯（Joseph Whitworth）针对机床生产制造中螺纹规格多、不统一的问题，于 1841 年在英国土木工程师学会杂志上发表论文，提出在英国采用统一的螺纹制度来代替当时使用的种类繁杂的规格的观念，被英国制定工业标准的协会接受，统一的螺纹制度被制定成原 ISO 惠氏螺纹标准（1904 年以英国标准 BS 84 颁布）。惠特沃斯提出统一螺钉和螺母的型式和尺寸，为进一步实现互换性创造了有利条件。法国的查尔斯·雷诺（Charles Renard）通过对气球绳索规格简化的研究，提出了优先数系理论，将绳索规格按十进几何级数分级简化，以 17 种规格取代了 425 种不同规格，为后来研究和应用优先数系理论奠定了基础。

1901 年，弗雷德里克·温斯洛·泰勒（Frederick Winslow Taylor，美国）在工业大生产中宣传科学管理，提出标准化管理，在实现零件标准化的基础上发展了操作标准化，在企业管理和标准化的发展史上均做出了重要贡献，成为美国标准化管理的创始人之一。1902 年，英国纽瓦尔公司制定了公差和配合方面的公司标准——《极限表》，是世界上最早的公差与配合标准，后正式成为英国标准 BS 27。

1913 年，福特汽车公司实现了全面零件互换，开创了福特 T 型车流水线，产生了更精细的生产分工和社会化大生产。福特在企业管理中成功地运用了标准化方法，运用标准化、系列化、通用化的方法设计和制造汽车零件，实现了零部件规格化、工厂专门化、机器和工具专门化等，极大地提高了生产效率，实现了规模生产。

1934 年美国的约翰·盖拉德在《工业标准化与应用》中给出了标准化术语的定义，该定义在较长时间内被学术界奉为经典。英国的桑德斯在《标准化的目的与原理》中首次提出了标准化原理，为标准化发展做出了贡献。英国西尔伯斯与马克西对汽车工业规模进行研究时，提出了马克西-西尔伯斯曲线，揭示了产品数量与成本之间的相关关系，对指导汽车生产的管理、简化品种规格、扩大生产批量同降低成本的关系等方面都有重要意义。法国艾伯特·卡柯特、印度魏尔费、苏联包依左夫、日本松浦四郎等对标准化原理和标准化经济效益的研究，为标准化理论奠定了良好的基础。

公差与配合制是机械制造工程方面的重要基础标准，是设计互换性中有关公差与配合的术语、代号、数值规则和检验制等标准化的依据。1926 年国际标准化协会（ISA）成立，1935 年公布了国际公差制 ISA 草案，各工业国家都颁布了公差与配合国家标准。如 1924 年的英国公差制、1925 年的美国公差制、20 年代德国的 DIN 标准、1929 年苏联的 OCT 制、日本的 JIS 公差制等。第二次世界大战后，重建国际标准化组织（ISO），1962 年颁布 ISO/R 286—1962《ISO 极限与配合制》。中国于 1959 年颁布公差与配合国家标准 GB 159～GB 174，1979 年颁布公差与配合新标准 GB 1800～GB 1804，已有尺寸、形状和位置、表面粗糙度等基本要素的公差，以及轴承、螺纹、齿轮等通用零件的公差与配合等整套标准。

结语与习题

Ⅰ. 本章的学习目的、要求及重点

学习目的：了解本门学科的任务与基本内容，调动学生学习本门课程的主观能动性。

要求：了解互换性生产的分类、意义及优越性；了解几何参数的制造误差的类别，建立精度设计的概念；了解标准及标准化的基础知识，包括标准的定义、分级和分类，标准化的意义和基本原理，以及数值系列的标准化；了解 GPS 标准体系模型与特点。

重点：互换性的意义（优越性）；数值分级方法。

Ⅱ. 复习思考题

1. 试列举互换性应用的实例，并做分析。

2. 在单件生产中，例如只做一台机器，是否会涉及互换性的应用？为什么？

3. 试对互换性的原理或原则进行探讨。

4. 简述互换性与制造误差、精度设计及标准化的关系。

5. 试对标准化的原理或原则进行探讨。

6. 试证明同一公比优先数系中，任意两优先数理论值的积、商和任一项的整次幂仍为优先数。

7. 简述 GPS 标准体系模型的内容及特点。

第2章

测量技术概论

2.1 测量技术的基本知识

测量(measurement)是将被测量与计量单位量(或标准量)进行比较,从而确定二者比值的实验过程。若以 Q 表示被测量,u 表示单位量,二者的比值为 $x=Q/u$,则有

$$Q=x\times u$$

此即测量结果的一般表达,表示所得被测量 Q 的量值为 x 倍的单位量 u。

测量过程包括测量对象、测量单位、测量方法、测量器具、测量操作者及测量环境等要素。由于测量过程诸要素的缺陷及不稳定性,测得的量值与被测量的真值总有差别,这就是测量误差。

此外,还有计量、试验、检验、校准、验证等与测量相关的术语定义。计量是实现单位统一和量值准确可靠的活动。计量学(metrology)是研究测量及其应用的科学,涵盖有关测量的理论及其测量不确定度大小的所有应用领域。

这些术语定义与测量的区别如下:

(1) 测量是以确定量值为目的的操作;

(2) 计量是将以保持量值统一和传递为目的的专门测量;

(3) 试验(test)是为了检验被测对象某些性能而进行的试用操作;

(4) 检验(inspection)是通过观察和判断,必要时结合测量或试验,对被测对象的符合性进行评价的过程;

(5) 校准(calibration)是指为确定由测量标准提供的量值与测量装置所指示的量值之间关系的一组操作,其目的是通过与标准比较来确定由示值获得测量结果的关系;

(6) 验证(verification)是证明任何程序、生产过程、设备等能达到预期结果的过程。

在自然科学领域里,我国计量学界习惯上按物理学类别把测量分为长度、力学、热学、电磁、无线电、时间频率、化学、声学、放射性和光学等类别,俗称"十大计量"。在机械制造的互换性生产中对制件几何参数的测量,称为几何量计量,主要涉及的是长度计量,包括制件的尺寸、要素的形状及表面粗糙度,以及要素间的角度和位置等几何量。

2.1.1 计量单位与量值传递系统

1. 计量单位

计量单位(measurement unit),简称单位,是为定量表示同种量的大小而约定的定义和采用的特定量。各种物理量都有计量单位,并以在规定条件下选定

计量单位与
量值传递系统

的物质所显示的数量作为基本计量单位的标准,即计量单位是度量同类量值的一个标准量。为了规范人类生活、生产、科学技术以及经贸活动的秩序,必须建立科学、适用的计量单位制以及从计量单位到测量实践的量值传递系统,以保证计量的准确、可靠和统一。

国际单位制(SI)是国际上普遍采用的计量单位制,即公制(米制)。我国采用的长度单位与国际单位制是一致的,长度的基本计量单位为米(m),机械制造中常用的公制长度单位还有:毫米(mm)、微米(μm)、纳米(nm)等。$1\text{ mm}=10^{-3}\text{ m}$;$1\text{ }\mu\text{m}=10^{-6}\text{ m}$;$1\text{ nm}=10^{-9}\text{ m}$。

2. 长度基准

国际单位制的长度单位"米"是在规定条件(定义)下体现长度量值的一个标准量,对其基本的要求是统一、准确、稳定可靠、易于复现。

最初,米的长度单位是实物基准,即金属制成的米原器。由于金属内部的不稳定性,以及受环境的影响,国际米原器的可靠性并不理想。1960 年,国际上决定采用光波波长作为长度单位的自然基准。1983 年,在第十七届国际计量大会上通过了米的新定义,即"米是光在真空中 1/299 792 458 s 的时间间隔内所传播路径的长度"。现代真空中光速的可靠值是 $c=299$ $792\ 458\pm0.001\text{ km/s}$,采用光的行程作为长度基准,可以保证长度计量的稳定、可靠和统一,同时复现方便,且不确定度可达$\pm2.5\times10^{-11}$。

3. 长度量值传递

为了保证人类生活、生产、科学技术以及经贸活动实践中长度量值的统一,必须建立从长度基准到实际应用的各种计量器具(量具、量仪),直至被测对象的长度"量值传递"及其逆过程"量值溯源"规范,这是实现量值统一的主要途径与手段。

量值传递系统是指通过对计量器具进行校准,将国际、国家基准所复现的计量单位量值,经各级计量标准,逐级传递到工作用计量器具,以保证被测对象所测得的量值准确一致的工作系统。我国保障量值统一的法律依据是《中华人民共和国计量法》。

计量检定系统表及相应检定规程、规范等为量值传递工作提供法制保障和技术依据。计量检定系统表是国家对计量基准到各等级计量标准器具,直至工作计量器具之间的主从检定关系所作的技术规定。

对于长度量而言,从复现"米"定义的基准到测量实践之间的量值传递媒介包括线纹尺(standard scale)和量块(gauge block,也称块规),它们是机械制造中的实用长度基准器具。图 2-1 所示为长度计量器具(量块部分)检定系统框图,该框图示出了以量块为媒介的长度量值检定系统,包括长度计量基准器具、长度计量标准器具和工作长度计量器具等三个层次。长度计量基准器,由复现"米"定义准确长度的国家长度基准、长度副基准和工作长度基准器具构成。国家长度基准是国内长度量值传递的起点,亦是量值溯源的终点;长度副基准通过与长度基准比对得到,用于代替国家基准的日常使用及验证;工作长度计量基准器包括量块长度测量装置和工作基准量块组两类,通过与国家长度基准或长度副基准比对或校准,分别用于检定长度计量标准器具(图 2-1 所示等、级的量块)和量块长度测量干涉仪。长度计量标准器具用于检定或校准工作长度计量器具,即实际工作中广泛使用的、不同精度的长度测量器具。

4. 实用长度基准

在长度量计量检定系统中,量块作为传递尺寸的长度计量标准器,其尺寸可以通过工作长度计量基准器溯源至国家长度基准。在机械制造及精密测量实际工作中,量块广泛用作标准长度以检定或校准量具和量仪,在比较测量时常用于调整仪器的零位,有时允许低精度量块直

长度计量基准器具

长度基准　——相互比对——　长度副基准

工作长度基准器使用的光谱线：He-Ne, ^{86}Kr, ^{114}Cd, ^{118}Hg, Kr, Cd;　　$U_r=0.5\times10^{-7}\sim1\times10^{-7}$

| 量块长度测量装置 $U=0.02+0.1l$ | 工作基准量块组(钢) $U=0.02+0.1l$ | 工作基准量块组(石英) $U=0.02+0.1l$ |

长度计量标准器具

长度计量标准器具

工作长度计量器具

1等量块 $U=0.02+0.2l$

2等量块 $U=0.05+0.5l$

3等量块 $U=0.10+1l$

4等量块 $U=0.20+2l$

5等量块 $U=0.50+5l$

6等量块 $U=2.0+12l$

| 00级量块 $\Delta=0.1+2l$ | K级量块 $\Delta=0.1+2l$ | | | |
| 0级量块 $\Delta=0.1+2l$ | K级量块 $\Delta=0.1+2l$ | 量块长度测量干涉仪 $\sim100,\sim1000;\ \Delta=0.02+0.2l$ | 量块长度测量干涉仪 $\sim100,100\sim1000;\ \Delta=0.03+0.5l$ | |

| 1级量块 $\Delta=0.1+2l$ | 接触干涉比较仪(立、卧) $\Delta=(0.03+1.5ni)\Delta\lambda/\lambda$ | 0.2μm光学计 $\Delta=(0.05+0.0025)A$ | 测微仪检定器 $\Delta=0.1+2l$ |

2级量块 $\Delta=0.4+8l$	1μm光学计(立、卧) $\Delta=(0.03+1.5ni)\Delta\lambda/\lambda$	0.1,0.2,0.5μm扭簧比较仪 $\Delta=0.1\sim0.5$	1μm扭簧比较仪 $\Delta=0.4\sim1$	1μm测长机 $\Delta=0.5+10l$
1μm立式测长仪 $\Delta=1+10l$	1μm卧式测长仪 $\Delta=1\sim5$	工具显微镜标尺 $\Delta=0.6$	电感比较仪 $\Delta=0.1\sim5$	气动浮标测量仪 $\Delta=0.4\sim2$
气动指针测量仪 $\Delta=1$	0.5μm杠杆齿轮比较仪 $\Delta=0.25\sim0.5$	1μm测微计 $\Delta=0.5$	千分表检定仪 $\Delta=1\sim1.5$	杠杆千分尺校对量杆 $\Delta=0.5$

3级量块 $\Delta=0.8+16l$	2μm扭簧比较仪 $\Delta=0.8\sim2$	1μm杠杆齿轮比较仪 $\Delta=0.5\sim1$	2μm杠杆式卡规 $\Delta=1\sim2$	1,2μm杠杆千分尺 $\Delta=0.5$
2μm测微计 $\Delta=1$	百分表检定器 $\Delta=4$	0级千分尺校对量杆 $\Delta=1\sim1.5$	1级千分尺校对量杆 $\Delta=2\sim5$	0级千分尺 $\Delta=2$
1级千分尺 $\Delta=4\sim10$	公法线千分尺量杆 $\Delta=2\sim2.5$	内测千分尺校对量具 $\Delta=3$	0.01带表千分尺 $\Delta=3$	

5,10μm扭簧比较仪 $\Delta=2\sim5$	2μm杠杆齿轮比较仪 $\Delta=1\sim2$	5μm杠杆式卡规 $\Delta=2.5\sim5$	5,10μm测微计 $\Delta=2\sim2.5$
10μm内径千分尺 $\Delta=6\sim70$	0.01深度千分尺 $\Delta=6\sim10$	0.01板厚千分尺 $\Delta=4\sim8$	公法线千分尺 $\Delta=5\sim6$
0.01内测千分尺 $\Delta=8$	0.01壁厚千分尺 $\Delta=8$	0.01百分表式卡规 $\Delta=10\sim25$	塞尺 $\Delta=3\sim16$

| 0.01,0.02带表卡尺 $\Delta=20$ | 0.05带表卡尺 $\Delta=50$ | 0.02游标卡尺 $\Delta=20\sim70$ | 0.05游标卡尺 $\Delta=50\sim2070$ |
| 0.05游标高度尺 $\Delta=50\sim200$ | 0.1游标卡尺 $\Delta=100\sim150$ | 0.1游标高度尺 $\Delta=150\sim250$ | |

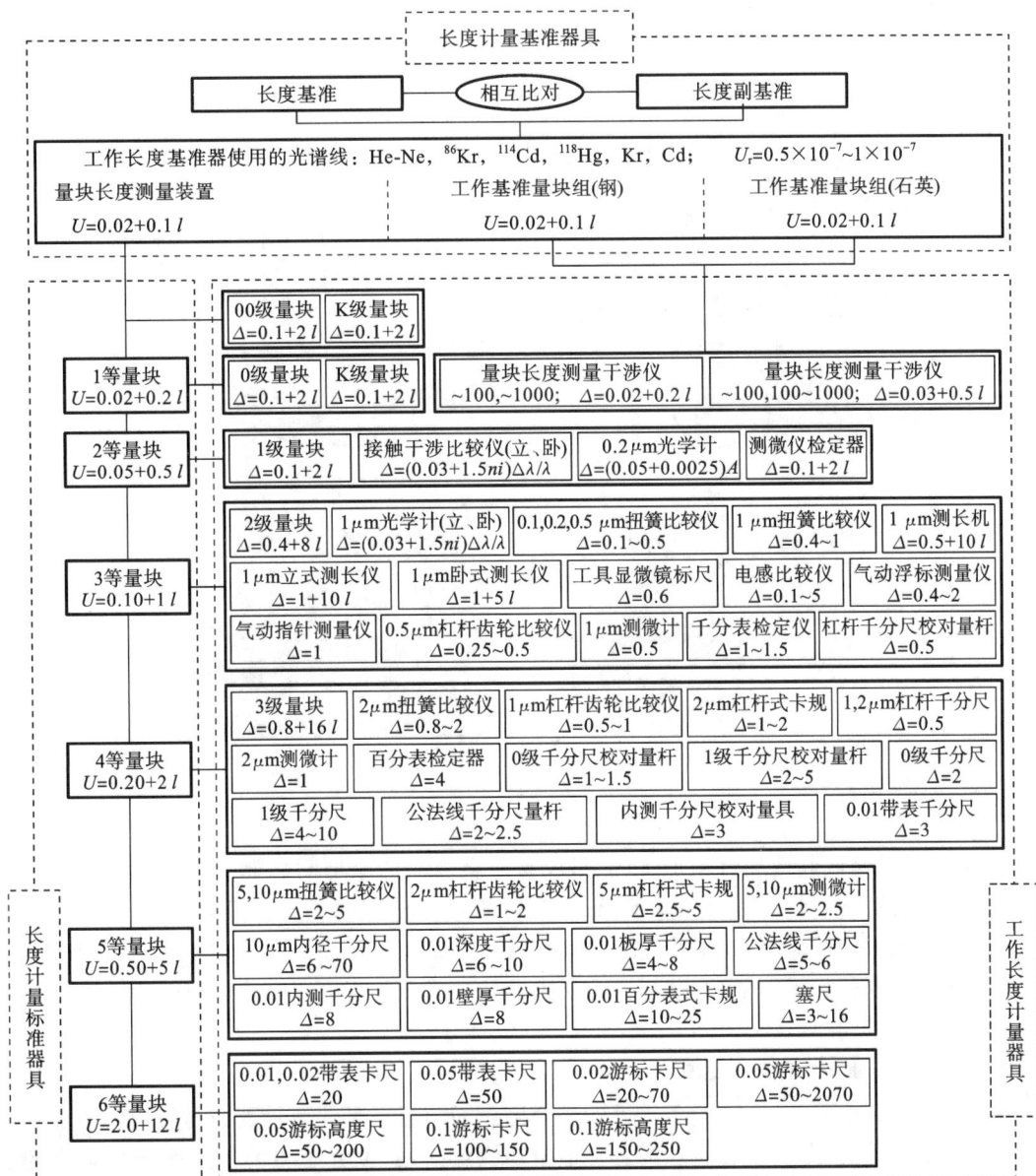

注：① 除标明单位的以外，框图中量程的单位为 mm;
　　② 没有列入图中的计量器具，只要符合规定的要求都可使用。

图 2-1　长度计量器具(量块部分)检定系统框图

U_r—测量结果总的相对不确定度(置信限)(μm);U—测量结果总的绝对不确定度(置信限)(μm);Δ—示值误差(μm);

l—被测的长度(m);n—Δ 检定时,受检间隔在仪器标尺上读出的格数;i—示值的分度值;λ—滤光片波长(μm);

$\Delta\lambda$—滤光片波长的测量误差(μm);A—Δ 公式中被测与标准二者长度之差在仪器上的读数值(μm)

接用于检验零件,或者用于机械加工中的精密划线、机床精密调整等工作。因而,通常把量块称为实用长度基准。

量块采用耐磨材料制造,横截面为矩形,是具有一对相互平行测量面的长方体实物量具,图 2-2(a)所示的为量块的示意图。如图 2-2(b)所示,量块一个测量面上的任一点到与其相对的另一测量面上相研合的辅助体(材料和表面质量应与量块相同)表面之间的垂直距离为量块

的长度 l，对应于未经研合处理的测量面中心点所确定的量块长度，称为量块中心长度 lc。量块上标记的中心长度，用于表明其与长度单位"米"之间关系，该值称为量块的标称长度 ln，也称为量块长度的示值，图 2-2(a)所示量块的示值为 40 mm。

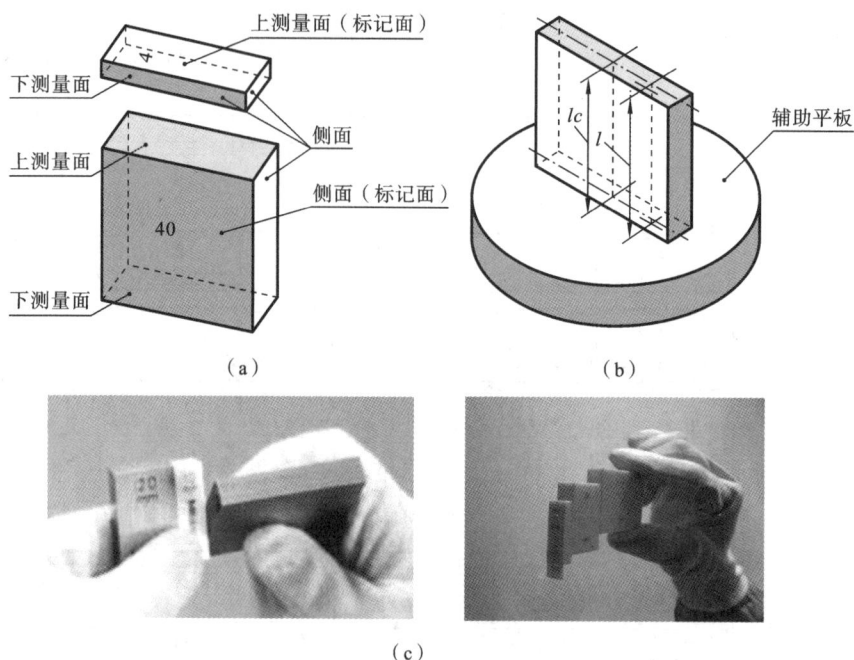

（a）　　　　　　　　　　　　　　（b）

（c）

图 2-2　量块

量块由优质钢或其他经过精加工、能形成易研合表面的耐磨材料制造，一般采用铬锰钢，或选用线膨胀系数小、性质稳定、耐磨、不易变形的其他材料制成。在温度为 10～30℃ 范围内，钢制量块的线膨胀系数应为 $(11.5\pm1.0)\times10^{-6}$ K^{-1}，测量面的硬度应不低于 800HV0.5（或 63 HRC）；在不受异常温度、振动、冲击、磁场或机械力影响的环境下，量块长度尺寸稳定性要求如表 2-1 所示。

表 2-1　量块长度尺寸稳定性要求

级别	量块长度最大允许年变化量
K、0	$\pm(0.02\ \mu m+0.25\times10^{-6}\times ln)$
1、2	$\pm(0.05\ \mu m+0.5\times10^{-6}\times ln)$
3	$\pm(0.05\ \mu m+1.0\times10^{-6}\times ln)$

注：ln 为量块标称长度，单位为 mm。

量块具有可研合特性。量块的可研合性是指量块的一个测量面与另一量块测量面或与另一经精加工的类似量块测量面，通过分子力的作用而相互黏合的性能。产生此种现象是因为量块测量面经过精加工，表面极为光洁、平整，其表面形貌要求如表 2-2 所示。当测量面上留有极薄一层油膜（约0.02 μm）时，加少许压力把两个量块的测量面相互推合，由于分子之间存在吸引力，两个平面将黏合在一起，如图 2-2(c)所示。量块的这一特性使其测量面可以和另一量块的测量面相研合而组合使用，形成所需的不同尺寸，也可以和具有类似表面质量的辅助体表面相研合，用于长度的测量。

作为一种长度计量标准器和实用长度标准量具，国家标准规定以中心长度 lc 的尺寸衡量量块的尺寸精度。对量块尺寸有两项具体要求：一是量块测量面上任意点长度 l 相对于标称长度 ln 的极限偏差 $\pm t_e$，此项要求的目的在于控制测量面各点处的量块实际尺寸偏离其标称尺寸的分散程度；二是量块长度 l 变动量最大允许值 t_v，此项要求的目的在于通过限制长度变动量控制两个测量面的平行度误差。表 2-3 所示的为部分尺寸量块的 $\pm t_e$ 和 t_v 的规定值。

表 2-2　量块测量面表面形貌要求

级别		K 级	0 级	1 级	2、3 级
平面度公差 /μm	$0.5 \leqslant ln \leqslant 150$	0.05	0.10	0.15	0.25
	$150 < ln \leqslant 500$	0.10	0.15	0.18	0.25
	$500 < ln \leqslant 1000$	0.15	0.18	0.20	0.25
表面粗糙度 Ra/μm		0.01		0.016	

注：ln 为量块标称长度，单位为 mm。

表 2-3　量块长度和长度变动量允许值

级别	K 级		0 级		1 级		2 级		3 级	
ln	$\pm t_e$	t_v	$\pm t_e$	t_v	$\pm t_e$	t_v	$\pm t_e$	t_v	$\pm t_e$	t_v
$ln \leqslant 10$	0.20	0.05	0.12	0.10	0.20	0.16	0.45	0.30	1.00	0.50
$10 < ln \leqslant 25$	0.30	0.05	0.14	0.10	0.30	0.16	0.60	0.30	1.20	0.50
$25 < ln \leqslant 50$	0.40	0.06	0.20	0.10	0.40	0.18	0.80	0.30	1.60	0.55
$50 < ln \leqslant 75$	0.50	0.06	0.25	0.12	0.50	0.18	1.00	0.35	2.00	0.55
$75 < ln \leqslant 100$	0.60	0.07	0.30	0.12	0.60	0.20	1.20	0.35	2.50	0.60
$100 < ln \leqslant 150$	0.80	0.08	0.40	0.14	0.80	0.20	1.60	0.40	3.00	0.65

注：ln 为标称长度，单位为 mm；

　　$\pm t_e$ 为测量面上任意点长度相对于标称长度的极限偏差，单位为 μm；

　　t_v 为量块长度变动量最大允许值，单位为 μm。

尽管量块是一种高精度量具，但在其制造过程中同样会存在制造误差，使得其长度尺寸不完全准确，测量面也非理想平面，且两测量面不绝对平行；同时，在对高精度量具进行检定时，也会产生测量误差。因而，为了满足不同应用场合的精度要求，国家标准根据量块的制造精度将其划分为 K 级（校准级）、0 级、1 级、2 级和 3 级共五个准确度"级"别；按量块的检定精度划分为 1 等、2 等、3 等、4 等、5 等、6 等共六个"等"别。

对于量块分"级"和分"等"的共同技术要求，在理化特征方面主要包括材质、尺寸稳定性、测量面硬度等；在几何参数方面主要包括平面度、表面粗糙度、长度及长度变动量。

量块精度"级"和"等"的划分主要区别在于对中心长度的认可：前者依据中心长度的极限偏差评定量块长度的准确度，而后者则依据检定中心长度时的测量不确定度来确定量块长度的准确度。

根据图 2-1 所示的长度计量器具检定系统框图，在检定规程规定的条件下，应使用相应精确度的量块对各"等"量块的尺寸进行测量。其中，1 等量块直接以激光波长为基准，在激光干涉仪上进行绝对测量；其他"等"量块通常以高其一"等"的量块为标准，在规定仪器上采用相对法进行测量。

量块按"级"使用时，所依据的是刻在量块上的标称尺寸，而忽略量块的制造误差；按"等"使用时，所依据的是量块检定证书上记录的实际尺寸，而忽略检定时的测量误差。由此可见，与按"级"使用量块相比，按"等"使用可免除量块制造误差对使用结果的影响，从而获得更高的精度。

量块通常按一定尺寸系列成套生产供应;在实际选用量块时,通常是在一套量块中选取多个量块通过研合组成所需的标准尺寸。由于每块量块都会有自身的制造误差或检定误差存在,为了避免误差的累积,应采用最少块数组成所需标准尺寸。仅从这个角度考虑,可采用"消除尾数法"进行选择。例如,对所需 25.036 mm 的标准尺寸,可用 1.006 mm、1.03 mm、3 mm和 20 mm 的四个量块研合组成。

2.1.2　测量器具和测量方法的基本评价指标

测量器具和测量方法的基本评价指标是选择和使用测量器具以及研究和判断测量方法可行性的依据,其中常用的基本指标如下。

1. 刻度间距 C

刻度间距(scale spacing),是指测量器具标尺上相邻两刻线中心线之间的距离(或圆弧长),如图 2-3 所示。为了便于读数及估读刻度间距内的小数部分,刻度间距不宜过小。一般根据仪器示数度盘的大小,通常取值为 $C=1\sim2.5$ mm。

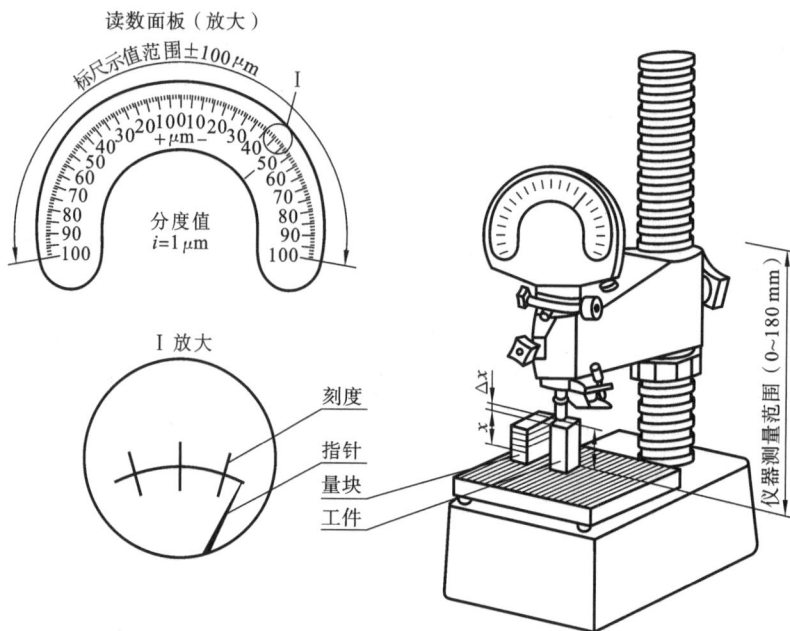

图 2-3　测量器具(机械式比较仪)的基本评价指标

2. 分度值 i

分度值(value of a scale division),又称刻度值,是指测量器具标尺上每一个刻度间距所代表的量值,图 2-3 所示的分度值为 1 μm。一般长度测量器具的分度值 i 取值为 1、0.01、0.001、0.0005 mm 等。数显仪器的分度值也称为分辨力(resolution),它表示最末一位数字间隔所代表的量值。

3. 灵敏度(sensitivity)与放大比(magnification)

对于给定的被测量值,被观测量的增量 ΔL 与其相应的被测量的增量 Δx 之比,称为测量器具的灵敏度。灵敏度有两种表达方式:

绝对灵敏度　　　　　　　　　　　　　$S=\Delta L/\Delta x$　　　　　　　　　　(2-1)

相对灵敏度 $$S_0 = S/x \tag{2-2}$$

式中：x——被测值。

在分子、分母为同一类物理量的情况下，灵敏度亦称为放大比 K。对于一般等分刻度的量仪，其放大比为常数，即

$$K = 刻度间距/分度值 = C/i \tag{2-3}$$

4. 灵敏限

灵敏限（discrimination threshold），又称迟钝度，是指引起测量器具示值发生可察觉变化的被测量的最小变动量，或者说，是不致引起测量器具示值可察觉变化的被测量的最大变动量。

灵敏限或迟钝度表示测量器具对被测值微小变动的不敏感程度，其产生因素是测量器具传动元件间的间隙、元件接触处的弹性变形、摩擦阻力等。由式（2-1）和式（2-3）可知，测量器具在灵敏限内的灵敏度或放大比为零。因此，选用测量器具时应注意，不能用灵敏限大的测量器具来测灵敏限内的微小尺寸变动。

5. 回程误差

回程误差（hysterisis error）是指当被测量不变时，在相同条件下，测量器具沿正、反行程在同一点上的测量结果之差的绝对值。

6. 测量范围

测量范围（measuring range）是指测量器具允许误差限定的被测量值的范围，即测量器具所能测得的最小值至最大值的范围。图 2-3 所示机械式比较仪的测量范围为 0～180 mm。

7. 示值范围

示值范围（range of indication）是指测量器具标尺（或示数装置）上能反映出的被测量的全部数值。图 2-3 所示的示值范围为 ±100 μm。

8. 示值误差

示值误差（error of indication）是指测量器具的示值减去被测量的真值所得的代数差。例如，用千分尺测一薄片厚度，示值为 1.49 mm，而薄片的实际厚度为 1.485 mm，则示值误差为 +0.005 mm。

9. 修正值

修正值（correction），又称校正值，是指为消除系统误差用代数法加到测量结果上的值。修正值与示值误差的绝对值相等而符号相反。如上例，修正值为 −0.005 mm。

10. 示值变动性

示值变动性（variation of indication），又称示值不稳定性是指在测量条件不变的情况下，对同一被测量进行多次重复测量时，系列测得值彼此间的最大差异，即用测得的最大值与最小值之差来衡量示值变动的程度。

11. 测量力

测量力（measuring force）是指在测量过程中，测量头与被测对象之间的作用力。

12. 测量不确定度

由于测量误差的存在，测量结果对被测量真值具有不可避免的分散性。因此对测量器具或测量方法，需用测量不确定度（uncertainty of measurement）来合理地赋予被测量值的分散

性。测量不确定度是与测量结果相联系的参数,在表达测量结果时,其给出被测量的真实值所在的某一量值范围。

用多次重复测量系列测得值(观测列)的标准差表示的测量不确定度,称为标准不确定度(standard uncertainty)。用对观测列进行统计分析的方法来评定标准不确定度,称为不确定度的 A 类评定(type A evaluation of uncertainty),或 A 类不确定度评定;用不同于对观测列进行统计分析的方法来评定标准不确定度,称为不确定度的 B 类评定(type B evaluation of uncertainty),或 B 类不确定度评定。

2.1.3　测量方法和测量器具的分类

1. 测量方法的分类

广义的测量方法是指在测量过程中所采用的测量原理、测量器具及测量条件的综合。而在实际工作中,通常仅依据获得测量结果的方法对测量方法进行分类。

测量方法和
测量器具的分类

1)按测量对象的直接性分类

按测量对象的直接性,测量方法分为直接测量和间接测量。

(1)直接测量　直接测量是指从测量器具的读数装置上直接获得目标量的完整数值或其与标准值偏差的测定方法。

直接测量又可分为绝对测量和相对测量(比较测量)两种方法。绝对测量指直接从仪器上读出目标量的绝对数值的测量方法,如用游标卡尺或千分尺测量零件直径。相对测量则是指从读数装置上得到目标量与标准值之间的偏差值的测量方法,此时目标量的实际值为偏差值与标准值的代数和。例如,采用经过量块调整零位的比较仪测定零件尺寸。

(2)间接测量　间接测量是指测量其他相关量,并通过数学公式计算得到目标量的方法。例如,在测量大直径圆柱形零件时,可以先测量其周长 L,然后通过公式 $D=L/\pi$ 计算得到直径 D。

2)按零件上同时测量参数的数量分类

按零件上同时测量参数的数量,测量方法可分为综合测量和单项测量。

(1)综合测量　综合测量时,同时测量零件几个相关参数的综合效应或综合参数。例如,用螺纹环规对螺纹进行测量,是通过测量螺纹中径、螺距、牙型角等参数的综合效应来判断螺纹合格与否的。

综合测量一般效率较高,对保证零件的互换性更为可靠,常用于完工零件的检验(终检),但不方便对零件进行工艺分析。

(2)单项测量　单项测量时,分别测量零件的各个参数。例如,分别测量螺纹的实际中径、螺距、半角等,判断各参数是否满足设计给出的公差要求。

单项测量分别测量零件的各组成参数,一般用于检验工序尺寸,能在工艺过程中及时剔除废品并方便零件制造工艺分析。但从判断整体零件合格与否的角度看,单项测量效率较低。

3)按被测工件表面与量仪之间是否有机械作用力分

按被测工件表面与量仪之间是否有机械作用力,测量方法可分为接触测量和非接触测量。

(1)接触测量　接触测量时,仪器的测量头与被测零件表面直接接触,并有机械作用力存在。接触形式有点接触(如用球形测头测量平面)、线接触(如用平面测头测量外圆柱体的直径)及面接触(如用平面测头测量平面)。

接触测量对被测表面油污、切削液和极微小振动不甚敏感,但接触的测量力会引起零件表面的划伤及测头磨损,同时测量力也会引起测量系统的变形。

(2)非接触测量　非接触测量时,仪器的测量头与被测零件之间没有机械作用的测量力。例如,光学投影测量、气动测量等。

非接触测量没有机械力的作用,没有划伤和磨损,但被测表面的清洁度、测量头与被测表面间介质的状况往往会影响测量结果。

4)按测量在机械加工工艺过程中所起的作用分

按测量在机械加工工艺过程中所起的作用,测量方法可分为被动测量与主动测量。

(1)被动测量　被动测量是零件加工后进行的测量。被动测量的测量结果用于判断零件合格与否,发现并剔除废品,同时可用于加工误差的工艺分析,但零件合格与否已既成事实,被动测量不能及时防止废品产生。

(2)主动测量　主动测量是零件加工过程中进行的测量。此时,可根据测量结果及时判断是否需要继续加工并对工艺系统做相应调整,由于它能直接控制零件的加工过程,故能防止废品的产生。主动测量使技术测量与加工工艺密切联系在一起,是实现零废品生产的技术基础,但由于在加工过程中进行测量,测量的精度往往会受到测量原理和技术水平的制约。

此外,按照被测的量或零件在测量过程中所处的状态,测量方法可分为静态测量和动态测量等两类;按照在测量过程中,决定测量精度的因素或条件是否相对稳定,测量方法可分为等精度测量和不等精度测量等两类。

2. 测量器具的分类

机械制造中用于长度量测量的器具可按其测量原理、结构特点及用途等,分为以下四类。

(1)基准量具　基准量具是测量中体现标准量的量具。其中:体现固定量值的标准量的,为定值量具,如基准米尺、量块、角度量块、多面棱体、直角尺等;体现一定范围内各种量值的标准量的,为变值基准量具,如刻线尺、钢皮尺、量角器等。

(2)极限量规　极限量规是用于检验零件尺寸、形状或相互位置的无刻度专用检验工具,通常成对(通规和止规)使用。用极限量规检验工件时,只能判断零件合格与否,无法获得具体数值表达的测量结果。

(3)检查夹具　检查夹具是一种专用检验工具,用于检查多个或复杂的参数。

(4)通用测量器具　通用测量器具可测量一定范围内的各种参数,并以具体数值表达测量结果。常见的通用测量器具类型如下:游标量具,如游标卡尺、游标高度尺、游标量角器等;微动螺旋量具,如外径千分尺、内径千分尺、深度千分尺等;机械量仪,如百分表、千分表、杠杆齿轮比较仪、扭簧比较仪等;光学量仪,如光学比较仪、测长仪、投影仪、干涉仪、工具显微镜等;气动量仪,如水柱式气动量仪、浮标式气动量仪等;电动量仪,如电感式比较仪、电容式比较仪、轮廓仪等。

习惯上,一般常将结构简单,主要在车间使用的测量器具称为量具;将结构复杂、精度高,主要在计量室和实验室使用的测量器具称为量仪。

按计量学的观点,测量器具还可按以下标准分类:按输出特性,可分为单值测量器具和变值测量器具;按同时能测得尺寸的数目,分为单尺寸或多尺寸测量器具;按测量过程自动化程度,分为非自动、半自动或全自动测量器具。

2.2　被测长度量在测量中的基本变换方式

在长度测量中,被测量包括尺寸和角度,因此测量仪器或装置在测量过程中往往需要感知被测对象的微小位移量。通常可用不同原理的敏感元件来获取该微小的位移信息,并将其放大及处理后显示在测量仪器或装置的指示表上。为了便于信息的获取、放大、传递和显示,需要用适当的变换方式将微小的位移量放大或转换成其他相应的物理量再放大。

按变换原理,常见的变换方式有机械变换、气动变换、光学变换和电学变换等四种类型。

1. 机械变换

在机械变换中,被测量值的变化将导致测量头产生相应的位移,由特定机构组成的机械变换器对感知的位移进行放大。

1)螺旋变换

图 2-4(a)所示的为基于螺旋变换原理的螺旋测微机构简图。图中的测微螺杆(导程 P)的左端为测量面,右端与转筒(半径 R)固联为一体;测量过程中,当转筒回转 θ 角时,测微螺杆在螺母中轴向移动距离 $x=(\theta/(2\pi))P$;而螺母与其上的固定刻线不动,此时转筒外表面上的刻线相对固定刻线的圆周位移为 $y=R\theta$。故螺旋测微机构的放大比为

$$K=y/x=2\pi R/P \tag{2-4}$$

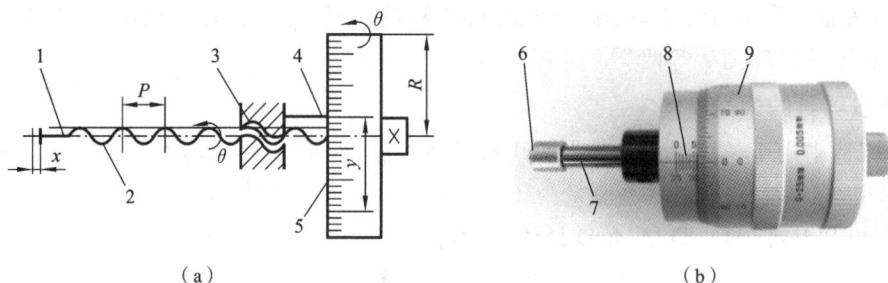

（a）　　　　　　　　　　　　　　　　（b）

图 2-4　螺旋变换

1—测杆;2,7—测微螺杆;3—螺母;4,8—固定刻线;5,9—转筒;6—测量面

图 2-4(b)所示的为一螺旋千分尺,其转筒刻线处半径 $R=23.88$ mm,测微螺杆螺距 $P=1$ mm,故其放大比 $K\approx150$。

2)杠杆变换

杠杆变换是利用不等臂杠杆的工作原理,将测头感受的被测量值的变化放大的一种变换形式。即在测杆感受被测量值变化并产生位移后,杠杆将产生角位移,带动指针回转,使指针端点沿其周向产生放大的位移。

按照测量过程中杠杆短臂长度是否变化,杠杆变换有正弦杠杆变换和正切杠杆变换两种类型。

图 2-5(a)所示为正弦杠杆变换原理简图。在测量过程中,杠杆短臂长度 a 保持不变,测杆位移 x 与杠杆转角 φ 之间遵循 $x=a\sin\varphi$ 的正弦函数关系。其放大比为

$$K=y/x=R\varphi/(a\sin\varphi) \tag{2-5}$$

为便于读取数据及刻制标尺,通常希望指针端点所指标尺的刻度为均匀刻线。由于在 φ 较小时有 $\varphi\approx\sin\varphi$,此时,$x\approx a\varphi$,为近似线性关系,则式(2-5)取 $K\approx R/a$。因而,在 φ 较小,即测量示值范围较小时,基于正弦杠杆传动原理的测量仪标尺可制成均匀刻度,但会带来测量原

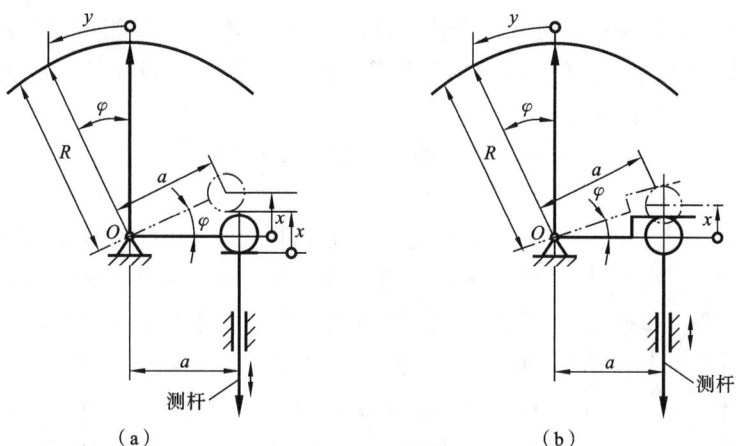

（a）　　　　　　　　　　　　（b）

图 2-5　杠杆变换

理误差，其值为

$$\Delta x = a\varphi - a\sin\varphi \approx a\varphi^3/6 \tag{2-6}$$

图 2-5(b)所示的为正切杠杆变换原理简图。在测量过程中杠杆短臂长度是变化的，测杆位移 x 与杠杆转角 φ 之间遵循 $x = a\tan\varphi$ 的正切函数关系。其放大比为

$$K = y/x = R\varphi/(a\tan\varphi) \tag{2-7}$$

与正弦机构类似，在 φ 较小，即测量示值范围较小时，基于正切杠杆传动原理的测量仪的标尺可制成均匀刻度，但会带来测量原理误差，其值为

$$\Delta x = a\varphi - a\tan\varphi \approx a\varphi^3/3 \tag{2-8}$$

杠杆变换的传动原理会导致测量仪器存在上述的测量原理误差，在仪器设计与制造中，应采用补偿和结构优化的方法将此种传动误差减小。

3）弹簧变换

弹簧变换是利用特制弹簧的弹性变形，将测头感受到的被测量值的变化放大的一种变换形式。弹簧变换有平行片簧变换和扭簧变换两种类型，其中以扭簧变换应用更为广泛。

扭簧用薄而长的金属带（见图 2-6(a)）制成。将金属带两端固定（仅限制转动，长度方向可移动），然后在其中部按某一方向扭转，经工艺处理后形成扭簧（见图 2-6(b)）。图 2-6(c)所

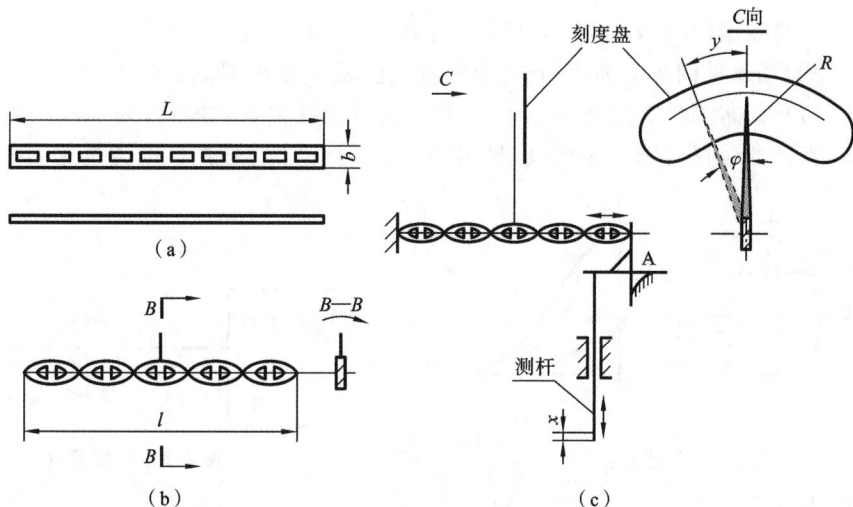

（a）　　　　　　　　　　　（b）　　　　　　　　　　　（c）

图 2-6　扭簧变换

示为扭簧变换原理简图,图中,扭簧的一端固定,另一端与弹簧桥 A 相连。测杆上升带动弹簧桥的上端向右移动时,扭簧拉伸 Δl,从而使扭簧中部臂长为 R 的指针偏转角度 φ。实验证明,图 2-6 所示结构扭簧变换放大比为

$$K = y/x \approx (R\varphi/\Delta l) \times 2\pi/360° \tag{2-9}$$

4) 齿轮变换

齿轮变换是通过齿轮传动系统,将测头感受的被测量值的变化放大的一种变换形式。图2-7所示的为齿轮变换原理简图,图中,测杆上的齿条与小齿轮 Z_1(齿数为 z_1,模数为 m)啮合,大齿轮 Z_2(齿数为 z_2)与 Z_1 固定在同一转轴上;Z_2 与小齿轮 Z_3(齿数为 z_3)啮合,指针与 Z_3 固定在同一转轴上。通过齿轮传动,测杆的位移 x 转换为指针的位移 y,其放大比为

$$K = y/x = \frac{2Rz_2}{mz_1z_3} \tag{2-10}$$

这种变换无传动原理误差,测量范围很大。但受齿轮传动的制造和安装误差的影响,变换精度不高。

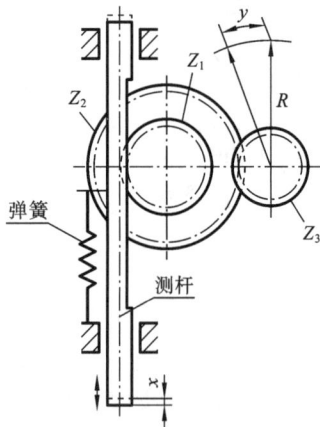

图 2-7　齿轮变换

2. 气动变换

气动变换是将被测量值的变化转换成压缩空气的压力或流量变化的一种变换形式。利用气动变换原理,可制成多种气动量仪,如低压水柱式、浮标式、薄膜式、水银柱差压式、带差动测头的波纹管式等形式的气动量仪;同时,按感知压力或流量方式,它又可分为气-电结合的气电式量仪、气-光结合的气动光学式量仪等几种。

1) 气压变换

图 2-8(a) 所示的为一种气压变换的原理简图。具有恒压 p_0 的压缩空气,经主喷嘴 R_0 进入测量室,再通过测量喷嘴 R 和喷嘴前的间隙进入大气。当间隙大小 z 发生变化时,测量室的气压 p 将随之改变。这样,就把尺寸变化转换成为气压变化信号,且测量气室压力 p 与输入压缩空气的压力 p_0 有如下关系:

$$p = \frac{p_0}{1+(f/f_0)^2} = \frac{p_0}{1+(4dz/d_0^2)^2} \tag{2-11}$$

式中:f_0——主喷嘴截面积,若主喷嘴直径为 d_0,则 $f_0 = \pi d_0^2/4$;

f——测量喷嘴前间隙的通流面积,若测量喷嘴直径为 d,则 $f = \pi dz$。

由式(2-11)可知,测量室的气压 p 与间隙 z 成非线性关系。因此,为了减小测量结果的非线性误差,设计的量仪应以 p-z 曲线(见图 2-8(b))上近似直线的区间为量仪的工作区间。

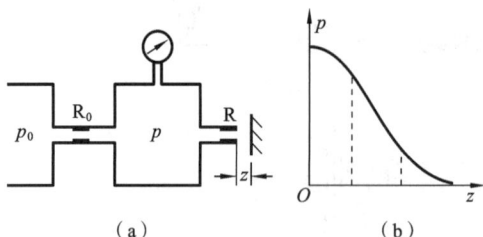

（a）　　　　　　　　　（b）

图 2-8　气压变换　　　　　　　　　　图 2-9　气流变换

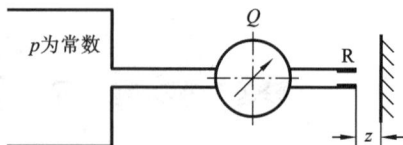

2) 气流变换

图 2-9 所示的为一种气流变换的原理简图。当间隙 z 变化时,由喷嘴 R 流出的空气流量

也相应变化,从而将尺寸变化转换成气流的流量变化信号。

3. 光学变换

光学变换主要利用光学成像的放大或缩小、光束方向的改变、光波干涉和光的基本参数(如光强、波长、频率、相位等)的变化等原理,实现对被测量值的变换。光学变换是一种高精度的变换方式,在长度测量方法中应用非常广泛。

1) 影像变换

光学影像变换采用光学系统将被测对象成像于目镜视场、屏幕或各种光电变换器件上,以便于瞄准或观测。

图 2-10(a)所示的为显微光学系统。光源 O 点位于聚光镜组 C 的焦点上,光源射出的光线经聚光镜汇聚成平行光束后照射到物体 P_1P,再经物镜 L_1 在影屏面上成像 $P_1'P'$。若物体和像对物镜的距离分别为 u 与 v,则放大比为

$$K = v / u \tag{2-12}$$

(a)

(b)

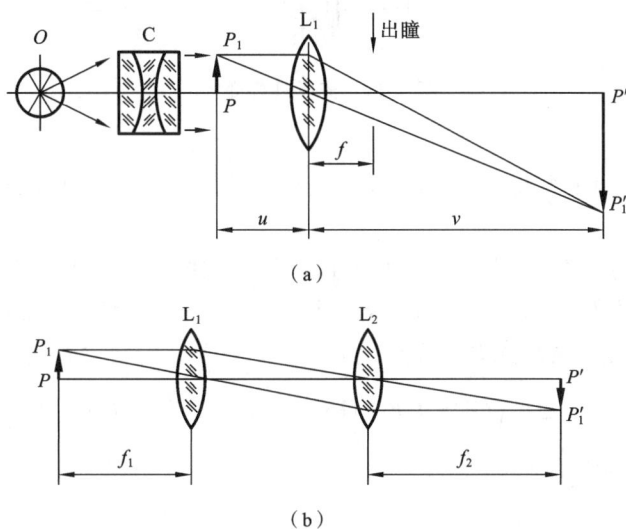

图 2-10　影像变换

若物体 P_1P 是标尺的位移量,则通过物镜变换放大后变为 $P_1'P'$。

图 2-10(b)所示的为准直光学系统及望远镜光学系统。物体 PP_1 位于透镜 L_1 的焦平面上,经透镜 L_1 和 L_2 后成平行光束,在 L_2 的焦平面上成像 $P'P_1'$。其放大比为

$$K = f_2 / f_1 \tag{2-13}$$

2) 光学杠杆变换

光学杠杆变换是将测头感受的被测量值的变化,通过光学杠杆改变光路,转换为标尺影像的位移的一种变换形式。

图 2-11 所示的为光学杠杆的光路原理。图中透明玻璃标尺位于物镜的焦平面上,光源发出的光线透射标尺并经物镜汇聚成平行光束,平行光束由平面反射镜反射后再通过物镜成像于焦平面上。测量时,被测尺寸变化引起测杆位移 x,导致反射镜偏转 α 角,则反射镜的反射光线相对入射光线偏转 2α 角,使原成像于标尺 O 点的影像移至 O' 点,移动了 $y = f\tan 2\alpha \approx 2f\alpha$,而 $x = a\tan\alpha \approx a\alpha$,故放大比为

$$K = y / x = \frac{f\tan 2\alpha}{a\tan\alpha} \approx 2f/a \tag{2-14}$$

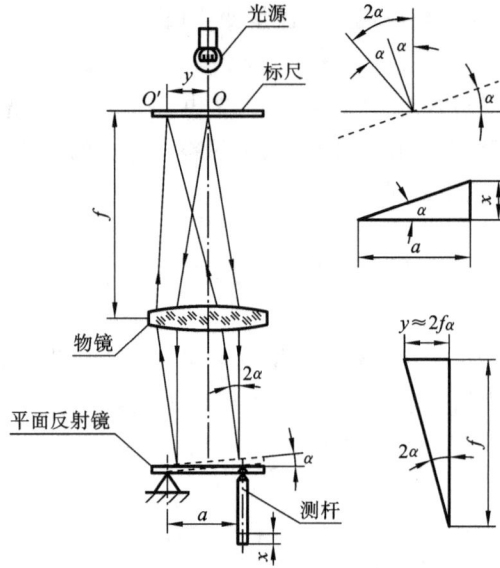

图 2-11　光学杠杆变换

3) 光波干涉变换

光波干涉变换是利用光波干涉原理,将被测量的尺度信息转换成干涉带信息输出的一种变换形式。

如图 2-12(a)所示,光学平晶与另一反射面之间形成的空气间隙为 h,单色光线 AB 射入平晶至 C 点并分成两路:一路自 C 点反射,经 F 点至 J 点;另一路在 C 点折射至 D 点并反射,依次经过 E、G 至 K 点。两路光线的光程差为

$$\Delta = \left(CD + DE + GK + \frac{\lambda}{2}\right) - (FL + LJ)$$

式中:λ——入射单色光的波长。

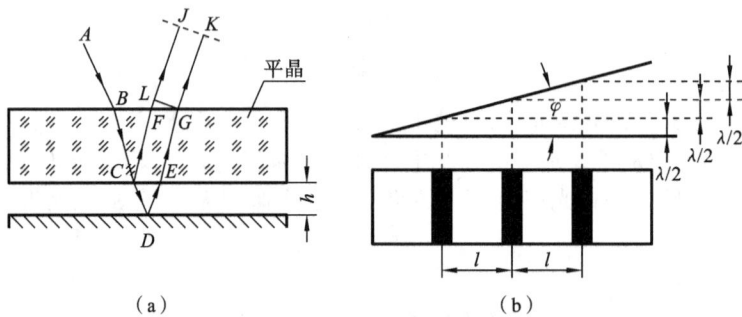

（a）　　　　　　　　　　　　　（b）

图 2-12　光波干涉变换

因为光线自 D 点的反射是光密介质的反射,有半波长的损失,所以要加上 $\lambda/2$。当光线是垂直入射时,$FL = 0$,$CD = DE = h$,$GK = LJ$,则

$$\Delta = 2h + \frac{\lambda}{2}$$

当光程差 Δ 为半波长的偶数倍时,光线加强最多,形成亮带;当光程差 Δ 为半波长的奇数倍时,光线减弱,形成暗带。

当平晶与反射面之间形成图 2-12(b)所示的小夹角 φ 的空气隙时,若反射面很平,则可看

到许多相互平行的明、暗相间的干涉带。相邻两条暗带或相邻两条亮带之间的距离为 l，与其对应的空气隙厚度差为 $\lambda/2$。改变夹角 φ，则干涉带的间距 l 也将随之变化。

以气隙 h 的变化为测量输入信号 x，而以干涉带间距 l 为输出信号 y。当 $x=\lambda/2$ 时，$y=l$，则放大比为

$$K=\frac{y}{x}=\frac{l}{\lambda/2}=\frac{1}{\tan\varphi} \tag{2-15}$$

因此，改变 φ 角，可改变放大比。

在光学计量仪器中，利用干涉原理制成的仪器很多，包括用于长度基准量值传递的干涉仪等。用于长度绝对测量的仪器，有量块绝对测量干涉仪、测量大尺寸的通用干涉仪、NPL（英国国家物理研究所）干涉仪、激光干涉测长仪等；用于长度比较测量的仪器，有接触式干涉仪、非接触干涉内径测量仪、非接触式干涉指示仪等。此外，还有用于测量精密角度、形状误差和微观表面形貌等的干涉仪。

4. 电学变换

电学变换是将被测量值的变化转换成电阻、电容、电感等有关电学参数的变化，并由测量电路输出相应的电压、电流、电脉冲或频率等，从而把长度量的变化转换成电参数变化的一种变换形式。

1）电容变换

电容变换是将被测量值的变化转换成电容量的变化，并由后续测量电路输出相应电信号的一种变换形式。根据电学原理，由两个平行板组成的电容器的电容量为

$$C=\varepsilon A/d \tag{2-16}$$

式中：C——电容量；

ε——电容极板间介质的介电常数，对真空 $\varepsilon=\varepsilon_0$；

A——两平行板覆盖的面积；

d——两平行板之间的距离。

根据此式，当被测量值变化，使得 d、A 或 ε 发生变化时，电容量也随之变化，由此可构成图 2-13 所示的变极距式、变极板面积式和变介质式三种基本电容变换形式。

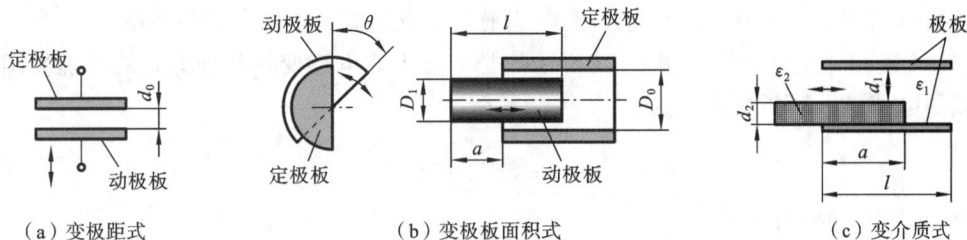

（a）变极距式　　　　　（b）变极板面积式　　　　　（c）变介质式

图 2-13　电容变换

图 2-13(a)所示的为变极距式电容变换原理简图。图中初始状态下电容量为 C_0，极板间的初始距离为 d_0。设当电容的动极板随被测量值的变化而缩小 Δd 时的电容量为 C_1，由式(2-16)可知，电容量 C 与极板距离成非线性的双曲线关系，但若 $\Delta d \ll d_0$，则有

$$C_1 \approx C_0 + C_0 \Delta d/d_0$$

这时 C_1 与 Δd 成近似线性关系。因而，变极距式电容变换通常用于 Δd 在极小范围内变化的情况。

图 2-13(b)所示的为两种变极板面积式电容变换原理简图。其中左图所示的变换原理为：当图示动极板有一个 θ 角位移时，其与定极板的重叠面积发生改变，从而使两极板间的电容量改变。当 $\theta=0$ 时，电容量 $C_0=\varepsilon_1 A_0/d$，ε_1 为介电常数，A_0 为初始重叠面积。测量时，动极板随被测量值变化而转动 θ 后，重叠面积变为 $A=A_0(1-\theta/\pi)$，电容量改变为 C_1：

$$C_1=C_0-C_0\,\theta/\pi \tag{2-17}$$

可以看出，这种形式的电容变换用于角位移测量，且电容量与角位移成线性关系。

图 2-13(b)右图所示的圆柱形的电容变换原理为：当图示圆柱形动极板在圆筒形定极板内发生相对位移时，极板间的覆盖面积发生改变，从而使两极板间的电容量改变。初始位置，即图示 $a=0$ 时，动、定极板相互覆盖，此时电容量 $C_0=2\pi\varepsilon_1 l\ln(D_0/D_1)$，其中，$\varepsilon_1$ 为介电常数，l、D_0 和 D_1 的单位为 cm，C_0 的单位为 pF。当动极板随被测量值的变化而在定极板内移动 a 时，电容量变为

$$C_1\approx C_0-C_0\,a/l \tag{2-18}$$

此式表明，电容量与被测量值变化引起的位移基本上成线性关系。圆柱形极板可以减小径向移动对输出的影响，且构成的变换器更为紧凑。

图 2-13(c)所示的为变介质式电容变换原理简图。当极板间没有介电常数为 ε_2 的介质时，电容量

$$C_0=\varepsilon_1 bl/(d_1+d_2)$$

式中：ε_1——介电常数；

　　　b——极板宽度。

当介电常数为 ε_2 的介质随被测量值的变化而在两极板内移动 a 时，电容量变为

$$C_1=C_0+C_0\times\frac{a}{l}\times\frac{1-\varepsilon_1/\varepsilon_2}{d_1/d_2+\varepsilon_1/\varepsilon_2} \tag{2-19}$$

此式表明，图 2-13(c)所示变介质式电容变换中，电容量 C 与被测量值变化引起的位移成线性关系。

2）电感变换

电感变换是将被测量值的变化转换成电感量的变化，由后续测量电路给出相应电输出的一种变换形式。电感变换可分为变磁阻式（自感式）、互感式及电涡流式等类型。

（1）变磁阻式电感变换　图 2-14 所示的是变磁阻式电感变换几种方式的原理简图。图中线圈的电感量 L 可近似表示为

$$L\approx\frac{N^2\mu_0 s}{2\delta} \tag{2-20}$$

式中：L——电感量（H）；

　　　N——线圈匝数；

　　　μ_0——空气磁导率（H/cm）；

　　　s——通磁气隙截面积（cm²）；

　　　δ——气隙厚度（cm）。

式(2-20)表明，在 N 和 μ_0 为定值的情况下，电感量 L 与气隙厚度 δ 成反比，与通磁气隙截面积 s 成正比。因此，将测头以适当的形式与衔铁连接，测量时被测量值的变化通过测头带动衔铁改变 δ（变气隙厚度式，见图 2-14(a)）或改变 s（变气隙截面积式，见图 2-14(b)），从而改变磁阻使电感量发生相应的变化。

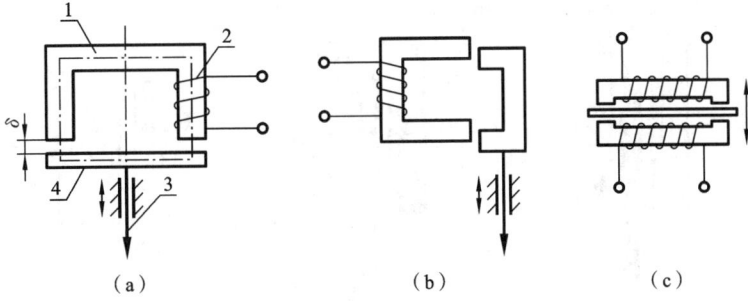

图 2-14　变磁阻式电感变换

1—铁芯；2—感应线圈；3—测头；4—衔铁

对于变气隙厚度式变换，若忽略二次以上高次项，则其变换的灵敏度为

$$S = \left| \frac{L_0}{\delta_0} \right| \tag{2-21}$$

式中：L_0、δ_0——初始时的电感量和气隙厚度。

由于 L 与 δ 的关系非线性，变气隙厚度式通常在 δ 变化较小时近似线性，限制了测量范围。

为提高灵敏度并减小环境影响，可将两个相同的变气隙厚度式变换器组成差动结构（见图 2-14(c)）。对于差动变气隙厚度式变换，若忽略高次项，则其变换的灵敏度将提高 1 倍，即

$$S = \left| \frac{2L_0}{\delta_0} \right| \tag{2-22}$$

（2）互感式变换　　上述电感变换均为自感式，将被测量值的变化转换为线圈电感量变化。互感式变换则利用差动变压器结构，通过被测量值引起的互感系数变化来实现长度量的测量。图 2-15 所示的为螺管形差动变压器互感变换的原理简图。螺管形差动变压器的结构形式有三段式和两段式两种，分别如图 2-15(a) 和图 2-15(b) 所示，图 2-15(c) 所示的为其电路原理图。若在图示变压器的初级线圈 N_0 中输入交流电 $\dot{U}_i$，则两个差动连接的次级线圈 N_1、N_2 将互感应出电势。当插在线圈中央的铁芯 b 在螺管轴线上移动时，次级线圈 N_1、N_2 的互感系数 M_1、M_2 将发生变化量为 ΔM 的改变，导致具有 $180°$ 相位差的互感电势 $\dot{U}_1$、$\dot{U}_2$ 随之改变，从而二者反极性串接后的输出电压 $\dot{U}_o$ 亦发生相应的变化。输出电压 $\dot{U}_o$ 的有效值为

$$\dot{U}_o = \frac{\omega(M_1 - M_2)\dot{U}_i}{\sqrt{R_{N_0}^2 + (\omega L_{N_0})^2}} \tag{2-23}$$

式中：ω——激励电压的频率；

L_{N_0}、R_{N_0}——初级线圈的电感和损耗电阻。

当铁芯处于中间平衡位置时，$M_1 = M_2 = M$，此时 $\dot{U}_o = 0$。

当铁芯上移时，N_1、N_2 的互感系数分别变为 $M_1 + \Delta M$、$M_2 - \Delta M$，此时 $\dot{U}_o$ 与 $\dot{U}_1$ 同极性，且

$$\dot{U}_o = \frac{2\omega\Delta M\dot{U}_i}{\sqrt{R_{N_0}^2 + (\omega L_{N_0})^2}}$$

当铁芯下移时，N_1、N_2 的互感系数分别变为 $M_1 - \Delta M$、$M_2 \rightarrow M_2 + \Delta M$，此时 $\dot{U}_o$ 与 $\dot{U}_2$ 同极性，且

$$\dot{U}_o = \frac{-2\omega\Delta M\dot{U}_i}{\sqrt{R_{N_0}^2 + (\omega L_{N_0})^2}}$$

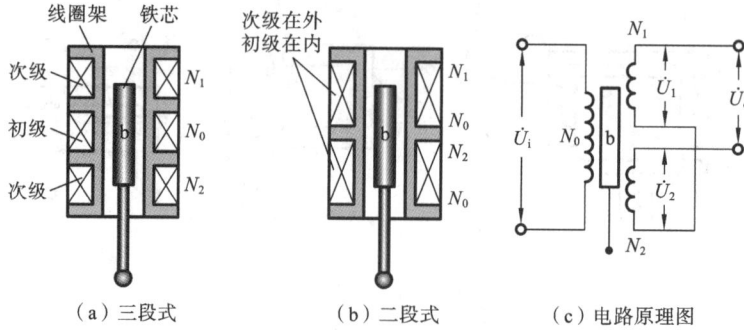

（a）三段式　　　　　　（b）二段式　　　　　（c）电路原理图

图 2-15　螺管形差动变压器互感变换

电感变换具有结构简单，内部结构无磨损，无活动电触点，工作寿命长的特点；基于电感变换的测量仪器的灵敏度和分辨率高，能测出 $0.01\ \mu m$ 的位移变化；同时，电感变换的线性度和重复性都比较好，在几十微米到数毫米的测量范围内的非线性误差可达 $0.05\%\sim0.1\%$，并且稳定性好。因而，电感变换被广泛应用于长度测量中。当然，电感变换也具有频率响应较低、不宜用于快速动态测量的缺点。

5. 数字式变换

随着微型计算机技术的迅速发展及其在科技领域和工程应用中的广泛渗透，测量技术也发展到数字化阶段，其中测量信息获取的数字变换技术使测量更为便捷可靠。较之模拟变换，数字变换具有更高的分辨力和测量精度、抗干扰能力更强、稳定性更好，易于计算机采集数据，便于信号处理和实现自动化测量等一系列优点。常用的数字变换类型包括光栅变换、磁栅变换、编码器变换、频率输出变换、感应同步器变换等类型，以下仅介绍其中几种典型形式。

1）光栅变换

光栅变换利用光栅作为敏感元件，当被测量量发生变化引起光栅相对位移时，在两块光栅之间产生莫尔条纹，通过光电探测器检测条纹变化，将位移转换为电信号。光栅变换可用于精密测量直线位移或角度位移。

光栅主要分为物理光栅和计量光栅两类，其中计量光栅又分为直线光栅和圆形光栅，分别用于直线和角度位移测量。

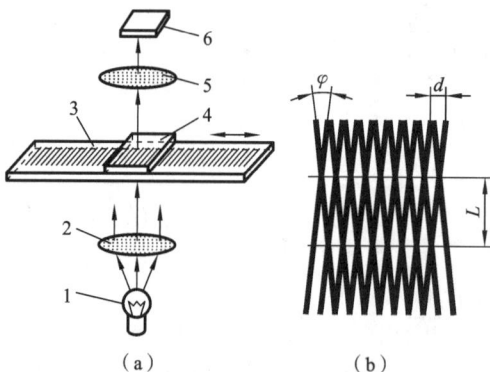

（a）　　　　　　（b）

图 2-16　光栅变换

1—光源；2,5—聚光镜；3—主光栅；
4—指示光栅；6—光电接收器

光栅由等间距的遮光刻线（间距为 d）和透光缝隙组成。图 2-16(a)为光栅读数头结构示意图：主光栅 3 与指示光栅 4 的刻线面平行贴合，二者之间保持 $0.01\sim0.1$ mm 的间隙，并保持一个小夹角 φ。光源 1 发出的光经聚光镜 2 汇聚成平行光束，透过两栅刻线不重合处形成清晰的莫尔条纹（见图 2-16(b)），再经聚光镜 5 汇聚投射到光电接收器 6（通常为硅光电池）上，将莫尔条纹信息转换为电信号输出。

测量时，指示光栅 4 固定不动，主光栅 3 沿与刻线垂直方向随被测件运动。当主、指示光栅相对移动 Δx 时，莫尔条纹沿刻线方向移动，其移动距离记为 L；当主光栅移动一个栅距 d，

莫尔条纹移动一个条纹间距 L，由此光栅变换具有放大特性，其放大比为

$$K = L/d \approx 1/\varphi \tag{2-24}$$

式中：φ 的单位为 rad，适当调整 φ 角，可使条纹间距 L 比光栅栅距 d 放大数百倍，适合于位移的精密测量。

2）磁栅变换

磁栅变换基于磁电变换原理，是一种将磁信号转换成电信号的变换形式。磁栅变换由磁尺或磁盘（磁栅）、磁头和检测电路完成（见图 2-17）。

磁栅由在不导磁金属带基体上均匀涂覆一层薄磁膜而形成，然后利用录磁技术在磁栅上记录一定节距 W 的磁化信号（通常是正弦波或矩形波信号）形成图 2-17 所示的栅状磁化图形。磁栅的栅条数一般在 100～30000 之间，栅距应大于 0.04 mm。

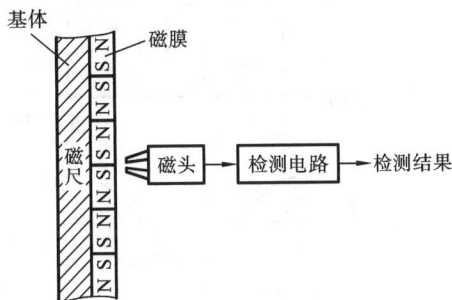

图 2-17　磁栅变换

磁头通过其感应线圈来拾取磁栅上记录的磁化信号，一般分为静态和动态两种方式。

静态磁头上另有一被施加交变激励信号的绕组，其每周期两次使磁头的铁芯磁饱和，从而阻断磁栅上的信号磁通，仅在激励信号两次过零时，磁栅上的信号磁通才通过输出绕组的铁芯而产生感应电势。其输出电压为

$$U = U_{\mathrm{m}} \sin \frac{2\pi x}{W} \sin \omega t \tag{2-25}$$

式中：U_{m}——幅值系数；

x——磁头与磁栅的相对位移；

W——磁栅的节距；

ω——激励信号的 2 倍角频率。

动态磁头上仅有输出绕组，因而只有在磁头相对磁栅运动时，磁头输出绕组才输出一定频率的正弦信号。动态磁头的输出信号在 N-N 处和 S-S 处分别达到正向峰值和负向峰值，其幅值取决于相对运动的速度。

再由检测电路根据磁头输出的电信号将磁头相对于磁栅的位置或位移量用数字信号输出，供结果显示或用做控制信号。

3）感应同步器变换

感应同步器（又称为平面变压器）基于电磁变换原理，由两个类似于变压器初、次级的平行印制电路绕组构成，其通过两绕组互感量随位置的变化而变化来检测位移量。感应同步器可分为直线式和旋转式等两种类型。

直线感应同步器（见图 2-18(a)）定尺和动尺均用绝缘黏合剂将铜箔粘贴在矩形金属基板上，再将铜箔以一定的间距（2τ）刻制成平面矩形绕组线路。定尺上有一个绕组，动尺上有相差为 1/4 间距（$\tau/2$）的正弦和余弦两个平面绕组线路。旋转感应同步器（见图 2-18(b)）定子和转子用与直线感应同步器相同的工艺制作在圆盘形基板上。定子和转子相当于直线感应同步器的定尺和动尺。

安装时，定尺与动尺（定子和转子）面对面贴合，二者间留有 0.05～0.25 mm 间隙。直线感应同步器的定尺可由多块拼合而成，故测量范围可达几十米。

感应同步器的工作原理类似于图 2-18(c)所示旋转变压器，当 $\theta = 0$ 时，转子线圈与线圈 A

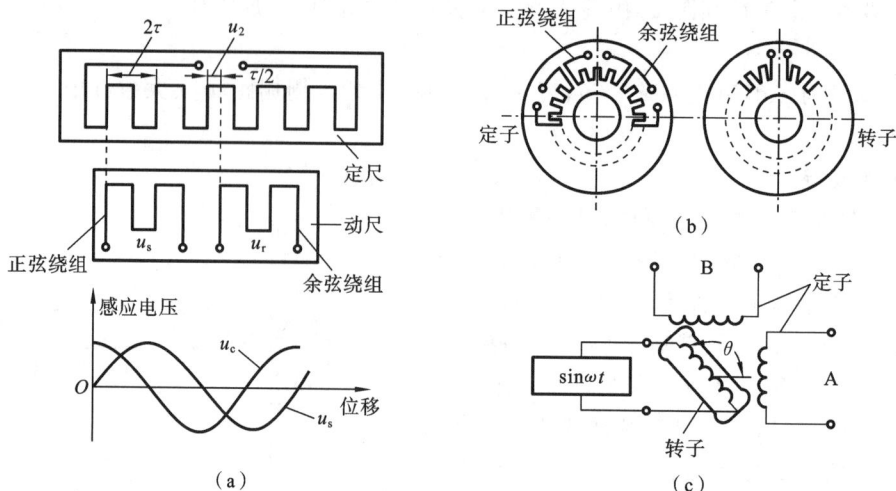

图 2-18 感应同步器

垂直,无电磁耦合,而与线圈 B 平行,达到最大耦合。直线感应同步器的情况与之相同,一个间距正好相当于旋转变压器的一转(称为 360°电角度)。因此,如果在动尺的两个绕组中分别通以一定频率的交流电,在定尺绕组中将产生感应电动势,它的幅值和相位与动尺相对于定尺的位移有关,通过监幅器或鉴相器鉴别其幅值的大小或相位的数值,就可以得到位移的变化。

感应同步器具有精度高、工作可靠、寿命长、抗干扰能力强等特点,主要用于测量线位移或角位移,以及与此相关的物理量,如转速、振动等。在机械制造中其广泛用于各类机床的定位、数控和数显,也用于雷达天线的定位跟踪及某些仪器的分度装置。利用感应同步器多极感应元件的结构特点,可以进行误差补偿来改善测量精度。

2.3 测量误差及其评定

2.3.1 测量误差及其产生的原因

1. 测量误差的表达方式

由于测量系统各方面因素的影响,测量结果与被测量的客观真实量值总是存在差异,即存在测量误差。根据测量的不同目的,测量误差的大小有两种表达方式。

(1)测量的绝对误差(absolute error) 测量结果 x 与被测量的真值 μ 的代数差,称为测量的绝对误差 Δ,即

测量误差及其产生的原因

$$\Delta = x - \mu$$

由于真值 μ 不能确定,实际上用的是约定真值。约定真值有时称为指定值、最佳估计值、约定值或参考值。约定真值可以是由参考标准复现而赋予该量的值,也可以是权威机构认定或客观存在的常数值,通常根据多次测量结果来确定约定真值。

(2)测量的相对误差(relative error) 测量的绝对误差与被测量真值之比为测量的相对误差 Δ_r,即

$$\Delta_r = (\Delta/\mu) \times 100\% \approx (\Delta/x) \times 100\%$$

$|\Delta|$ 往往用于当被测量值相等或相近时,对测量准确度的评价;$|\Delta_r|$ 往往用于当被测量值不相等,特别是相差较大时,对测量准确度的评价。

2. 测量误差产生的原因

测量误差来自整个测量系统,包括测量的方法、选用的测量器具、测量所处的环境条件以及测量的操作者。为了提高测量的准确度,应减小测量误差,因而需了解测量误差产生的原因。测量误差通常由测量方法不完善、测量器具本身固有误差、测量条件的变化和主观因素引起。

1) 测量方法不完善引起测量误差

测量方法不完善将导致测量误差。对于同一被测量可采用不同的测量方法,但所测得的结果往往是不同的,特别是,采用近似的甚至是不合理的测量方法时,测量误差将更大。例如:对软质材料被测件采用点状测头测量,在被测件工作状态不稳定时采用动态测量方法,以及测量基准选择不当。

2) 测量器具本身固有的误差引起测量误差

测量器具自身固有误差会导致测量结果,这种误差与被测对象和外部测量条件无关。测量器具本身固有的误差有传动原理误差、测量器具制造和装配调整误差、由测量力引起的误差和对准误差等。

设计测量器具时,有时采用近似方法。例如,在杠杆变换机构的设计中,为读取数据及刻制标尺的方便,将非线性传动原理在小角度内线性化,由此带来了式(2-6)或式(2-8)给出的原理误差。

制造测量器具时,其制造误差将会带入测量结果中。如传动构件制造误差所引起的放大比不准确、传动系统构件间的间隙引起的误差、标尺的刻度不准确、标准量(量块、螺旋变换的螺纹等)本身的制造误差、量仪装配与调整不当引起的误差等均为制造误差。

测量器具结构设计及制造过程中产生的一系列误差,都将在测量过程中综合反映出来。例如:当测量器具的活动部件运动时由摩擦阻力或磨损引起的误差,由测量器具弹性元件的弹性滞后现象引起的误差,由各元件材料的线膨胀系数不同受温度影响所引起的误差等,均会反映到测量过程中。

各种测量器具误差的综合作用主要表现为在示值误差和示值不稳定性。可用高精度仪器或量块对其进行校验,该误差大小不得超过允许的极限值。若量仪备有校正图表或公式,则测量时可据此修正测量结果,以减小测量器具误差的影响。

3) 测量条件变化引起的测量误差

在测量过程中,测量条件的变化会影响测量的结果,例如,温度、湿度、气压等自然环境变化,或振动及噪声、电源、光照等测量条件改变都将影响测量结果。

温度偏离标准温度(+20 ℃)引起的测量误差为

$$\Delta L = L[\alpha_1(t_1 - 20) - \alpha_2(t_2 - 20)] \tag{2-26}$$

式中:ΔL——因热膨胀引起的测量误差,mm;

　　　L——工件尺寸,mm;

　　　α_1——工件材料的线膨胀系数,$10^{-6}(1/℃)$;

　　　α_2——量具材料的线膨胀系数,$10^{-6}(1/℃)$;

　　　t_1——工件的温度,℃;

　　　t_2——量具的温度,℃。

以标准尺(58％的镍钢)为基准,测量某黄铜刻度尺为例,测得读数 $L=100.0010$ mm;同时测得标准尺的温度 $t_2=20.5$ ℃,黄铜刻度尺的温度 $t_1=21.5$ ℃;58％的镍钢的线膨胀系数 $\alpha_2=12.0\times10^{-6}(1/℃)$,黄铜的线膨胀系数 $\alpha_1=18.5\times10^{-6}(1/℃)$,则有

$$\Delta L=100.001\times[(21.5-20)\times18.5\times10^{-6}-(20.5-20)\times12.0\times10^{-6}]\ mm=0.0022\ mm$$

所以,黄铜刻度尺的测量结果应校正为

$$L'=L-\Delta L=(100.0010-0.0022)\ mm=99.9988\ mm$$

由此例可知,测量过程中温度对测量结果的影响是不能忽视的,特别是在精密测量中,温度影响是必须考虑的重要因素。由式(2-26),测量时最好使基准量具与被测对象的材料相近,即使 $\alpha_2\approx\alpha_1$。这样,测量过程中只要二者的温度相近($t_2\approx t_1$),即使偏离标准温度,对测量结果的影响也不大。若二者的线膨胀系数相差较大,则必须严格地在 $+20$ ℃条件下进行测量,或对测量结果做必要的修正。

对于一些精密测量仪器或方法,通常都对测量环境条件做了严格的规定,有些给出了相应环境变化的修正方法。

4) 主观因素引起测量误差

在测量过程中,操作者的主观因素有时对测量结果会产生很大的影响。在同样条件下,用同样的测量方法,不同的人所得测量结果有时相差很远,即说明存在着人为因素引起的测量误差。如:当示数指针停留在两刻线中间,需要目测估计指针转过的小数部分时,不同的人会有不同的估读结果,从而形成目测或估读的判断误差;在使用指示式仪器或游标量具时,由于观察方向不同,读数也可能不同,从而形成斜视误差;在判断影像或刻线重合状况时,还会有由于肉眼分辨力限制而形成的瞄准误差等。

2.3.2　测量误差的分类

按测量误差的性质,其可分为系统误差、随机误差和粗大误差等三种类型。

1. 系统误差

在相同条件下,多次测量同一量值时,误差的绝对值和符号保持恒定,或在条件改变时,误差按某一确定的规律变化,则称这种误差为系统误差(systematic error)。由此,系统误差可分为定值系统误差和变值系统误差两种。

(1) 定值系统误差　在测量时,定值系统误差对每次测得值的影响都是相同的,例如,仪器零点的一次调整误差等。

(2) 变值系统误差　在测量时,变值系统误差对每次测得值的影响是按一定规律变化的,例如,在测量过程中温度均匀变化所引起的测量误差。

从理论上讲,系统误差是可以消除的。通常,多数定值系统误差易于发现并予以消除。但实际上,系统误差不一定能够完全被消除。对于未能消除的系统误差,在规定允许的测量误差时,应予考虑。

2. 随机误差

在相同的条件下,多次测量同一量值时,误差的绝对值与符号均不确定,这种误差称为随机误差(random error),也称偶然误差(accidental error)。

将系统误差消除后,在同样条件下对同一量值进行多次重复测量,其所得结果也不尽相同,即说明随机误差的存在。随机误差产生的原因很多,这些原因通常彼此无关且未得到控

制,从而导致误差大小和符号呈现随机性。如在某光学非接触测量过程中,温度波动、空气无规则扰动、杂散光干扰、被测表面反射率不稳定、机构运动副中有微小杂质或灰尘、仪器电压波动或器件电子噪声等因素都对测量结果有影响,虽然单个因素对测量结果影响不大,但各不相关的这些因素的综合效应使得测得数据将含有随机误差。

从理论上讲,随机误差是不能够被消除的,但可用概率和数理统计的方法,通过对一系列测量数据的处理来减小其对测量结果的影响,并评定其影响程度。

3. 粗大误差

超出在规定条件下预计的误差称为粗大误差(parasitic error),简称粗误差,也称过失误差。粗大误差是由测量者主观上的疏忽或客观条件的巨变等原因造成的,常使测得值有显著的差异。在正常的测量过程中,应该而且能够将粗大误差剔除。

通常用精密度(precision)形容随机误差的影响,用正确度(correctness)形容系统误差的影响,用准确度或精确度(accuracy)形容系统误差与随机误差的综合影响。

2.3.3　测量数据的处理与测量误差的评定

为了提高测量精度,可根据测量误差的特性和规律,对测量数据进行必要的处理,合理地给出测量结果。

1. 随机误差的特性及其处理与评定

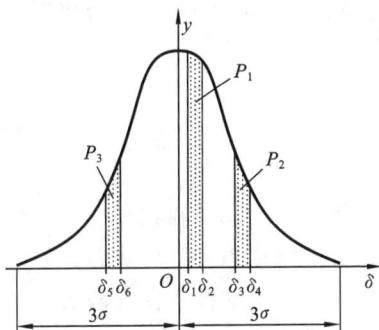

1) 随机误差的统计特性及其数学描述

根据大量的观察与实践,发现测量时的随机误差通常具有如下统计特性。

① 集中性　绝对值越小的随机误差出现的概率越大;反之,绝对值越大的随机误差出现的概率越小。这一特性也可称为测量随机误差的单峰性和稳定性。

② 对称性　绝对值相等的正、负随机误差出现的概率相近。这一特性也可称为测量随机误差的相消性。

③ 有界性　在一定测量条件下,随机误差的实际分布范围是有限且固定的。这一特性也可称为测量随机误差的有限性。

随机误差的特性及其处理与评定

根据概率论,测量随机误差的上述统计特性符合正态分布(normal distribution),也称高斯分布(Gauss distribution),因而可用正态分布概率密度函数 y 来描述测量随机误差的统计特性,即

$$y = \frac{1}{\sigma\sqrt{2\pi}}e^{-\delta^2/(2\sigma^2)} \qquad (2\text{-}27)$$

式中:y——测量随机误差的概率密度函数;

　　　e——自然对数的底;

　　　δ——测量的随机误差;

　　　σ——测量随机误差的均方差(亦称标准偏差),对于一定的测量方法,其值为常数。

图 2-19 所示的为测量随机误差的概率密度函数 y 的图形。

由概率论可知,图 2-19 所示概率密度函数 y 曲线与 δ 坐标轴(测量的随机误差)之间的面积表示测量误差 δ 出现在某区间内的概率 P。由于概率密度函数 y 是单峰

图 2-19　测量随机误差的概率密度函数

偶函数,因此能较好地描述随机误差的集中性和对称性。对此,图 2-19 给出了直观的反映,图中随机误差出现在更靠近 y 轴的区间$[\delta_1,\delta_2]$中的概率 P_1 比出现在离 y 轴稍远区间$[\delta_3,\delta_4]$中的概率 P_2 大;随机误差出现在与 y 轴对称的两个区间$[\delta_3,\delta_4]$和$[\delta_5,\delta_6]$中的概率 P_2 和 P_3 相等。

测量的随机误差 δ 出现在$(-\infty,+\infty)$区间的概率为

$$P = \int_{-\infty}^{+\infty} y\mathrm{d}\delta = \int_{-\infty}^{+\infty} \frac{1}{\sigma\sqrt{2\pi}}\mathrm{e}^{-\delta^2/(2\sigma^2)}\mathrm{d}\delta = 100\% \qquad (2\text{-}28a)$$

此式说明,测量误差出现的概率为 100%,即出现测量误差是不可避免的。

测量的随机误差 δ 出现在$[-3\sigma,+3\sigma]$区间中的概率为

$$P = \int_{-3\sigma}^{+3\sigma} \frac{1}{\sigma\sqrt{2\pi}}\mathrm{e}^{-\delta^2/(2\sigma^2)}\mathrm{d}\delta = 99.73\% \approx 100\% \qquad (2\text{-}28b)$$

说明测量的随机误差集中出现在$[-3\sigma,+3\sigma]$区间内。这一方面体现了测量随机误差的集中性,同时表明超出$\pm 3\sigma$范围的随机误差的概率只有 0.27%,是小概率事件。故工程实际中认为测量的随机误差是有界的,其极限误差为

$$\Delta_{\mathrm{lim}} = \pm\ 3\sigma \qquad (2\text{-}29)$$

即认为$[-3\sigma,+3\sigma]$区间是测量随机误差的实际分布范围。

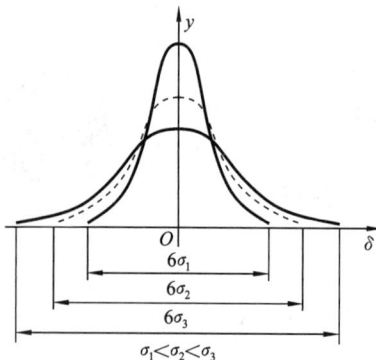

图 2-20　标准偏差对随机误差
分布范围的影响

由式(2-29)可知,标准偏差 σ 越小,则随机误差实际分布范围越小,表示随机误差对测得值的影响小,即表示该系列测得值的测量精密度高,若测量的系统误差已消除,则该测量方法的精确度高。如图 2-20 所示,三种测量方法中,标准偏差为 σ_1 的测量方法的精密度最高。因此,可用标准偏差或极限误差评定随机误差对测量结果的影响。

2) 随机误差总体分布的参数估计

由概率论及误差理论知识可知,随机误差的标准偏差 σ 为各随机误差平方和的平均值的平方根,即

$$\sigma = \sqrt{\frac{\delta_1^2 + \delta_2^2 + \cdots + \delta_n^2}{n}} = \sqrt{\frac{\sum \delta_i^2}{n}} \qquad (2\text{-}30)$$

式中:n——重复多次测量的次数;

$\delta_i(i=1,2,\cdots,n)$——随机误差,即消除系统误差后的测得值 x_i 与真值 μ 之差

$$\delta_i = x_i - \mu \qquad (2\text{-}31)$$

其中,

$$\mu = \frac{\sum x_i}{n} \qquad (2\text{-}32)$$

对于式(2-30)和式(2-32),理论上要求 $n \to \infty$,即要求获得无穷多个测量的随机误差 δ_i,这在实际测量中是不可能做到的,因而不可能得到理论上的真值 μ 和标准偏差 σ。也就是说,式(2-27)给出的概率密度函数 y 是依据概率论,对随机变量即测量的随机误差 δ 总体分布规律的理论描述,μ 和 σ 为决定分布特征的两个参数。

由数理统计知识可知,随机变量总体分布参数可在一定的置信水平下,由有限容量的随机变量样本估计得到。为此,针对测量随机误差的基本特性,对同一被测的量值,在消除系统误

差的前提下,进行重复 n 次的一组"等精度测量"。当测量次数 n 充分大时,可依据获得的系列测量数据这一测得值的样本,即 $x_i(i=1,2,\cdots,n)$ 对总体分布参数进行如下估计。

(1) 真值 μ 的估计 用系列测得值的算术平均值 $\bar{x}$ 作为真值 μ 的估计值(最近真值),即

$$\bar{x} = \frac{\sum x_i}{n} \quad (i = 1, 2, \cdots, n) \tag{2-33}$$

(2) 标准偏差 σ 的估计 用系列测得值的样本标准偏差 s 作为总体分布标准偏差 σ 的估计值,即

$$s = \sqrt{\frac{\sum(x_i - \bar{x})^2}{n-1}} = \sqrt{\frac{\sum v_i^2}{n-1}} \quad (i = 1, 2, \cdots, n) \tag{2-34}$$

式(2-33)称为贝塞尔(Bessel)公式,v_i 称为残余误差(简称残差),即

$$v_i = x_i - \bar{x} \tag{2-35}$$

根据上述测量的随机误差总体分布的参数估计,便可对实际测量中有限次数的随机误差进行统计评价。对于式(2-34)所表述的残差,其有如下有意义的特性。

① 残差的代数和等于零 由于 $\sum v_i = \sum x_i - n\bar{x}$,而 $\bar{x} = \frac{1}{n}\sum x_i$,故 $\sum v_i = 0$。此即残差的"相消性",按此特性,可在测量数据处理时检验 $\bar{x}$ 与 v_i 的计算是否有差错。

② 残差的平方和最小 由于 $\sum v_i^2 = \sum(x_i - \bar{x})^2 = \sum x_i^2 - 2\bar{x}\sum x_i + n(\bar{x})^2$,若要使 $\sum v_i^2$ 最小,则必须使 $\frac{\partial(\sum v_i^2)}{\partial \bar{x}} = 0$,由此得 $0 - 2\sum x_i + 2n\bar{x} = 0$,即 $\bar{x} = \frac{\sum x_i}{n}$。按此反证,当 $\bar{x} = \frac{\sum x_i}{n}$ 成立时,必有 $\sum v_i^2 = \min$。若不取 $\bar{x}$,而用其他值估计 μ,并求各测得值对该值的偏差,这些偏差的平方和一定比残差平方和大,即用 $\bar{x}$ 来近似代替真值比用其他值好。

3) 随机误差算术平均值 $\bar{x}$ 的标准偏差 $\sigma_{\bar{x}}$

若在同样条件下对同一量值重复进行若干组"n 次测量",则每组"n 次测量"所得的算术平均值 $\bar{x}_j$(j 为测量组的序号)不尽相同,但其波动范围比各组中单次测得值 x_i 的波动范围要小,且 n 越大波动范围减小越多(见图2-21)。这说明测量误差算术平均值 $\bar{x}_j$ 的精密度不仅高于单次测量系列值 x_i 的精密度,还与测量次数有关。

根据概率论与数理统计知识,及式(2-27)、式(2-31),系列测得值 x_i 的算术平均值亦为正态分布的随机变量,其标准偏差为

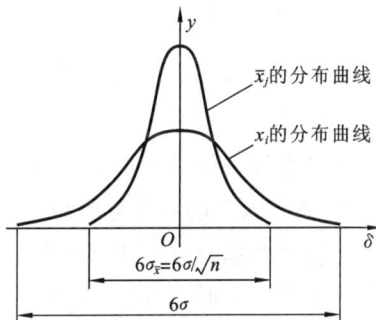

图 2-21 算术平均值 $\bar{x}$ 的分布范围

$$\sigma_{\bar{x}} = \sigma/\sqrt{n} \tag{2-36}$$

式中:σ——系列测得值 x_i 的标准偏差,其与测量随机误差 δ 的标准偏差相同;

$\sigma_{\bar{x}}$——$n \to \infty$ 的理论值,其估计值为

$$\sigma_{\bar{x}} \approx s/\sqrt{n} \tag{2-37}$$

则算术平均值的极限误差为

$$\Delta_{\bar{x}\lim} = \pm 3\sigma_{\bar{x}} \tag{2-38}$$

综上所述,当用系列测得值中的任一单次值 x_i 作为测量结果时,应该用标准偏差 $\sigma \approx s$ 或

极限误差 Δ_{lim} 来评定给出结果精密度；为了减小随机误差的影响，可用多次重复测得值的算术平均值 $\bar{x}$（被测量的最近真值）作为测量结果，而此时应该用算术平均值的标准偏差 $\sigma_{\bar{x}} \approx s/\sqrt{n}$ 或极限误差 $\Delta_{\bar{x}lim}$ 来评定给出结果精密度。

例 2-1　测量某轴直径，得到表 2-4 所示的一系列等精度测得值。设系统误差已消除，试求该轴直径的测量结果。

解　列表计算如下。

表 2-4　例 2-1 测量数据及其处理

测量序号	系列测得值 x_i/mm	算术平均值 $\bar{x}$/mm	残差 v_i/μm	残差的平方 v_i^2/μm^2
1	25.0360		-0.4	0.16
2	25.0365		$+0.1$	0.01
3	25.0362		-0.2	0.04
4	25.0364		0	0
5	25.0367	25.0364	$+0.3$	0.09
6	25.0363		-0.1	0.01
7	25.0366		$+0.2$	0.04
8	25.0363		-0.1	0.01
9	25.0366		$+0.2$	0.04
10	25.0364		0	0
	$\sum x_i = 250.364$		$\sum v_i = 0$	$\sum v_i^2 = 0.4$

系列测得值的算术平均值：$\bar{x} = \dfrac{\sum x_i}{n} = \dfrac{250.364}{10}$ mm $= 25.0364$ mm

系列测得值的样本标准差：$s = \sqrt{\dfrac{\sum v_i^2}{n-1}} = \sqrt{\dfrac{0.40}{10-1}}$ μm ≈ 0.21 μm

算术平均值的标准差：　　$\sigma_{\bar{x}} \approx s/\sqrt{n} = 0.21/\sqrt{10}$ μm ≈ 0.07 μm

算术平均值的极限误差：　$\Delta_{\bar{x}lim} = \pm 3\sigma_{\bar{x}} = \pm 3 \times 0.07$ μm $= \pm 0.21$ μm

该轴直径的最终测量结果：$x = \bar{x} \pm \Delta_{\bar{x}lim} = (25.0364 \pm 0.0002)$ mm

2. 系统误差的发现与消除

当测量数据含有系统误差时，由于其绝对值往往较大，故其对测量的准确度影响较大。同时，对同一条件下多次重复测得值进行数据处理，不仅不能消除系统误差，有时甚至也难发现系统误差。因此，系统误差常是影响测量结果可靠性的主要因素。

尽管从理论上讲，系统误差是可以完全消除的，而实际上只能消除到一定程度。将系统误差减小到使其影响相当于随机误差的程度，即可按随机误差处理。

系统误差的
发现和消除

1）定值系统误差的发现与消除

定值系统误差不能从系列测得值的处理中发现，而只能通过另外的实验对比方法来发现。例如，在用比较仪测量零件的尺寸时，由量块尺寸偏差引起的定值系统误差，可用高精度仪器对量块的实际尺寸进行检定来发现，或用高精度量块代替进行对比测量来发现。

在测量过程中,如能控制定值系统误差的符号,则可使定值系统误差出现一次正值,再出现一次负值,然后取这两次读数的算术平均值作为测量结果。例如,在工具显微镜上测量螺纹的螺距或中径时,可取按螺牙左、右两轮廓测得值的算术平均值作为测量结果,以消除工件安装不正确引起的定值测量误差。

2）变值系统误差的发现与消除

变值系统误差有可能通过对系列测得值的处理和分析观察来发现。

由于显著的变值系统误差将全面地影响测量误差的分布规律,因此可以通过对随机误差分布规律假设的检验,来揭示变值系统误差的存在。在实际测量中,用于判断变值系统误差的方法,实质上都是以检验测量误差的分布是否偏离正态分布为基础的。要判断同一组系列测得值中是否含有变值系统误差可用以下两种方法。

① 残余误差观察法　将测得值按测量的先后顺序列出,算出全部残余误差 v_i,通过观察 v_i 的大小和正负符号的变化,判断有无变值系统误差。

若残余误差 v_i 按近似于线性规律递增或递减（见图 2-22）,则可判断测量结果中存在线性的变值系统误差。

若 v_i 按近似于正弦的周期规律变化,且变化的幅值较显著（见图 2-23）,则存在周期性的变值系统误差。

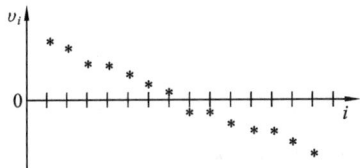

图 2-22　近似于线性递减的变值系统误差　　图 2-23　近似于正弦曲线的周期性变值系统误差

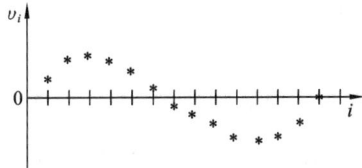

② 残余误差核算法　将测得值按测量的先后顺序分为前半组和后半组。这时,若残余误差的符号大体正、负相间且前后两个半组各自的残余误差代数和之差接近于零,表明残余误差有相消性,则不存在显著的变值系统误差;若前后两个半组的残余误差代数和相差较大,二者的差值明显不接近于零,则可判断系列测量值存在变值系统误差。

例 2-2　测一轴颈尺寸,测得值如表 2-5 所示。试判断测得值是否含有变值系统误差。

表 2-5　例 2-2 测得值及其处理

测量序号 i	1	2	3	4	5	6	7	8	9	10
测得值 x_i/mm	34.588	34.589	34.588	34.590	34.592	34.594	34.596	34.600	34.600	34.603
残余误差 v_i/μm	−6	−5	−6	−4	−2	0	+2	+6	+6	+9
$n=10$	$\overline{x}=34.594$ mm									

解　计算算术平均值及残余误差,其值如表 2-5 所示。将测量数列分为前后两组,有

$$\sum_{i=1}^{5} v_i = -23 \ \mu m \ , \quad \sum_{i=6}^{10} v_i = +23 \ \mu m$$

$$\sum_{i=1}^{5} v_i - \sum_{i=6}^{10} v_i = -46 \ \mu m$$

前后两个半组的残余误差代数和之差明显不接近于零,故测量数列存在变值系统误差。进而

观察残差的大小和符号的变化或作图观察,可知存在线性变值系统误差。

若怀疑存在变值系统误差,则一般应通过分析试验,找出其产生的原因,并设法消除之,然后重新测量。

3. 粗大误差的判别与剔除

1) 3σ 准则

当系列测得值按正态分布时,测量误差超出$[-3\sigma,+3\sigma]$范围的概率只有 0.27%,通常在实际测量中这种小概率事件被认为不可能出现。故将超出 $[-3\sigma,+3\sigma]$范围的残余误差 v_i 作为粗大误差,即与其对应的测得值 x_i 含有粗大误差,应从测量数列中剔除。按此准则,粗大误差的界限为

$$|v_i| > 3\sigma \tag{2-39}$$

粗大误差的
判别与剔除

但此准则所用的标准偏差 σ 应是理论值,或大量重复测量得到的统计值,故此准则仅适用于大量重复测量的实验统计分析。若重复测量次数不多$(n < 50)$,又未经大量重复测量来统计确定测量方法的 σ 值,则按此准则剔除粗大误差未必可靠。特别是当 $n \leqslant 10$,且用样本标准偏差 s 替代 σ 时,按此准则将不能剔除任何粗大误差。

2) 狄克逊准则(Dixon criterion)

设对某一被测量值进行一系列等精度独立测量,其测得值按正态分布,将测得值 $x_{(i)}$ 按从小到大顺序排列,即

$$x_{(1)} \leqslant x_{(2)} \leqslant \cdots \leqslant x_{(n-1)} \leqslant x_{(n)}$$

为判断上述测量数列的首、末两项(最小和最大项)数据是否含粗大误差,狄克逊研究了 $\dfrac{x_{(n)} - x_{(n-1)}}{x_{(n)} - x_{(1)}}$ 等级差比的分布,并根据分布的特征,计算出不同样本数 n 在不同危率 γ 下相应级差比的临界值 $f(\gamma,n)$,同时给出了测量所得级差比 f_0 的计算公式,如表 2-6 所示。若

$$f_0 > f(\gamma,n) \tag{2-40}$$

则认为 $x_{(n)}$ 或 $x_{(1)}$ 为粗大误差,应剔除。

表 2-6　狄克逊系数与计算公式

n	$f(\gamma,n)$		f_0 计算公式	
	$\gamma=0.01$	$\gamma=0.05$	$x_{(1)}$ 可疑时	$x_{(n)}$ 可疑时
3	0.988	0.941		
4	0.889	0.765		
5	0.780	0.642	$\dfrac{x_{(2)} - x_{(1)}}{x_{(n)} - x_{(1)}}$	$\dfrac{x_{(n)} - x_{(n-1)}}{x_{(n)} - x_{(1)}}$
6	0.698	0.560		
7	0.637	0.507		
8	0.683	0.554		
9	0.635	0.512	$\dfrac{x_{(2)} - x_{(1)}}{x_{(n-1)} - x_{(1)}}$	$\dfrac{x_{(n)} - x_{(n-1)}}{x_{(n)} - x_{(2)}}$
10	0.597	0.477		
11	0.679	0.576		
12	0.642	0.546	$\dfrac{x_{(3)} - x_{(1)}}{x_{(n-1)} - x_{(1)}}$	$\dfrac{x_{(n)} - x_{(n-2)}}{x_{(n)} - x_{(3)}}$
13	0.615	0.521		

续表

n	$f(\gamma,n)$		f_0 计算公式	
	$\gamma=0.01$	$\gamma=0.05$	$x_{(1)}$ 可疑时	$x_{(n)}$ 可疑时
14	0.641	0.546		
15	0.616	0.525		
16	0.595	0.507		
17	0.577	0.490		
18	0.561	0.475		
19	0.547	0.462	$\dfrac{x_{(3)}-x_{(1)}}{x_{(n-2)}-x_{(1)}}$	$\dfrac{x_{(n)}-x_{(n-2)}}{x_{(n)}-x_{(3)}}$
20	0.535	0.450		
21	0.524	0.440		
22	0.514	0.430		
23	0.505	0.421		
24	0.497	0.413		
25	0.489	0.406		

危率 γ 表示按此准则将测量数据误判含有粗大误差的概率。例如，$\gamma=0.05$ 表示粗大误差判断错误的概率为 5%，或判断正确的概率为 95%。按此准则，若发现粗大误差，则应从测量数据列中剔除，并重新按大小确定余下测得数据的顺序后再进行检查，至首、末两项数据均不含粗大误差止。

例 2-3　试按狄克逊准则，判断表 2-4 给出的测量数据在危率 $\gamma=0.05$ 下是否含有粗大误差。

解　将测得数据按大小顺序排列，结果如表 2-7 所示。

表 2-7　例 2-3 测得数据排序　　　　　　　　　(mm)

$x_{(1)}$	$x_{(2)}$	$x_{(3)}$	$x_{(4)}$	$x_{(5)}$	$x_{(6)}$	$x_{(7)}$	$x_{(8)}$	$x_{(9)}$	$x_{(10)}$
25.0360	25.0362	25.0363	25.0363	25.0364	25.0364	25.0365	25.0366	25.0366	25.0367

根据表 2-6，当 $n=10$，$\gamma=0.05$ 时，$f(0.05,10)=0.477$。

① 判断 $x_{(10)}$ 是否含粗大误差。

由表 2-6 得

$$f_0=\frac{x_{(10)}-x_{(9)}}{x_{(10)}-x_{(2)}}=\frac{25.0367-25.0366}{25.0367-25.0362}=0.2<f(0.05,10)=0.477$$

所以，$x_{(10)}$ 不含粗大误差。

② 判断 $x_{(1)}$ 是否含粗大误差。

由表 2-6 得

$$f_0=\frac{x_{(2)}-x_{(1)}}{x_{(9)}-x_{(1)}}=\frac{25.0362-25.0360}{25.0366-25.0360}=0.333<f(0.05,10)=0.477$$

所以，$x_{(1)}$ 不含粗大误差。

故，表 2-4 给出的测量数据均不含有粗大误差。

4. 误差的合成

1）系统误差的合成

设间接被测量 y 与 n 个直接被测量 $x_1,x_2,\cdots,x_n$ 之间的函数关系为

$$y = f(x_1, x_2, \cdots, x_n)$$

对上式进行全微分,可得 y 的系统误差与各分量的系统误差的关系为

$$\Delta y = \frac{\partial f}{\partial x_1} \Delta x_1 + \frac{\partial f}{\partial x_2} \Delta x_2 + \cdots + \frac{\partial f}{\partial x_n} \Delta x_n \qquad (2\text{-}41)$$

式中:Δy——间接被测量 y 的系统误差;

　　$\Delta x_1, \Delta x_2, \cdots, \Delta x_n$——直接被测量的系统误差;

　　$\dfrac{\partial f}{\partial x_i}$——误差传递系数。

若 y 与 $x_1, x_2, \cdots, x_n$ 成线性函数关系,即

$$y = a_1 x_1 + a_2 x_2 + \cdots + a_n x_n$$

则有

$$\Delta y = a_1 \Delta x_1 + a_2 \Delta x_2 + \cdots + a_n \Delta x_n \qquad (2\text{-}42)$$

误差传递函数 $\dfrac{\partial f}{\partial x_i} = a_i$。

　　若　　　　　　　　　　　$y = x_1 + x_2 + \cdots + x_n$

则有

$$\Delta y = \Delta x_1 + \Delta x_2 + \cdots + \Delta x_n \qquad (2\text{-}43)$$

误差传递函数 $\dfrac{\partial f}{\partial x_i} = 1$。

　　2)随机误差的合成

设直接测量各分量 x_i 为随机变量,且相互独立,则 y 的方差与各分量方差的关系为

$$\sigma_y^2 = \left(\frac{\partial f}{\partial x_1} \sigma_{x_1} \right)^2 + \left(\frac{\partial f}{\partial x_2} \sigma_{x_2} \right)^2 + \cdots + \left(\frac{\partial f}{\partial x_n} \sigma_{x_n} \right)^2 \qquad (2\text{-}44)$$

若各分量均为正态分布,在置信概率为 99.73% 的条件下,各分量的测量极限误差为

$$\Delta_{x_i \lim} = \pm 3\sigma_{x_i}$$

则测量的极限误差(置信概率为 99.73%)为

$$\Delta_{y\lim} = \pm 3\sigma_y = \pm 3 \sqrt{ \left(\frac{\partial f}{\partial x_1} \sigma_{x_1} \right)^2 + \left(\frac{\partial f}{\partial x_2} \sigma_{x_2} \right)^2 + \cdots + \left(\frac{\partial f}{\partial x_n} \sigma_{x_n} \right)^2 }$$

$$= \pm \sqrt{ \left(\frac{\partial f}{\partial x_1} \right)^2 \Delta_{x_1 \lim}^2 + \left(\frac{\partial f}{\partial x_2} \right)^2 \Delta_{x_2 \lim}^2 + \cdots + \left(\frac{\partial f}{\partial x_n} \right)^2 \Delta_{x_n \lim}^2 } \qquad (2\text{-}45)$$

　　若　　　　　　　　　　　$y = a_1 x_1 + a_2 x_2 + \cdots + a_n x_n$

则有

$$\Delta_{y\lim} = \pm \sqrt{ a_1^2 \Delta_{x_1 \lim}^2 + a_2^2 \Delta_{x_2 \lim}^2 + \cdots + a_n^2 \Delta_{x_n \lim}^2 } \qquad (2\text{-}46)$$

　　若　　　　　　　　　　　$y = x_1 + x_2 + \cdots + x_n$

则有

$$\Delta_{y\lim} = \pm \sqrt{ \Delta_{x_1 \lim}^2 + \Delta_{x_2 \lim}^2 + \cdots + \Delta_{x_n \lim}^2 } \qquad (2\text{-}47)$$

例 2-4　设有一厚度为 1 mm 的圆弧样板,如图 2-24 所示。在万能工具显微镜上测得 $S = 23.664$ mm,$\Delta S = -0.004$ mm,$h = 10.000$ mm,$\Delta h = +0.002$ mm。已知在万能工具显微镜上用影像法测量平面工件时的测量极限误差公式为

　　纵向:　　　　　　　　$\Delta_{\lim} = \pm (3 + L/30 + HL/4000)$ μm

　　横向:　　　　　　　　$\Delta_{\lim} = \pm (3 + L/50 + HL/2500)$ μm

式中:L——被测长度;

　　H——工件上表面到仪器玻璃台面的距离。

求 R 的测量结果。

解　（1）计算系统误差。

R 与 S、h 的函数关系为

$$R = S^2/(8h) + h/2$$

对 R 进行全微分，得

$$\Delta R = \frac{S}{4h}\Delta S - \left(\frac{S^2}{8h^2} - \frac{1}{2}\right)\Delta h \qquad (2\text{-}48)$$

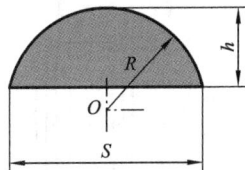

图 2-24　圆弧样板

即有

$$\frac{\partial R}{\partial S} = \frac{S}{4h} = \frac{23.664}{4 \times 10} = 0.5916$$

$$\frac{\partial R}{\partial h} = -\left(\frac{S^2}{8h^2} - \frac{1}{2}\right) = 0.1999$$

将已知的 ΔS、Δh 及上述计算的 $\dfrac{\partial R}{\partial S}$、$\dfrac{\partial R}{\partial h}$ 代入式(2-48)，得到的系统误差为

$$\Delta R = [0.5916 \times (-0.004) - 0.1999 \times 0.002]\ \text{mm} = -0.0028\ \text{mm}$$

（2）估计随机误差。

计算 S、h 的测量极限误差

$$\Delta_{S\lim} = \pm\left(3 + \frac{23.664}{30} + \frac{1 \times 23.664}{4000}\right)\ \mu\text{m} = \pm 3.8\ \mu\text{m}$$

$$\Delta_{h\lim} = \pm\left(3 + \frac{10}{50} + \frac{1 \times 10}{2500}\right)\ \mu\text{m} = \pm 3.2\ \mu\text{m}$$

由式(2-45)，得

$$\Delta_{R\lim} = \pm\sqrt{\left(\frac{\partial R}{\partial S}\right)^2 \Delta_{S\lim}^2 + \left(\frac{\partial R}{\partial h}\right)^2 \Delta_{h\lim}^2} = \pm 0.0023\ \text{mm}$$

（3）测量结果表达。

将 $S = 23.664$ mm，$h = 10.000$ mm 代入 R 计算式，得

$$R = \left(\frac{23.664^2}{8 \times 10.000} + \frac{10.000}{2}\right)\ \text{mm} = 11.9998\ \text{mm}$$

R 的测量结果可表达为

$$R = [(11.9998 + 0.0028) \pm 0.0023]\ \text{mm} = (12.003 \pm 0.002)\ \text{mm}$$

2.4　技术测量的基本原则

在技术测量中，掌握并遵循以下一些基本的测量原则，可提高测量的精确程度及可靠性。

1. 基准统一原则

基准统一原则主要指在制件或装备的设计、制造（加工及装配）及测试评价的全过程中，各种基准原则上应一致。设计时，从应用的角度考虑，应选装配基准为设计基准。加工时，从加工可能性、经济性和加工精度的角度考虑，应尽量选设计基准为加工工艺基准；若不能统一，则须将设计基准的有关技术要求换算到所选的工艺基准上。工艺过程测量时，从评价工艺质量的角度考虑，应以工艺基准为测量基准。对于终结（验收）测量，从使用和性能评价的角度考虑，应选装配基准为测量基准。

以图 2-25 所示的齿轮轴为例，使用中，由两端轴颈支承中部齿轮回转，两端轴颈表面为装配基准。设计时，则以体现两端轴颈表面的轴线为设计基准。而加工时，因工艺需求，以两顶

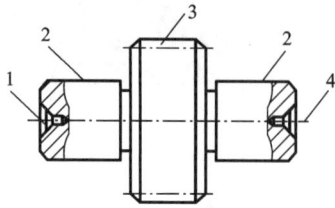

图 2-25　基准举例

1—顶尖孔锥面；2—轴颈表面；

3—齿轮；4—两轴颈公共轴线

尖孔内圆锥面体现的轴线为工艺基准。因此，在进行中间测量，如测量齿圈径向跳动时，则应选两顶尖孔内圆锥面为测量基准。而在进行终结测量，如测量齿轮副侧隙时，则应以齿轮的装配基准即两端轴颈表面作为测量基准。

遵循基准统一原则可以避免误差累积的影响：在加工时可以充分利用设计给定的公差；在测量时能以适宜的测量精度保证零件的公差要求，或在保证达到公差要求的前提下，不致对测量精度要求过高。

2. 最小变形原则

在测量过程中，测量系统的变形会直接影响到测量结果，因此，最小变形原则可表述为：在测量过程中，要求被测工件与测量器具之间的相对变形最小。常见的变形为热变形和弹性变形。

1）热变形

长度测量的标准温度是 20 ℃。国家标准规定的长度参数值均为 20 ℃时的量值，同时检测和评价长度量值时，以被测件、测量器具及环境温度均为 20 ℃时的测量结果为准。

2）弹性变形

在测量过程中，由于测量力、重力或其他力的影响，测量器具或工件将产生弹性变形，比如仪器支架变形，工作台、量块或线纹尺的支承变形，测头或工作台与工件或量块的接触变形（压陷效应）等，均会影响测量结果。

根据在比较仪上做实际检测试验的结果，当用 10 N 的力向上推比较仪的支架时观察仪器的读数，光学比较仪的读数变化约为 0.2 μm，机械式比较仪读数变化约为 0.5 μm。此例说明测量力将引起支架的变形，但对于比较测量法而言，这种影响体现在测量力发生改变时。

当工件被支承测量时，由工件自重引起的自身变形或支承方式引起的变形均会影响测量结果。例如，把一标称尺寸 1000 mm 量块的一测量面平放在水平工作台的平面上时，由于自重的作用，量块尺寸将缩短约 0.02 μm。对于一些刚性较差的细长工件或薄壁工件，如较长的量块或刻线尺、丝杠、细长轴等，测量过程中的支承方式会影响测量结果。如图 2-26 所

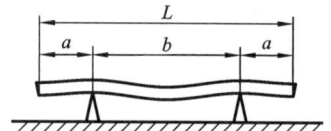

图 2-26　水平放置细长件

弯曲变形

示，两点水平支承某细长工件，在重力的作用下工件将发生弯曲变形。由力学知识可知，当 $a=0.2336L$ 时，图示工件中间弯曲量最小；当 $a=0.2232L$ 时，工件中间与两端的变形相同。

另外，当球面或圆柱面测量头与工件平面或其他形状表面接触时，理论上应为点接触或线接触。但实际测量中，在测量力的作用下，接触处将产生接触变形（赫兹变形），变形量可按赫兹力学公式计算。在被测工件为软材料或测量力相对较大时，应考虑接触变形对测量结果的影响而选择非接触测量方法。

由于分析计算和精确确定弹性变形造成的测量误差通常比较复杂和困难，一般用增加测量系统的刚度和减小测量力等方法来减小弹性变形的影响。

3. 最短测量链原则

在长度测量中，测量链由测量系统中确定两测量面相对位置的各个环节及被测工件组成。两测量面是指测头与工作台的测量面（通常为立式测量仪器），或活动测头与固定测头的测量面（通常为卧式测量仪器）。将被测工件置于两测量面之间即形成封闭的测量链。

在测量链中,各组成环节的误差通常是 1∶1 地传递到测量结果的,而测量链的最终测量误差是各组成环节误差的累积值。因此,最短测量链原则为:在测量系统中,应尽量减少测量链的组成环节数,并减小组成环节的误差。例如,用量块组合尺寸时,应使用尽量少的量块;用指示表测量时,在测头、工件、工作台之间应不垫或尽量少垫量块。

4. 阿贝测长原则

长度测量实质上是将被测量与测量器具上的标准长度量(如量块、刻线标尺等)进行比较的过程。测量时,被测量与标准长度之间需要有相对移动,并由滑移机构来导向。由于滑移机构的固定件与移动件之间需要有适当的间隙,同时二者存在制造或安装误差,测量过程中移动方向往往偏离标准长度的方向,从而造成测量误差。为了减少这种方向偏差对测量结果的影响,德国人艾恩斯特·阿贝(Ernst Abbe)于 1890 年提出了著名的阿贝测长原则:"将被测物与标准尺沿测量轴线成直线排列",即被测尺寸与作为标准的尺寸在测量过程中应在同一条直线上,成串联关系。

图 2-27 所示的为用游标卡尺测量轴径的示意图。其中,轴的直径 L 为被测线,卡尺上的标度刻线为测量线,二者为并联关系且相距为 S,不符合阿贝测长原则。测量时,图示滑尺左移并以一定的测量力靠在被测轴表面上。由于定尺与滑尺之间有间隙,在测量力的作用下滑尺将发生图示偏转(φ),从而产生测量误差:

$$\Delta L = L - L' = S \tan \varphi$$

式中:ΔL——阿贝误差,即违反阿贝测长原则所引起的测量误差;

φ——滑尺的偏转角;

S——测量线与被测线之间的距离。

由于 φ 角很小,有 $\tan \varphi \approx \varphi$,可取

$$\Delta L = S\varphi$$

若设 $S = 20$ mm,$\varphi = 0.0003$ rad,则 $\Delta L = 6$ μm。

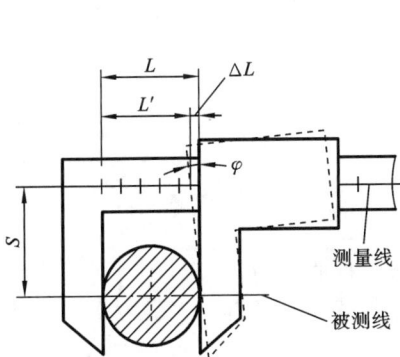

图 2-27 测量线与被测线并联

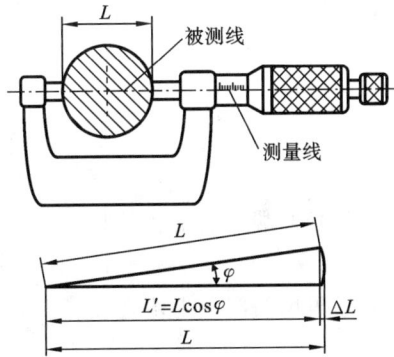

图 2-28 测量线与被测线串联

图 2-28 所示的为用千分尺测量轴径的示意图。图中,轴的直径 L 为被测线,千分尺上的读数刻线为测量线,二者为串联关系,且二者成直线排列,符合阿贝测长原则,故没有阿贝误差。此时,若测量螺杆与支承之间有间隙,则可能造成螺杆轴线的移动方向对被测线偏转 φ 角,由此引起的测量误差为

$$\Delta L = L - L' = L(1 - \cos \varphi)$$

式中:L'——测得值。

因实际中 φ 角很小,有 $1-\cos\varphi\approx\varphi^2/2$,故

$$\Delta L=L\varphi^2/2$$

假设 $L=20$ mm,$\varphi=0.0003$ rad,则 $\Delta L=9\times10^{-4}$ μm。这与上例游标卡尺测量结果相比,测量误差可忽略不计。

　　按阿贝测长原则设计测量器具或测量方法,可消除显著的阿贝误差,这是遵循阿贝测长原则的优点。但是,此时测量器具或测量装置的整体尺寸会较大,这对大尺寸测量来讲是值得注意的问题。实际测量工作中,往往会出现因测量装置整体尺寸的限制而不能采用阿贝测长原则设计的情况,此时应尽量减小类似图 2-27 所示的 S,同时提高支承测量线与被测线相对移动导轨的制造精度,必要时还可采用误差补偿的方法,以消除因违背阿贝测长原则而产生的测量误差。这便是后来发展形成的"阿贝-布莱恩原则"(Abbe-Bryan's principle),该原则的要点为:① 使测量线与被测线相对偏离量 $S=0$,即完全符合阿贝测长原则;② 减小测量线与被测线之间的偏转角 φ,即提高支承测量线与被测线相对滑移构件的制造精度;③ 对违背阿贝测长原则所产生的误差进行修正。

5. 闭合原则

　　在用节距法测量直线度和平面度误差的过程中,所得一系列数据是互有联系的。在测量齿轮齿距累积误差的过程中,所得一系列相对偏差的数据也是互有联系的。在测量 n 边棱体角度时,棱体内角之和为 $(n-2)\times180°$。从原理上讲,这类测量过程可称为封闭性连锁测量,应遵守测量的闭合原则,即:最后累积误差应为零。若以 $\Delta_1,\Delta_2,\cdots,\Delta_n$ 表示逐次测量所得误差值,则最后累积误差 $\Delta_\Sigma=\sum\limits_{i=1}^{n}\Delta_i=0$。

　　按闭合原则,可检查封闭性连锁测量过程的正确性,发现并消除仪器的系统误差。

　　图 2-29 所示的为根据测量的闭合原则用自准直仪检测方形角尺的四个直角的测量原理简图。将方形角尺 φ_1 角的一面放在平板上,用自准直仪照至其另一面并调整仪器读数为 $e_1=0$。然后以 φ_1 角为定角并用 A 表示,依次测量 φ_2、φ_3、φ_4 角,分别得到相应读数 e_2、e_3、e_4,则有

$$\begin{cases}\varphi_1=A+e_1\\\varphi_2=A+e_2\\\varphi_3=A+e_3\\\varphi_4=A+e_4\end{cases} \quad\quad (2\text{-}49)$$

将式(2-49)等号两端分别求和,则有

$$\varphi_1+\varphi_2+\varphi_3+\varphi_4=4A+e_1+e_2+e_3+e_4 \quad\quad (2\text{-}50)$$

由于方形角尺的四个内角之和等于 360°,于是由式(2-50)可得

$$A=90°-(e_1+e_2+e_3+e_4)/4$$

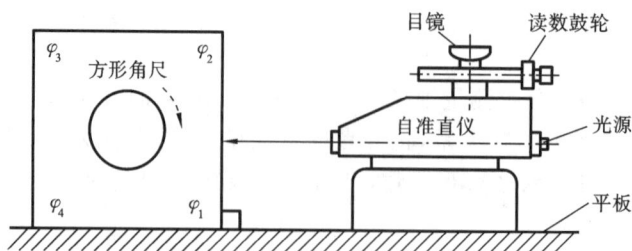

图 2-29　用自准直仪检测方形角尺

再将上式所得 A 值代入式(2-49)中,即可分别求得方形角尺各角度值。

6. 重复原则

在测量过程中,存在许多未知的、不明显因素的影响,使每一次测得的结果都有误差,甚至产生粗大误差。为了保证测量的可靠性,防止出现粗大误差,可对同一被测参数重复进行多次测量。若重复多次的测量结果相同或变化不大,则一般表明测量结果的可靠性较高,此即重复原则。重复原则是测量实践中判断测量结果可靠性的常用准则。

若用相近的不同测量方法测量同一参数能获得相同或相近的测量结果,则表明该测量结果的可靠性高;若某一测量结果,在以后的重复测量中不再获得或相差甚远,则原来测量结果的可靠性差,甚至是不可信的。测量的重复原则正是科学研究结果可靠性的可重复或可复现原则在计量学中的体现。

另外,按重复原则还可判断测量条件是否稳定。

7. 随机原则

造成测量误差的因素很多,而要确定每一因素对测量结果的影响的确切数值往往很困难,甚至不可能。因此,测量时通常主要对影响较大的因素进行分析计算,尽可能消除其对测量结果的影响。而对其他大多数影响不大、具有不确定性的因素共同造成的测量误差,可按随机误差并用数理统计方法进行分析处理及评定,给出测量结果的最近真值,同时以一定的置信概率给出被测量真值所在的量值范围,此即随机原则。

例如,仪器的零位调整误差,对于一次调整其为系统误差。若按随机原则,可多次调整零位,每次调整后进行再测量。这样仪器的部分调整误差被转化为随机误差,可按随机误差处理,取一系列测得值的算术平均值作为最终测量结果,即可减小调整误差的影响。

以上是测量实践中应注意的一些基本的原则,此外还有测量的公差原则、有关测量条件的原则等。这些原则主要是从测量技术方面提出的,实际测量时还应考虑测量的经济性、测量效率及预防性等原则。

思政知识点

"不以规矩,不能成方圆"——我国古代度量衡的发展

据史料记载,我国度量衡始于舜、禹时期。"岁二月,东巡守,至于岱宗,柴。望秩于山川,肆觐东后。协时月,正日,同律度量衡"(《尚书·舜典》),记载了舜巡视东方部落时,在泰山帮助各部落订正四时、月、日,统一尺度、斛斗、斤两。"左准绳,右规矩,载四时,以开九州,通九道,陂九泽,度九山"(《史记·夏本纪》)。准绳和规矩是测定平直、方圆的量具,作为相对统一的度量衡,满足了大禹治水的需要。"改法度,制正朔矣"(《史记·周本纪》),即指周武王姬发建立王朝后统一度量衡。

度、量、衡分别是计量长度、容积、重量的器具。《史记·夏本纪》中记载禹"身为度,称以出",表明了当时以人身体的某个部位或某种动作命名的长度单位,例如《说文解字》中载:"寸、尺、咫、寻、常、仞诸度量,皆以人之体为法"。《孔子家语》记载"布指知寸,布手知尺,舒肘知寻"。

在春秋战国时期,一些常见的生活用具被当作衡量用的器具。"齐旧四量:豆、区、釜、钟。四升为豆,各自其四,以登于釜,釜十则钟"(《左传》),则记载了当时齐国的四种计量单位——豆、区、釜、钟,四升为一豆,四豆为一区,四区为一釜,十釜为一钟。在战国时期,诸侯国量制繁

杂,容量单位有龠、升、溢、豆、区、釜、斗、觳、釜、斛、桶、䤬、庾、薮、钟、秉、筥、稯、秅、鼓等 20 多种。商鞅强力推行统一的度量衡制度,于公元前 344 年制造的标准量器战国商鞅方升(现藏于上海博物馆)上刻有"十六尊五分尊壹为升"。秦始皇统一六国后,推行"一法度衡石丈尺,车同轨,书同文字"(《史记·秦始皇本纪》),统一了文字、货币、度量衡,方升作为商品交换、农业赋税的标准计量参照物。

西汉末年,刘歆将秦汉度量衡制度整理成文,收入《汉书·律历志》。《汉书·律历志》是我国最早的度量衡专著,书中明确记载了每种单位的定义。如"寸"就是十颗黍粒横排的长度(约为 2.3 cm),而十寸为一尺。"后周市尺……开皇初,著令以为官尺,百司用之,终于仁寿。大业中,人间或私用之","开皇以古斗三升为一升……以古秤三斤为一斤,大业中,依复古秤。"(《隋书·律历志》),记载了隋文帝采用北周市尺为尺度的统一度量衡标准。唐代僧一行测量子午线,宋代司天监的圭表尺、元代郭守敬造观星台所标的量天尺(尺长 24.525 cm)都采用隋唐小制。在唐朝和宋朝,计量单位确定为"两、钱、分、厘、毫"十进位制。宋朝刘承珪发明了第一枚戥秤,计量刻度精细,能够精确到厘、毫。

随着西方传教士将西方的计量引入我国,我国开始建立起传统计量与西方计量的关联。清乾隆年间,在钦定《御制数理精蕴》中对度量衡详加考订。清光绪二十九年(1903 年),清政府规定以尺、升、两为度量衡的基本单位,光绪三十四年(1908 年),拟订划一度量衡制和推行章程,并商请国际权度局制造铂铱合金原器和镍钢合金副原器各一件,开始了用国际计量科学技术对中国古代度量衡的改造。1915 年北洋政府公布《权度法》,具体规定:权度以铂铱公尺、公斤原器为标准。1928 年,"中华民国"政府公布《度量衡法》,规定采用"万国公制"为标准制,并暂设辅制"市用制"作为过渡,即 1 公尺为 3 市尺,1 公升为 1 市升,1 公斤为 2 市斤。

1959 年我国国务院发布《关于统一计量制度的命令》,确定米制为我国的基本计量制度,推广米制、改革市制、限制英制和废除旧杂制。1984 年国务院发布了《关于在我国统一实行法定计量单位的命令》,决定在采用先进的国际单位制的基础上,进一步统一我国的计量单位。自 1991 年起,法定单位成为我国唯一合法计量单位。

结语与习题

Ⅰ. 本章的学习目的、要求及重点

学习目的:了解本门学科的任务与基本内容,调动学生学习本门课程的主观能动性。

要求:了解技术测量的意义、要求及基本原则;了解基本度量指标及各种测量方法的基本特征;了解测量误差、测量数据的处理及测量结果的评价方法;了解常用长度量测量仪器的基本变换原理(结合实验自学)。

重点:测量器具及测量方法的基本度量指标、测量方法分类及测量数据的处理与测量误差的评定。

Ⅱ. 复习思考题

1. 在机械制造中,对技术测量的主要要求是什么? 用什么方法保证测量器具在测量上的统一?

2. 分度值、刻度间距及放大比三者有何关系? 放大比与灵敏度有何关系? 标尺的示值范围与测量器具的测量范围有何区别?

3. 回程误差是什么意思? 一般情况下它是怎么产生的? 校正值是什么意思? 其作用是什么?

4. 测量误差按性质如何分类？各有何特征？用什么方法可消除或减小测量误差,提高测量精度？

5. 测量的基本原则有哪些,其要点是什么？

Ⅲ. 练习题

1. 用两种方法测量真值分别为 $L_1 = 40$ mm, $L_2 = 80$ mm 的长度,测得值分别为40.004 mm,80.006 mm。试评定两种方法测量精度的高低。

2. 在相同条件下,用立式光学比较仪对某轴同一部位的直径重复测量 10 次,按测量顺序记录测得值(单位:mm)为:30.4170, 30.4180, 30.4185, 30.4180, 30.4185, 30.4180, 30.4175, 30.4180, 30.4180, 30.4185。

(1) 判断有无粗大误差,若有则删除;

(2) 判断有无变值系统误差;

(3) 求轴在该部位直径的最近真值;

(4) 求系列测量值标准偏差 σ 的估计值 s;

(5) 求系列测量值平均值的标准偏差 $\sigma_{\bar{x}}$ 的估计值与极限偏差 $\Delta_{\bar{x}\lim}$;

(6) 写出最后测量结果。

3. 如附图 2-1 所示,将四个相同直径 d 的钢球放入被测环规中间,通过测高仪测出 H 值,然后间接求出环规的孔径 D。若已知 $d = 19.05$ mm, $H = 34.395$ mm,其测量极限误差 $\Delta_{d\lim} = \pm 0.5$ μm, $\Delta_{H\lim} = \pm 1$ μm。试求:

(1) D 的计算式;

(2) D 的实际尺寸;

(3) D 的测量极限误差;

(4) D 的测量结果。

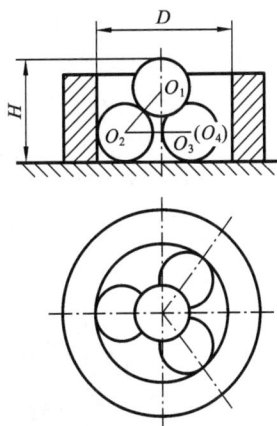

附图 2-1　间接测量环规内径

本章练习题
参考答案

第 3 章

圆柱体结合的互换性

3.1 概　述

在各种类型的机构中广泛采用的孔、轴结合,能够形成二者间的相对旋转(或平移)、相对固定或可拆卸定心结合的三种连接副;也就是说,实际孔、轴结合可有图 3-1 所示的松动、紧固和"不松不紧"三种结合状态。松动结合时,孔的直径比轴的大,结合后二者可做轴向或周向相对运动;紧固结合时,孔的直径比轴的小,因而需要较大的力实现二者结合,通过结合面弹性变形达到二者紧固;"不松不紧"结合时,孔、轴直径非常相近,仅需较小的力实现二者结合,结合面变形小或无变形,二者能较好地定心且方便拆卸。实际应用中,这三种结合状态的选择由二者所在机构的运动学功能要求而定,主要通过机构的原理设计或"一次设计"完成。

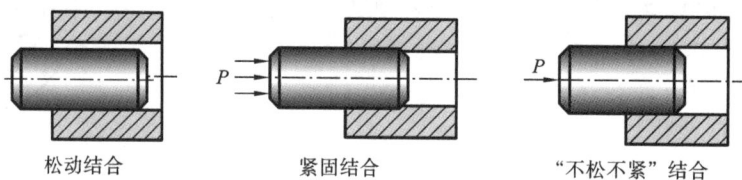

松动结合　　　　紧固结合　　　　"不松不紧"结合

图 3-1　孔、轴结合的三种状态

由于加工误差的存在,相互结合的孔或轴的实际尺寸都不可能做成某一个期望的确定值,都将在一定的范围内变动。因而,在相互结合的孔、轴加工完后,二者结合时的状态相应也会在一定范围内变动。例如,在图 3-2 所示的孔、轴松动结合中,当可能出现的最小尺寸的孔与最大尺寸的轴结合时,结合后的松动量最小;而当可能出现的最大尺寸的孔与最小尺寸的轴结合时,结合后的松动量最大。从松动量最小到松动量最大,这个变动范围的大小反映了孔、轴相互结合的精确程度。这种情况在孔、轴的紧固结合中也一样存在。

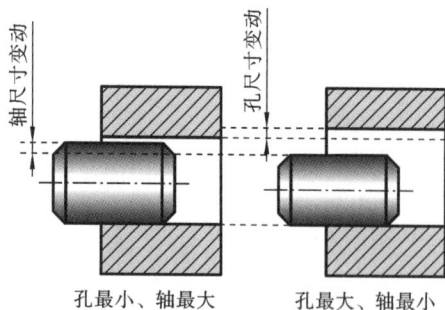

孔最小、轴最大　　　孔最大、轴最小

图 3-2　尺寸误差对孔轴结合精确程度的影响

显然,要保证圆柱体结合的互换性,满足使用功能对孔、轴相互结合精确程度的要求,设计时应对相互结合的孔和轴可能出现的最大尺寸和最小尺寸提出要求,给出相应的尺寸极限,即需要对相互结合孔、轴的尺寸进行精度设计。

本章主要介绍孔、轴结合的精度设计的有关内容,包括以标准形式体现的尺寸精度规范和精度保证规范的构成规律(其体系见图 3-3)、精度的选用原则与方法,以及有关检测的规定与方法。

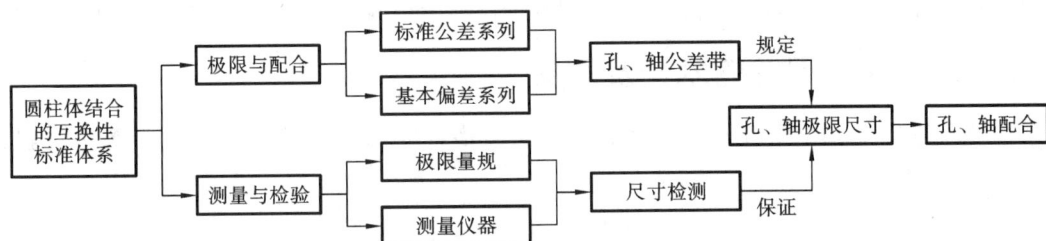

图 3-3　圆柱体结合的互换性标准体系

3.2　有关极限与配合的术语和定义

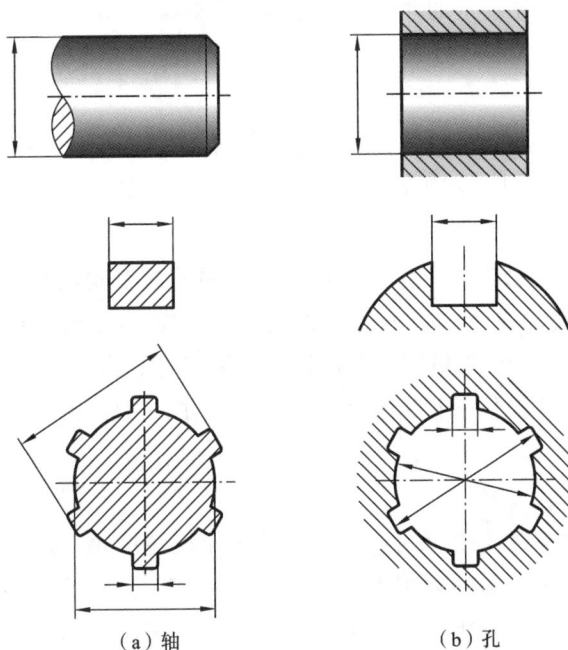

为了规范机械装置和零件在设计、制造和使用过程中的尺寸精度,GB/T 1800 系列标准给出了极限和配合相关术语和定义。

3.2.1　关于孔与轴

1. 轴

轴(shaft)通常指工件的圆柱形外尺寸要素,也包括非圆柱形外尺寸要素(由两平行平面或切面形成的被包容面),如图 3-4(a)所示。

有关极限与配合
的术语和定义

(a)轴　　　　　　　　(b)孔

图 3-4　轴与孔

2. 孔

孔(hole)通常指工件的圆柱形内尺寸要素,也包括非圆柱形内尺寸要素(由两平行平面或切面形成的包容面),如图 3-4(b)所示。

从装配关系讲,孔是包容面,轴是被包容面。从加工(去除材料)过程看,孔的尺寸由小变大,轴的尺寸由大变小。就测量而言,通常用内卡尺类量具测孔,用外卡尺类量具测轴。

3.2.2　关于尺寸的术语及定义

在极限与配合制中,关于尺寸的术语及定义较多,以下参见图 3-5 所示的示意进行解释说明。

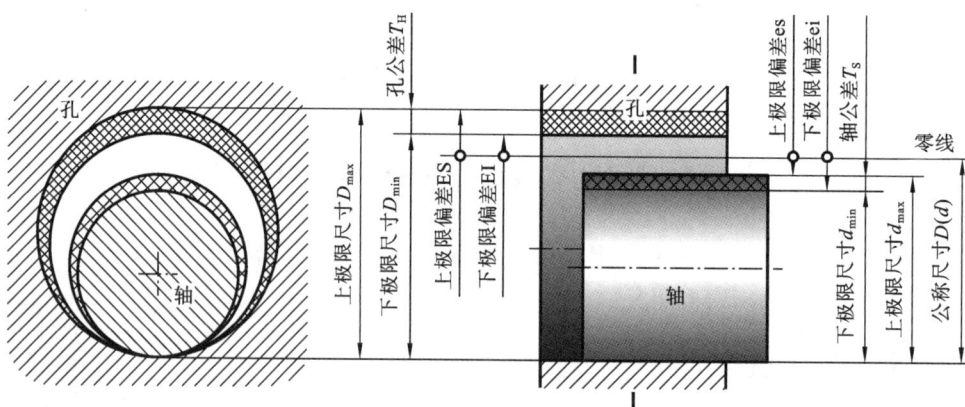

图 3-5　基本术语示意图

1. 尺寸要素

由线性尺寸或角度尺寸确定的几何形状称为尺寸要素(feature of size)。尺寸要素可以是圆柱形、球形、两平行对应面等线性尺寸要求,以及圆锥形或楔形等角度尺寸要求。

2. 尺寸

尺寸(size)是以特定单位表示线性尺寸值的数值。在技术图样和一定范围内,若已注明共同单位(如在机械制图尺寸标注中,以 mm 为单位),均可只写数字,不写单位。

3. 公称尺寸

公称尺寸(nominal size)为由图样规范确定的理想形状要素的尺寸。公称尺寸由设计给定,其可以是整数或小数,但一般应按标准选取,这样可以减少定值刀具、量具及夹具等的规格数量。通过公称尺寸,应用上、下极限偏差可算出极限尺寸。由于制造误差的存在,工件加工完后得到的实际尺寸一般并不等于设计给定的公称尺寸。习惯上用 D 和 d 分别表示孔和轴的公称尺寸。

4. 极限尺寸

极限尺寸(limits of size)是指尺寸要素允许的两个极端尺寸。其中,允许的最大尺寸称为上极限尺寸(upper limit of size),习惯上分别用 D_{max} 和 d_{max} 表示;允许的最小尺寸称为下极限尺寸(lower limit of size),习惯上分别用 D_{min} 和 d_{min} 表示。通常,极限尺寸都以公称尺寸为基数来确定。提取孔、轴的局部尺寸应位于以两极限尺寸为界的闭区间内。

5. 实际尺寸(actual size)

实际尺寸为测量得到的拟合组成要素的尺寸。公称尺寸相同的零件,实际尺寸往往不相同,反映了制造误差的存在。实际尺寸应位于以上、下极限尺寸为界的闭区间内,习惯上分别

用 D_a 和 d_a 表示。测量时,一般用两点尺寸(提取组成线性尺寸要素上的两个相对点之间的距离)表示实际尺寸的大小。但由于表面形貌误差的存在,两点尺寸不完全相同,造成"尺寸不定性"。

由于存在测量误差,实际尺寸并非该尺寸的真值。例如,测得某轴的尺寸为 24.965 mm,若测量的极限误差为 ±0.001 mm,则尺寸的真值在 24.965±0.001 mm 范围内;若忽略测量误差,可取该轴的实际尺寸为 24.965 mm。允许的测量误差由设计人员依据专门标准规定。

6. 作用尺寸

孔、轴相互结合的实际状态受到表面形貌误差引起的尺寸不定性的影响,如图 3-6 所示。在结合面全长上,与实际孔内接的最大理想轴的尺寸称为该孔的作用尺寸(mating size of hole);在结合面全长上,与实际轴外接的最小理想孔的尺寸称为该轴的作用尺寸(mating size of shaft)。

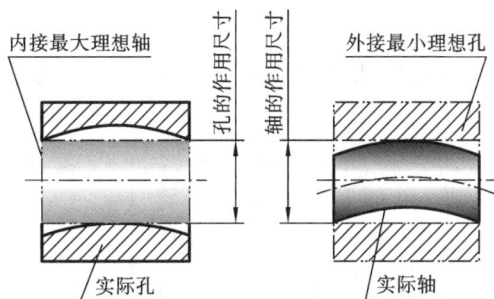

图 3-6　作用尺寸

习惯上用 D_m 和 d_m 分别表示孔和轴的作用尺寸。若孔或轴没有形貌误差,则其作用尺寸等于提取孔、轴的局部尺寸,即 $D_m=D_a$、$d_m=d_a$;通常情况下,孔的作用尺寸小于或等于该孔的最小提取局部尺寸,即 $D_m \leqslant D_{a\,min}$;轴的作用尺寸大于或等于该轴的最大提取局部尺寸,即 $d_m \geqslant d_{a\,max}$。

7. 最大实体尺寸

孔、轴具有允许的材料量为最多时的状态称为最大实体状态(maximum material condition, MMC),在此状态下的极限尺寸称为最大实体尺寸(maximum material size, MMS),它是孔的下极限尺寸、轴的上极限尺寸。

8. 最小实体尺寸

孔、轴具有允许的材料量为最少时的状态称为最小实体状态(least material condition, LMC),在此状态下的极限尺寸称为最小实体尺寸(least material size, LMS),它是孔的上极限尺寸、轴的下极限尺寸。

例如,孔 $\phi 25^{+0.021}_{0}$ mm 的最大实体尺寸为 25.000 mm,最小实体尺寸为 25.021 mm;轴 $\phi 25^{-0.020}_{-0.033}$ mm 的最大实体尺寸为 24.980 mm,最小实体尺寸为 24.967 mm。

3.2.3　关于偏差及公差的术语及定义

1. 偏差

偏差(deviation)为某一尺寸(实际尺寸、极限尺寸等)减去其公称尺寸所得的代数差(见图 3-5)。

(1) 实际偏差(actual deviation)为实际尺寸减去其公称尺寸所得的代数差,它表示提取组成要素的局部尺寸对公称尺寸偏离的大小和方向。

(2) 极限偏差(limit deviation)为极限尺寸减去其公称尺寸所得的代数差。其中,上极限尺寸减去其公称尺寸所得代数差称为上极限偏差(upper deviation);下极限尺寸减去其公称尺寸所得代数差称为下极限偏差(lower deviation)。极限偏差由设计给定,用于限制提取组成要素的局部偏差。

国际上对孔、轴极限偏差规定的代号为:ES 表示孔的上极限偏差,EI 表示孔的下极限偏差;es 表示轴的上极限偏差,ei 表示轴的下极限偏差。

2. 公差

公差(size tolerance)为上极限尺寸与下极限尺寸之差,或上极限偏差与下极限偏差之差(见图 3-5)。公差是允许尺寸的变动量,因而尺寸公差是没有正、负之分的绝对值。从工艺上讲,由于加工误差的必然存在,公差数值不能为零。习惯上分别用 T_H 和 T_S 表示孔、轴公差。

例 3-1 已知孔的公称尺寸 D 与轴的公称尺寸 d 均为 25 mm,孔的上、下极限尺寸分别为 $D_{max}=25.021$ mm 和 $D_{min}=25.000$ mm,轴的上、下极限尺寸分别为 $d_{max}=24.980$ mm 和 $d_{min}=24.967$ mm。求孔与轴的极限偏差及公差。

解 孔的上极限偏差 $ES=D_{max}-D=(25.021-25)$ mm $=+0.021$ mm

孔的下极限偏差 $EI=D_{min}-D=(25.000-25)$ mm $=0$

轴的上极限偏差 $es=d_{max}-d=(24.980-25)$ mm $=-0.020$ mm

轴的下极限偏差 $ei=d_{min}-d=(24.967-25)$ mm $=-0.033$ mm

孔的公差 $T_H=D_{max}-D_{min}=|25.021-25.000|$ mm $=0.021$ mm

轴的公差 $T_S=d_{max}-d_{min}=|24.980-24.967|$ mm $=0.013$ mm

或,孔的公差 $T_H=|ES-EI|=|+0.021-0|$ mm $=0.021$ mm

轴的公差 $T_S=|es-ei|=|-0.020-(-0.033)|$ mm $=0.013$ mm

"偏差"与"公差"看似相近,但是完全不同的两个概念。

(1)由于极限尺寸与实际尺寸都可以大于、小于或等于公称尺寸,所以"偏差"可以为正值、负值或零,是一代数量;而"公差"则是一个没有正、负之分的绝对值,且不能为零。

(2)"极限偏差"用于限制"实际偏差"的变动范围,而"公差"用于限制实际尺寸的变动量,即限制"误差"。

(3)"局部偏差"是通过测量得到的;而"公差"是由设计给定的,无法通过测量得到,但可通过测得实际尺寸(同一要求且足够多的一批工件)的变动量来推断。

(4)加工时,"极限偏差"不反映加工的难易程度,只表示对机床调整的要求(如进刀量的大小);而"公差"表示允许尺寸的变动量,是对加工精度的要求,反映加工的难易程度。

3. 公差带

在公差带(tolerance zone)图解中,由代表上极限偏差和下极限偏差(或上极限尺寸和下极限尺寸)的两条直线所限定的一个区域称为公差带(见图 3-7)。公差带由公差的大小和其相对于零线的位置来确定。

公差和偏差与公称尺寸相比,数值上通常相差几个数量级,在进行公差带图分析时不便于用同一比例表示,因而,用一条水平直线表示公称

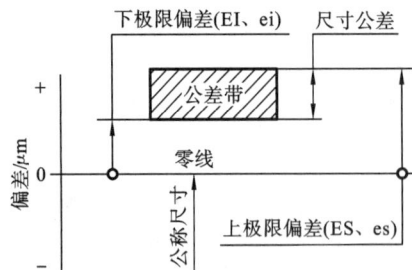

图 3-7 公差带图解

尺寸,称为零线,以其为基准确定偏差和公差(见图 3-7),正偏差位于零线上面,负偏差位于零线下面。公差的大小和位置分别由尺寸公差和极限偏差决定。

3.2.4　关于配合的术语及定义

1. 配合

配合(fit)是指公称尺寸相同且相互结合的孔与轴公差带之间的关系。

这里的"关系"实际上是用孔、轴相互结合(装配)后二者之间的相对状态来区别的。若二者装配后能在保持结合状态下自由实现轴向或周向相对运动,则二者是一种"松动"结合关系;若二者装配后能承受较大的工作载荷(主要是轴向或周向)而不改变原有结合状态,则二者是一种"紧固"结合关系;若装配后,二者不能自由实现轴向或周向相对运动,但在不大的轴向或周向力作用下能方便拆卸,即二者是介于"松动"和"紧固"之间的结合关系。

在标准规定的极限与配合制中,针对上述三种孔、轴的结合关系,分别规定了间隙配合、过盈配合和过渡配合三种配合,供设计者根据不同的使用要求选用。对于具体的一对相互配合的孔和轴来说,一旦它们按规定的要求加工出来后,二者的结合关系只能是间隙或过盈中的一种,这点在理解过渡配合时应引起注意。

2. 间隙或过盈

孔的尺寸减去相配合轴的尺寸所得的代数差值:若为正值,则为间隙(clearance),其绝对值称为间隙量;若为负值,则为过盈(interference),其绝对值称为过盈量,如图 3-8 所示。习惯上用 X、Y 分别表示间隙、过盈。

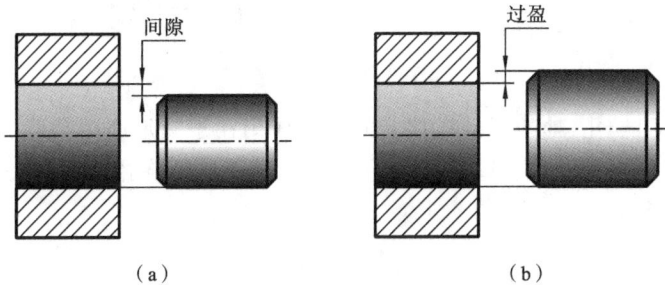

图 3-8　间隙与过盈

(1)孔的下极限尺寸减去相配合轴的上极限尺寸所得的代数差值:

若为正值,则为最小间隙(minimum clearance),用 X_{min} 表示,有

$$X_{min} = D_{min} - d_{max} = EI - es$$

若为负值,则为最大过盈(maximum interference),用 Y_{max} 表示,有

$$Y_{max} = D_{min} - d_{max} = EI - es$$

(2) 孔的上极限尺寸减去相配合轴的下极限尺寸所得的代数差值:

若为正值,则为最大间隙(maximum clearance),用 X_{max} 表示,有

$$X_{max} = D_{max} - d_{min} = ES - ei$$

若为负值,则为最小过盈(minimum interference),用 Y_{min} 表示,有

$$Y_{min} = D_{max} - d_{min} = ES - ei$$

最小间隙与最大间隙统称为极限间隙,最小过盈与最大过盈统称为极限过盈。

从制造上看,由于制造误差的存在,相互结合孔、轴的尺寸可能为各自极限尺寸范围内的某一尺寸,因而二者结合后形成的间隙或过盈值也将是极限间隙或过盈范围内的某一值,即可能出现的间隙或过盈是在极限间隙或过盈范围内变动的。从使用上看,通常要控制间隙或过盈的变动量,以满足结合精度的要求。因而,在孔、轴结合的精度设计中,需根据使用要求来确定孔、轴配合所允许的极限间隙或过盈,然后合理选用相应孔、轴的极限尺寸;或者,合理选用相应孔、轴的极限尺寸,再计算它们形成配合后的极限间隙或过盈,看是否满足使用要求。

3. 间隙配合

具有间隙(包括最小间隙为零)的配合称为间隙配合(clearance fit)。孔、轴间隙配合(见图 3-9)时,孔公差带在轴公差带之上(包括二者衔接)。

配合的极限状态:最大间隙 $X_{max} > 0$,最小间隙 $X_{min} \geqslant 0$;

配合的平均状态:平均间隙 $X_{av} = (X_{max} + X_{min})/2 > 0$。

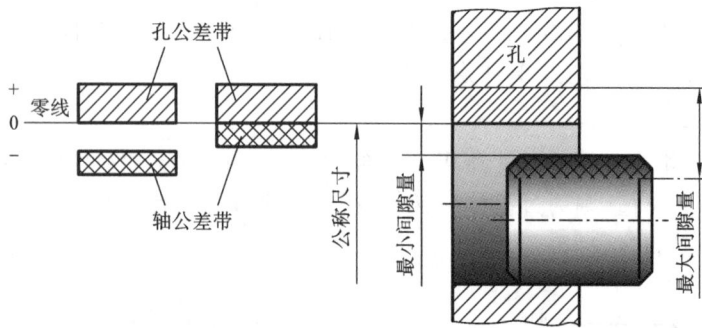

图 3-9　间隙配合

间隙配合主要用于孔、轴的活动连接。间隙的作用在于满足使用功能需求,同时可储藏润滑油,补偿热变形、弹性变形及制造安装误差等。间隙量是影响孔、轴相对运动活动程度及定位精度的基本因素。

4. 过盈配合

具有过盈(包括最小过盈为零)的配合称为过盈配合(interference fit)。孔、轴过盈配合(见图 3-10)时,孔公差带在轴公差带之下(包括二者衔接)。

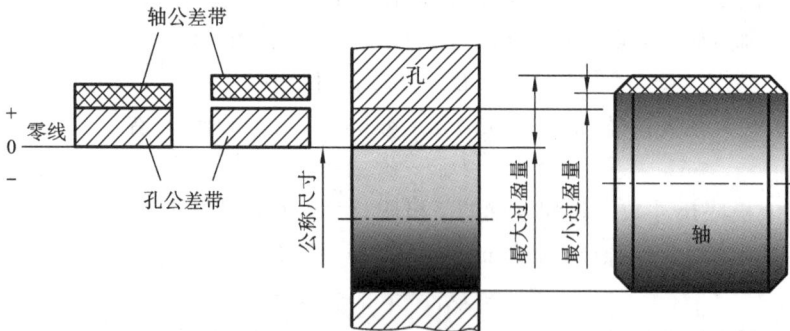

图 3-10　过盈配合

配合的极限状态:最大过盈 $Y_{max} < 0$,最小过盈 $Y_{min} \leqslant 0$;

配合的平均状态:平均过盈 $Y_{av} = (Y_{max} + Y_{min})/2 < 0$。

过盈配合用于孔、轴的紧固连接,不允许二者有相对运动。孔、轴过盈配合时,轴的尺寸比孔的大,因此要施加压力才能实现二者的装配;也可以用热胀冷缩的方法,即加热孔或冷却轴来实现二者的装配。采用过盈配合时,不另加紧固件,依靠孔、轴结合面的变形即可实现紧固连接,并能承受一定的轴向力或传递扭矩。

5. 过渡配合

可能具有间隙或过盈的配合称为过渡配合(transition fit)。孔、轴过渡配合(见图 3-11)时,孔公差带与轴公差带相互交叠。

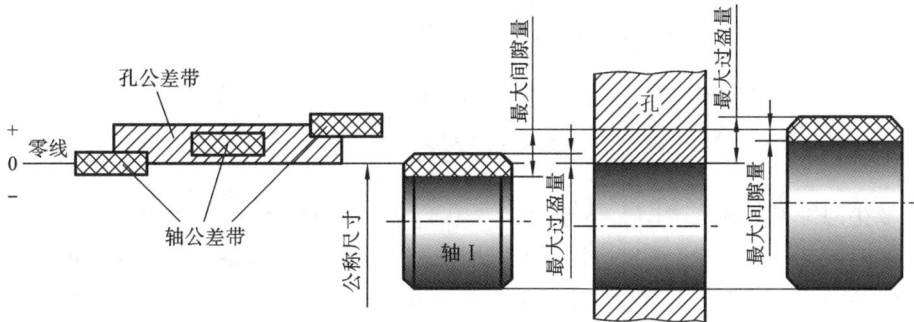

图 3-11　过渡配合

配合的极限状态:最大间隙 $X_{max} > 0$,最大过盈 $Y_{max} < 0$。

配合的平均状态:若 $(X_{max} + Y_{max})/2 > 0$,则配合的间隙为平均间隙 X_{av};若 $(X_{max} + Y_{max})/2 < 0$,则配合的间隙为平均过盈 Y_{av}。

过渡配合主要用于孔、轴的定心连接。标准中规定的过渡配合的间隙量或过盈量一般都较小,因此能保证相配孔、轴有很好的对中性和同轴性,并且便于装配和拆卸。根据使用要求选用过渡配合后,孔、轴的实际配合状态(间隙配合或过盈配合)取决于加工后的实际尺寸,由实际尺寸的分布状态决定。

6. 配合公差

配合公差(variation of fit)为组成配合的孔、轴公差之和,表示允许间隙或过盈的变动量,是无正、负之分的绝对值。通常用 T_f 表示配合公差:

$$T_f = T_H + T_S = \begin{cases} |X_{max} - X_{min}| & \text{(对于间隙配合)} \\ |Y_{max} - Y_{min}| & \text{(对于过盈配合)} \\ |X_{max} - Y_{max}| & \text{(对于过渡配合)} \end{cases} \tag{3-1}$$

配合公差 T_f 反映配合的精度,是设计者为满足使用要求对所选配合规定的允许间隙或过盈变动量;而孔公差 T_H 和轴公差 T_S 反映孔与轴的制造精度,是设计者为限制加工误差,对孔和轴规定的允许尺寸变动量,是制造要求(工艺要求)。

因而,式(3-1)将使用要求与制造要求用"＝"号联系在一起,表明使用要求必须要有相应的制造手段来实现;反之,所选的制造工艺手段要能满足使用要求的规定。一般而言,使用要求高,即 T_f 小,则 T_H 和 T_S 更小,制造加工难度增加;而要减小加工难度,降低制造成本,T_H 和 T_S 要加大,则 T_f 加大,导致使用性能的降低。因而,式(3-1)实际上反映出"公差"的实质:协调机器零件的使用要求与制造要求之间的矛盾,或设计要求与工艺要求之间的矛盾。

例 3-2   孔 $\phi 25^{+0.021}_{0}$ mm 与轴 $\phi 25^{-0.020}_{-0.033}$ mm 组成间隙配合的公差带图如图 3-12(a)所示。求该配合的最小间隙、最大间隙、平均间隙和配合公差。

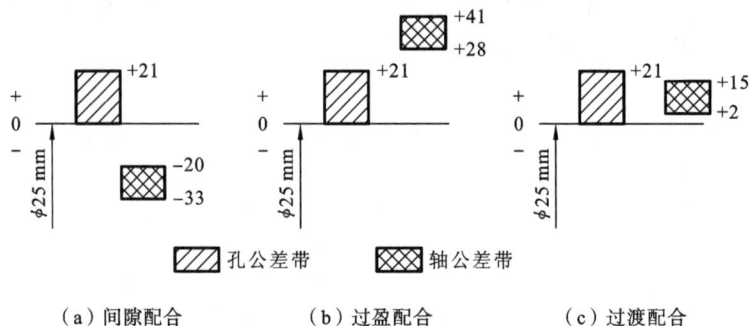

孔公差带   轴公差带

(a)间隙配合   (b)过盈配合   (c)过渡配合

图 3-12   配合举例

解   最小间隙 $X_{\min} = \text{EI} - \text{es} = [0 - (-0.020)]$ mm $= +0.020$ mm

最大间隙 $X_{\max} = \text{ES} - \text{ei} = [+0.021 - (-0.033)]$ mm $= +0.054$ mm

平均间隙 $X_{\text{av}} = (X_{\max} + X_{\min})/2 = (+0.020 + 0.054)/2$ mm $= +0.037$ mm

配合公差 $T_{\text{f}} = |X_{\max} - X_{\min}| = |+0.054 - 0.020|$ mm $= 0.034$ mm

例 3-3   孔 $\phi 25^{+0.021}_{0}$ mm 与轴 $\phi 25^{+0.041}_{+0.028}$ mm 组成过盈配合的公差带图如图 3-12(b)所示。求该配合的最小过盈、最大过盈、平均过盈和配合公差。

解   最小过盈 $Y_{\min} = \text{ES} - \text{ei} = (+0.021 - 0.028)$ mm $= -0.007$ mm

最大过盈 $Y_{\max} = \text{EI} - \text{es} = (0 - 0.041)$ mm $= -0.041$ mm

平均过盈 $Y_{\text{av}} = (Y_{\max} + Y_{\min})/2 = (-0.041 - 0.007)/2$ mm $= -0.024$ mm

配合公差 $T_{\text{f}} = |Y_{\max} - Y_{\min}| = |-0.041 - (-0.007)|$ mm $= 0.034$ mm

例 3-4   孔 $\phi 25^{+0.021}_{0}$ mm 与轴 $\phi 25^{+0.015}_{+0.002}$ mm 组成过渡配合的公差带图如图 3-12(c)所示。求该配合的最大间隙、最大过盈、平均间隙或过盈及配合公差。

解   最大间隙 $X_{\max} = \text{ES} - \text{ei} = (+0.021 - 0.002)$ mm $= +0.019$ mm

最大过盈 $Y_{\max} = \text{EI} - \text{es} = (0 - 0.015)$ mm $= -0.015$ mm

平均间隙或过盈 $X_{\text{av}} = (X_{\max} + Y_{\max})/2 = (+0.019 - 0.015)/2$ mm $= +0.002$ mm

配合公差 $T_{\text{f}} = |X_{\max} - Y_{\max}| = |+0.019 - (-0.015)|$ mm $= 0.034$ mm

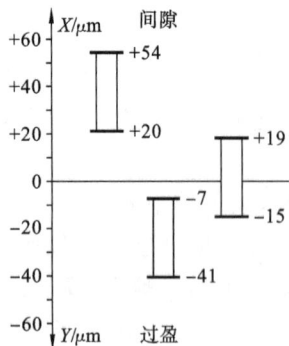

图 3-13   配合公差的公差带图

由此可见,对于公称尺寸和孔、轴公差值分别相同的间隙配合、过盈配合和过渡配合,极限偏差不同,孔、轴配合的性质也不同,但配合公差相同,即配合的精度是相同的。

配合特性可用配合公差的公差带图解表示,零线为间隙或过盈等于零的直线,间隙配合公差的公差带为最大间隙与最小间隙之间的区域,过盈配合公差的公差带为最小过盈与最大过盈之间的区域,过渡配合公差的公差带为最大间隙与最大过盈之间的区域。图 3-13 绘出了上述三个例题中配合公差的公差带图。

3.2.5　关于 ISO 配合制的术语及定义

我国现行关于配合制的国家标准(GB/T 1800.1)"ISO 配合制",规定了孔、轴公差带的大小和公差带位置,以及孔、轴公差带形成各种配合的标准化规范。

1. 标准公差

标准公差(standard tolerance)是标准中所规定的任一公差,用符号 IT(international tolerance)表示,即"国际公差"。

2. 基本偏差

基本偏差(fundamental deviation)是指确定公差带相对于公称尺寸位置的那个极限偏差,可以是上极限偏差或下极限偏差,一般为最接近公称尺寸的那个极限偏差。

3. 基孔制配合

基孔制配合(hole-basis system of fits)是指基本偏差为零的孔,与不同基本偏差的轴形成各种配合。在基孔制配合中,孔为基准孔,其下极限偏差为零。图 3-14(a)为基孔制配合的孔、轴公差带示意图。

4. 基轴制配合

基轴制配合(shaft-basis system of fits)是指基本偏差为零的轴,与不同基本偏差的孔形成各种配合。在基轴制配合中,轴为基准轴,其上极限偏差为零。图 3-14(b)为基轴制配合的孔、轴公差带示意图。

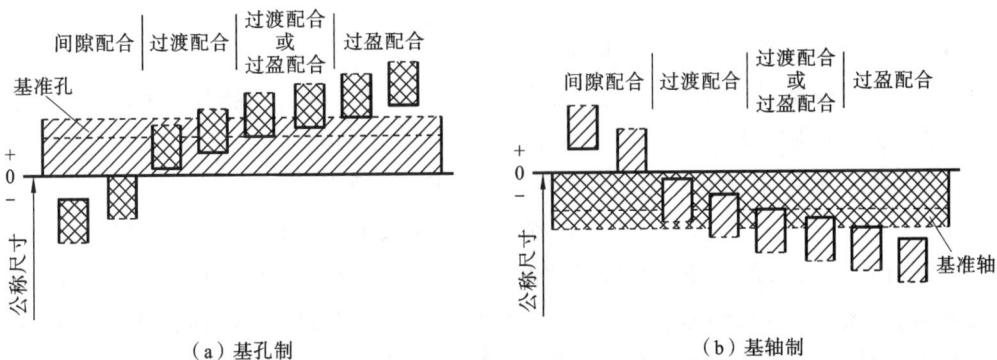

图 3-14　基孔制与基轴制

3.3　公差值(公差带大小)的标准化

3.3.1　标准公差

由于加工误差不可避免地存在,在零件尺寸的精度设计中,需按使用要求及实际制造能力等因素规定允许尺寸的变动量,即规定尺寸公差以保证合理的加工精度。为避免公差选择的无序化,应按数值标准化原理确定系列的标准公差值供设计者选用,以保证设计的标准化。为此,极限与配合制标准给出了孔、轴公差数值标

准化的结果,即标准公差系列。

公差是用于限制制造误差的,因而公差数值系列的标准化一方面应符合制造误差呈现的最一般的规律;另一方面需要针对不同的应用需求及制造工艺的精度能力,给出反映不同精度水平的标准公差数值。考虑这两方面的因素,标准公差的基本计算式为

$$T = a \times i \tag{3-2}$$

式中:T——标准公差;

a——公差等级系数,用来规定不同精度水平的标准公差数值;

i——公差因子,用来反映制造误差与公称尺寸的关系。

1. 标准公差因子

标准公差因子用于确定标准公差的基本单位,也称标准公差单位。公差因子是公称尺寸的函数,当公称尺寸 $D \leqslant 500$ mm 时,用 i 表示,$D > 500$ mm 时用 I 表示。

长期的生产实践表明,通常情况下,公称尺寸越大,可能出现的制造误差也越大,说明制造误差的大小(即制造精度)与尺寸有关。因此为了合理地规定在同一个精度水平要求下,不同尺寸所允许的尺寸变动量,需了解不同公称尺寸下制造误差出现的规律。

通过专门试验和统计分析,可用公差单位 i(或 I)来描述制造误差(加工及测量误差)随公称尺寸(D)变化而变化的规律,并用经验公式 i(或 I)$= f(D)$ 表达,即

$$\begin{cases} i = 0.45\sqrt[3]{D} + 0.001D & (D \leqslant 500 \text{ mm}) \tag{3-3} \\ I = 0.004D + 2.1 & (D > 500 \sim 3150 \text{ mm}) \tag{3-4} \end{cases}$$

式中:D——公称尺寸,mm;

i、I——式中尺寸范围内的公差单位,μm。

在 $D \leqslant 500$ mm 范围内,制造误差与公称尺寸基本上符合立方抛物线关系。但是,当尺寸较大时,测量误差的影响增大,故该式引入了与尺寸成正比的第二项,主要用于补偿测量时温度不稳定或与标准温度有偏差而引起的测量误差及量规变形误差等。

在 $D > 500$ mm 的大尺寸范围内,考虑到测量误差,特别是温度造成的测量误差的影响很突出,采用线性公式以使公差更快地随尺寸的增加而扩大,这样更为合理。但是,即使采用了线性公式,仍不足以充分反映测量误差随尺寸增加而迅速扩大的事实,因此在选用大尺寸公差时应该注意。另外,为了使 i 和 I 连续衔接,式(3-4)加了2.1 μm 项。

2. 标准公差等级

实际应用中,需要不同精度水平的零件来满足不同场合的需求;实际加工中,不同的加工手段有不同的加工精度能力。因而,需要将标准公差分成不同的等级,以满足适应各种加工手段的广泛需求。

ISO 配合制标准中,对公称尺寸 $D \leqslant 500$ mm 的尺寸范围,规定了 20 级标准公差等级,分别用标准公差代号 IT 与等级数(阿拉伯数字)组合表示为 IT01、IT0、IT1、IT2、…、IT18;对公称尺寸 $D > 500 \sim 3150$ mm 的尺寸范围,规定了 18 级标准公差等级,分别表示为 IT1、IT2、…、IT18。

对于具有相同公差单位 i(或 I)的同一公称尺寸,精度需求不同时,规定不同的公差等级系数 a,便可实现将标准公差分成不同的等级。

3.3.2　标准公差系列

1. 标准公差值的计算公式

公称尺寸≤500 mm、公差等级 IT5～IT18,公称尺寸 500～3150 mm、公差等级 IT1～IT18 的标准公差计算公式如表 3-1 所示,公差等级系数 a 的取值规则如下:

(1) 按 R5 优先数系取值,其中 IT6 时,a 值取 10;

(2) IT5 的 a 值取 7,便于衔接;

(3) 对于 $D>500～3150$ mm,计算 IT1～IT4 时,a 值分别取近似几何级数分布的 2、2.7、3.7、5。

(4) 对于公称尺寸 $D≤500$ mm,公差等级 IT01～IT4 的标准公差计算公式如表 3-2 所示。

表 3-1　等级为 IT1～IT18 的标准公差计算公式　　　　　　　　　（μm）

公称尺寸/ mm	公差等级										
	IT1	IT2	IT3	IT4	IT5	IT6	IT7	IT8	IT9	IT10	IT11
≤500	—	—	—	—	$7i$	$10i$	$16i$	$25i$	$40i$	$64i$	$100i$
>500～3150	$2I$	$2.7I$	$3.7I$	$5I$	$7I$	$10I$	$16I$	$25I$	$40I$	$64I$	$100I$

公称尺寸/ mm	公差等级						
	IT12	IT13	IT14	IT15	IT16	IT17	IT18
≤500	$160i$	$250i$	$400i$	$640i$	$1000i$	$1600i$	$2500i$
>500～3150	$160I$	$250I$	$400I$	$640I$	$1000I$	$1600I$	$2500I$

表 3-2　公称尺寸≤500 mm 的 IT01～IT4 标准公差计算公式

公差等级	IT01	IT0	IT1	IT2	IT3	IT4
计算公式	$0.3+0.008D$	$0.5+0.012D$	$0.8+0.020D$	$IT1(IT5/IT1)^{1/4}$	$IT1(IT5/IT1)^{2/4}$	$IT1(IT5/IT1)^{3/4}$

注:表中 D 为公称尺寸分段的几何平均值,mm;表中公式计算结果的单位为 μm。

对于 IT01、IT0、IT1 这三个精度要求很高的公差等级,主要考虑测量误差的影响,其标准公差数值采用表 3-2 所示的线性公式计算;而 IT2、IT3、IT4 这三个公差等级,在 IT1～IT5 之间大致按几何级数分布。

2. 公称尺寸的分段

在计算标准公差值时,若按式(3-3)或式(3-4)计算公差单位 i 或 I,任意一个公称尺寸 D 对应一个 i 或 I,将可获得无穷多公差单位,这既没有必要,也将导致制造时的不便。因而在公差数值标准化中对公差单位的计算进行了简化,即通过将尺寸分段,把连续函数 i 或 I 进行离散化,取能充分满足应用需求的有限个公差单位来计算标准公差值。

ISO 配合制标准中,0～500 mm 范围内的公称尺寸被分为 13 个主尺寸段,>500～3150 mm 范围的公称尺寸被分为 8 个主尺寸段;多数主尺寸段还进一步细分为中间段。主段的公称尺寸用于计算标准公差和基本偏差,中间段的只用于计算若干特殊的基本偏差。尺寸分段情况如表 3-3 所示。

表 3-3　公称尺寸分段　　　　　　　　　　(mm)

主　　段		中　间　段		主　　段		中　间　段	
大于	至	大于	至	大于	至	大于	至
—	3	无细分段		250	315	250	280
3	6					280	315
6	10			315	400	315	355
						355	400
10	18	10	14	400	500	400	450
		14	18			450	500
18	30	18	24	500	630	500	560
		24	30			560	630
30	50	30	40	630	800	630	710
		40	50			710	800
50	80	50	65	800	1000	800	900
		65	80			900	1000
80	120	80	100	1000	1250	1000	1120
		100	120			1120	1250
120	180	120	140	1250	1600	1250	1400
		160	160			1400	1600
		140	180	1600	2000	1600	1800
						1800	2000
180	250	180	200	2000	2500	2000	2240
		200	225			2240	2500
		225	250	2500	3150	2500	2800
						2800	3150

尺寸分段后,每一段内的所有公称尺寸,都由该尺寸段的段首和段尾两尺寸的几何平均值来替代,即

$$D_m = \sqrt{D_1 D_2} \qquad\qquad (3\text{-}5)$$

式中:D_1——段首尺寸;

　　　D_2——段尾尺寸。

对于公称尺寸≤3 mm 的公称尺寸段,其几何平均值按 $\sqrt{1 \times 3}$ mm 计算。值得注意的是,两尺寸段衔接时,前一尺寸段的段尾与下一尺寸段的段首尺寸属于前一尺寸段。

通过尺寸分段,在 0~500 mm 范围内,由式(3-3),公差单位 i 可简化为 13 个;在公称尺寸 >500~3150 mm 范围内,由式(3-4),公差单位 I 可简化为 8 个。

3. 标准公差系列

根据上述规定的标准公差计算公式,在代入公差单位后,可分别计算出所有的标准公差数值,构成极限与配合制标准规定的标准公差系列,如表 3-4 所示。表中的标准公差值具有权威性,设计中应按表中的数值选用,若表中数值不能满足设计要求,可按标准公差的构成规律,延伸或插入所需的公差。

表 3-4　标准公差数值

公称尺寸/mm	公差等级																					
	μm													mm							
	IT01	IT0	IT1	IT2	IT3	IT4	IT5	IT6	IT7	IT8	IT9	IT10	IT11	IT12	IT13	IT14	IT15	IT16	IT17	IT18
≤3	0.3	0.5	0.8	1.2	2	3	4	6	10	14	25	40	60	0.10	0.14	0.25	0.4	0.6	1.0	1.4
>3~6	0.4	0.6	1	1.5	2.5	4	5	8	12	18	30	48	75	0.12	0.18	0.3	0.48	0.75	1.2	1.8
>6~10	0.4	0.6	1	1.5	2.5	4	6	9	15	22	36	58	90	0.15	0.22	0.36	0.58	0.9	1.5	2.2
>10~18	0.5	0.8	1.2	2	3	5	8	11	18	27	43	70	110	0.18	0.27	0.43	0.7	1.1	1.8	2.7
>18~30	0.6	1	1.5	2.5	4	6	9	13	21	33	52	84	130	0.21	0.33	0.52	0.84	1.3	2.1	3.3
>30~50	0.6	1	1.5	2.5	4	7	11	16	25	39	62	100	160	0.25	0.39	0.62	1.0	1.6	2.5	3.9
>50~80	0.8	1.2	2	3	5	8	13	19	30	46	74	120	190	0.30	0.46	0.74	1.2	1.9	3.0	4.6
>80~120	1	1.5	2.5	4	6	10	15	22	35	54	87	140	220	0.35	0.54	0.87	1.4	2.2	3.5	5.4
>120~180	1.2	2	3.5	5	8	12	18	25	40	63	100	160	250	0.40	0.63	1.0	1.6	2.5	4.0	6.3
>180~250	2	3	4.5	7	10	14	20	29	46	72	115	185	290	0.46	0.72	1.15	1.85	2.9	4.6	7.2
>250~315	2.5	4	6	8	12	16	23	32	52	81	130	210	320	0.52	0.81	1.3	2.1	3.2	5.2	8.1
>315~400	3	5	7	9	13	18	25	36	57	89	140	230	360	0.57	0.89	1.4	2.3	3.6	5.7	8.9
>400~500	4	6	8	10	15	20	27	40	63	97	155	250	400	0.63	0.97	1.55	2.5	4.0	6.3	9.7
>500~630	—		9	11	16	22	32	44	70	110	175	280	440	0.7	1.1	1.75	2.8	4.4	7.0	11.0
>630~800	—		10	13	18	25	36	50	80	125	200	320	500	0.8	1.25	2.0	3.2	5.0	8.0	12.5
>800~1000	—		11	15	21	28	40	56	90	140	230	360	560	0.9	1.4	2.3	3.6	5.6	9.0	14.0
>1000~1250	—		13	18	24	33	47	66	105	165	260	420	660	1.05	1.65	2.6	4.2	6.6	10.5	16.5
>1250~1600	—		15	21	29	39	55	78	125	195	310	500	780	1.25	1.95	3.1	5.0	7.8	12.5	19.5
>1600~2000	—		18	25	35	46	65	92	150	230	370	600	920	1.5	2.3	3.7	6.0	9.2	15.0	23.0
>2000~2500	—		22	30	41	55	78	110	175	280	440	700	1100	1.75	2.8	4.4	7.0	11.0	17.5	28.0
>2500~3150	—		26	36	50	68	96	135	210	330	540	860	1350	2.1	3.3	5.4	8.6	13.5	21.0	33.0

例 3-5　公称尺寸为 50 mm，计算 IT6 和 IT7 的值。

解　50 mm 属于 >30~50 mm 尺寸段，其几何平均值为

$$D_m = \sqrt{30 \times 50} \text{ mm} \approx 38.73 \text{ mm}$$

由式(3-3)，公差单位为

$$i = (0.45 \times \sqrt[3]{38.73} + 0.001 \times 38.73) \ \mu m \approx 1.56 \ \mu m$$

由表 3-1，IT6 对应的标准公差为 $10i$，IT7 对应的标准公差为 $16i$，则

$$IT6 = 10 \times 1.56 \ \mu m \approx 16 \ \mu m$$
$$IT7 = 16 \times 1.56 \ \mu m \approx 25 \ \mu m$$

需要指出的是,表 3-4 所示的标准公差值是经过标准规定的方法修约后给出的值,按公式计算的值往往与表中数值略有差别。实际应用时查表即可,无须自行计算。

3.4　基本偏差的标准化

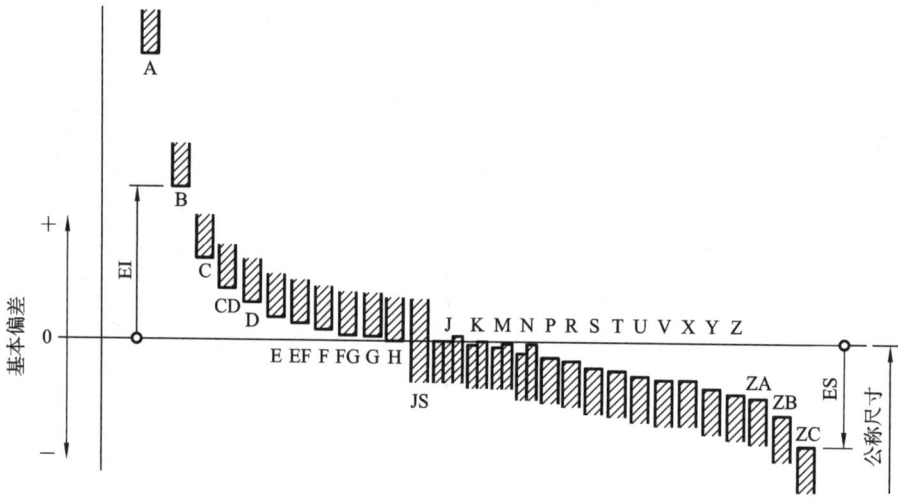

3.4.1　基本偏差的意义和代号

ISO 配合标准对孔、轴各规定有 28 个基本偏差,即对孔和轴的公差带各规定了 28 种相对于零线的位置,如图 3-15 所示。基本偏差的代号分别用 1 至 2 个拉丁字母表示,大写字母代表孔,小写字母代表轴。

基本偏差
的标准化

（a）孔的基本偏差系列

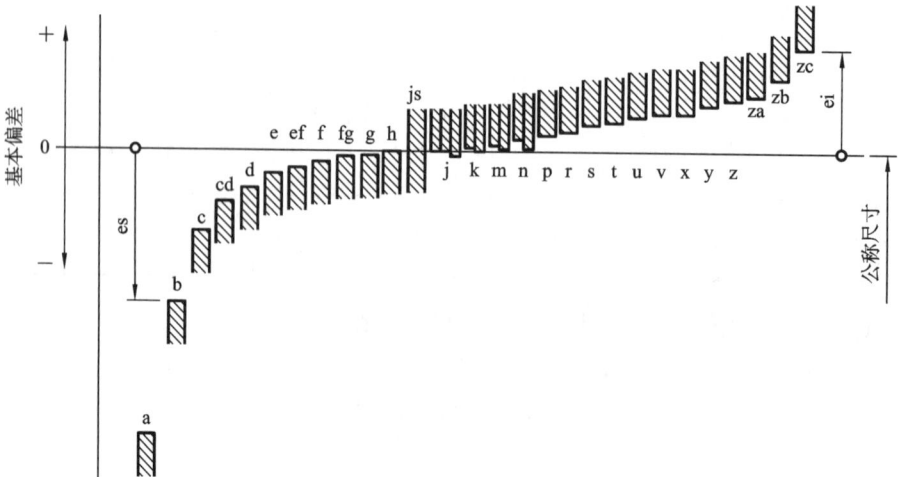

（b）轴的基本偏差系列

图 3-15　孔、轴的基本偏差系列示意图

图 3-15 反映了孔、轴基本偏差的一般规律：

（1）对轴，a～h 为上极限偏差 es，j～zc 为下极限偏差 ei；对孔，A～H 为下极限偏差 EI，J～ZC 为上极限偏差 ES。

（2）a～h 数值均不大于 0，而 A～H 数值均不小于 0，它们的绝对值依次由大变小，即公差带位置逐步靠近零线；k～zc 数值一般不小于 0，而 K～ZC 数值一般不大于 0，但它们的绝对值依次由小变大，即公差带位置逐步远离零线。

（3）H 和 h 的数值为零，分别代表基准孔和基准轴的基本偏差。

（4）图 3-15 仅表示孔和轴的基本偏差系列，因而公差带仅绘出基本偏差这一个极限偏差，而未绘出的另一极限偏差取决于公差等级与该基本偏差的组合。

同样，由图 3-15 可见孔、轴有几个基本偏差有别于一般规律：

（1）代号分别为 JS、js 的孔、轴基本偏差所组成的公差带，其位置在各公差等级中均对称于零线，因为它们基本偏差的绝对值为公差的一半，即基本偏差可为上极限偏差（＋IT/2）或下极限偏差（－IT/2）。

（2）代号分别为 J、j 的孔、轴基本偏差在图中没单独绘出（分别与 JS、js 放在一起），主要因为它们是由旧标准（ISA 制）继承而来的经验数据，并规定只在少数公差等级中应用（对轴为 IT5～IT8 级，对孔为 IT6～IT8 级）；同时 j 的数值小于 0，J 的数值大于 0（如图 3-16 所示）。

（3）图 3-15 反映出代号为 K、M 或 N 的孔基本偏差（ES）和代号为 k 的轴基本偏差（ei）对同一代号分别有不同数值，图 3-16、图 3-17 为其放大图。这是因为由它们组成的公差带多用于过渡配合，配合性质对公差带的位置和大小都较敏感，因此给出的基本偏差数值没有按同一公式计算，基本上针对应用需求由经验或统计方法确定。

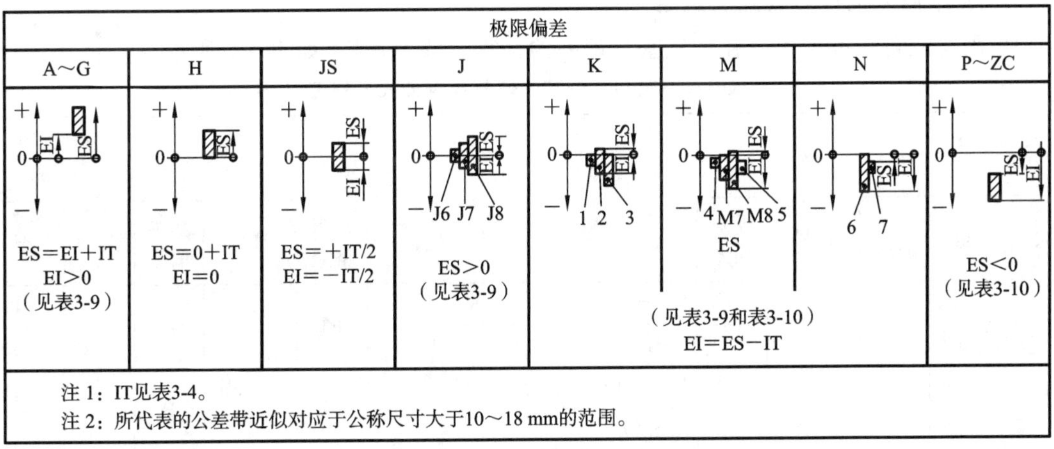

极限偏差							
A～G	H	JS	J	K	M	N	P～ZC
ES=EI+IT EI>0 （见表3-9）	ES=0+IT EI=0	ES=+IT/2 EI=−IT/2	ES>0 （见表3-9）		ES （见表3-9和表3-10） EI=ES−IT		ES<0 （见表3-10）

注 1：IT 见表3-4。
注 2：所代表的公差带近似对应于公称尺寸大于10～18 mm 的范围。

说明：
1——公称尺寸≤3 mm 时，K1～K3，K4～K8；
2——3 mm<公称尺寸≤500 mm 时，K4～K8；
3——K9～K18；公称尺寸>500 mm 时，K4～K8；
4——M1～M6；
5——M9～M18；公称尺寸>500 mm 时，M7～M8；
6——1 mm<公称尺寸≤3 mm 或公称尺寸>500 mm 时，N1～N8，N9～N18；
7——3 mm<公称尺寸≤500 mm 时，N9～N18。

图 3-16　孔的极限偏差

有了基本偏差代号,其与公差等级数组合在一起便可表示特定的公差带了,如 P7 表示基本偏差为 P、公差等级为 IT7 级的孔公差带;h6 表示基本偏差为 h、公差等级为 IT6 级的基准轴的公差带。

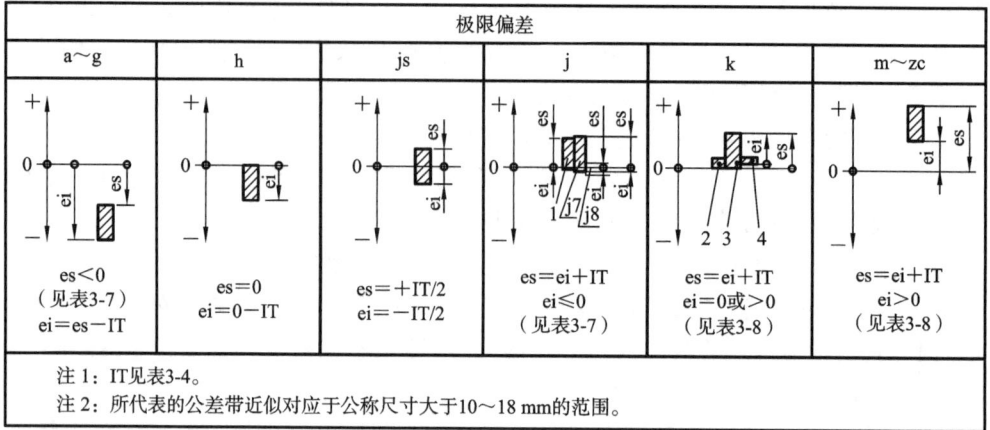

图 3-17 轴的极限偏差

3.4.2　基本偏差的计算

1. 基本偏差的计算公式及规定

极限与配合标准给出了孔和轴基本偏差的计算公式及规定,如表 3-5 所示。

表 3-5　轴和孔的基本偏差计算公式及规定

公称尺寸 /mm		轴			公　式	孔			公称尺寸 /mm	
大于	至	基本偏差	符号	极限偏差		极限偏差	符号	基本偏差	大于	至
1	120	a	—	es	$265 + 1.3D$	EI	+	A	1	120
120	500				$3.5D$				120	500
1	160	b	—	es	$\approx 140 + 0.85D$	EI	+	B	1	160
160	500				$\approx 1.8D$				160	500
0	40	c	—	es	$52D^{0.2}$	EI	+	C	0	40
40	500				$95 + 0.8D$				40	500
0	10	cd	—	es	C、c 和 D、d 值的几何平均值	EI	+	CD	0	10
0	3150	d	—	es	$16D^{0.44}$	EI	+	D	0	3150
0	3150	e	—	es	$11D^{0.41}$	EI	+	E	0	3150
0	10	ef	—	es	E、e 和 F、f 值的几何平均值	EI	+	EF	0	10
0	3150	f	—	es	$5.5D^{0.41}$	EI	+	F	0	3150

续表

公称尺寸/mm		轴			公　式	孔			公称尺寸/mm	
大于	至	基本偏差	符号	极限偏差		极限偏差	符号	基本偏差	大于	至
0	10	fg	—	es	F、f 和 G、g 值的几何平均值	EI	＋	FG	0	10
0	3150	g	—	es	$2.5D^{0.34}$	EI	＋	G	0	3150
0	3150	h	无符号	es	偏差＝0	EI	无符号	H	0	3150
0	500	j			无公式			J	0	500
0	3150	js	＋ −	es ei	$0.5\text{IT}n$	EI ES	＋ −	JS	0	3150
0	500	k	＋	ei	$0.6\sqrt[3]{D}$	ES	−	K	0	500
500	3150		无符号		偏差＝0		无符号		500	3150
0	500	m	＋	ei	IT7−IT6	ES	−	M	0	500
500	3150				$0.024D+12.6$				500	3150
0	500	n	＋	ei	$5D^{0.34}$	ES	−	N	0	500
500	3150				$0.04D+21$				500	3150
0	500	p	＋	ei	IT7+0～5	ES	−	p	0	500
500	3150				$0.072D+37.8$				500	3150
0	3150	r	＋	ei	P、p 和 S、s 值的几何平均值	ES	−	R	0	3150
0	50	s	＋	ei	IT8+1～4	ES	−	S	0	50
50	3150				$\text{IT7}+0.4D$				50	3150
24	3150	t	＋	ei	$\text{IT7}+0.63D$	ES	−	T	24	3150
0	3150	u	＋	ei	$\text{IT7}+D$	ES	−	U	0	3150
14	500	v	＋	ei	$\text{IT7}+1.25D$	ES	−	V	14	500
0	500	x	＋	ei	$\text{IT7}+1.6D$	ES	−	X	0	500
18	500	y	＋	ei	$\text{IT7}+2D$	ES	−	Y	18	500
0	500	z	＋	ei	$\text{IT7}+2.5D$	ES	−	Z	0	500
0	500	za	＋	ei	$\text{IT8}+3.15D$	ES	−	ZA	0	500
0	500	zb	＋	ei	$\text{IT9}+4D$	ES	−	ZB	0	500
0	500	zc	＋	ei	$\text{IT10}+5D$	ES	−	ZC	0	500

注：① 公式中 D 是公称尺寸分段的几何平均值，mm；基本偏差的计算结果以 μm 计；

② j、J 只在表 3-7 和表 3-9 中给出其值；

③ 公称尺寸到 500 mm 的轴，基本偏差 k 的计算公式仅适用于标准公差等级 IT4～IT7；对其他公称尺寸和所有其他 IT 等级，基本偏差 k=0；孔的基本偏差 K 的计算公式仅适用于标准公差等级小于或等于 IT8 的情况，对所有其他基本尺寸和所有其他 IT 等级，基本偏差 K=0；

④ 孔的基本偏差 K～ZC 的计算应用例外情况的规定。

2. 轴基本偏差的计算说明

在计算轴的基本偏差时，主要考虑不同基本偏差的轴与基准孔的配合。基本偏差为 a～h 的轴与基准孔形成间隙配合，这些轴的基本偏差的绝对值正好等于最小间隙的绝对值，如图 3-18 所示；基本偏差为 j～n 的轴与基准孔形成过渡配合，通常轴的基本偏差基于经验与统计的方法确定,而计算公式与直径的立方根成比例;基本偏差为 p～zc 的轴与基准孔形成过盈配合,从最小过盈考虑,且大多以 H7 为基础(见图 3-19)。

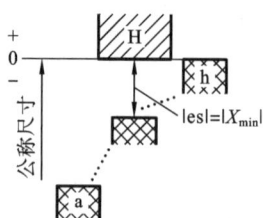

图 3-18　基本偏差 a～h

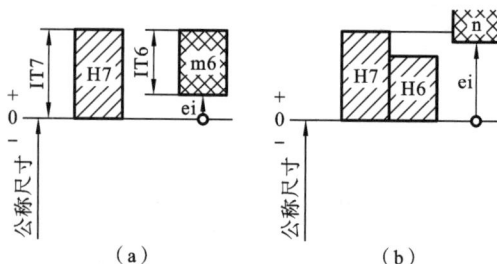

图 3-19　基本偏差 m 与 n

基本偏差的具体计算公式确定依据如下:

(1) 基本偏差 a、b、c 用于大间隙或热胀配合,考虑发热膨胀的影响,其绝对值与直径成正比(对 c,直径≤40 mm 时除外)。

(2) 基本偏差 d、e、f 主要用于旋转运动。从理论上讲,为保证良好的液体摩擦,最小间隙与直径的平方根成正比,但考虑表面粗糙度的影响,将间隙适当减小。

(3) 基本偏差 g 主要用于滑动或半液体摩擦及要求定心的配合,间隙要小,故计算公式中直径指数减小。

(4) 基本偏差 cd、ef、fg 的绝对值分别按 c 与 d、e 与 f、f 与 g 的绝对值的几何平均值确定。

(5) 对于基本偏差 j,标准中仅规定了 j5～j8 四种公差带,而推荐一般用途的仅 j5～j7 三个,j5、j6 主要用于滚动轴承;这些公差带的极限偏差由经验数据确定。

(6) 对于基本偏差 k,按表 3-5 中规定公式计算的 k4～k7 的基本偏差数值甚小,仅 1～5 μm,对其余公差等级取 $ei=0$。

(7) 对于基本偏差 m,按 m6 的上极限偏差与 H7 的上极限偏差相当来确定,所以其基本偏差 $ei=+(IT7-IT6)\approx+2.8\sqrt[3]{D}$(见图 3-19(a));m5、m6 用于滚动轴承。

(8) 考虑到基本偏差 n 与 H6 形成过盈配合,而与 H7 形成过渡配合来考虑(图 3-19(b)),n 的数值应大于 IT6 而小于 IT7,取 $ei=+5D^{0.34}$。

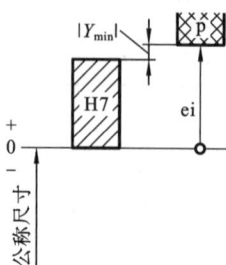

图 3-20　基本偏差 p～zc

(9) 基本偏差 p 比 IT7 大几微米,故基本偏差为 p 的轴与 H7 孔的配合有几个微米的最小过盈量,这是最早使用的过盈配合之一(见图 3-20)。

(10) 基本偏差 r 按 p 与 s 的几何平均值确定。

(11) 对于基本偏差 s,当 $D\leqslant50$ mm 时,要求其形成的公差带与 H8 配合时有几微米的最小过盈量,故 $ei=+IT8+(1～4\ \mu m)$。

(12) 对于基本偏差 s(当 $D>50$ mm 时)、t、u、v、x、y、z 等,当它们形成的公差带与 H7 孔配合时,最小过盈量依次为 $0.4D$、$0.63D$、D、$1.25D$、$1.6D$、$2D$、$2.5D$。

(13) 而 za、zb、zc 分别与 H8、H9、H10 配合时,最小过盈量依次为 $3.15D$、$4D$、$5D$。最小过盈的系列符合 R10 优先数系,按其规定的基本偏差较有规律,便于选用。

3. 孔基本偏差的计算说明

孔基本偏差计算的理论依据与轴基本偏差的相同,可由轴的基本偏差换算得到孔的基本偏差,换算的依据是形成等效配合。

在某些实际应用中,需要由不同公差等级的孔、轴形成配合,需保证按基孔制与按基轴制形成的等效配合,即具有相同的配合性质,极限间隙或过盈对应相等。由轴基本偏差换算孔基本偏差时,应满足相应的等效条件,如表 3-6 所示。

表 3-6　孔基本偏差换算形成基孔制和基轴制等效配合的条件

基本偏差	用于配合的类别	极限间隙或过盈				两种配合制等效条件
		项目	计算式	基孔制时	基轴制时	
孔 A~H:EI 轴 a~h:es	间隙配合	X_{min}	EI－es	－es	EI	$EI=-es$
		X_{max}	ES－ei	－es＋T_H＋T_S	EI＋T_H＋T_S	
孔 K~ZC:ES 轴 k~zc:ei	过渡及过盈配合	Y_{max}	EI－es	－ei－T_S	ES－T_H	$ES=-ei+T_H-T_S$
		X_{max}	ES－ei	－ei＋T_H	ES＋T_S	

(1) 孔基本偏差 A~H 由对应轴基本偏差换算时,要形成基孔制与基轴制的等效配合,仅与极限偏差有关,不受公差等级的影响。

(2) 孔基本偏差 K~ZC 由对应轴基本偏差换算时,将受公差等级的影响;而在孔、轴公差等级相同情况下,即 $T_H=T_S$ 时,只与极限偏差有关。

据此,标准针对实际应用的需要,对孔的基本偏差计算分两类情况考虑。

1) 一般情况

同一字母表示的孔、轴基本偏差的绝对值相等,而符号相反,即

$$EI=-es \quad 或 \quad ES=-ei \qquad (3-6)$$

当孔、轴基本偏差的代号字母对应时,孔、轴基本偏差相对于公称尺寸的位置是完全对称的。这一规则适用于大部分孔的基本偏差的换算,即:

(1) 适用于间隙配合的 A~H;

(2) 当孔、轴公差等级相同时,用于过渡配合或过盈配合的 K~ZC(公称尺寸＞3~500 mm 的 N 除外)。

按表 3-5 所列的计算公式算出数值后,分别取相反的符号作为代号字母对应的孔、轴的基本偏差。

2) 例外情况

根据实际应用的需求,对公称尺寸为 3~500 mm 的下列例外情况时,标准规定如下:

(1) 代号为 N 的孔,公差等级为 IT9~IT18 时,其基本偏差数值为零;

(2) 当公差等级高于 IT8(代号为 K、M、N)或高于 IT7(代号为 P~ZC)时,孔的基本偏差 ES 等于对应相同代号的轴基本偏差 ei 的相反数,然后加上一个 Δ 值。当孔的公差等级比轴的公差等级低一级时,Δ 为孔的标准公差数值减去比其公差等级高一级的轴的标准公差数值,即

$$ES=-ei+\Delta, \quad \Delta=ITn-IT(n-1) \qquad (3-7)$$

式中:ITn 为公差等级数为 n 时,孔的标准公差数值;IT$(n-1)$ 为公差等级数为 $n-1$ 时,即比该孔高一级的轴的标准公差数值。

按表 3-5 公式计算并修约后,所得各尺寸段的轴和孔的基本偏差数值见表3-7~表 3-10。

表 3-7　轴 a~j 的基本偏差数值

公称尺寸/mm		基本偏差/μm 上极限偏差 es（所有标准公差等级）												下极限偏差 ei		
大于	至	a[a]	b[a]	c	cd	d	e	ef	f	fg	g	h	js	j IT5与IT6	j IT7	j IT8
—	3	−270	−140	−60	−34	−20	−14	−10	−6	−4	−2	0		−2	−4	−6
3	6	−270	−140	−70	−46	−30	−20	−14	−8	−6	−4	0		−2	−4	
6	10	−280	−150	−80	−56	−40	−25	−18	−13	−8	−5	0		−2	−5	
10	14	−290	−150	−95	−70	−50	−32		−16		−6	0		−3	−6	
14	18															
18	24	−300	−160	−110	−85	−65	−40		−20		−7	0		−4	−8	
24	30															
30	40	−310	−170	−120	−100	−80	−50		−25		−9	0		−5	−10	
40	50	−320	−180	−130												
50	65	−340	−190	−140		−100	−60		−30		−10	0		−7	−12	
65	80	−360	−200	−150												
80	100	−380	−220	−170		−120	−72		−36		−12	0		−9	−15	
100	120	−410	−240	−180												
120	140	−460	−260	−200		−145	−85		−43		−14	0		−11	−18	
140	160	−520	−280	−210												
160	180	−580	−310	−230												
180	200	−660	−340	−240		−170	−100		−50		−15	0		−13	−21	
200	225	−740	−380	−260												
225	250	−820	−420	−280												
250	280	−920	−480	−300		−190	−110		−56		−17	0		−16	−26	
280	315	−1050	−540	−330												
315	355	−1200	−600	−360		−210	−125		−62		−18	0		−18	−28	
355	400	−1350	−680	−400												
400	450	−1500	−760	−440		−230	−135		−68		−20	0		−20	−32	
450	500	−1650	−840	−480												
500	560					−260	−145		−76		−22	0				
560	630															
630	710					−290	−160		−80		−24	0				
710	800															
800	900					−320	−170		−86		−26	0				
900	1000															
1000	1120					−350	−195		−98		−28	0				
1120	1250															
1250	1400					−390	−220		−110		−30	0				
1400	1600															
1600	1800					−430	−240		−120		−32	0				
1800	2000															
2000	2240					−480	−260		−130		−34	0				
2240	2500															
2500	2800					−520	−290		−145		−38	0				
2800	3150															

js 列：偏差=±ITn/2，式中，n 是标准公差等级数。

注：[a] 公称尺寸≤1 mm 时，不使用基本偏差 a 和 b。

表 3-8 轴 k～zx 的基本偏差数值

公称尺寸/mm		基本偏差数值/μm 下极限偏差,ei															
大于	至	IT4至IT7	≤IT3,>IT7	所有标准公差等级													
		k	k	m	n	p	r	s	t	u	v	x	y	z	za	zb	zc
—	3	0	0	+2	+4	+6	+10	+14		+18		+20		+26	+32	+40	+60
3	6	+1	0	+4	+8	+12	+15	+19		+23		+28		+35	+42	+50	+80
6	10	+1	0	+6	+10	+15	+19	+23		+28		+34		+42	+52	+67	+97
10	14	+1	0	+7	+12	+18	+23	+28		+33		+40		+50	+64	+90	+130
14	18	+1	0	+7	+12	+18	+23	+28		+33	+39	+45		+60	+77	+108	+150
18	24	+2	0	+8	+15	+22	+28	+35		+41	+47	+54	+63	+73	+90	+136	+188
24	30	+2	0	+8	+15	+22	+28	+35	+41	+48	+55	+64	+75	+88	+118	+160	+218
30	40	+2	0	+9	+17	+22	+34	+43	+48	+60	+68	+80	+94	+112	+148	+200	+274
40	50	+2	0	+9	+17	+22	+34	+43	+54	+70	+81	+97	+114	+136	+180	+242	+325
50	65	+2	0	+11	+20	+32	+41	+53	+66	+87	+102	+122	+144	+172	+226	+300	+405
65	80	+2	0	+11	+20	+32	+43	+59	+75	+102	+120	+146	+174	+210	+274	+360	+480
80	100	+3	0	+13	+23	+37	+51	+71	+91	+124	+146	+178	+214	+258	+335	+445	+585
100	120	+3	0	+13	+23	+37	+54	+79	+104	+144	+172	+210	+254	+310	+400	+525	+690
120	140	+3	0	+15	+27	+43	+63	+92	+122	+170	+202	+248	+300	+365	+470	+620	+800
140	160	+3	0	+15	+27	+43	+65	+100	+134	+190	+228	+280	+340	+415	+535	+700	+900
160	180	+3	0	+15	+27	+43	+68	+108	+146	+210	+252	+310	+380	+465	+600	+780	+1000
180	200	+4	0	+17	+31	+50	+77	+122	+166	+236	+284	+350	+425	+520	+670	+880	+1150
200	225	+4	0	+17	+31	+50	+80	+130	+180	+258	+310	+385	+470	+575	+740	+960	+1250
225	250	+4	0	+17	+31	+50	+84	+140	+196	+284	+340	+425	+520	+640	+820	+1050	+1350
250	280	+4	0	+20	+34	+56	+94	+158	+218	+315	+385	+475	+580	+710	+920	+1200	+1550
280	315	+4	0	+20	+34	+56	+98	+170	+240	+350	+425	+525	+650	+790	+1000	+1300	+1700
315	355	+4	0	+21	+37	+62	+108	+190	+268	+390	+475	+590	+730	+900	+1150	+1500	+1900
355	400	+4	0	+21	+37	+62	+114	+208	+294	+435	+530	+660	+820	+1000	+1300	+1650	+2100
400	450	+5	0	+23	+40	+68	+126	+232	+330	+490	+595	+740	+920	+1100	+1450	+1850	+2400
450	500	+5	0	+23	+40	+68	+132	+252	+360	+540	+660	+820	+1000	+1250	+1600	+2100	+2600
500	560	0	0	+26	+44	+78	+150	+280	+400	+600							
560	630	0	0	+26	+44	+78	+155	+310	+450	+660							
630	710	0	0	+30	+50	+88	+175	+340	+500	+740							
710	800	0	0	+30	+50	+88	+185	+380	+560	+840							
800	900	0	0	+34	+56	+100	+210	+430	+620	+940							
900	1000	0	0	+34	+56	+100	+220	+470	+680	+1050							
1000	1120	0	0	+40	+66	+120	+250	+520	+780	+1150							
1120	1250	0	0	+40	+66	+120	+260	+580	+840	+1300							
1250	1400	0	0	+48	+78	+140	+300	+640	+960	+1450							
1400	1600	0	0	+48	+78	+140	+330	+720	+1050	+1600							
1600	1800	0	0	+58	+92	+170	+370	+820	+1200	+1850							
1800	2000	0	0	+58	+92	+170	+400	+920	+1350	+2000							
2000	2240	0	0	+68	+110	+195	+440	+1000	+1500	+2300							
2240	2500	0	0	+68	+110	+195	+460	+1100	+1650	+2500							
2500	2800	0	0	+76	+135	+240	+550	+1250	+1900	+2900							
2800	3150	0	0	+76	+135	+240	+580	+1400	+2100	+3200							

表 3-9　孔 A～M 的基本偏差数值

公称尺寸 /mm 大于	至	A[a]	B[a]	C	CD	D	E	EF	F	FG	G	H	JS	J IT6	J IT7	J IT8	K[c,d] ≤IT8	K[c,d] >IT8	M[b,c,d] ≤IT8	M[b,c,d] >IT8
—	3	+270	+140	+60	+34	+20	+14	+10	+6	+4	+2	0		+2	+4	+6	0	0	−2	−2
3	6	+270	+140	+70	+46	+30	+20	+14	+8	+6	+4	0		+5	+6	+10	−1+Δ		−4+Δ	−4
6	10	+280	+150	+80	+56	+40	+25	+18	+13	+8	+5	0		+5	+8	+12	−1+Δ		−6+Δ	−6
10	14	+290	+150	+95		+50	+32		+16		+6	0		+6	+10	+15	−1+Δ		−7+Δ	−7
14	18	+290	+150	+95		+50	+32		+16		+6	0		+6	+10	+15	−1+Δ		−7+Δ	−7
18	24	+300	+160	+110		+65	+40		+20		+7	0		+8	+12	+20	−2+Δ		−8+Δ	−8
24	30	+300	+160	+110		+65	+40		+20		+7	0		+8	+12	+20	−2+Δ		−8+Δ	−8
30	40	+310	+170	+120		+80	+50		+25		+9	0		+10	+14	+24	−2+Δ		−9+Δ	−9
40	50	+320	+180	+130		+80	+50		+25		+9	0		+10	+14	+24	−2+Δ		−9+Δ	−9
50	65	+340	+190	+140		+100	+60		+30		+10	0		+13	+18	+28	−2+Δ		−11+Δ	−11
65	80	+360	+200	+150		+100	+60		+30		+10	0		+13	+18	+28	−2+Δ		−11+Δ	−11
80	100	+380	+220	+170		+120	+72		+36		+12	0		+16	+22	+34	−3+Δ		−13+Δ	−13
100	120	+410	+240	+180		+120	+72		+36		+12	0		+16	+22	+34	−3+Δ		−13+Δ	−13
120	140	+460	+260	+200		+145	+85		+43		+14	0		+18	+26	+41	−3+Δ		−15+Δ	−15
140	160	+520	+280	+210		+145	+85		+43		+14	0		+18	+26	+41	−3+Δ		−15+Δ	−15
160	180	+580	+310	+230		+145	+85		+43		+14	0		+18	+26	+41	−3+Δ		−15+Δ	−15
180	200	+660	+340	+240		+170	+100		+50		+15	0		+22	+30	+47	−4+Δ		−17+Δ	−17
200	225	+740	+380	+260		+170	+100		+50		+15	0		+22	+30	+47	−4+Δ		−17+Δ	−17
225	250	+820	+420	+280		+170	+100		+50		+15	0		+22	+30	+47	−4+Δ		−17+Δ	−17
250	280	+920	+480	+300		+190	+110		+56		+17	0		+25	+36	+55	−4+Δ		−20+Δ	−20
280	315	+1050	+540	+330		+190	+110		+56		+17	0		+25	+36	+55	−4+Δ		−20+Δ	−20
315	355	+1200	+600	+360		+210	+125		+62		+18	0		+29	+39	+60	−4+Δ		−21+Δ	−21
355	400	+1350	+680	+400		+210	+125		+62		+18	0		+29	+39	+60	−4+Δ		−21+Δ	−21
400	450	+1500	+760	+440		+230	+135		+68		+20	0		+33	+43	+66	−5+Δ		−23+Δ	−23
450	500	+1650	+840	+480		+230	+135		+68		+20	0		+33	+43	+66	−5+Δ		−23+Δ	−23
500	560					+260	+145		+76		+22	0					0		−26	
560	630					+260	+145		+76		+22	0					0		−26	
630	710					+290	+160		+80		+24	0					0		−30	
710	800					+290	+160		+80		+24	0					0		−30	
800	900					+320	+170		+86		+26	0					0		−34	
900	1000					+320	+170		+86		+26	0					0		−34	
1000	1120					+350	+195		+98		+28	0					0		−40	
1120	1250					+350	+195		+98		+28	0					0		−40	
1250	1400					+390	+220		+110		+30	0					0		−48	
1400	1600					+390	+220		+110		+30	0					0		−48	
1600	1800					+430	+240		+120		+32	0					0		−58	
1800	2000					+430	+240		+120		+32	0					0		−58	
2000	2240					+480	+260		+130		+34	0					0		−68	
2240	2500					+480	+260		+130		+34	0					0		−68	
2500	2800					+520	+290		+145		+38	0					0		−76	
2800	3150					+520	+290		+145		+38	0					0		−76	

JS 列：偏差＝±ITn/2，式中，n 是标准公差等级数

注：a 公称尺寸≤1 mm 时，不适用基本偏差 A 和 B。

　　b 特例：对于公称尺寸为 250～315 mm 的公差带代号 M6，ES＝－9 μm（计算结果不是－11 μm）。

　　c 对于标准公差等级至 IT8 的 K，M 的基本偏差的确定，应考虑 Δ 值。

　　d 对于 Δ 值，见表 3-10。

表 3-10　孔 N～ZC 的基本偏差数值

基本偏差数值/μm　上极限偏差，ES；Δ值/μm

注：P～ZC（>IT7 的标准公差等级）：在 >IT7 的标准公差等级的基本偏差数值上增加一个 Δ 值。

公称尺寸/mm		N^{a,b} ≤IT8	N >IT8^{a,b}	P^{a}	R	S	T	U	V	X	Y	Z	ZA	ZB	ZC	Δ值 IT3	IT4	IT5	IT6	IT7	IT8
大于	至																				
—	3	-4	-4	-6	-10	-14	—	-18	—	-20	—	-26	-32	-40	-60	0	0	0	0	0	0
3	6	-8+Δ	0	-12	-15	-19	—	-23	—	-28	—	-35	-42	-50	-80	1	1.5	1	3	4	6
6	10	-10+Δ	0	-15	-19	-23	—	-28	—	-34	—	-42	-52	-67	-97	1	1.5	2	3	6	7
10	14	-12+Δ	0	-18	-23	-28	—	-33	—	-40	—	-50	-64	-90	-130	1	2	3	3	7	9
14	18	-12+Δ	0	-18	-23	-28	—	-33	-39	-45	—	-60	-77	-108	-150	1	2	3	3	7	9
18	24	-15+Δ	0	-22	-28	-35	—	-41	-47	-54	-63	-73	-90	-136	-188	1.5	2	3	4	8	12
24	30	-15+Δ	0	-22	-28	-35	-41	-48	-55	-64	-75	-88	-118	-160	-218	1.5	2	3	4	8	12
30	40	17+Δ	0	-26	-34	-43	-48	-60	-68	-80	-94	-112	-148	-200	-274	1.5	3	4	5	9	14
40	50	17+Δ	0	-26	-34	-43	-54	-70	-81	-97	-114	-136	-180	-242	-325	1.5	3	4	5	9	14
50	65	-20+Δ	0	-32	-41	-53	-66	-87	-102	-122	-144	-172	-226	-300	-405	2	3	5	6	11	16
65	80	-20+Δ	0	-32	-43	-59	-75	-102	-120	-146	-174	-210	-274	-360	-480	2	3	5	6	11	16
80	100	-23+Δ	0	-37	-51	-71	-91	-124	-146	-178	-214	-258	-335	-445	-585	2	4	5	7	13	19
100	120	-23+Δ	0	-37	-54	-79	-104	-144	-172	-210	-254	-310	-400	-525	-690	2	4	5	7	13	19
120	140	-27+Δ	0	-43	-63	-92	-122	-170	-202	-248	-300	-365	-470	-620	-800	3	4	6	7	15	23
140	160	-27+Δ	0	-43	-65	-100	-134	-190	-228	-280	-340	-415	-535	-700	-900	3	4	6	7	15	23
160	180	-27+Δ	0	-43	-68	-108	-146	-210	-252	-310	-380	-465	-600	-780	-1000	3	4	6	7	15	23
180	200	-31+Δ	0	-50	-77	-122	-166	-236	-284	-350	-425	-520	-670	-880	-1150	3	4	6	9	17	26
200	225	-31+Δ	0	-50	-80	-130	-180	-258	-310	-385	-470	-575	-740	-960	-1250	3	4	6	9	17	26
225	250	-31+Δ	0	-50	-84	-140	-196	-284	-340	-425	-520	-640	-820	-1050	-1350	3	4	6	9	17	26
250	280	-34+Δ	0	-56	-94	-158	-218	-315	-385	-475	-580	-710	-920	-1200	-1550	4	4	7	9	20	29
280	315	-34+Δ	0	-56	-98	-170	-240	-350	-425	-525	-650	-790	-1000	-1300	-1700	4	4	7	9	20	29
315	355	-37+Δ	0	-62	-108	-190	-268	-390	-475	-590	-730	-900	-1150	-1500	-1900	4	5	7	11	21	32
355	400	-37+Δ	0	-62	-114	-208	-294	-435	-530	-660	-820	-1000	-1300	-1650	-2100	4	5	7	11	21	32
400	450	-40+Δ	0	-68	-126	-232	-330	-490	-595	-740	-920	-1100	-1450	-1850	-2400	5	5	7	13	23	34
450	500	-40+Δ	0	-68	-132	-252	-360	-540	-660	-820	-1000	-1250	-1600	-2100	-2600	5	5	7	13	23	34

续表

公称尺寸/mm		基本偏差数值/μm 上极限偏差,ES								Δ值/μm 标准公差等级					
		N[a,b]		P~ZC[a]	>IT7 的标准公差等级										
大于	至	≤IT8	>IT8	≤IT7	P	R	S	T	U	IT3	IT4	IT5	IT6	IT7	IT8
500	560	−44		在>IT7的标准公差等级的基本偏差数值上增加一个Δ值	−78	−150	−280	−400	−600						
560	630					−155	−310	−450	−660						
630	710	−50			−88	−175	−340	−500	−740						
710	800					−185	−380	−560	−840						
800	900	−56			−100	−210	−430	−620	−940						
900	1000					−220	−470	−680	−1050						
1000	1120	−66			−120	−250	−520	−780	−1150						
1120	1250					−260	−580	−840	−1300						
1250	1400	−78			−140	−300	−640	−960	−1450						
1400	1600					−330	−720	−1050	−1600						
1600	1800	−92			−170	−370	−820	−1200	−1850						
1800	2000					−400	−920	−1350	−2000						
2000	2240	−110			−195	−440	−1000	−1500	−2300						
2240	2500					−460	−1100	−1650	−2500						
2500	2800	−135			−240	−550	−1250	−1900	−2900						
2800	3150					−580	−1400	−2100	−3200						

注：a 对于标准公差等级至 IT7 的 P~ZC 的基本偏差的确定,应考虑右边几列中的 Δ 值。

b 公称尺寸≤1 mm 时,不使用标准公差等级>IT8 的基本偏差 N。

例 3-6　计算确定 $\phi50f7$ 与 $\phi50f6$ 轴的极限偏差,并给出它们的工作尺寸。

解　50 mm 属于 $>30\sim50$ mm 尺寸段,几何平均值 $D_m=\sqrt{30\times50}$ mm≈38.73 mm。

(1) 计算上极限偏差:

由表 3-5 可知,代号 f 表示的基本偏差为上极限偏差,按下式计算:

$$es=-5.5(D_m)^{0.41}=-5.5\times(38.73)^{0.41}\approx-25\ \mu m$$

所以,f7、f6 的上极限偏差为 $-25\ \mu m$。

(2) 计算下极限偏差:

由表 3-4,对于 $>30\sim50$ mm 尺寸段,IT6$=16\ \mu m$,IT7$=25\ \mu m$,则有

f7 的下极限偏差 ei$=-25-25=-50\ \mu m$;

f6 的下极限偏差 ei$=-25-16=-41\ \mu m$。

(3) 两轴工作尺寸可分别表示为 $\phi50f7$:$\phi50_{-0.050}^{-0.025}$;$\phi50f6$:$\phi50_{-0.041}^{-0.025}$

此例采用表 3-5 中给出的公式计算基本偏差,实际应用时应该查表 3-7。注意,表 3-7 中给出的数值是按公式计算后经过修约的标准值。

例 3-7　不查表 3-5 和表 3-9~表 3-10,试根据标准规定的孔基本偏差的计算规则,由表 3-7 和表 3-8 给出轴的基本偏差,确定 $\phi50F7$ 与 $\phi50M7$ 两孔的极限偏差并给出它们的工作尺寸。

解　(1) 求 $\phi50F7$ 的极限偏差:

代号为 F 的基本偏差(EI)数值计算属一般情况,对应的轴基本偏差代号为 f。查表 3-7 可知,公称尺寸 $>30\sim50$ mm 段中,轴基本偏差 f 为 es$=-25\ \mu m$。则根据式(3-6),F 的基本偏差为下极限偏差:EI$=-es=-(-25)\ \mu m=+25\ \mu m$。

由表 3-4,对于公称尺寸 $>30\sim50$ mm 段,IT7$=25\ \mu m$,则有

F7 的上极限偏差:

$$ES=EI+IT7=(+25+25)\ \mu m=+50\ \mu m$$

$\phi50F7$ 工作尺寸可表示为:$\phi50_{+0.025}^{+0.050}$

(2) 求 $\phi50M7$ 的极限偏差:

代号为 M、公差等级为 IT7 的基本偏差(ES)数值计算属例外情况。对应的轴基本偏差代号为 m,查表 3-8 可知,在公称尺寸 $>30\sim50$ mm 段中,轴基本偏差 m 为 ei$=+9\ \mu m$。则根据式(3-7)有

M 的基本偏差(上极限偏差):

$$ES=-ei+\Delta=-ei+ITn-IT(n-1)$$

式中 $n=7$。由表 3-4,对于公称尺寸 $>30\sim50$ mm 段,IT6$=16\ \mu m$,IT7$=25\ \mu m$,则有

$$ES=(-9+25-16)\ \mu m=0$$

M7 的下极限偏差:

$$EI=ES-IT7=(0-25)\ \mu m=-25\ \mu m$$

$\phi50M7$ 工作尺寸可表示为:$\phi50_{-0.025}^{\ 0}$

例 3-8　不查表 3-5 和表 3-9~表 3-10,试根据标准规定的孔基本偏差的计算规则,求 $\phi50H7/p6$ 与 $\phi50P7/h6$ 孔和轴的极限偏差,画出极限与配合图解,并求出极限间隙或过盈。

解　(1) 求 $\phi50H7/p6$ 配合孔、轴的极限偏差。

① $\phi50H7$ 孔的极限偏差:

下极限偏差:H 为基准孔,EI$=0$。

上极限偏差:查表 3-4,对于公称尺寸 $>30\sim50$ mm 段,IT7$=25\ \mu m$,则有

$$ES=(0+25)\ \mu m=+25\ \mu m$$

② $\phi50p6$ 轴的极限偏差：

下极限偏差：p 为下极限偏差，查表 3-7 得，ei＝+26 μm。

上极限偏差：查表 3-4，对于公称尺寸>30～50 mm 段，IT6＝16 μm，则有

$$es=(+26+16)\ \mu m=+42\ \mu m$$

（2）$\phi50P7/h6$ 的极限偏差：

① $\phi50P7$ 孔的极限偏差：

代号为 P、公差等级为 IT7 的基本偏差(ES)数值计算属例外情况。对应的轴基本偏差代号为 p，其数值为 ei＝+26 μm。则根据式(3-7)有

上极限偏差：

$$ES=-ei+\Delta=-ei+ITn-IT(n-1)$$
$$=(-26+25-16)\ \mu m=-17\ \mu m$$

下极限偏差：

$$EI=ES-IT7=(-17-25)\ \mu m=-42\ \mu m$$

② $\phi50h6$ 轴的极限偏差：

上极限偏差：h 为基准轴，es＝0。

下极限偏差：ei＝es－IT6＝(0－16) μm＝－16 μm

（3）作 $\phi50H7/p6$ 与 $\phi50P7/h6$ 的极限与配合图解。

极限与配合图解如图 3-21 所示。

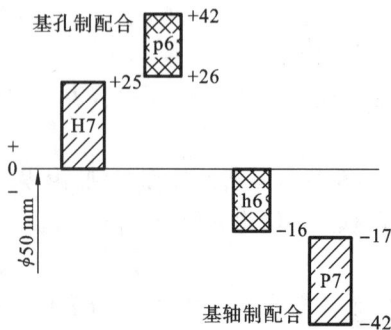

图 3-21　例 3-8 公差带图

（4）求 $\phi50H7/p6$ 与 $\phi50P7/h6$ 的极限间隙或过盈。

对 $\phi50H7/p6$：$Y_{max}=EI-es=(0-42)\ \mu m=-42\ \mu m$

$$Y_{min}=ES-ei=(+25-26)\ \mu m=-1\ \mu m$$

对 $\phi50P7/h6$：$Y_{max}=EI-es=(-42-0)\ \mu m=-42\ \mu m$

$$Y_{min}=ES-ei=(-17-(-16))\ \mu m=-1\ \mu m$$

由此例可知，$\phi50H7/p6$ 和 $\phi50P7/h6$ 分别为基孔制和基轴制配合，分别具有相同的最大过盈和最小过盈，是等效的配合。

3.5　公差带和配合选用的标准化

公称尺寸≤500 mm 时，ISO 配合制标准对孔和轴分别规定有 20 个公差等级和 28 种基本偏差，其中基本偏差 j 仅限用于 IT5～IT8 这 4 个公差等级，J 仅限用于 IT6～IT8 这 3 个公差等级。由此可得孔的公差带有(20×27)＋3＝543 个，轴公差带有(20×27)＋4＝544 个，可形成基孔制配合的有 20×544＝10880 个，基轴制配合的有 20×543＝10860 个。数量如此之多，尽管可以广泛满足使用要求，但在这么大的范围内选择公差带或配合会导致定值刀具、量具规格繁杂，显然是不经济的，而且有些公差带如 g12、a5 等明显不符合应用要求。所以，有必要对公差带及配合进行进一步的简化和有序化。

3.5.1　标准推荐选用的公差带

ISO 配合制标准推荐选取的公差带图 3-22 所示(框中所示的公差带代号应优先选取)。轴公差带有 50 个，孔有 45 个；孔、轴优先选用公差带各 17 个。

```
                        g5  h5  js5 k5  m5  n5  p5  r5  s5  t5
                    f6  g6  h6  js6 k6  m6  n6  p6  r6  s6  t6  u6  x6
                e7  f7      h7  js7 k7  m7  n7  p7  r7  s7  t7  u7  x7
            d8  e8  f8      h8
    b9  c9  d9  e9          h9
            d10             h10
    a11 b11 c11             h11
```

（a）轴的公差带

```
                        G6  H6  JS6 K6  M6  N6  P6  R6  S6  T6
                    F7  G7  H7  JS7 K7  M7  N7  P7  R7  S7  T7  U7  X7
                E8  F8      H8  JS8 K8  M8  N8  P8  R8
            D9  E9  F9      H9
        C10 D10 E10         H10
    A11 B11 C11 D11         H11
```

（b）孔的公差带

图 3-22　公差带选取

注：①图（a）和（b）中的公差带代号仅应用于不需要对公差带代号进行特定选取的一般性用途。例如,键槽需要特定选取。

②在特定应用中若有必要,偏差 js 和 JS 可被相应的偏差 j 和 J 替代。

在选用时,应首先考虑优先选用公差带。这些公差带的上、下极限偏差可从标准中直接查得。当标准给出的公差带不能满足应用要求时,可按标准中规定的标准公差与基本偏差组成所需的公差带;甚至可按公式用插入或延伸的方法,计算新的公差值和基本偏差来组成所需公差带。

3.5.2　标准推荐选用的配合

在推荐选取的孔、轴公差带的基础上,ISO 配合制标准推荐选择的基孔制配合和基轴制配合如表 3-11 和表 3-12 所示（框中所示的配合应优先选取）。对基孔制配合,共规定了常用配合 45 种,优先选用配合 16 种;对基轴制配合,共规定了常用配合 38 种,优先选用配合 18 种。这些配合的极限间隙或过盈可从标准中直接查得。应用时,应优先选用标准推荐的优先配合,

表 3-11　基孔制优先配合

基准孔	轴公差带代号																
	间隙配合							过渡配合				过盈配合					
	b	c	d	e	f	g	h	js	k	m	n	p	r	s	t	u	x
H6						g5	h5	js5	k5	m5		n5	p5					
H7					f6	g6	h6	js6	k6	m6	n6	p6	r6	s6	t6	u6	x6
H8				e7	f7		h7	js7	k7	m7				s7		u7	
H8			d8	e8	f8		h8										
H9			d8	e8	f8		h8										
H10	b9	c9	d9	e9			h9										
H11	b11	c11	d10				h10										

表 3-12　基轴制优先配合

基准轴	孔公差带代号												
	间隙配合					过渡配合				过盈配合			
h5				G6	H6	JS6	K5	M5		N6	P6			
h6			F7	G7	H7	JS7	K7	M7	N7	P7	R7	S7	T7 U7 X7
h7		E8	F8		H8								
h8	D9	E9	F9		H9								
h9		E8	F8		H8								
	D9	E9	F9		H9								
	B11 C10 D10				H10								

其次选常用配合;当常用配合不能满足应用要求时,可按标准中推荐的孔、轴标准公差带组成所需的基孔制、基轴制配合或无基准件配合。

3.6　公差带和配合选择的综合分析

精度设计是机械(机器)设计十分重要的一环,其主要内容为确定机器各零部件和机器几何参数允许的变动及其评定方法,包括合理地确定这些参数的公差和极限偏差,以及制造中对这些参数的检测和评定方法,以保证机器能正确装配并满足机器工作精度等功能要求。显然,公差与配合的选择为精度设计的重要内容,其对机器的使用性能和制造成本都有很大的影响,有时甚至起决定性作用。

公差带和配合选择的综合分析

公差与配合选择的总原则是:保证机械产品的性能优良,制造经济可行;或者说,公差与配合的选择应使机械产品的使用价值与制造成本的综合效果最佳。

公差与配合选择的基本方法有三类:计算法、试验法和类比法。

① 计算法　计算法即按一定的理论公式,通过计算来确定公差与配合的方法。按计算法确定公差与配合时,往往把条件理想化或简化,导致理论公式计算结果不完全符合实际,通常也较烦琐。但计算法的理论根据比较充分,有指导意义,将会得到越来越多的应用。

② 试验法　试验法即通过专门的试验或统计分析来确定所需的间隙量或过盈量,从而选取适当的配合的方法。试验法最为可靠,但代价较高,周期较长,故适用于特别重要的机械或关键的配合。

③ 类比法　类比法即以经过生产实践验证了的类似的机械、机构和零部件为样板,也就是,借鉴他人类似的成功经验来选取公差与配合的方法。类比法是目前工程技术人员广泛采用的方法,应用得当的话也十分有效。但是,若类比条件不够充分,经验不丰富,则要选取较好的配合就比较困难。

无论采用何种方法,公差与配合选择的基本要求是合理地规定基准制、公差等级与配合。由于不可能穷举每种应用场合和不同工艺条件下公差与配合的选择,以下仅针对一些典型的或有代表性的情况进行分析说明。

3.6.1　基准制的选择

基准制的规定使公差与配合的选择更加有序,能形成满足广泛需求的一系列配合,同时也

尽可能限制实际选用零件极限尺寸的数目。基准制的选择涉及制件的工艺、结构及经济性等诸多方面因素,以下分别进行分析说明。

1. 工艺性

1) 考虑加工工艺

(1) 对于中等尺寸、较高精度的孔,宜采用基孔制　对于此种情况,一般用铰刀、拉刀等定尺寸刀具加工易于保证加工质量,效率较高,且对机床精度及操作者技术水平要求不高,应用较广。如对于某一尺寸 $\phi50$ 的配合,仅从满足使用要求的角度,既可采用基孔制配合,如 $\phi50H7/g6$、$\phi50H7/k6$、$\phi50H7/p6$ 等,也可采用对应等效(具有相同的极限间隙或过盈)的基轴制配合,如 $\phi50G7/h6$、$\phi50K7/h6$、$\phi50P7/h6$ 等。但从加工工艺的角度考虑,采用基孔制时,上述配合孔只需 $\phi50H7$ 一种规格的定尺寸刀具、量具;若采用基轴制,则上述配合孔需 $\phi50G7$、$\phi50K7$、$\phi50P7$ 等多种规格的定尺寸刀具、量具。因此,为了减少备用的定尺寸刀具、量具的品种规格,宜采用基孔制。

至于尺寸较大的孔或低精度的孔,一般不采用定尺寸刀具、量具进行加工和检测,从工艺上讲采用基孔制或基轴制都一样,但为了统一起见,一般也宜采用基孔制。

(2) 对于冷拉成形轴,宜采用基轴制　冷拉成形轴的尺寸、形状较准确,表面光整,通常在农业机械或工程应用中,其外表面不需加工即可使用,故此时宜采用基轴制。

(3) 对小尺寸精密轴,考虑采用基轴制　由于加工方法的多样性,小尺寸孔的加工较轴方便,故基轴制的应用较多,这在钟表行业体现更明显。

2) 考虑装配工艺

在图 3-23 所示由滚动轴承支承齿轮轴的图例中,轴的尺寸由轴承内圈而定,为基孔制 $\phi50k6$ (③处)。挡环与轴的配合(②处)若也按基孔制,则应定为 $\phi50H7$。由于挡环仅起齿轮与轴承内圈间的轴向止动作用,其与轴的配合要求不高,按 $\phi50H7$ 制作不仅精度偏高,且装配和拆卸都不方便。对于此情况,挡环孔可选为 $\phi50E10$,其与轴的无基准件配合 $\phi50E10/k6$ 既能满足使用要求,又能方便装拆,配合的公差带图如图3-24(a)所示。

类似情况如图 3-23 中⑤处的配合,基座孔的尺寸由轴承外圈而定,为基轴制 $\phi110J7$。若端盖止口轴与基座孔的配合也按基轴制,则应定为 $\phi110h6$,这样不仅精度要求偏高,而且装配和拆卸都不方便。因而二者可选用无基准件配合 $\phi110J7/f9$,既能满足使用要求,又能方便装拆,配合的公差带图如图 3-24(b)所示。

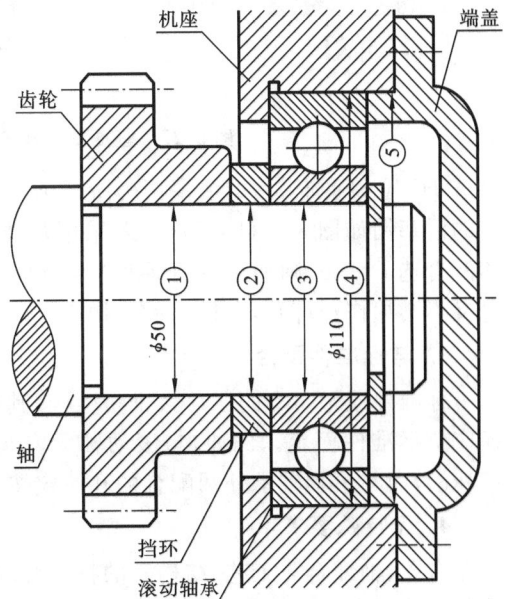

图 3-23　公差与配合选择分析示例

2. 满足结构需求

图 3-25(a)所示的为连杆、活塞销和活塞三者装配的示意图。根据使用要求,连杆孔(内有耐磨软合金衬套,图中未示出)与活塞销外圆为间隙配合,活塞销外圆与活塞的两孔为过渡配合,即活塞销需分别与连杆和活塞形成一轴多孔且配合性质不同的装配结构。

若活塞销与三个孔采用基孔制配合,其与活塞两端的孔的配合选 H7/m6,与连杆孔的配

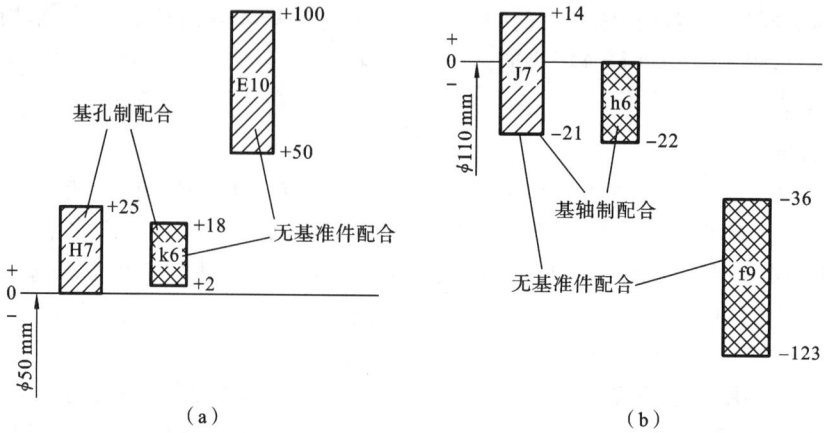

图 3-24 基准制选择公差带图解示例(考虑装配工艺)

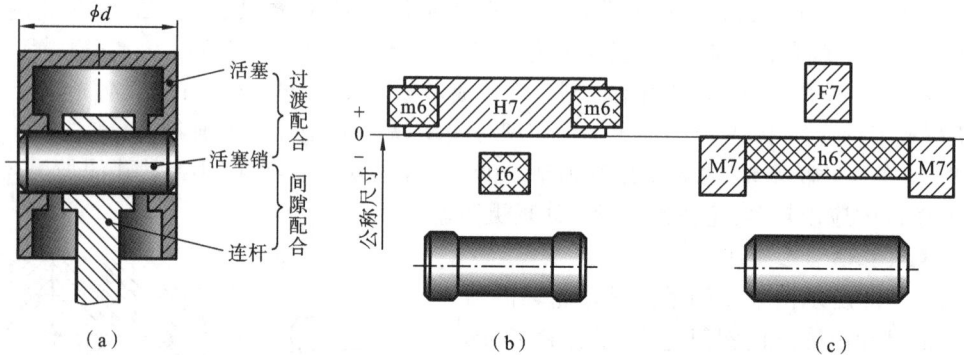

图 3-25 基准制选择公差带图解示例(满足结构需求)

合选 H7/f6,则加工后的活塞销为阶梯轴,装配时将损坏连杆衬套,配合的公差带图解及加工后的活塞销如图 3-25(b)所示。若采用基轴制,其与活塞两端的孔的配合选 M7/h6,与连杆孔的配合选 F7/h6,则加工后的活塞销为光轴,如图 3-25(c)所示,既满足使用的配合要求,装配时又不会损伤连杆孔,所以这种结构宜采用基轴制。

3. 与标准件配合

标准件通常由专门工厂大批量生产,其尺寸是标准化的。故与标准件配合时,基准制的选择应依标准件而定。例如,与滚动轴承内圈配合的轴一定按基孔制(见图 3-23 中③处,轴为 $\phi50k6$),而与滚动轴承外圈配合的孔一定按基轴制(见图 3-23 中④处,孔为 $\phi110J7$)。

4. 无特殊要求

在孔、轴配合无工艺、结构等的特殊要求情况下,为了统一起见或出于习惯,一般宜采用基孔制。若所有设计者都有这样的"默契",将大大减少基准制选择的无序化。

3.6.2 公差等级的选择

公差等级选择的实质,就是要具体解决机械零件的使用要求与制造工艺及成本之间的矛盾,在保证使用要求的前提下考虑工艺的可能性与经济性,合理确定公差数值。选择时,应考虑可能采用的工艺、具体的配合要求、涉及的有关零部件等多方面的因素,同时参考有关实例。

1. 联系工艺

在按使用要求确定配合公差 T_f 后,孔公差 T_H 和轴公差 T_S 必须满足 $T_f = T_H + T_S$。而 T_H

和 T_s 可按工艺等价原则(加工难易原则)来进行分配,即对配合中难加工的工件规定公差数值相对大一点,而对与其相配的易加工的工件规定公差数值相对小一点。

对于公称尺寸≤500 mm 的情况,当公差等级高于 IT8 时,通常孔难加工些,推荐孔公差等级比轴低一级,如 H8/f7、H7/g6 等;当公差等级为 IT8 时,可采用同级孔、轴配合,如 H8/f8 等;当公差等级等于或低于 IT9 时,一般采用孔、轴同级配合,如 H9/f9、H9/d9、H11/c11 等。

对于公称尺寸>500 mm 的情况,一般采用同级孔、轴配合。

对于公称尺寸≤3 mm 的情况,由于工艺的多样性,可取 $T_H = T_s$ 或 $T_H > T_s$、$T_H < T_s$,这三种情况在实际应用中都存在,甚至 $T_H < T_s$ 的应用反而更多,且有孔公差等级比轴高一或二级,甚至三级的,钟表行业就有这种情况。

2. 联系配合

孔、轴公差等级或公差数值影响配合的间隙或过盈的变动量,所以使用所要求的允许间隙或过盈的变动量,即 T_f 必然限制相配孔、轴的公差等级。对于过渡配合和过盈配合,通常不允许 T_f 太大,因此应采用较高的公差等级(如 $T_H \leqslant$ IT8,$T_s \leqslant$ IT7 等)。对于间隙配合,一般允许最小间隙小时,公差等级应较高;允许最小间隙大时,公差等级应较低,如可选 H6/g5、H11/a11等,而类似 H10/g10 或 H6/a5 的选择不符合实际应用,也就不合理了。

3. 联系有关零部件或机构

齿轮、轴承等典型零部件或机构的加工工艺复杂,对性能的影响起重要作用,在这些结构中的孔、轴配合需要考虑典型零部件或机构的精度等级。例如,齿轮孔与轴配合的公差等级要求与齿轮的精度等级有关;当齿轮精度为 5 级时,齿轮孔与轴公差等级均要求为 IT5。滚动轴承的内圈与轴、外圈与支承孔配合的公差等级与滚动轴承的精度等级有关,当滚动轴承的精度为 P4 级时,与内圈配合的轴的公差等级应为 IT4,与外圈配合的支承孔的公差等级应为 IT5。

4. 联系应用场合及工艺手段

表 3-13、表 3-14 及表 3-15 分别给出不同公差等级的适用对象、各种常规工艺手段的加工精度以及相应的成本。不同的设计手册或文献等也会有不少关于公差等级选用的参考资料,正常情况下,这些资料的推荐或介绍都是前人经验的总结或有理论依据的结果。从广义上理解,参考、分析并借鉴这些结果,实际上就是一种类比选用公差等级的方法。

表 3-13　公差等级的适用对象

适用对象	IT 等级																		
	01	0	1	2	3	4	5	6	7	8	9	10	11	12	13	14	15	16	17	18
块规	─	─	─																
量规			─	─	─	─	─	─	─										
配合尺寸							─	─	─	─	─	─	─						
特精密零件配合			─	─	─	─	─												
非配合尺寸 (大制造公差)													─	─	─	─	─	─	─
原材料公差									─	─	─	─	─	─	─				

表 3-14　各种加工手段的加工精度

加工手段	IT 等级																	
	01	0	1	2	3	4	5	6	7	8	9	10	11	12	13	14	15	16
研磨	━	━	━	━	━	━	━											
珩磨						━	━	━	━									
圆磨							━	━	━	━								
平磨							━	━	━	━								
金刚石车							━	━	━									
金刚石镗							━	━	━									
拉削							━	━	━	━								
铰孔								━	━	━	━							
车削									━	━	━							
镗削									━	━	━							
铣削										━	━							
刨削、插削												━	━					
钻孔												━	━	━				
滚压、挤压												━	━					
冲压												━	━	━	━	━		
压铸													━	━	━	━		
粉末冶金成形								━	━	━								
粉末冶金烧结									━	━								
砂型铸造、气割																	━	━
锻造																━	━	

表 3-15　加工精度与加工成本

尺寸	加工方法	IT 等级															
		1	2	3	4	5	6	7	8	9	10	11	12	13	14	15	16
外径	普通车削						·—·—	━━━	━━━	---	---	---	---	---			
	六角车床车削						·—·—	━━━	━━━	---	---	---	---	---			
	自动车削						·—·—	━━━	━━━	---	---	---	---				
	外圆磨削				·—·—	━━━	━━━	---	---								
	无心磨削					·—·—	━━━	━━━	---								
内径	普通车削						·—·—	━━━	━━━	---	---	---	---	---			
	六角车床车削						·—·—	━━━	━━━	---	---	---	---				
	自动车削								·—·—	━━━	━━━	---	---	---			
	钻削										·—·—	━━━	━━━	---			
	铰削						·—·—	━━━	━━━	---	---						
	镗削						·—·—	━━━	━━━	---	---	---					
径	精镗				·—·—	━━━	━━━	---	---								
	内圆磨				·—·—	━━━	━━━	---	---								
	研磨		·—·—	━━━	━━━	---	---	---									
长度	普通车削							·—·—	━━━	━━━	---	---	---	---	---		
	六角车床车削								·—·—	━━━	━━━	---	---	---	---		
	自动车削								·—·—	━━━	━━━	---	---	---	---		
	铣削							·—·—	━━━	━━━	---	---	---	---	---		

注:加工成本比例大致为点画线:实线:虚线＝5:2.5:1。

3.6.3　配合种类的选择

在机械设计的过程中,经过原理设计和结构设计后,具体的孔、轴需采用何种类型的结合关系已确定,即确定了具体采用间隙、过渡和过盈三种类型中的某一种。但是,无论选用何种类型的结合关系,都需考虑以下两方面的问题:其一,在满足使用要求的前提下,二者的松紧变动程度和变动范围如何保证;其二,针对具体的制造能力和成本要求,选用何种孔、轴公差带的组合来满足松紧变动的要求。此即配合选择的主要内容,也就是需要进行孔、轴结合的精度设计,给出合理可行的配合种类。

1. 配合选择的一般方法

在公差与配合选择的三种基本方法中,尽管计算法和试验法有着不可替代的优点,但在各类机械产品中,绝大多数配合都是用类比法选定的,以下分析主要针对类比法。

1) 针对具体应用情况具体分析

在参照成功的经验用类比法选择配合时,要针对具体的应用情况作出具体的分析。

通常情况下,若工作时相配件间有相对运动,则必须用间隙配合;若无相对运动,而由键、销或螺钉等外加紧固件使之固紧,也可用间隙配合。若要求相配件间无相对运动,则可用过盈配合或较紧的过渡配合;受力大,则用过盈配合,受力小或基本上不受力或主要要求是定心、便于拆卸,则可用过渡配合。

在类比选择配合时,应考虑具体的工作条件来确定配合的松紧程度。对于间隙配合,应考虑运动特性、运动条件及运动精度等。对于过盈配合,应考虑载荷特性、载荷大小、材料许用应力、装配条件及工作温度等。对于过渡配合,应考虑对中性要求及拆卸要求等。表 3-16 给出了不同具体情况下,对间隙量或过盈量修正的参考意见。

表 3-16　按具体情况考虑间隙量或过盈量的修正

具体情况	过盈量	间隙量	具体情况	过盈量	间隙量
材料许用应力小	减	—	装配时可能歪斜	减	增
经常拆卸	减	—	旋转速度较高	增	增
有冲击载荷	增	减	有轴向运动	—	增
工作温度:孔温度高于轴[1]	增	减	润滑油黏度大	—	增
工作温度:轴温度高于孔[1]	减	增	表面粗糙	增	减
配合长度较大	减	增	装配精度高	减	减
几何误差大	减	增			

注:[1] 材料相同时的情况。

2) 了解极限与配合有关标准制定的规律及应用背景

极限与配合标准是很有规律的,仅从配合的角度出发,基本偏差与配合最一般的规律如表 3-17 所示,同时,表 3-18 给出了应用背景,表 3-19 给出了标准推荐的优先配合的应用背景。熟悉这些资料,对正确选择类比对象,进行类比分析,并最终确定配合的选择是十分有益的。应用中,应优先选用标准推荐的优先配合,其次选常用配合;当常用配合不能满足应用要求时,可按标准中推荐的孔、轴标准公差带组成所需的基孔制、基轴制配合,或无基准件配合。

表 3-17 基本偏差与配合

基准制	基准件		相配件	适 用 配 合		
	基本偏差	公差	基本偏差			
基孔制	H (EI)	T_H	a ~ h (es)	间隙配合		
			j ~ zc (ei)	|ei|<T_H:过渡配合		|ei|≥T_H:过盈配合
基轴制	h (es)	T_S	A ~ H(EI)	间隙配合		
			J ~ ZC (ES)	|ES|<T_S:过渡配合		|ES|≥T_S:过盈配合

表 3-18 基孔制轴的基本偏差配合特性及应用

配合	基本偏差	配合特性及应用
间隙配合	a,b	可得到特别大的间隙,应用很少
	c	可得到很大间隙,一般适用于缓慢、松弛的动配合。用于工作条件较差(如农业机械),受力变形,或为了便于装配,而必须有较大间隙时。推荐配合为 H11/c11。其较高等级的配合,如 H8/c7 适用于轴在高温工作的紧密动配合,例如内燃机排气阀和导管
	d	一般用 IT7~IT11 级,适用于松的转动配合,如密封盖、滑轮、空转皮带轮与轴的配合。也适用于大直径滑动轴承配合,如燃气轮机、球磨机、轧滚成形和重型弯曲机及其他重型机械中的一些滑动支承
	e	多用于 IT7~IT9 级,通常适用于要求有明显间隙,易于转动的支承配合,如大跨距支承、多支点支承等配合。高等级的 e 轴适用于大的、高速、重载支承,如涡轮发电机、大的电动机的支承等,也适用于内燃机主要轴承、凸轮轴支承、摇臂支承等配合
	f	多用于 IT6~IT8 级的一般转动配合。当温度差别不大,对配合基本上没影响时,被广泛用于普通润滑油(或润滑脂)润滑的支承,如齿轮箱、小电动机、泵等的转轴与滑动支承的配合
	g	多用于 IT5~IT7 级,配合间隙很小,制造成本高,除很小载荷的精密装置外,不推荐用于转动配合。最适合不回转的精密滑动配合,也用于插销等定位配合。如精密连杆轴承、活塞及滑阀、连杆销等
	h	多用于 IT4~IT11 级。广泛用于无相对转动的零件,作为一般的定位配合。若没有温度、变形影响,也用于精密滑动配合
过渡配合	js	为完全对称偏差(±IT/2),平均起来为稍有间隙的配合,多用于 IT4~IT7 级,要求间隙比 h 轴配合时小,并允许略有过盈的定位配合,如联轴器、齿圈与钢制轮毂,一般可用手或木槌装配
	k	平均起来没有间隙的配合,适用于 IT4~IT7 级。推荐用于要求稍有过盈的定位配合,例如为了消除振动用的定位配合。一般用木槌装配
	m	平均起来具有不大过盈的过渡配合,适用 IT4~IT7 级。一般可用木槌装配,但在最大过盈时,要求相当的压入力
	n	平均过盈比 m 轴时稍大,很少得到间隙,适用 IT4~IT7 级,用木槌或压力机装配。通常推荐用于紧密的组件配合。H6/n5 为过盈配合

续表

配合	基本偏差	配合特性及应用
过盈配合	p	与 H6 或 H7 孔配合时是过盈配合,而与 H8 孔配合时为过渡配合。对非铁类零件,为较轻的压入配合,当需要时易于拆卸。对钢、铸铁或铜-钢组件装配,是标准压入配合。对弹性材料,如轻合金等,往往要求很小的过盈,可采用 p 轴配合
	r	对铁类零件,为中等打入配合;对非铁类零件,为较轻的打入配合,当需要时,可以拆卸。与 H8 孔配合,直径在 100 mm 以上时为过盈配合,直径小时为过渡配合
	s	用于钢和铁制零件的永久性和半永久性装配,过盈量充分,可产生相当大的结合力。当用弹性材料,如轻合金时,配合性质与铁类零件中使用基本偏差 p 的轴相当。例如,套环压在轴上、阀座等配合。尺寸较大时,为了避免损伤配合表面,需用热胀或冷缩法装配
	t,u,v,x,y,z	过盈量依次增大,除 u 外,一般不推荐

表 3-19　标准推荐的优先配合的选用说明

优先配合		说　　明
基 孔 制	基 轴 制	
$\dfrac{H11}{c11}$	$\dfrac{C11}{h11}$	间隙量非常大。用于很松的、转动很慢的动配合;要求大公差与大间隙量的外露组件;要求装配方便的很松的配合
$\dfrac{H9}{d9}$	$\dfrac{D9}{h9}$	间隙量很大的自由转动配合。用于精度非主要要求时;适用于有大的温度变动、高转速或大的轴颈压力时
$\dfrac{H8}{f7}$	$\dfrac{F8}{h7}$	间隙量不大的转动配合。用于中等转速与中等轴颈压力的精确转动;也用于装配较易的中等定位配合
$\dfrac{H7}{g6}$	$\dfrac{G7}{h6}$	间隙量很小的滑动配合。用于不希望自由旋转,但可自由移动和转动并精密定位时,也可用于要求明确的定位配合
$\dfrac{H7}{h6}$ $\dfrac{H8}{h7}$ $\dfrac{H9}{h9}$ $\dfrac{H11}{h11}$	$\dfrac{H7}{h6}$ $\dfrac{H8}{h7}$ $\dfrac{H9}{h9}$ $\dfrac{H11}{h11}$	均为间隙定位配合,零件可自由装拆,而工作时一般相对静止不动 在最大实体条件下的间隙量为零 在最小实体条件下的间隙量由公差等级决定
$\dfrac{H7}{k6}$	$\dfrac{K7}{h6}$	过渡配合,用于精密定位
$\dfrac{H7}{n6}$	$\dfrac{N7}{h6}$	过渡配合,允许有较大过盈的更精密定位
$\dfrac{H7}{p6}$	$\dfrac{P7}{h6}$	过盈定位配合,即小过盈量配合。用于定位精度特别重要时,能以最好的定位精度达到部件的刚性及对中性要求,而对内孔承受压力无特殊要求,不依靠配合的紧固性传递摩擦载荷
$\dfrac{H7}{s6}$	$\dfrac{S7}{h6}$	中等压入配合,适用于一般钢件,或用于薄壁件的冷缩配合,用于铸铁件可得到最紧的配合
$\dfrac{H7}{u6}$	$\dfrac{U7}{h6}$	压入配合,适用于可以承受高压力的零件,或不宜承受大压力的冷缩配合

2. 影响配合选择的因素

1) 考虑热变形的影响

在选择公差与配合时,要注意温度条件。标准中规定的公差与配合均为标准温度(+20 ℃)下的数值。当工作温度不是+20 ℃,特别是相配孔、轴温差较大,或二者的线膨胀系数相差较大时,应考虑热变形的影响。这对高温或低温工况下工作的机械尤为重要。

例 3-9　公称尺寸为 $\phi150$ mm 的铝制活塞(轴)与钢制缸体(孔)为基孔制配合。工作温度:孔为 $t_H=110$ ℃,轴为 $t_S=180$ ℃。线膨胀系数:孔为 $\alpha_H=12\times10^{-6}(1/℃)$,轴为 $\alpha_S=24\times10^{-6}(1/℃)$。要求工作时间隙的变动范围为+0.10~+0.31 mm,试选配合。

解　由热变形引起的间隙变化为

$$\Delta X=150\times[12\times10^{-6}\times(110-20)-24\times10^{-6}\times(180-20)] \text{ mm}=-0.414 \text{ mm}$$

即工作时的间隙减小,故装配间隙应为

$$X_{min}=(0.1+0.414) \text{ mm}=+0.514 \text{ mm}$$

$$X_{max}=(0.31+0.414) \text{ mm}=+0.724 \text{ mm}$$

因题意要求为基孔制配合,则有

$$es=EI-X_{min}=(0-0.514) \text{ mm}=-0.514 \text{ mm}$$

由表 3-7 可选代号为 a 的基本偏差,其为上极限偏差 $es=-520$ μm。

由于配合公差 $T_f=X_{max}-X_{min}=T_H+T_S=0.2$ mm,且 $T_f/2=100$ μm,由表 3-4 知,可取

$$IT9=100 \text{ } \mu m$$

故选用配合为:$\phi150H9/a9$。其最小间隙为+0.52 mm,最大间隙为+0.72 mm。

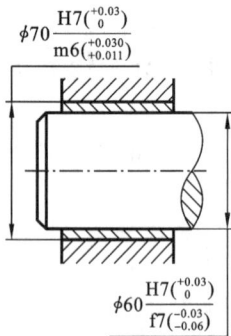

$$\phi70 \frac{H7(^{+0.03}_{0})}{m6(^{+0.030}_{+0.011})}$$

$$\phi60 \frac{H7(^{+0.03}_{0})}{f7(^{-0.03}_{-0.06})}$$

图 3-26　有装配变形的配合

2) 考虑装配变形的影响

在机械结构中,常遇到类似图 3-26 所示的衬套装配结构。图中衬套外圆与基座孔的配合为过渡配合 $\phi70H7/m6$,内圆与轴的配合为间隙配合 $\phi60H7/f7$。由于衬套外表面与基座孔的配合有可能出现过盈,在衬套压入基座孔后,其内圆即收缩使孔径变小。按图示要求,当衬套外表面与基座孔的过盈量为最大过盈量-0.03 mm时,衬套内孔可能收缩 0.045 mm。图示衬套内孔与轴之间的最小间隙要求为+0.03 mm,则由于装配变形,此时将有-0.015 mm 的过盈量,导致不仅无法保证获得设计要求的间隙配合,甚至可能导致轴与衬套无法自由装配。这类孔轴配合问题称为二重配合。

一般装配图上标注的尺寸与配合,应是装配后的要求。因此,对有装配变形的类似的孔、轴配合,通常有两种处理措施:其一,在由装配图绘制零件图时,应对公差带进行必要的修正,例如,将图示衬套内孔公差带上移,使孔的极限尺寸加大;其二,用工艺措施保证,对图示 $\phi60H7/f7$ 配合,在装配图上注明装配后加工,即将衬套内圆初加工后压入基座孔,然后再精加工(如铰孔)至配合要求的尺寸。

3) 考虑尺寸分布特性的影响

下面以图 3-27 所示的过渡配合 $\phi50H7/js6$ 为例,分析尺寸分布特性对配合的影响。当尺寸按正态分布时,该配合获得过盈的概率只有千分之几,平均间隙为 $X_{av}=+12.5$ μm。若尺寸分布偏向最大实体尺寸(见图 3-27 中虚线),则出现过盈的概率显著增加,比 $\phi50H7/k6$ 配合的正常情况还紧。

尺寸分布特性与生产方式有关。一般成批大量生产时,多用调整法加工,尺寸可能接近正

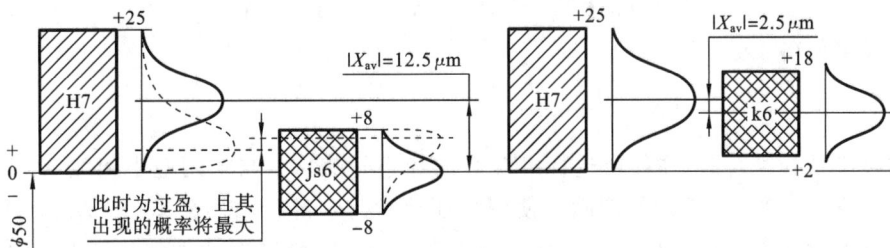

图 3-27 尺寸分布特性对配合的影响

态分布;而单件小批生产时,多用试切法加工,孔、轴尺寸分布中心多偏向最大实体尺寸。因此,对于同样的配合,用调整法加工或用试切法加工,其实际配合的效果是不同的,后者往往比前者的紧。

尺寸分布对所有配合的性质都有影响,特别是过渡配合或小间隙量的间隙配合对此更为敏感。为了切实保证实际的配合性质能更好地符合设计要求,应控制孔、轴实际尺寸的分布,或针对具体的生产方式选择合适的配合。

4) 考虑精度储备

孔、轴配合公差反映配合间隙或过盈的变动量,决定了配合精度。该公差需根据使用要求确定。设计时,一般根据使用要求选择适当的公差和配合,确定配合精度,但在孔、轴的装配或工作中,实际工件尺寸、形状、位置等误差,以及工作负载等因素会影响实际配合状态,偏离设计时的配合要求。因此,确定配合公差时,应该考虑从制造到使用的全生命周期,来规定在正常使用的期限内能满足使用功能的精度要求,包括对制造(加工及装配)提出的精度要求和使用过程中的精度保持要求。由于使用过程的精度要求只能通过设计"预留",因此引入"精度储备"的概念。

精度储备可用精度储备系数 K_τ 表示,即

$$K_\tau = T_F / T_K \tag{3-8}$$

式中:T_F——功用公差,即由使用要求确定的,在使用期限内某个性能参数的最大允许变动量;

T_K——制造公差。

显然,K_τ 应大于 1。即由使用功能要求确定的公差 T_F 不能全部用作制造公差 T_K,还必须保留一部分使用公差作为精度储备。制造公差用于限制加工、测量、装配等各种制造中的误差;使用公差则用于适应使用中由磨损、变形等各种因素造成的精度下降,以便在足够的使用期限内保持机器装备的工作精度。

精度储备用于孔、轴配合如图 3-28 所示。由使用功能要求确定的配合公差为功用公差 T_F,对于间隙配合,T_F 等于使用功能要求的功用最大间隙 X_{Fmax} 与功用最小间隙 X_{Fmin} 之差的绝对值;对于过盈配合,T_F 等于使用功能要求的功用最小过盈 Y_{Fmin} 与功用最大过盈 Y_{Fmax} 之差的绝对值,即

$$T_F = |X_{Fmax} - X_{Fmin}| = |Y_{Fmin} - Y_{Fmax}| \tag{3-9}$$

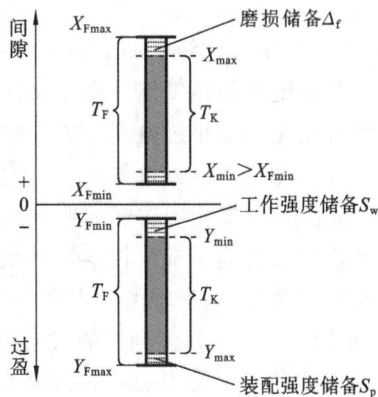

图 3-28 精度储备

孔与轴的制造公差之和(若不考虑装配误差等),或设计给定的配合公差,为制造公差 T_K,即

$$T_K = T_H + T_S = |X_{max} - X_{min}| = |Y_{min} - Y_{max}| \tag{3-10}$$

此时精度储备系数为

$$K_\tau = \frac{|X_{Fmax} - X_{Fmin}|}{T_H + T_S} = \frac{|Y_{Fmin} - Y_{Fmax}|}{T_H + T_S} \tag{3-11}$$

在按标准选择配合时,往往所选标准配合的最小间隙 X_{min} 与功用最小间隙 X_{Fmin} 不相等。此时通常选 $X_{min} > X_{Fmin}$,否则不能满足使用功能要求。这部分功用公差(即 $X_{min} - X_{Fmin}$),用于补偿结合面形貌误差对最小间隙的影响还是有利的。从精度保持性的角度看,在使用过程中,允许所选配合的间隙从 X_{min} 因磨损逐渐增大到 X_{Fmax},直至配合失效为止,因此,精度储备系数 K_τ 为允许间隙的最大增量与配合公差之比,即为

$$K_\tau = \frac{X_{Fmax} - X_{min}}{T_H + T_S} \tag{3-12}$$

显然,K_τ 数值增大,精度储备也相对增加。但使用要求的功用公差 T_F 反映配合的精度要求,不可能过大。在 T_F 一定时,精度储备的增加,意味着制造公差 T_K 减小,这将提高对加工制造的精度要求。因而,一般取 $K_\tau = 1.5 \sim 2$。

由于使用中的磨损,间隙从设计给定的 X_{min} 增大到 X_{Fmax} 时配合将失效,因此二者之差的绝对值称为间隙配合的磨损储备(公差)Δ_f,即

$$\Delta_f = |X_{Fmax} - X_{min}| \tag{3-13}$$

假设磨损速度是一定的,若相配孔、轴的实际间隙接近 X_{Fmin},则其使用寿命最长;若其接近 X_{Fmax},则其使用寿命最短。然而,实际制造中,按给定的公差要求加工出相配合的孔和轴,在二者装配后所形成的实际间隙刚好是极限间隙(X_{max} 或 X_{min})的概率通常是非常小的,而获得平均间隙 X_{av} 的概率往往较大。因此,可用最大功用间隙 X_{Fmax} 与平均间隙 X_{av} 之差,与功用配合公差 T_F 之比来定义寿命系数,即

$$\tau = \frac{X_{Fmax} - X_{av}}{X_{Fmax} - X_{Fmin}} = \frac{X_{Fmax} - X_{av}}{T_F} \tag{3-14}$$

寿命系数 τ 表示该配合使用的相对寿命或平均磨损储备,数值在 $0 \sim 1$ 之间。显然 τ 的数值越大,寿命越长。

例如,在大量生产的某型号压气机中,曲轴的轴颈与连杆大头衬套孔的配合原采用 $\phi 70E8/h6$,后来改为 $\phi 70F7/h6$。由于间隙减小,摩擦力矩增加了 4%,但由于增加了磨损储备,结合的耐久性约增加了一年。

过盈配合的精度储备主要从两方面考虑:① 工作时的强度储备 S_w,即功用最小过盈 Y_{Fmin} 与设计给定的最小过盈 Y_{min} 之差的绝对值;② 装配时零件的强度储备 S_p,即设计给定的最大过盈 Y_{max} 与功用最大过盈 Y_{Fmax} 之差的绝对值。

Y_{Fmin} 是依据使用功能的要求给出的功用最小过盈,即在孔、轴装配后,由 Y_{Fmin} 产生的结合力是能保证传递正常工作载荷的最小或基本需求的结合力。然而,在机器实际工作中,难免出现暂时的超载荷、瞬间的冲击和多次装拆。因此,在设计给定最小过盈 Y_{min} 时,应考虑其产生的过盈量要大于 Y_{Fmin} 产生的过盈量,以防止超负荷时或多次装拆后过盈配合失效。

Y_{Fmax} 是依据使用功能的要求给出的功用最大过盈,即在孔、轴装配后,由 Y_{Fmax} 产生的结合力为不致使结合件的材料损坏的最大的结合力。然而,在实际装配时,由于装配歪斜或孔轴形状误差等非孔、轴尺寸误差的影响,局部或部分结合面的结合力可能超出 Y_{Fmax} 下的结合力,从而造成材料损坏,以致过盈配合失效。为避免这种情况发生,在设计给定最大过盈 Y_{max} 时,应考虑其产生的过盈量要小于 Y_{Fmax} 产生的过盈量。

5）考虑配合确定性系数

可用配合的确定性系数 η 来比较配合的稳定性。确定性系数 η 为

$$\eta = \frac{X_{av}}{T_f/2} \quad 或 \quad \eta = \frac{Y_{av}}{T_f/2} \tag{3-15}$$

式中：X_{av}——配合的平均间隙；

　　　Y_{av}——配合的平均过盈；

　　　T_f——配合公差。

确定性系数 η 反映实际配合确定在平均状态（X_{av} 或 Y_{av}）附近的程度，即实际配合在平均状态（往往是设计的期望状态）周围的分散程度，如图 3-29 所示。因而，配合的确定性系数 η 在一定程度上可以指导配合的选择。

对于间隙配合，$\eta \geqslant 1$。当 $X_{min} = 0$ 时，$\eta = +1$；而对于所有其他间隙配合，$\eta > +1$。

对于过渡配合，$-1 < \eta < +1$。

对于过盈配合，$\eta \leqslant -1$。当 $Y_{min} = 0$ 时，$\eta = -1$；而对于所有其他过盈配合，$\eta < -1$。

例如，比较两个配合 $\phi 50H7/g6$ 与 $\phi 50H8/d8$ 的确定性，前者的 $\eta_1 = \frac{29.5}{41/2} \approx 1.44$，后者的 $\eta_2 = \frac{119}{78/2} \approx 3.05$。

图 3-29　三类配合公差的公差带图

虽然前者的公差等级比后者高，但就配合确定性来说，后者比前者高。

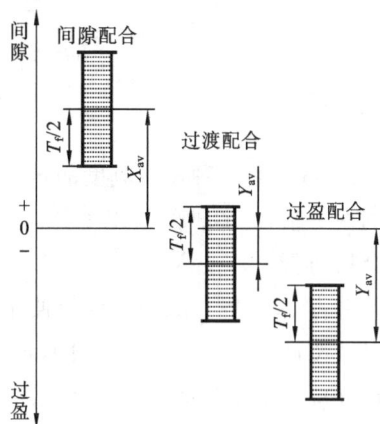

3.7　孔、轴尺寸的检验

为了实现孔、轴结合的互换性，孔和轴的尺寸在设计时按极限与配合标准做了规定，而在孔、轴加工后，孔、轴的实际尺寸是否符合设计规定要求，必须通过检测才能判断。因此，检测是实现孔、轴结合互换性的保证。

当检测的目的为判别孔、轴尺寸是否符合公差规定的要求时，所用检测方法应只接受实际尺寸在规定的极限尺寸之内的工件。孔、轴尺寸检测方法主要有两种：其一，用光滑极限量规进行工件尺寸合格与否的判断检验，这种方法适用于检验批量生产工件的一般精度的尺寸；其二，用计量器具对工件尺寸进行测量检验，这种方法适用于检验单件、小批量生产的工件，或高精度工件的尺寸。

孔、轴尺寸的检验

3.7.1　用光滑极限量规检验尺寸

1. 光滑极限量规及其特点

国家标准 GB/T 1957《光滑极限量规　技术条件》规定，光滑极限量规（plain limit gauge）是具有以被检孔或轴的最大极限尺寸和最小极限尺寸为公称尺寸的标准测量面，能反映控制被检孔或轴边界条件的无刻线长度测量器具。图 3-30 为光滑极限量规检验孔、轴尺寸的示意图。

用光滑极限量规检验孔、轴，有如下特点。

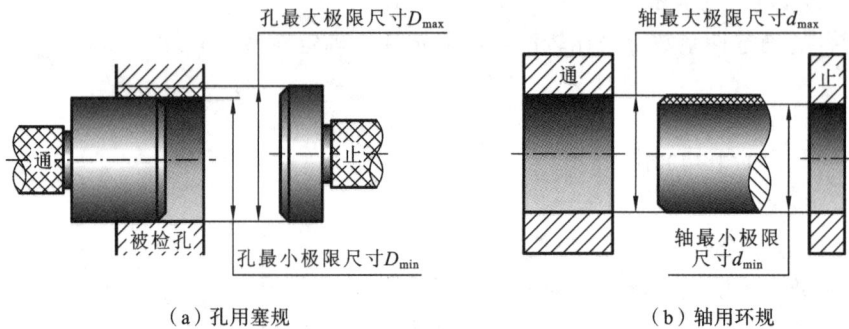

（a）孔用塞规　　　　　　　　　　（b）轴用环规

图 3-30　光滑极限量规检验工件

① 量规是一种没有刻度的定值专用量具,检验孔的量规为分别按该孔两极限尺寸精确制成的两个轴,检验轴的量规为分别按该轴两极限尺寸精确制成的两个孔;其检验结果仅判断工件合格与否。

② 极限量规一般都是成对使用的,分别称为通规(go gauge)和止规(not go gauge)。通规的尺寸按被检工件的最大实体尺寸(孔 D_{min}、轴 d_{max})制成,防止工件超出最大实体尺寸;止规的尺寸按被检工件的最小实体尺寸(孔 D_{max}、轴 d_{min})制成,防止工件超出最小实体尺寸。

③ 用于检验孔的量规(轴)称为塞规(plug gauge);检验轴的量规(孔)称为环规(ring gauge)或卡规(snap gauge)。

④ 检验工件时,通规能通过并且止规不能通过的工件方为合格件。

按不同的检验对象,光滑极限量规可分为三种类型。

① 工作量规　工作量规是指工件制造过程中,操作者用于验收工件的量规。

② 验收量规　验收量规是指检验部门或用户代表在验收产品时所使用的量规。

③ 校对量规　校对量规是指在制造和使用过程中,用于检验量规的量规;通常,校对量规只用于检验环规(检验轴用),塞规(检验孔用)可方便地使用量仪来测量。

2. 光滑极限量规验收工件的检测原则

在孔、轴尺寸的检验中,只有实际尺寸在规定的极限尺寸之内的工件才为合格工件。由于形貌误差的存在,实际尺寸具有不定性,因而实际孔、轴作为三维几何形体相互接合时,真正影响结合状态的是形体各局部实际尺寸的综合效应,即孔、轴的作用尺寸。因此,对标注于图样上规定的尺寸公差,应按极限尺寸判断原则(泰勒原则)设计检验方法。

极限尺寸判断原则的内容如下(见图 3-31)。

(1) 孔或轴的作用尺寸不允许超出最大实体尺寸。对于孔,其作用尺寸应不小于最小极限尺寸($D_M \geq D_{min}$);对于轴,其作用尺寸应不大于最大极限尺寸($d_M \leq d_{max}$)。

(2) 孔或轴在任何位置上的实际尺寸不允许超出最小实体尺寸。对于孔,其实际尺寸应不大于最大极限尺寸($D_a \leq D_{max}$);对于轴,其实际尺寸应不小于最小极限尺寸($d_a \geq d_{min}$)。

极限尺寸判断原则实质上就是用最大实体极限尺寸控制被检孔、轴的作用尺寸,用最小实体极限尺寸控制被检孔、轴的局部实际尺寸。即合格工件的作用尺寸以及任何位置的实际尺寸都必须在最大及最小实体极限尺寸之间。这样,便可通过检测把尺寸误差和形貌误差同时控制在尺寸公差带之内,用光滑极限量规验收工件时,量规的设计应遵循此原则。

（a）孔的作用尺寸和实际尺寸

（b）轴的作用尺寸和实际尺寸

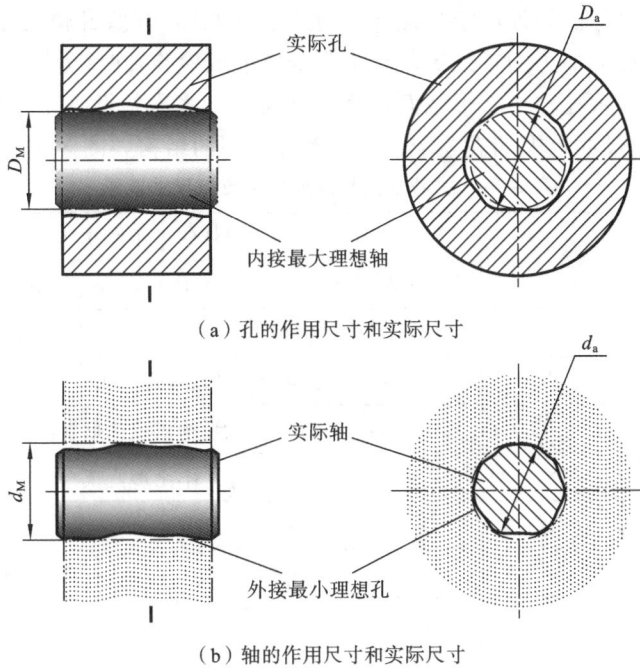

图 3-31　极限尺寸判断原则

3. 光滑极限量规的形式

根据极限尺寸判断原则,通规的尺寸为被检工件的最大实体尺寸(孔 D_{min}、轴 d_{max}),因而通规的作用是控制被检孔、轴的作用尺寸,它的测量面理论上应在配合的全长上具有与被测孔或轴相应的完整表面,即应制成全形量规。

止规的尺寸为被检工件的最小实体尺寸(孔 D_{max}、轴 d_{min}),因而止规的作用是控制被检孔、轴的实际尺寸,它的测量面理论上应为点状,即应制成不全形量规。

图 3-32 所示的为一带有孔的工件,且实际孔轮廓有加工误差,并超出了给定的公差带,其作用尺寸超出了最大实体尺寸 D_{min},部分位置的实际尺寸超出了最小实体尺寸 D_{max},为不合格的孔。用图示通规和止规来检验此孔,若不按泰勒原则,把通规制成片状塞规,或止规制成全形塞规,将不能揭示孔的加工误差。

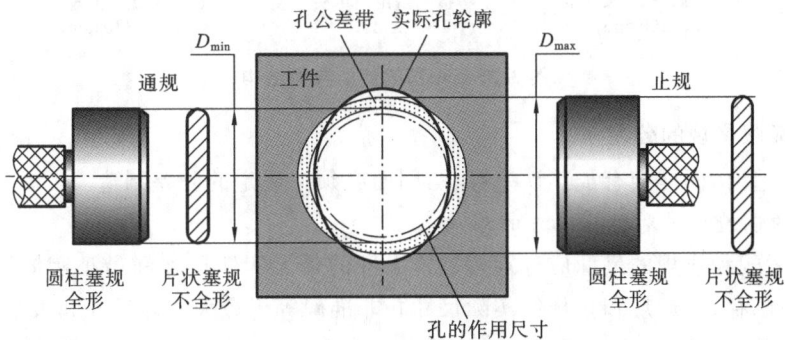

图 3-32　量规的形式对检验结果的影响

在实际生产中使用的量规并不都是遵守泰勒原则的。例如,对于大于 100 mm 孔的检验,为减轻重量,通规也很少制成全形轮廓;检验轴的量规,不论尺寸大小,为提高检验效率,通规都很少制成全形轮廓环规;另外由于被检件结构或装夹原因,有些部位尺寸无法用环规检验,如曲轴的中间轴、顶尖上加工的轴颈等。在用非全形卡规检验轴时,为了发现轴的作用尺寸是否超出最大极限尺寸,可在轴的若干截面和直径方向进行多次检验。国家标准推荐的轴和孔用量规的形式及应用尺寸范围如表 3-20 所示,部分典型的结构如图 3-33、图 3-34 所示。

表 3-20　推荐的量规的形式及应用尺寸范围

用　　途		推荐顺序	量规的工作尺寸/mm			
			～18	>18～100	>100～315	> 315～500
孔用	通端量规型式	1	全形塞规		不全形塞规	球端杆规
		2	—	不全形塞规或片形塞规	片形塞规	—
	止端量规型式	1	全形塞规	全形塞规或片形塞规		球端杆规
		2	不全形塞规			
轴用	通端量规型式	1	环规		卡规	
		2	卡规		—	
	止端量规型式	1	卡规			
		2	环规		—	

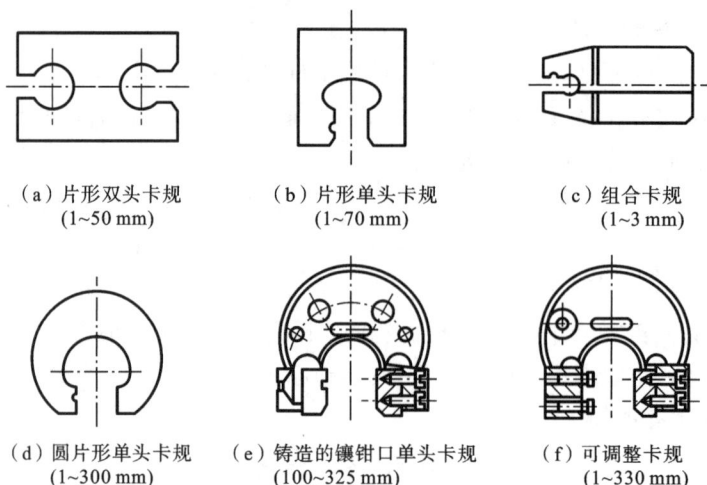

（a）片形双头卡规　　　　（b）片形单头卡规　　　　（c）组合卡规
　　（1~50 mm)　　　　　　　　（1~70 mm)　　　　　　　　（1~3 mm)

（d）圆片形单头卡规　　（e）铸造的镶钳口单头卡规　　（f）可调整卡规
　　（1~300 mm)　　　　　　（100~325 mm)　　　　　　　（1~330 mm)

图 3-33　轴用量规的典型结构

4. 光滑极限量规的公差

量规在制造时,同样会有加工误差存在,因而必须按规定的公差制造。

1）量规的制造误差对验收工件的影响

理论上,通规和止规的尺寸应分别按被检工件的最大实体尺寸和最小实体尺寸制造。而由于制造误差的存在,通规和止规的实际尺寸并非准确等于最大实体尺寸和最小实体尺寸,因而用其检验工件的实际尺寸是否合格时必然会出现误判。现以图 3-35 所示检验孔的量规(检验轴的量规与其类似)为例作说明。

用于验收该孔的止规和通规的制造公差带“止”和“通”,分别对应于被检孔的最大极限尺寸 D_{max} 和最小极限尺寸 D_{min}。在按止规的制造公差带“止”可制成的合格量规 中,图中绘出了

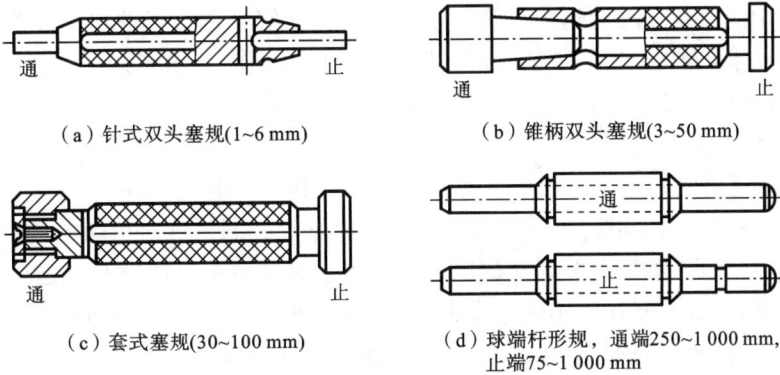

（a）针式双头塞规(1~6 mm)　　　　（b）锥柄双头塞规(3~50 mm)

（c）套式塞规(30~100 mm)　　　　（d）球端杆形规，通端250~1 000 mm，
　　　　　　　　　　　　　　　　　　　　止端75~1 000 mm

图 3-34　孔用量规典型结构

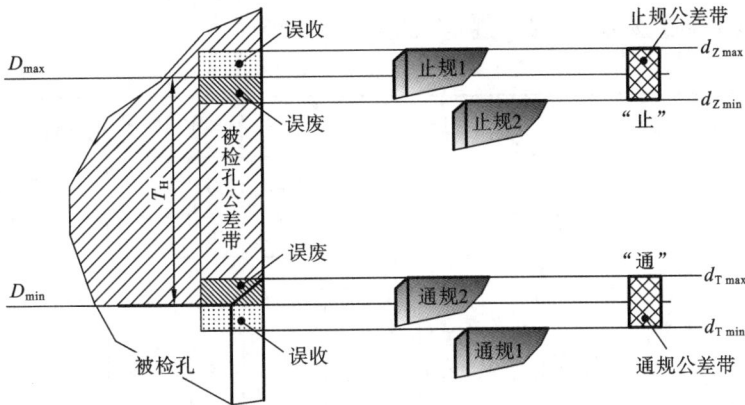

图 3-35　量规制造公差对验收结果的影响

$d_{Z\,max}$—止规最大极限尺寸；$d_{Z\,min}$—止规最小极限尺寸；$d_{T\,max}$—通规最大极限尺寸；$d_{T\,min}$—通规最小极限尺寸

它们的两个极端情况(局部示意)。

对于止规，止规 1 的尺寸为止规最大极限尺寸($d_{Z\,max}$)，止规 2 的尺寸为止规最小极限尺寸($d_{Z\,min}$)。

对于通规，通规 1 的尺寸为通规最小极限尺寸($d_{T\,min}$)，通规 2 的尺寸为通规最大极限尺寸($d_{T\,max}$)。

若用这些量规检验该孔，有可能出现的错误判断情况列入表 3-21，表中"误收"表示该量规在检验中将原本不合格的尺寸 D_a 判断为合格尺寸，而"误废"表示将原本合格的尺寸 D_a 判断为不合格尺寸。

表 3-21　量规制造公差对验收结果的影响

量　　规		量规尺寸	对被检工件尺寸 D_a 的误判范围	误判类型
止规	止规 1	$d_{Z\,max}$	$D_{max} < D_a < d_{Z\,max}$	误收
	止规 2	$d_{Z\,min}$	$d_{Z\,min} < D_a < D_{max}$	误废
通规	通规 1	$d_{T\,min}$	$d_{T\,min} < D_a < D_{min}$	误收
	通规 2	$d_{T\,max}$	$D_{min} < D_a < d_{T\,max}$	误废

由图 3-35 和表 3-21 可知，量规的制造误差将导致验收工件时的错误判断；而要针对被检对象的具体情况改善误判尺寸范围的大小，应合理给出量规的制造公差；要调整误判的类型

(误收或误废)则应改变量规制造公差带的位置。误收会使不合格工件用于装配,使配合要求不能满足使用要求,造成整机的性能下降,甚至无法正常工作;误废则会导致生产成本增加,因此,从误收和误废的后果看,误收的影响更大,必须避免,同时也应该尽量减小误废的可能性。

2) 工作量规公差带

(1) 工作量规公差带大小的规定　量规制造误差作为测量误差带入检验中,将影响对被检工件合格与否的判别。实际上,即便能按工件的极限尺寸制作绝对精确的量规,在检验过程中也会因磨损、热变形、测量力等因素的影响而出现误判的情况。同时从制造的经济性来看,提高量规的精度,相应的制造成本也会大大增加。因而量规作为精密定值量具,一方面制造精度要求高,另一方面也应根据测量的公差原则与被测件的公差要求相适应。即作为测量器具,其测量的极限误差占被测件公差的比例,由工件公差等级的高低及公称尺寸的大小来确定,一般为 $1/20 \sim 1/10$;对于高精度、大尺寸被测件,考虑测量的难度相应增加,也可为 $1/5 \sim 1/3$。国家标准对量规的制造公差 T_1 做了规定,如表 3-22 所示。

表 3-22　量规公差 T_1 和 Z_1 值　　　　　　　　　　　　　　　　(μm)

工件孔或轴的公称尺寸/mm	IT6			IT7			IT8			IT9			IT10			IT11			IT12		
	公差	T_1	Z_1	公差	T_1	Z_1	公差	T_1	Z_1	公差	T_1	Z_1	公差	T_1	Z_1	公差	T_1	Z_1	公差	T_1	Z_1
～3	6	1	1	10	1.2	1.6	14	1.6	2	25	2	3	40	2.4	4	60	3	6	100	4	9
>3～6	8	1.2	1.4	12	1.4	2	18	2	2.6	30	2.4	4	48	3	5	75	4	8	120	5	11
>6～10	9	1.4	1.6	15	1.8	2.4	22	2.4	3.2	36	2.8	5	58	3.6	6	90	5	9	150	6	13
>10～18	11	1.6	2	18	2	2.8	27	2.8	4	43	3.4	6	70	4	8	110	6	11	180	7	15
>18～30	13	2	2.4	21	2.4	3.4	33	3.4	5	52	4	7	84	5	9	130	7	13	210	8	18
>30～50	16	2.4	2.8	25	3	4	39	4	6	62	5	8	100	6	11	160	8	16	250	10	22
>50～80	19	2.8	3.4	30	3.6	4.6	46	4.6	7	74	6	9	120	7	13	190	9	19	300	12	26
>80～120	22	3.2	3.8	35	4.2	5.4	54	5.4	8	87	7	10	140	8	15	220	10	22	350	14	30
>120～180	25	3.8	4.4	40	4.8	6	63	6	9	100	8	12	160	9	18	250	12	25	400	16	35
>180～250	29	4.4	5	46	5.4	7	72	7	10	115	9	14	185	10	20	290	14	29	460	18	40
>250～315	32	4.8	5.6	52	6	8	81	8	11	130	10	16	210	12	22	320	16	32	520	20	45
>315～400	36	5.4	6.2	57	7	9	89	9	12	140	11	18	230	14	25	360	18	36	570	22	50
>400～500	40	6	7	63	8	10	97	10	14	155	12	20	250	16	28	400	20	40	630	24	55

注:本表摘自 GB/T 1957—2006,该标准给出工件公差等级 IT6～IT16,此处仅摘录其中的 IT6～IT12。

（2）工作量规公差带位置的规定　量规公差带相对工件极限尺寸的位置将对验收工件产生影响。若按图 3-35 所示公差带的位置制造通规和止规，理论上，多数量规出现误收和误废的可能性相近。若通规和止规的公差带的位置分别向被检孔公差带内移动，则用相应的通规和止规验收工件时出现误收的可能性将随之减少，而误废的可能性将增加；若两量规公差带全部移进被检孔公差带内，则所制造的通规和止规的实际尺寸都将在被检工件的公差带内，这样理论上不会有误收，而误废的可能性将增加。

将量规公差带移至被检工件公差带内，尽管加大了误废率，导致生产成本增加，但理论上可避免误收，有利于保证产品质量，因而我国量规的国家标准是按这一思路来规定量规公差带位置的，如图 3-36 所示。

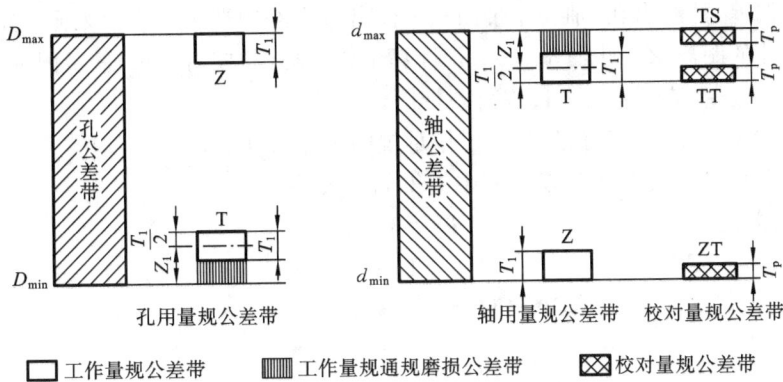

　□ 工作量规公差带　　▥ 工作量规通规磨损公差带　　▨ 校对量规公差带

图 3-36　量规公差带

图 3-36 所示量规公差带图中，工作量规止规的公差带紧靠被检工件最小实体尺寸，而通规的公差带则偏离最大实体尺寸。这是因为正常加工中，不合格工件总是少数，合格的是大多数，因而止规磨损少；而通规因经常"通过"工件，其磨损远比止规的快。当通规尺寸磨损至超出了工件的最大实体尺寸时，从理论上讲，用其检验将会出现误收。与止规相比，为了相对延长通规的使用寿命，标准规定了通规的磨损公差（见图 3-36）及磨损极限。即规定通规公差带偏离被检工件最大实体尺寸一个偏离量 Z_1（通规公差带中心至被检工件最大实体尺寸间的距离），表 3-22 所示的是 Z_1 的规定数值，通规公差带与最大实体尺寸间的区域为通规的磨损公差带。

3）验收量规

验收量规是检验部门或用户代表验收产品时使用的量规，我国标准中没有规定验收量规的公差带。通常情况下只用验收通规来验收产品，针对量规的使用规律，主要规定检验部门应使用已磨损较多的通规，用户代表应使用接近工件最大实体尺寸的通规，以及接近工件最小实体尺寸的止规。

4）校对量规公差带

校对量规用于检验制造或使用过程中的工作量规。由于孔用工作量规（塞规）刚性较好，不易变形，且便于用通用测量器具检验，所以标准没有规定孔用校对量规。

对于轴用工作通规（环规或卡规），规定有两种校对量规。其中检验工作通规是否超出其自身最大实体尺寸（工作通规的最小极限尺寸）的校对通规，即校对工作通规的通规，简称"校通-通"或"TT"；检验工作通规是否超出磨损极限尺寸的校对止规，即校对工作通规磨损的止规，简称"校通-损"或"TS"。

对于轴用工作止规（环规或卡规），只规定了一种校对量规，即检验工作量规是否超出其自身最大实体尺寸（工作通规的最小极限尺寸）的校对通规，是校对工作止规的通规，简称"校止-通"或"ZT"。

对上述轴用工作量规的三种校对量规的公差带大小,标准规定它们制造公差 T_p 的数值均为被检轴用工作量规制造公差 T_1 的一半,即 $T_p = T_1/2$;它们的公差带的位置如图 3-36 所示。

5. 量规设计

1) 量规的形式及结构选择

量规的形式和应用尺寸范围的选择如表 3-20 所示。

量规的结构选择如图 3-33(轴用)和图 3-34(孔用)所示。

2) 量规工作尺寸的计算

量规工作尺寸计算的一般步骤如下:① 查出被检孔、轴的标准公差与基本偏差,或上极限偏差与下极限偏差,并绘出孔、轴公差带图;② 查出量规的制造公差 T_1 及通规公差带偏离工件最大实体尺寸的距离 Z_1(见表 3-22);③ 计算工作量规(和校对量规)的极限偏差,给出工作尺寸;④ 在孔、轴公差带图上绘出量规公差带图。

例 3-10 计算 $\phi25\text{H8}/\text{f7}$ 孔与轴用工作量规的工作尺寸。

解 (1) 从表 3-4、表 3-7 和表 3-9 中查得如下公差。

对于孔,公差　　　　　　　　　　$\text{IT8} = 33\ \mu\text{m}$

下极限偏差　　　　　　　　　　　$\text{EI} = 0$

上极限偏差　　　　　$\text{ES} = \text{EI} + \text{IT8} = (0 + 33)\ \mu\text{m} = +33\ \mu\text{m}$

对于轴,公差　　　　　　　　　　$\text{IT7} = 21\ \mu\text{m}$

上极限偏差　　　　　　　　　　　$\text{es} = -20\ \mu\text{m}$

下极限偏差　　　$\text{ei} = \text{es} - \text{IT7} = (-20 - 21)\ \mu\text{m} = -41\ \mu\text{m}$

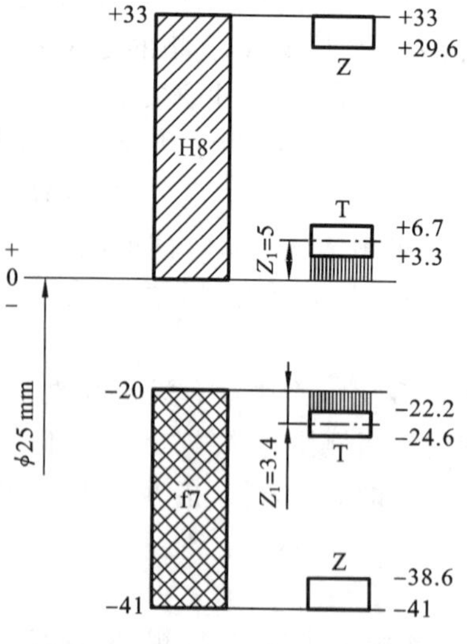

图 3-37　例 3-10 的量规公差带

绘出工件公差带图,如图 3-37 所示。

(2) 从表 3-22 查得如下公差。

对于公称尺寸 25 mm、公差等级 IT8 的孔用工作量规,公差为

$$T_1 = 3.4\ \mu\text{m}, \quad Z_1 = 5\ \mu\text{m}$$

对于公称尺寸 25 mm、公差等级 IT7 的轴用工作量规,公差为

$$T_1 = 2.4\ \mu\text{m}, \quad Z_1 = 3.4\ \mu\text{m}$$

(3) 在工件公差带图上绘出工件及量规公差带图,如图 3-37 所示。

(4) 计算工作量规的极限偏差,给出工作尺寸。

$\phi25\text{H8}$ 孔用工作量规公差如下。

通规上极限偏差　$T_s = \text{EI} + Z_1 + T_1/2 = (0 + 0.005 + 0.0017)\ \text{mm} = +0.0067\ \text{mm}$

通规下极限偏差　$T_i = \text{EI} + Z_1 - T_1/2 = (0 + 0.005 - 0.0017)\ \text{mm} = +0.0033\ \text{mm}$

工作尺寸为 $\phi25^{+0.0067}_{+0.0033}$ mm,也可写成 $\phi25.0067^{\ 0}_{-0.0034}$ mm。

止规上极限偏差　$Z_s = \text{ES} = +0.033\ \text{mm}$

止规下极限偏差　$Z_i = \text{ES} - T_1 = (+0.033 - 0.0034)\ \text{mm} = +0.0296\ \text{mm}$

工作尺寸为 $\phi25^{+0.0330}_{+0.0296}$ mm,也可写成 $\phi25.033^{\ 0}_{-0.0034}$ mm。

将孔用工作量规(通规和止规)的极限偏差标注在公差带图上,如图 3-37 所示。

$\phi25f7$ 轴用工作量规公差如下。

通规上极限偏差　$T_s = es - Z_1 + T_1/2 = (-0.020 - 0.0034 + 0.0012)$ mm

　　　　　　　　　　$= -0.0222$ mm

通规下极限偏差　$T_i = es - Z_1 - T_1/2 = (-0.020 - 0.0034 - 0.0012)$ mm

　　　　　　　　　　$= -0.0246$ mm

工作尺寸为 $\phi25^{-0.0222}_{-0.0246}$ mm，也可写成 $\phi24.9754^{+0.0024}_{0}$ mm。

止规上极限偏差　$Z_s = ei + T_1 = (-0.041 + 0.0024)$ mm $= -0.0386$ mm

止规下极限偏差　$Z_i = ei = -0.041$ mm

工作尺寸为 $\phi25^{-0.0386}_{-0.0410}$ mm，也可写成 $\phi24.959^{+0.0024}_{0}$ mm。

将轴用工作量规（通规和止规）的极限偏差标注在公差带图上，如图 3-37 所示。

3）量规的其他有关技术要求

（1）量规的形状和位置误差应在其尺寸公差内，其公差为量规尺寸公差的 50%。当量规的尺寸公差小于或等于 0.002 mm 时，其形状公差为 0.001 mm。

（2）量规测量面的表面粗糙度按表 3-23 所示的确定。

（3）量规宜采用合金工具钢、碳素工具钢、渗碳钢及其他耐磨材料制造，钢制量规测量面的硬度不应小于 700 HV（或 60 HRC），测量面不应有锈蚀、毛刺、黑斑、划痕等明显影响外观和使用质量的缺陷。

表 3-23　量规工作表面的表面粗糙度推荐值

工作量规	被检零件公称尺寸/mm		
	～120	>120～315	>315～500
	工作量规测量面的表面粗糙度 Ra 值/μm		
IT6 级孔用工作塞规	0.05	0.10	0.20
IT6～IT9 级轴用、IT7～IT9 级孔用量规	0.10	0.20	0.40
IT10～IT12 级孔、轴用量规	0.20	0.40	0.80
IT13～IT16 级孔、轴用量规	0.40	0.80	

3.7.2　用通用计量器具检验尺寸

光滑工件尺寸的检验除了用上述量规外，更多情况下是采用其他的测量器具进行检测的。但是，不论采用何种器具与方法测量，测量误差都会影响测量结果。如图 3-38 所示，被检工件按设计公差加工后，若其实际尺寸位于最大极限尺寸与最小极限尺寸之间则其为合格工件，否则为不合格件，即以极限尺寸作为判断工件合格与否的验收极限。但是，由于测量误差 $\pm\Delta_{lim}$ 的存在，检验得到的是带有测量误差的实际尺寸，而并非工件尺寸的真值，因而会引起验收的误判。即可能将尺寸（真值）超出极限尺寸的工件判定为合格件，亦可能将尺寸（真值）在极限尺寸范围内的工件判

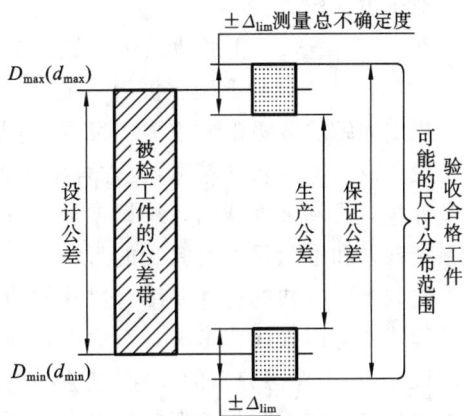

图 3-38　测量误差对工件尺寸检验的影响

定为不合格件,造成检验时的"误收"或"误废"。也就是说,测量误差将在实际上改变工件的规定公差带,使之缩小或扩大。考虑到测量误差的影响,工件可能的最小制造公差,称为生产公差;而可能的最大制造公差,称为保证公差。

从制造经济性上看,希望生产公差大,而从提高产品质量看,希望保证公差小。协调这二者的矛盾,一方面,需要合理选择测量器具或测量方法,以控制测量误差;另一方面,也需要在考虑测量误差的基础上,合理地确定验收工件时允许实际尺寸的变动范围,即规定允许实际尺寸变动范围的验收极限。

国家标准 GB/T 3177《产品几何技术规范(GPS) 光滑工件尺寸的检验》规定了光滑工件尺寸的验收原则、验收极限、计量器具测量不确定度的允许值和计量器具的选用原则。该标准适用于使用通用计量器具,如游标卡尺、千分尺及车间使用的比较仪、投影仪等量具量仪,对图样上注出的公差等级为 IT6～IT18 级,公称尺寸至 500 mm 的光滑工件尺寸的检验。

1) 验收极限与安全裕度

上述标准规定所用验收方法只接收位于规定的尺寸极限之内的工件,同时规定了检验工件尺寸合格与否的允许实际尺寸变动的界线——验收极限。

标准规定的验收极限,是从规定的工件最大实体尺寸(MMS)和最小实体尺寸(LMS)分别向工件公差带内移动一个安全裕度(A)来确定,如图 3-39 所示。安全裕度 A 值按被检工件公差的 1/10 确定,如表 3-24 所示,同时规定安全裕度 A 值可取 0,即以工件极限尺寸为验收极限。

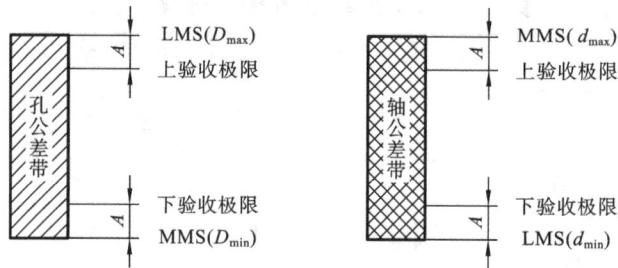

图 3-39　孔、轴验收极限示意

对于被检孔,

$$上验收极限 = 最小实体尺寸(LMS) - 安全裕度(A)$$
$$下验收极限 = 最大实体尺寸(MMS) + 安全裕度(A)$$

对于被检轴,

$$上验收极限 = 最大实体尺寸(MMS) - 安全裕度(A)$$
$$下验收极限 = 最小实体尺寸(LMS) + 安全裕度(A)$$

规定内缩验收极限的主要出发点,是考虑在车间实际情况下,工件的形状误差通常取决于加工设备及工艺装备的精度,工件合格与否只按一次测量来判断;同时,对温度、压陷效应等,以及计量器具和标准器的系统误差,均不进行校正。此时,采用内缩验收极限可适当补偿测量的系统误差和形状误差对验收的影响。

验收极限方式的选择要结合尺寸的功能要求及其重要程度、尺寸公差等级、测量不确定度和过程能力等因素综合考虑。双边内缩验收极限主要用于遵守包容要求的尺寸、公差等级较高的尺寸;对于偏态分布的尺寸,其验收极限可仅对尺寸偏向的一边按内缩方式确定;对于加工误差分布范围相对公差值较集中,或非配合及一般公差的尺寸,验收极限可取为工件的极限尺寸,即取 A=0。

2）测量器具的选择

测量器具应按测量器具不确定度的允许值 u_1 来选择，使所选测量器具的不确定度 u 值小于或等于 u_1 值。测量器具不确定度的允许值 u_1 如表 3-24 所示。

表 3-24　安全裕度（A）与测量器具的不确定度允许值（u_1）　　　（μm）

公差等级		6					7					8					9					10					11				
公称尺寸/mm		T	A	u_1 Ⅰ	Ⅱ	Ⅲ	T	A	Ⅰ	Ⅱ	Ⅲ	T	A	Ⅰ	Ⅱ	Ⅲ	T	A	Ⅰ	Ⅱ	Ⅲ	T	A	Ⅰ	Ⅱ	Ⅲ	T	A	Ⅰ	Ⅱ	Ⅲ
大于	至																														
—	3	6	0.6	0.5	0.9	1.4	10	1.0	0.9	1.5	2.3	14	1.4	1.3	2.1	3.2	25	2.5	2.3	3.8	5.6	40	4.0	3.6	6.0	9.0	60	6.0	5.4	9.0	14
3	6	8	0.8	0.7	1.2	1.8	12	1.2	1.1	1.8	2.7	18	1.8	1.6	2.7	4.1	30	3.0	2.7	4.5	6.8	48	4.8	4.3	7.2	11	75	7.5	6.8	11	17
6	10	9	0.9	0.8	1.4	2.0	15	1.5	1.4	2.3	3.4	22	2.2	2.0	3.3	5.0	36	3.6	3.3	5.4	8.1	58	5.8	5.2	8.7	13	90	9.0	8.1	14	20
10	18	11	1.1	1.0	1.7	2.5	18	1.8	1.7	2.7	4.1	27	2.7	2.4	4.1	6.1	43	4.3	3.9	6.5	9.7	70	7.0	6.3	11	16	110	11	10	17	25
18	30	13	1.3	1.2	2.0	2.9	21	2.1	1.9	3.2	4.7	33	3.3	3.0	5.0	7.4	52	5.2	4.7	7.8	12	84	8.4	7.6	13	19	130	13	12	20	29
30	50	16	1.6	1.4	2.4	3.6	25	2.5	2.3	3.8	5.6	39	3.9	3.5	5.9	8.8	62	6.2	5.6	9.3	14	100	10	9.0	15	23	160	16	14	24	36
50	80	19	1.9	1.7	2.9	4.3	30	3.0	2.7	4.5	6.8	46	4.6	4.1	6.9	10	74	7.4	6.7	11	17	120	12	11	18	27	190	19	17	29	43
80	120	22	2.2	2.0	3.3	5.0	35	3.5	3.2	5.3	7.9	54	5.4	4.9	8.1	12	87	8.7	7.8	13	20	140	14	13	21	32	220	22	20	33	50
120	180	25	2.5	2.3	3.8	5.6	40	4.0	3.6	6.0	9.0	63	6.3	5.7	9.5	14	100	10	9.0	15	23	160	16	15	24	36	250	25	23	38	56
180	250	29	2.9	2.6	4.4	6.5	46	4.6	4.1	6.9	10	72	7.2	6.5	11	16	115	12	10	17	26	185	18	17	28	42	290	29	26	44	65
250	315	32	3.2	2.9	4.8	7.2	52	5.2	4.7	7.8	12	81	8.1	7.3	12	18	130	13	12	20	30	210	21	19	32	47	320	32	29	48	72
315	400	36	3.6	3.2	5.4	8.1	57	5.7	5.1	8.4	13	89	8.9	8.0	13	20	140	14	13	21	32	230	23	21	35	52	360	36	32	54	81
400	500	40	4.0	3.6	6.0	9.0	63	6.3	5.7	9.5	14	97	9.7	8.7	15	22	155	16	14	23	35	250	25	23	38	56	400	40	36	60	90

公差等级		12				13				14				15				16				17				18			
公称尺寸/mm		T	A	u_1 Ⅰ	Ⅱ	T	A	Ⅰ	Ⅱ	T	A	Ⅰ	Ⅱ	T	A	Ⅰ	Ⅱ	T	A	Ⅰ	Ⅱ	T	A	Ⅰ	Ⅱ	T	A	Ⅰ	Ⅱ
大于	至																												
—	3	100	10	9.0	15	140	14	13	21	250	25	23	38	400	40	36	60	600	60	54	90	1000	100	90	150	1400	140	125	210
3	6	120	12	11	18	180	18	16	27	300	30	27	45	480	48	43	72	750	75	68	110	1200	120	110	180	1800	180	160	270
6	10	150	15	14	23	220	22	20	33	360	36	33	54	580	58	52	87	900	90	81	140	1500	150	140	230	2200	220	200	330
10	18	180	18	16	27	270	27	24	41	430	43	39	65	700	70	63	110	1100	110	100	170	1800	180	160	270	2700	270	240	400
18	30	210	21	19	32	330	33	30	50	520	52	47	78	840	84	76	130	1300	130	120	200	2100	210	190	320	3300	330	300	490
30	50	250	25	23	38	390	39	35	59	620	62	56	93	1000	100	90	150	1600	160	140	240	2500	250	220	380	3900	390	350	580
50	80	300	30	27	45	460	46	41	69	740	74	67	110	1200	120	110	180	1900	190	170	290	3000	300	270	450	4600	460	410	690
80	120	350	35	32	53	540	54	49	81	870	87	78	130	1400	140	130	210	2200	220	200	330	3500	350	320	530	5400	540	480	810
120	180	400	40	36	60	630	63	57	95	1000	100	90	150	1600	160	150	240	2500	250	230	380	4000	400	360	600	6300	630	570	940
180	250	460	46	41	69	720	72	65	110	1150	115	100	170	1850	185	170	280	2900	290	260	440	4600	460	410	690	7200	720	650	1080
250	315	520	52	47	78	810	81	73	120	1300	130	120	190	2100	210	190	320	3200	320	290	480	5200	520	470	780	8100	810	730	1210
315	400	570	57	51	86	890	89	80	130	1400	140	130	210	2300	230	210	350	3600	360	320	540	5700	570	510	850	8900	890	800	1330
400	500	630	63	57	95	970	97	87	150	1500	150	140	230	2500	250	230	380	4000	400	360	600	6300	630	570	950	9700	970	870	1450

测量器具不确定度的允许值 u_1 按测量器具不确定度 u 值与工件公差的比值分档：对于 IT6～IT11 的工件，分Ⅰ、Ⅱ、Ⅲ三档；对于 IT12～IT18 的工件，分Ⅰ、Ⅱ两档。测量不确定度Ⅰ、Ⅱ、Ⅲ三档的数值分别为工件公差 90% 的 1/10、1/6、1/4。

对测量器具不确定度的允许值 u_1 的选用，一般情况下优先选用Ⅰ档，其次选用Ⅱ、Ⅲ档。当选用Ⅰ档时，使测量不确定度占工件公差的比值小，检测能力强，验收中产生的误判率小，验收质量高，但所需选用的测量器具的精度也相应较高。当选用Ⅱ、Ⅲ档时，使测量不确定度占工件公差的比值较大，验收中产生的误判率较大，但理论分析表明，此时误收率和误废率仍比较合理，且对测量器具的精度要求略低。

表 3-25 所示的是千分尺和游标卡尺的不确定度 u 的数值，表 3-26 所示的是比较仪的不确定度 u 的数值，供选择测量器具时参考。

表 3-25 千分尺和游标卡尺的不确定度 u （mm）

尺寸范围		计量器具类型			
		分度值为 0.01 的外径千分尺	分度值为 0.01 的内径千分尺	分度值为 0.02 的游标卡尺	分度值为 0.05 的游标卡尺
大于	至	不确定度 u			
0	50	0.004			
50	100	0.005	0.008		0.050
100	150	0.006		0.020	
150	200	0.007			
200	250	0.008	0.013		
250	300	0.009			
300	350	0.010			
350	400	0.011	0.020		0.100
400	450	0.012			
450	500	0.013	0.025	—	
500	600				
600	700	—	0.030		
700	1000				0.150

表 3-26 比较仪的不确定度 u （mm）

尺寸范围		所使用的计量器具			
		分度值 0.0005（相当于放大倍数 2000 倍）的比较仪	分度值 0.001（相当于放大倍数 1000 倍）的比较仪	分度值 0.002（相当于放大倍数 400 倍）的比较仪	分度值 0.005（相当于放大倍数 250 倍）的比较仪
大于	至	不确定度 u			
0	25	0.0006	0.0010	0.0017	0.0030
25	40	0.0007			
40	65	0.0008	0.0011	0.0018	
65	90	0.0008			
90	115	0.0009	0.0012	0.0019	
115	165	0.0010	0.0013		
165	215	0.0012	0.0014	0.0020	0.0035
215	265	0.0014	0.0016	0.0021	
265	315	0.0016	0.0017	0.0022	

例 3-11 被测工件为轴 $\phi 35e9^{-0.050}_{-0.112}$，试确定验收极限并选择测量器具。

解 （1）确定安全裕度。

由表 3-24，在大于 30 至 50 mm 尺寸段：IT9＝0.062 mm，安全裕度 A＝0.0062 mm。

（2）确定验收极限。

上验收极限＝（35－0.050－0.0062）mm＝34.9438 mm

　　　　　　下验收极限＝（35－0.112＋0.0062）mm＝34.8942 mm

（3）选择测量器具。

由表 3-24 查得，Ⅰ 档 u_1＝0.0056 mm，Ⅱ 档 u_1＝0.0093 mm，Ⅲ 档 u_1＝0.014 mm。

按 Ⅰ 档选用测量器具：由表 3-25，尺寸范围为 0～50 mm，分度值为 0.01 mm 的外径千分尺的不确定度 u＝0.004 mm，小于 u_1＝0.0056 mm，故选用该规格的外径千分尺可满足使用要求，且其为车间条件下常用的测量器具，没有必要按 Ⅱ、Ⅲ 档选用精度更低的测量器具而使验收质量降低。

思政知识点

"庖丁解牛"　化繁为简
——李柱教授的《公差与配合》相关标准修订工作亲历记

"庖丁解牛"是中国古代思想家庄子讲述的一则寓言故事，比喻处理复杂问题的艺术。实际上，在教学和研究工作中也可从中获得启发：无论遇到多困难复杂的问题，只要认真思考、勤于实践，总可以找到解决的方法与路径。

公差与配合制（简称"公差制"）是机械制造工程领域的重要基础标准。公差制决定了机器零部件的配合条件，直接影响产品精度、性能和使用寿命，是进行产品设计、工艺设计及标准制定的共同基础，直接影响刀具、夹具、量具的品种规格，是生产检验等环节的重要依据，是国际公认的重要基础标准。最初，我国使用的《公差与配合》国家标准源自苏联标准，经多年使用后普遍反映其精度偏低，难以满足实际需求。

1976 年，时任华中工学院机械系公差配合技术基础课教师的李柱教授参与《公差与配合》国家标准修订工作。原定修订方案是继续参照苏联标准进行修改的思路，若标准精度不足则在 1 级精度上添加 "01""02""03" 等级，配合不足则采用 "延伸" 或 "插入" 方法补充。李柱教授在多年教学实践中深刻体会到苏联公差配合标准存在结构性缺陷。例如：为何同一精度等级的孔、轴公差不同？为何同一精度等级不同配合的非基准轴公差不同？这些问题连苏联专家也无法合理解答。

李柱教授通过研究国际公差制发展史，探寻公差制制定规则以确定国家标准修改方案。在查阅各国标准后，他向工作组提出 "公差制发展三阶段" 理论：初期公差制（以 1902 年英国纽瓦尔制为代表，含英国 1906/1924 年标准 B. S. 27、B. S. 164 及美国 1925 年标准 A. S. A. B4a）、旧公差制（以 1920 年代德国 DIN 标准为代表）和国际公差制（含 20 世纪 30～40 年代 ISA 及 60 年代 ISO 标准）。1929 年苏联的国家标准参照德国 DIN 制定，我国 1955/1959 年颁布的公差制标准完全沿用苏联的国家标准，属于旧公差制范畴。但旧公差制在德国未获推广，德国采用了 1932 年公布的国际公差制（ISA）。初期公差制侧重极限偏差标准化，旧公差制侧重精度与配合标准化，而国际公差制聚焦孔、轴公差带组成要素的标准化。国际公差制的结构变革克服了旧公差制 "精度等级" 与 "配合" 的概念混乱，更利于未来发展。因此李柱教授建议按国际公差制修订国家标准。

标准化科学作为支撑社会经济发展的基础性学科，不仅深度嵌入生产技术体系，更与国家政治经济战略高度关联。在 20 世纪 50 年代全面学习苏联技术体系的政策环境下，我国机械工业完全采用苏联公差标准。将《公差与配合》标准从苏联标准体系转向 ISO 国际标准，面临技术转型与产业阻力的双重挑战。标准修订的核心难点在于：设计图纸的全域变更及配套工装夹具、机床刀具的改造需求,引发企业强烈抵触。为此,李柱与机械工业部标准化研究所赵智修联名在《华中工学院学报》发表论文《公差与配合制技术分析》,系统论证过渡方案,并赴北京、上海等工业基地及军工企业开展技术宣讲,同步收集产业反馈以推进标准修订。企业调研揭示旧国标缺陷:北京、上海等地工厂普遍反映旧国标精度等级不足,国防工业尤其面临配合类型短缺问题;上海第四机床厂反映旧标准第一种动配合导致装配困难,设计、工艺、检验部门频繁争议,最终该厂通过明令禁用此类配合。

李柱团队通过形状与位置误差控制理论分析,指出两点测量法忽略几何公差是问题的本质。基于全国企业"改标"迫切需求与实施阻力的调研报告,1978 年 3 月国家标准局正式批准修订原则:以国内生产实践为基础,面向发展需求,全面接轨国际公差制。1980 年 7 月颁布GB 1800～1804—79《公差与配合》,重构了术语定义体系并优化公差带图示规范。

1981 年李柱教授在国际标准化组织伦敦会议上提交《公差与配合》国际标准的修改建议提案稿接受并纳入决议。1985 年,李柱主持修订的《形状和位置公差》国家标准获国家科技进步二等奖。

结语与习题

Ⅰ.本章的学习目的、要求及重点

学习目的:通过对圆柱结合公差与配合的分析,了解极限制与配合制的一般规律,为应用极限与配合标准及学习其他典型结合的公差与配合打基础。了解光滑工件检验所用量规和通用测量器具的特征和规定。

要求:① 了解极限与配合的基本术语,会用公差带图分析公差与配合;② 了解极限与配合标准的构成、特点与基本规律;③ 了解公差与配合的选用原则;④ 了解量规的作用、特征及量规公差的特点;⑤ 了解计量器具的选择。

重点:极限制与配合制的结构特点与基本规律,公差与配合的基本计算与图解分析;公差与配合选用的基本原则;光滑工件检验用量规工作尺寸的计算,验收极限的计算及测量器具的选择。

Ⅱ.复习思考题

1. 试判断以下概念是否正确或完整。

(1) 公差可以说是允许零件尺寸的最大偏差。

(2) 公差通常为正值,但在个别情况下也可为负值或零。

(3) 从制造上讲,基孔制的特点就是先加工孔,基轴制的特点就是先加工轴。

(4) 轴与孔的加工精度越高,其配合精度也越高。

2. 如何区分间隙配合、过渡配合和过盈配合? 这三种不同类型的配合各用于什么场合?

3. 标准公差、基本偏差、公差、偏差、误差、公差等级这些基本概念有何区别与联系?

4. 什么是基孔制、基轴制? 为什么要规定基准制? 广泛应用基孔制的原因何在? 在什么情况下采用基轴制?

5. 间隙配合、过渡配合和过盈配合各在何种工作条件下应用? 选定配合及其松紧程度时应考虑哪些因素?

6. 量规的基本特征是什么? 各种量规的公差带是如何配置的?

7. 工作量规公差对工件公差有何影响?

8. 什么是极限尺寸判断原则？

9. 为什么要采用内缩验收极限？有何优点？

本章练习题
参考答案

Ⅲ. 练习题

1. 根据附表 3-1 列出的数值，通过计算将结果填写至表格相应栏目的空格中，并按要求绘制相应公差带图并说明配合性质。

附表 3-1

序号	配合件	公称尺寸/mm	极限尺寸/mm		极限偏差/mm		公差 T/mm	极限间隙（或过盈）/mm			公称尺寸与极限偏差标注/mm	绘制公差带图解，说明配合性质
			max	min	ES 或 es	EI 或 ei		X_{max} 或 Y_{min}	X_{min} 或 Y_{max}	X_{av} 或 Y_{av}		
1	孔	20	20.033	20								
	轴		19.980	19.959								
2	孔	40	40.025	40								
	轴		40.033	40.017								
3	孔	60	59.979	59.949								
	轴		60	59.981								

2. 查表（不查表 3-5、表 3-9）绘出下列配合孔、轴的公差带图，并计算配合的极限间隙或过盈。

(1) $\phi30 \dfrac{H8}{f7}$　　(2) $\phi30 \dfrac{F8}{h7}$　　(3) $\phi18 \dfrac{H7}{h6}$　　(4) $\phi60 \dfrac{H7}{r6}$　　(5) $\phi60 \dfrac{R7}{h6}$

(6) $\phi85 \dfrac{H8}{js7}$　　(7) $\phi90 \dfrac{D9}{h9}$　　(8) $\phi60 \dfrac{K7}{d6}$　　(9) $\phi40 \dfrac{H7}{t6}$　　(10) $\phi40 \dfrac{T7}{h6}$

(11) $\phi20 \dfrac{K7}{h6}$　　(12) $\phi20 \dfrac{H7}{k6}$　　(13) $\phi110 \dfrac{C11}{h11}$　　(14) $\phi50 \dfrac{H7}{s6}$　　(15) $\phi50 \dfrac{S7}{h6}$

3. 某孔、轴配合的最小间隙为 +0.027 mm，孔的上极限偏差为 +0.077 mm，轴的上极限偏差为 +0.023 mm，轴的公差为 0.011 mm。求此配合的配合公差 T_f。

4. 有一配合，公称尺寸为 $\phi25$ mm，要求配合的最大间隙为 +0.013 mm，最大过盈为 -0.021 mm，试确定孔、轴公差等级，选择适当的配合（写出代号）并绘出公差带图。

5. 有一配合，公称尺寸为 $\phi25$ mm，按设计要求，配合的过盈应为 -0.014 ~ -0.048 mm。试确定孔、轴公差等级，按基孔制选择适当的配合（写出代号）并绘出公差带图。

6. 有一配合，公称尺寸为 $\phi25$ mm，按设计要求，配合的间隙应为 0 ~ +0.066 mm。试确定孔、轴公差等级，按基轴制选择适当的配合（写出代号）并绘出公差带图。

7. 试计算 $\phi25 \dfrac{G7}{h6}$ 配合孔、轴所用工作量规的工作尺寸，并绘出相应的公差带图。

8. 试计算 $\phi30 \dfrac{H7}{f6}$ 配合孔、轴所用工作量规的工作尺寸，并绘出相应的公差带图。

9. 试计算轴 $\phi30d9$ 的验收极限尺寸，并为验收该轴选择合适的测量仪器。

第4章

几何公差

4.1 概　述

　　机械零件通常由多个几何要素构成,由于制造误差的存在,加工得到的各实际几何要素的形状、位置与其理想状态之间必然存在差异,这种差异称为几何误差(包括形状误差和位置误差)。

　　以套筒零件为例,其几何要素包括两个同轴的圆柱表面,以及两端面。实际套筒的径向截面和轴向截面放大示意图如图 4-1 所示,可以看出实际套筒的几何误差包括:① 外表面的径向截面并非理想圆形,轴向截面上的素线也非理想直线,存在形状误差;② 截面外圆的圆心与内圆的圆心并非同心(相距 e),存在同心度误差;③ 外圆柱表面存在波纹度误差和表面粗糙度误差。

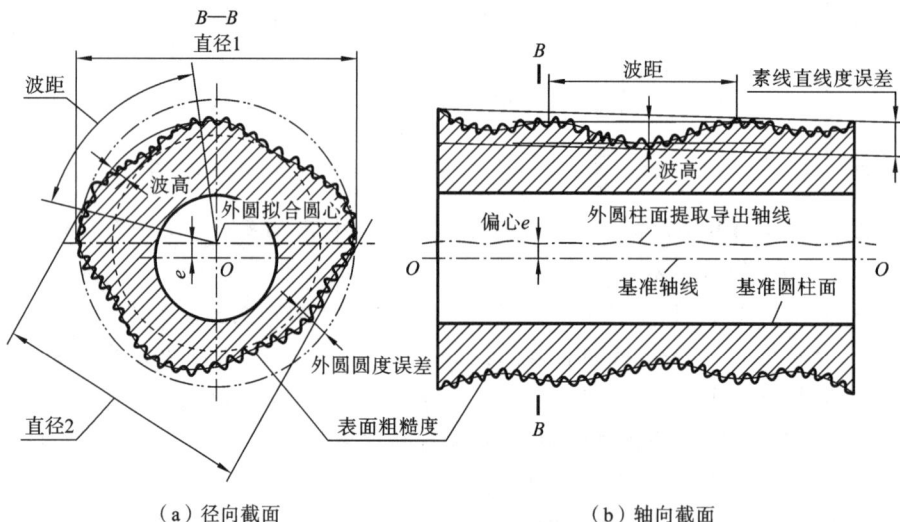

（a）径向截面　　　　　　　　　　（b）轴向截面

图 4-1　零件几何误差示意图

　　几何误差对机器零件的使用功能有很大的影响。例如,在间隙配合中,圆柱表面的形状误差会使间隙大小分布不均,造成局部磨损加快,从而降低零件的使用寿命;平面的形状误差会减小互配零件的实际支承面积,增大单位面积压力,使接触表面的变形增大。又如,机床主轴装卡盘的定心锥面对两轴颈的跳动误差,会影响卡盘的旋转精度;在齿轮传动中,两相互啮合齿轮支承孔轴线的平行度误差过大,会降低轮齿的接触精度。

　　总之,零件的几何误差直接影响到机器、仪器的工作精度和使用寿命等,而对高速、重载等条件下工作的机器及精密机械仪器,影响则更甚。但要制造完全没有几何误差的零件,既不可能也无必要。因此,为了满足零件的使用要求,保证零件的互换性和制造的经济性,设计时应对零件的几何误差给予必要而合理的限制,即对零件规定几何公差(形状、方向、位置和跳动公差)。

4.2　基 本 概 念

1. 关于要素

1）被测要素

被测要素(toleranced feature)是给出了几何公差的要素。

2）基准要素

基准要素(datum feature)是用来确定被测要素方向或(和)位置的要素。

3）单一要素

单一要素(single feature)是仅对其本身给出了形状公差要求的要素。

4）关联要素

关联要素(associated feature)是与其他要素有功能关系的要素。

2. 几何公差与几何误差

1）形状公差

形状公差(form tolerance)指实际被测要素的形状所允许的变动全量。形状公差包括:直线度、平面度、圆度、圆柱度、线轮廓度和面轮廓度。

其中,线轮廓度和面轮廓度分为无基准和有基准两种情况。当线轮廓度和面轮廓度无基准时,是形状公差;当线轮廓度和面轮廓度有基准时,则要看基准是用来确定被测要素的方向或位置,以判断其是方向公差或位置公差。

2）形状误差

形状误差(form error)指被测要素的提取要素对其拟合要素的变动量,拟合要素的位置应符合最小条件。

例如,销轴外圆面素线被规定了直线度公差要求(见图 4-2)。由于加工过程中各种因素的影响,销轴外圆面的实际素线不是直线。为了保证零件的使用要求,加工时,用给定的直线度公差控制实际素线相对于直线的变动全量。

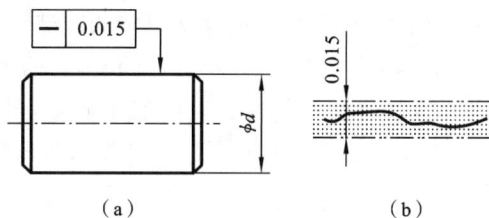

（a）　　　　　　　　　　（b）

图 4-2　销轴外圆面素线的直线度

3）方向公差

方向公差(orientation tolerance)是指被测要素的提取要素相对于基准在方向上允许的变

动全量。方向公差包括平行度、垂直度和倾斜度。

4）方向误差

方向误差(orientation error)是指被测要素的提取要素对一具有确定方向的拟合要素的变动量,该拟合要素的方向由基准确定。

例如,零件的顶面对底面被规定了平行度公差要求,如图 4-3 所示。由于加工过程中各种因素的影响,加工后的提取顶面与拟合基准底面不平行。为了保证零件的使用要求,用给定的平行度公差控制提取顶面相对于基准底面的平行度误差。

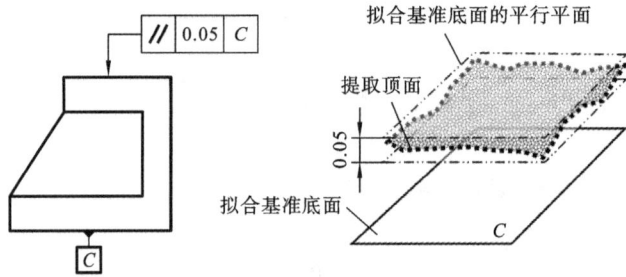

图 4-3　顶面的平行度

5）位置公差

位置公差(location tolerance)是指关联要素的提取要素相对于基准在位置上允许的变动全量。位置公差包括同轴度(同心度)、对称度和位置度。

6）位置误差

位置误差(location error)是指被测要素的提取要素对一具有确定位置的拟合要素的变动量,拟合要素的位置由基准和理论正确尺寸确定。

7）跳动公差

跳动公差(run-out tolerance)是指被测要素绕基准回转一周或连续回转时,在位置上允许的最大跳动量。跳动公差包括圆跳动公差和全跳动公差。

8）跳动误差

跳动误差(run-out error)是被测要素的提取要素绕基准轴线做无轴向移动回转一周或连续回转时,由位置固定的指示表在给定方向上测得的最大与最小示值之差。

几何公差项目及其符号如表 4-1 所示。

3. 几何公差带

几何公差带是由一个或几个理想的几何线或面所限定的区域,其大小由线性公差值表示。该区域用于约束实际要素变动范围,具有形状、大小、方向和位置四个要素。

几何公差带的形状由要素的特征及对几何公差的要求确定,其主要形状如图 4-4 所示。通常公差带的宽度方向为被测要素的法向,除非另有专门的说明来给定公差带宽度方向。公差带的宽度为给定公差值,即公差带的大小。

4. 理论正确尺寸

当给出一个或一组要素的位置、方向或轮廓度公差时,分别用来确定其理论正确位置、方向或轮廓的尺寸称为理论正确尺寸(theoretical exact dimension,TED)。TED 也用于确定基准体系中各基准之间的方向、位置关系,该尺寸没有公差,标注在方框中。

表 4-1 几何特征符号及附加符号

类型	几何特征	符号	有无基准		说明	符号
形状公差	直线度	──	无	附加符号	被测要素	
	平面度	▱	无		基准要素	A A
	圆度	○	无			
	圆柱度	⌭	无		基准目标	⌀20/A1
	线轮廓度	⌒	无		理论正确尺寸	50
	面轮廓度	⌓	无			
方向公差	平行度	∥	有		延伸公差带	Ⓟ
	垂直度	⊥	有		最大实体要求	Ⓜ
	倾斜度	∠	有		最小实体要求	Ⓛ
	线轮廓度	⌒	有		自由状态条件	Ⓕ
	面轮廓度	⌓	有		全周(轮廓)	
位置公差	位置度	⊕	有或无		包容要求	Ⓔ
	同心度	◎	有		公共公差带	CZ
	同轴度	◎	有		小径	LD
	对称度	═	有		大径	MD
	线轮廓度	⌒	有		中径、节径	PD
	面轮廓度	⌓	有		线素	LE
跳动公差	圆跳动	↗	有		不凸起	NC
	全跳动	⌰	有		任意横截面	ACS

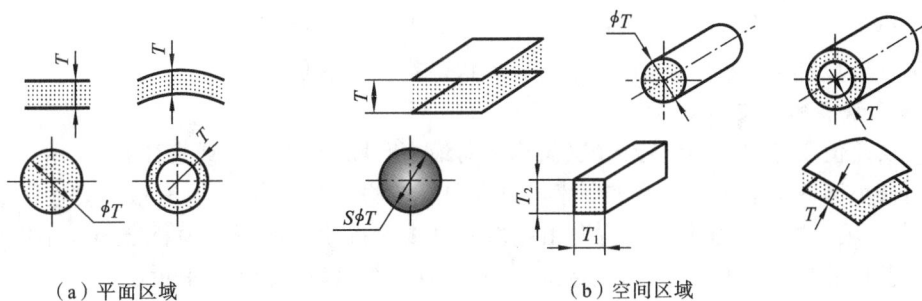

（a）平面区域　　　　　　　　　　（b）空间区域

图 4-4　几何公差带的主要形状

5. 几何误差的评定原则

1）形状误差的评定

（1）最小条件。

形状误差评定是确定被测实际要素对其拟合要素的变动量。因不同位置的拟合要素会有不同的评定结果,国家标准规定了拟合要素应符合最小条件。所谓最小条件,是指被测实际要素相对于拟合要素的最大变动量为最小。此时,对被测实际要素评定的误差值为最小。

对于被测实际要素,符合最小条件的拟合要素是实体之外并与被测实际要素相接触,且被测实际要素对其最大变动量为最小的要素。如图 4-5(a)所示,直线 $\overline{A_1B_1}$、$\overline{A_2B_2}$、$\overline{A_3B_3}$ 为实际直线轮廓 A-B-C 的无数拟合直线 $\overline{A_iB_i}$($i=1,2,3,\cdots$)中的三条(其余拟合直线未绘出),由被测实际直线 A-B-C 对不同位置的每条拟合直线分别可得到相应的最大变动量 h_i,如果有 $h_1 < h_2 < h_3 < \cdots < h_i \cdots$,即所有最大变动量中 h_1 值最小,则符合最小条件的拟合直线为 $\overline{A_1B_1}$。

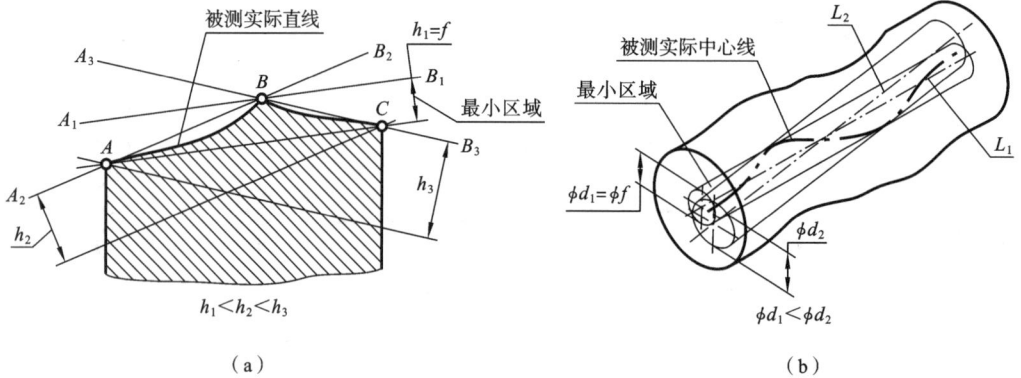

（a）　　　　　　　　　　　　　　　（b）

图 4-5　最小条件

对于被测实际中心要素,其符合最小条件的拟合要素位于被测实际中心要素之中,且被测实际中心要素对它的最大变动量为最小。如图 4-5(b)所示,符合最小条件的拟合轴线为 L_1,最大变动量为最小的是 ϕd_1。

(2) 最小区域。

评定形状误差时,形状误差值用最小包容区域(简称最小区域)的宽度 f 或直径 ϕf 表示。所谓最小区域是指包容被测要素时,具有最小宽度或直径的包容区,如图 4-5 所示。

显然,按最小区域法评定的形状误差值为最小,可以最大限度地保证产品作为合格件而通过验收。最小区域法是评定形状误差的一个基本方法,因这时的拟合要素符合最小条件。由于符合最小条件的拟合要素是唯一的,按此评定的形状误差值也将是唯一的。所以以最小条件不仅是确定理想要素位置的原则,也是评定形状误差的基本原则。

2) 方向误差的评定

方向误差值用定向最小包容区域(简称定向最小区域)的宽度 f 或直径 ϕf 表示。

定向最小区域是指按拟合基准要素的方向包容被测提取要素时,具有最小宽度 f 或直径 ϕf 的包容区域。拟合基准要素的方向由提取基准要素确定。各误差项目定向最小区域的形状分别与各自的公差带形状一致,但宽度(或直径)由被测提取要素本身决定。

图 4-6(a)所示的为评定被测实际平面对拟合基准平面的平行度误差。拟合基准平面首先要平行于实际基准平面,再按拟合基准平面的方向来包容被测提取平面,按此形成定向最小区域。定向最小区域的宽度 f 即被测实际平面对拟合基准平面的平行度误差。

图 4-6(b)所示的为被测实际轴线对拟合基准平面的垂直度误差。包容提取轴线的定向最小区域为一圆柱体,该圆柱体的轴线垂直于拟合基准平面,圆柱体的直径 ϕf 为被测提取轴线对拟合基准平面的垂直度误差。

3) 位置误差的评定

位置(定位)误差用定位最小包容区域(简称定位最小区域)的宽度 f 或直径 ϕf 表示。

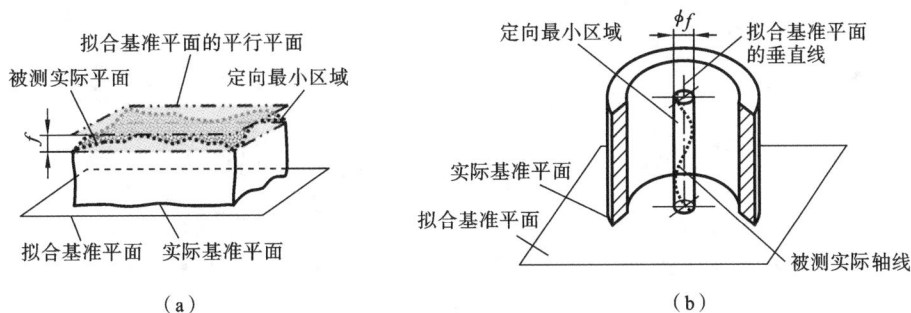

图 4-6 定向最小区域

定位最小区域是指按拟合基准要素和理论正确尺寸定位的拟合要素的位置,来包容被测实际要素时,具有最小宽度 f 或直径 ϕf 的包容区域,拟合要素的位置由基准和理论正确尺寸确定。各误差项目定位最小区域的形状分别与各自的公差带形状一致,但宽度(或直径)由被测实际要素本身决定。

图 4-7 所示的为由基准和理论正确尺寸(图中带框的尺寸)所确定的拟合点的位置;在该拟合点已确定的条件下,以其为圆心作圆形成最小包容区域(一个圆)来包容实际点,定位最小区域的直径 ϕf 即为该点的位置度误差。

4) 跳动误差的评定

跳动误差是指被测实际要素绕基准轴线做无轴向移动回转时,通过指示表在测量点处测得的最大与最小示值之差来表征的几何误差。

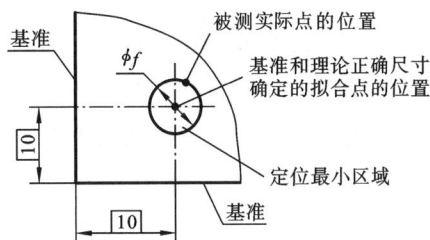

图 4-7 定位最小区域

在测量跳动误差时,被测实际要素绕基准轴线做无轴向移动回转。此时,若指示表的位置固定,当被测实际要素回转一周,在给定方向上测得的最大与最小示值之差为圆跳动误差;若测量时指示表的位置沿给定方向的理想直线连续或间断移动,以保证测量被测实际要素的整个表面,则指示表的最大与最小示值之差为全跳动误差。

跳动误差与测量方法有关,是被测实际要素形状误差和位置误差的综合反映。

6. 基准

设计给定的基准是具有正确形状的公称要素,在实际运用中由实际基准要素建立的基准为该基准要素的拟合要素。由于实际基准要素存在形状误差,因此拟合基准要素的位置应符合最小条件。

例如,由实际轴线建立基准轴线时,基准轴线为穿过实际轴线(中心线)且符合最小条件的理想轴线,如图 4-8 所示。由两条或两条以上实际轴线建立公共基准轴线时,公共基准轴线为这些提取轴线所共有的拟合轴线,如图 4-9 所示。由实际表面建立基准平面时,基准平面为处于材料之外,与实际表面接触,且符合最小条件的拟合平面,如图 4-10 所示。

为了确立被测要素的空间方位,有时仅有一个基准要素是不够的,可能需要两个或三个基准要素。由三个互相垂直的基准平面所组成的基准体系,称三基准面体系。这三个平面按功能要求分别称为第一基准平面、第二基准平面和第三基准平面,如图 4-11 所示。

选择基准时,主要应根据设计要求,并兼顾基准统一原则和结构特征来进行。一般可从下列几方面来考虑。

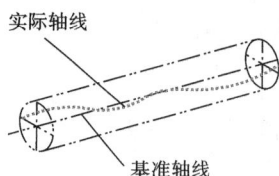

图 4-8 基准轴线

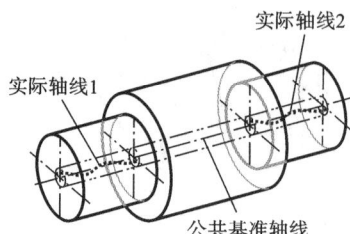

图 4-9 公共基准轴线

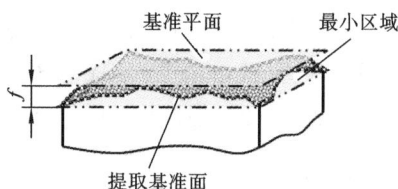

图 4-10 基准平面

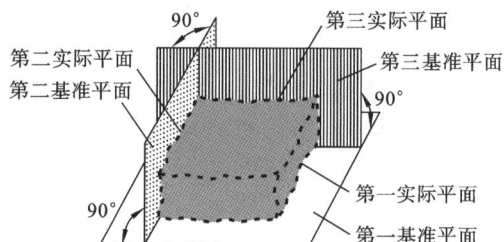

图 4-11 三基准面体系

（1）设计时，应根据要素的功能要求及要素间的几何关系来选择基准。例如，对于旋转轴，通常都以与轴承配合的轴颈表面作为基准。

（2）从装配关系考虑，应选择零件相互配合、相互接触的表面作为各自的基准，以保证零件的正确装配。

（3）从加工、测量角度考虑，应选择在工装、夹量具中用作定位的相应要素作为基准，并考虑这些要素作基准时要便于设计工装、夹量具，还应尽量使测量基准与设计基准统一。

（4）当必须以铸造、锻造或焊接等未经切削加工的毛面作基准时，应选择最稳定的表面作为基准；或在基准要素上指定一些点、线、面（即基准目标）来建立基准。

（5）采用多个基准时，应从被测要素的使用要求考虑基准要素的顺序。通常选择对被测要素使用要求影响最大的表面，或者定位最稳定的表面作为第一基准。

4.3 形状公差及形状误差的测量评定

4.3.1 直线度

1. 直线度公差

直线度（straightness）公差规定单一实际直线所允许的变动全量，用于控制平面内或空间直线的形状误差。根据实际直线的误差控制情况不同，其公差带有几种不同的形状。

1）在给定平面内

在给定平面内的直线度公差是距离为公差值 t 的两平行直线之间的区域。如图 4-12 所示，该项直线度公差的含义为：在箭头所指圆柱面的任一素线必须位于轴向平面内，距离为公差值 0.02 mm 的两平行直线之间。

2）在给定一个方向上

在给定一个方向上的直线度公差是距离为公差值 t 的两平行平面之间的区域。如图 4-13

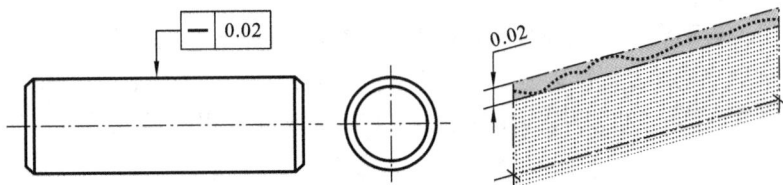

图 4-12　给定平面内的直线度公差

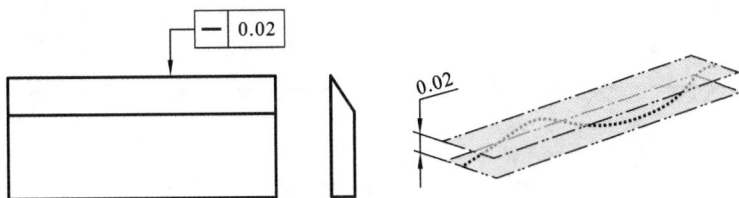

图 4-13　给定一个方向上的直线度公差

所示,该项直线度公差的含义为:棱边必须位于箭头所指方向的距离为公差值 0.02 mm 的两平行平面之间。

　　3）在给定两个方向上

　　在给定两个方向上的直线度公差是两组平行平面组成的四棱柱之间的区域。如图 4-14 所示,该项直线度公差的含义为:三棱形零件棱边必须位于箭头所指两个方向的水平距离为公差值 0.2 mm、垂直距离为 0.1 mm 的四棱柱内。

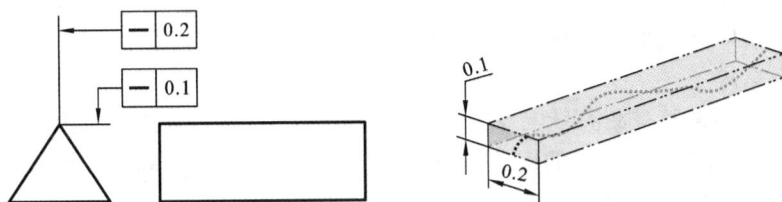

图 4-14　给定两个互相垂直方向上的直线度公差

　　4）在任意方向上

　　在任意方向上的直线度公差是直径为公差值 ϕt 的圆柱面内的区域。如图 4-15 所示,该项直线度公差的含义为:圆柱体的轴线必须位于直径为公差值 $\phi 0.04$ mm 的圆柱面内。

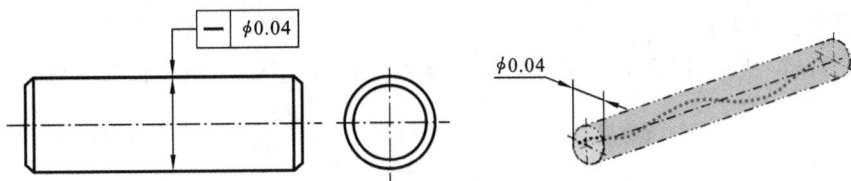

图 4-15　任意方向上的直线度公差

2. 直线度误差的测量方法

直线度误差可采用刀口尺、平板和带指示表的表架、水平仪、自准直仪等进行测量。

1) 用刀口尺测量

如图 4-16(a)所示,将刀口尺与被测直线直接接触,并使二者之间的最大空隙为最小,则此最大空隙 △ 即为被测直线的直线度误差。当空隙较小时,可用标准光隙估读;当空隙较大时,可用厚薄规(塞尺)测量。此法为以刀口为测量基准的直接测量法,多用于小尺寸零件的测量。

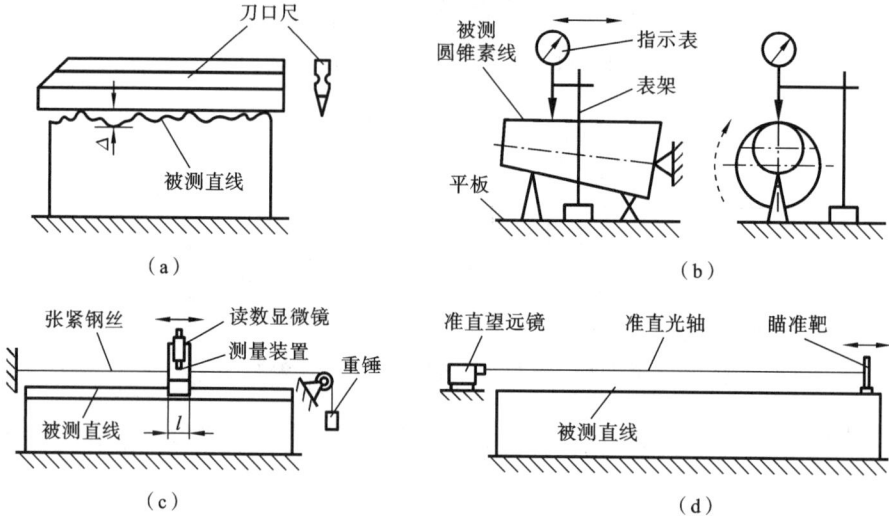

图 4-16　直线度误差直接测量的典型方法

2) 用平板和带指示表的表架测量

如图 4-16(b)所示,将被测零件和带指示表的表架放在平板上,调整被测直线(图示锥体母线)与平板大致平行,然后沿被测要素移动带指示表的表架进行测量。此法为以平板为测量基准的直接测量法,多用于中等尺寸零件的测量。

3) 基准直线法

通过测量装置,调整被测直线与某基准直线大致平行,测量装置沿被测直线移动进行测量。图 4-16(c)所示的为以张紧的钢丝作为基准直线的测量方法,其测量装置按节距 l 移动,在被测直线全长内做连续测量;图 4-16(d)所示的为以准直光轴为基准直线的测量方法,其瞄准靶沿被测直线移动,记录被测直线各点对光轴的偏离量。

4) 用水平仪测量

如图 4-17(a)所示,调整被测直线,使其大致水平放置,将固定有水平仪的桥板放在被测直线上,等跨距首尾相接地移动桥板,通过水平仪刻度读取各相邻两点相对水平面的高度差,再通过数据处理求出直线度误差。此法为以水平面为测量基准的间接测量法。

5) 用自准直仪测量

如图 4-17(b)所示,将固定有反射镜的桥板置于被测直线上,调整自准直仪,使其光轴大

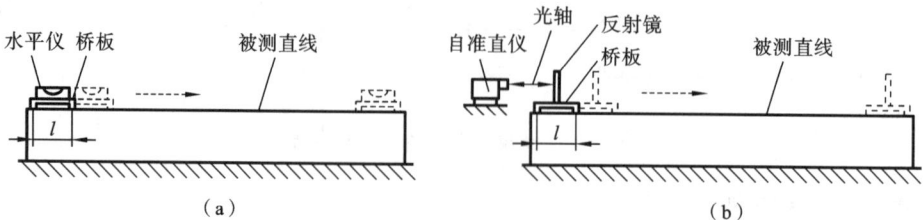

图 4-17　直线度误差间接测量的典型方法

致平行于被测直线,然后等跨距首尾相接地移动桥板,通过自准直仪刻度读取各相邻两点相对光轴的高度差,再通过数据处理求出直线度误差。此法为以自准直仪光轴为测量基准的间接测量法。

3. 直线度误差测量的数据处理及误差评定

1)对测量数据统一坐标值的换算

用平板和带指示表的表架、刀口尺、准直望远镜和瞄准靶等测直线度误差时,所测得的数据是被测直线上各测点相对于测量基准的绝对偏差,这些数据在同一坐标系中,可直接用于作图或计算,求出被测直线的直线度误差值。

而用水平仪或自准直仪等测量直线度误差时,分别以水平面和准直光轴为测量基准,所测得的数据是被测直线上两相邻测点的高度差。这些数据需要换算到统一的坐标系上才能用于作图或计算,从而求出被测直线的直线度误差值。通常选定起始测点的坐标值 $h_0 = 0$,将各测点的读数依次累加后得到各测点在统一坐标系中的相应坐标值 h_i。

2)直线度误差的评定

(1)最小区域法评定。

按最小区域法对给定平面内的直线度误差进行评定,若符合以下两点,则被测直线的直线度误差值 f 等于两平行直线间的距离:第一,在给定平面内误差曲线应位于两平行直线之间;第二,两平行直线与误差曲线成"高—低—高"或"低—高—低"相间三点接触(见图 4-18)。

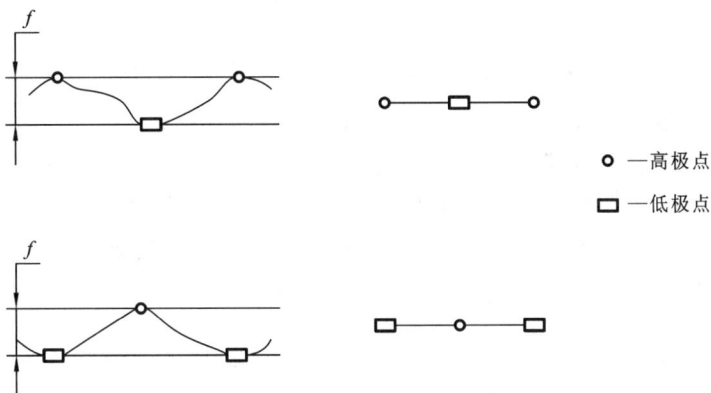

图 4-18 给定平面内直线度误差最小区域判别准则

注:其他类型直线度公差要求的评定,参见 GB/T 11336《直线度误差检测》。

(2)两端点连线法评定。

该方法用被测实际直线的首、尾两点连线作为评定的拟合直线,被测直线对该直线的最大变动量为评定的直线度误差值。

(3)最小二乘法评定。

该方法是用被测实际直线的最小二乘直线作为评定的拟合直线,被测直线对该直线的最大变动量为评定的直线度误差值。

例 4-1 用水平仪按 6 个相等跨距测量机床导轨的直线度误差,各测点读数依次为:-5、-2、+1、-3、+6、-3(单位 μm)。试换算为统一坐标值,并绘出实际直线的误差图。

解 因为系列读数的第一个数据-5 是第 1 测点相对被测导轨直线起始点(0 点)的高度差,所以选起始点坐标 $h_0 = 0$,将各测点的读数依次累加,得到各测点相应的统一坐标值 h_i,如

表 4-2 所示。

表 4-2　例 4-1 数据表

测点序号 i	0	1	2	3	4	5	6
读数 $a_i/\mu m$	0	-5	-2	$+1$	-3	$+6$	-3
累计值 $h_i = h_{i-1} + a_i/\mu m$	0	-5	-7	-6	-9	-3	-6

以测点序号为横坐标,以 h_i 为纵坐标,在坐标纸上绘出各测点,并依次用直线连接各测点得到的折线即为被测直线的误差曲线,如图 4-19 所示。

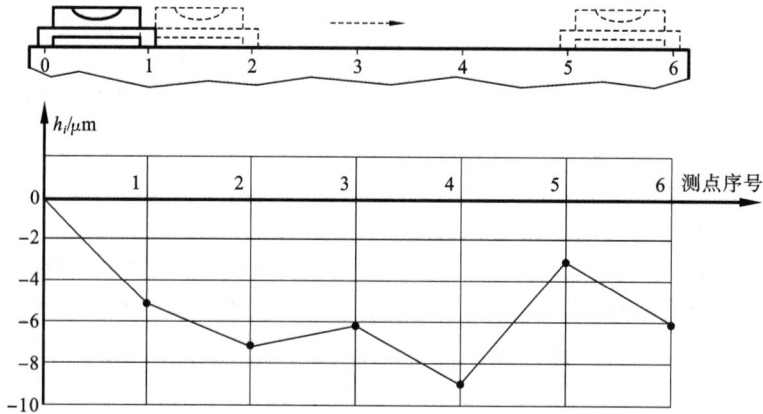

图 4-19　例 4-1 直线度误差测量示意及误差曲线

例 4-2　试用最小区域法评定例 4-1 所测导轨的直线度误差。

解　按例 4-1 的解题步骤作出误差曲线,如图 4-20 所示。过点 $(0,0)$ 和 $(5,-3)$ 作一直线,再过点 $(4,-9)$ 作它的平行线。由图可见,两平行直线全部包容误差曲线,且下包容线的接触点(低点)在上包容线两接触点(高点)之间。故这两条平行线构成了最小区域,两平行线的纵坐标距离 Δ 为直线度误差值,具体数值可用作图法或计算法求出。

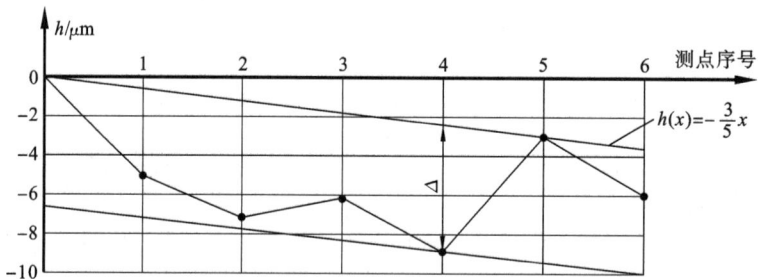

图 4-20　最小区域法求直线度误差

作图法:按比例在图上量取直线度误差为

$$\Delta \approx 6.6 \ \mu m$$

计算法:由上包容线两接触点 $(0,0)$ 和 $(5,-3)$ 求出上包容线的直线方程为

$$h(x) = -\frac{3}{5}x$$

则下包容线接触点到上包容线的坐标距离为直线度误差值 Δ,由直线方程可得

$$\Delta = |h_4 - h(4)| = |-9 - [(-3/5) \times 4]|\ \mu m = 6.6\ \mu m$$

例 4-3　试用两端点连线法评定例 4-1 所测导轨的直线度误差。

解　按例 4-1 的解题步骤作出误差曲线,如图 4-21 所示。

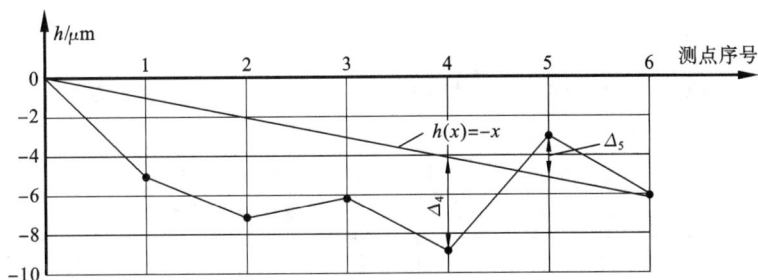

图 4-21　两端点连线法求直线度误差

用作图法解,即过首、尾两点(0,0)和(6,−6)作一直线,量取各点到连线的坐标距离 Δ_i,可得直线的直线度误差为

$$\Delta = \Delta_4 + \Delta_5 \approx 7\ \mu m$$

用计算法解,即先求过首、尾两点(0,0)和(6,−6)的直线方程为

$$h(x) = -x$$

再求各测点对首、尾连线的纵坐标偏差 $\Delta_i = h_i - h(x_i)$,有

$$\Delta_{i\ max} = \Delta_5 = h_5 - h(5) = [-3 - (-5)]\ \mu m = +2\ \mu m$$

$$\Delta_{i\ min} = \Delta_4 = h_4 - h(4) = [-3 - (-5)]\ \mu m = -5\ \mu m$$

所以,直线度误差为

$$\Delta = \Delta_5 - \Delta_4 = 7\ \mu m$$

例 4-4　试用最小二乘法评定例 4-1 所测导轨的直线度误差(设桥板跨距为 100 mm)。

解　按例 4-1 的解题步骤作出误差曲线,如图 4-22 所示。

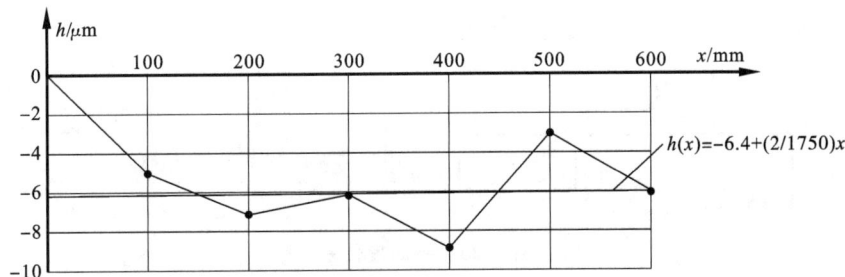

图 4-22　最小二乘法求直线度误差

设被测实际直线的最小二乘直线为 $h(x) = a + bx$,要满足各测点到最小二乘直线纵坐标距离 $|V_i|$ 的平方和 Q 为最小,即

$$\min(Q) = \min\left(\sum_{i=0}^{n} V_i^2\right) = \min\sum_{i=0}^{n}[h_i - (a + bx_i)]^2$$

分别令

$$\frac{\partial Q}{\partial a} = 0, \quad \frac{\partial Q}{\partial b} = 0$$

则可得

$$a = \frac{1}{n}\sum_{i=0}^{n} h_i - b\frac{1}{n}\sum_{i=0}^{n} x_i$$

$$b = \left[\sum_{i=0}^{n} x_i h_i - \frac{1}{n}\left(\sum_{i=0}^{n} x_i\right)\left(\sum_{i=0}^{n} h_i\right)\right] \Big/ \left[\sum_{i=0}^{n} x_i^2 - \frac{1}{n}\left(\sum_{i=0}^{n} x_i\right)^2\right]$$

将表 4-2 所示的数据(注:测点序号改为横坐标)代入以上两式,可得

$$a = -6.4, \quad b = 2/1750$$

则最小二乘直线方程为 $\qquad h(x) = -6.4 + (2/1750)x$

计算各测点对最小二乘直线的纵坐标偏差 $\Delta_i = h_i - h(x_i)$,结果如表 4-3 所示。由该表数据可求得直线度误差值为

$$\Delta = \Delta_{i\,\max} - \Delta_{i\,\min} = [+6.4 - (-3.06)]\ \mu\text{m} \approx 9.5\ \mu\text{m}$$

表 4-3　最小二乘法评定直线度误差数据表

测点横坐标 x_i/mm	0	100	200	300	400	500	600
测点读数累计值 h_i/μm	0	−5	−7	−6	−9	−3	−6
最小二乘直线纵坐标 $h(x_i)$/μm	−6.4	−6.29	−6.17	−6.06	−5.94	−5.83	−5.71
纵坐标偏差 $\Delta_i = h_i - h(x_i)$/μm	+6.4	+1.29	−0.83	+0.06	−3.06	+2.83	−0.29

根据实际零件的功能需求,直线度误差的评定方法有多种。这些评定方法中,对同一被测直线按最小区域评定法所评定的直线度误差值最小,能最大限度地保证合格件的通过率,同时也具有唯一性。因而,最小区域评定法是判定直线度合格性的最后仲裁依据。

4.3.2　平面度

1. 平面度公差

平面度(flatness)公差规定单一实际平面所允许的变动全量,用于控制工件实际平面的形状误差。平面度公差带是距离为公差值 t 的两平行平面之间的区域。

平面度

如图 4-23 所示,该项平面度公差的含义为:箭头所指平面必须位于距离为公差值 0.1 mm 的两平行平面之间的区域内。

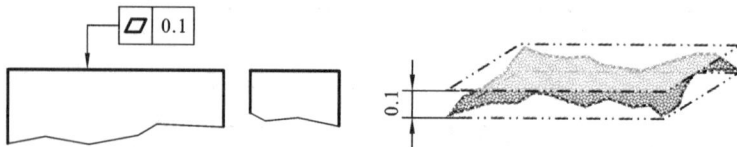

图 4-23　平面度公差

2. 平面度误差的测量方法

平面度误差可采用坐标测量机、平板和带指示表的表架、平晶、水平仪、自准直仪等进行测量。

1) 用平板和带指示表的表架测量

如图 4-24(a)所示,将被测零件和带指示表的表架放在平板上,调整被测平面与平板,使其大致平行,然后按一定的布点移动带指示表的表架测量被测平面。此法为以平板为测量基准的直接测量法,多用于中等尺寸零件的测量。

2) 用平晶测量

如图 4-24(b)所示,将平晶贴合在被测平面上,观察它们之间的干涉条纹。对于封闭的干

涉条纹,被测平面的平面度误差为干涉条纹数乘以光波波长之半;对于不封闭的干涉条纹,为条纹的弯曲度与相邻两条纹间距之比再乘以光波波长之半。此法为以平晶表面为测量基准的直接测量法,适用于高精度的小尺寸零件的测量。

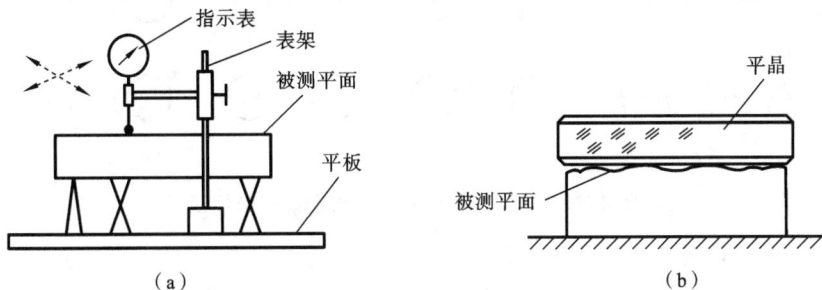

图 4-24 平面度误差直接测量的典型方法

3) 用水平仪测量

如图 4-25(a)所示,将被测平面大致水平放置,将固定有水平仪的桥板置于被测平面上,按一定的布点和方向,等跨距首尾相接地移动桥板,通过水平仪刻度读取各相邻两点相对水平面的高度差,再通过数据处理求得平面度误差。此法为以水平面为测量基准的间接测量法。

4) 用自准直仪测量

如图 4-25(b)所示,将固定有反射镜的桥板置于被测平面上,调整自准直仪使其光轴大致平行于被测平面,然后按一定的布点和方向,等跨距首尾相接地移动桥板,通过自准直仪刻度读取各相邻两点相对光轴的高度差,再通过数据处理求得平面度误差。此法为以自准直仪光轴为测量基准的间接测量法。

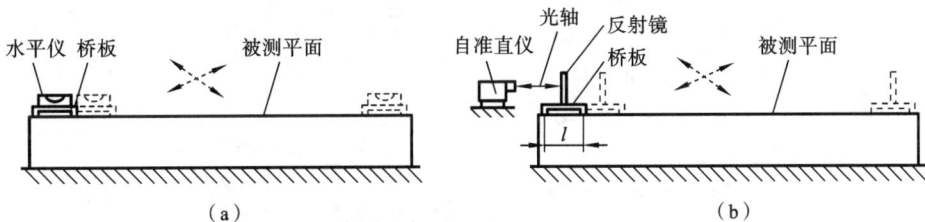

图 4-25 平面度误差间接测量的典型方法

3. 平面度误差评定

1) 对测量数据统一坐标值的换算

用平板和带指示表的表架测量的方法及用类似的直接方法测平面度误差时,所测得的数据在同一坐标系中,是被测平面上各测点相对于同一测量基准的绝对偏差。可直接利用这些数据作图或计算,求出被测平面的平面度误差值。

而用水平仪、自准直仪测量的方法及用类似的间接方法测平面度误差时,所测得的数据是被测平面上两相邻测点的高度差。这些数据需要换算到统一的坐标系上才能用于计算,从而求出被测平面的平面度误差值。通常选定起始测点的坐标值 $h_0 = 0$,将各测点的读数依次累加后得到各测点在统一坐标系中的相应坐标值 h_i。

例如,用水平仪测量时,按图 4-26(a)所示的测点 a_i、b_i、c_i 的布置及测量顺序测量,各测得的读数写在跨距间,为后点对前点的高度差,如图 4-26(b)所示。a_1 为起始点,且 $a_1 = 0$,将各读数按箭头所示测量顺序累加,所得结果表示各点对水平基准的坐标值,如图 4-26(c)所示。

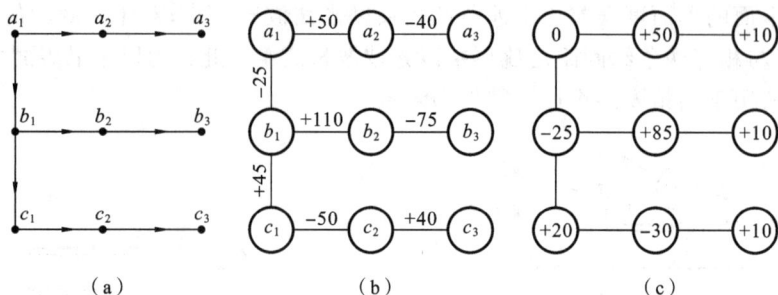

图 4-26　对平面度误差测量数据统一坐标值

2）最小区域法评定

按最小区域法评定平面度误差时,应满足:被测实际平面必须完全位于两平行平面构成的包容区域内,且接触点分布符合下列准则之一。

(1) 三角形准则。被测实际平面与包容平面的接触点投影至任一包容平面时,形成图 4-27(a)所示三角形分布:一个包容平面上存在三个等值最高(或最低)点,其构成的三角形区域包含另一包容平面上的单一最低(或最高)点。

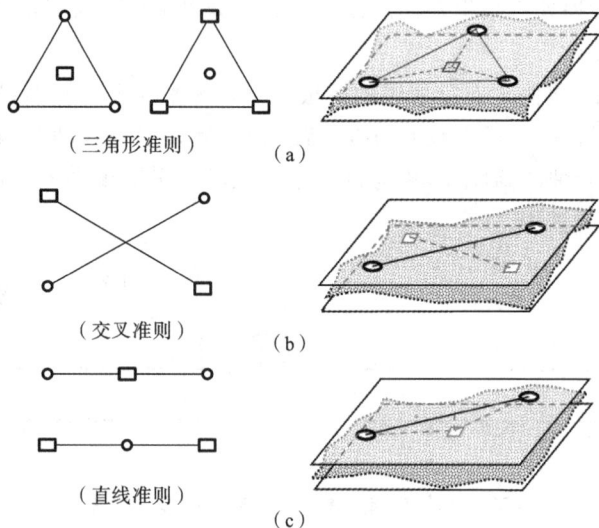

图 4-27　平面度误差最小区域评定准则

(2) 交叉准则。接触点投影如图 4-27(b)所示交叉分布:一个包容平面上的两等值最高(或最低)点连线,与另一包容平面上的两等值最低(或最高)点连线呈空间交叉关系。

(3) 直线准则。接触点投影如图 4-27(c)所示共线分布:一个包容平面上的单一最高(或最低)点,位于另一包容平面上两等值最低(或最高)点的连线投影区域内。

用最小区域法评定平面度误差时,首先要确定符合最小条件的评定平面,再将被测平面各点的测得值换算成对该评定平面的坐标值后,平面度误差即可求出。

不论平面度误差的测量数据是相对同一测量基准面得到的,还是通过处理后转换为相对某一基准面的数据,它们一般是不符合最小区域评定准则的,不能直接得到符合最小条件的平面度误差值。因而需要将数据的基准转换为符合最小条件的评定基准。通常,评定平面可采用基准面旋转法得到。

例 4-5　如图 4-28(a)所示,方格中的数据是平面度误差测量处理后得到的被测平面上测点(小方格中心)相对于平面 Oxy 在 z 向的坐标值(单位 μm)。试用最小区域法评定其平面度误差值。

解　观察图 4-28(a)所示数据可知,其不符合平面度误差的最小条件评定准则。

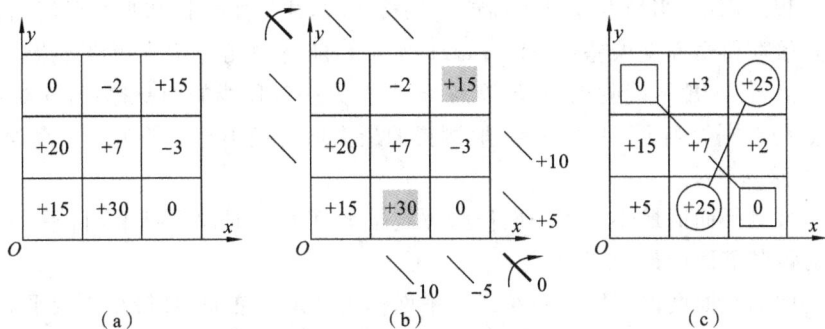

图 4-28　旋转基准面求平面度误差

设各测点在空间的位置固定不变。以数据为 0 的两测点的连线为轴,按图 4-28(b)所示方向旋转 Oxy 面,改变数据的 z 向坐标值。因各测点在空间的位置固定不变,故图中右上方的数据会按比例增大,而左下方的数据会减小。现通过转动,使右上方的数据 +15 与左下方的数据 +30 变为等值,则所有数据的增、减量如图 4-28(b)所示。图 4-28(c)所示的是转动后的数据,可见这组数据符合交叉准则。因此,平面度误差为

$$\Delta = (25 - 0)~\mu\text{m} = 25~\mu\text{m}$$

用基准面旋转法评定平面度误差时,通常需要多次旋转数据的基准面方能得到符合最小条件的评定基准面;同时,当测点较多、数据量较大时,由人工旋转基面将很费时,且要有一定的经验,需借助计算机来完成。

3) 平面度误差评定的三点法和四点法

(1) 三点法评定。

以通过被测平面上三点的平面作为评定基准面(通常要求这三点相距尽可能远),则平面度误差值为所有测点相对该基准面的最大变动量。

按三点法评定平面度误差时,可先用解析法求出过这三点的平面,然后求各测点到该平面的纵坐标偏差 Δ_i,则平面度误差为

$$\Delta = \Delta_{i~\text{max}} - \Delta_{i~\text{min}}$$

在实际工程应用中,当精度要求不高或现场检测时,往往用平板和带指示表的表架按三点法测量以直接获得平面度误差值,如图 4-29 所示。即将被测平面支撑在平板上,分别调整支撑点的高度,使被测平面上相距尽可能远的 A、B、C 三点相对平板等高,然后遍测被测平面上所有点,取测得的最大值与最小值之差为平面度误差值。

(2) 四点法评定。

以通过被测平面上一条对角线两端点,且与另一对角线两端点连线平行的平面作为评定基准面,则平面度误差值为所有测点相对该基准面的

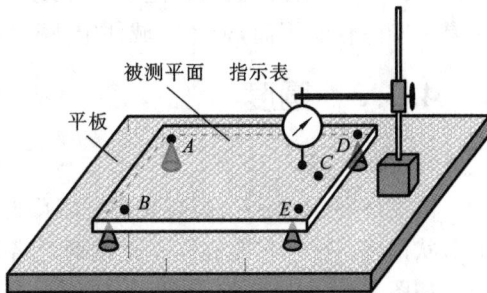

图 4-29　三点法、四点法评定平面度误差

最大变动量。

按四点法评定平面度误差时,可先用解析法求出符合上述要求的平面,然后求各测点到该平面的纵坐标偏差 Δ_i,则平面度误差为

$$\Delta = \Delta_{i\max} - \Delta_{i\min}$$

在实际工程应用中,当精度要求不高或现场检测时,往往用平板和带指示器的表架按对角线法测量以直接获得平面度误差值,如图 4-29 所示。即将被测平面支撑在平板上,先调整一对角线两支撑点,使对角两端测点 A、E 等高,再调整另一对角线的两支撑点,使对角两端测点 B、D 等高;然后遍测被测面平上所有点,取测得的最大值与最小值之差为平面度误差值。

4)最小二乘法评定

该方法以被测平面的最小二乘平面作为评定平面度误差的评定基准面,平面度误差值为所有测点相对该基准面的最大变动量。

设被测平面的平面度误差以其最小二乘平面作为评定基准面,且最小二乘平面方程为

$$z = \alpha + \beta x + \gamma y$$

被测平面各测点 $(x_i、y_j、z_{ij})$ 相对于最小二乘平面的高度坐标值为

$$V_{ij} = z_{ij} - z = z_{ij} - (\alpha + \beta x_i + \gamma y_j) \tag{4-1}$$

要满足各测点到最小二乘平面高度坐标距离 $|V_{ij}|$ 的平方和 Q 为最小,即

$$\min(Q) = \min\left(\sum_{i=1}^{m}\sum_{j=1}^{n} V_{ij}^2\right) = \min\left\{\sum_{i=1}^{m}\sum_{j=1}^{n}\left[z_{ij} - (\alpha + \beta x_i + \gamma y_j)\right]^2\right\}$$

分别令

$$\frac{\partial Q}{\partial \alpha} = 0, \quad \frac{\partial Q}{\partial \beta} = 0, \quad \frac{\partial Q}{\partial \gamma} = 0$$

则可得方程组

$$\begin{cases} mn\alpha + n\left(\sum_{i=1}^{m} x_i\right)\beta + m\left(\sum_{j=1}^{n} y_j\right)\gamma = \sum_{i=1}^{m}\sum_{j=1}^{n} z_{ij} \\ n\left(\sum_{i=1}^{m} x_i\right)\alpha + n\left(\sum_{i=1}^{m} x_i^2\right)\beta + \left(\sum_{i=1}^{m}\sum_{j=1}^{n} x_i y_j\right)\gamma = \sum_{i=1}^{m}\sum_{j=1}^{n} x_i z_{ij} \\ m\left(\sum_{j=1}^{n} y_j\right)\alpha + \left(\sum_{i=1}^{m}\sum_{j=1}^{n} x_i y_j\right)\beta + m\left(\sum_{j=1}^{n} y_j^2\right)\gamma = \sum_{i=1}^{m}\sum_{j=1}^{n} y_j z_{ij} \end{cases} \tag{4-2}$$

将被测实际平面各测点 $(x_i、y_j、z_{ij})$ 的数据代入方程组式(4-2),解方程组,可得最小二乘平面的三个待定参数 α、β 和 γ。由式(4-1)可计算 V_{ij},则被测平面的平面度误差 Δ 为

$$\Delta = V_{ij\max} - V_{ij\min}$$

根据实际零件的功能需求,平面度误差的评定方法有多种。这些评定方法中,对同一被测平面按最小区域评定法所评定的平面度误差值最小,能最大限度地保证合格件的通过率,同时也具有唯一性。因而,最小区域评定法是判定平面度合格性的最后仲裁依据。

4.3.3　圆度

1. 圆度公差

圆度(roundness)公差规定单一实际圆所允许的变动全量,用于控制实际圆的形状误差。公差带是在同一正截面上半径差为公差值 t 的两同心圆之间的区域。如图 4-30 和图 4-31 所示,该项圆度公差的含义为:箭头所指圆柱体的任一径向截面上所截取的提取圆必须位于半径差为公差值 0.02 mm 的同心圆之间。

圆度

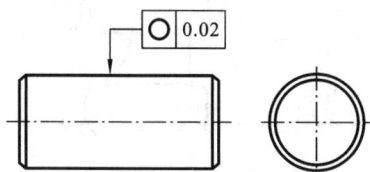

图 4-30 圆度公差标注图

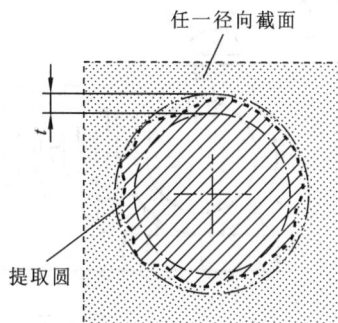

图 4-31 圆度公差带

2. 圆度误差的测量方法

圆度误差可用圆度仪、光学分度头、坐标测量装置或带电子计算机的测量显微镜、V 形块和带指示表的表架等测量。测量时,对被测零件的若干个截面(理论上应是无穷多个)进行测量。

1) 用千分尺或用平板和带指示表的表架测量

此法测量被测截面的直径差,亦称为两点测量法。在被测零件回转一周过程中,以千分尺或指示表读数的最大差值之半作为被测截面的圆度误差。测量若干个截面,取其中最大的误差值作为该零件的圆度误差。测量时可转动被测零件,也可转动量具。

2) 用 V 形块和指示表测量

将被测零件放在 V 形块上(见图 4-32(a)),或将鞍式 V 形座放在被测零件上(见图 4-32(b)),或将 V 形架置于被测孔中(见图 4-32(c)),被测零件的轴线应与测量截面垂直,并固定其轴向位置。在被测零件回转一周过程中,指示表读数的最大差值之半,即为被测量截面的圆度误差。测量若干个截面,取其中最大的误差值作为该零件的圆度误差。

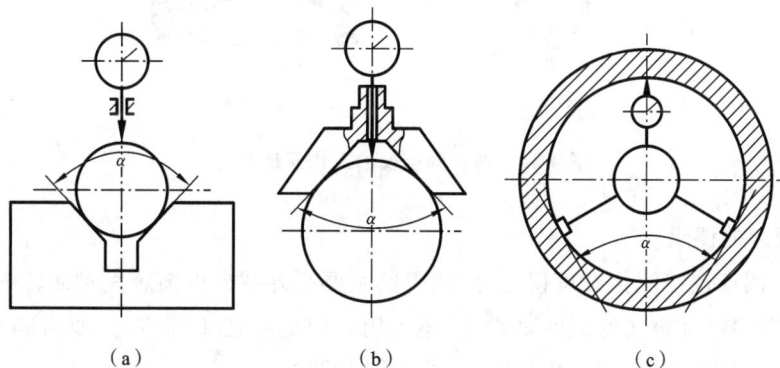

图 4-32 用 V 形块和指示表测量圆度误差

这种测量方法亦称三点测量法,测量结果的可靠性取决于被测截面的形状误差和 V 形块夹角的综合效果。测量时可以转动被测零件,也可转动量具。

3) 用分度头测量

如图 4-33 所示,将被测零件安装在两顶尖之间,利用分度头进行等分角旋转,从指示器上读取被测截面各测点的半径差。将所得读数值按一定比例放大后,绘制极坐标曲线,然后评定被测截面的圆度误差。

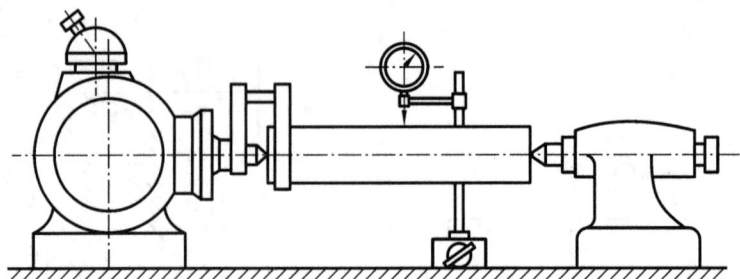

图 4-33　用分度头测量圆度误差

4) 用圆度仪测量

圆度仪有转台式和转轴式两种类型,其工作原理分别如图 4-34(a)和图 4-34(b)所示。用转台式圆度仪测量时,被测零件放置在量仪的回转工作台上,调整零件轴线,使之与工作台同轴。用转轴式圆度仪测量时,被测零件放置在量仪的固定工作台上,调整零件轴线使之与传感器的回转主轴同轴。两种形式的圆度仪均通过回转运动记录测量截面各点的半径差,绘制极坐标图,然后评定圆度误差。

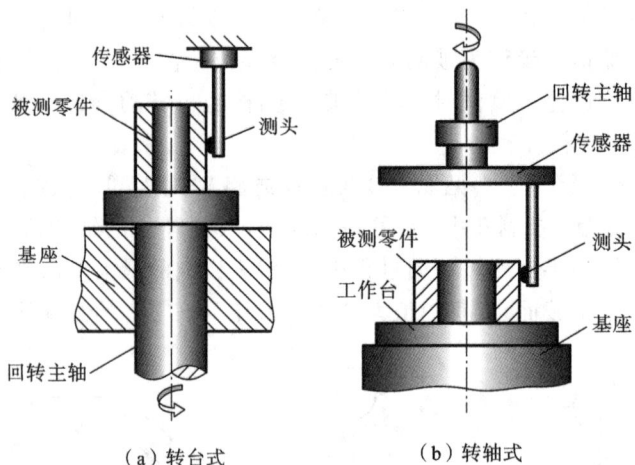

（a）转台式　　　　　　（b）转轴式

图 4-34　两种圆度仪的工作原理示意

3. 圆度误差的评定

用分度头、圆度仪等测量圆度误差时,测得的主要是外圆或内圆表面对回转中心的半径变动量 ΔR_i。要得到符合定义的圆度误差值,还需用一定的方法来评定,主要有四种评定方法:最小区域法、最小外接圆法、最大内接圆法、最小二乘圆法。

1) 最小区域法

最小区域法评定圆度误差的准则为,用两同心圆包容被测实际圆,且至少有四个实测点内外相间地分布在两个圆周上(符合交叉准则),则这两个同心圆之间的圆环区域为最小区域,圆度误差为两同心圆的半径差 f,如图 4-35 所示。

用最小区域法评定圆度误差的关键在于确定最小区域圆的圆心位置。如图 4-36 所示,O 为测量被测实际圆时的回转中心,R_i 为各实际测点到 O 的距离;设 O' 为最小区域圆心,R'_i 为各测点到 O' 的距离。由该图可知

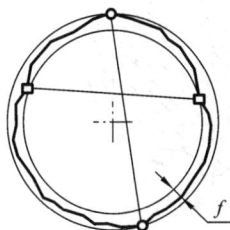

图 4-35　最小区域圆判别　　　　　　　图 4-36　求最小区域圆

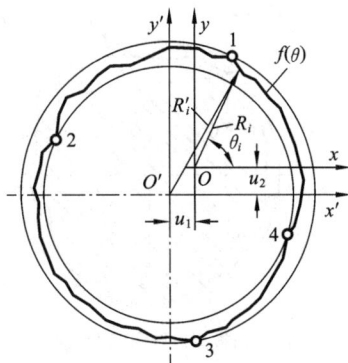

$$R'_i = \sqrt{x'^2_i + y'^2_i} = \sqrt{(R_i\cos\theta_i + u_1)^2 + (R_i\sin\theta_i + u_2)^2} \tag{4-3}$$

若 $u_1 \ll R_i$，$u_2 \ll R_i$，且 $\max\{R_i\} - \min\{R_i\} \ll R_i$，则可近似有

$$R'_i = R_i + u_1\cos\theta_i + u_2\sin\theta_i$$

设构成最小区域的两同心圆与图示的实际测点 1、2、3、4 四点内外相间地接触，符合交叉准则，则有

$$\begin{cases} R_1 + u_1\cos\theta_1 + u_2\sin\theta_1 = R_3 + u_1\cos\theta_3 + u_2\sin\theta_3 \\ R_2 + u_1\cos\theta_2 + u_2\sin\theta_2 = R_4 + u_1\cos\theta_4 + u_2\sin\theta_4 \end{cases} \tag{4-4}$$

由于实际测得数据 ΔR_i 为相对于某起始测点的偏差值，设起始测点到测量回转中心 O 的半径为 R，则 $R_i = \Delta R_i + R$，代入式（4-4），有

$$\begin{cases} \Delta R_1 + u_1\cos\theta_1 + u_2\sin\theta_1 = \Delta R_3 + u_1\cos\theta_3 + u_2\sin\theta_3 \\ \Delta R_2 + u_1\cos\theta_2 + u_2\sin\theta_2 = \Delta R_4 + u_1\cos\theta_4 + u_2\sin\theta_4 \end{cases} \tag{4-5}$$

将测量数据 ΔR_i、θ_i 代入式（4-5），可求出最小区域圆的圆心坐标为（u_1, u_2），则圆度误差为

$$\Delta = R'_1 - R'_2 = (\Delta R_1 - \Delta R_2) + u_1(\cos\theta_1 - \cos\theta_2) + u_2(\sin\theta_1 - \sin\theta_2) \tag{4-6}$$

以上仅给出了最小区域圆的圆心的计算方法，其假设前提是实际测点 1、2、3、4 四点符合交叉准则。但实际测量数据中往往找不到完全符合交叉准则的这四点，因而在评定过程中先选择大致符合交叉准则的四点，代入式（4-5）计算出圆心坐标（u_1, u_2）；再以（u_1, u_2）为圆心分别作过所选四点两同心包容圆，若实际测点全部位于同心圆之间的区域，则按式（4-6）计算的圆度误差值符合最小条件；若实际测点存在超出同心圆之间的区域的情况，则应在前一次计算结果的基础上再次选点进行迭代计算，直到符合条件为止。

2）最小外接圆法

作被测实际圆的最小外接圆，再以最小外接圆的圆心作被测实际圆的内接圆，则此两同心圆的半径差为被测实际圆的圆度误差，如图 4-37 所示为两种典型的最小外接圆。

最小外接圆法是用于圆柱外表面圆度误差的评定方法。最小外接圆体现了被测轴所能通过的最小配合孔的大小，由此所得的圆度误差可视为被测轴与最小配合孔之间的最大间隙。

3）最大内接圆法

作被测实际圆的最大内接圆，再以最大内接圆的圆心作被测实际圆的外接圆，则此两同心圆的半径差为被测实际圆的圆度误差，如图 4-38 所示为两种典型的最大内接圆。

最大内接圆法是用于圆柱内表面圆度误差的评定方法。最大内接圆体现了被测孔所能通过

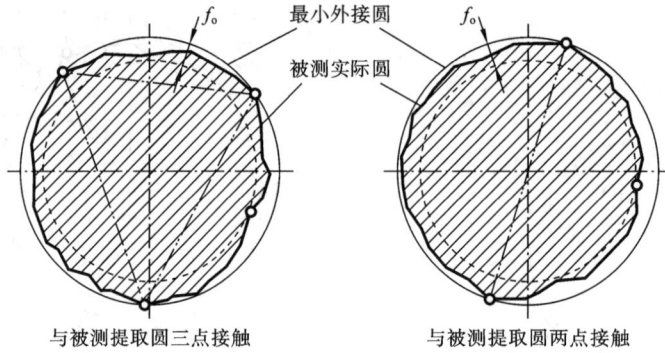

图 4-37　最小外接圆

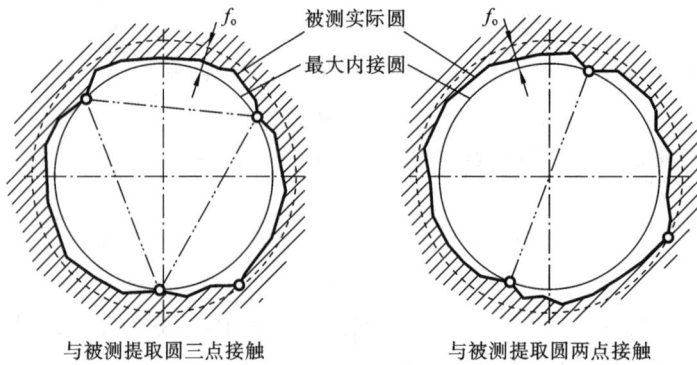

图 4-38　最大内接圆

的最大配合轴的大小,由此所得的圆度误差可视为被测孔与最大配合轴之间的最大间隙。

4)最小二乘圆法

作被测实际圆的最小二乘圆,则被测实际圆对该圆的最大变动量为圆度误差值。如图4-39所示,最小二乘圆度误差值为

$$\Delta = R_{\max} - R_{\min}$$

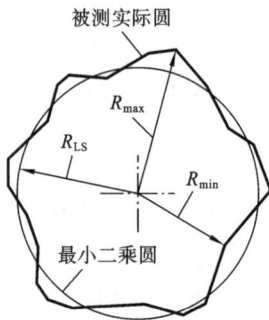

图 4-39　最小二乘圆

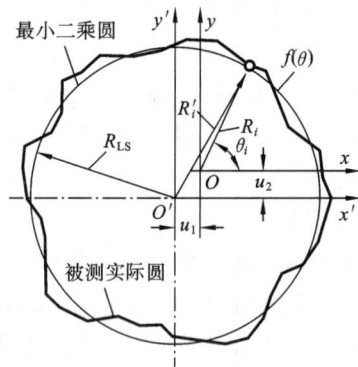

图 4-40　求最小二乘圆

设备被测点到最小二乘圆圆心 $O'(u_1, u_2)$ 的距离为 R'_i,到测量时的回转中心 O 的距离为 R_i,最小二乘圆的半径为 R_{LS},如图4-40所示。所谓最小二乘圆,即被测实际圆的各测点到该圆的距离 $|V_i| = |R'_i - R_{\mathrm{LS}}|$ 的平方和 Q 为最小,即

$$\min(Q) = \min\left(\sum_{i=1}^{n} V_i^2\right) = \min\sum_{i=1}^{n}(R_i' - R_{LS})^2$$

由式(4-4)有

$$\min(Q) = \min\sum_{i=1}^{n}(R_i + u_1\cos\theta_i + u_2\sin\theta_i - R_{LS})^2$$

分别令

$$\frac{\partial Q}{\partial R_{LS}} = 0, \quad \frac{\partial Q}{\partial u_1} = 0, \quad \frac{\partial Q}{\partial u_2} = 0$$

则可求得

$$\begin{cases} R_{LS} = \dfrac{1}{n}\sum_{i=1}^{n}R_i \\[2mm] u_1 = -\dfrac{2}{n}\sum_{i=1}^{n}R_i\cos\theta_i \\[2mm] u_2 = -\dfrac{2}{n}\sum_{i=1}^{n}R_i\sin\theta_i \end{cases}$$

通常,测量数据是相对于半径为 R 的初始圆的偏差 ΔR_i,即 $R_i = \Delta R_i + R$,代入上式,当测量采样点在被测圆周上均布时,有

$$\begin{cases} R_{LS} = \dfrac{1}{n}\sum_{i=1}^{n}(\Delta R_i + R) \\[2mm] u_1 = -\dfrac{2}{n}\sum_{i=1}^{n}\Delta R_i\cos\theta_i \\[2mm] u_2 = -\dfrac{2}{n}\sum_{i=1}^{n}\Delta R_i\sin\theta_i \end{cases} \tag{4-7}$$

至此,可求得最小二乘圆度误差值为

$$\begin{aligned}\Delta &= R_{i\,\max}' - R_{i\,\min}' = V_{i\,\max} - V_{i\,\min} \\ &= \max\{\Delta R_i + u_1\cos\theta_i + u_2\sin\theta_i\} - \min\{\Delta R_i + u_1\cos\theta_i + u_2\sin\theta_i\}\end{aligned} \tag{4-8}$$

例 4-6 用半径法测量直径为 20 mm 轴的圆度误差,每隔 30°读数一次,测量数据如表 4-4 所示。试用最小二乘圆法评定其圆度误差。

表 4-4 例 4-6 原始数据表

测点序号 i	1	2	3	4	5	6	7	8	9	10	11	12
角度坐标 θ_i	0°	30°	60°	90°	120°	150°	180°	210°	240°	270°	300°	330°
矢径相对误差 $\Delta R_i/\mu m$	6	7	5	3.5	5	7.5	4.5	6.5	7	4.5	6.5	6.5

解 求最小二乘圆心坐标 u_1 和 u_2,计算过程数据列于表 4-5 中。

由式(4-7)得

$$u_1 = (-0.9\times2)/12 \ \mu m = -0.15 \ \mu m \ ; \quad u_2 = (+3.4\times2)/12 \ \mu m = +0.57 \ \mu m$$

表 4-5 例 4-6 数据处理数据表一

测点序号 i	1	2	3	4	5	6	7	8	9	10	11	12	$\sum$
角度坐标 θ_i	0°	30°	60°	90°	120°	150°	180°	210°	240°	270°	300°	330°	—
$\Delta R_i\cos\theta_i/\mu m$	6	6.1	2.5	0	−2.5	−6.5	−4.5	−5.6	−3.5	0	3.3	5.6	0.9
$\Delta R_i\sin\theta_i/\mu m$	0	3.5	4.3	3.5	4.3	3.8	0	−3.3	−6.1	−4.5	−5.6	−3.3	−3.4

令 $\Delta R_i + u_1\cos\theta_i + u_2\sin\theta_i = \Delta R'_i$，计算其值列于表 4-6 中。

表 4-6　例 4-6 数据处理数据表二

测点序号 i	1	2	3	4	5	6	7	8	9	10	11	12
$u_1\cos\theta_i/\mu m$	-0.15	-0.13	-0.08	0	$+0.08$	$+0.13$	$+0.15$	$+0.13$	$+0.08$	0	-0.08	-0.13
$u_2\sin\theta_i/\mu m$	0	$+0.29$	$+0.49$	$+0.57$	$+0.49$	$+0.29$	0	-0.20	-0.49	-0.57	-0.49	-0.29
$\Delta R'_i/\mu m$	$+5.85$	$+7.16$	$+5.41$	$+4.07$	$+5.57$	$+7.92$	$+4.65$	$+6.34$	$+6.59$	$+3.93$	$+5.93$	$+6.08$

则该轴的圆度误差为

$$\Delta = (7.92 - 3.93)\ \mu m \approx 4.0\ \mu m$$

根据实际零件的功能需求,圆度误差的评定方法有多种。这些评定方法中,对同一被测圆按最小区域评定法所评定的圆度误差值最小,能最大限度地保证合格件通过率,同时也具有唯一性。因而,最小区域评定法是判定圆度合格性的最后仲裁依据。

4.3.4　圆柱度

1. 圆柱度公差

圆柱度(cylindricity)公差规定单一实际圆柱所允许的变动全量,用于控制实际圆柱面的形状误差。公差带是半径差为公差值 t 的两同轴圆柱面之间的区域。如图 4-41 所示,该项圆柱度公差的含义为:被测圆柱面必须位于半径差为公差值 0.05 mm 的两同轴圆柱面之间的区域。

圆柱度和
轮廓度

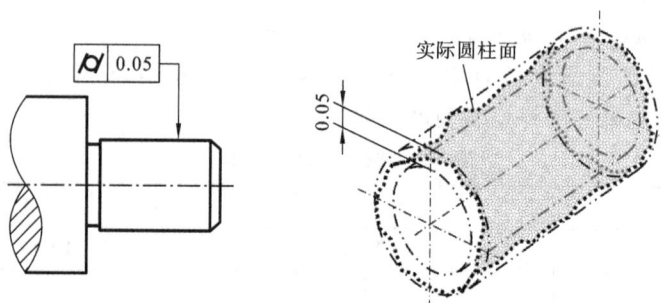

图 4-41　圆柱度公差

2. 圆柱度误差的测量方法

(1)用平板、V 形块(或直角座)和带指示表的表架测量。

将被测实际圆柱体放置在平板上的 V 形块(见图 4-42(a))或直角座(见图 4-42(b))上,回转被测圆柱体并由指示表测量被测圆柱体回转一周时,同一截面上的最大值与最小值,然后用同样的方法连续测量被测圆柱体的若干个截面。各截面所有示值中最大示值与最小示值之差的一半为圆柱度误差值。

这类方法适用于精度要求不高的圆柱体表面的现场测量及评定。

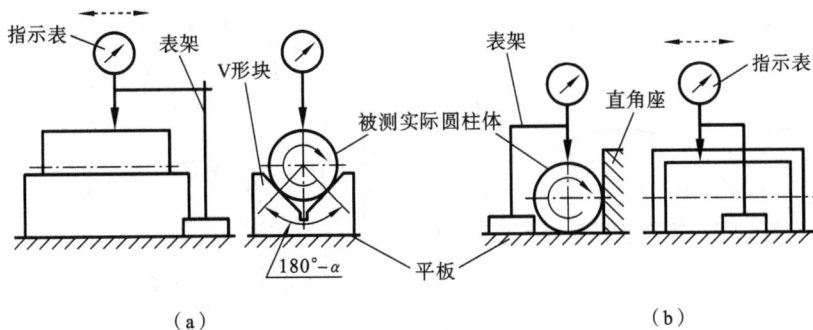

图 4-42 圆柱度误差的简易测量

（2）用圆度仪测量。

在圆度仪上测量圆柱度误差的方法与测量圆度误差时类似。测量圆柱度误差时，由圆度仪通过测头及传感器记录被测圆柱体一个横截面上各测点相对工件回转轴的半径差。然后测头在被测表面上做无径向偏移的间断移动，分别测量若干个横截面（测头也可按螺旋线移动），从而获得被测圆柱体表面各测点相对工件回转轴的半径差。

3. 圆柱度误差评定

由于圆柱面为三维空间曲面，所以圆柱度误差测量数据的处理及评定要比前述形状误差的复杂，一般需要靠计算机及相应的评定软件来完成。现代圆度仪上通常配有按最小二乘圆法或多种优化方法来评定圆柱度误差的软件。

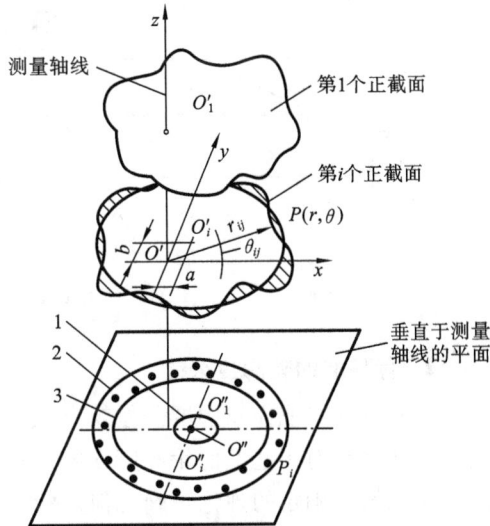

图 4-43 圆柱度误差的近似评定

在没有采用计算机评定的条件下，圆柱度误差也可在精度要求许可的情况下近似评定。如图4-43所示，先分别测量被测圆柱体若干个正截面的圆度误差，将被测各截面实际轮廓的中心 O_i' 投影到垂直于测量轴线的平面，以相距最远两投影点 O_1'' 和 O_i'' 之间的距离为直径作圆 1，若该圆能包容其他各投影点，则该圆的直径为被测圆柱体实际轴线的直线度误差的近似值。再将各被测截面实际轮廓上的若干个点投影于上述与测量轴线垂直的平面上，得相应数量的投影点 P_i。以上述评定被测圆柱体实际轴线直线度误差的包容圆中心 O'' 为圆心，作包容各投影点 P_i 的两同心圆 2 和 3，其半径差即为被测零件的圆柱度误差。

4.3.5 轮廓度

1. 无基准的轮廓度公差

线轮廓度（line profile）公差规定提取轮廓线所允许的变动全量，用于控制平面曲线的形状误差，公差带为直径等于公差值 t，圆心位于具有理论正确几何形状上的一系列圆的两包络线所限定的区域。如图 4-44 所示，该项线轮廓度公差的含义为：箭头所指曲面的任一平行于标注视图的截面内，所截取轮廓线的线轮廓公差值为 0.04 mm。

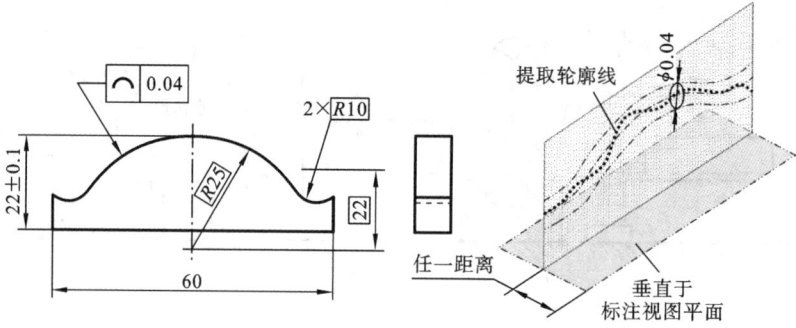

图 4-44 无基准线轮廓度公差

面轮廓度(surface profile)公差规定提取轮廓表面所允许的变动全量,用于控制曲面轮廓的形状误差,公差带为直径等于公差值 t,球心位于具有理论正确几何形状上的一系列球的两包络面所限定的区域。如图 4-45 所示,该项面轮廓度公差的含义为:箭头所指曲面的面轮廓度公差值为 0.02 mm。

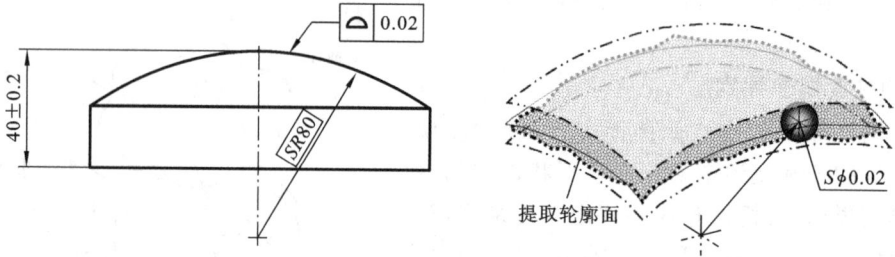

图 4-45 无基准面轮廓度公差

2. 有基准的轮廓度公差

有基准的线或面轮廓度公差规定关联被测要素对基准所允许的变动全量,用以控制被测曲线或曲面相对于基准的轮廓度误差。公差带为直径等于公差值 t,圆(球)心位于由基准及理论正确尺寸确定的理论正确几何形状上的一系列圆(球)的两包络线(面)所限定的区域。

相对于基准的线轮廓度公差如图 4-46 所示,该项线轮廓度公差的含义为:箭头所指曲面的任一平行于标注视图的截面内,所截取的轮廓线必须位于直径等于公差值 0.04 mm、圆心位于由基准平面 A 和 B 及理论正确尺寸确定的理论正确几何形状上的一系列圆的两包络线所限定的区域。

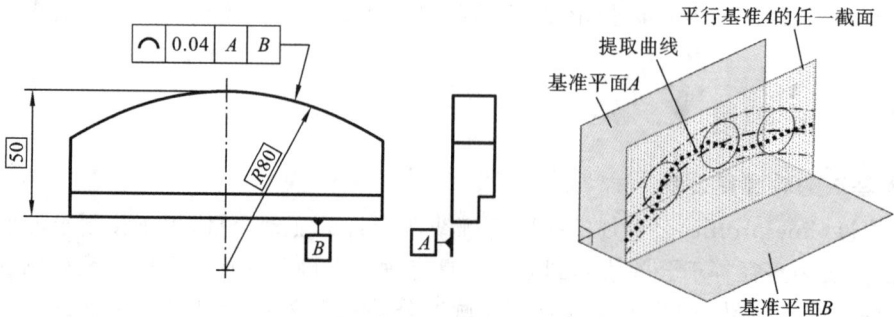

图 4-46 相对于基准的线轮廓度公差

相对于基准的面轮廓度公差如图 4-47 所示。该项面轮廓度公差的含义为:箭头所指球面必须位于直径等于公差值 0.1 mm、球心位于由基准平面 A 及理论正确尺寸确定的理论正确几何形状上的一系列球的两包络面所限定的区域。

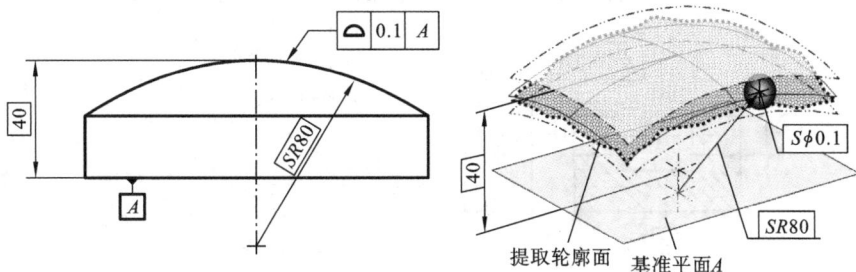

图 4-47　相对于基准的面轮廓度公差

3. 轮廓度误差的测量方法和评定

线轮廓度误差可用刀口轮廓样板、投影仪、仿形测量装置和坐标测量装置进行测量。面轮廓度误差可用成套截面轮廓样板、仿形测量装置,以及光学跟踪轮廓测量仪等进行测量。

用刀口轮廓样板测量高精度零件的轮廓度误差(见图 4-48)时,通常用光隙法得到间隙的大小,低精度零件用厚薄规得到间隙的大小作为轮廓度的误差值。用仿形法测量轮廓度误差(见图 4-49)时,初始测点指示表调零,轮廓度误差取测量中指示表最大示值绝对值的 2 倍。投影仪上用投影法测量轮廓度误差时,用两理论正确形状的轮廓包容实际轮廓,两轮廓间的距离为轮廓度误差。坐标测量法可得到提取轮廓测点的坐标值,然后通过计算可得到轮廓度误差值。

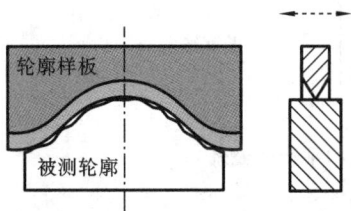

图 4-48　轮廓样板测轮廓度误差

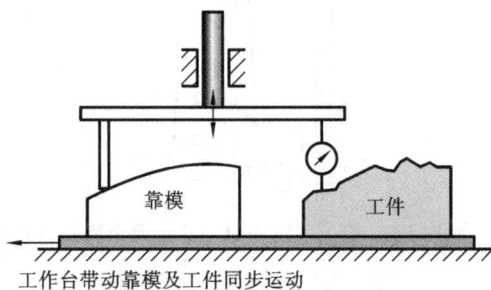

图 4-49　用仿形法测量轮廓度误差

4.4　方向公差及方向误差的测量评定

4.4.1　平行度

1. 平行度公差

平行度(parallelism)公差规定关联被测要素对具有确定方向的理想要素所允许的变动全量,用于控制被测要素对基准在方向上的变动。理想要素的方向由基准及理论正确角度确定,理论正确角度为 0°。根据关联被测要素相对于基准的误差控制情况不同,其公差带有几种不同的形状。

方向公差及
方向误差的
测量评定

1) 在给定一个方向上的直线对基准平面的平行度公差

该平行度公差带是距离为公差值 t,且与基准平面平行的两平行平面之间的区域。如图 4-50 所示,该项平行度公差的含义为:箭头所指零件两端孔轴线的公共轴线,必须位于距离为公差值 0.05 mm,且平行于基准平面 A 的两平行平面之间的区域内。

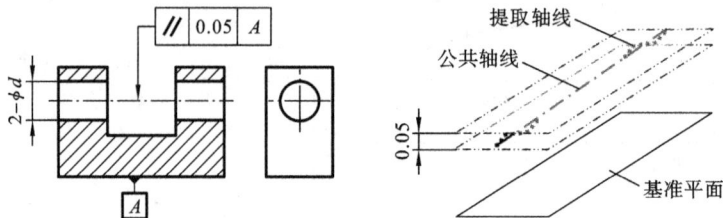

图 4-50 给定一个方向线对面的平行度公差

2) 在给定两个方向上的直线对基准直线的平行度公差

该平行度公差带是距离分别为公差值 t_1 和 t_2,且在给定两个方向上与基准平面平行的两组平行平面形成的四棱柱内的区域。如图 4-51 所示,该项平行度公差的含义为:箭头所指零件上端孔的轴线,必须位于两相距为公差值 0.2 mm 和两相距为公差值 0.1 mm,且与基准轴线 B 分别在水平方向和垂直方向平行的两组平行平面之间的长方体区域内。

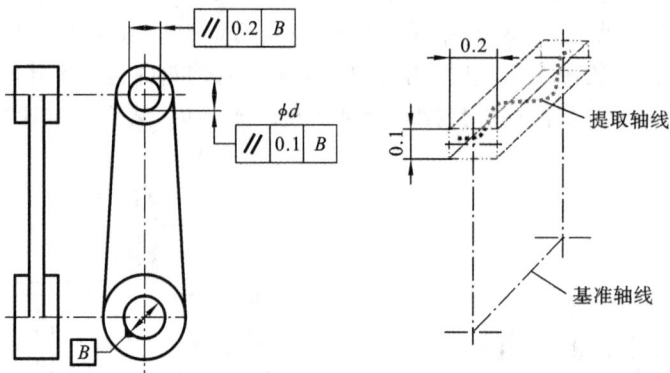

图 4-51 给定两个相互垂直方向线对线的平行度公差

3) 在任意方向上的直线对基准直线的平行度公差

该平行度公差带是直径为公差值 ϕt,且轴线与基准轴线平行的圆柱体区域。如图 4-52 所示,该项平行度公差的含义为:箭头所指零件上端孔的轴线,必须位于直径为公差值 $\phi 0.1$ mm 且轴线与基准轴线 B 平行的圆柱体区域。

4) 平面对基准平面的平行度公差

该平行度公差带是距离为公差值 t,且与基准平面平行的两个平行平面之间的区域。如图 4-53 所示,该项平行度公差的含义为:箭头所指零件上平面,必须位于距离为公差值 0.05 mm,且与基准平面 C 平行的两平行平面之间的区域。

5) 平面对基准直线的平行度公差

该平行度公差带是距离为公差值 t,且与基准直线平行的两个平行平面之间的区域。如图 4-54 所示,该项平行度公差的含义为:箭头所指零件上平面,必须位于距离为公差值 0.05 mm,且与基准直线 D 平行的两平行平面之间的区域。

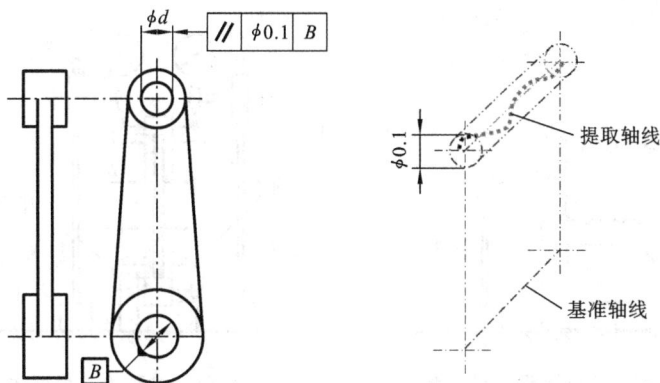

图 4-52 任意方向线对线的平行度公差

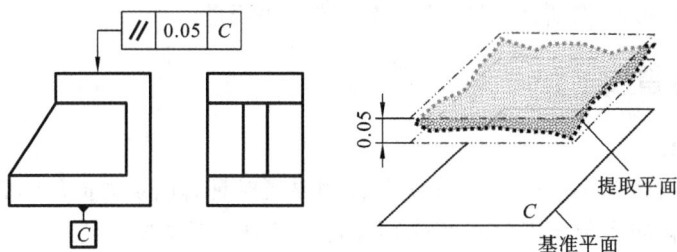

图 4-53 面对面的平行度公差

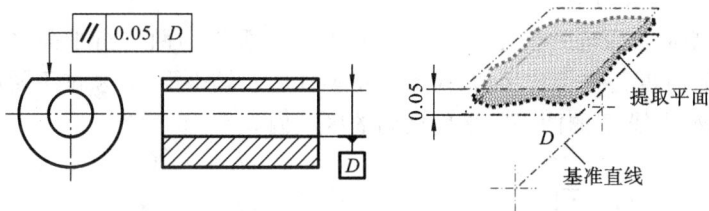

图 4-54 面对线的平行度公差

2. 平行度误差的测量方法和评定

平行度误差可采用平板和带指示表的表架、水平仪、自准直仪、坐标测量装置等多种工具测量。实际工程中,特别是现场检测时多用平板和带指示表的表架测量平行度误差。

图 4-55 所示的为测量面对面平行度误差示意图。工件放置在平板表面上,以平板表面模拟工件的基准平面并作为测量基准。通过表架在平板上的移动使指示表遍测工件的上表面,以指示表的最大读数与最小读数差为被测表面的平行度误差。

图 4-56 所示的为用打表法测量线对线平行度误差示意图。分别在被测实际孔和基准实际孔中无隙插入标准芯轴,以模拟工件的被测实际孔轴线和基准孔实际轴线。工件通过相对平板等高的两刀口 V 形架和基准孔芯轴支撑在平板表面上,以 V 形槽模拟工件的基准轴线并以平板作为测量基准。不调整指示表高度在平板上移动指示表,分别在被测孔芯轴上相距 L_2 两处测得读数 M_1、M_2。被测实际轴线在图示铅垂方向的平行度误差为

$$\Delta = (L_1/L_2)\,|M_1 - M_2|$$

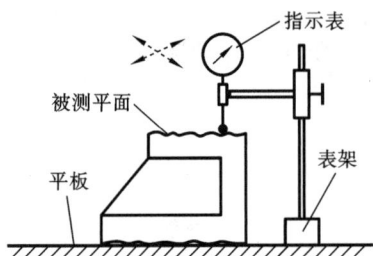

图 4-55　面对面平行度误差的测量　　　　图 4-56　线对线平行度误差的测量

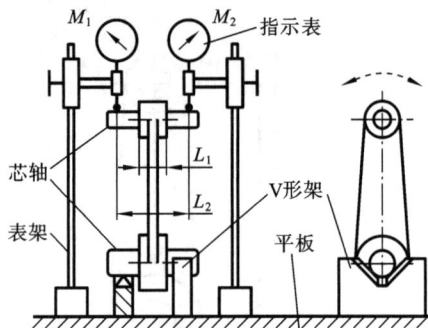

若测量被测实际轴线在图 4-56 所示水平方向的平行度误差,则需将被测零件在 V 形架上绕基准轴线回转 90°并作辅助支撑,然后按上述方法测量。

4.4.2　垂直度

1. 垂直度公差

垂直度(perpendicularity)公差规定关联被测要素对具有确定方向的理想要素所允许的变动全量,用于控制被测实际要素对基准在方向上的变动。理想要素的方向由基准及理论正确角度确定,理论正确角度为 90°。根据关联被测要素相对于基准的误差控制情况不同,其公差带有几种不同的形状。

1) 平面对基准直线的垂直度公差

该垂直度公差带是距离为公差值 t,且与基准直线垂直的两平行平面之间的区域。如图 4-57 所示,该项垂直度公差的含义为:箭头所指零件的左端平面,必须位于距离为公差值 0.05 mm,且垂直于基准直线 B 的两平行平面之间的区域内。

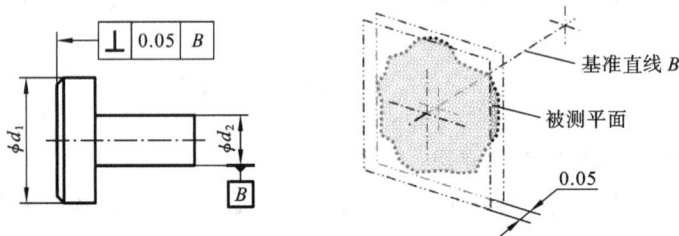

图 4-57　面对线垂直度公差

2) 平面对基准平面的垂直度公差

该垂直度公差带是距离为公差值 t,且与基准平面垂直的两平行平面之间的区域。如图 4-58 所示,该项垂直度公差的含义为:箭头所指零件的左端平面,必须位于距离为公差值 0.05 mm,且垂直于基准平面 A 的两平行平面之间的区域内。

3) 直线对基准直线的垂直度公差

该垂直度公差带是距离为公差值 t,且与基准直线垂直的两平行平面之间的区域。如图 4-59 所示,该项垂直度公差的含义为:箭头所指零件的斜孔轴线,必须位于距离为公差值 0.06 mm,且垂直于基准直线 A 的两平行平面之间的区域内。

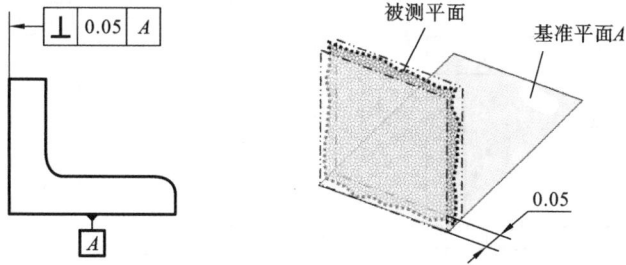

图 4-58　面对面垂直度公差

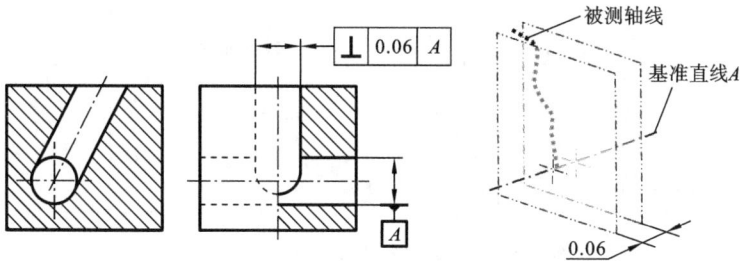

图 4-59　线对线垂直度公差

4）在给定一个方向上规定直线对基准平面的垂直度公差

该垂直度公差带是距离为公差值 t，且与基准平面垂直的两平行平面之间的区域。如图 4-60 所示，该项垂直度公差的含义为：箭头所指零件的轴线，必须位于距离为公差值 0.04 mm，且垂直于基准平面 A 的两平行平面之间的区域内。

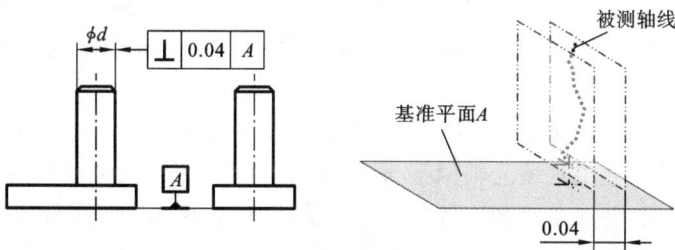

图 4-60　给定一个方向线对面垂直度公差

5）在给定两个方向上规定直线对基准平面的垂直度公差

该垂直度公差带是距离分别为公差值 t_1 和 t_2，且在给定两个方向上与基准平面垂直的两组平行平面形成的四棱柱内的区域。如图 4-61 所示，该项垂直度公差的含义为：箭头所指零件的轴线，必须位于距离分别为公差值 0.04 mm 和 0.02 mm，且垂直于基准平面 A 的两组平行平面之间的长方体区域内。

6）直线对基准平面的垂直度公差

该垂直度公差带是直径为公差值 ϕt，且轴线与基准平面垂直的圆柱体区域。如图 4-62 所示，该项垂直度公差的含义为：箭头所指零件的轴线，必须位于直径为公差值 0.04 mm，且垂直于基准平面 A 的圆柱体的区域内。

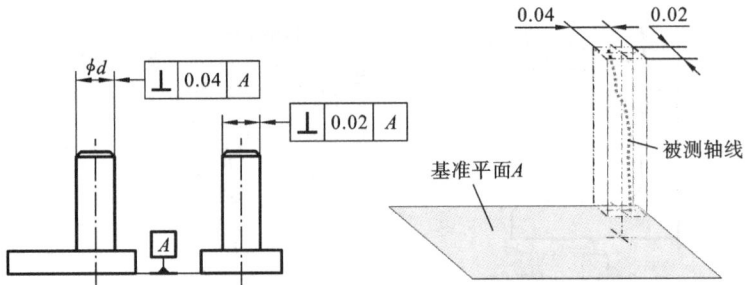

图 4-61　给定两个方向的线对面垂直度公差

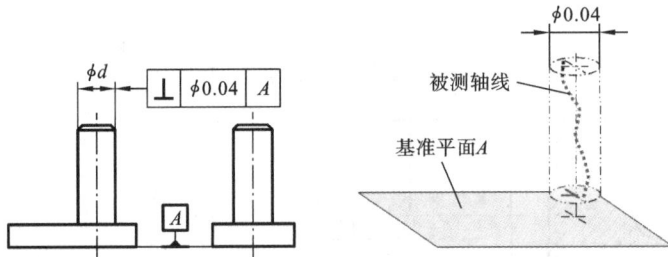

图 4-62　任意方向的线对面垂直度公差

2. 垂直度误差的测量方法及误差评定

垂直度误差可采用平板、直角规、带指示表的表架、水平仪、准直望远镜-转向棱镜和瞄准靶、坐标测量装置等多种工具测量。实际工程中,特别是现场检测时多用打表法测量垂直度误差。

图 4-63 所示的为图 4-58 所示零件垂直度误差的一种测量方案示意图。直角规安装在平板上,零件基准面贴装在直角规表面,并通过调整使被测表面在图示的左视方向上左、右两端点相对平板等高。以直角规表面模拟零件的基准,以平板表面为测量基准,通过表架在平板上的移动使指示表遍测零件的被测表面,以指示表的最大读数与最小读数差为被测表面的垂直度误差。

图 4-64 所示为用准直望远镜-转向棱镜和瞄准靶测量大型零件的垂直度误差示意图。测量时,通过瞄准靶将准直望远镜光轴调整与工件基准面平行,光轴经过转向棱镜转折,然后沿被测表面移动瞄准靶,转向棱镜测取各测点的示值,并用计算或图解法得到被测表面的垂直度误差。

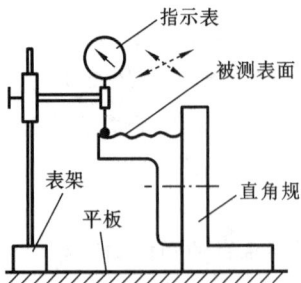

图 4-63　打表法测量垂直度误差

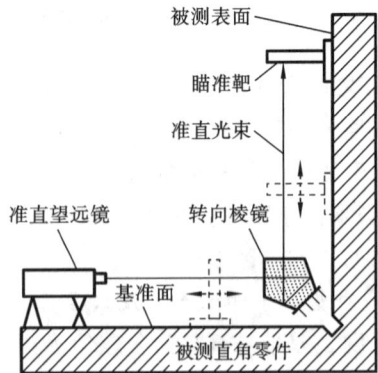

图 4-64　准直望远镜-转向棱镜和瞄准靶
测量垂直度误差

4.4.3　倾斜度

1. 倾斜度公差

倾斜度(angularity)公差规定关联被测要素对具有理论正确方向的理想要素所允许的变动全量,用于控制被测要素对基准在方向上的变动。理论要素的方向由基准及理论正确角度确定,理论正确角度是 0°～90° 之间的任意角度。显然,平行度和垂直度的理论正确角度分别为 0° 和 90°,是倾斜度的特例。

与平行度公差和垂直度公差一样,倾斜度公差也有面对面、线对面、面对线、线对线四种情况。平面对基准轴线的倾斜度公差如图 4-65 所示。该项倾斜度公差的含义为:箭头所指零件左端环状斜面在距离为公差值 0.08 mm,且与基准轴线 A 成 75° 的理论正确角度方向上的两平行平面之间的区域。

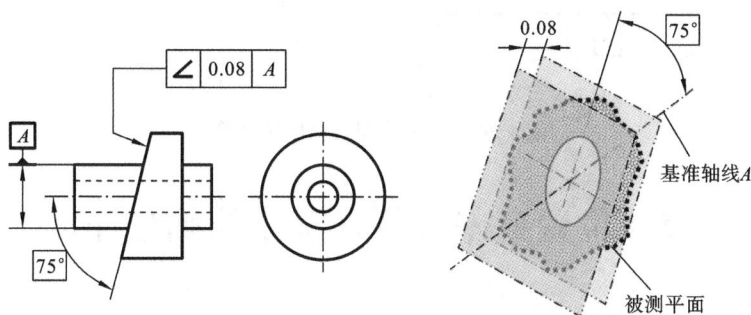

图 4-65　面对线倾斜度公差

线对基准平面任意方向的倾斜度公差如图 4-66 所示,该项倾斜度公差的含义为:箭头所指零件斜孔的轴线在直径为公差值 $\phi0.05$ mm,与基准平面 A 成 60° 夹角且轴线平行于基准平面 B 的圆柱体区域。

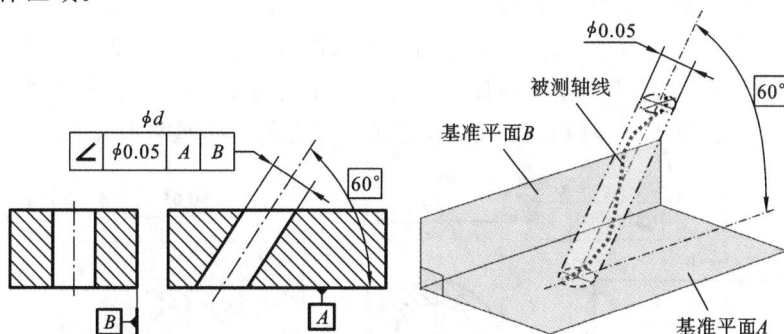

图 4-66　线对面任意方向倾斜度公差

2. 倾斜度误差的测量方法及误差评定

由于倾斜度误差为平行度及垂直度误差的一般情况,因而从测量方法上讲三种误差的测量十分类似,不同之处在于各自基准的体现方式。

图 4-67(a)所示的为一零件及其倾斜面的倾斜度公差带示意图,图 4-67(b)所示的为该零件倾斜度误差测量方案。如图 4-67(b)所示,测量时零件放在置于平板上的标准角度块上,以标准角度块的工作面模拟零件基准,以平板工作面作为测量基准。在平板上移动表架遍测零

件的被测表面,以指示表的最大读数与最小读数差为被测表面的倾斜度误差。

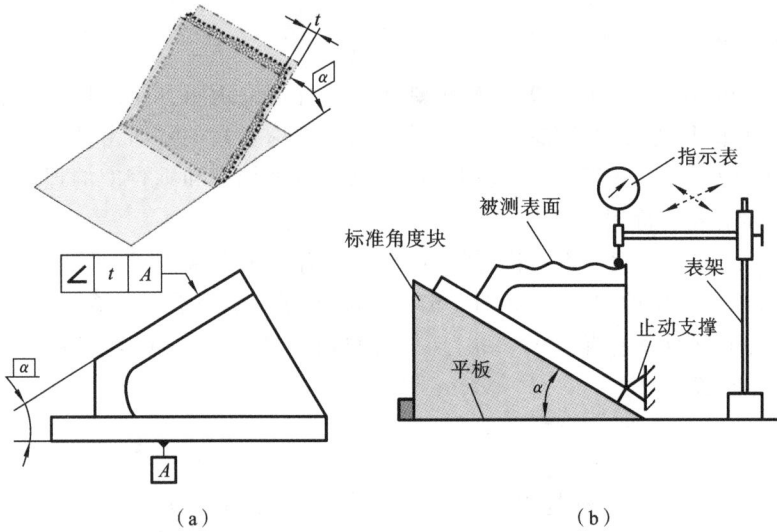

（a）　　　　　　　　　　　　　　　（b）

图 4-67　打表法测量倾斜度误差

4.5　位置公差及位置误差的测量评定

4.5.1　同轴(心)度

1. 同轴(心)度公差

　　同轴度(coaxiality)公差和同心度(concentricity)公差规定关联被测要素对具有确定位置的理想要素所允许的变动全量,用于控制被测要素对基准的同轴(心)性变动。理想要素的位置由基准确定。

　　同心度公差带是直径等于公差值 ϕt,且圆心在基准点上的圆形区域。如图 4-68 所示,该项同心度公差的含义为:箭头所指外圆柱表面的任一径向截面(ACS)内,所截外圆柱面轮廓圆的圆心必须位于直径等于公差值 $\phi 0.05$ mm,且圆心与基准点 A 重合的圆形区域。

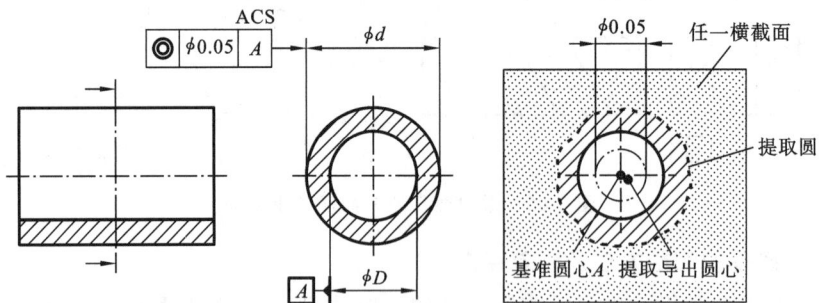

图 4-68　同心度公差

　　同轴度公差带是直径等于公差值 ϕt,且轴线与基准轴线重合的圆柱面内的区域。如图 4-69 所示,该项同轴度公差的含义为:箭头所指直径为 $\phi 3$ 的圆柱体实际轴线,必须位于直径

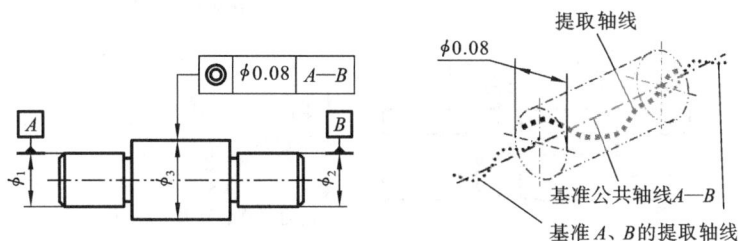

图 4-69 同轴度公差

等于公差值 $\phi 0.08$ mm,且轴线与基准轴线重合的圆柱体区域内。

2. 同轴度误差的测量方法及误差评定

同轴度误差可用平板、V 形架和带指示表的表架、圆度仪及三坐标测量机等工具测量。

图 4-70 所示的为用打表法测量同轴度误差示意图。在平板表面上用相对平板等高的两刀口 V 形架支撑工件两端小轴的中部,以 V 形槽模拟工件两端小轴的公共基准轴线并以平板作为测量基准。不调整指示表的高度,在同一正截面上转动工件多次(n 次)分别测量圆周半圈的对应两点读数,取所有对应两点读数差的最大值作为该截面的同轴度误差,即

$$\Delta_j = \max_i(|M_{ai} - M_{bi}|) \quad (i = 1, 2, 3, \cdots, n)$$

式中:M_{ai}、M_{bi}——第 i 次测量时,圆周半圈内对应两点的实测读数。

然后,在若干(m 个)正截面上测量,取各截面上同轴度误差 Δ_j 中的最大值为该零件的同轴度误差 Δ,即

$$\Delta = \max_j(\Delta_j) \quad (j = 1, 2, 3, \cdots, m)$$

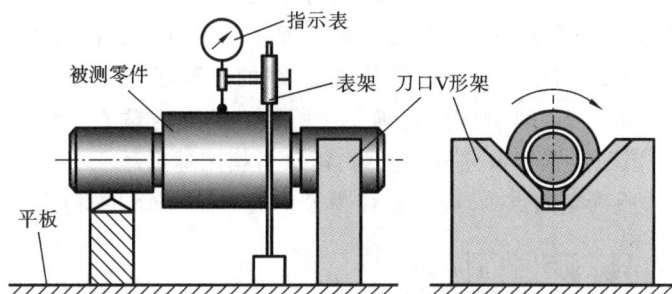

图 4-70 同轴度误差的测量

4.5.2 对称度

1. 对称度公差

对称度(symmetry)公差规定关联被测要素对具有确定位置的理想要素所允许的变动全量,用以控制被测要素对基准的对称性变动。理想要素的位置由基准确定。

对称度公差带是相距为公差值 t,中心平面(或中心线、轴线)与基准中心要素(中心平面、中心线或轴线)重合的两平行平面(或两平行直线)之间的区域。如图 4-71 所示,该项对称度公差的含义为:箭头所指零件左端凹槽的中心平面,必须位于距离为公差值 0.08 mm,中心平面与基准中心平面重合的两平行平面内。

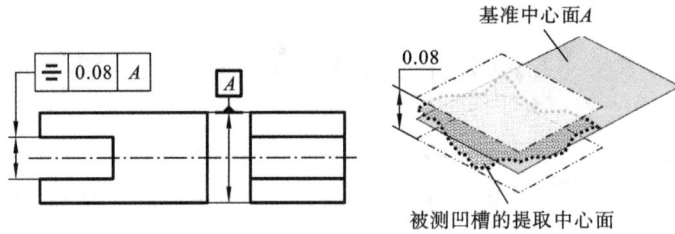

图 4-71　对称度公差

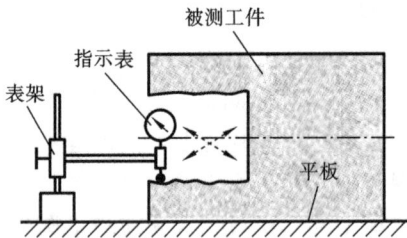

图 4-72　对称度误差的测量

2. 对称度误差的测量方法及误差评定

对称度误差可用平板和带指示表的表架、坐标测量装置等工具测量。图 4-72 所示的为用平板和带指示表的表架测量对称度误差的示意。测量时,将被测工件放在平板上,先用指示表测量图示凹槽下表面各点相对平板的高度偏差;然后不动指示表的高度并移除指示表,在将工件翻转 180°后测量凹槽另一表面各测点相对平板的高度偏差。取两次测量上、下面的对应两点测量结果差值中的最大值为被测零件的对称度误差。

4.5.3　位置度

1. 位置度公差

位置度(position)公差规定关联被测要素相对于具有确定位置的理想要素所允许的变动全量,用于控制被测要素相对于基准的位置变动。理想要素的位置由基准和理论正确尺寸共同确定。根据被测要素的不同,可分为点的位置度、线的位置度以及面的位置度。

点的位置度公差带是以基准及理论正确尺寸所确定的点为球心,直径为公差值的球形区域。如图 4-73 所示,该项位置度公差的含义为:箭头所指圆球的球心必须位于以基准体系 A、B、C 和理论正确尺寸所确定的点为球心,直径为公差值 $\phi0.3$ mm 的球面区域内。

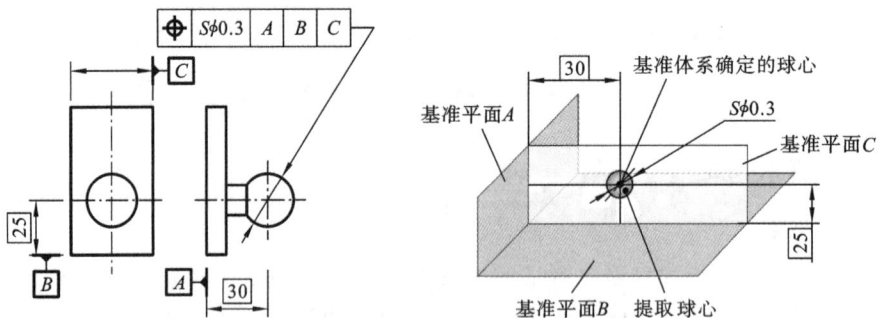

图 4-73　点的位置度公差

线的位置度公差带有三种情况:① 当给定一个方向时,位置度公差带是距离为公差值 t,中心平面通过理论正确位置,且与给定方向垂直的两平行平面(或直线)之间的区域;② 当给定两个相互垂直的方向时,位置度公差带是距离分别为公差值 t_1 和 t_2,中心平面通过线的理想位置,且分别垂直于两个给定方向的两组平行平面(或直线)形成的四棱柱内的区域;③ 任意方向上,线的位置度公差带是直径为公差值 ϕt,轴线与理论正确位置重合的圆柱体内的区域。

如图 4-74 所示,该项位置度公差的含义为:箭头所指 6 条刻线的中心线,必须位于距离为公差值 0.01 mm,对称于线的理论正确位置的两平行平面之间的区域。

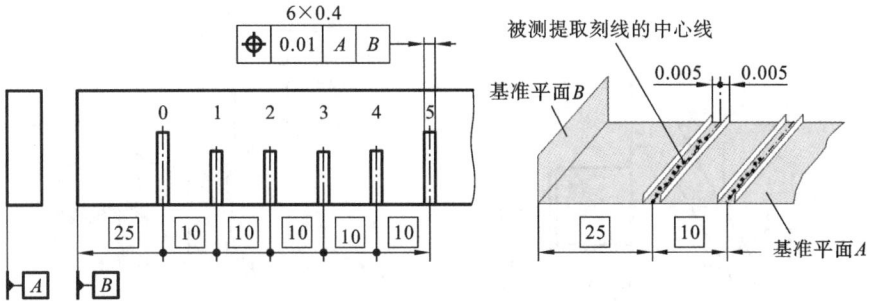

图 4-74 给定一个方向的线的位置度公差

如图 4-75 所示,该项位置度公差的含义为:箭头所指孔的中心线必须位于距离分别为公差值 0.1 mm 和 0.2 mm,中心平面通过具有理论正确位置的线,且各自垂直于给定方向的两组平行平面所形成的四棱柱区域。

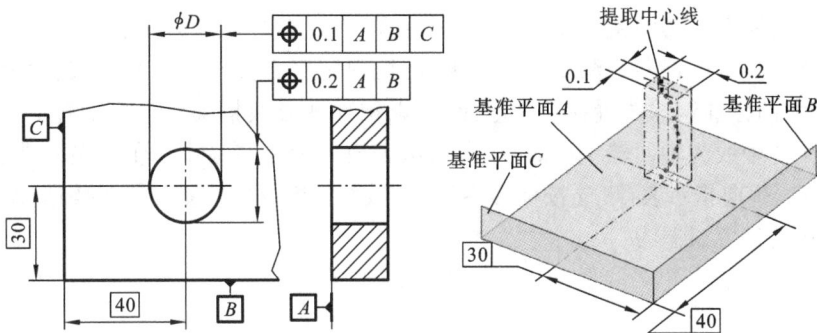

图 4-75 给定两个方向线的位置度公差

如图 4-76 所示,该项位置度公差的含义为:箭头所指孔的中心线必须位于直径为公差值

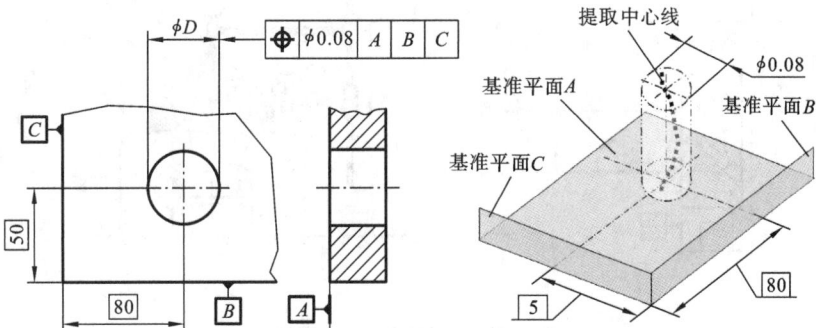

图 4-76 任意方向线的位置度公差

$\phi0.08$ mm,以具有理论正确位置的线为中心线的圆柱体区域。

面的位置度公差带是距离为公差值 t,中心平面通过面的理论正确位置的两平行平面之间的区域。如图 4-77 所示,该项位置度公差的含义为:箭头所指零件左端倾斜平面必须位于距离为公差值 0.08 mm,以具有理论正确位置的平面为中心平面的两平行平面之间的区域。

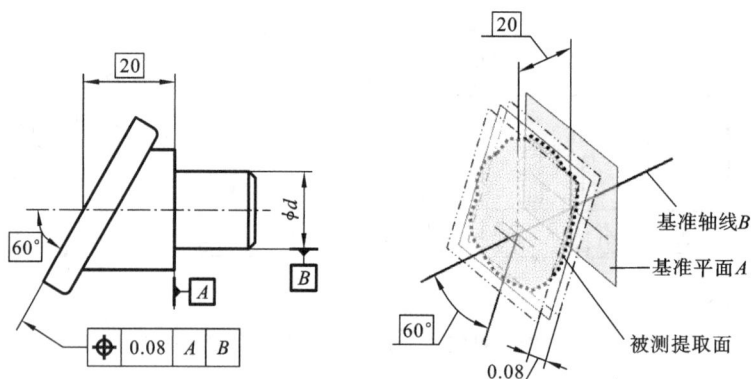

图 4-77 面的位置度公差

2. 位置度误差的测量方法及误差评定

位置度误差多用坐标测量装置测量,也可用平板和带指示表的表架(或配专用测量支架及标准角度、尺寸件)等工具测量。图 4-78(a)所示的为被测零件及其位置度公差带,图 4-78(b)所示的为该零件位置度误差的测量方法。测量时,回转定心夹头的端面和夹持轴线模拟基准 B、A;适当尺寸的标准钢球放置在被测球面内,以钢球球心模拟被测球面的球心。测量中,在被测零件以夹持轴线为轴回转一周时,径向指示表最大示值与最小示值差的一半为对基准 A 的径向误差 f_x,垂向指示表(事先按标准零件调零)直接读取相对基准 B 的轴向误差 f_y,则被测球面球心点的位置误差为

$$f=2\sqrt{f_x^2+f_y^2}$$

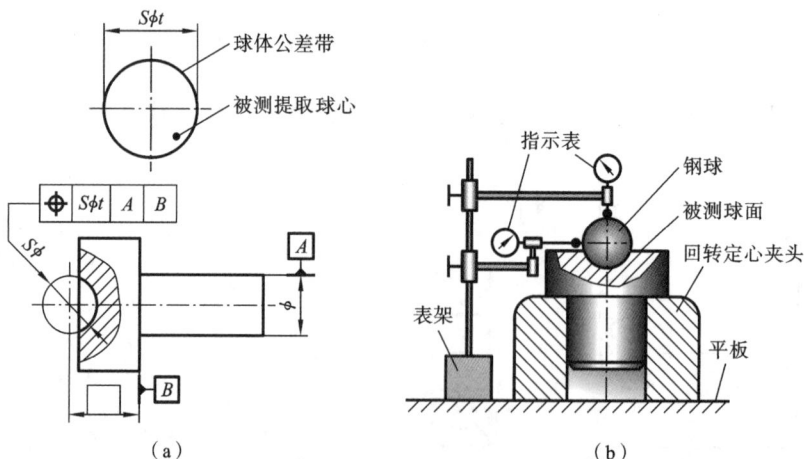

(a)　　　　　　　　　　(b)

图 4-78 位置度误差的测量

4.6 跳动公差及跳动误差的测量评定

跳动公差为被测要素绕基准轴线回转时,相对于基准轴线所允许的最大变动量。跳动公差是以测量方法定义的一种几何公差,用于控制被测要素形状误差和位置误差的综合作用结果。跳动公差分为圆跳动和全跳动两类。

跳动公差及
跳动误差的
测量评定

4.6.1 圆跳动

根据所允许的跳动方向,圆跳动又可分为径向圆跳动、轴向(端面)圆跳动和斜向圆跳动三种。

1. 径向圆跳动

径向圆跳动的公差带是在垂直于基准轴线的任一测量平面内,半径差为公差值 t,圆心在基准轴线上的两同心圆之间的区域。如图 4-79 所示,该项径向圆跳动公差的含义为:在圆柱面绕基准轴线做无轴向移动的回转时,箭头所指零件中部直径为 ϕD_3 圆柱面的任一测量截面必须位于半径差为给定公差值 0.08 mm,圆心在公共基准轴线 $A—B$ 上的两同心圆之间的区域。

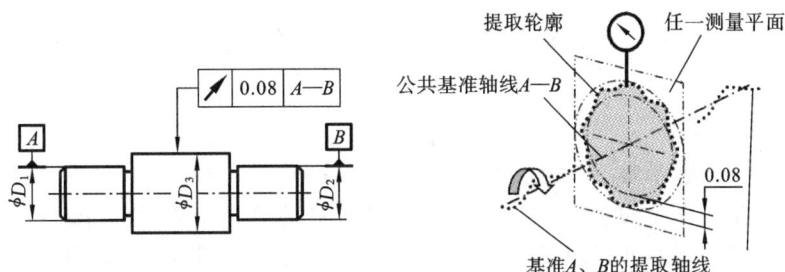

图 4-79 径向圆跳动公差

2. 轴向(端面)圆跳动

轴向(端面)圆跳动的公差带是在以基准轴线为轴线的任一测量圆柱上,沿其素线方向宽度为公差值 t 的圆柱面区域。如图 4-80 所示,该项轴向(端面)圆跳动的含义为:当被测零件绕基准轴线做无轴向移动的回转时,箭头所指零件右端面的任一测量半径处的轴向变动量均不得大于公差值 0.05 mm。

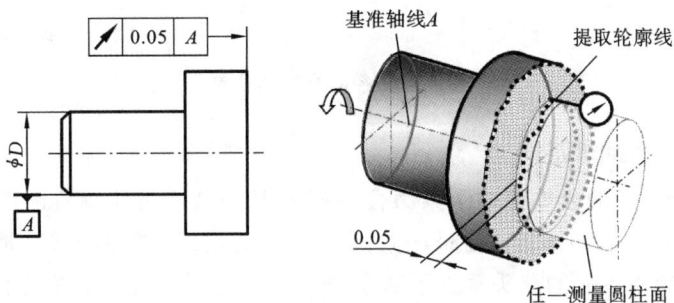

图 4-80 轴向圆跳动公差

3. 斜向圆跳动公差

斜向圆跳动的公差带是在以基准轴线为轴线的任一测量圆柱上,沿其素线方向宽度为公差值 t 的圆锥面区域。如图 4-81 所示,该项斜向圆跳动公差的含义为:被测圆锥面绕基准轴线做无轴向移动的回转时,在任一测量圆锥面上的跳动均不得大于公差值 0.08 mm。

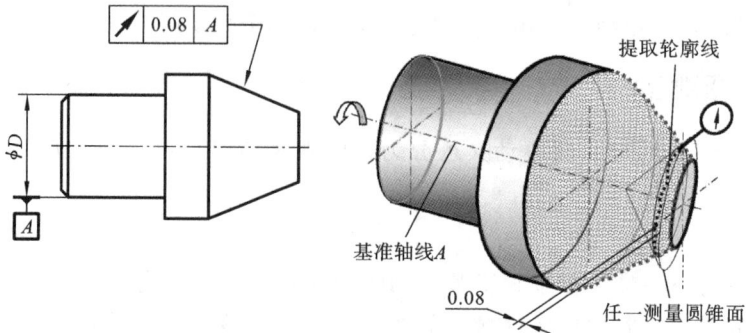

图 4-81　斜向圆跳动公差

4.6.2　全跳动

根据被测件功能对跳动方向限制的需求,全跳动又可分为径向全跳动、轴向(端面)全跳动两种。

1. 径向全跳动公差

径向全跳动的公差带是半径差为公差值 t,与基准轴线同轴的两圆柱面之间的区域。如图 4-82 所示,该项径向全跳动公差的含义为:箭头所指零件中部直径为 ϕD_3 的圆柱面绕基准轴线做无轴向移动的连续回转时,同时测量指示表的测头平行于公共基准轴线直线 A—B 移动,在整个圆柱表面上的跳动量不得大于公差值 0.08 mm。

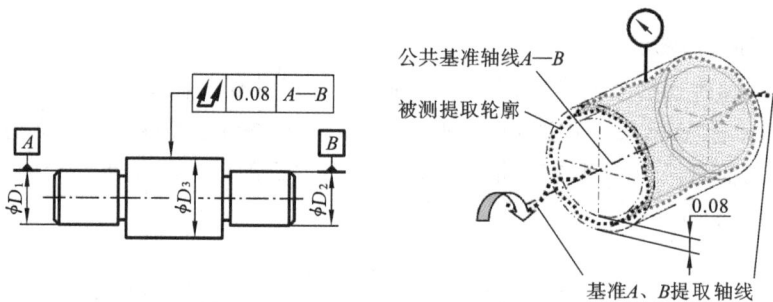

图 4-82　径向全跳动公差

2. 轴向(端面)全跳动公差

轴向(端面)全跳动的公差带是距离为公差值 t,且与基准轴线垂直的两平行平面之间的区域。如图 4-83 所示,该项轴向(端面)全跳动的含义为:被测零件绕基准轴线做无轴向移动的回转时,同时测量指示表的测头垂直于基准轴线移动,箭头所指零件右端面上的跳动量不得大于 0.05 mm。

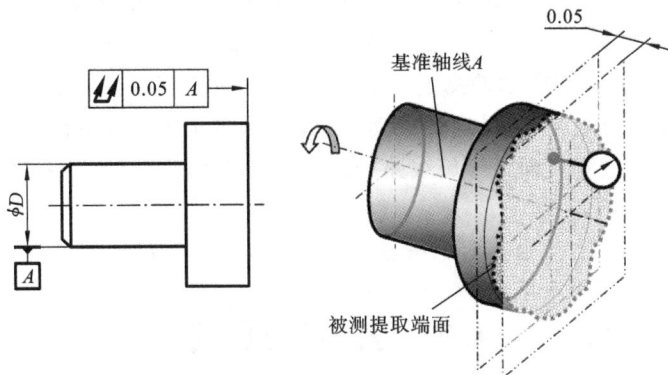

图 4-83 端面全跳动公差

4.6.3 跳动误差的测量方法与误差评定

1. 圆跳动的测量方法及误差评定

图 4-84(a)、(b)和(c)所示的分别为采用平板、V 形架和带指示表的表架,测量图 4-79 至图 4-81 所示零件的径向、轴向和斜向圆跳动的示意图。测量中分别用 V 形架模拟基准轴线,以平板为测量基准。

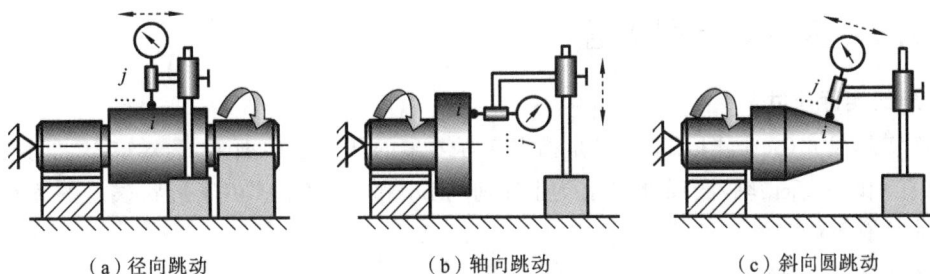

(a)径向跳动	(b)轴向跳动	(c)斜向圆跳动

图 4-84 跳动误差的测量

根据跳动误差的含义,圆跳动误差测量的基本原理为,用指示表在某一固定位置(j)接触被测表面,同时使被测要素绕基准轴线做无轴向移动的回转,分别在回转轴线的径向、轴向或被测要素的法向(或其他给定方向)上,测量被测要素在某一测量平面、测量圆柱面或测量圆锥面上的多点 $i(i=1,2,\cdots,n)$ 对回转轴线在相应测量面内的径向、轴向和斜向圆跳动量 Δ_{ij},并取该位置(j)的圆跳动误差为

$$\Delta_j = \Delta_{ij\,\text{max}} - \Delta_{ij\,\text{min}} \quad (i=1,2,\cdots,n)$$

然后保持指示表的测量方向并改变指示表的位置 $j(j=1,2,\cdots,m)$:对于径向和斜向圆跳动,依次在被测面母线的多个位置测量,而对于轴向圆跳动,则在端面的多个半径处重复上述测量,则所有位置上圆跳动误差的最大值为被测提取要素的圆跳动误差 Δ,即

$$\Delta = \Delta_{j\,\text{max}} \quad (j=1,2,\cdots,m)$$

2. 全跳动的测量方法及误差评定

全跳动的测量可如图 4-84(a)、(b)所示,采用平板、V 形架和带指示表的表架的测量方案。测量时,可参照圆跳动误差测量方法。对径向全跳动,依次在被测圆柱面的多个径向截面

处测量;对轴向全跳动,则在被测端面的多个半径处测量。全跳动误差 Δ 为

$$\Delta = \Delta_{ij\ max} - \Delta_{ij\ min} \quad (i=1,2,\cdots,n;j=1,2,\cdots,m)$$

另外,按图 4-84(a)、(b)所示的测量方案,也可在测量时使被测表面在绕基准轴线回转的同时,沿被测圆柱面的母线方向(径向全跳动)或沿被测端面的半径方向(轴向圆跳动)连续移动指示表,从而在整个被测表面沿螺旋线路径读取多个点的跳动量 $\Delta_i (i=1,2,\cdots,n)$,则全跳动误差为

$$\Delta = \Delta_{i\ max} - \Delta_{i\ min} \quad (i=1,2,\cdots,n)$$

4.7　公差原则

尺寸公差用于控制零件的尺寸误差,保证零件的尺寸精度要求;几何公差用于控制零件的几何误差,保证零件的几何形状、位置精度要求。尺寸公差和几何公差是影响零件质量的两个方面,根据零件功能的要求,尺寸公差和几何公差可以独立应用,也可以互相关联补偿。为保证设计要求,正确判断零件是否合格,必须明确尺寸公差和几何公差的内在联系。

公差原则

国家标准 GB/T 4249—2018 和 GB/T 16671—2018 规定了确定尺寸公差和几何公差之间相互关系的原则,分为独立原则和相关要求两类,其中相关要求又分为包容要求、最大实体要求、最小实体要求以及可逆要求。

4.7.1　基本概念和术语

1. 局部实际尺寸

局部实际尺寸(actual local size)是指在实际要素的任意正截面上,两对应点之间的距离。内表面(孔)和外表面(轴)的局部实际尺寸分别用 D_a 和 d_a 表示。由于形状误差的存在,局部实际尺寸具有不确定性。

2. 体外作用尺寸

体外作用尺寸(external function size,EFS)是指在被测要素的给定长度上,与实际内表面(孔)体外相接的最大理想面或与实际外表面(轴)体外相接的最小理想面的直径或宽度,分别用 D_{fe} 和 d_{fe} 表示。

3. 体内作用尺寸

体内作用尺寸(internal function size,IFS)是指在被测要素的给定长度上,与实际内表面(孔)体内相接的最小理想面或与实际外表面(轴)体内相接的最大理想面的直径或宽度,用 D_{fi} 和 d_{fi} 表示。

对于关联被测要素,体现体外和体内作用尺寸理想面的轴线或中心平面,必须与基准保持图样所给定的几何关系。

图 4-85 为单一要素的体外和体内作用尺寸,图 4-86 为关联要素的体外和体内作用尺寸。

4. 最大实体实效尺寸和最大实体实效状态

在给定长度上,实际要素处于最大实体状态且其中心要素的形状或位置误差等于给定公差值时的综合极限状态,称为最大实体实效状态(maximum material virtual condition,MMVC)。最大实体实效状态下的体外作用尺寸,被称为最大实体实效尺寸(maximum mate-

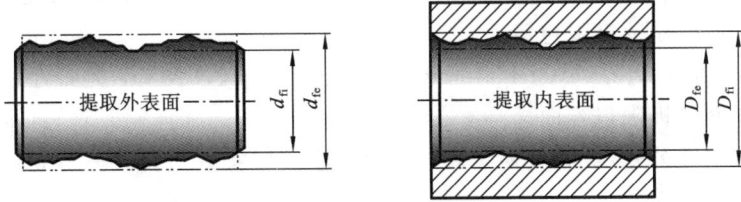

图 4-85　单一要素的体外和体内作用尺寸

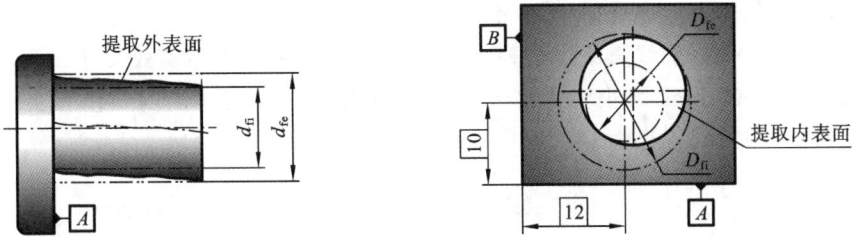

图 4-86　关联要素的体外和体内作用尺寸

rial virtual size，MMVS）。

对于单一要素，内表面（孔）和外表面（轴）的最大实体实效尺寸分别用 D_{MMVS} 和 d_{MMVS} 表示。

外尺寸（轴类）要素

$$d_{MMVS} = d_{MMS} + t_g = d_{max} + t_g$$

内尺寸（孔类）要素

$$D_{MMVS} = D_{MMS} - t_g = D_{min} - t_g$$

5. 最小实体实效尺寸与最小实体实效状态

在给定长度上，实际要素处于最小实体状态且其中心要素的形状或位置误差等于给定公差值时的综合极限状态，称为最小实体实效状态（least material virtual condition，LMVC）。最小实体实效状态下的体内作用尺寸，被称为最小实体实效尺寸（least material virtual size，LMVS）。

对于单一要素，内表面（孔）和外表面（轴）的最大实体实效尺寸分别用 D_{LMVS} 和 d_{LMVS} 表示。

外尺寸（轴类）要素

$$d_{LMVS} = d_{LMS} - t_g = d_{min} - t_g$$

内尺寸（孔类）要素

$$D_{LMVS} = D_{LMS} + t_g = D_{max} + t_g$$

6. 边界

边界（boundary）是由设计给定的具有理想形状的极限包容面。边界尺寸则为极限包容面的直径或距离。

（1）最大实体边界（maximum material boundary，MMB）是具有理想形状，且边界尺寸为最大实体尺寸的包容面。

（2）最小实体边界（least material boundary，LMB）是具有理想形状，且边界尺寸为最小实体尺寸的包容面。

（3）最大实体实效边界（maximum material virtual boundary，MMVB）是最大实体实效状态对应的具有理想形状的极限包容面。

（4）最小实体实效边界（least material virtual boundary，LMVB）是最小实体实效状态对应的具有理想形状的极限包容面。

对于方向或位置公差，最大实体实效边界或最小实体实效边界须具有相应的理论正确方向或位置。

如图 4-87 所示的单一要素，轴的最大实体尺寸 $d_{MMS}=20$ mm，轴线直线度公差 $t_g=0.01$ mm，则最大实体实效尺寸 $d_{MMVS}=(20+0.01)$ mm$=20.01$ mm；最大实体实效边界（MMVB）为：由实体外向内包容实际提取轴面的最小体外接触圆柱面，直径为 $\phi20.01$ mm。最小实体尺寸 $d_{LMS}=19.979$ mm，轴线直线度公差 $t_g=0.01$ mm，则最小实体实效尺寸 $d_{LMVS}=(19.979-0.01)$ mm$=19.969$ mm；最小实体实效边界（LMVB）为：由实体内向外包容实际提取轴面的最大体内接触圆柱面，直径为 $\phi19.969$ mm。

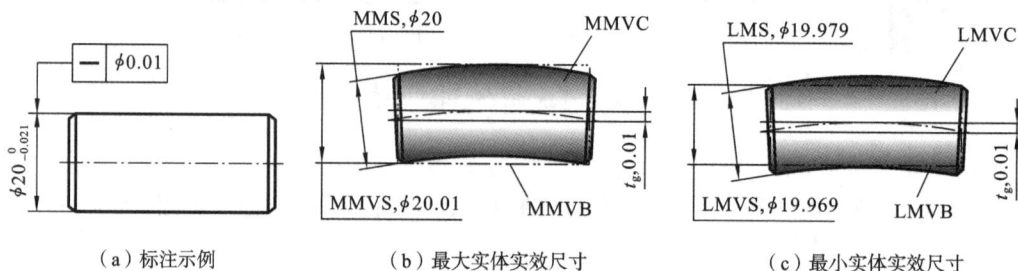

（a）标注示例　　　　（b）最大实体实效尺寸　　　　（c）最小实体实效尺寸

图 4-87　轴的最大实体实效尺寸和最小实体实效尺寸

如图 4-88 所示的单一要素，孔的最大实体尺寸 $D_{MMS}=20$ mm，孔轴线直线度公差 $t_g=0.02$ mm，则最大实体实效尺寸 $D_{MMVS}=(20-0.02)$ mm$=19.98$ mm，最大实体实效边界（MMVB）为：由实体外向内包容实际提取孔面的最大体外接触圆柱面，直径为 $\phi19.98$ mm。孔的最小实体尺寸 $D_{LMS}=20.033$ mm，轴线直线度公差 $t_g=0.02$ mm，则最小实体实效尺寸：$D_{LMVS}=(20.033+0.02)$ mm$=20.053$ mm；最小实体实效边界（LMVB）为：由实体内向外包容实际提取孔面的最小体内接触圆柱面，直径为 $\phi20.053$ mm。

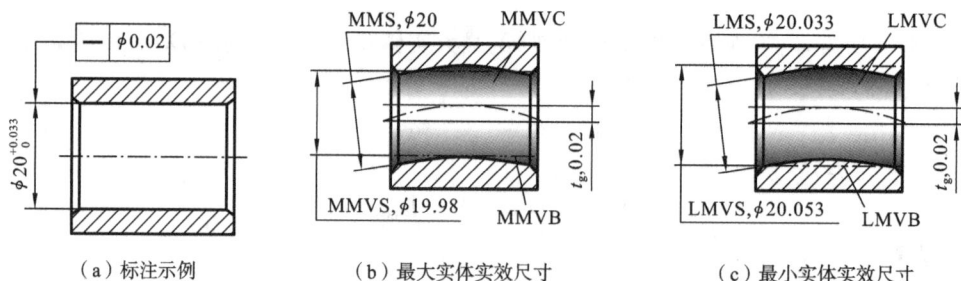

（a）标注示例　　　　（b）最大实体实效尺寸　　　　（c）最小实体实效尺寸

图 4-88　孔的最大实体实效尺寸和最小实体实效尺寸

如图 4-89 所示的关联要素，轴的最大实体尺寸 $d_{MMS}=15$ mm，轴线对基准 A 的垂直度公差 $t_g=0.02$ mm，则最大实体实效尺寸：$d_{MMVS}=(15+0.02)$ mm$=15.02$ mm；最大实体实效边界（MMVB）为：由实体外向内包容实际提取轴面且垂直于基准 A 的最小体外接触圆柱面，其直径为 $\phi15.02$ mm。最小实体尺寸 $d_{LMS}=14.95$ mm，轴线对基准 A 的垂直度公差 $t_g=0.02$

mm,则最小实体实效尺寸:$d_{LMVS}=(14.95-0.02)$ mm$=14.93$ mm;最小实体实效边界(LM-VB)为:由实体内向外包容实际提取轴面且垂直于基准 A 的最大体内接触圆柱面,直径为 $\phi14.93$ mm。

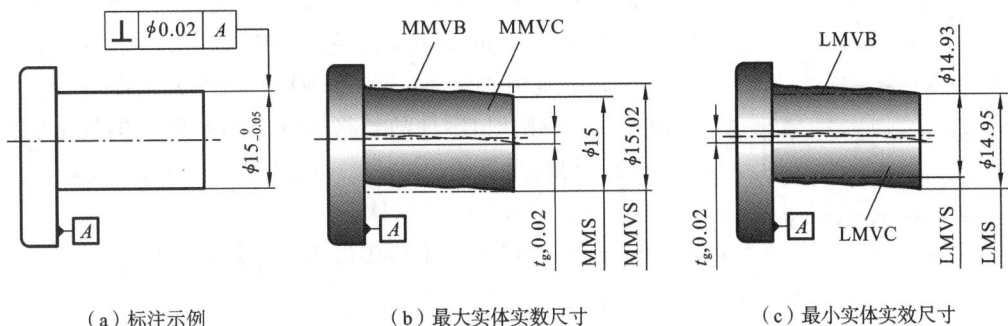

（a）标注示例 （b）最大实体实数尺寸 （c）最小实体实效尺寸

图 4-89 定向最大实体实效尺寸和最小实体实效尺寸

如图 4-90 所示的关联要素,孔的最大实体尺寸 $D_{MMS}=15$ mm,孔中心对由基准 A 和基准 B 及理论正确尺寸 12 和 10 所决定中心的位置度公差 $t_g=\phi0.02$ mm,则最大实体实效尺寸: $D_{MMVS}=(15-0.02)$ mm$=14.98$ mm;最大实体实效边界(MMVB)为:由实体外向内包容该实际提取孔,且以基准 A 和基准 B 及理论正确尺寸 12 mm 和 10 mm 所决定中心为圆心的最大内接圆,直径为 $\phi14.98$ mm。孔的最小实体尺寸 $D_{LMS}=15.043$ mm,孔中心对由基准 A 和基准 B 及理论正确尺寸 12 mm 和 10 mm 所决定轴线的位置度公差 $t_g=\phi0.02$ mm,则最小实体实效尺寸 $D_{LMVS}=(15.043+0.02)$ mm$=15.063$ mm;最小实体实效边界(LMVB)为:由实体内向外包容实际提取孔,且以基准 A 和基准 B 及理论正确尺寸 12 mm 和 10 mm 所决定中心为圆心的最小体内接触圆,直径为 $\phi15.063$ mm。

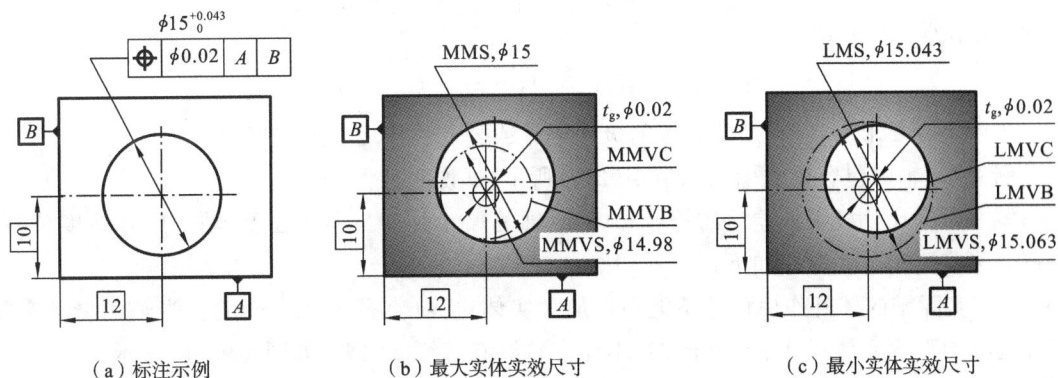

（a）标注示例 （b）最大实体实效尺寸 （c）最小实体实效尺寸

图 4-90 定向最大实体实效尺寸和最小实体实效尺寸

4.7.2 独立原则

独立原则(independence principle,IP)是指设计图样上给定的每一个尺寸和几何要求均是独立的,应分别满足要求的公差原则。按照独立原则要求,尺寸公差和几何公差分别控制尺寸误差和几何误差,即尺寸误差的大小不受几何公差的约束和影响,几何误差的大小同样也不受尺寸公差的约束和影响。

通常,若图样上尺寸公差及几何公差标注没有其他特定符号标记时,对制件是按独立原则要求的。如果对尺寸和几何要求之间的相互关系有特定要求,应在图样上标注规定符号(如 Ⓔ、Ⓜ、Ⓛ或Ⓡ)。

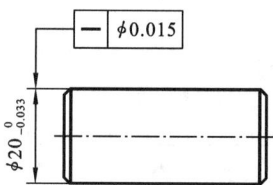

独立原则的标注如图 4-91 所示,含义为:轴线的直线度误差不允许大于 $\phi0.015$ mm,不受公差带影响;实际尺寸可在 $\phi19.967$ mm～$\phi20$ mm 范围内变动,也不受轴线直线度公差带影响。

图 4-91 　独立原则标注示例

遵守独立原则时,零件的合格条件必须是有关的局部实际尺寸 $D_a(d_a)$ 不得超出极限尺寸 $D_{min}(d_{min})$ 和 $D_{max}(d_{max})$,即

$$D_{min}(d_{min}) \leqslant D_a(d_a) \leqslant D_{max}(d_{max})$$

同时,有关的几何误差 f 不得超出几何公差 t_g,即

$$f \leqslant t_g$$

独立原则是应用较广的一种基本的公差原则,它的设计出发点是同时分别控制尺寸误差及几何误差,以保证零件使用功能。零件加工完成后,应分别对实际尺寸和几何误差进行检测。用两点法测量实际尺寸,用通用量仪或专用测量设备测量形状误差,只有同时满足尺寸公差和形状公差的要求,该零件才能被判为合格。

4.7.3 　包容要求

包容要求(envelope requirement,ER)是用最大实体边界(MMB)来控制实际要素的轮廓的公差要求,是一种相关要求。包容要求适用于单一要素,如圆柱表面或两平行对应面。

采用包容要求的要素,其实际轮廓要素应遵守最大实体边界(MMB),即要素的体外作用尺寸不得超出最大实体尺寸(MMS),局部实际尺寸不得超出最小实体尺寸(LMS),即

对于外表面(轴类)

$$d_{fe} \leqslant d_{MMS} = d_{max} \quad 且 \quad d_a \geqslant d_{LMS} = d_{min}$$

对于内表面(孔类)

$$D_{fe} \geqslant D_{MMS} = D_{min} \quad 且 \quad D_a \leqslant D_{LMS} = D_{max}$$

采用包容要求时,应在尺寸要素的极限偏差或公差代号之后加注符号 Ⓔ。

例 4-7 　轴的包容要求标注如图 4-92(a)所示,试说明其含义。

解 　根据尺寸极限偏差后的符号 Ⓔ 可知,轴的尺寸公差与形状公差(轴线的直线度公差)应符合包容要求。其含义如下:

(1) 实际轴的体外作用尺寸不能超出最大实体边界(直径为 $\phi20$ mm)。当轴的局部实际尺寸处处为最大实体尺寸 $\phi20$ mm 时,不允许轴线有直线度误差,如图 4-92(b)所示。

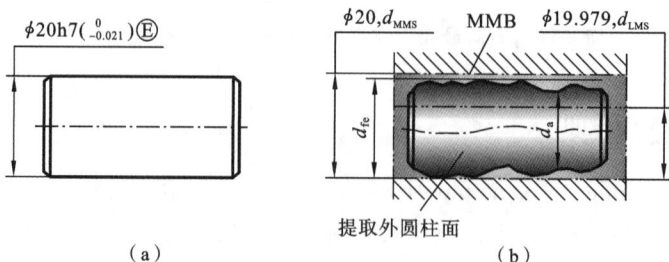

(a) 　　　　　　　　　(b)

图 4-92 　轴的包容要求标注及其含义

（2）当轴的实际尺寸偏离最大实体尺寸时，才允许轴线有直线度误差（允许值为偏离量）。当轴的局部实际尺寸处处为 $\phi19.985$ mm 时，轴线直线度误差的最大允许值为 0.015 mm；当轴的局部实际尺寸处处为最小实体尺寸 $\phi19.979$ mm 时，轴线直线度误差的最大允许值为 0.021 mm（即尺寸公差值）。

（3）轴的局部实际尺寸不得小于最小实体尺寸 $\phi19.979$ mm。

例 4-8 孔的包容要求标注如图 4-93(a)所示，试说明其含义。

解 根据尺寸极限偏差后的符号Ⓔ可知，孔的尺寸公差与形状公差（轴线的直线度公差）应符合包容要求。其含义如下：

（1）实际孔的体外作用尺寸不能超出最大实体边界（直径为 $\phi20$ mm）。当轴的局部实际尺寸处处为最大实体尺寸 $\phi20$ mm 时，不允许轴线有直线度误差，如图 4-93(b)所示。

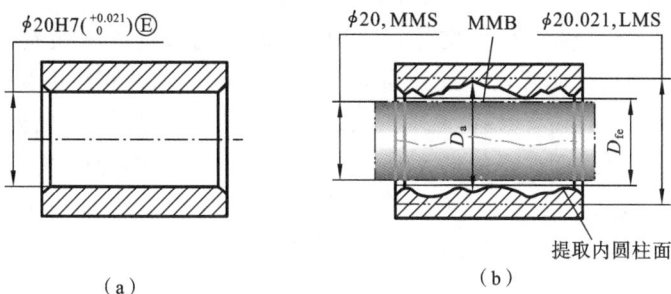

图 4-93 孔的包容要求标注及其含义

（2）当孔的实际尺寸偏离最大实体尺寸时，才允许轴线有直线度误差（允许值为偏离量）。当孔的局部实际尺寸处处为 $\phi20.01$ mm 时，轴线直线度误差的最大允许值为 0.010 mm；当孔的局部实际尺寸处处为最小实体尺寸 $\phi20.021$ mm 时，轴线直线度误差的最大允许值为 0.021 mm（即尺寸公差值）。

（3）孔的局部实际尺寸不得大于最小实体尺寸 $\phi20.021$ mm。

包容要求的实质，是综合控制具有尺寸误差和形状误差的实际要素轮廓不超出最大实体边界，同时控制实际要素任意部位的局部尺寸不超出最小实体尺寸。因而，包容要求的设计出发点为：一方面是通过要求相配合的内、外表面处处位于各自的最大实体边界内，从而保证确定的配合性质，即保证使用要求的间隙或过盈；另一方面，要求相配合的内、外表面处处的局部尺寸不超出最小实体尺寸，以保证使用要求的强度。

按包容要求所标注的零件，在加工完成后，用两点法测量局部实际尺寸，用通端量规检查其体外作用尺寸。

4.7.4 最大实体要求

最大实体要求（maximum material requirement，MMR）是用最大实体实效边界（MMVB）来控制实际要素轮廓的公差原则，是一种相关要求。最大实体要求可用于被测要素（包括单一要素和关联要素），以及基准要素。

最大实体要求应用于被测要素时，被测要素的实际轮廓应遵守最大实体实效边界。具体要求为：体外作用尺寸不得超出最大实体实效尺寸，局部实际尺寸不得超出尺寸公差带所规定的极限尺寸范围。

对于外表面(轴)

$$d_{fe} \leqslant d_{MMVS} = d_{max} + t_g \quad 且 \quad d_{LMS} = d_{min} \leqslant d_a \leqslant d_{MMS} = d_{max}$$

对于内表面(孔)

$$D_{fe} \geqslant D_{MMVS} = D_{min} - t_g \quad 且 \quad D_{MMS} = D_{min} \leqslant D_a \leqslant D_{LMS} = D_{max}$$

最大实体要求应用于被测要素时,应在几何公差值后加标注符号Ⓜ。

例 4-9　轴的最大实体要求标注如图 4-94(a)所示,试说明其含义。

解　根据几何公差值的符号Ⓜ可知,轴的尺寸公差与形状公差(轴线的直线度公差)应符合最大实体要求,应用于被测要素上,且被测要素为单一要素。其含义如下:

(1) 实际轴的体外作用尺寸不能超出最大实体实效边界(直径为 $\phi20.01$ mm)。当轴的局部实际尺寸处处为最大实体尺寸 $\phi20$ mm(见图 4-94(b)),轴线直线度误差最大允许值为图样给定的直线度公差值 $\phi0.01$ mm,如图 4-94(c)所示。

(2) 当轴的实际尺寸偏离最大实体尺寸时,允许轴线的直线度误差大于给定的公差值($\phi0.01$ mm)。当轴的局部实际尺寸处处为 $\phi19.985$ mm 时,轴线直线度误差的最大允许值为($\phi20.01$ mm $- \phi19.985$ mm) $= \phi0.025$ mm;当轴的局部实际尺寸处处为最小实体尺寸 $\phi19.979$ mm 时,轴线直线度误差的最大允许值为 $\phi0.031$ mm(即为尺寸公差值与几何公差值之和),如图 4-94(d)所示。局部实际尺寸与直线度公差的动态关系如图 4-94(e)所示。

(3) 轴的局部实际尺寸不能超出最小实体尺寸 $\phi19.979$ mm 与最大实体尺寸 $\phi20$ mm。

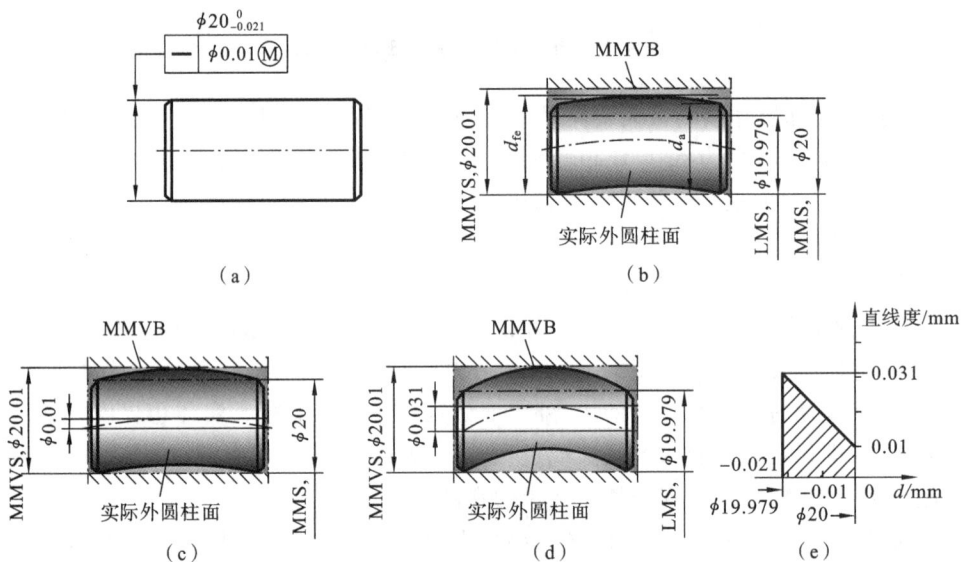

图 4-94　轴的最大实体要求标注及其含义

例 4-10　孔的定向公差最大实体要求标注如图 4-95(a)所示,试说明其含义。

解　根据几何公差值的符号Ⓜ可知,孔的尺寸公差与几何公差(轴线的垂直度公差)应符合最大实体要求,应用于关联被测要素上。其含义如下:

(1) 实际孔的体外作用尺寸不能超出最大实体实效边界(直径为 $\phi19.95$ mm)。当孔的局部实际尺寸处处为最大实体尺寸 $\phi20$ mm 时(见图 4-95(b)),轴线垂直度误差最大允许值为图样给定的垂直度公差值为 $\phi0.05$ mm,如图 4-95(c)所示。

(2) 当孔的实际尺寸偏离最大实体尺寸时,允许轴线的垂直度误差大于给定的公差值

（$\phi 0.05$ mm）。当孔的局部实际尺寸处处为 $\phi 20.01$ mm 时，轴线垂直度误差的最大允许值为 $\phi 0.06$ mm；当孔的局部实际尺寸处处为最小实体尺寸 $\phi 20.033$ mm 时，轴线垂直度误差的最大允许值为 $\phi 0.083$ mm（即为尺寸公差值与几何公差值之和），如图 4-95(d) 所示。局部实际尺寸与垂直度公差的动态关系如图 4-95(e) 所示。

（3）孔的局部实际尺寸不能超出最小实体尺寸 $\phi 20.033$ mm 与最大实体尺寸 $\phi 20$ mm。

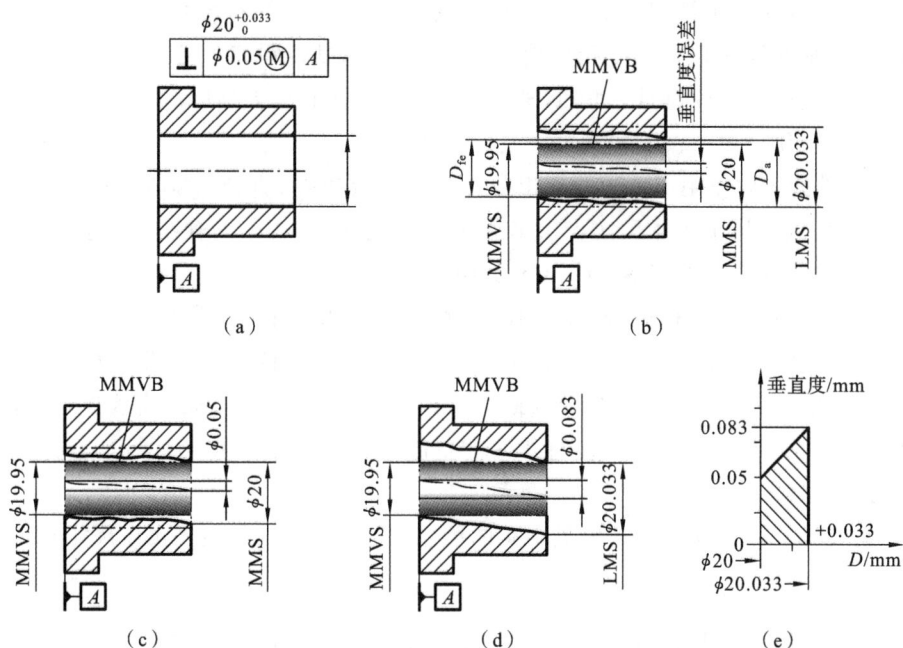

图 4-95　孔的定向公差最大实体要求的图样标注及其含义

若关联被测要素采用最大实体要求时，给出的几何公差值为零，则成为最大实体要求的零几何公差，并以"0 Ⓜ"标注。按最大实体要求所标注的零件，在加工完成后，用两点法测量局部实际尺寸，用综合量规检查体外作用尺寸。

最大实体要求也可以应用于基准要素，此时应在公差框格中的相应基准符号后面加注符号 Ⓜ。有关规定和含义可查阅国家标准 GB/T 16671。

通常，若一个零件的尺寸要素达到具有允许材料量最多的最大实体尺寸，同时其相关几何误差又达到最大允许值，即处于最大实体实效状态时，该零件处于最难装配的状态。所以，最大实体要求（含附加可逆要求）的设计出发点是：在最大实体实效边界内，以保证相配零件的可装配性为前提，从而方便制造、降低成本；另一方面，要求相配合的内、外表面的局部尺寸不超出最小实体尺寸，以保证使用的基本强度要求。

4.7.5　最小实体要求

最小实体要求（least material requirement，LMR）是用最小实体实效边界（LMVB）来控制实际要素轮廓的公差原则，是一种相关要求。最小实体要求适用于导出要素，可用于被测要素与基准要素。

最小实体要求应用于被测要素时，被测要素的实际轮廓应遵守最小实体实效边界。具体要求为：体内作用尺寸不得超出最小实体实效尺寸，局部实际尺寸不得超出尺寸公差带所规定的极限尺寸范围。

对于外表面(轴)

$$d_{\mathrm{fi}} \geqslant d_{\mathrm{LMVS}} = d_{\min} - t_{\mathrm{g}} \quad \text{且} \quad d_{\mathrm{LMS}} = d_{\min} \leqslant d_{\mathrm{a}} \leqslant d_{\mathrm{MMS}} = d_{\max}$$

对于内表面(孔)

$$D_{\mathrm{fi}} \leqslant D_{\mathrm{LMVS}} = D_{\max} + t_{\mathrm{g}} \quad \text{且} \quad D_{\mathrm{MMS}} = D_{\min} \leqslant D_{\mathrm{a}} \leqslant D_{\mathrm{LMS}} = D_{\max}$$

最小实体要求应用于被测要素时,应在几何公差值后加标注符号Ⓛ。

例 4-11 轴的最小实体要求标注如图 4-96(a)所示,试说明其含义。

解:根据几何公差值的符号Ⓛ可知,轴的尺寸公差与形状公差(轴线的直线度公差)应符合最小实体要求,应用于单一被测要素上。其含义如下:

(1) 实际轴的体内作用尺寸不能超出最小实体实效边界(直径为 ϕ19.969 mm)。当轴的局部实际尺寸处处为最小实体尺寸 ϕ19.979 mm 时(见图 4-96(b)),轴线直线度误差最大允许值为图样给定的直线度公差值 ϕ0.01 mm,如图 4-96(c)所示。

(2) 当轴的实际尺寸偏离最小实体尺寸时,允许轴线的直线度误差大于给定的公差值(ϕ0.01 mm)。当轴的局部实际尺寸处处为 ϕ19.994 mm 时,轴线直线度误差的最大允许值为 ϕ0.025 mm;当轴的局部实际尺寸处处为最大实体尺寸 ϕ20 mm 时,轴线直线度误差的最大允许值为 ϕ0.031 mm(即为尺寸公差值与几何公差值之和),如图 4-96(d)所示。局部实际尺寸与直线度公差的动态关系如图 4-96(e)所示。

(3)轴的局部实际尺寸不能超出最小实体尺寸 ϕ19.979 mm 与最大实体尺寸 ϕ20 mm。

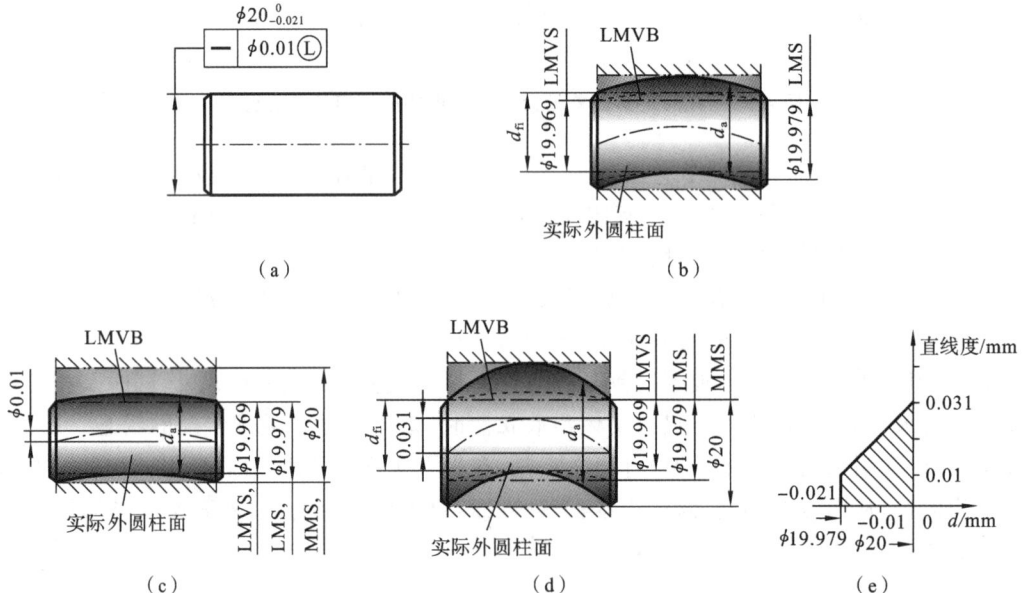

图 4-96 轴的最小实体要求标注及其含义

例 4-12 孔的定位公差最小实体要求如图 4-97(a)所示,试说明其含义。

解 根据几何公差值的符号Ⓛ可知,孔的尺寸公差与几何公差(中心的位置度公差)应符合最小实体要求,应用于关联被测要素上。其含义如下:

(1) 实际孔的体内作用尺寸不能超出最小实体实效边界(直径为 ϕ35.15 mm)。当孔的局部实际尺寸处处为最小实体尺寸 $\phi35.1$ mm 时(见图 4-97(b)),孔中心的位置度误差最大允许值为图样给定的公差值 $\phi0.05$ mm,如图 4-97(c)所示。

(2) 当孔的实际尺寸偏离最小实体尺寸时,允许孔中心的位置度误差大于给定的公差值($\phi0.05$ mm)。当孔的局部实际尺寸处处为 $\phi35.05$ mm 时,孔中心的位置度误差的最大允许值为 $\phi0.1$ mm;当孔的局部实际尺寸处处为最大实体尺寸 $\phi35$ mm 时,孔中心的位置度误差的最大允许值为 $\phi0.15$ mm(即为尺寸公差值与几何公差值之和),如图 4-97(d)所示。局部实际尺寸与孔中心的位置度公差的动态关系如图 4-97(e)所示。

(3) 孔的局部实际尺寸不能超出最小实体尺寸 $\phi35.1$ mm 与最大实体尺寸 $\phi35$ mm。

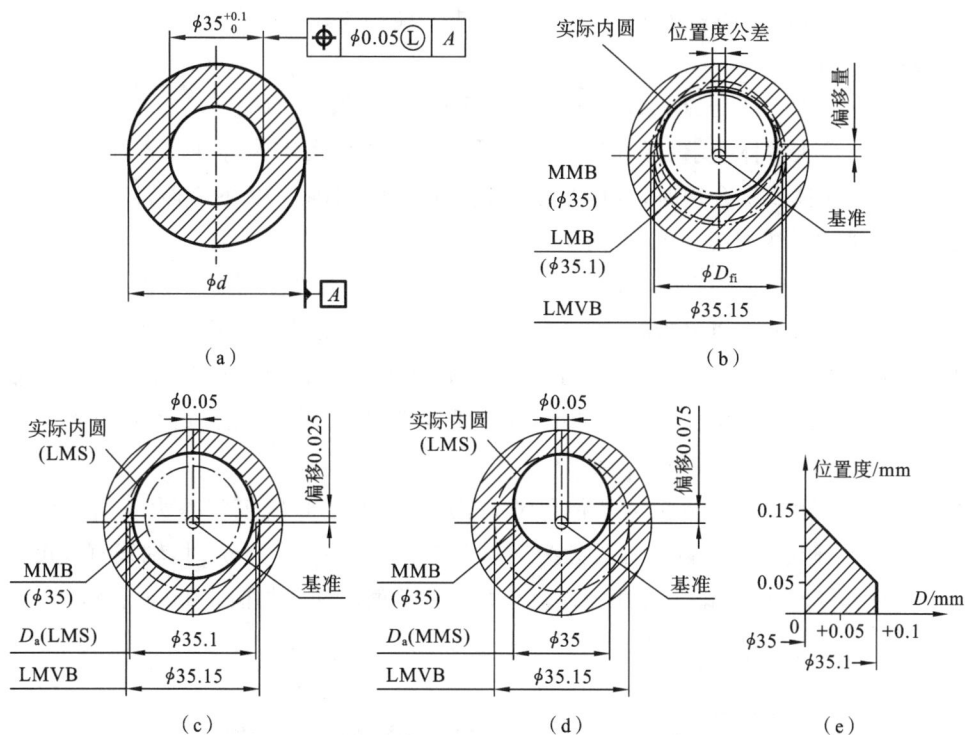

图 4-97　孔的定位公差最小实体要求的图样标注及其含义

4.7.6　可逆要求

采用最大实体要求与最小实体要求时,只允许将尺寸公差补偿给几何公差,那么尺寸公差与几何公差是否可以相互补偿呢? 针对这一问题,国家标准定义了可逆要求(reciprocity requirement,RPR)。

可逆要求是在不影响零件功能的前提下,当被测要素的几何误差值小于给定的几何公差值时,允许其相应尺寸公差值增大的相关要求。可逆要求仅适用于中心要素,即轴线或中心平面,但它不能单独使用,也没有自己的边界,必须与最大实体要求或最小实体要求一起使用。

当可逆要素与最大实体要求一起作用时,其被测要素的实际轮廓受最大实体实效边界控制。具体要求为:体外作用尺寸不得超出最大实体实效尺寸,局部实际尺寸不得超出最小实体尺寸。

对于外表面(轴)

$$d_{fe} \leqslant d_{MMVS} = d_{max} + t_g \quad 且 \quad d_a \geqslant d_{LMS} = d_{min}$$

对于内表面(孔)

$$D_{fe} \geqslant D_{MMVS} = D_{min} - t_g \quad 且 \quad D_a \leqslant D_{LMS} = D_{max}$$

当可逆要素与最小实体要求一起作用时,其被测要素的实际轮廓受最小实体实效边界控制。具体要求为:体内作用尺寸不得超出最小实体实效尺寸,局部实际尺寸不得超出最大实体尺寸。

对于外表面(轴)

$$d_{fi} \geqslant d_{LMVS} = d_{min} - t_g \quad 且 \quad d_a \leqslant d_{MMS} = d_{max}$$

对于内表面(孔)

$$D_{fi} \leqslant D_{LMVS} = D_{max} + t_g \quad 且 \quad D_a \geqslant D_{MMS} = D_{min}$$

可逆要求与最大实体要求合用时,应将符号Ⓡ标注在最大实体符号Ⓜ的后面,即"ⓂⓇ";可逆要求与最小实体要求合用时,应将符号Ⓡ标注在最小实体符号Ⓛ的后面,即"ⓁⓇ"。

例 4-13 轴的标注如图 4-98(a)所示,试说明其含义。

解 根据几何公差标注符号ⓂⓇ可知,轴的尺寸公差与形状公差(轴线的直线度公差)应符合最大实体要求附加可逆要求的组合,且应用于单一被测要素上。其含义如下:

(1) 实际轴的体外作用尺寸不能超出最大实体实效边界(直径为 $\phi20.01$ mm)。当轴的局部实际尺寸处处为最大实体尺寸 $\phi20$ mm 时,轴线直线度误差最大允许值为图样给定的直线度公差值 $\phi0.01$ mm,如图 4-98(b)所示。

(2) 当轴的实际尺寸偏离最大实体尺寸时,允许轴线的直线度误差大于给定的公差值($\phi0.01$ mm)。当轴的局部实际尺寸处处为最小实体尺寸 $\phi19.979$ mm 时,轴线直线度误差的最大允许值为 $\phi0.031$ mm(即为尺寸公差值与几何公差值之和),如图 4-98(c)所示。

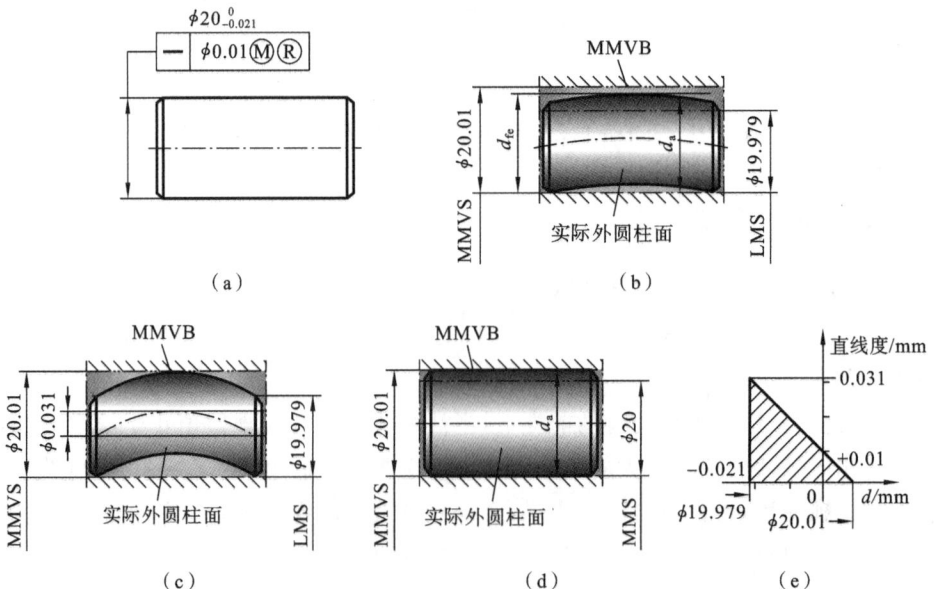

图 4-98 轴的最大实体要求附加可逆要求的图样标注及其含义

（3）当轴线直线度误差为给定的公差值（$\phi0.01$ mm）时，轴的局部实际尺寸不得大于最大实体尺寸 $\phi20$ mm；当轴线直线度误差小于给定的公差值（$\phi0.01$ mm）时，允许轴的尺寸公差值增大，轴的局部实际尺寸可以超出（大于）最大实体尺寸 $\phi20$ mm；当轴线直线度误差为零时，轴的局部实际尺寸最大可达 $\phi20.01$ mm，即等于最大实体实效尺寸，如图 4-98（d）所示。

（4）轴的局部实际尺寸不能超出最小实体尺寸 $\phi19.979$ mm。

局部实际尺寸与直线度公差相互关联的动态公差关系如图 4-98（e）所示。

例 4-14　轴的标注如图 4-99（a）所示，试说明其含义。

解　根据几何公差标注符号Ⓛℝ可知，轴的尺寸公差与形状公差（轴线直线度公差）应符合最小实体要求附加可逆要求的组合，应用于单一被测要素上。其含义如下：

（1）实际轴的体内作用尺寸不能超出最小实体实效边界（直径为 $\phi19.969$ mm）。当轴的局部实际尺寸处处为最小实体尺寸 $\phi19.979$ mm 时，轴线直线度误差最大允许值为图样给定的直线度公差值 $\phi0.01$ mm，如图 4-99（b）所示。

（2）当轴的实际尺寸偏离最小实体尺寸时，允许轴线的直线度误差大于给定的公差值（$\phi0.01$ mm）。当轴的局部实际尺寸处处为最大实体尺寸 $\phi20$ mm 时，轴线直线度误差的最大允许值为 $\phi0.031$ mm（即为尺寸公差值与几何公差值之和），如图 4-99（c）所示。

（3）当轴线直线度误差为给定的公差值（$\phi0.01$ mm）时，轴的局部实际尺寸不得小于最小实体尺寸 $\phi19.979$ mm；当轴线直线度误差小于给定的公差值（$\phi0.01$ mm）时，允许轴的尺寸公差值增大，轴的局部实际尺寸可以超出（小于）最小实体尺寸 $\phi19.979$ mm；当轴线直线度误差为零时，轴的局部实际尺寸最小可达 $\phi19.969$ mm，即等于最小实体实效尺寸，如图 4-99（d）所示。

（4）轴的局部实际尺寸不能超出最大实体尺寸 $\phi20$ mm。

局部实际尺寸与直线度公差相互关联的动态公差关系如图 4-99（e）所示。

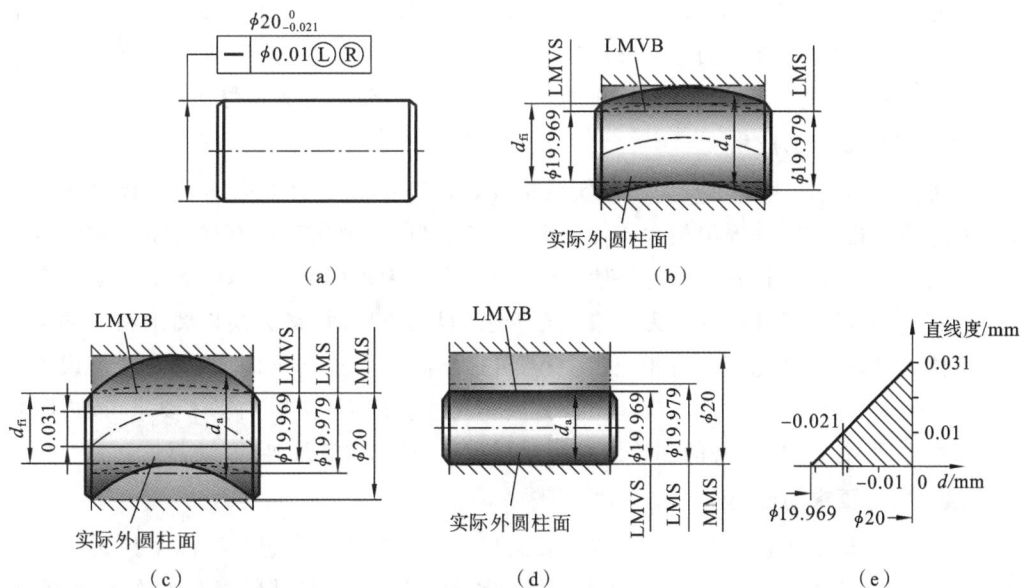

图 4-99　轴的最小实体要求附加可逆要求的图样标注及其含义

按可逆最大实体要求或可逆最小实体要求所标注的零件,在加工完成后,用两点法测量局部实际尺寸,用综合量规检查体外作用尺寸或用三坐标测量机及专用测量仪器测量体内作用尺寸。

4.8　几何精度设计

　　合理规定几何公差来限制零件有关组成要素的几何误差,即对零件进行几何精度设计,这对于保证整机的使用性能和制造成本至关重要。

　　零件几何精度设计要综合考虑功能需求、结构特点、制造环境及成本,其主要内容包括:考虑零件为多个要素组成的几何体,合理规定其尺寸公差与几何公差之间的关系;针对要素的性能要求、几何特征、要素间的功能关联及检测条件等,合理选择几何公差项目;根据零件的结构特点、精度要求及相应制造工艺能力和成本等确定几何公差值;将精度设计的结果规范地标注在工程图样上。

几何精度设计

4.8.1　公差原则的应用

1. 独立原则的应用

　　独立原则是处理零件尺寸公差与几何公差关系的基本公差原则。该原则通过分别控制尺寸误差和几何误差,可满足零件尺寸公差与几何公差的独立功能要求。因而,在零件相关要素的尺寸和几何精度要求差别大、尺寸及几何精度均要求高或均要求低,以及要素间的尺寸与几何精度无必然联系等情况时,均可采用独立原则。

2. 包容要求的应用

　　包容要求实质上是用最大实体边界(MMB)这一理想包容面来控制实际轮廓的综合偏差。包容要求通常用于有配合要求的内、外表面,通过要求相配合的内、外表面处处位于各自的最大实体边界内,从而保证确定的配合性质,即保证使用要求的最小间隙或最大过盈;同时,在局部尺寸偏离最大实体尺寸时,允许有相应的几何误差存在,使制造成本得到降低。

3. 最大实体要求的应用

　　最大实体要求实质上是用最大实体实效边界(MMVB)这一理想包容面来控制实际轮廓的综合偏差。对相配孔、轴提出最大实体要求,是考虑当孔、轴达到占有材料量最多的最大实体状态,且各自几何误差达到最大允许值,即处于装配最困难的状态时,二者仍能实现自由装配,通常用于主要满足可装配性而无严格配合要求的场合;同时,最大实体要求在局部尺寸偏离最大实体尺寸时,允许几何公差相应扩大;若再提出附加可逆要求的话,则在几何误差没超过给定公差值时,允许局部尺寸相应超出最大实体尺寸。因而,按最大实体要求(或再附加可逆要求),能方便制造并以经济的制造成本满足相配孔、轴的可装配性。

4. 最小实体要求的应用

　　最小实体要求实质上是用最小实体实效边界(LMVB)这一理想包容面来控制实际轮廓的综合偏差。对零件提出最小实体要求,是考虑当其达到占有材料量最少的最小实体状态,且几何误差达到最大允许值,即处于强度最弱的最小实体实效状态时,仍能满足零件的基本强度要求,通常用于考虑强度临界值的设计,以控制最小壁厚保证最低许用强度的场合;同时,最小实体要求在局部尺寸偏离最小实体尺寸时,允许几何公差相应扩大;若再提出附加可逆要求的话,则在几何误差没超过给定公差值时,允许局部尺寸相应超出最小实体尺寸。因而,按最小实体要求(或再附加可逆要求),能方便制造并以经济的制造成本满足相配孔、轴的基本强度。

4.8.2　几何公差项目的选择

选择几何公差项目时,通常要考虑以下因素。

1. 考虑零件的功能需求及现有设备的加工制造能力

选择几何公差项目时,首先应对零件使用功能进行分析,以确定因几何误差影响零件功能的各组成要素,并根据这些要素的几何特征及要素间的相互关联来选择相应的几何公差项目,以限制零件的制造误差。

同时,考虑功能许可的几何公差大小及可行的加工手段,决定是否通过图样标注提出的几何公差要求。若确认常用设备和工艺方法可能导致的几何公差小于功能需求公差,则可不在图样上标注出相应的公差要求(视同未注公差处理);若功能所需满足的几何精度低于未注公差要求,则一般不在图样上标注相应的几何公差,除非规定较大几何公差值对零件加工具有显著的经济效益,才在图样上标注相应的几何公差;若功能所需满足的几何精度高于未注公差要求,则需在图样上标注相应的几何公差。

2. 避免对几何误差的重复限制

选择几何公差项目实质上是选择相应的公差带来限制加工误差。几何公差带的形状有二维平面区域和三维空间区域。对同一要素规定几何公差时需进行以下分析。

若三维公差带(如圆柱度)已满足功能要求,或二维公差带(如圆度)已足够,则不要再选择其他公差项目。例如:圆柱表面标注圆柱度公差后,不再规定圆度公差;平面仅需控制直线度公差时,不再规定平面度公差。

限制要素某类几何公差可能同时约束其他误差类型,需注意公差层级关系:位置公差(如位置度)包含方向误差(如平行度)和形状误差(如平面度);方向公差(如垂直度)包含形状误差(如直线度);部分形状公差(如平面度)可覆盖其他形状误差(如直线度)。

若不同公差项目对同一要素的限制效果等效,按工况选择其一。例如,端面对轴线的垂直度公差与全跳动公差等效时:端面绕轴线旋转(如联轴器端面),建议规定全跳动公差(便于动态检测);端面为静态定位面(如法兰安装面),建议 规定垂直度公差(直接反映装配关系)。

3. 考虑现有的检测条件

实际要素是否满足所规定的几何公差要求要通过检测来验证,因此在规定公差时要考虑是否有经济可行的检测条件。例如,在车间条件下,只要能满足零件的功能要求,往往圆跳动比同轴度更为方便检测;可用圆度、素线直线度及平行度组合代替圆柱度,或用全跳动代替圆柱度。

4. 遵循有关专业标准的相关规定

专业标准的相关规定是几何公差项目选择的重要依据。例如,滚动轴承的标准中规定了相关孔、轴的几何公差要求;单键、花键、齿轮等典型零件的标准均对有关要素给出了几何公差的规定或要求。

4.8.3　几何公差值的确定

选取几何公差值最基本的原则是,在满足零件使用要求的前提下,选取最经济的公差值。几何公差值的选取可采用类比法和计算法。目前工程应用中多采用类比法,即设计者参考自身或他人的成功经验(包括有关设计手册及技术资料)、同类优质产品的应用实例,经过对比分析来确定几何公差值。选取几何公差值时,应考虑以下问题。

1. 考虑同一要素各项公差要求的内在联系

当要求将被测要素限制在最大实体实效边界内时,选取形状公差值应小于方向、位置或跳动公差值,几何公差值应小于尺寸公差值;当要求遵循独立原则或最大实体要求时,选取形状公差值应小于方向、位置或跳动公差值。

对同一要素规定的几何公差项目中,二维公差带的大小(公差值)应不大于三维公差带大小。例如:对平面要素规定的直线度公差值应不大于平面度公差值;圆跳动公差值应不大于全跳动公差值。由于跳动公差具有综合控制的效果,因此,回转表面及其素线的形状公差值及定向、定位公差值应不大于相应的跳动公差值。

2. 考虑配合要求

对有配合要求的要素,其形状公差目前多按占尺寸公差的百分比来选取。根据功能要求及工艺条件,通常取尺寸公差的 25%～63%,有特殊要求的亦可取更小的比例。应注意,选取几何公差值占尺寸公差值的百分比过小,对工艺装备的精度要求会过高;另一方面,若此百分比过大,将难以控制尺寸误差。因而对于一般零件,取其形状公差值为尺寸公差的 40% 或 63%。

3. 考虑表面粗糙度

从平面加工的实践经验来看,通常表面粗糙度的平均高度值占形状误差(直线度、平面度)的 20%～25%。因此,对于中等尺度和中等精度要求的零件,这类形状公差值可参考此经验关系选取。

4. 考虑零件的结构特点

对于刚度较低的零件(如细长轴、深孔、薄壁件等),以及其他一些结构工艺性不好的零件(如距离较远的孔、轴,大而薄的面等),由于加工精度受到类似结构的影响,此时可取较大的公差值。

5. 考虑尺寸系统

零件上各要素的几何公差往往也是某个尺寸链上的一个环,在确定某要素形状公差值时,应从其所在尺寸链的角度,根据该要素的功能要求及制造工艺能力合理给出公差值。

6. 选用标准公差值

GB/T 1184《形状和位置公差 未注公差值》规定了几何公差由高至低分为 1～12 级,为了适应精密零件的需要,圆度、圆柱度公差增加了一级,即 0 级,公差数值及应用举例如表 4-7～表 4-10 所示;同时对未注直线度、平面度、垂直度、对称度、圆跳动等公差规定了 H、K、L 由高至低三种公差等级,公差数值如表 4-11 所示。设计者在确定几何公差值时,应选择标准公差值。

表 4-7 直线度、平面度公差值及应用举例

主参数 L/mm	公差等级											
	1	2	3	4	5	6	7	8	9	10	11	12
	公差值/μm											
≤10	0.2	0.4	0.8	1.2	2	3	5	8	12	20	30	60
>10~16	0.25	0.5	1	1.5	2.5	4	6	10	15	25	40	80
>16~25	0.3	0.6	1.2	2	3	5	8	12	20	30	50	100
>25~40	0.4	0.8	1.5	2.5	4	6	10	15	25	40	60	120
>40~63	0.5	1	2	3	5	8	12	20	30	50	80	150
>63~100	0.6	1.2	2.5	4	6	10	15	25	40	60	100	200
>100~160	0.8	1.5	3	5	8	12	20	30	50	80	120	250
>160~250	1	2	4	6	10	15	25	40	60	100	150	300
>250~400	1.2	2.5	5	8	12	20	30	50	80	120	200	400
>400~630	1.5	3	6	10	15	25	40	60	100	150	250	500
>630~1 000	2	4	8	12	20	30	50	80	120	200	300	600
>1 000~1 600	2.5	5	10	15	25	40	60	100	150	250	400	800
>1 600~2 500	3	6	12	20	30	50	80	120	200	300	500	1 000
>2 500~4 000	4	8	15	25	40	60	100	150	250	400	600	1 200
>4 000~6 300	5	10	20	30	50	80	120	200	300	500	800	1 500
>6 300~10 000	6	12	25	40	60	100	150	250	400	600	1 000	2 000

主参数 L 图例

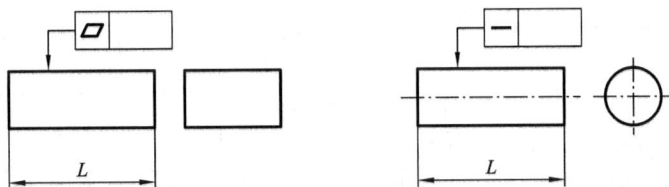

公差等级	应 用 举 例
1,2	精密量具、仪器及高精度机械零件。如零级样板平尺和宽平尺,工具显微镜等精密量仪导轨工作面,喷油嘴针阀体端面和油泵柱塞套端面的平面度等
3	零级和1级宽平尺、1级样板平尺工作面,量仪圆弧导轨及测杆直线度等
4	量具、量仪和机床导轨。如1级宽平尺、零级平板,量仪和高精度平面磨床的 V 形导轨及滚动导轨,轴承磨床和平面磨床床身直线度等
5	1级平板、2级宽平尺,平面磨床的纵向、垂向、立柱导轨及工作台,液压龙门刨床导轨和六角车床的床身导轨,柴油机进、排气阀门导杆等
6	1级平板,普通机床及龙门刨床导轨,滚齿机立柱、床身导轨及工作台,自动车床床身导轨,平面磨床垂直导轨,卧式镗床、铣床的工作台及机床主轴箱导轨,柴油机进、排气阀门导杆,柴油机机体接合面等
7	2级平板,游标卡尺尺身直线度,机床主轴箱、摇臂钻底座及工作台,液压泵盖,减速器壳体接合面等
8	车床溜板箱接合面,机床传动箱体接合面,柴油机气缸体,汽车曲轴箱接合面等
9,10	3级平板,自动车床床身底面,摩托车曲轴箱体,汽车变速箱体,手动机械的支撑面等
11,12	易变形的薄片、薄壳零件,如离合器的摩擦片,汽车发动机缸盖接合面等

表 4-8　圆度、圆柱度公差值及应用举例

主参数 $d(D)$/mm	公差等级												
	0	1	2	3	4	5	6	7	8	9	10	11	12
	公差值/μm												
≤3	0.1	0.2	0.3	0.5	0.8	1.2	2	3	4	6	10	14	25
>3～6	0.1	0.2	0.4	0.6	1	1.5	2.5	4	5	8	12	18	30
>6～10	0.12	0.25	0.4	0.6	1	1.5	2.5	4	6	9	15	22	36
>10～18	0.15	0.25	0.5	0.8	1.2	2	3	5	8	11	18	27	43
>18～30	0.2	0.3	0.6	1	1.5	2.5	4	6	9	13	21	33	52
>30～50	0.25	0.4	0.6	1	1.5	2.5	4	7	11	16	25	39	62
>50～80	0.3	0.5	0.8	1.2	2	3	5	13	19	30	46	74
>80～120	0.4	0.6	1	1.5	2.5	4	6	10	16	22	35	54	87
>120～180	0.6	1	1.2	2	3.5	5	8	12	18	25	40	63	100
>180～250	0.8	1.2	2	3	4.5	7	10	14	20	29	46	72	115
>250～315	1.0	1.6	2.5	4	6	8	12	16	23	32	52	81	130
>315～400	1.2	2	3	5	7	9	13	18	25	36	57	89	140
>400～500	1.5	2.5	4	6	8	10	15	20	27	40	63	97	155

主参数 $d(D)$图例

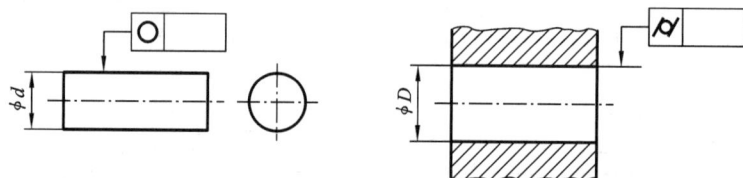

公差等级	应用举例
0,1	高精度量仪,机床主轴,滚动轴承滚珠和滚柱等
2	精密量仪主轴及轴套,阀套,高压油泵及喷油泵的柱塞及柱塞套,纺锭轴承,高速柴油机进、排气门,精密机床主轴轴颈,针阀圆柱体表面等
3	高精度外圆磨床轴承,磨床砂轮主轴套,喷油嘴针,阀体孔,高精度轴承内、外圈等
4	较精密机床主轴及支承孔,高压阀门,活塞、活塞销,阀体孔,高压液压泵柱塞,较高精度滚动轴承配合轴,铣削动力头箱体孔等
5	一般量仪主轴、测杆外圆柱面,陀螺仪轴颈,一般机床主轴轴颈及轴承孔,柴油机、汽油机的活塞、活塞销,与 5、6(6X)级滚动轴承配合的轴颈等
6	仪表端盖外圆柱面,一般机床主轴及前轴承孔,泵、压缩机的活塞,气缸,汽油发动机凸轮轴,纺机锭子,减速器传动轴轴颈,高速船用柴油机、拖拉机曲轴轴颈,与 6(6X)级、0 级滚动轴承配合的外壳孔等
7	大功率低速柴油机曲轴轴颈、活塞、活塞销、连杆、气缸,高速柴油机箱体轴承孔,千斤顶或压力油缸活塞,机车传动轴,水泵及通用减速器转轴轴颈,与 0 级滚动轴承配合的轴颈等
8	低速发动机的大功率曲柄轴轴颈,压气机连杆盖、体,拖拉机气缸、活塞,炼胶机冷铸轴辊,印刷机传墨辊,内燃机曲轴轴颈,柴油机凸轮轴承孔、凸轮轴,拖拉机、小型船用柴油机气缸套等
9	空压机气缸体,液压传动筒,通用机械杠杆与拉杆用套筒销子,拖拉机活塞环、套筒孔等
10	印染机导布辊,绞车、吊车、起重机滑动轴承、轴颈等
11	传动轴、齿轮轴等中等精度要求的旋转部件,拖拉机、收割机等设备中非高载荷的轴类零件,普通车床或铣床的主轴箱孔
12	螺栓孔、铆接孔等无需高精度的场合,简单工具的轴孔配合

表 4-9　平行度、垂直度、倾斜度公差值及应用举例

主参数 L、d(D)/mm	公差等级											
	1	2	3	4	5	6	7	8	9	10	11	12
	公差值/μm											
≤10	0.4	0.8	1.5	3	5	8	12	20	30	50	80	120
>10~16	0.5	1	2	4	6	10	15	25	40	60	100	150
>16~25	0.6	1.2	2.5	5	8	12	20	30	50	80	120	200
>25~40	0.8	1.5	3	6	10	15	25	40	60	100	150	250
>40~63	1	2	4	8	12	20	30	50	80	120	200	300
>63~100	1.2	2.5	5	10	15	25	40	60	100	150	250	400
>100~160	1.5	3	6	12	20	30	50	80	120	200	300	500
>160~250	2	4	8	15	25	40	60	100	150	250	400	600
>250~400	2.5	5	10	20	30	50	80	120	200	300	500	800
>400~630	3	6	12	25	40	60	100	150	250	400	600	1 000
>630~1 000	4	8	15	30	50	80	120	200	300	500	800	1 200
>1 000~1 600	5	10	20	40	60	100	150	250	400	600	1 000	1 500
>1 600~2 500	6	12	25	50	80	120	200	300	500	800	1 200	2 000
>2 500~4 000	8	15	30	60	100	150	250	400	600	1 000	1 500	2 500
>4 000~6 300	10	20	40	80	120	200	300	500	800	1 200	2 000	3 000
>6 300~10 000	12	25	50	100	150	250	400	600	1 000	1 500	2 500	4 000

主参数 L、d(D)图例

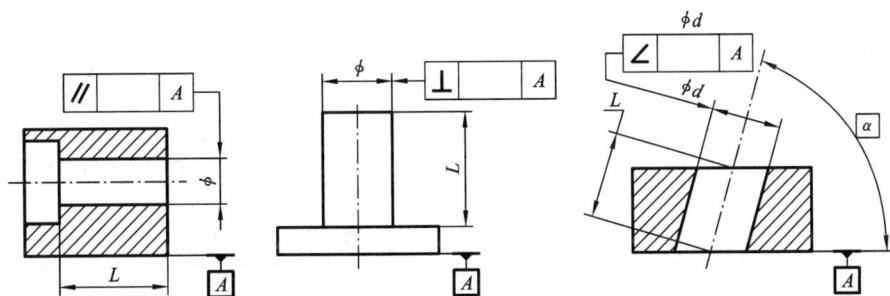

公差等级	应 用 举 例
1	高精度机床、量仪、量具等的主要工作面等
2,3	精密机床、量仪、量具、模具的工作面和基准,精密机床的导轨,重要箱体主轴孔,精密机床主轴肩端面,滚动轴承座圈端面,普通机床的主要导轨,精密刀具的工作面和基准等
4,5	量仪、量具、模具的工作面和基准面、普通车床导轨、重要支承面、机床主轴孔对基准的平行度、床头箱体重要孔,精密机床重要零件,通用减速器壳体孔,齿轮泵的油孔端面,发动机轴和离合器的凸缘,气缸支承端面,安装精密滚动轴承壳体孔的凸缘等
6,7,8	一般机床工作面和基准面,压力机和锻锤工作面,中等精度钻模工作面,机床一般轴承孔对基准的平行度,变速箱体孔,主轴花键对定心直径部位轴线的平行度,重型机械轴承盖端面,卷扬机、手动传动装置传动轴,一般导轨、主轴箱孔,刀架、砂轮架、气缸配合面对基准轴线,活塞销孔对活塞中心线的垂直度,滚动轴承内、外圈端面对轴线的垂直度等

公差等级	应 用 举 例
9,10	低精度零件,重型机械滚动轴承端盖,柴油机、煤气发动机箱体曲轴孔、轴颈、花键轴和轴肩端面,皮带运输机法兰盘等端面对轴线的垂直度,手动卷扬机及传动装置的轴承端面,减速器壳体平面等
11,12	零件非工作面,卷扬机、运输机上用的减速器壳体平面,农用机械的齿轮端面等

表 4-10 同轴度、对称度、圆跳动、全跳动公差值及应用举例

主参数 $d(D)$、B、L /mm	公 差 等 级											
	1	2	3	4	5	6	7	8	9	10	11	12
	公差值/μm											
≤1	0.4	0.6	1	1.5	2.5	4	6	10	15	25	40	60
>1~3	0.4	0.6	1	1.5	2.5	4	6	10	20	40	60	120
>3~6	0.5	0.8	1.2	2	3	5	8	12	25	50	80	150
>6~10	0.6	1	1.5	2.5	4	6	10	15	30	60	100	200
>10~18	0.8	1.2	2	3	5	8	12	20	40	80	120	250
>18~30	1	1.5	2.5	4	6	10	15	25	50	100	150	300
>30~50	1.2	2	3	5	8	12	20	30	60	120	200	400
>50~120	1.5	2.5	4	6	10	15	25	40	80	150	250	500
>120~250	2	3	5	8	12	20	30	50	100	200	300	600
>250~500	2.5	4	6	10	15	25	40	60	120	250	400	800
>500~800	3	5	8	12	20	30	50	80	150	300	500	1 000
>800~1 250	4	6	10	15	25	40	60	100	200	400	600	1 200
>1 250~2 000	5	8	12	20	30	50	80	120	250	500	800	1 500
>2 000~3150	6	10	15	25	40	60	100	150	300	600	1 000	2 000
>3150~5 000	8	12	20	30	50	80	120	200	400	800	1 200	2 500
>5 000~8 000	10	15	25	40	60	100	150	250	500	1 000	1 500	3 000
>8 000~10 000	12	20	30	50	80	120	200	300	600	1 200	2 000	4 000

主参数 $d(D)$、B、L 图例

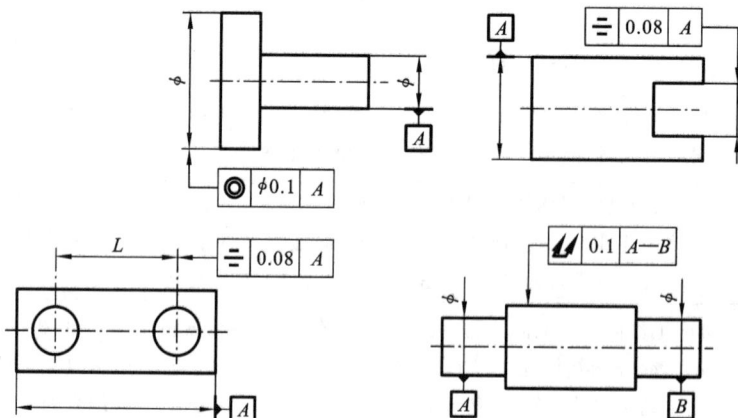

公差等级	应 用 举 例
1,2	同轴度或旋转精度要求很高的零件,如精密量仪的主轴和顶尖,柴油机喷油嘴针阀等
3,4	机床主轴轴颈,砂轮轴轴颈,蒸汽轮机主轴,量仪的小齿轮轴,高精度齿轮安装轴颈等
5,6,7	这是应用较广的公差等级,用于几何精度要求较高,尺寸公差等级不低于 IT8 的零件。如 5 级常用于机床轴颈、量仪的测量杆、蒸汽轮机主轴、柱塞油泵转子、高精度滚动轴承外圈、一般精度滚动轴承内圈、回转工作台端面跳动、高精度机床的套筒、安装齿轮机床连接轴的法兰、高精度快速回转轴;7 级用于内燃机曲轴、凸轮轴、齿轮轴、水泵轴、汽车后轮输出轴,电动机转子、印刷机传墨辊轴颈、键槽对称度等
8,9,10	用于几何精度要求一般,尺寸公差等级 IT8~IT10 级的零件。如 8 级用于拖拉机的发动机分配轴轴颈,与 9 级精度以下齿轮相配的轴,水泵叶轮、离心泵体、键槽等;9 级用于内燃机气缸套配合面、自行车中轴;10 级用于摩托车活塞,印染机导布辊,内燃机活塞环槽底径对活塞中心、气缸套外圈对内孔等
11,12	一般用于无特殊要求,尺寸公差等级为 IT11 或 IT12 级的零件

表 4-11 直线度和平面度的未注公差值　　　　　　(mm)

公差等级	基本长度范围					
	≤10	>10~30	>30~100	>100~300	>300~1 000	>1 000~3 000
H	0.02	0.05	0.1	0.2	0.3	0.4
K	0.05	0.1	0.2	0.4	0.6	0.8
L	0.1	0.2	0.4	0.8	1.2	1.6

4.8.4 几何公差的图样标注

国家标准 GB/T 1182《产品几何技术规范(GPS)　几何公差　形状、方向、位置和跳动公差标注》对几何公差的图样标注做了全面的规定。第 4.2 节已对几何特征符号及附加符号做了介绍(见表 4-1),且本章前述内容中已给出不少几何公差图样标注图例,因而,在此仅将 GB/T 1182 中的一些基本规范做相应的说明,更为详细的应用请参阅该标准。

1. 公差框格的标注

表 4-12 所示的为用公差框格注出的公差要求的典型图例。公差框格分为两个或多个矩形格,标注几何公差时,自左至右分别在格中注出:项目的特征符号;公差值(圆形或圆柱形公差带公差值前加注 ϕ,球形公差带公差值前加注 $S\phi$);基准(注一个字母表示单个基准,多个字母表示基准体系或公共基准)。

表 4-12 几何公差框格标注示例

示 例	说 明
▭ 0.1	被测要素的直线度公差,公差值为 0.1 mm
▭ 0.1 A	被测要素对基准要素 A 的平行度公差,公差值为 0.1 mm

续表

示　例	说　明
$\boxed{\oplus}$ $\boxed{\phi 0.1}$ $\boxed{A}$ $\boxed{C}$ $\boxed{B}$	被测要素对基准要素 A、C、B(依次为第一、第二、第三基准)的位置度公差,公差值为 $\phi 0.1$ mm(此处注 ϕ 表示圆形或圆柱体公差带的直径,若为球形公差带则注 $S\phi$)
$\boxed{\odot}$ $\boxed{\phi 0.1}$ $\boxed{A-B}$	被测要素对要素 A 和 B 建立的公共基准的同轴或同心度公差,公差值为 $\phi 0.1$ mm(此处是同轴度则为圆柱体公差带的直径,同心度则为圆形公差带的直径)
$6 \times \phi 12 \pm 0.02$ $\boxed{\oplus}$ $\boxed{\phi 0.1}$ $\boxed{A}$	6 个相同的直径为 $\phi 12 \pm 0.02$ mm 要素对基准要素 A 的位置度公差,公差值为 $\phi 0.1$ mm(圆形或圆柱体公差带的直径)
$\boxed{\varOmega}$ $\boxed{0.1}$ NC	被测要素的平面度公差,公差值为 0.1 mm 且要求实际被测要素的形状不凸起
$\boxed{—}$ $\boxed{0.01}$ $\boxed{//}$ $\boxed{0.06}$ $\boxed{A}$	被测要素的直线度公差和平行度公差,其直线度公差值为 0.01 mm,平行度公差值为 0.06 mm
$\boxed{—}$ $\boxed{0.05/200}$	被测要素的直线度公差,该要素任意 200 mm 内的直线度公差值为 0.05 mm
$\boxed{—}$ $\boxed{\begin{array}{c}0.1\\0.05/200\end{array}}$	被测要素的直线度公差,该要素整体公差值为 0.1 mm,且任意 200 mm 内的直线度公差值为 0.05 mm

2. 被测要素和基准要素的标注

在图样上对要素规定几何公差或指定评价该公差的基准时,需从公差框格或基准符号的任意一侧引出指引线连接至被测要素或基准要素。对于被测要素,指引线的终端带箭头;对于基准要素,指引线终端带涂黑或空白的三角形(见表 4-1)。表 4-13 所示的是对基准要素的标注及说明;表 4-14 所示的是对被测要素几何公差要求的典型图例及说明。

表 4-13　基准要素的标注示例

图　例	说　明
	当基准要素为轮廓要素(轮廓线或轮廓面)时,基准指引线的三角形应直接指到该要素的轮廓线或其延长线上
	当基准要素是视图上的局部表面时,三角形可指在带圆点的引出线的水平线上

图　例	说　明
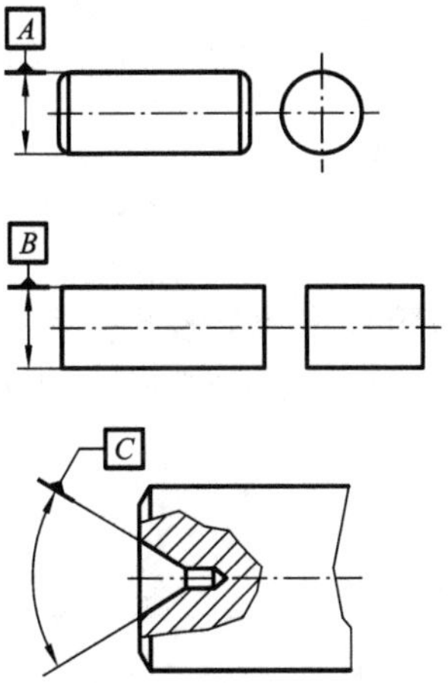	当基准要素为中心要素(中心点、中心线、中心面)时,基准指引线应位于尺寸线的延长线上且三角形应对准尺寸线
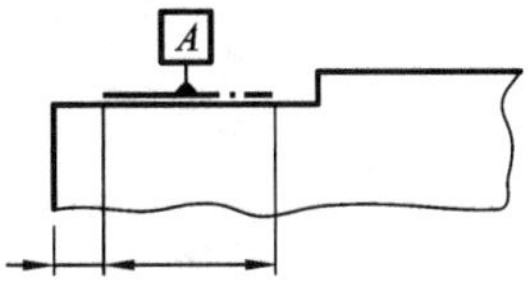	当只以要素的某一局部做基准时,应采用粗点画线示出该局部的范围,并加注尺寸
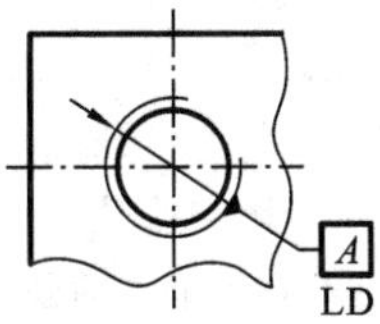	当基准要素为螺纹轴线时,默认为该螺纹中径的轴线,否则应另注说明,如用 MD 表示大径,LD 表示小径(见左图)。另外,当被测要素为齿轮、花键轴时,需说明所指的要素,如用 PD 表示节径,用 MD 表示大径、LD 表示小径

表 4-14　被测要素的标注示例

图　例	说　明
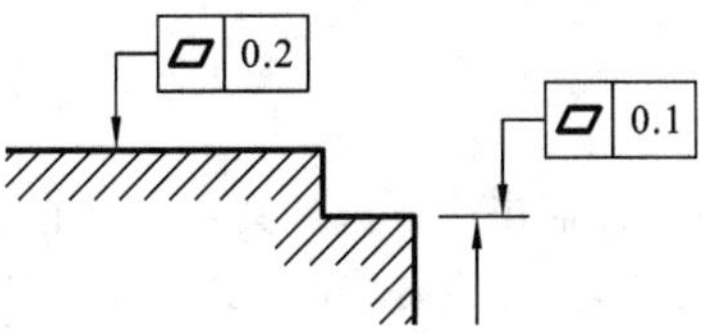	当被测要素为轮廓要素(轮廓线或轮廓面)时,公差指引线的箭头应直接指到该要素的轮廓线或其延长线上(应与尺寸线明显错开)
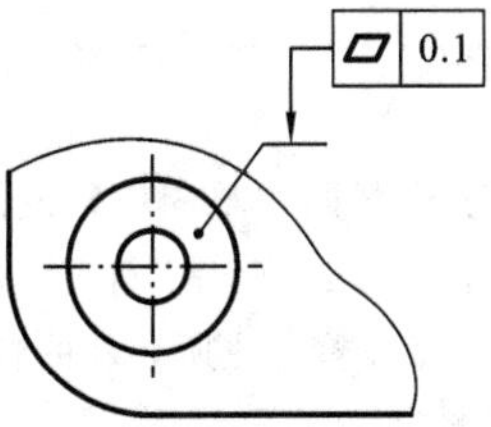	当被测要素是视图上的局部表面时,箭头可指在带圆点的引出线的水平线上

图　例	说　明
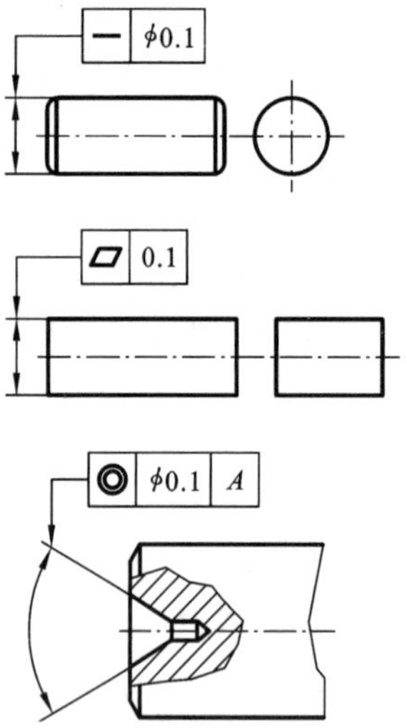	当被测要素为中心要素(中心点、中心线、中心面)时,公差指引线应位于尺寸线的延长线上且箭头应对准尺寸线
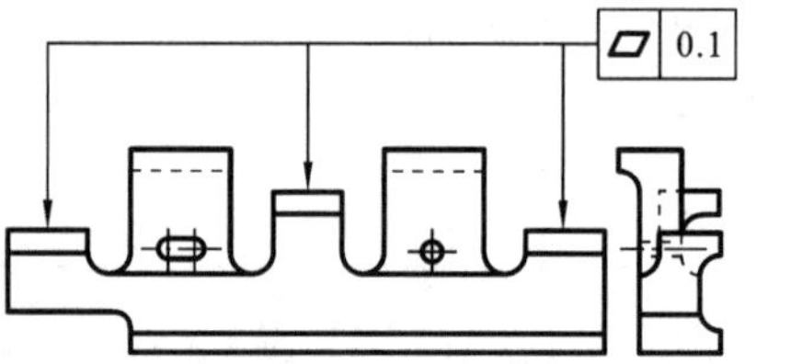 (a) 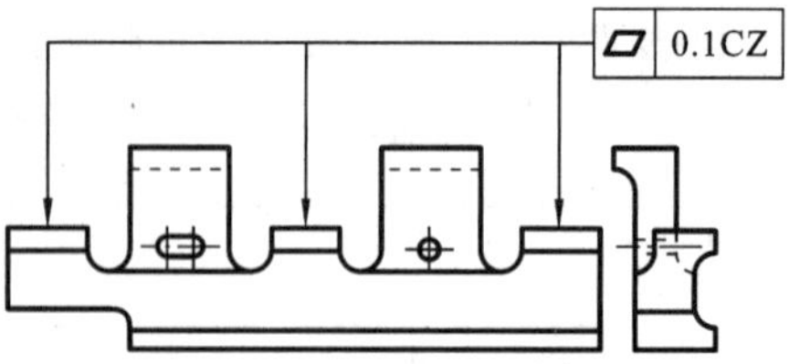 (b)	当多个要素具有相同的几何公差时,可用一个公差框格和多条指引线标注。图(a)所示的为要求箭头所指三个被测平面要素具有各自独立的公差带;图(b)所示公差数值后加注了附加符号 CZ,表示要求箭头所指三个被测平面要素具有单一的公共公差带
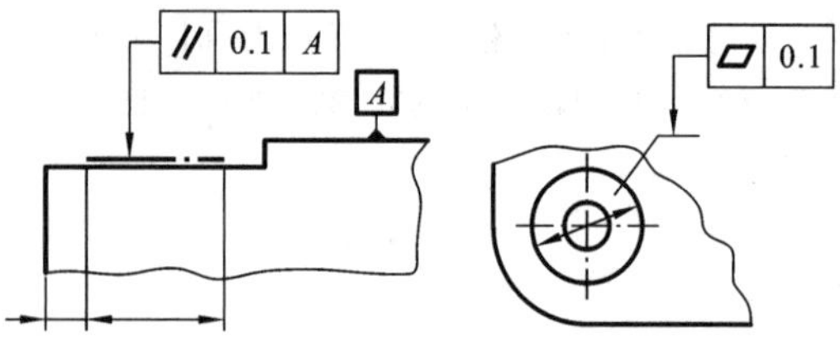	当给出的公差仅适用于要素的某一指定的局部时,应采用粗点画线示出该局部的范围,并加注尺寸
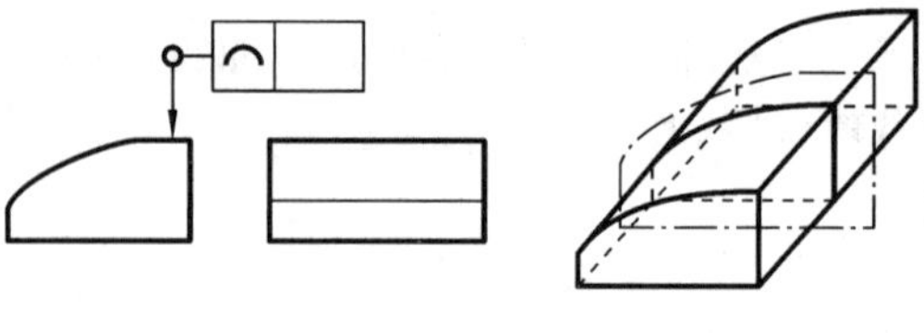	当轮廓特征适用于横截面的整周轮廓或由该轮廓所示的整周表面时,应注出"全周"符号(见左图)。"全周"只包括有轮廓和公差标注所表示的各个表面

图　例	说　明
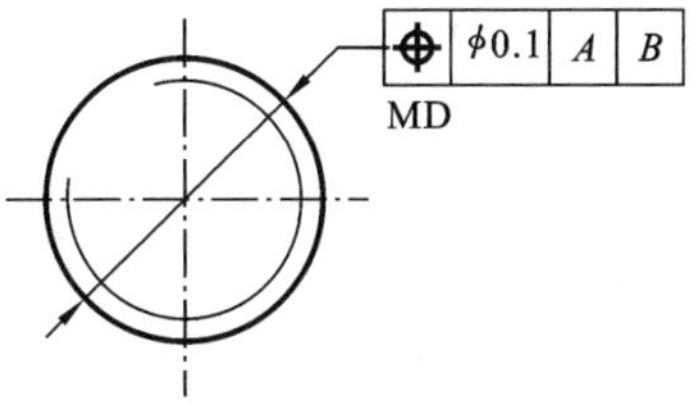	当被测要素为螺纹轴线时,默认为该螺纹中径的轴线,否则应另注说明,如用 MD 表示大径(见左图),LD 表示小径。另外,当被测要素为齿轮、花键轴时,需说明所指的要素,如用 PD 表示节径,用 MD 表示大径、LD 表示小径

3. 公差带宽度方向及指引线的方向

当用指引线连接公差框格与被测要素时,关于公差带宽度方向及指引线的箭头方向的规定如表 4-15 所示。

表 4-15　公差带宽度方向及指引线的方向

图　例	说　明
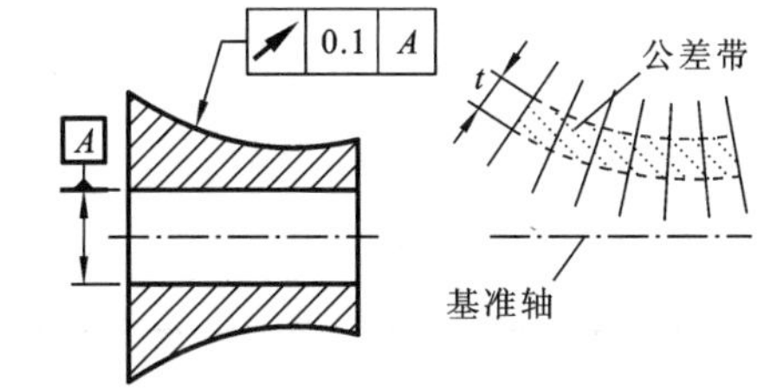	几何公差带宽度方向为被测要素的法向(见左图)。 标准规定,指引线箭头的方向不影响对公差的定义,但若没有另外说明,习惯上标注时,指引线箭头指向被测要素的法向
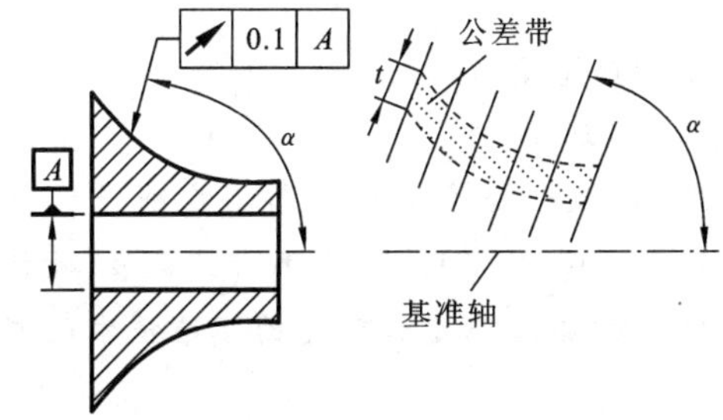	公差带宽度若不为被测要素的法向,则应标注箭头所指方向(即使它等于 90°)。 如左图所示,圆跳动公差的指引线规定与基准线夹角为 α,则其公差带宽度始终为与基准轴线夹角为 α 的方向
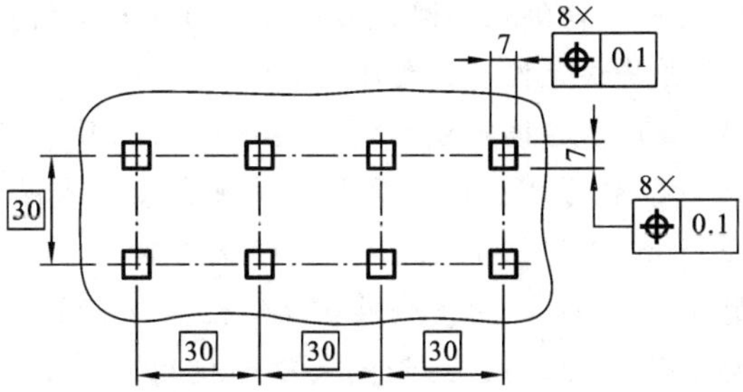	中心点、中心线、中心面的位置公差带的宽度方向为理论正确图框的方向(除非另有说明),并按指引线箭头所指互成 0° 或 90°

续表

图　例	说　明
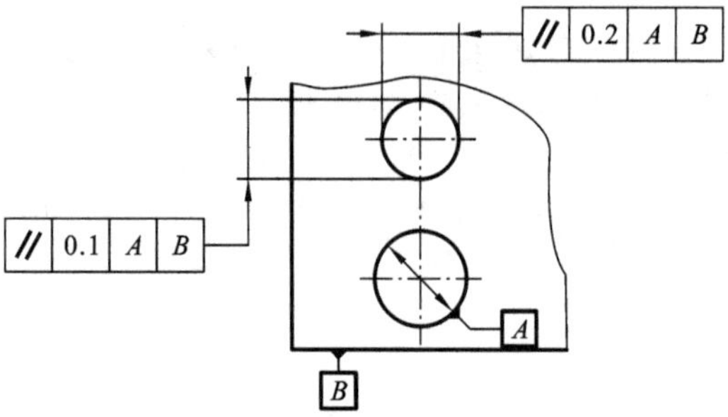 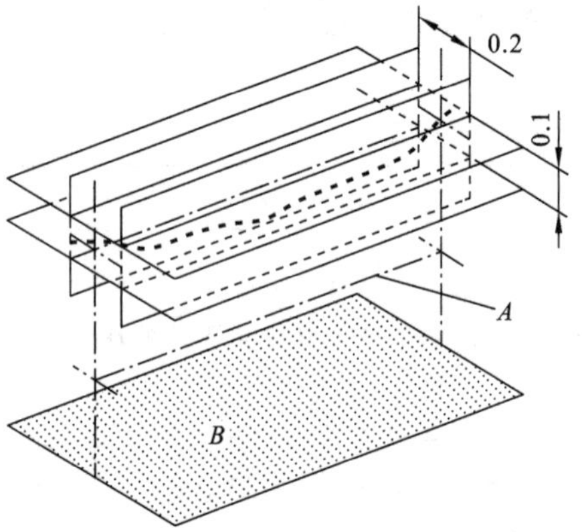	对中心点、中心线、中心面的方向公差,公差带的宽度方向为指引线箭头方向,与基准互成 0°或 90°(除非另有说明)。除非另有规定,当在同一基准体系中规定两个方向的公差时,它们的公差带是相互垂直的

思政知识点

超级建筑——港珠澳大桥的建造难度

　　港珠澳大桥连接香港口岸人工岛与澳门口岸人工岛、珠海,桥隧全长 55 km,其中主桥长 29.6 km,中间有段 6.7 km 长的沉入海底深处的隧道,以及连接主体桥梁与海底隧道的深海之中的两个人工岛。港珠澳大桥于 2009 年 12 月 15 日动工建设,2018 年 10 月开通运营,预计使用寿命为 120 年。港珠澳大桥因其超大的建筑规模、空前的施工难度和顶尖的建造技术而闻名世界。

　　造桥的第一大难点是要在深海区域筑建两个人工岛,通过人工岛把海底隧道连接成通途。修筑人工岛的前提是制造 120 个高 50 m、直径 22 m、重 550 t 巨型钢筒,而且钢筒只能采用模块拼装,拼装误差要求控制在 3 cm 以内。工程师们制造一个能够控制圆柱形钢筒外形的钢结构支架作为内胆,辅助拼接,终于将 72 个模块拼装成钢筒并将误差控制在允许范围内。

　　港珠澳大桥建设中的另一个难点是由 33 节巨大沉管连接而成的海底隧道工程。每节沉管长 180 m,宽 37.95 m,高 11.4 m,钢筋混凝土结构,重约 80000 t,需要沉入海底几十米深,保证 120 年内“滴水不漏”。每节沉管由 8 个长 22.5 m、宽 37.95 m、高 11.4 m 的节段管节,通过 60 束预应力钢绞线的张拉连在一起,在预制车间里按节段预制生产,合格率必须达到 100%。即使沉管有 0.1% 不合格率就会存在毁坏整段沉管的风险,影响大桥的使用寿命。在 33 节沉管沉入海底后,最终的长达 12 m 的双边沉管接头是决定建设成败的关键,其技术水平居世界海底隧道领域前列。经过反复测试,提出并应用“整体预制安装”工艺,研制出全新“三明治"钢混结构的最终接头结构,通过世界最大的 12000 t 起重船进行吊装,并沉入海底进行焊接,保障了海底隧道如期贯通。

结语与习题

Ⅰ. 本章的学习目的、要求及重点

学习目的:了解几何公差的意义、基本内容及几何误差的测量方法,为选用几何公差奠定基础。

要求:① 了解几何公差的特征;② 了解几何公差的基本原则;③ 了解几何公差的选用及标注方法;④ 了解几何误差的测量和评价方法。

重点:几何公差的一些基本原则;几何公差带。

Ⅱ. 复习思考题

1. 形状公差、方向公差、位置公差和跳动公差有哪些项目? 它们如何定义,如何用符号表示?

2. 评定形状误差的准则是什么? 用实例说明。

3. 举例说明几何公差带的特征。

4. 测量方向、位置或跳动误差时,对形状误差的存在如何处理? 为什么?

5. 圆柱零件素线的直线度公差与其轴心线直线度公差有何区别? 如何选用?

6. 端面对轴线的垂直度公差和端面对该轴的轴向跳动公差有何区别? 如何选用?

7. 什么是最大实体尺寸、最小实体尺寸、实体尺寸? 什么是最大实体边界、最小实体边界、实效边界?

8. 处理几何公差与尺寸公差关系有些什么原则或要求? 它们分别用在什么场合? 试举例说明,并绘出动态公差图。

Ⅲ. 练习题

1. 在给定平面内,用自准直仪按节距法测量直线度误差。测量读数(单位:μm)依次为:0,+5,+5.5,−1,+1,−1,−0.5,+7。试分别用两端点连线法和最小区域法求出直线度误差。

本章练习题
参考答案

2. 对于同一测量基准面,测得某平板上九个测点的数据(单位:μm)如附图 4-1 所示。试用最小区域法求其平面度误差。

3. 用打表法在与平板垂直的给定截面 P 上,沿恒定方向按节距法测量附图 4-2 所示凹槽零件上的 A、B 两实际直线,各点读数如附表 4-1 所示。

(1) 试用最小区域法分别求直线 A 和直线 B 的直线度误差;

(2) 若以直线 A 为基准,试求直线 B 对直线 A 的平行度误差。

+2	+4	+11
+8	+4	+7
0	+5	+2

附图 4-1

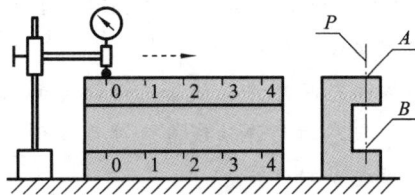

附图 4-2

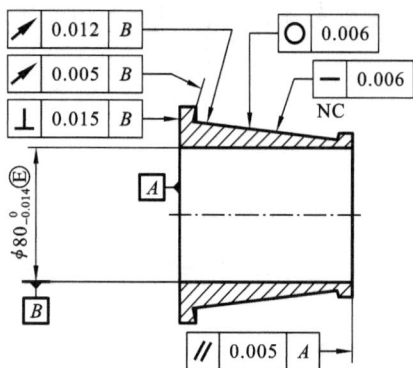

附图 4-3

附表 4-1

测点序号		0	1	2	3	4
读数 /μm	直线 A	+4	+4	-2	-2	-2
	直线 B	0	-2	+11	-9	-11

4. 说明附图 4-3 所示圆锥滚子轴承内圈零件图上所标注的各项公差的含义。

5. 将下列要求标注在零件图上:

(1) 如附图 4-4(a)所示零件:$\phi 32_{-0.039}^{0}$ mm 的轴心线对两端 $\phi 20_{-0.021}^{0}$ mm 两轴公共轴心线的同轴度公差为 $\phi 0.012$ mm;$\phi 20_{-0.021}^{0}$ mm 两轴段处的圆度公差为 0.01 mm。

(2) 如附图 4-4(b)所示零件:$\phi 20_{0}^{+0.021}$ mm 两孔的公共轴线对底面的平行度公差为 0.01 mm;$\phi 20_{0}^{+0.021}$ mm 两孔的轴线对二者公共轴线的同轴度公差为 $\phi 0.01$ mm。

(3) 如附图 4-4(c)所示零件:$\phi 48_{-0.025}^{0}$ mm 的轴心线对 $\phi 25_{-0.021}^{0}$ mm 轴心线的同轴度公差为 $\phi 0.02$ mm;左端面 A 在 $\phi 42$ mm 处对 $\phi 25_{-0.021}^{0}$ mm 轴心线的轴向圆跳动公差为 0.03 mm;$\phi 25_{-0.021}^{0}$ mm 外圆柱面的圆柱度公差为 0.01 mm。

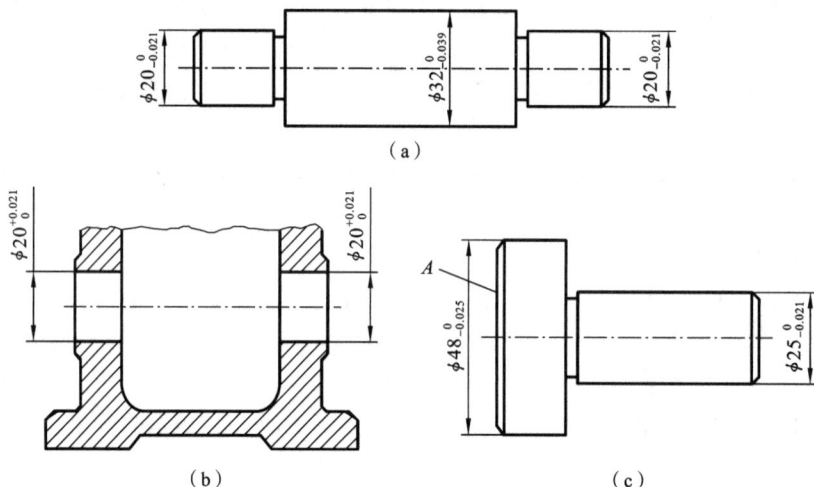

(a)

(b)　　　　　　　　　　　(c)

附图 4-4

6. 试分别说明附图 4-5 所示各零件图样,在最大实体状态和最小实体状态时所允许轴线直线度误差的极限值、各自遵守的边界及边界尺寸。

7. 对于附图 4-6 所示零件图,分别求出下列尺寸和允许的垂直度误差极限值。

(1) 最大实体实效尺寸;

(2) 最大实体状态时允许轴线垂直度误差的极限值;

(3) 最小实体状态时允许轴线垂直度误差的极限值;

(4) 实际孔应遵守的边界。

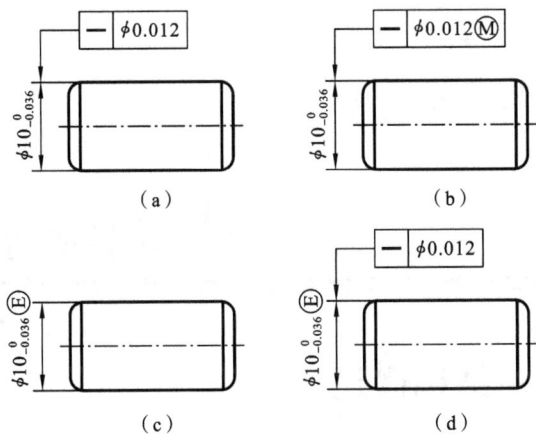

附图 4-5

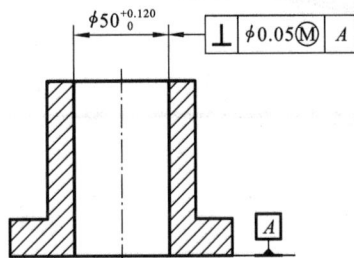

附图 4-6

8. 对于附图 4-7 所示的各零件：

（1）各零件的垂直度公差分别遵守什么公差原则或公差要求；

（2）分别说明它们的合格条件并绘制各自的动态公差图；

（3）对于附图 4-7(b) 所示零件，若加工后测得零件的局部实际尺寸处处为 $\phi 19.985$ mm，轴线的垂直度误差为 $\phi 0.02$ mm，该零件是否合格？

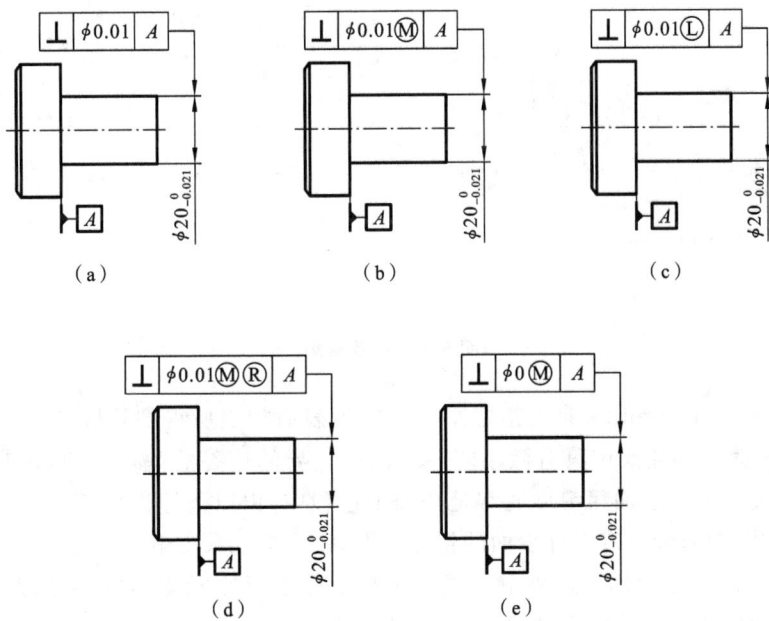

附图 4-7

第 5 章

表面结构

5.1 表面结构概述

5.1.1 表面结构的含义

零件经加工成形后,其与外界介质区分的物理边界称为零件的实际表面(real surface)。由于制造过程中各种因素的影响,实际表面并非为设计所体现的理想状态,而是由反映宏观几何形貌轮廓(原始轮廓)、表面形状误差和表面粗糙度误差等多种尺度几何误差复合而成的复杂表面形貌,即为表面结构,如图 5-1 所示。

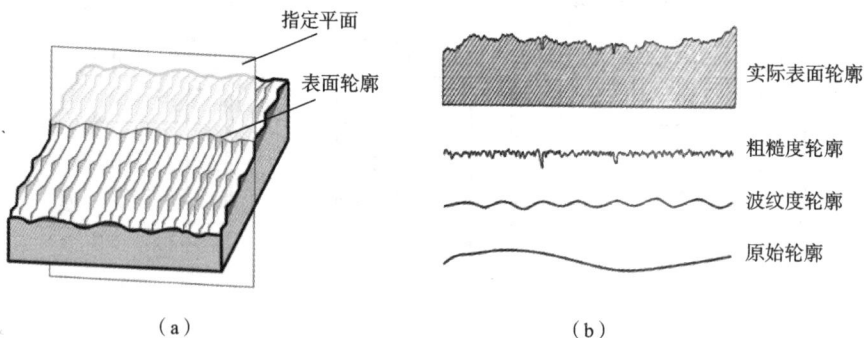

图 5-1　表面结构

表面轮廓(surface profile)是由指定平面与实际表面相交所得的轮廓。表面粗糙度(surface roughness)是表面轮廓中具有微小间距和高度差异的峰谷的微观几何形貌特征,是机械加工的主要误差之一。表面粗糙度通常是在加工过程中,由以下原因引起:刀痕、刀具与零件表面之间的摩擦、切屑分离时工件表面的塑性变形,以及工艺系统中的高频振动等。表面波纹度(surface waviness)是由加工过程中加工系统与工件之间的振动、刀具进给误差,以及刀具和工件回转时质量不均衡等因素造成的,是介于微观和宏观之间的几何误差。

5.1.2 表面结构精度对产品性能的影响

1. 对摩擦磨损的影响

零件工作表面之间的相互摩擦运动需要克服表面微观峰谷"犬牙交错"所引起的阻力,此阻力来自凸峰的弹、塑性变形或切割作用等,从而增加能量的损耗。表面越粗糙,摩擦阻力越大,因摩擦而消耗的能量就越大。此外,表面越粗糙,则两结合表面间的实际接触面积越小,单位面积的压力越大,故更易磨损。

因此,减小零件表面的粗糙度可以减小摩擦阻力,对于工作机械,可以提高传动效率,对于动力机械,可以减少摩擦损失,增加输出功率;同时,还可减少零件的表面磨损,延长机器的使用寿命。但是,表面过于平整光洁,会不利于润滑油的储存,易使工作面间形成半干摩擦甚至干摩擦,从而加剧磨损。同时,两结合表面过于光滑可能增加表面间的吸附力或排出空气后的负压,这也会增加摩擦阻力,加速磨损。

2. 对机器或仪器工作精度的影响

表面粗糙不平导致摩擦阻力和磨损增大,不仅会降低机器或仪器零件运动的灵敏度,而且还会影响机器或仪器精度稳定性。由于粗糙表面的实际有效接触面积小,在相同载荷下,接触表面单位面积的压力大,使表层的变形增大,即表面的接触刚度变低,从而影响机器或仪器的工作精度。

3. 对配合性质的影响

对间隙配合而言,表面粗糙易磨损,使间隙很快增大乃至破坏配合性质,缩短工件寿命。特别是在尺寸小、公差小的情况下,表面粗糙程度对配合性质的影响更大。

对过盈配合而言,表面粗糙会减小实际有效过盈量,从而降低连接强度。根据实测和试验,直径为 180 mm 的车辆轮轴过盈配合,在微观凸峰的最大高度为 36.5 μm 时的配合虽比微观凸峰的最大高度为 18 μm 时的配合增加了 15% 的过盈量,但连接强度反而降低了 45%~50%。

4. 对零件强度的影响

零件表面越粗糙,则对应力集中越敏感,特别是在交变载荷的作用下影响更大,零件往往因此而损坏。因而,零件的沟槽或阶梯圆角处的表面粗糙程度应小些。

5. 对表面抗腐蚀性的影响

表面越粗糙,则积聚在零件表面上的腐蚀性气体或液体也就越多,且腐蚀性气体或液体更容易通过表面的微观凹谷向零件表层渗透,使腐蚀加剧。

此外,零件表面粗糙程度、波纹度等对连接的密封性和零件的美观及维护保养都有不同程度的影响。因此,为了保证零件的使用性能,在精度设计时,必须合理地给出表面结构的精度要求。

5.2 表面结构的术语和定义

5.2.1 表面结构的术语

表面轮廓包括原始轮廓、粗糙度轮廓和波纹度轮廓。在测量评定实际表面轮廓时,分别采用截止波长为 λs、λc 和 λf 的三种轮廓滤波器(profile filter)划分表面轮廓,从而分离实际表面上不同尺度的几何特征,如图 5-2 所示。轮廓滤波器截止波长的标称值一般为 …,0.08 mm,0.25 mm,0.8 mm,2.5 mm,8.0 mm,…。

1. 原始轮廓

原始轮廓(primary profile),也称 P 轮廓是通过 λs 轮廓滤波器处理后的总轮廓,是评定原始轮廓参数的基础。

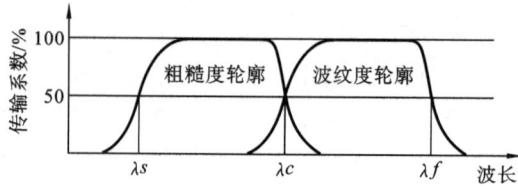

图 5-2 粗糙度和波纹度轮廓的传输特性

2. 粗糙度轮廓

粗糙度轮廓(roughness profile),也称 R 轮廓是对原始轮廓采用 λc 轮廓滤波器抑制长波成分以后形成的轮廓,是评定粗糙度轮廓参数的基础。

3. 波纹度轮廓

波纹度轮廓(waviness profile),也称 W 轮廓是对原始轮廓连续应用 λf 轮廓滤波器抑制长波成分和 λc 轮廓滤波器抑制短波成分以后形成的轮廓,是评定波纹度轮廓参数的基础。

5.2.2 表面结构几何参数术语

对于原始轮廓、粗糙度轮廓和波纹度轮廓而言,轮廓上的峰和谷是构成轮廓整体的基本结构,也是描述和规范表面轮廓技术要求各项参数中的最基本的要素,如图 5-3 所示。

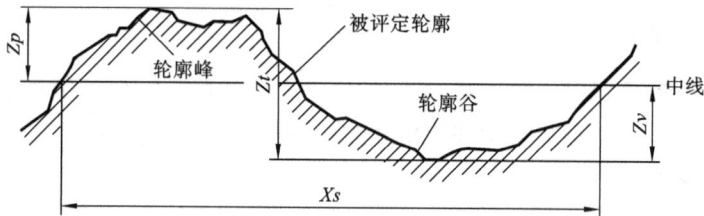

图 5-3 轮廓几何形貌

1. 轮廓峰

轮廓峰(profile peak)是轮廓与 X 轴(中线)两相邻交点的向外(从材料到周围介质)的轮廓部分。轮廓峰的最高点到 X 轴(中线)的距离称为轮廓峰高,记为 Zp。

2. 轮廓谷

轮廓谷(profile valley)是轮廓与 X 轴(中线)两相邻交点之间向内(从周围介质到材料)的轮廓部分。轮廓谷的最低点到 X 轴(中线)的距离称为轮廓谷深,记为 Zv。

3. 轮廓单元

轮廓单元(profile element)指轮廓峰和相邻轮廓谷的组合。轮廓单元的轮廓峰高与轮廓谷深之和称为轮廓单元高度,记为 Zt;一个轮廓单元与 X 轴(中线)相交线段的长度称为轮廓单元宽度,记为 Xs。

4. 轮廓总高度

轮廓总高度(total height of profile)指在评定长度(ln)内的最大轮廓峰高与最大轮廓谷深之和。对粗糙度轮廓、波纹度轮廓和原始轮廓,分别记为 Rt、Wt、Pt。由于轮廓总高是在评定长度而不是在取样长度上定义的,所以对任一种轮廓都有:$Rt \geqslant Rz$,$Wt \geqslant Wz$,$Pt \geqslant Pz$。

GB/T 3505 规定:应计入被评定轮廓的轮廓峰或轮廓谷的最小高度和最小间距分别称为高度分辨率(height discrimination)和间距分辨率(spacing discrimination)。高度分辨率通常用轮廓最大高度(Rz、Wz、Pz)或任意一个幅度参数的百分率表示,间距分辨率则以取样长度的百分率表示。

5.3　表面结构的分析和评定

5.3.1　基本术语

1. 中线

中线(mean lines)为具有几何轮廓形状并划分轮廓的基准线。粗糙度轮廓成分所对应的中线为粗糙度轮廓中线(mean line for the roughness profile);波纹度轮廓成分所对应的中线为波纹度轮廓中线(mean line for the waviness profile);原始轮廓上按照标称形状用最小二乘法拟合确定的中线为原始轮廓中线(mean line for the primary profile)。

对同一轮廓采用不同的评定基准将得到不同的结果(见图 5-4),因此规定的轮廓中线实质上是规定度量轮廓几何误差的基准线。

2. 取样长度

取样长度(sampling length)为在 X 轴(中线)方向判别被评定轮廓不规则特征的长度。评定粗糙度的取样长度 lr 和波纹度的取样长度 lw 在数值上分别与 λc 和 λf 轮廓滤波器的截止波长相等;原始轮廓的取样长度 lp 等于评定长度。

由于表面轮廓由粗糙度轮廓、波纹度轮廓和原始轮廓复合而成,在评定某一特征的轮廓时要对轮廓的区域大小作相应限制,即要规定相应的取样长度。如评定图 5-5 所示表面轮廓的粗糙度时,若取样长度为 lr_1,评定结果 Δ_1 主要反映粗糙度误差;而取样长度为 lr_2 时,Δ_2 包含波纹度误差或形状误差。

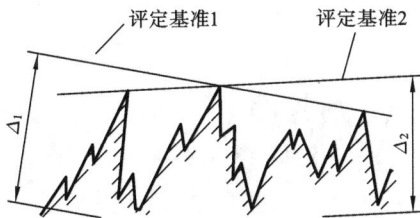

图 5-4　评定基准比较　　　　　　　　　　图 5-5　取样长度比较

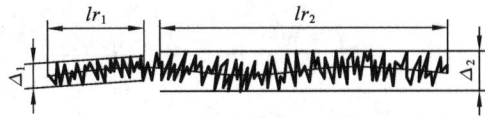

3. 评定长度

评定长度(evaluation length)为用于评定被评定轮廓在 X 轴(中线)方向上的长度,记为 ln,其包含一个或几个取样长度。

由于加工工艺系统各方面因素的影响,实际表面轮廓存在不同程度的不均匀性,因此在评定轮廓时仅在一个取样长度上测量实际轮廓则不能充分反映轮廓的整体状况。如评定图 5-6 所示表面粗糙轮廓时,在该表面不同部位上各取样长度内,其粗糙度轮廓的波动幅值和波距的数值是不同的。为了充分、合理地评定表面轮廓的特性,需根据被评定轮廓的工艺特征规定评定长度,在多个取样长度上进行评定。

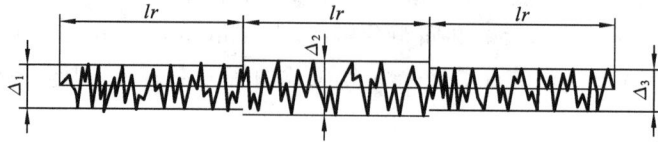

图 5-6　评定长度

5.3.2　表面结构参数

GB/T 3505 给出了表面结构的评定参数,包括 P 参数(在原始轮廓上计算所得的参数)、R 参数(在粗糙度轮廓上计算所得的参数)、W 参数(在波纹度轮廓上计算所得的参数)。评定参数主要分为幅度参数、间距参数和混合参数。

1. 幅度参数

1)轮廓的算术平均偏差 Pa、Ra、Wa

轮廓的算术平均偏差(arithmetical mean deviation of the assessed profile)指在一个取样长度(l)内,轮廓纵坐标值 $Z(x)$ 绝对值的算术平均值,即

$$Pa、Ra、Wa = \frac{1}{l} \int_0^l |Z(x)| \, dx$$

或近似表示为

$$Pa、Ra、Wa = \frac{1}{n} \sum_{i=1}^{n} |Z(x_i)|$$

依据不同的情况,式中 $l=lp$,lr 或 lw。

轮廓算术平均偏差是在取样长度内,轮廓纵坐标绝对值的算术平均值,表示轮廓上各点对 X 轴(中线)的平均偏离程度,如图 5-7 所示。该参数概念直观,易于理解,能反映轮廓各点的幅度信息,是被广泛采用的评定参数。

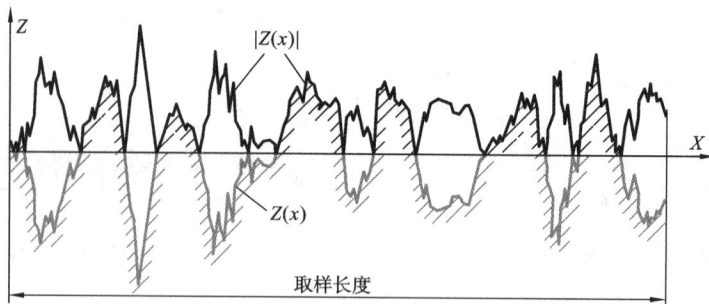

图 5-7　粗糙度轮廓的算数平均偏差

2)轮廓最大高度 Pz、Rz、Wz

轮廓最大高度(maximum height of profile)指在一个取样长度内,最大的轮廓峰高 Zp 与最大的轮廓谷深 Zv 之和,即

$$Pz、Rz、Wz = Zp + Zv$$

式中:最大轮廓峰高 $Zp = \max\{Zp_i\}$,最大轮廓谷深 $Zv = \max\{Zv_i\}$。图 5-8 示出粗糙度轮廓

最大高度的含意。

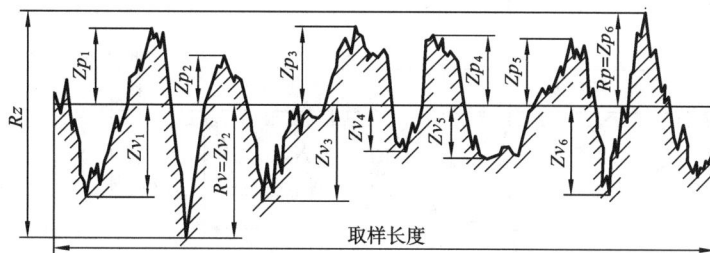

图 5-8　粗糙度轮廓峰和谷的幅度参数

　　粗糙度轮廓最大高度 Rz 的定义严谨且直观,反映粗糙度轮廓在取样长度内的最大分散范围,测量和计算都比较简单。Rz 是一个常用的参数,多用于某些不允许出现比较大的加工痕迹的零件表面或零件小表面粗糙度的控制。注意,在 GB/T 1031 的旧版本中,Rz 表示粗糙度轮廓微观不平度十点高度,粗糙度轮廓最大高度的代号为 Ry。

2. 附加评定参数

1) 轮廓单元的平均宽度(mean width of the assessed profile elements)Psm、Rsm、Wsm

轮廓单元的平均宽度指在一个取样长度内,各轮廓单元宽度 Xs_i 的平均值,即

$$Psm、Rsm、Wsm = \frac{1}{m}\sum_{i=1}^{m}Xs_i$$

式中:m——取样长度内轮廓单元的个数。图 5-9 示出粗糙度轮廓单元平均宽度的含义。注意,在 GB/T 1031 的旧版本中,Rsm 的代号为 Sm。

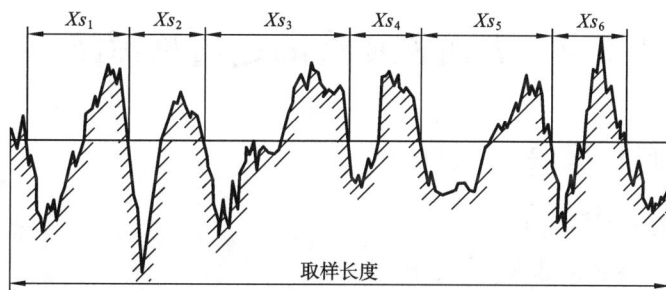

图 5-9　粗糙度轮廓单元的平均宽度

　　GB/T 3505 规定:若无特殊规定,计算轮廓单元的平均宽度时的高度分辨率按轮廓最大高度(Pz、Rz、Wz)的 10% 选取,同时水平间距分辨率按取样长度的 1% 选取。

　　粗糙度轮廓单元的平均宽度 Rsm 反映轮廓峰、谷在横向(X 轴向)分布的疏密状况,主要用于控制表面加工横纹的细密程度。

　　2) 轮廓支承长度率(material ratio of the profile) $Pmr(c)$、$Rmr(c)$、$Wmr(c)$

　　在轮廓评定长度内,用一条与 X 轴(中线)平行的直线从与轮廓最大峰高的峰点接触起,向轮廓的实体内平移,该直线与轮廓相截所得各段截线的数量及长度将随平移距离 c 的增加而不断变化。GB/T 3505 称上述 c 为水平截面高度;称各段截线长度 Ml_i 之和为水平截面高度 c 上轮廓的实体材料长度(material length of profile at the level c),记为 $Ml(c)$,有

$$Ml(c)=Ml_1+Ml_2+\cdots+Ml_n$$

式中:n——水平截面高度为 c 时所截取的线段数,如图 5-10 的左图所示。

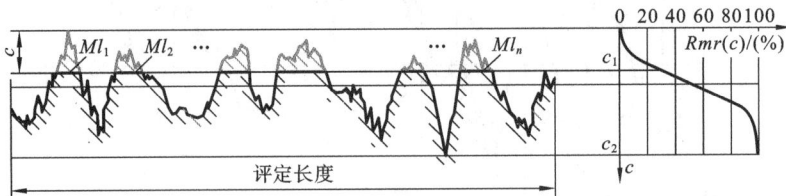

图 5-10   水平截面高度 c 上轮廓的实体材料长度及支承长度率曲线

轮廓支承长度率指在给定水平截面高度 c 上轮廓的实体材料长度 $Ml(c)$ 与评定长度(ln)的比率,即

$$Pmr(c)、Rmr(c)、Wmr(c)=\frac{Ml(c)}{ln}$$

显然,轮廓支承长度率为水平截面高度 c 的函数,图 5-10 的右图给出了轮廓支承长度率随水平截面高度 c 变化的函数曲线,称为轮廓支承长度率曲线(material ratio curve of the profile),亦称为阿伯特-费尔斯通曲线(Abbott Firestone curve)。如对图 5-10 所示粗糙度轮廓,当水平截面高度 $c=c_1$ 时,$Rmr(c)=35\%$;同时,当水平截面高度 c 等于或大于轮廓的总高度 Rt(如图示 $c=c_2=Rt$)时,$Rmr(c)=100\%$。

实际应用中,工件表面与被支承件或相配件从轮廓的峰顶开始接触,使用中随着轮廓峰的不断磨损,实际接触区域亦随之逐步变化,而变化情况反映轮廓的摩擦磨损特性。轮廓支承长度率正好可满足实际应用中描述和规定轮廓的摩擦磨损特性的需求。

5.4   表面粗糙度的选用及标注

5.4.1   表面粗糙度的选用

1. 评定参数值的选择原则

表面粗糙度评定参数值选择的一般原则如下。

(1) 同一零件上,工作表面的表面粗糙度应比非工作表面的要求严格,即 $Rmr(c)$ 值应大,其余评定参数值应小。

(2) 对于摩擦表面,速度越高或单位面积压力越大,则表面粗糙度要求应越严格,尤其是对滚动摩擦表面应更严格。

(3) 承受交变载荷时,在容易产生应力集中的部位,特别是在零件截面变化过渡的倒角或零件的沟槽处,表面粗糙度要求应严格。

(4) 在有腐蚀性工况下的外露表面、有密封要求的表面,表面粗糙度要求应严格。

(5) 要求配合性能稳定可靠时,表面粗糙度要求应严格。

(6) 在确定零件配合表面粗糙度参数值时,应与其尺寸公差相协调。

(7) 操作时要触摸的表面(手柄等)、要求外表美观的表面等,应适当提高表面粗糙度要求。

此外,还应考虑其他一些特殊因素和要求。表 5-1 所示的为应用举例,可供选用时参考。

表面粗糙度的
选用及标注

表 5-1　表面粗糙度的表面特征、经济加工方法及应用举例

表面微观特性		Ra /μm	加 工 方 法	应 用 举 例
粗糙表面	微见刀痕	≤20	粗车、粗刨、粗铣、钻、毛锉、锯	粗加工过的半成品表面,非配合表面,如轴端面、倒角、钻孔、齿轮及皮带轮侧面、键槽底面、垫圈接触面等
半光表面	微见加工痕迹	≤10	车、刨、铣、镗、钻、粗铰	轴上不安装轴或齿轮处的非配合表面,紧固件的自由装配表面,轴或孔的退刀槽等
		≤5	车、刨、铣、镗、磨、拉、粗刮、滚压	半精加工表面,箱体、支架、盖面、套筒等和其他零件结合而无配合要求的表面,需要发蓝处理的表面等
	看不清加工痕迹	≤2.5	车、刨、铣、镗、磨、拉、刮、滚压、铣齿	接近于精加工表面,箱体上安装轴承的镗孔表面,齿轮的工作面
光表面	可辨加工痕迹方向	≤1.25	车、镗、磨、拉、刮、精铰、磨齿、滚压	圆柱(锥)销、与滚动轴承配合的表面,普通车床导轨面,内、外花键定心表面等
	微辨加工痕迹方向	≤0.63	精铰、精镗、磨、刮、滚压	要求配合性能稳定的表面,工作时受交变应力的重要零件,较高精度车床的导轨面
	不辨加工痕迹方向	≤0.32	精磨、珩磨、研磨、超精加工	精密机床主轴锥孔、顶尖圆锥面,发动机曲轴、凸轮轴工作表面,高精度齿轮工作面
极光表面	暗光泽面	≤0.16	精磨、研磨、普通抛光	精密机床主轴颈表面,一般量规工作面,气缸套内表面,活塞销表面等
	光亮泽面	≤0.08	超精磨、精抛光、镜面磨削	精密机床主轴颈表面,滚动轴承的滚动体工作面,高压油泵中柱塞与柱塞套配合面等
	镜状光泽面	≤0.04		
	镜面	≤0.01	镜面磨削、超精研磨	高精度量仪、量块的工作面,光学仪器中的金属镜面

2. 规定表面粗糙度要求的一般规则

(1) 在规定表面粗糙度要求时,应给出表面粗糙度参数值和测定时的取样长度值。必要时,也可规定表面加工纹理方向、加工方法或加工顺序及不同区域的表面粗糙度等附加要求。

(2) 表面粗糙度各参数值应在垂直于基准面的各截面上获得。截面方向应反映高度参数(Ra、Rz)的最大值,否则应在图样上标出截面的方向。

(3) 对表面粗糙度的要求不适用于表面缺陷(如沟槽、气孔、划痕等),必要时应单独规定对表面缺陷的要求。

3. 取样长度与评定长度的选用

一般情况下,在测量 Ra、Rz 时,推荐按表 5-2 选用对应的取样长度和评定长度,此时在图样上可省略取样长度和评定长度的标注;当有特殊要求时,应在图样或技术文件中注出相应数值。

对于微观不平度间距较大的端铣、滚铣及其他大进给量的加工表面,应按表 5-2 给出的较大的取样长度值。评定长度应根据不同的加工方法和相应的取样长度来确定,一般情况下推荐按表 5-2 选取相应的评定长度,即 $ln≈5×lr$;如被测表面均匀性较好,可选用小于表 5-2 给出的数值,均匀性差的表面可选用大于表 5-2 给出的数值。

表 5-2　Ra、Rz 参数值与取样长度 lr 及评定长度 ln 的对应关系

$Ra/\mu m$	$Rz/\mu m$	lr/mm	$ln/mm\ (ln=5\times lr)$
$\geqslant 0.008\sim 0.02$	$\geqslant 0.025\sim 0.10$	0.08	0.4
$\geqslant 0.02\sim 0.10$	$\geqslant 0.10\sim 0.50$	0.25	1.25
$\geqslant 0.10\sim 2.00$	$\geqslant 0.50\sim 10.0$	0.8	4.0
$\geqslant 2.00\sim 10.0$	$\geqslant 10.0\sim 50.0$	2.5	12.5
$\geqslant 10.0\sim 80.0$	$\geqslant 50.0\sim 320$	8.0	40.0

4. 评定参数值的规定及选用

(1) 对于高度参数 Ra、Rz 的数值,根据表面功能需要,分别按表 5-3 给出的数值系列选取。在高度参数值的常用范围内($Ra=0.025\sim 6.3\ \mu m$,$Rz=0.1\sim 25\ \mu m$)时,推荐选用 Ra。

(2) 对于附加参数 Rsm 的数值,根据表面功能需要,按表 5-4 给出的数值系列选取。

(3) 对于附加参数 $Rmr(c)$ 的数值,根据表面功能需要,按表 5-5 给出的数值系列选取。选取 $Rmr(c)$ 的数值时,应同时给出轮廓水平截面高度 c 值。c 可用微米为单位,或用 Rz 的百分数表示。Rz 的百分数系列为:5%、10%、15%、20%、25%、30%、40%、50%、60%、70%、80%、90%。

表 5-3　高度参数 Ra、Rz 的数值

参数名称和代号	参数值系列 $/\mu m$			
轮廓的算术平均偏差 Ra	0.012	0.2	3.2	50
	0.025	0.4	6.3	100
	0.05	0.8	12.5	
	0.1	1.6	25	
轮廓最大高度 Rz	0.025	0.8	25	800
	0.05	1.6	50	1500
	0.1	3.2	100	
	0.2	6.3	200	
	0.4	12.5	400	

表 5-4　附加参数 Rsm 的数值

参数名称和代号	参数值系列 $/\mu m$		
轮廓单元的平均宽度 Rsm	0.006	0.1	1.6
	0.0125	0.2	3.2
	0.025	0.4	6.3
	0.05	0.8	12.5

表 5-5　附加参数 $Rmr(c)$ 的数值

参数名称和代号	参数值系列 /(%)										
轮廓支承长度率 $Rmr(c)$	10	15	20	25	30	40	50	60	70	80	90

5.4.2　表面粗糙度的注法规定

国家标准 GB/T 131 对表面结构的技术要求在图样、说明书、合同、报告等技术文件中的表示方法作了统一的规定,同时给出了表面结构标注用图形符号和标注方法。尽管该标准涉及的轮廓参数包括表面粗糙度、波纹度及原始轮廓参数,但对于这三种轮廓参数的标注,除参数代号外,其基本表示方法是一样的。

1. 表面粗糙度的图形符号

表面粗糙度的图形符号及含义如表 5-6 所示。

表 5-6　表面粗糙度图形符号及其含义

图形符号	含　义
	基本图形符号:由不等长且与标注表面成 60°夹角的两条直线构成;没有补充说明时不能单独使用,仅用于简化代号标注;若加注了补充或辅助说明,则不需进一步说明该表面是否去除或不去除材料
	要求去除材料的扩展图形符号:在基本图形符号上加一短横;表示指定表面由去除材料的方法获得
	不允许去除材料的扩展图形符号:在基本图形符号上加一圆圈;表示指定表面用不去除材料的方法获得
	完整图形符号:在上述三种符号的长边上加一横线,用于标注表面结构特征的补充信息;左图表示允许任何工艺,中图表示去除材料,右图表示不去除材料
	工件轮廓各表面的图形符号:在图样某视图上构成封闭轮廓的多个表面有相同的表面结构要求时,在完整图形符号上加一圆圈并标注在图样中工件的封闭轮廓线上[注]

注:右图(a)所示的为工件轮廓各表面的图形符号标注图例,其表示该阶梯形零件主视图涉及形成封闭轮廓的 6 个面(见右图(b))有相同的结构要求

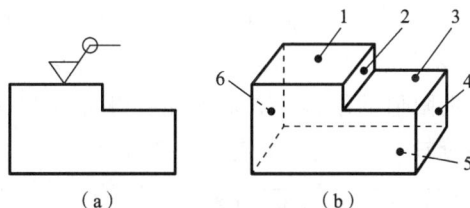

2. 表面粗糙度各项要求的注写位置规定

表面粗糙度的技术要求包括表面结构参数及参数值;必要时应标注补充要求,包括:传输带、取样长度、加工工艺、表面纹理及方向、加工余量等。这些技术要求涉及表面结构、表面的测量条件及表面的制作工艺等诸多方面,因而需要规范地在技术文件或图样上进行表达。

图 5-11 示出表面粗糙度各项技术要求的注写位置。图中围绕表面粗糙度完整图形符号周边的字母为位置代号,虚线框为位置范围,其中:

位置 a——注写表面结构的单一要求。

位置 b——注写表面结构的多个要求时,其中第一个要求注写在位置 a,第二个要求注写在位置 b;若有更多表面结构要求,则顺序在图示垂直方向向下方排列。

位置 c——注写加工方法、表面处理、涂层或其他加工工艺要求等。

位置 d——注写所要求的表面纹理和纹理的方向。

位置 e——注写所要求的加工余量数值(单位 mm)。

3. 表面粗糙度结构要求及测量评定条件的注写

在上述位置 a 和位置 b 注写表面粗糙度结构要求时,应给出参数代号(轮廓及特征代号)和相应数值,并包括满足评定长度要求的取样长度的个数,以及要求的参数极限值等内容。图 5-12(a)所示的为表面粗糙度结构要求注写的一个示例,图 5-12(b)所示的为该要求各项内容的初步解释。表面粗糙度结构要求需要表达的信息量较多,GB/T 131 对每项要求的注写均有细则规定,以下逐一对其进行说明。

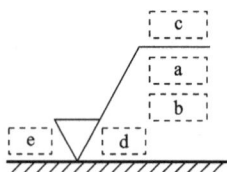

图 5-11　表面粗糙度要求的注写位置

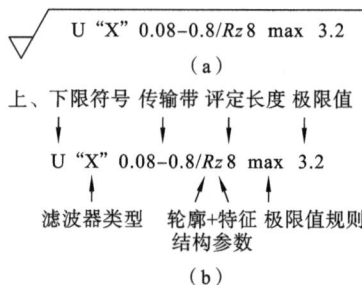

$$\text{U "X" } 0.08\text{--}0.8/Rz\,8 \text{ max } 3.2$$

(a)

上、下限符号　传输带　评定长度　极限值

U "X" 0.08–0.8/Rz 8 max 3.2

滤波器类型　轮廓+特征　极限值规则
　　　　　　结构参数

(b)

图 5-12　表面粗糙度结构要求表达示例

1) 表面结构参数及参数极限值的标注

表面结构参数由轮廓类型代号及结构特征代号组成。对于表面粗糙度轮廓而言,GB/T 1031给出了高度参数 Ra、Rz 和附加参数 Rsm、$Rmr(c)$ 共四个评定参数及各参数的极限值系列(见表 5-3 至表 5-5)。图 5-12 所示表面结构要求中,给出的表面粗糙度轮廓参数是:轮廓最大高度 Rz。

规定表面结构参数的极限值(即允许的上限和(或)下限值,以 μm 为单位)要求时,可根据表面功能要求,标注单向极限(上限或下限)或双向极限。对于单向极限的标注:当规定参数的极限值为下限值时,结构参数前应加注字母符号 L;当规定参数的极限值为上限值时,可不另加注符号,即默认为参数的单向上限值。对于双向极限的标注:应在规定其极限值为上限值的结构参数前加注字母符号 U,同时对规定其极限值为下限值的结构参数前注字母符号 L。

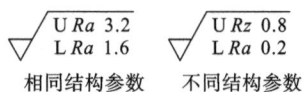

$$\sqrt{\begin{array}{l}\text{U } Ra\ 3.2\\ \text{L } Ra\ 1.6\end{array}} \quad \sqrt{\begin{array}{l}\text{U } Rz\ 0.8\\ \text{L } Ra\ 0.2\end{array}}$$

相同结构参数　　不同结构参数

图 5-13　表面粗糙度参数
双向极限的标注

图 5-12 所示表面结构要求中,给出的表面粗糙度轮廓参数极限值为单项上限值:3.2 μm。图 5-13 所示的分别给出对同一种结构参数和不同结构参数规定双向极限标注的两个示例。

2) 极限值判断规则的标注

表面结构要求中均应规定参数的极限值及其验收的判断规则。标准规定了判断表面合格与否的两种判断规则:16%规则和最大规则,在标注中应体现采用何种极限值判断规则。

所谓 16%规则,即当参数的规定值为上限值时,如果该参数在同一评定长度上的全部实测值中,大于图样规定值的个数不超过实测值总数的 16%,则该表面合格;当参数的规定值为下限值时,如果该参数在同一评定长度上的全部实测值中,小于图样规定值的个数不超过实测值总数的 16%,则该表面合格。

所谓最大规则,即若参数的规定值为最大值,则检验时在被检表面的全部区域内测得的参数值不应超出该规定值。

在按最大规则图样标注时,应在参数代号后加注"max",如图 5-12 所示。在按 16% 规则图样标注时,参数代号后不注"max",即 16% 规则是表面结构要求标注的默认规则。

3) 传输带和取样长度的标注

表面结构的各特征是在一定波长范围内定义的,该波长范围由一个截止短波的滤波器(短波滤波器)和一个截止长波的滤波器(长波滤波器)所限制,即这两个滤波器构成特定波长范围(mm)内表面结构传输带,同时其中长波滤波器的截止波长即为评定该表面结构的取样长度。对于表面粗糙度轮廓而言,其传输带由短波滤波器 λs 和长波滤波器 λc 所限定,且其中 λc 的截止波长为取样长度 lr。

在表面粗糙度表面结构要求的标注中,若省略了传输带标注,则表示默认按表 5-2 所示选用取样长度(即选取长波滤波器的截止波长)。若有特殊要求,则要注出传输带的截止波长范围:按短波滤波器在前、长波滤波器在后的顺序用"-"号连接二者,再加"/"号后注在参数代号前。在某些情况下,只标注传输带两个滤波器中的一个,此时需保留"-"号以区别短波或长波滤波器,如图 5-14 所示。此时若存在另一滤波器,其使用默认截止波长。

如图 5-12 所示的表面粗糙度表面结构要求,表示是在对被测表面经过截止波长为 0.08 mm 的短波滤波器和截止波长为 0.8 mm 的长波滤波器滤波后,所得到的表面粗糙度轮廓上规定的要求。

4) 评定长度(ln)的标注

在表面粗糙度表面结构要求的标注中,应给出评定长度的要求。评定长度 ln 通过包含的取样长度 lr 的个数来体现,因而在标注中需在表面粗糙度结构参数代号后注出取样长度的个数以示评定长度。

若默认评定长度 ln 的标注(见图 5-13、图 5-14),则表示默认其含 5 个取样长度 lr,即 $ln=5\times lr$。若规定评定长度内的取样长度个数不等于默认值 5,则应在参数代号后注出取样长度的个数,如图 5-12 所示标注中规定评定长度含 8 个取样长度。

5) 关于滤波器类型的标注

如图 5-12(a)所示标注中,"X"处用于标注轮廓滤波器类型。目前的标准滤波器为高斯滤波器,过去的标准滤波器为 2RC 滤波器。认为需要时,可在"X"处注"高斯滤波器"或"2RC"。

4. 表面加工方法或相关信息的注法

加工工艺(加工方法、表面处理、涂层等)在很大程度上决定了表面轮廓的特征,因而必要时可在图 5-11 所示位置 c 处用文字和(或)相关专业符号注明加工工艺。如图 5-15(a)所示对表面工艺要求为:用车削去除材料的加工方法获得所注表面要求;图 5-15(b)所示对表面工艺要求为:用不去除材料的表面镀覆工艺获得所注表面要求。

$\sqrt{0.08-/Rz\ 3.2}$	$\sqrt{-0.25/Rz\ 3.2}$
短波滤波器标注	长波滤波器标注

图 5-14 传输带中只标注一个滤波器

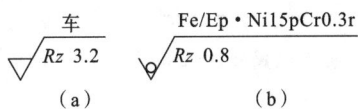

车   Fe/Ep・Ni15pCr0.3r

$\sqrt{Rz\ 3.2}$ $\sqrt{Rz\ 0.8}$

(a)   (b)

图 5-15 加工工艺信息的标注示例

5. 表面纹理的注法

为保证表面的功能要求,有时需对加工纹理作出规定。例如,对于平面密封表面,加工纹理需呈同心圆状;对于相互移动的表面,加工纹理最好按一定的方向呈直线状等。对表面纹理的要求,按表 5-7 示出的规定符号标注在图 5-11 所示的位置 d 处。

表 5-7　表面纹理的标注

符号	图例与说明	符号	图例与说明
=	纹理平行于视图所在投影面	M	纹理呈多方向
⊥	纹理垂直于视图所在投影面	C	纹理呈近似同心圆且圆心与表面中心相关
×	纹理呈两斜向交叉且与视图所在投影面相交	R	纹理呈近似发射状且与表面圆心相关
		P	纹理呈无方向凸起微粒状

6. 加工余量的注法

在同一图样中,有多道加工工序的表面可标注加工余量。加工余量以毫米(mm)为单位标注在图 5-11 所示的位置 e 处。例如,图 5-16 所示的是在表示完工零件的图样中给出加工余量的标注方法,表示该零件所有表面均有 3 mm 的加工余量。

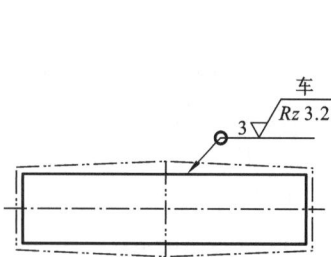

图 5-16　加工余量标注示例

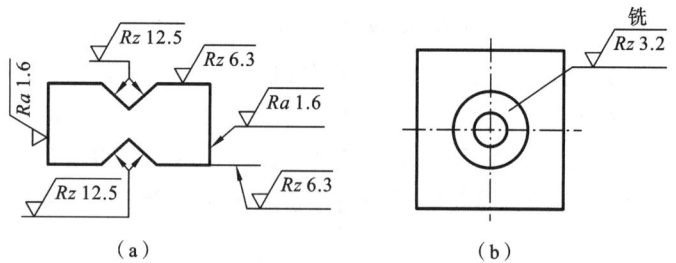

图 5-17　标注在轮廓线或指引线上

7. 表面粗糙度要求在图样上的注法

1) 注法的一般规定

表面粗糙度要求对每一表面一般只标注一次,并尽可能标注在相应的尺寸及其公差的同一视图的相应尺寸及其公差附近,与尺寸的注写和读取方向一致。表面粗糙度要求可标注在轮廓线、轮廓延长线或指引线上(见图 5-17)、标注在尺寸线上(见图 5-18),也可标注在几何公差框格上(见图 5-19)。

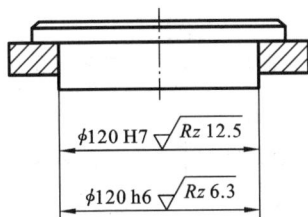

图 5-18　标注在尺寸线上

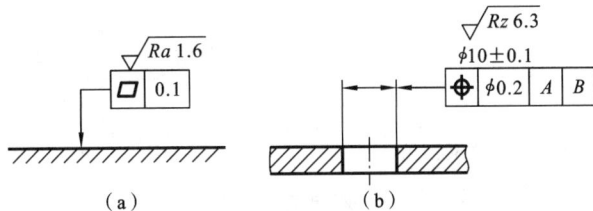

图 5-19　标注在几何公差框格上

2) 简化注法

当工件的多个、多数或全部表面有相同的表面粗糙度要求,或图纸空间有限时,可采用简化标注法。这里给出部分简化注法,如图 5-20 示出了大多数表面有相同要求时的两种简化标注方法:在图样标题栏附近注出对这些表面粗糙度要求,并在其后的圆括号内辅注基本图形符号(见图 5-20(a))或视图上已给表面的要求(见图 5-20(b))。图 5-21 示出了多个表面有相同要求(或图纸空间有限)时的简化标注方法:在被要求的表面注上带字母的完整图形符号;并将该符号与相应的表面粗糙度要求用等号连接后标注在图样标题栏附近。

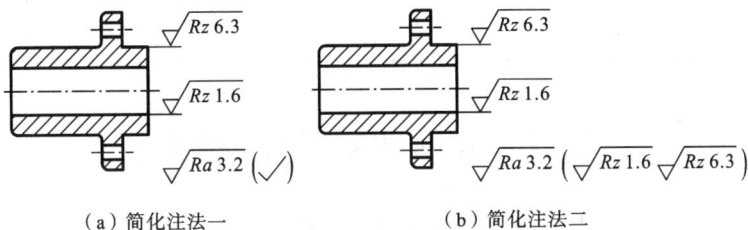

(a) 简化注法一　　　　　　　　　(b) 简化注法二

图 5-20　大多数表面有相同要求的简化注法

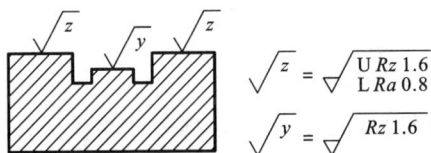

图 5-21　多个表面有相同要求或图纸空间有限时的简化注法

5.4.3　表面粗糙度图样标注示例

表 5-8 给出几例表面粗糙度要求的图样标注及其含义的解释。

表 5-8　表面粗糙度要求的图样标注示例及其含义

图样标注	表面粗糙度要求的含义		制造工艺要求
	参数及其数值	测量条件及极限值判断规则	
磨 $\sqrt{Ra1.6}$ $\sqrt{\perp -2.5/Rz\,max6.3}$	单向上限值 $Ra = 1.6\ \mu m$	默认传输带;默认评定长度 $ln = 5 \times lr$;16% 规则	去除材料磨削加工;纹理垂直视图投影面
	单向上限值 $Rz = 6.3\ \mu m$	传输带—2.5 mm(lr);默认评定长度 $ln = 5 \times 2.5$ mm;最大规则	

续表

图样标注	表面粗糙度要求的含义		
	参数及其数值	测量条件及极限值判断规则	制造工艺要求
Fe/Ep·Ni10bCr0.3r −0.8/Ra 3 1.6 U−2.5/Rz 12.5 L−2.5/Rz 3.2	单向上限值 $Ra=1.6\ \mu m$	传输带−0.8 mm(lr);评定长度 $ln=3\times0.8$ mm;16%规则	去除材料方法加工;表面处理为:钢件,镀镍/铬
	双向上限值 $Rz=12.5$ μm 双向下限值 $Rz=3.2$ μm	对上下极限:传输带−2.5 mm(lr);默认评定长度 $ln=5\times2.5$ mm;16%规则	
$\sqrt{Ra\ 0.8}$ $\sqrt{Rz\ 6.3}$ $(\sqrt{\ })$	对内孔表面: 单向上限值 $Ra=0.8$ μm	默认传输带;默认评定长度 $ln=5\times lr$;16%规则	所有表面用去除材料方法加工;没有表面纹理要求
	除内孔外的所有表面: 单向上限值 $Rz=6.3\ \mu m$		
Cu/Ep·Ni5bCr0.3r $Rz\ 0.8$	封闭轮廓的所有表面: 单向上限值 $Rz=0.8\ \mu m$	默认传输带;默认评定长度 $ln=5\times lr$;16%规则	所有表面用不去除材料方法得到;表面处理:铜件,镀镍/铬

5.5　表面粗糙度的测量

　　常用的表面粗糙度测量方法有:目测或感触法、非接触测量法和接触测量法等三种。随着生产技术和科技发展,近年来出现一些新的测量技术,如用激光干涉系统仪测量表面粗糙度,在磨削过程中对加工表面粗糙度进行在线测量等。

5.5.1　目测或感触法

　　目测或感触法是车间常用的简便方法,即根据表面粗糙度样板用肉眼(或借助放大镜)或者凭检验者的感觉(触摸或用指甲在表面划动)来判断表面粗糙度。

　　表面粗糙度样板的材料、形状及制造工艺尽可能与被测表面的相同,否则将会产生较大的误差。为此,在实际生产中,也可直接从工件中挑选样品,在仪器上测定表面粗糙度值后作为样板使用。

　　此外,还可用下述方法来评定表面粗糙度:将工件表面与表面粗糙度样板面倾斜相同角度,在相同温度下,观察比较相同黏度的油滴在二者表面上流动的速度,速度快的表面粗糙程度小。

　　通过表面粗糙度样板来比较测量表面粗糙度一般只用于表面粗糙程度较大表面的近似评定,当表面粗糙程度小时,这种方法往往很难得出正确结论。

5.5.2　非接触测量法

　　用非接触测量法检测表面粗糙度的常用仪器有:比较显微镜、双管显微镜和干涉显微镜。此外,还可以用光电式仪器及气动量仪。对要求很高的表面可用光学、电子或离子探针进行非接触测量。

1. 用双管显微镜测量表面粗糙度

双管显微镜有轴线成 90°夹角的两个光管:一个为照明管;另一个为观测管,其采用如图 5-22(a)所示的光切原理测量表面轮廓。图中,照明管的光源 1 发出的光线经过聚焦镜 2、窄缝光阑 3 后形成平行窄长光带,再经透镜 4 以一定的斜度(45°)投射到被测表面。若被测表面粗糙不平,则光带随之在表面上变为弯曲状(见图 5-22(b)),其通过透镜 5 成像于分划板 6 上。操作者通过目镜 7 可观察到放大后的分划板上的光带。设表面微观不平度的高度为 H,光带弯曲高度为 $ab=H/\cos45°$;而从目镜中看到的光带弯曲高度 $a'b'=KH/\cos45°$(式中 K 为观测管的放大倍数)。双管显微镜的测量范围 $H=0.5\sim60\ \mu m$。

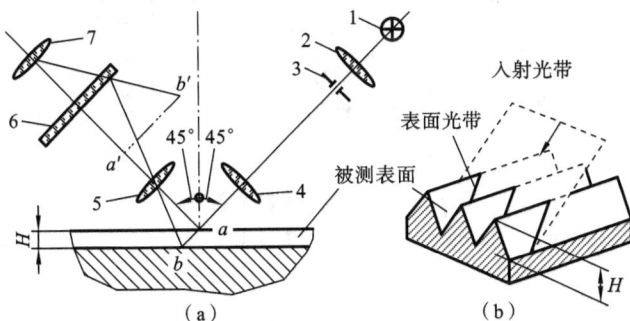

图 5-22 双管显微镜的测量原理
1—光源;2—聚焦镜;3—光阑;4、5—透镜;6—分划板;7—目镜

用双管显微镜可测量车、铣、刨或其他类似方法加工的金属零件的外圆面或平面,但不便于测量用磨削或抛光等方法加工的金属零件表面。测量内表面(如孔、沟槽等)或笨重零件表面时,可用石印模材料(如蜡、低熔点合金等)压印的方法,获得被测表面的复制模型,然后用双管显微镜测量复制的模型,以间接获得被测表面的粗糙度。

2. 用干涉显微镜测量表面粗糙度

用干涉显微镜测量表面粗糙度采用的是光波干涉原理。图 5-23 所示的为干涉显微镜测量原理。由光源 1 发出的光线经聚光镜 2、滤色片 3、光阑 4 及透镜 5 形成平行光线后,射向底面半镀银的分光镜 7,然后分为两束:一束光线通过补偿镜 8、物镜 9 到平面反射镜 10,并被反射镜 10 反射回到分光镜 7,再由分光镜 7 经聚光镜 11 到反射镜 16,并被反射镜 16 反射进入目镜 12 的视野;另一束光向上通过物镜 6 投射到被测表面,由被测表面反射回来,通过分光镜 7、聚光镜 11 到反射镜 16,由反射镜 16 反射也进入目镜 12 的视野。这样,在目镜 12 的视野内即可观察到两束光线因光程差而形成的干涉带图形。若被测表面粗糙不平,干涉带即成如图 5-23(b)所示的弯曲形状。由测微目镜可读出相邻两干涉带距离 a 及干涉带弯曲高度 b。由于光程差每增加光波波长 λ 的 1/2 即形成一条干涉带,故被测表面微观不平度的实际高度为

$$H=\frac{b}{a}\cdot\frac{\lambda}{2}$$

若将反射镜 16 移开,使光线经照相物镜 15 及反射镜 14 后,反射到毛玻璃 13 上,在毛玻璃处即可拍摄干涉带图形的照片。

单色光适用于具有规则加工纹理的表面,此时得到的是黑色与彩色条纹交替呈现的干涉带图形。白色光源用于不规则表面,此时得到的干涉图形在黑色条纹的两边,将是对称分布的若干彩色条纹。该仪器的测量范围为 $0.03\sim1\ \mu m$,测量误差为 $\pm5\%$。

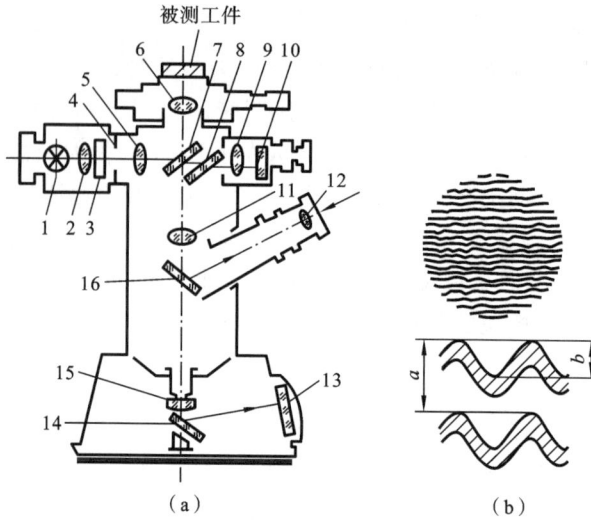

图 5-23 干涉显微镜测量原理

1—光源;2—聚光镜;3—滤色片;4—光阑;5—透镜;6,9—物镜;7—分光镜;8—补偿镜;

10,14,16—反射镜;11—聚光镜;12—目镜;13—毛玻璃;15—照相物镜

若对上述干涉显微镜做改造,用压电陶瓷(PZT)驱动平面反射镜 10,并用电荷耦合器件(CCD)取代目镜,则可将干涉显微镜改装成光学轮廓仪。将 CCD 所探测的动态干涉信号输入计算机处理,可迅速得到一系列表面粗糙度的评定参数值及轮廓图形。

基于多光束干涉技术的干涉仪利用多次反射,以保证形成狭窄和稀少的干涉条纹影像,从而大大提高仪器的测量精度,读数可达纳米数量级。

3. 用光学探针测量粗糙度

光学探针法类似于机械触针法,其将聚焦光束(光学探针)替代金刚石触针,然后利用不同的光学原理,来检测被测表面形貌相对于聚焦光学系统的微小距离变化。根据聚焦误差信号检测方式的不同,基于聚焦探测原理的方法主要有:傅科刀口法、差分法、光强法、临界角法、像散法及偏心光束法等。

图 5-24 示出像散法测量表面粗糙度的原理。照射在工件表面的光点 B 通过物镜在 Q 处成像,将柱面透镜置于物镜后部以产生像散光束。若柱面透镜成像位置为 P,则在 PQ 之间随着光点从 P 向 Q 移动,光束截面的长轴从纵向椭圆变成横向椭圆,其中 S 处的截面形状是圆。由于工件表面微观高低起伏,位于 S 点的截面形状随目标位置变化而变化,故可用四象限光电探测器对这些截面形状进行光电变换,通过运算可得到与表面位置相对应的输出信号。

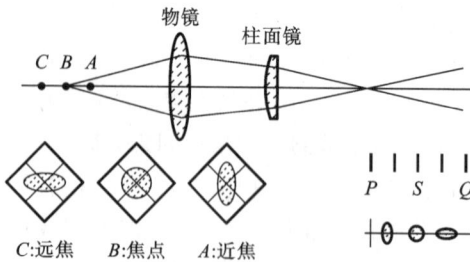

图 5-24 像散法聚焦检测原理

5.5.3 接触测量法

接触测量法是一种最基本、应用最为广泛的表面轮廓测量方法,其在工程表面测量中占有极其重要的地位。在接触测量中,通常采用尖锐的触针与被测表面接触并做相对移动,由被测表面形貌的波动带动触针起伏运动,然后通过传感器感知触针的位移信号并放大,经数据采集

和处理后获得被测表面的几何形貌参数值。根据传感器的不同原理,构成了多种表面粗糙度测量仪。

1. 电动轮廓仪

图 5-25 所示的为电动轮廓仪的工作原理图。安装在杠杆一端的触针和导块在驱动装置的驱动下在被测表面上滑行,触针随被测表面形貌的波动而起伏运动,导致杠杆另一端的铁芯随之在两电感线圈中上下移动而产生相应变化的感生电动势;感生电动势与振荡器输入电桥的载波叠加形成调制波,再经放大和相敏检波后得到与触针位移成比例的电信号。该信号一方面可经直流功率放大后驱动记录器在记录纸上绘出表面轮廓的放大图形;同时也可经 A/D 转换器转换后由计算机采集、计算,输出被测表面粗糙度的参数值及轮廓图形。

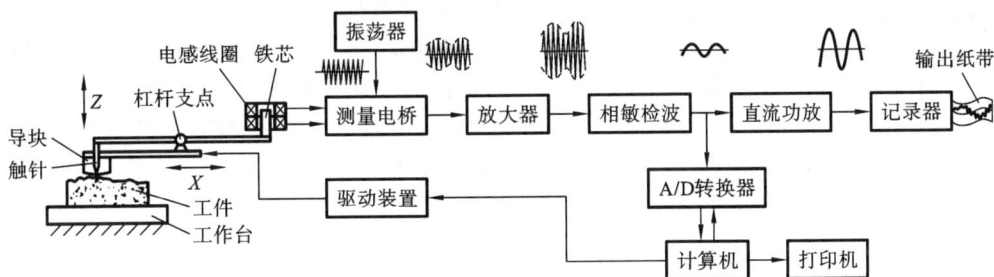

图 5-25　电动轮廓仪的工作原理

触针式电动轮廓仪受触针针尖圆弧半径(1~2 μm)的限制,难以探测到表面实际轮廓的谷底,同时,触针有可能划伤被测表面。其优点在于:可直接测量某些难以测量的零件表面(如孔、槽等);能连续测量轮廓,在相应软件的支持下可方便计算出表面粗糙度各参数值并给出轮廓图形;使用简便,测量效率高。因而,电动轮廓仪广泛应用于工业生产中。

近年来,在传统电动轮廓仪的基础上,通过改造配装上由计算机控制的精密二维工作台,将原驱动触针和导块横向移动的驱动装置,改为驱动工作台二维运动的精密双向驱动装置,从而将原来测头与被测表面间的相对二维运动变为三维运动,实现表面粗糙度的三维测量和评定。图 5-26 所示的为三维表面粗糙度测量仪的系统简图,图 5-27 所示的为测量所得工件表面形貌三维图形。

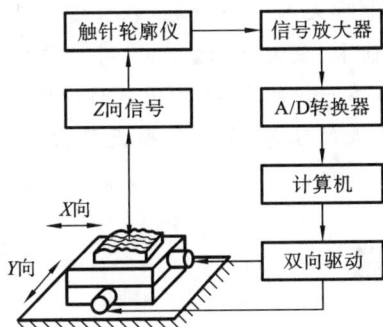

图 5-26　三维表面粗糙度测量仪系统简图

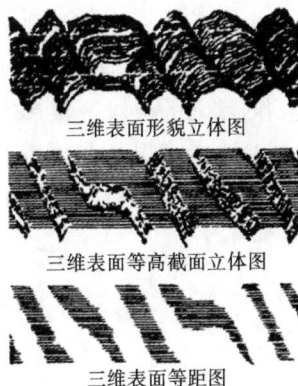

三维表面形貌立体图

三维表面等高截面立体图

三维表面等距图

图 5-27　表面形貌三维图

2. 迈克尔逊干涉式触针测量仪

英国 Taylor Hobson 公司将迈克尔逊干涉原理与接触式测量技术结合,于 20 世纪 90 年

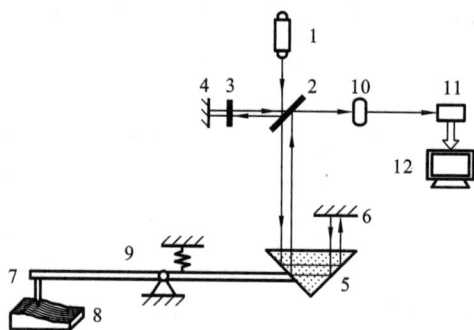

图 5-28　Talysurf 轮廓仪原理图

1—激光器；2—偏振分光镜；3—1/4 波片；4、6—反光镜；
5—角隅棱镜；7—触针；8—被测工件；9—杠杆；
10—接收器；11—接口电路；12—计算机

代初生产出迈克尔逊干涉式触针测量仪(Form Talysurf 轮廓仪)。该仪器的基本原理如图 5-28 所示。激光器 1 发出的激光束经偏振分光镜 2 分为两束：一束经 1/4 波片 3 到达反光镜 4；另一束经角隅棱镜 5 到达反光镜 6。两束光返回后在偏振分光镜 2 上发生干涉。当触针 7 在被测工件 8 的表面横向移动时，触针上下位移通过杠杆 9 带动角隅棱镜 5 移动，从而引起干涉条纹的变化，每移动一个干涉条纹所对应触针的位移量为 $\lambda/2$(λ 为激光的波长)。干涉条纹变化的信号由光电接收器 10 接收，并经接口电路 11 送入计算机 12。计算机在相应计算软件的支持下给出被测表面的形状误差、波纹度及表面粗糙度的评定参数值和表面形貌图。该仪器的测量范围可达 6 mm，分辨率可达 1 nm。

思政知识点

王永志院士：一生做了三件事

2024 年 8 月，载人航天工程首任总设计师王永志院士入选"共和国勋章"建议人选。王永志院士致力于中国战略导弹、运载火箭及"神舟"飞船的设计和研制，主导 6 个型号导弹、2 个型号运载火箭和"神舟"系列飞船的研制工作。王永志院士对自己的总结说：这一生做了三件事——把导弹准确送到需要的地方去，把卫星送到各种轨道上去，把中国人送到太空去。

王永志院士自 1961 年参加工作起，陆续参与我国首批战略火箭的研发，成功攻克中近程、中程及洲际火箭项目中的多项技术难题，显著提升了火箭射程与实用效能；引领第二代战略火箭研发，主导新型液体与固体远程战略火箭及地地战术火箭的革新；主导长征二号 E 大推力捆绑火箭，将中国火箭近地轨道运载能力从 2.5 t 跃升至 9.2 t，实现技术飞跃。

1992 年起，王永志院士致力于中国载人航天工程，主持拟制了该工程七大系统的技术途径和主要技术方案，确定"三步走"的发展战略。作为中国载人航天工程的总设计师，王永志院士主持制定了总体技术方案，以及工程方案设计、研制和无人飞行试验，以及首次载人航天飞行的技术工作，攻克并处理了各系统技术要求、关键技术、重大问题。2003 年亲手把神舟五号送入太空，这标志着中国载人航天工程"三步走"战略第一步的完成，中国成为世界上第三个独立掌握载人航天技术的国家，实现了中华民族千年飞天的梦想，是中国航天事业在 21 世纪的一座新的里程碑。

结语与习题

Ⅰ. 本章的学习目的、要求及重点

学习目的：了解表面粗糙度的含义和表面粗糙度的选用及图样表示。

要求：了解表面粗糙度的评定基准和评定参数，在图样上的标注方法及表面粗糙度的选用原则；了解表面粗糙度的测量方法。

重点：表面粗糙度的评定及标注。

Ⅱ. 复习思考题

1. 表面粗糙度对零件的工作性能有何影响？

2. Ra、Rz、Rsm、$Rmr(c)$ 分别反映表面微观形貌的何种特征？

3. 评定表面粗糙度时，为何要规定中线？

4. 评定表面粗糙度时，为何要选定取样长度和评定长度？

本章练习题
参考答案

Ⅲ. 练习题

1. 一实际轮廓如附图 5-1 所示，求该轮廓的 Ra、Rz、Rsm、$Rmr(c)$（当 $c=25\%Rz$ 时）。

2. 试解释附图 5-2 所示两项表面粗糙度要求的含义。

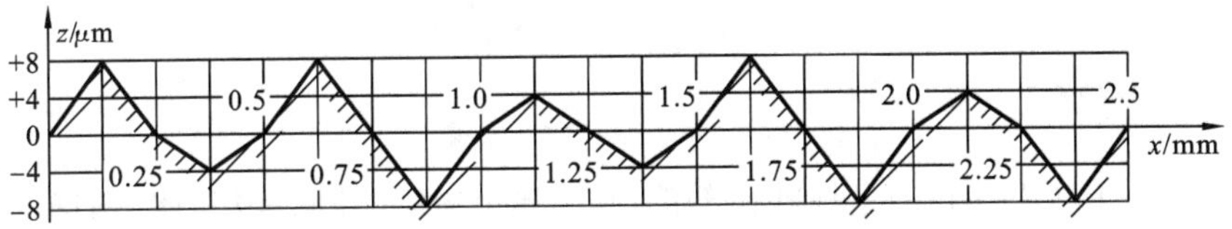

附图 5-1

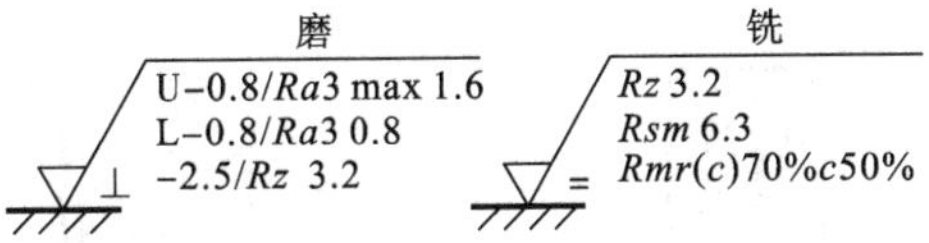

附图 5-2

3. 如附图 5-3 所示零件，其各表面均由去除材料方法加工，将下列要求标注在该零件图上（未提要求均采用默认值）。

（1）$\phi40$ mm 外圆柱体表面粗糙度 Ra 的上限值为 3.2 μm；

（2）左端面表面粗糙度的上限值为 1.6 μm；

（3）$\phi40$ mm 圆柱体右端面表面粗糙度 Ra 的上限值为3.2 μm；

（4）$\phi20$ mm 内孔表面粗糙度 Rz 的上限值为 0.8 μm，下限值为 0.4 μm；

附图 5-3

（5）$\phi30$ mm 外圆柱体表面粗糙度 Ra 的上限值为 1.6 μm，下限值为 0.8 μm；

（6）其余各加工表面的表面粗糙度 Ra 的上限值为 25 μm。

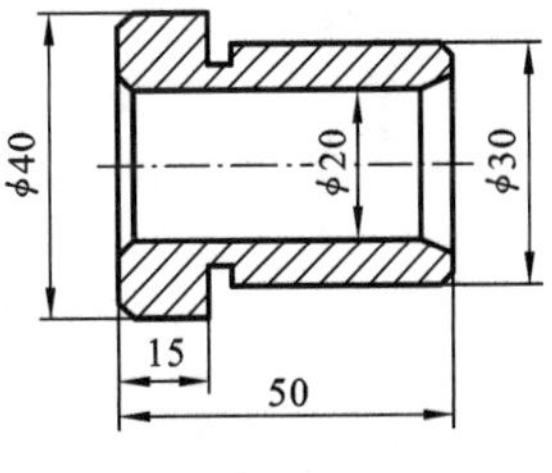

第6章

典型零部件的互换性

6.1 滚动轴承与支承孔、轴配合的互换性

6.1.1 概述

滚动轴承(rolling bearing)是标准化部件,其主要由内圈、外圈、滚动体(钢球或滚子)和保持架组成,如图 6-1 所示。滚动轴承具有旋转精度高、摩擦系数小、润滑简便、易于更换等许多优点,在各种机械装备、电子装备、仪器仪表及各类器械中应用广泛。

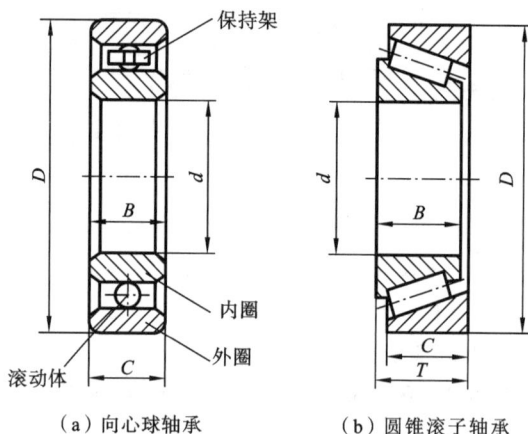

（a）向心球轴承　　　　　（b）圆锥滚子轴承

图 6-1　向心滚动轴承的基本结构

作为基础部件,滚动轴承的外径 D、内径 d 和套圈宽度 B(内圈)和 C(外圈)是配合尺寸,分别与外壳孔和轴颈配合,其互换性为完全互换;而作为构成滚动轴承的零件,其内、外圈滚道和滚动体采用分组互换,为不完全互换。

6.1.2 滚动轴承的精度

1. 滚动轴承的公差等级

根据 GB/T 307.3 的规定,滚动轴承的精度按尺寸公差与旋转精度分级。公差等级由低到高排列:向心滚动轴承(radial rolling bearing)的精度分为 0、6、5、4、2 五级(圆锥滚子轴承除外);圆锥滚子轴承(tapered roller bearing)的精度分为 0、6X、5、4、2 五级;推力轴承(thrust rolling bearing)的精度分为 0、6、5、4 四级。

0 级轴承为普通级轴承,应用在旋转精度要求不高的一般机械中。例如,普通机床的变速箱、进给机构,汽车、拖拉机中的变速机构,普通电动机、水泵、压缩机、蒸汽轮机中的旋转机构等。0 级轴承在机械制造中的应用最广。

6(6X)级轴承称为高级轴承,5 级轴承称为精密级轴承,它们应用在旋转精度要求较高的机械中。例如,普通机床主轴的前轴承多用 5 级的,后轴承多用 6 级的。

4 级和 2 级轴承称为超精密级轴承,用于精密机床、精密仪器、高速摄影机等高速精密机械中。

2. 滚动轴承公差等级的划分及公差规定

1)滚动轴承公差等级划分的依据

滚动轴承的各个公称尺寸如图 6-1 所示。轴承内圈内径 d、外圈外径 D、内圈宽度 B、外圈宽度 C 和装配高度 T 等尺寸的制造公差决定了轴承的尺寸精度。

由于滚动轴承的内、外圈都是薄壁零件,所以在加工、装配和储藏中不可避免会存在变形,但在装配时其变形在一定程度上可由支承孔或轴矫正,故滚动轴承的内圈与轴颈、外圈与支承孔配合时,起作用的是平均直径。因而,为保证配合性质,应规定其平均直径的公差;另一方面,滚动轴承内、外圈经热处理后硬度和脆性均较高,为了不致因其变形过大而难以矫正或矫正后影响轴承工作精度,对精度较高的滚动轴承还应对内、外圈的实际尺寸规定公差,以限制实际尺寸的变动量。为此,国家标准《滚动轴承 向心轴承 产品几何技术规范(GPS)和公差值》(GB/T 307.1)针对上述两方面的情况,对滚动轴承的内、外径规定了制造公差。

2)滚动轴承的尺寸精度

(1)有关滚动轴承内、外套圈直径的定义。

① 公称直径(nominal bore or outside diameter)　轴承的内圈内圆和外圈外圆的理论直径分别称为公称内径 d 和公称外径 D。公称直径一般作为计算直径偏差的公称尺寸。

② 单一直径(single bore or outside diameter)　滚动轴承的任一径向截面上,内圈内圆和外圈外圆的实际直径分别称为单一内径 d_s(见图 6-2)和单一外径 D_s。

③ 单一平面单一直径(single bore or outside diameter in a single plane)　理论上,同一滚动轴承的径向截面可有无穷多个,因而在同一径向截面(单一平面)上的单一直径分别称为单一平面单一内径 d_{sp}(见图 6-2)和单一平面单一外径 D_{sp}。

(2)滚动轴承内、外套圈的单一直径及其控制。

① 单一直径偏差　单一内径 d_s 与公称内径 d 之差

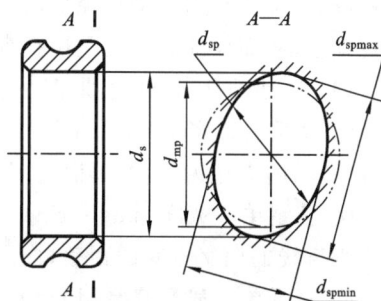

图 6-2　滚动轴承内圈尺寸

及单一外径 D_s 与公称外径 D 之差,分别称为单一内径偏差 Δ_{ds}(deviation of a single bore diameter)及单一外径偏差 Δ_{Ds}(deviation of a single outside diameter),即

$$\Delta_{ds}=d_s-d,\quad \Delta_{Ds}=D_s-D$$

② 单一平面直径变动量　最大与最小单一平面单一内径之差和最大与最小单一平面单一外径之差分别称为单一平面内径变动量 V_{dsp}(variation of bore diameter in a single plane)和单一平面外径变动量 V_{Dsp}(variation of outside diameter in a single plane),即

$$V_{dsp}=d_{spmax}-d_{spmin},\quad V_{Dsp}=D_{spmax}-D_{spmin}$$

GB/T 307.1 规定了滚动轴承套圈的单一直径极限偏差(公差)和单一平面直径变动量的最大允许值(公差)。单一直径偏差分别定义在内、外套圈的整体圆柱面上,因而可控制相应圆

柱面整体的直径变化量(用于 4 级和 2 级超精密级轴承);单一平面直径变动量分别定义在内、外套圈的任一同一截面上,因而可控制相应圆柱面在任一径向截面上的直径变化量。

(3) 滚动轴承内、外套圈平均直径及其控制。

① 单一平面平均直径　在轴承的任一径向截面上,轴承内圈的最大与最小单一平面单一内径的算术平均值(见图 6-2)和轴承外圈的最大与最小单一平面单一外径的算术平均值分别称为单一平面平均内径 d_{mp}(mean bore diameter)和单一平面平均外径 D_{mp}(mean outside diameter),即

$$d_{mp} = (d_{spmin} + d_{spmax})/2$$
$$D_{mp} = (D_{spmin} + D_{spmax})/2$$

② 单一平面平均直径偏差　轴承单一平面平均内径 d_{mp} 与公称内径 d 之差和单一平面平均外径 D_{mp} 与公称外径 D 之差,分别称为单一平面平均内径偏差 Δ_{dmp}(deviation of mean bore diameter in a single plane)和单一平面平均外径偏差 Δ_{Dmp}(deviation of mean outside diameter in a single plane),即

$$\Delta_{dmp} = d_{mp} - d, \quad \Delta_{Dmp} = D_{mp} - D$$

③ 平均直径变动量　轴承内圈最大与最小单一平面平均内径之差称为平均内径变动量 V_{dmp}(variation of mean bore diameter);单个最大与最小单一平面平均外径之差称为平均外径变动量 V_{Dmp}(variation of mean outside diameter),即

$$V_{dmp} = d_{mpmax} - d_{mpmin}, \quad V_{Dmp} = D_{mpmax} - D_{mpmin}$$

GB/T 307.1 规定了滚动轴承套圈的单一平面平均直径极限偏差(公差)和套圈平均直径变动量最大许用值(公差)。如前所述,滚动轴承的内圈与轴颈、外圈与支承孔配合时,起作用的是平均直径。因而,标准规定用单一平面平均直径极限偏差来控制每个径向截面上的平均直径(配合尺寸),用平均直径变动量的最大许用值来控制内、外圆柱面上平均直径(配合尺寸)的变动量,从而保证通过装配矫正套圈变形后的配合性质。

(4) 滚动轴承内、外套圈宽度及其控制。

① 套圈公称宽度(nominal ring width)　滚动轴承套圈两理论端面间的距离称为套圈的公称宽度,内圈记为 B,外圈记为 C。公称宽度一般作为计算宽度偏差的公称尺寸。

② 套圈单一宽度(single ring width)　套圈单一宽度是指套圈两实际端面与基准端面切平面垂直线的两交点间的距离,内圈记为 B_s,外圈记为 C_s。

③ 套圈单一宽度偏差(diviation of a single ring width)　套圈单一宽度偏差是指套圈单一宽度与公称宽度之差,内圈记为 Δ_{Bs},外圈记为 Δ_{Cs},即

$$\Delta_{Bs} = B_s - B, \quad \Delta_{Cs} = C_s - C$$

④ 套圈宽度变动量(variation of ring width)　套圈宽度变动量是指单个套圈最大与最小单一宽度之差,内圈记为 V_{Bs},外圈记为 V_{Cs},即

$$V_{Bs} = B_{smax} - B_{smin}, \quad V_{Cs} = C_{smax} - C_{smin}$$

GB/T 307.1 规定了滚动轴承套圈的单一宽度极限偏差(公差)和套圈宽度变动量最大许用值(公差)。单一宽度极限偏差控制宽度的实际偏差,以保证配合质量;套圈宽度变动量可以控制套圈两实际端面间的平行度。

3) 滚动轴承的旋转精度

为保证轴承的旋转精度,GB/T 307.1 对滚动轴承内、外套圈和成套轴承规定了相应的参数及其允许值,这些参数如下。

① K_{in}、K_{ea}:成套轴承内、外圈径向跳动(radial runout if inner and outer of assembled bearing)。

② S_{ia}、S_{ea}:成套轴承内、外圈轴向跳动(axial runout if inner and outer of assembled bearing)。

4）滚动轴承的几何公差

GB/T 307.1 对滚动轴承内、外套圈和成套轴承规定了相应的几何公差参数及其允许值。这些参数如下。

① S_d:内圈端面对内孔的垂直度(perpendicularity of inner ring face with respect to the bore)。

② S_D:外圈外表面对端面的垂直度(perpendicularity of outer ring outside surface with respect to the face)。

对于上述滚动轴承的各精度评价参数,GB/T 307.1 根据套圈的公称尺寸、公差等级、直径系列、结构及安装形式等,分别以极限偏差或最大允许值的形式规定了各参数的具体公差要求。表 6-1 和表 6-2 所示的分别是该标准给出的部分公称尺寸的 0 级和 6 级向心轴承(圆锥滚子轴承除外)的公差要求。

表 6-1　向心轴承内圈的公差要求① 　　　　　　　(μm)

参数	Δ_{dmp}				V_{dmp}		V_{dsp}						K_{in}		Δ_{Bs}			V_{Bs}
							直径系列											
							9		0、1		2、3、4				全部	正常	修正②	
公差等级	0		6		0	6	0	6	0	6	0	6	0	6		0、6		0、6
公称尺寸/mm	上极限偏差	下极限偏差	上极限偏差	下极限偏差	max		max						max		上极限偏差	下极限偏差		max
超过	到																	
2.5	10	0	−8	0	−7	6	5	10	9	8	7	6	5	10	6	0	−120	−250	15
10	18	0	−8	0	−7	6	5	10	9	8	7	6	5	10	7	0	−120	−250	20
18	30	0	−10	0	−8	8	6	13	10	10	8	8	6	13	8	0	−120	−250	20
30	50	0	−12	0	−10	9	8	15	13	12	10	9	8	15	10	0	−120	−250	20
50	80	0	−15	0	−12	11	9	19	15	19	15	11	9	20	10	0	−150	−380	25
80	120	0	−20	0	−15	15	11	25	19	25	19	15	11	25	13	0	−200	−380	25
120	180	0	−25	0	−18	19	14	31	23	31	23	19	14	30	18	0	−250	−500	30
180	250	0	−30	0	−22	23	17	38	28	38	28	23	17	40	20	0	−300	−500	30
250	315	0	−35	0	−25	26	19	40	31	44	31	26	19	50	25	0	−350	−500	35
315	400	0	−40	0	−30	30	23	50	38	50	38	30	23	60	30	0	−400	−630	40
400	500	0	−45	0	−35	34	26	56	44	56	44	34	26	65	35	0	−450	−	45

注:① 摘自 GB/T 307.1;圆锥滚子轴承除外。

　　② 适用于成对或成组安装时单个轴承的内、外圈,也适用于 $d \geqslant 50$ mm 锥孔轴承的内圈。

表 6-2　向心轴承外圈的公差要求[①]　　　　　　(μm)

参数 公称尺寸/mm 超过	到	Δ_{Dmp} 0级 上极限偏差	0级 下极限偏差	6级 上极限偏差	6级 下极限偏差	V_{Dmp}[②] 0 max	6 max	V_{Dsp}[②] 开型 系列9 (0) max	系列9 (6)	系列0、1 (0)	系列0、1 (6)	系列2、3、4 (0)	系列2、3、4 (6)	闭型 系列2、3、4 (0)	系列2、3、4 (6)	K_{ea} 0 max	6 max	Δ_{Cs}、V_{Cs} (0、6)
6	18	0	−8	0	−7	6	5	10	8	9	7	6	5	10	9	15	8	与同一轴承内圈的 Δ_{Bs} 及 V_{Bs} 相同
18	30	0	−9	0	−8	7	6	12	9	9	8	7	6	12	11	15	9	
30	50	0	−11	0	−9	8	7	14	11	11	9	8	7	16	13	20	10	
50	80	0	−13	0	−11	10	8	16	14	13	11	10	8	20	16	25	13	
80	120	0	−15	0	−13	11	10	19	16	19	16	11	10	26	20	35	18	
120	150	0	−18	0	−15	14	11	23	19	23	19	14	11	30	25	40	20	
150	180	0	−25	0	−18	19	14	31	23	31	23	19	14	38	30	45	23	
180	250	0	−30	0	−20	23	15	38	25	38	25	23	15	—	—	50	25	
250	315	0	−35	0	−25	26	19	44	31	44	31	26	19	—	—	60	30	
315	400	0	−40	0	−28	30	21	50	35	50	35	30	21	—	—	70	35	
400	500	0	−45	0	−33	34	25	56	41	56	41	34	25	—	—	80	40	

注:① 摘自 GB/T 307.1;圆锥滚子轴承除外。

　　② 适用于内、外止动环安装前或拆卸后。

6.1.3　滚动轴承与支承孔、轴结合的极限与配合

滚动轴承作为一种部件,应用中其外圈被装入支承孔,内圈装在轴颈上。在内、外套圈分别与支承轴、孔的配合中,轴承内、外套圈按轴承的相关国家标准,而支承轴、孔按极限与配合国家标准分别选取公差带,以形成满足滚动轴承应用需求的不同性质的配合。

1. 滚动轴承内、外套圈公差带的特点

在滚动轴承套圈与支承孔、轴的配合中,起作用的是套圈的平均直径 D_{mp} 和 d_{mp}。由 GB/T 307.1 及表 6-1 和表 6-2 所列平均直径的极限偏差可见,对于所有公差等级,单一平面平均外径和内径的公差带均是上极限偏差为零、下极限偏差为负,如图6-3所示,单向配置在公称尺寸(公称直径 D、d)零线的下方。

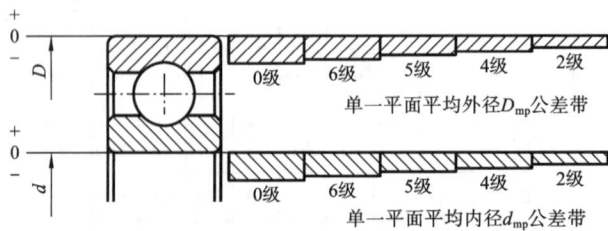

D　0级　6级　5级　4级　2级
单一平面平均外径 D_{mp} 公差带

d　0级　6级　5级　4级　2级
单一平面平均内径 d_{mp} 公差带

图6-3　滚动轴承单一平面平均直径公差带配置

2. 滚动轴承内、外套圈与支承件配合的特点

由于滚动轴承是一种标准部件,因而其外圈外径与支承孔的配合采用基轴制配合,内圈内径与支承轴的配合采用基孔制配合。但是,考虑到滚动轴承的结构特点和精度要求,这里的基

轴制和基孔制与第 3 章所述的基准制有所不同。

其一,内、外套圈直径的公差值是针对轴承的应用需求而规定的,而非采用极限与配合国家标准所规定的标准公差(IT)。这是因为轴承装配时易于变形,而其高旋转精度对间隙或过盈的变化敏感,所以对内、外圈规定的公差值比相应的标准公差值要严格,以减小间隙或过盈的变动量。比如 0 级(普通级)轴承内、外圈的公差相当于 IT5～IT6 级。

其二,作为基轴制的孔,轴承内圈内径公差带配置在零线以下(见图 6-3),而不像极限与配合国家标准所规定的基准孔公差带配置在零线以上(见图 3-14(a))。这是因为在大多数情况下,内圈是随轴颈一起转动的,为防止它们之间产生相对滑移,二者应采用既不致引起套圈过大变形又易于装拆的小过盈配合,从而保证轴承的工作精度和使用方便。此时,若采用极限与配合国家标准所规定的孔、轴过盈配合,则过盈量过大;若过渡配合,则可能出现间隙。为此,将轴承内圈内径公差带配置在零线下方,保证其与轴颈之间可选取获得适当过盈量的配合。

3. 滚动轴承内、外套圈与支承轴、孔的配合

图 6-4 所示的为国家标准《滚动轴承　配合》(GB/T 275)推荐的一般工作条件下,滚动轴承套圈与支承轴、孔配合的常用公差带。适用于对旋转精度、运动平稳性、工作温度等无特殊要求的安装情况,及实心或厚壁钢制支承轴和铸钢或铸铁支承孔;不适用于无内(外)圈轴承和特殊用途轴承(如飞机机架轴承、仪器轴承等)。

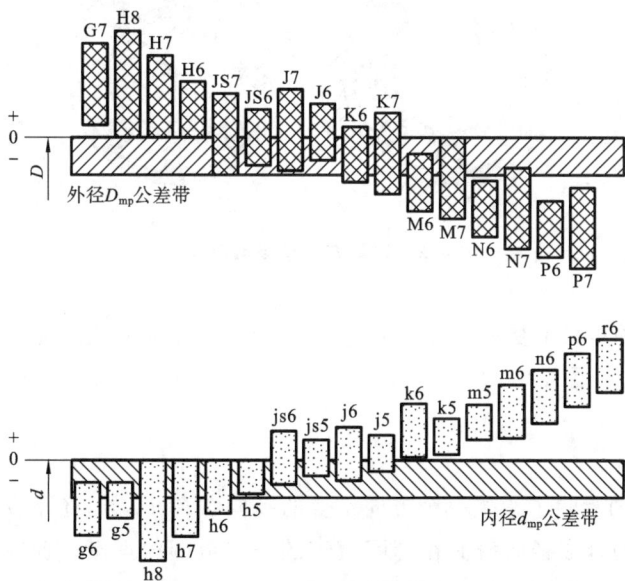

图 6-4　轴承外径、内径分别与支承孔、轴配合的公差带

6.1.4　滚动轴承与支承孔、轴配合的选用

合理地选择滚动轴承与支承轴及孔的配合,可保证机器运转的质量,延长使用寿命,并使产品制造经济合理。选择时主要应考虑以下因素。

1. 考虑应用的精度要求

在实际应用需求的轴承精度,即轴承的公差等级决定后,与其相配的支承轴和支承孔的公差等级应与之协调,否则装配后不能达到轴承预期的精度。通常,与 0 级和 6 级轴承配合的支承轴应选取 IT6 级公差,支承孔应选取 IT7 级公差;在对旋转精度和运转平稳性有较高要求的场合,支承轴取 IT5 级公差,支承孔取 IT6 级公差;与 5 级轴承配合的支承轴、孔均取 IT6

级公差,要求高的场合均取 IT5 级公差;与 4 级轴承配合的支承轴、孔分别取 IT5 级、IT6 级公差;要求更高的场合,支承轴、孔分别取 IT4 级、IT5 级公差。

2. 考虑载荷类型

根据作用于轴承的合成径向负荷对套圈相对旋转的情况,可将套圈的载荷分为以下三类。

(1) 局部载荷。

当轴承工作时,轴承只承受一个方向不变的径向载荷 F_r,此时相对静止的套圈在滚道的局部范围承受载荷,如图 6-5(a)所示的外圈滚道和图 6-5(b)所示的内圈滚道。

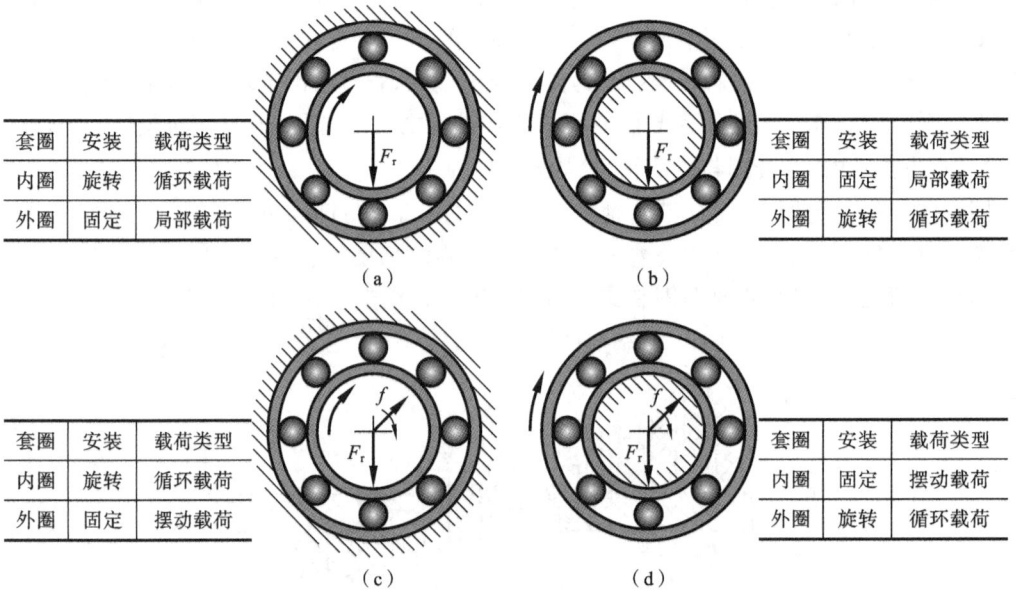

套圈	安装	载荷类型
内圈	旋转	循环载荷
外圈	固定	局部载荷

套圈	安装	载荷类型
内圈	固定	局部载荷
外圈	旋转	循环载荷

(a)　　　　　　　　　(b)

套圈	安装	载荷类型
内圈	旋转	循环载荷
外圈	固定	摆动载荷

套圈	安装	载荷类型
内圈	固定	摆动载荷
外圈	旋转	循环载荷

(c)　　　　　　　　　(d)

图 6-5　轴承套圈承受载荷类型

(2) 循环载荷。

当轴承工作时,轴承只承受一个方向不变的径向载荷 F_r,此时相对旋转的套圈滚道随着旋转在全部滚道上依次承受载荷,如图 6-5(a)、图 6-5(c)所示的内圈滚道和图 6-5(b)、图 6-5(d)所示的外圈滚道。

(3) 摆动载荷。

当轴承工作时,轴承除了承受一个方向不变的径向载荷 F_r 外,还承受一个相对较小的旋转载荷 f,导致二者的合成径向载荷在套圈滚道的一定范围内摆动。此时轴承的非旋转套圈随着载荷的摆动在该范围内反复承受载荷,如图 6-5(c)所示的外圈滚道和图 6-5(d)所示的内圈滚道。

当套圈受局部载荷时,配合应稍松。可以有不大的间隙,以便在滚动体摩擦力或冲击带动下,该套圈相对于支承轴或孔表面偶尔能有游动的可能,从而减少滚道的局部磨损,同时便于装拆。一般可选过渡配合或间隙配合。

当套圈受循环载荷时,滚道一般不会产生局部磨损。此时,为防止套圈相对支承轴或孔打滑而引起配合表面磨损、发热,其与支承轴或孔的配合应较紧,一般选过渡或过盈配合。

受摆动载荷的套圈与支承轴或孔的配合,一般与循环载荷的套圈的配合相同或稍松。

3. 考虑载荷大小

轴承在载荷作用下会发生变形,同时载荷大小在配合面上的分布也不均匀,因而工作中可能引起配合的松动。因此载荷大,过盈量也应大。

　　轴承套圈与支承轴或孔配合的最小过盈量取决于载荷的大小。一般,轴承的径向载荷 P $\leqslant 0.06C$ 时为轻载荷;$0.06C < P \leqslant 0.12C$ 时为正常载荷;$P > 0.12C$ 时为重载荷。这里,C 为轴承的额定动载荷。

　　当轴承内圈受循环载荷时,它与支承轴配合所需的最小过盈量 Y'_{min}(mm)为

$$Y'_{min} = \frac{13Fk}{10^6 b} \tag{6-1}$$

式中:F——轴承承受的最大径向载荷,kN;

　　　　k——与轴承系列有关的系数,轻系列 $k = 2.8$,中系列 $k = 2.3$,重系列 $k = 2$;

　　　　b——轴承内圈的配合宽度,m,$b = B - 2r$(B 为轴承内圈宽度,r 为内圈的圆角半径)。

　　为避免套圈破裂,还需要按不超出套圈的许用强度来计算其最大过盈量 Y'_{max}(mm):

$$Y'_{max} = \frac{11.4kd[\sigma_p]}{(2k-2) \times 10^3} \tag{6-2}$$

式中:$[\sigma_p]$——许用拉应力,10^5 Pa,对于轴承钢来说,$[\sigma_p] \approx 400(10^5$ Pa);

　　　　d——轴承内圈内径,m。

　　例 6-1　某一旋转机构中采用的 308 型 6 级向心球轴承,其内径 d 为 40 mm,宽度 B 为 23 mm,圆角半径 r 为 2.5 mm,承受正常最大径向载荷为 4 kN。试计算它与轴颈配合的最小过盈量,并选择适当的轴公差带。

　　解　由式(6-1)可得

$$Y'_{min} = \frac{13 \times 4 \times 2.3}{10^6 \times (23 - 2 \times 2.5) \times 10^{-3}} \text{ mm} \approx 0.007 \text{ mm}$$

　　按计算所得的最小过盈量,可选与 ϕ40 mm 内圈配合轴的公差带为 m5,且由表 3-4 和表 3-8 可知,其下极限偏差为 +0.009 mm,上极限偏差为 +0.02 mm;再由表 6-1 查得,公称内径 40 mm、6 级轴承 d_{mp} 的上极限偏差为 0,下极限偏差为 -0.01 mm,则可计算得到该内圈与支承轴配合的极限过盈量分别为

$$|Y_{min}| = 0.009 \text{ mm}, \quad |Y_{max}| = 0.03 \text{ mm}$$

　　按式(6-2)计算内圈与支承轴配合时,不致使套圈破损所允许的最大过盈量为

$$Y'_{max} = \frac{11.4 \times 2.3 \times 40 \times 10^{-3} \times 400}{(2 \times 2.3 - 2) \times 10^3} \text{ mm} \approx 0.161 \text{ mm}$$

　　由上述计算可知,$|Y_{min}| > Y'_{min}$,$|Y_{max}| < Y'_{max}$,故选择与该内圈相配支承轴的公差带为 m5 是合理的。

　　这里给出的计算公式的安全裕度较大,计算结果往往偏紧。参考表 6-4,此例中支承轴的公差带可选 k5。

　　4. 考虑工作温度

　　轴承运转时,套圈滚道与滚动体摩擦会导致温升,使外圈配合变紧,内圈配合变松;同时工作环境温度对支承轴或孔的影响也会导致实际配合的变化。因而,选择配合时应考虑温度的影响。

　　5. 考虑轴承的旋转精度和旋转速度

　　对于旋转精度要求较高的滚动轴承,为消除弹性变形和振动的影响,不宜采用间隙配合,但配合也不宜过紧。滚动轴承旋转速度越高,选用配合相对应紧些。

　　6. 考虑其他因素

　　剖分式外壳结构比整体式外壳结构的制造误差大,应选较松的配合。当轴承装在薄壁外

壳、轻合金外壳或空心轴上时,其应比装在厚壁、铸铁外壳或实心轴上选用更紧些的配合。另外,为了便于拆装,在保证精度的前提下宜用较松的配合。

国家标准《滚动轴承　配合》(GB/T 275)对与向心轴承配合的支承轴和支承孔的公差带的选择作了推荐,分别如表 6-3 和表 6-4 所示。

表 6-3　向心轴承和外壳的配合　孔公差带代号

运转状态		载荷状态	其他状况	公差带①	
说明	举例			球轴承	滚子轴承
固定的外圈载荷	一般机械、铁路机车车辆轴箱、电动机、泵、曲轴主轴承	轻、正常、重	轴向易移动,可采用剖分式外壳	H7、G7②	
		冲击	轴向能移动,可采用整体式或剖分式外壳	J7、Js7	
摆动载荷		轻、正常		J7、Js7	
		正常、重	轴向不移动,采用整体式外壳	K7	
		重、冲击		M7	
旋转的外圈载荷	张紧滑轮、轮毂轴承	轻		J7	K7
		正常		K7、M7	M7、N7
		重		—	N7、P7

注:① 并列公差带随尺寸的增大从左至右选择,对旋转精度有较高要求时,可相应提高一个公差等级。
　　② 不适用于剖分式外壳。

表 6-4　向心轴承和轴的配合　轴公差带代号

圆柱孔轴承					
运转状态		载荷状态	深沟球轴承、调心球轴承和角接触球轴承	圆柱滚子轴承和圆锥滚子轴承	调心滚子轴承	公差带
说明	举例		轴承公称内径/mm			
内圈承受旋转载荷或方向不定载荷	一般通用机械、电动机、机床主轴、泵、内燃机、正齿轮传动装置、铁路机车车辆轴箱	轻载荷	≤18	—	—	h5
			>18~100	≤40	≤40	j6①
			>100~200	>40~140	>40~140	k6①
				>140~200	>140~200	m6①
		正常载荷	≤18	—	—	j5、js5
			>18~100	≤40	≤40	k5②
			>100~140	>40~100	>40~65	m5②
			>140~200	>100~140	>65~100	m6
			>200~280	>140~200	>100~140	n6
			—	>200~400	>140~280	p6
					>280~580	r6
		重载荷		>50~140	>50~100	n6③
				>140~200	>100~140	p6③
				>200	>140~200	r6③
				—	>200	r7③
内圈承受固定载荷	静止轴上的各种轮子、张紧轮绳轮、振动筛、惯性振动器	所有载荷	所有尺寸			f6
						g6
						h6
						j6

续表

运转状态		载荷状态	深沟球轴承、调心球轴承和角接触球轴承	圆柱滚子轴承和圆锥滚子轴承	调心滚子轴承	公差带
			圆柱孔轴承			
说明	举例		轴承公称内径/mm			
仅有轴向载荷			所有尺寸			j6、js6
			圆锥孔轴承			
所有载荷	铁路机车车辆轴箱		装在退卸套上的所有尺寸			h8(IT6)④⑤
	一般机械传动		装在紧定套上的所有尺寸			h9(IT7)④⑤

注：① 凡对精度有较高要求的场合，应用 j5、k5、m5 代替 j6、k6、m6。

　　② 圆锥滚子轴承、角接触球轴承配合对游隙影响不大，可用 k6、m6 代替 k5、m5。

　　③ 重载荷下轴承游隙应选大于 N 组。

　　④ 凡有较高精度和转速要求的场合，应选用 h7(IT5) 代替 h8(IT6) 等。

　　⑤ IT6、IT7 表示圆柱度公差数值。

6.1.5　支承孔、轴配合表面的几何公差与表面粗糙度要求

由于滚动轴承的套圈为薄壁件，其支承轴或孔的几何误差在与轴承装配中也会传导至轴承的套圈，或直接影响装配精度，从而破坏轴承的工作精度。为此，GB/T 275 对轴承座孔和轴的配合面及端面的几何公差做了相应的规定，如表 6-5 所示。

表 6-5　轴和轴承座孔的几何公差

公称尺寸 /mm		圆柱度 t				端面圆跳动 t_1			
		轴　颈		轴承座孔		轴　肩		轴承座孔肩	
		轴承公差等级							
		0	6(6X)	0	6(6X)	0	6(6X)	0	6(6X)
超过	到	公差值/μm							
—	6	2.5	1.5	4	2.5	5	3	8	5
6	10	2.5	1.5	4	2.5	6	4	10	6
10	18	3.0	2.0	5	3.0	8	5	12	8
18	30	4.0	2.5	6	4.0	10	6	15	10
30	50	4.0	2.5	7	4.0	12	8	20	12
50	80	5.0	3.0	8	5.0	15	10	25	15
80	120	6.0	4.0	10	6.0	15	10	25	15
120	180	8.0	5.0	12	8.0	20	12	30	20
180	250	10.0	7.0	14	10.0	20	12	30	20
250	315	12.0	8.0	16	12.0	25	15	40	25
315	400	13.0	9.0	18	13.0	25	15	40	25
400	500	15.0	10.0	20	15.0	25	15	40	25

轴承座孔、轴的配合表面粗糙度将影响与轴承配合的有效过盈量及接触精度，或多次装拆中的磨损。由于滚动轴承为高精度旋转部件，GB/T 275 对轴承座孔和轴的配合面及端面的表面粗糙度做了相应的规定，如表 6-6 所示。

表 6-6　配合表面及端面的表面粗糙度

轴或轴承座孔直径 /mm		轴或轴承座孔配合表面直径公差等级					
		IT7		IT6		IT5	
		表面粗糙度 $Ra/\mu m$					
超过	到	磨	车	磨	车	磨	车
—	80	1.6	3.2	0.8	1.6	0.4	0.8
80	500	1.6	3.2	1.6	3.2	0.8	1.6
端面		3.2	6.3	6.3	6.3	6.3	3.2

6.2　键与花键结合的互换性

6.2.1　平键结合的互换性

键结合是一种可拆连接,通常用于轴和齿轮、皮带轮等安装在轴上的回转或移动零件的连接,在两连接件中键传递扭矩和运动,或作为导向件。键的主要类型有平键(square and rectangular key)、半圆键(woodruff key)和楔键(taper key),其连接形式如图 6-6 所示。

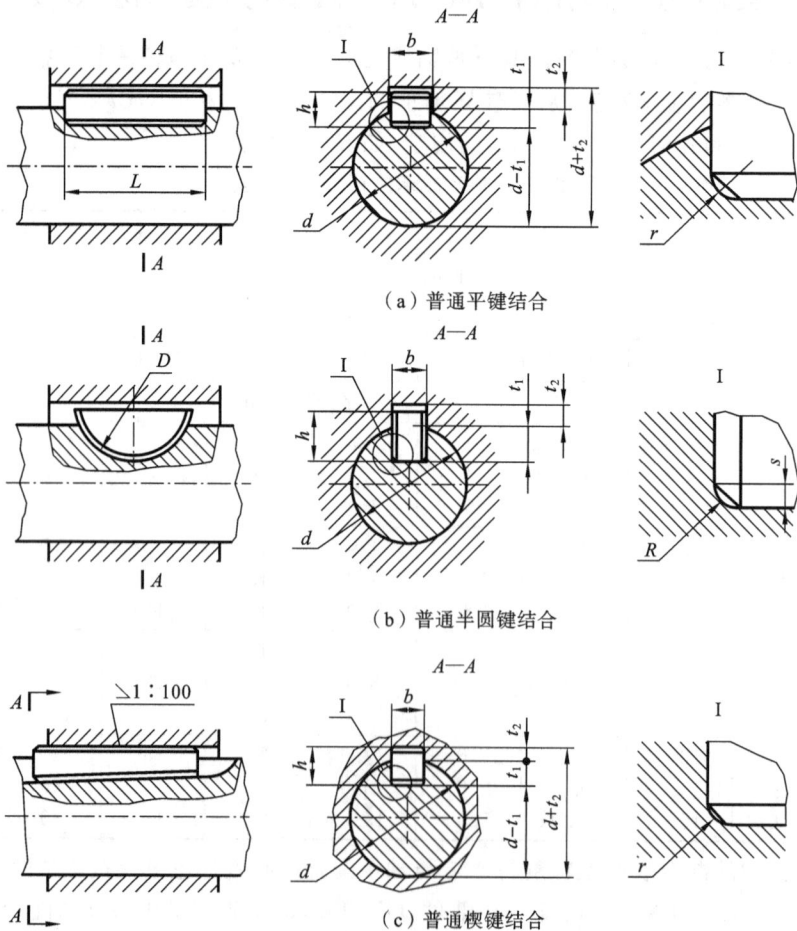

（a）普通平键结合

（b）普通半圆键结合

（c）普通楔键结合

图 6-6　键结合的形式

键结合紧凑、简单、可靠,拆卸方便,容易加工,在各种机械中应用广泛。

1. 平键结合互换性的特点

实际工作中,键由其侧面来传递扭矩或导向,因此键与键槽(轴槽和轮毂槽)连接时,键宽和槽宽 b 是主要互换性参数。由于键的侧面同时与轴槽及轮毂槽分别形成不同性质的配合,且键为标准件,所以平键结合为基轴制配合。

通常在传递扭矩或回转运动中,为了保证键与键槽侧面接触良好且便于拆装,配合的过盈量或间隙量应小。对于导向平键连接,要求键与轮毂槽之间做相对滑移,为保证较好的导向性,配合的间隙也要适当。此外,键和键槽的几何误差也会影响连接质量,应加以控制。

2. 平键结合的极限与配合

在考虑键连接的上述互换性特点的基础上,国家标准 GB/T 1095、GB/1096 分别对普通平键与键槽规定了松连接、正常连接和紧密连接三类配合,表 6-7 所示的是三类配合的公差带代号及适用范围。图 6-7 所示的为三类配合的公差带图。

表 6-7　平键连接的公差带

配合类型	键宽与槽宽 b 的公差带			适用范围
	键	轴槽	毂槽	
松连接		H9	D10	导向连接
正常连接	h8	N9	JS9	一般机械
紧密连接		P9		载荷大、冲击载荷、双向扭矩等

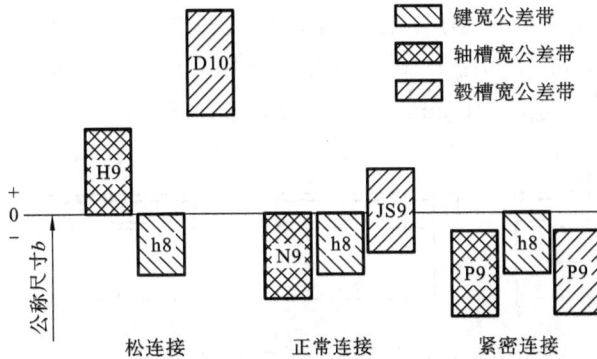

图 6-7　键与轴槽及毂槽的公差带图

由图 6-7 所示公差带图可见,在松连接中,键与轴槽为间隙配合,但由于几何误差等的影响,二者一般固定不动;而键与轮毂槽的配合为较大的间隙配合,二者结合后可以相对滑移,所以用在导向连接。在正常连接中,键与轴槽和轮毂槽均为过渡配合,但处于平均为间隙或小过盈配合状态,在几何误差等的影响下轴与二者均固定结合,用于正常承载情况下的一般机械;同时键与轮毂槽配合稍松,可方便轮毂的装配。在紧密连接中,尽管键与轴槽和轮毂槽均为过渡配合,但处于平均为稍大的过盈配合状态,轴与二者连接均紧密固定,用于大载负荷或承载突变的场合。

键连接的主要互换性参数键宽及槽宽 b 和键长及槽长 L 的公差及极限偏差数值均可分别从第 3 章的表 3-4、表 3-7 和表 3-8 中查得;其他尺寸及其极限偏差如表 6-8 所示。

表 6-8　普通平键尺寸及极限偏差①　　　　　　　　　　　(mm)

直径	键宽、高	键及轴槽长	公差带		键槽深度				槽底角半径	
					轴 t_1		毂 t_2		r	
d	$b \times h$	L②	键	轴槽	公称尺寸	极限偏差	公称尺寸	极限偏差	min	max
>22~30	8×7	18~80			4.0		3.3		0.16	0.25
>30~38	10×8	22~110			5.0		3.3			
>38~44	12×8	28~125			5.0		3.3			
>44~50	14×9	36~160			5.5		3.8		0.25	0.40
>50~58	16×10	45~180	h14	H14	6.0	+0.2 0	4.3	+0.2 0		
>58~65	18×11	50~200			7.0		4.4			
>65~75	20×12	56~220			7.5		4.9			
>75~85	22×14	63~250			9.0		5.4		0.40	0.60
>85~95	25×14	70~280			9.0		5.4			
>95~110	28×16	80~320			10.0		6.4			

注:① 摘自 GB/T 1095、GB/T 1096;

　　② L 的尺寸系列详见 GB/T 1096。

普通平键的标记格式为

标准代号　　键　　型式代号　$b \times h \times L$

普通平键的型式分为 A、B、C 三种(见图 6-8),标记时 A 型可缺省。如:"GB/T 1096 键 $16 \times 10 \times 100$"表示按国家标准 GB/T 1096 规定的 A 型普通平键,其键宽 $b = 16$ mm,键高 $h = 10$ mm,键长 $L = 100$ mm;"GB/T 1096 键 B $16 \times 10 \times 100$"表示按国家标准 GB/T 1096 规定的 B 型普通平键,其键宽 $b = 16$ mm,键高 $h = 10$ mm,键长 $L = 100$ mm。

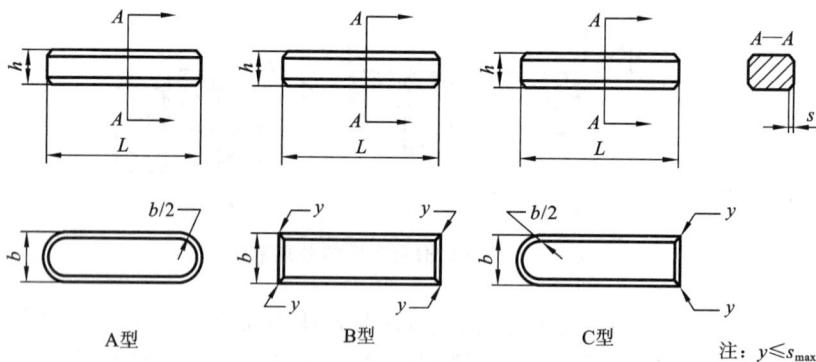

图 6-8　普通平键的型式

6.2.2　花键结合的互换性

1. 花键结合及特点

花键(spline)结合是具有多个均布键的花键轴(外花键)与具有多个相应均布键槽的花键孔(内花键)构成的结合。花键结合的类型较多,按键廓形状,可分为矩形花键、渐开线花键和三角形花键。由于花键结合是多键结合,因而具有能传递较大的扭矩、定心精度高、导向性好、连接可靠等特点,广泛应用于机床、汽车、拖拉机、工程机械及矿山机械中。

2. 矩形花键结合

矩形花键(straight-sided spline)在各种机械中应用最多,特别适用于传递扭矩不大,而精度要求较高的场合。国家标准《矩形花键尺寸、公差和检验》(GB/T 1144)对矩形花键结合的互换性做了规定。该标准规定矩形花键结合的键数 N 为 6、8、10 等三种;按传递扭矩大小,矩形花键结合分为轻、中等两个系列,轻系列比中系列的键高尺寸小,承载能力相对低些。图 6-9 所示的为矩形花键的公称尺寸图,图中 D 为外花键和内花键的大径,d 为小径,B 为键宽(花键和键槽)。表 6-9 所示的是花键结合的公称尺寸系列。

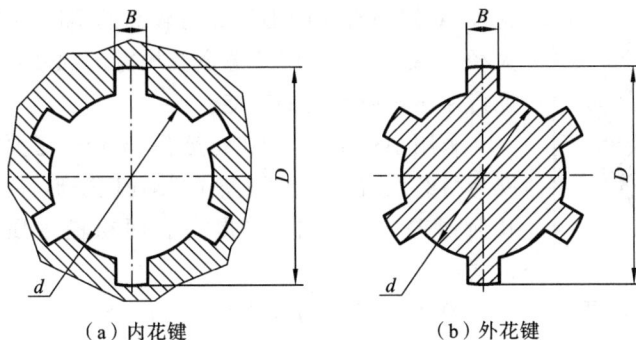

(a) 内花键　　　　　　　　(b) 外花键

图 6-9　矩形花键轮廓公称尺寸

表 6-9　矩形花键的公称尺寸系列　　　　　　　　　　　(mm)

小径 d	轻系列				中系列			
	规格 $N \times d \times D \times B$	键数 N	大径 D	键宽 B	规格 $N \times d \times D \times B$	键数 N	大径 D	键宽 B
11					$6 \times 11 \times 14 \times 3$		14	3
13					$6 \times 13 \times 16 \times 3.5$		16	3.5
16	—	—	—	—	$6 \times 16 \times 20 \times 4$		20	4
18					$6 \times 18 \times 22 \times 5$	6	22	5
21					$6 \times 21 \times 25 \times 5$		25	
23	$6 \times 23 \times 26 \times 6$		26		$6 \times 23 \times 28 \times 6$		28	
26	$6 \times 26 \times 30 \times 6$	6	30	6	$6 \times 26 \times 32 \times 6$		32	6
28	$6 \times 28 \times 32 \times 7$		32	7	$6 \times 28 \times 34 \times 7$		34	7
32	$6 \times 32 \times 36 \times 6$		36	6	$8 \times 32 \times 38 \times 6$		38	6
36	$8 \times 36 \times 40 \times 7$		40	7	$8 \times 36 \times 42 \times 7$		42	7
42	$8 \times 42 \times 46 \times 8$		46	8	$8 \times 42 \times 48 \times 8$		48	8
46	$8 \times 46 \times 50 \times 9$	8	50	9	$8 \times 46 \times 54 \times 9$	8	54	9
52	$8 \times 52 \times 58 \times 10$		58	10	$8 \times 52 \times 60 \times 10$		60	10
56	$8 \times 56 \times 62 \times 10$		62		$8 \times 56 \times 65 \times 10$		65	
62	$8 \times 62 \times 68 \times 12$		68		$8 \times 62 \times 72 \times 12$		72	
72	$10 \times 72 \times 78 \times 12$		78	12	$10 \times 72 \times 82 \times 12$		82	12
82	$10 \times 82 \times 88 \times 12$		88		$10 \times 82 \times 92 \times 12$		92	
92	$10 \times 92 \times 98 \times 14$	10	98	14	$10 \times 92 \times 102 \times 14$	10	102	14
102	$10 \times 102 \times 108 \times 16$		108	16	$10 \times 102 \times 112 \times 16$		112	16
112	$10 \times 112 \times 120 \times 18$		120	18	$10 \times 112 \times 125 \times 18$		125	18

3. 矩形花键结合的互换性

1) 矩形花键的定心方式

矩形花键结合涉及大径 D、小径 d 和键(槽)宽 B 三个主要的互换性参数,即在内、外花键结合时,共有内、外大径圆柱面、小径圆柱面,以及各键和键槽的侧面三组结合面。实际结合时,三组结合面中只能以一组面为主来确定内、外花键的中心,否则将过定位。因而,花键结合中需确定配合的定心方式,即在 D、d 和 B 三参数中确定一个参数为定心参数,并以该参数来确定配合性质。

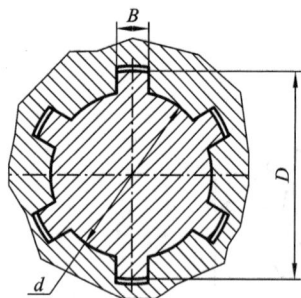

图 6-10　矩形花键定心方式

GB/T 1144 规定矩形花键以小径 d 定心,如图 6-10 所示。这样,对定心直径即小径 d 有较高的精度要求;对非定心直径即大径 D 要求较低;而其键宽及槽宽 B,必须有足够的精度,以保证传递扭矩或导向的功能。

采用小径定心,能在花键孔、轴经过必要的热处理以提高硬度与耐磨性后,再用磨削消除热处理变形,使定心直径的尺寸和几何误差大大减小,并提高表面粗糙度质量,从而获得较高精度。

2) 矩形花键的尺寸公差与配合

GB/T 1144 规定了矩形花键的公差带,如表 6-10 所示。

表 6-10　矩形内、外花键的尺寸公差带

内花键				外花键			装配型式
d	D	B		d	D	B	
		拉削后不热处理	拉削后热处理				
一般用							
H7	H10	H9	H11	f7	a11	d10	滑动
				g7		f9	紧滑动
				h7		h10	固定
精密传动用							
H5	H10	H7、H9		f5	a11	d8	滑动
				g5		f7	紧滑动
				h5		h8	固定
H6				f6		d8	滑动
				g6		f7	紧滑动
				h6		h8	固定

注:① 精密传动的内花键,当需要控制键侧配合间隙时,槽宽可选 H7;一般情况下可选 H9。

② d 为 H6 和 H7 的内花键,允许与提高一级的外花键配合。

由表 6-10 可知,GB/T 1144 根据使用要求将花键结合分为一般用和精密传动用等两类。定心精度要求高或传递扭矩较大时,小径 d 选用较高的公差等级;精密传动类多用于机床变速箱中,一般类多用于传递扭矩较大的汽车、拖拉机中。

同时,由表 6-10 可知,矩形花键各参数均采用基孔制配合,这样可以减少加工和检验内花键时的定值刀(拉刀)、量具(量规)的规格和数量;针对不同的应用场合的需求,在每类结合中分别按滑动、紧滑动和固定三种连接方式规定了内、外花键相应参数的公差带。尽管三种连接方式所规定的尺寸公差带均为间隙配合,但受几何误差的影响,花键孔、轴实际结合时将变紧。连接方式选用中,当花键孔在花键轴上无轴向移动要求,而传递扭矩较大时,选用固定连接;当花键孔在花键轴上有轴向移动要求时,可选用紧滑动连接;当移动频率高且移动距离长时,应选用滑动连接。

　　3)矩形花键的几何公差及表面粗糙度要求

　　(1)几何公差要求。

　　矩形花键孔、轴结合时多个表面共同作用,且键的长宽比大,因而几何误差对结合的影响较大,应加以控制。

　　在批量生产用综合检验法时,通常通过规定位置度公差来控制内、外花键的分度误差(见图 6-11),表 6-11 所示的是位置度公差值。

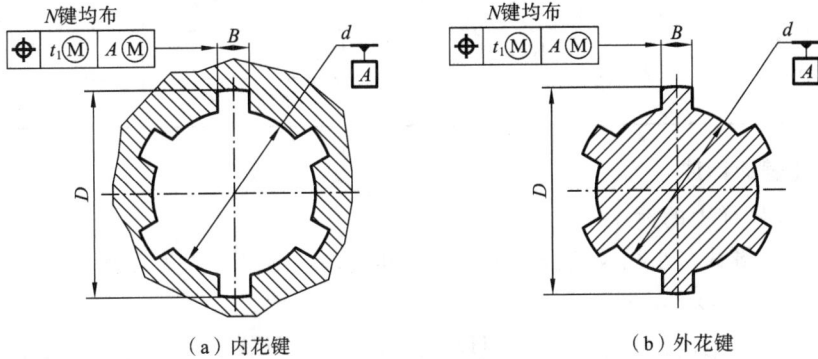

（a）内花键　　　　　　　　　　　　　　　　（b）外花键

图 6-11　矩形花键位置度公差标注

表 6-11　矩形花键及键槽位置度公差　　　　　　　　　　　　　(mm)

键宽或键槽宽 B			3	3.5~6	7~10	12~18
t_1	键槽宽		0.010	0.015	0.020	0.025
	键宽	滑动、固定	0.010	0.015	0.020	0.025
		紧滑动	0.006	0.010	0.013	0.016

　　当单件小批生产且没有花键专用综合量规时,可规定对称度公差(见图 6-12)和等分度公差,以便做单项测量,表 6-12 所示的是对称度公差值(等分度公差值与其相同)。

表 6-12　矩形花键及键槽对称度公差　　　　　　　　　　　　(mm)

键宽或键槽宽 B		3	3.5~6	7~10	12~18
t_2	一般用	0.010	0.012	0.015	0.018
	精密传动用	0.006	0.008	0.009	0.011

　　对于较长花键,可根据产品的性能自行规定键侧对轴线的平行度公差。

　　(2)表面粗糙度要求。

　　矩形花键各结合表面的粗糙度要求如表 6-13 所示。

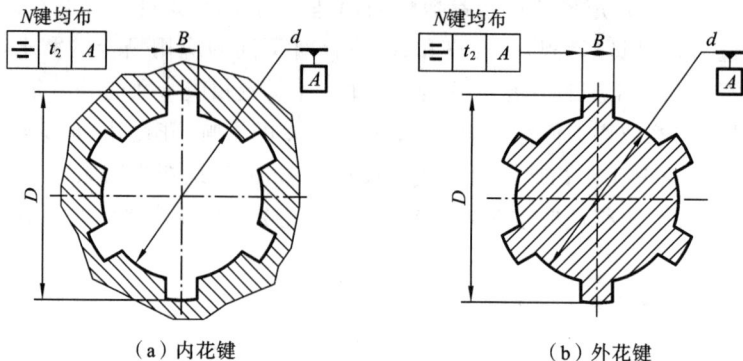

（a）内花键　　　　　　　　　（b）外花键

图 6-12　矩形花键对称度公差标注

表 6-13　矩形花键表面粗糙度推荐值

加 工 表 面		内 花 键	外 花 键
Ra 不大于 /μm	大径	6.3	3.2
	小径	0.8	0.8
	键侧	3.2	0.8

4. 矩形花键的标注

矩形花键在图样上的标注格式为

$$键数×小径及其公差×大径及其公差×键（槽）宽及其公差$$

标注示例如图 6-13 所示。

在图 6-13（a）所示装配图上，$6×23\dfrac{H7}{f7}×26\dfrac{H10}{a11}×6\dfrac{H11}{d10}$ 表示矩形花键的键数为 6，小径尺寸及配合代号为 $\phi23\dfrac{H7}{f7}$，大径尺寸及配合代号为 $\phi26\dfrac{H10}{a11}$，键（槽）宽尺寸及配合代号为 $\phi6\dfrac{H11}{d10}$。由表 6-10 可知，这是一般用途滑动矩形花键连接。

在图 6-13（b）所示零件图上，内花键标注为 $6×23H7×26H10×6H11$，外花键标注为 $6×23f7×26a11×6d10$；也可直接标注各参数的公称尺寸和上、下极限偏差，如图 6-13（c）所示。

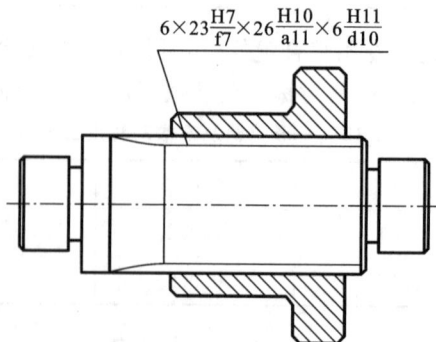

$$6×23\dfrac{H7}{f7}×26\dfrac{H10}{a11}×6\dfrac{H11}{d10}$$

（a）矩形花键装配图标注

图 6-13　矩形花键图样标注示例

6×23f7×26a11×6d10　　　　6×23H7×26H10×6H11

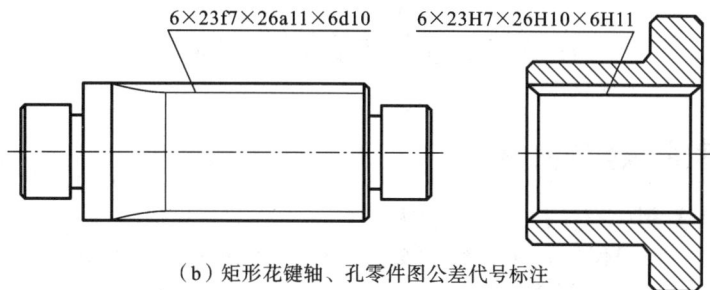

（b）矩形花键轴、孔零件图公差代号标注

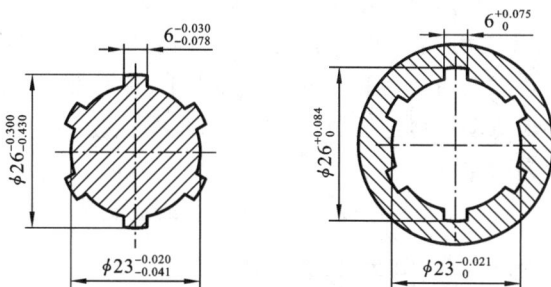

$6^{-0.030}_{-0.078}$　　　　$6^{+0.075}_{0}$

$\phi26^{-0.300}_{-0.430}$　　　　$\phi26^{+0.084}_{0}$

$\phi23^{-0.020}_{-0.041}$　　　　$\phi23^{-0.021}_{0}$

（c）矩形花键轴、孔零件图尺寸标注

续图 6-13

5. 矩形花键的检测

花键检测方法一般有单项检测法和综合检测法等两种。

（1）单项检测法　可用通用测量器具分别测量花键的各项尺寸和几何误差。例如，用千分尺等测量 D、d、B 的实际尺寸，用光学分度头测量等分累积误差等，然后将两类测量结果综合，以判断花键各单项要素是否超越最大理想边界，用测得各单项要素的实际尺寸判断其是否超越最小实体尺寸。这种方法多用于单件、小批生产，或用于单项要素加工质量的工艺分析。

（2）综合检测法　可用专用的花键综合量规及单项量规来验收花键。对于内花键，用内花键综合通规同时检验实际内花键 d_{min}、D_{max}、B_{min} 及大径对小径的同轴度，用单项检测法检验等分度、对称度以代替位置度检查，并用单项止规（或其他量具）分别检查 d_{max}、D_{max}、B_{max}。对于外花键，用外花键综合通规同时检验 d_{max}、D_{min}、B_{max} 及大径对小径的同轴度，用单项检测法检验等分度、对称度以代替位置度检查，并用单项止规（或其他量具）分别检查 d_{max}、D_{max}、B_{max}。综合检验法适用于成批生产的成品检验。

花键综合量规的结构形式如图 6-14 所示。

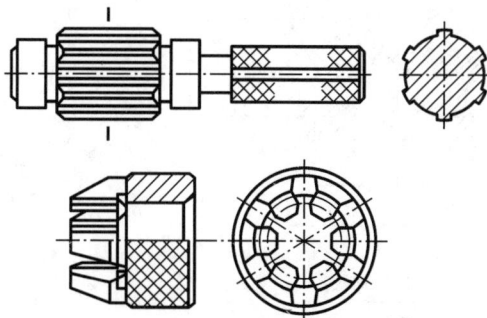

图 6-14　矩形花键综合量规结构示例

6.3　螺纹结合的互换性

6.3.1　普通螺纹的分类

在工程应用中常用的螺纹按用途可分为三类。

(1) 紧固螺纹　紧固螺纹用于连接和紧固零件。其类型很多,使用要求也有所不同。对普通紧固螺纹的主要要求是内、外螺纹连接的可旋合性和连接可靠性。

(2) 传动螺纹　传动螺纹用于传递动力、运动或位移,例如,丝杠和测微螺纹。这类螺纹的牙型有梯形、矩形和三角形。对传动螺纹的主要要求是:传动准确、可靠,螺牙接触良好及耐磨等。特别是对丝杠,要求传动比恒定,且在全长上的累积误差小。对测微螺纹,特别要求传递运动准确,且由间隙引起的空程误差小。

(3) 紧密螺纹　紧密螺纹用于密封连接。对这类螺纹的主要要求是,不能有气、液体的泄漏。

6.3.2　普通螺纹结合的主要参数

普通螺纹(general purpose metric screw thread)结合的主要几何参数如图 6-15 所示。图中粗实线为螺纹轮廓的基本牙型(basic profile),其各参数代号如下。

P—— 螺距(pitch)。

D、d——内、外螺纹的大径(major diameter)。

D_1、d_1——内、外螺纹的小径(minor diameter)。

D_2、d_2——内、外螺纹的中径(pitch diameter)。

α——牙型角(thread angle)。

$\alpha/2$——牙型半角(half of thread angle)。

H——牙型原始三角形的高度(fundamental triangle height)。

此外,螺纹连接的主要几何参数还有旋合长度(length of thread engagement),如图 6-16 所示。

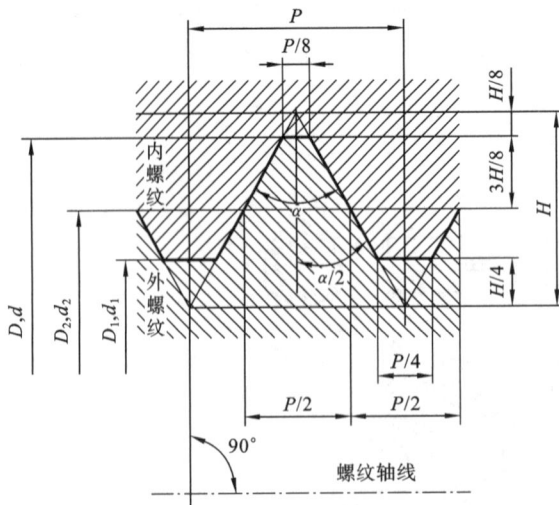

图 6-15　普通螺纹的主要几何参数

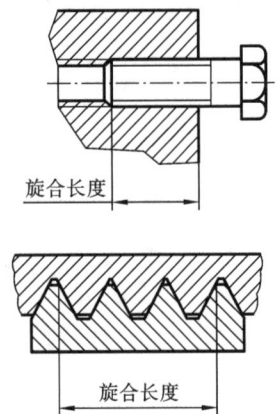

图 6-16　螺纹的旋合长度

上述参数中,内螺纹大径 D 和外螺纹小径 d_1 又称为底径或根径(root diameter);内螺纹小径 D_1 和外螺纹大径 d 又称为顶径(crest diameter)。螺纹的中径 D_2、d_2 是螺纹的一个假想圆柱体的直径,该圆柱体的母线通过牙型上的沟槽与凸起宽度相等的地方;普通螺纹理论牙型角 $\alpha=60°$,牙型半角 $\alpha/2=30°$,牙侧与螺纹轴线的垂线间的夹角称为牙侧角(flank angle)。

国家标准《普通螺纹　基本尺寸》(GB/T 196)对普通螺纹的尺寸做了规定,表6-14列出部分螺纹的主要几何参数的公称尺寸。

表 6-14　部分普通螺纹的公称尺寸　　　　　　　　(mm)

公称直径 D、d（大径）	直径系列	螺距 P		中径 D_2、d_2	小径 D_1、d_1
16	第一系列	粗牙	2	14.701	13.835
		细牙	1.5	15.026	14.376
			1	15.350	14.917
17	第三系列	细牙	1.5	16.026	15.376
			1	16.350	15.917
18	第二系列	粗牙	2.5	16.376	15.294
		细牙	2	16.701	15.835
			1.5	17.026	16.376
			1	17.350	16.917
20	第一系列	粗牙	2.5	18.376	17.294
		细牙	2	18.701	17.835
			1.5	19.026	18.376
			1	19.350	18.917
22	第二系列	粗牙	2.5	20.376	19.294
		细牙	2	20.701	19.835
			1.5	21.026	20.376
			1	21.350	20.917
24	第一系列	粗牙	3	22.051	20.752
		细牙	2	22.701	21.835
			1.5	23.026	22.376
			1	23.350	22.917
25	第三系列	细牙	2	23.701	22.835
			1.5	24.026	23.376
			1	24.350	23.917

6.3.3　普通螺纹的公差与配合

1. 普通螺纹几何参数误差对使用性能的影响

普通螺纹是由多个几何要素构成的较复杂的形体,因而螺纹结合涉及的几何参数很多,这些参数的误差将不同程度地影响螺纹的可旋合性和连接的可靠性。例如,外螺纹中径 d_2 过大或内螺纹中径 D_2 过小、外螺纹大径 d(顶径)过大或内螺纹大径 D(底径)过小、外螺纹小径的 d_1(底径)过大或内螺纹小径 D_1(顶径)过小等情况,均会使内、外螺纹的可旋合性变差;反之,

外螺纹中径 d_2 过小或内螺纹中径 D_2 过大、外螺纹大径 d(顶径)过小或内螺纹小径 D_1(顶径)过大等情况,又会使内、外螺纹接触区域减小,连接可靠性变差。另外,螺距 P 的误差和牙型角 α 的误差也都会影响内、外螺纹的可旋合性或连接可靠性。

2. 普通螺纹的公差与配合

根据普通螺纹的使用要求及螺纹各几何参数对使用性能的影响,国家标准《普通螺纹　公差》(GB/T 197)规范了普通螺纹的大径、小径及中径的公差与配合,包括规定了顶径(D_1、d)及中径(D_2、d_2)的公差带(大小及位置)和结合的旋合长度,并根据使用的不同精度要求做了公差带选用及内、外螺纹配合的推荐,以及对螺纹的标记方法做了规定等;对底径(D、d_1)只规定了基本偏差(公差带的位置),并规定内、外螺纹牙底实际轮廓上的各点不应超越按基本牙型和极限偏差所确定的最大实体牙型,即未做公差带大小的要求,仅考虑在内、外螺纹结合的螺牙根部保留适当的间隙。

1) 普通螺纹的公差值(公差带大小)

国家标准 GB/T 197 对普通螺纹顶径和中径规定了公差等级,如表 6-15 所示。中径和顶径公差值分别如表 6-16 和表 6-17 所示。

表 6-15　普通螺纹公差等级

螺 纹 直 径	公 差 等 级
内螺纹小径　D_1	4、5、6、7、8
外螺纹大径　d	4、6、8
内螺纹中径　D_2	4、5、6、7、8
外螺纹中径　d_2	3、4、5、6、7、8、9

表 6-16　部分普通螺纹中径公差(T_{d2}、T_{D2})　　　　　　　　　(μm)

公称直径 D、d/mm		螺距 P/mm	外螺纹中径公差 T_{d2}							内螺纹中径公差 T_{D2}				
			公差等级							公差等级				
大于	至		3	4	5	6	7	8	9	4	5	6	7	8
11.2	22.4	1	60	75	95	118	150	190	236	100	125	160	200	250
		1.25	67	85	106	132	170	212	265	112	140	180	224	280
		1.5	71	90	112	140	180	224	280	118	150	190	236	300
		1.75	75	95	118	150	190	236	300	125	160	200	250	315
		2	80	100	125	160	200	250	315	132	170	212	265	335
		2.5	85	106	132	170	212	265	335	140	180	224	280	355
22.4	45	1	63	80	100	125	160	200	250	106	132	170	212	—
		1.5	75	95	118	150	190	236	300	125	160	200	250	315
		2	85	106	132	170	212	265	335	140	180	224	280	355
		3	100	125	160	200	250	315	400	170	212	265	335	425
		3.5	106	132	170	212	265	335	425	180	224	280	355	450
		4	112	140	180	224	280	355	450	190	236	300	375	475
		4.5	118	150	190	236	300	375	475	200	250	315	400	500

表 6-17　部分普通螺纹顶径公差(T_d、T_{D1})　　　　　　(μm)

螺距 P /mm	外螺纹大径公差 T_d			内螺纹小径公差 T_{D1}				
	公差等级			公差等级				
	4	6	8	4	5	6	7	8
0.5	67	106	—	90	112	140	180	—
0.6	80	125	—	100	125	160	200	—
0.7	90	140	—	112	140	180	224	—
0.75	90	140	—	118	150	190	236	—
0.8	95	150	236	125	160	200	250	315
1	112	180	280	150	190	236	300	375
1.25	132	212	335	170	212	265	335	425
1.5	150	236	375	190	236	300	375	475
1.75	170	265	425	212	265	335	425	530
2	180	280	450	236	300	375	475	600
2.5	212	335	530	280	355	450	560	710
3	236	375	600	315	400	500	630	800

2）普通螺纹的基本偏差（公差带位置）

（1）普通螺纹各直径的基本偏差。

国家标准 GB/T 197 对普通螺纹的顶径、中径及底径均规定了极限偏差。其中，对内螺纹所有直径规定的基本偏差均为下偏差 EI，代号为：H 和 G 两种（公差带位置）；对外螺纹所有直径规定的基本偏差均为上偏差 es，代号为：a、b、c、d、e、f、g 和 h 共四种（公差带位置）。GB/T 197 对各基本偏差代号规定了相应的基本偏差数值，如表 6-18 所示。

表 6-18　部分内、外螺纹大径、中径及小径的基本偏差数值

螺距 P /mm	基本偏差/μm									
	内螺纹下偏差 EI		外螺纹上偏差 es							
	G	H	a	b	c	d	e	f	g	h
0.5	+20		—	—	—	—	−50	−36	−20	
0.6	+21		—	—	—	—	−53	−36	−21	
0.7	+22		—	—	—	—	−56	−38	−22	
0.75	+22		—	—	—	—	−56	−38	−22	
0.8	+24		—	—	—	—	−60	−38	−24	
1	+26	0	−290	−200	−130	−85	−60	−40	−26	0
1.25	+28		−295	−205	−135	−90	−63	−42	−28	
1.5	+32		−300	−212	−140	−95	−67	−45	−32	
1.75	+34		−310	−220	−145	−100	−71	−48	−34	
2	+38		−315	−225	−150	−105	−71	−52	−38	
2.5	+42		−325	−235	−160	−110	−80	−58	−42	
3	+48		−335	−245	−170	−115	−85	−63	−48	

（2）普通螺纹公差带位置的特点。

普通内、外螺纹公差带的配置分别如图 6-17 和图 6-18 所示。由图可见,普通螺纹的公差带沿基本牙型的牙顶、牙侧和牙底连续分布;公差带以相应直径的基本牙型线为零线配置,且内螺纹公差带均配置于零线上方,外螺纹公差带配置在零线下方;内、外螺纹基本偏差代号的规定与第 3 章中光滑圆柱体极限与配合标准中的规定类似,但基本偏差数值由螺纹标准规定;螺纹各直径的基本偏差值及公差值均在垂直于螺纹轴线的方向计量。

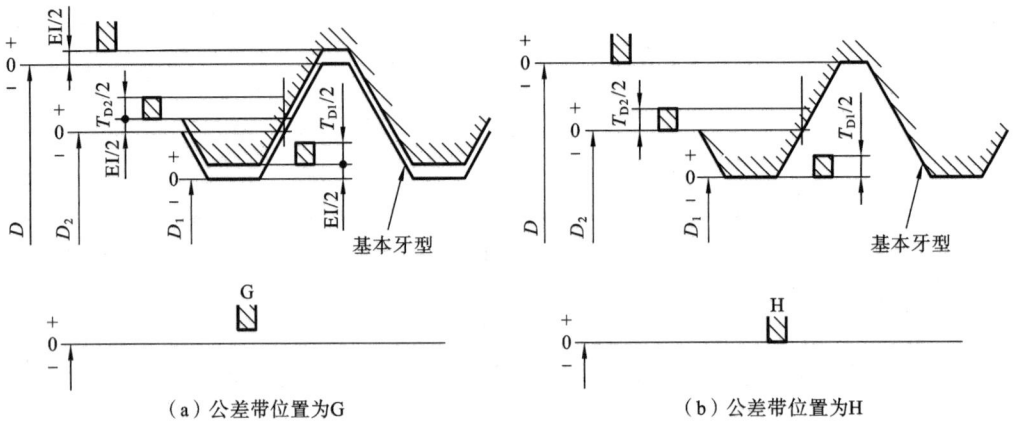

（a）公差带位置为G　　　　　　　　　（b）公差带位置为H

图 6-17　内螺纹的公差带位置

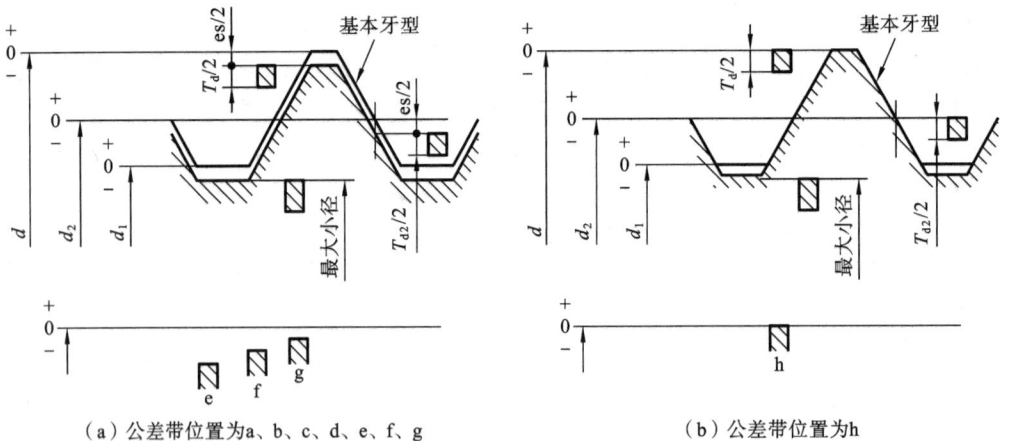

（a）公差带位置为a、b、c、d、e、f、g　　　　　（b）公差带位置为h

图 6-18　外螺纹的公差带位置

3）普通螺纹结合的旋合长度

螺纹的螺距误差及牙型角误差都将影响螺纹的可旋合性和连接可靠性,一般而言,旋合长度越长,影响越大。但国家标准 GB/T 197 没有单独规定螺距及牙型角的公差,而在螺纹直径公差的选用中考虑了旋合长度的影响,并将旋合长度分为三组,分别为:短旋合长度组,记为 S;中等旋合长度组,记为 N;长旋合长度组,记为 L。各组的长度范围如表 6-19 所示。实际选用旋合长度时,一般用 N 组,当结构或强度有特殊要求时考虑选用 S 或 L 组。

4）普通螺纹的配合及选用

（1）螺纹结合的精度分级。

普通螺纹结合的精度分为三级:精密级、中等级和粗糙级。精密级用于精密螺纹;中等级用于一般用途螺纹;粗糙级用于制造螺纹有困难的场合,例如,在热轧棒料上或深盲孔内加工螺纹。

表 6-19　部分普通螺纹的旋合长度　　　　　　　　　　（mm）

基本大径 D、d		螺距 P	旋合长度			
			S	N		L
>	≤		≤	>	≤	>
11.2	22.4	1	3.8	3.8	11	11
		1.25	4.5	4.5	13	13
		1.5	5.6	5.6	16	16
		1.75	6	6	18	18
		2	8	8	24	24
		2.5	10	10	30	30
22.4	45	1	4	4	12	12
		1.5	6.3	6.3	19	19
		2	8.5	8.5	25	25
		3	12	12	36	36
		3.5	15	15	45	45
		4	18	18	53	53
		4.5	21	21	63	63

（2）推荐公差带及选用原则。

为了满足并规范普通螺纹配合的使用需求，国家标准 GB/T 197 根据使用的不同精度要求，并按不同的旋合长度，分别推荐了内、外螺纹的公差带，如表 6-20、表 6-21 所示。

表 6-20　内螺纹的推荐公差带

公差精度	公差带位置 G			公差带位置 H		
	S	N	L	S	N	L
精密	—	—	—	4H	5H	6H
中等	(5G)	**6G**	(7G)	**5H**	6H	**7H**
粗糙	—	(7G)	(8G)	—	7H	8H

表 6-21　外螺纹的推荐公差带

公差精度	公差带位置 e			公差带位置 f			公差带位置 g			公差带位置 h		
	S	N	L	S	N	L	S	N	L	S	N	L
精密	—	—	—	—	—	—	—	(4g)	(5g4g)	(3h4h)	**4h**	(5h4h)
中等	—	**6e**	(7e6e)	—	**6f**	—	(5g6g)	6g	(7g6g)	(5h6h)	6h	(7h6h)
粗糙	—	(8e)	(9e8e)	—	—	—	—	8g	(9g8g)	—	—	—

公差带的选用原则：宜优先选用表 6-20、表 6-21 所示公差带，除特殊情况外，其他公差带不宜选用；公差带选用顺序为：表列粗字体公差带、一般字体公差带、括号内公差带；带方框的粗字体公差带用于大量生产的紧固螺纹；在旋合长度的实际值未知时，推荐按中等旋合长度 N 选用螺纹公差带；如无其他说明，推荐公差带适用于涂镀前的螺纹或薄涂镀层的螺纹。

（3）内、外螺纹的配合。

由前述内、外螺纹基本偏差的规定和推荐的公差带可知,普通螺纹结合均为间隙配合。理论上,由表 6-20、表 6-21 所示内、外螺纹的推荐公差带可以形成任意组合的配合。但是,为了保证内、外螺纹间有足够的螺纹接触高度,推荐完工后的螺纹零件宜优先组成 H/g、H/h 或 G/h 的配合。对公称直径小于或等于 1.4 mm 的螺纹,应选用 5H/6h、4H/6h 或更精密的配合。

6.3.4　普通螺纹的标记

完整的螺纹标记由螺纹特征代号、尺寸代号、公差带代号及其他有必要做进一步说明的个别信息组成。图 6-19 所示的是普通螺纹标记示例,以及给出标记的规定及解释。

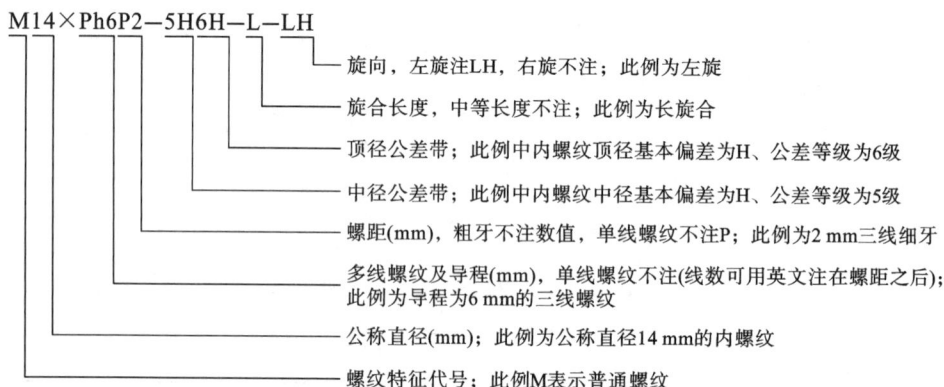

M14×Ph6P2—5H6H—L—LH
旋向,左旋注LH,右旋不注;此例为左旋
旋合长度,中等长度不注;此例为长旋合
顶径公差带;此例中内螺纹顶径基本偏差为H、公差等级为6级
中径公差带;此例中内螺纹中径基本偏差为H、公差等级为5级
螺距(mm),粗牙不注数值,单线螺纹不注P;此例为 2 mm三线细牙
多线螺纹及导程(mm),单线螺纹不注(线数可用英文注在螺距之后);此例为导程为 6 mm的三线螺纹
公称直径(mm);此例为公称直径14 mm的内螺纹
螺纹特征代号;此例M表示普通螺纹

图 6-19　普通螺纹标记规定示例

除上例中的解释的规定外,在螺纹中径和顶径公差带的标记中还规定:① 若中径公差带代号与顶径公差带代号相同,则只标一种代号;② 对下列情况的中等精度螺纹可不注公差代号:对于内螺纹,公称直径小于或等于 1.4 mm、公差代号为 5H,以及公称直径大于 1.6 mm、公差代号为 6H 的内螺纹可不注公差代号;对于外螺纹,公称直径小于或等于 1.4 mm、公差代号为 6h,以及公称直径大于 1.6 mm、公差代号为 6g 的外螺纹可不注公差代号;③ 表示内、外螺纹配合时,内螺纹公差带代号在前,外螺纹公差带代号在后,二者用"/"号分开。

以下举螺纹标记示例并按标记顺序做相应解释。

① M10×1—5g6g——普通螺纹;公称直径为 10 mm、单线、细牙、螺距为 1 mm;中径公差等级为 5 级、基本偏差代号为 g,顶径公差等级为 6 级、基本偏差代号为 g,外螺纹;中等旋合长度;右旋。

② M16-6H—S—LH——普通螺纹;公称直径为 16 mm、单线、粗牙、螺距为 2 mm;中径和顶径公差等级均为 6 级、基本偏差代号均为 H,内螺纹;短旋合长度;左旋。

③ M20×2—6H/5g6g——普通内、外螺纹组成的配合;公称直径为 20 mm、单线、细牙、螺距为 2 mm;对于内螺纹,中径和顶径公差等级均为 6 级、基本偏差代号均为 H;对于外螺纹,中径公差等级为 5 级、基本偏差代号为 g,顶径公差等级为 6 级、基本偏差代号为 g;中等旋合长度;右旋。

6.3.5　螺纹的作用中径及中径的合格性判断

1. 螺纹的作用中径和单一中径

普通螺纹结合时,牙顶和牙根部分留有较大间隙,其主要靠内、外螺纹的螺牙侧面来实现连接功能。若是理想内、外螺纹相互结合，它们的螺牙侧面应该相互贴合。由于制造误差（如中径误差、螺距误差和牙型角误差）的存在，实际螺牙侧面会在径向、轴向偏离理论牙型位置，或相对理论牙型偏转，从而共同影响相互结合内、外螺纹的可旋合性及连接可靠性。

1）作用中径

根据螺纹中径的定义，处于理想状态下的中径为理想中径 d_2、D_2，而在螺纹制成后的实际状态下的中径称为实际中径 d_{2s}、D_{2s}。

作用中径（virtual pitch diameter）是指在规定的旋合长度内，恰好包容实际螺纹牙侧的一个假想螺纹的中径，这个假想螺纹具有理想的螺距、半角及牙型高度，并在牙顶处留有间隙，以保证包容时不与实际螺纹的大、小径发生干涉。内、外螺纹的作用中径分别用 D_{2m}、d_{2m} 表示。

当螺纹没有螺距误差和牙型角误差时，螺纹的作用中径即为其实际中径，即

$$d_{2m}=d_{2s}，\quad D_{2m}=D_{2s} \tag{6-3}$$

图 6-20 所示的为某无螺距误差和半角误差的实际外螺纹作用中径示意。

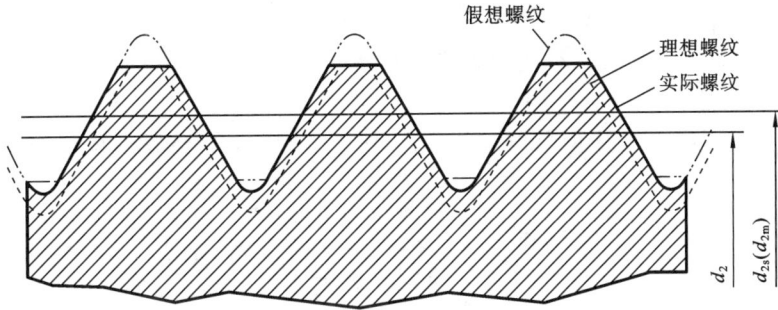

图 6-20　无螺距和半角误差时的作用中径

当螺纹有螺距误差、没有牙型角误差时，螺纹的作用中径不等于实际中径。对于外螺纹，如图 6-21 所示，实际外螺纹作用中径比实际中径大，即

$$d_{2m}=d_2+f_P=d_2+1.732|\Delta P_\Sigma| \tag{6-4}$$

式中：f_P——螺距误差的中径当量（mm）；

ΔP_Σ——螺距累积误差（mm）。

同理，内螺纹的作用中径比实际中径小，即

$$D_{2m}=D_2-f_P=D_2-1.732|\Delta P_\Sigma| \tag{6-5}$$

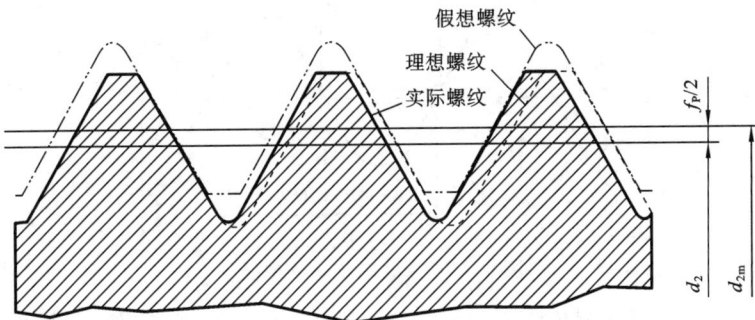

图 6-21　有螺距误差、无半角误差时的作用中径

当螺纹有牙型角误差、没有螺距误差时，螺纹的作用中径也不等于实际中径。对于外螺纹，如图 6-22 所示，实际外螺纹作用中径比实际中径大，即

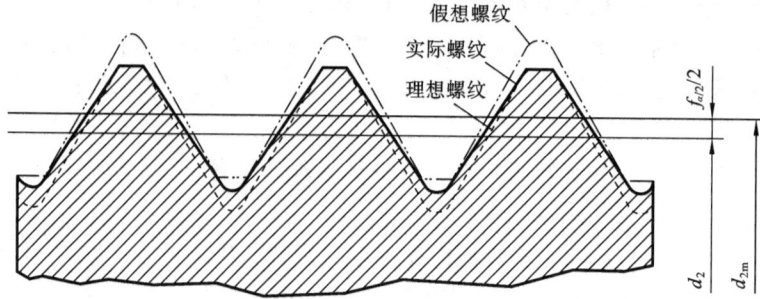

图 6-22　无螺距误差、有牙型角误差时的作用中径

$$d_{2\mathrm{m}} = d_2 + f_{\alpha/2} = d_2 + 0.073P(K_1 |\Delta\alpha_1/2| + K_2 |\Delta\alpha_2/2|) \tag{6-6}$$

同理,内螺纹的作用中径比实际中径小,即

$$D_{2\mathrm{m}} = D_2 - f_{\alpha/2} = D_2 - 0.073P(K_1 |\Delta\alpha_1/2| + K_2 |\Delta\alpha_2/2|) \tag{6-7}$$

上两式中:$f_{\alpha/2}$——牙型半角误差的中径当量(μm);

$\quad\quad\quad \Delta\alpha_1/2, \Delta\alpha_2/2$——左、右牙型半角误差(′);

$\quad\quad\quad P$——螺距(mm);

$\quad\quad\quad K_1$、K_2——左、右牙型半角误差系数,对于外螺纹,有(内螺纹取值相反)

$$K_i = \begin{cases} 2, & \Delta\dfrac{\alpha_i}{2} > 0 \\[2mm] 3, & \Delta\dfrac{\alpha_i}{2} < 0 \end{cases} \quad (i = 1, 2) \tag{6-8}$$

实际螺纹的中径、螺距和牙型半角同时存在误差,因而实际外螺纹和内螺纹的作用中径分别为

$$d_{2\mathrm{m}} = d_{2\mathrm{s}} + f_{\mathrm{P}} + f_{\alpha/2} \tag{6-9}$$

$$D_{2\mathrm{m}} = D_{2\mathrm{s}} - f_{\mathrm{P}} - f_{\alpha/2} \tag{6-10}$$

式中的实际中径 $D_{2\mathrm{s}}$ 和 $d_{2\mathrm{s}}$ 可分别用内、外螺纹的单一中径 $D_{2\mathrm{a}}$ 和 $d_{2\mathrm{a}}$ 替代。

2) 单一中径

单一中径(simple pitch diameter)是指一个假想圆柱的直径,该圆柱的母线通过牙型上沟槽宽度等于基本螺距一半的地方,如图 6-23 所示。内、外螺纹的单一中径分别用 $D_{2\mathrm{a}}$、$d_{2\mathrm{a}}$ 表示。

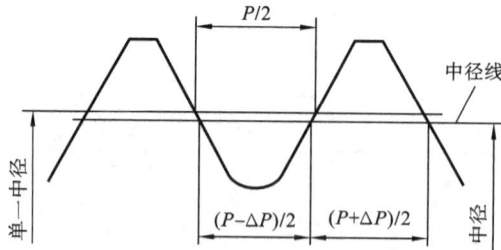

图 6-23　普通螺纹单一中径

定义单一中径是为了在测量实际中径时,排除螺距与牙型半角误差的影响。单一中径可用三针法方便地测得。单一中径可间接控制槽底位置,即控制底径,以保证螺纹的强度。

2. 螺纹中径合格性判断

普通螺纹的互换性应满足可旋合性及连接的可靠性两方面的要求。

在大径和小径不发生干涉的条件下,保证相互结合内、外螺纹顺利旋合的条件为

$$D_{2m} \geqslant d_{2m} \tag{6-11}$$

为了保证配合性质和连接强度,以中径来判断实际螺纹是否合格,即螺纹的中径合格性判断原则是:实际螺纹的作用中径(D_{2m}、d_{2m})不能超出最大实体牙型的中径;而实际螺纹上任何部位的单一中径(D_{2a}、d_{2a})不能超出最小实体牙型中径。据此,螺纹的中径合格性判断条件如下:

对于外螺纹　　　　　$\begin{cases} d_{2m} \leqslant d_{2max} \\ d_{2a} \geqslant d_{2min} \end{cases}$ 　　　　　(6-12)

对于内螺纹　　　　　$\begin{cases} D_{2m} \geqslant D_{2min} \\ D_{2a} \leqslant D_{2max} \end{cases}$ 　　　　　(6-13)

式中:d_{2max}、d_{2min}——外螺纹中径的最大和最小极限尺寸;

　　　D_{2max}、D_{2min}——内螺纹中径的最大和最小极限尺寸。

按螺纹中径合格性判断条件式(6-12)、式(6-13),螺纹中径公差同时控制中径、螺距和牙型半角三项参数的误差,所以中径公差是综合公差;内、外螺纹作用中径不得超出最大实体中径(D_{2min},d_{2max}),以保证可旋合性;内、外螺纹单一中径不得超出最小实体中径(D_{2max},d_{2min}),以保证连接强度。

例 6-2　用工具显微镜测量 M24-6h 的外螺纹,测得实际中径 $d_{2a} = 21.910$ mm,螺距累积误差 $\Delta P_{\Sigma} = -62$ μm,牙型半角误差 $\Delta\alpha_1/2 = +76'$,$\Delta\alpha_2/2 = -63'$,该螺纹的中径是否合格?

解　① 查阅有关表格数据。

由表 6-14 可知,$d_2 = 22.051$ mm,$P = 3$ mm;由表 6-16 可知,中径公差 $T_{d2} = 200$ μm;由表 6-18 可知,中径上偏差 es=0。可得极限中径为

$$d_{2max} = d_2 + es = 22.051 \text{ mm}$$

$$d_{2min} = d_{2max} - T_{d2} = (22.051 - 0.2) \text{ mm} = 21.851 \text{ mm}$$

② 计算作用中径。由式(6-4)、式(6-6)、式(6-8)和式(6-9)得

$$f_P = 1.732|\Delta P_{\Sigma}| = 1.732 \times |-62| \text{ μm} = 107.4 \text{ μm}$$

$$f_{\alpha/2} = 0.073P(K_1|\Delta\alpha_1/2| + K_2|\Delta\alpha_2/2|) = 0.073 \times 3 \times (2 \times |+76| + 3 \times |-63|) \text{ μm}$$
$$= 74.7 \text{ μm}$$

$$d_{2m} = d_{2a} + f_P + f_{\alpha/2} = (21.910 + 107.4 \times 10^{-3} + 74.7 \times 10^{-3}) \text{ mm} = 22.092 \text{ mm}$$

③ 中径合格性判断。按式(6-12),虽然该外螺纹的实际中径满足 $d_{2max} \geqslant d_{2a} \geqslant d_{2min}$,但作用中径 $d_{2m} > d_{2max}$,所以该螺纹中径不合格。

6.3.6　普通螺纹的检测

圆柱螺纹的检测可分为综合检测和单项检测等两类,螺纹的设计者可根据螺纹的使用场合、加工的条件以及生产方式,来决定螺纹检测手段及相应的合格性判断方法。

1. 用量规检测螺纹

1) 螺纹顶径的检测

螺纹的顶径,即外螺纹大径 d 和内螺纹小径 D_1 可分别用光滑极限环规(卡规)和光滑塞规检查,如图 6-24 右端所示的检验外螺纹顶径 d(大径)的卡规和图 6-25 右端所示的检验内螺纹顶径 D_1(小径)的塞规。

2) 螺纹的综合检测

螺纹的综合检测,可以用投影仪或螺纹量规来进行。生产中主要用螺纹极限量规来控制

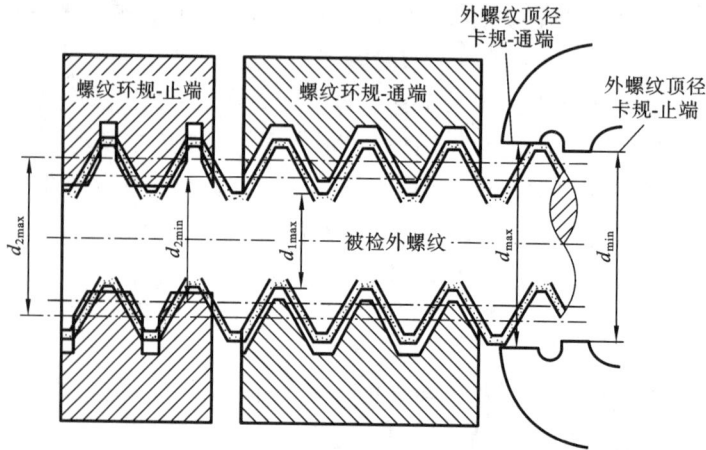

图 6-24　用螺纹量规检测外螺纹

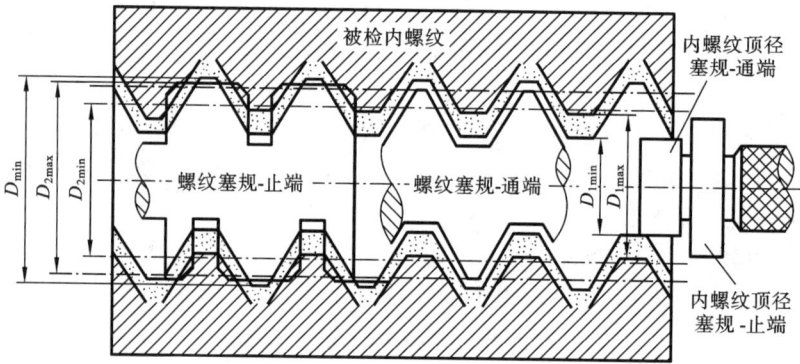

图 6-25　用螺纹量规检测内螺纹

螺纹的极限轮廓,并由此判断螺纹的合格性。图 6-24 和图 6-25 所示的分别为用综合量规检测外螺纹和内螺纹的情况。

为了满足中径合格性判断原则,螺纹量规的通端和止端在螺纹的长度和牙型上的结构特征是不同的。

螺纹量规的通端主要用于检查作用中径,因此应该有完整的牙型,且其螺纹长度要等于螺纹的旋合长度(螺母的螺纹长度)。当螺纹通规可以和被检螺纹工件自由旋合时,表示被检螺纹的作用中径未超出规定。

螺纹量规的止端用于检测螺纹的实际中径。为了减少螺距误差和牙型半角误差对检测结果的影响,保证止端与被检螺纹仅在螺纹中径处相接触,止端牙型应做成短齿不完整轮廓,并将止端螺纹长度相应缩短(2～3.5 牙)。

2. 螺纹的单项测量

螺纹的单项测量用于螺纹工件的工艺分析以及螺纹量规及螺纹刀具质量的检测。所谓单项测量,即分别测量螺纹的每个参数,主要是中径、螺距和牙型半角,其次是顶径和底径,有时还需要测量牙底的形状。除了顶径可直接用内、外径量具测量外,其他参数多用通用仪器测量,其中用得最多的是万能工具显微镜、大型工具显微镜和投影仪。

1) 在工具显微镜上测量

螺纹中径、螺距和牙型半角的测量的一般性原理如图 6-26 所示。

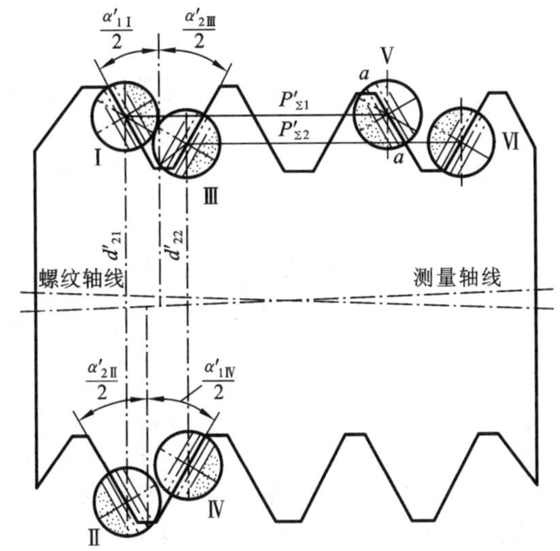

图 6-26　在工具显微镜上测量螺纹单项参数

（1）螺纹中径的测量。

在工具显微镜上测量中径时，移动工作台（对于大型工具显微镜）或滑台（对于万能工具显微镜），使螺纹投影轮廓牙型（位置 I）与目镜中的虚线 a—a 对准；然后移动工作台或滑台，使螺纹轮廓牙侧（位置 II）与目镜中的虚线 a—a 对准。这时，螺纹轮廓牙侧对目镜中的虚线 a—a 的相对移动量即为所测中径 d'_2。其值等于横向千分尺（对于大型工具显微镜）或横向移动的螺旋游标读数显微镜（对于万能工具显微镜）的前后两次读数之差的绝对值。

测量时，工件安装误差引起的螺纹轴线与工作台或滑台纵向移动方向不一致会导致测得的中径 d'_2 不正确，如图 6-26 所示，d'_{21} 偏大而 d'_{22} 偏小。为了消除此误差，可取二者的算术平均值为实际中径值，即

$$d'_2 = (d'_{21} + d'_{22})/2$$

（2）螺距累积误差的测量。

如图 6-26 所示，利用纵向千分尺或纵向螺旋游标读数显微镜读数。测量时，使目镜中的虚线 a—a 与螺纹的某一牙侧相切（位置 I），读取一读数；然后将工件沿轴线移动 n 个螺距，使目镜中的虚线 a—a 与螺纹该处牙侧相切（位置 V），再读取一读数。两次读数之差的绝对值即为 n 个螺距的实际累积值 P'_Σ。同理，为了消除安装误差的影响，应分别测出实际累积值 $P'_{\Sigma1}$ 和 $P'_{\Sigma2}$，得到实际累积值为

$$P'_\Sigma = (P'_{\Sigma1} + P'_{\Sigma2})/2$$

则 n 个螺距的累积误差为

$$\Delta P_\Sigma = P'_\Sigma - nP \tag{6-14}$$

（3）牙型半角误差的测量。

如图 6-26 所示，为了消除安装误差的影响，同样分别测出实际牙型半角 $\alpha'_{1I}/2$、$\alpha'_{2II}/2$、$\alpha'_{2III}/2$、$\alpha'_{1IV}/2$，则实际左、右侧牙型半角分别为

$$\alpha'_1/2 = (\alpha'_{1I}/2 + \alpha'_{1IV}/2)/2, \quad \alpha'_2/2 = (\alpha'_{2II}/2 + \alpha'_{2III}/2)/2$$

将它们与公称牙型半角 $\alpha/2$ 比较，即可得实际左、右牙型半角误差分别为

$$\Delta\alpha_1/2 = \alpha'_1/2 - \alpha/2, \quad \Delta\alpha_2/2 = \alpha'_2/2 - \alpha/2 \tag{6-15}$$

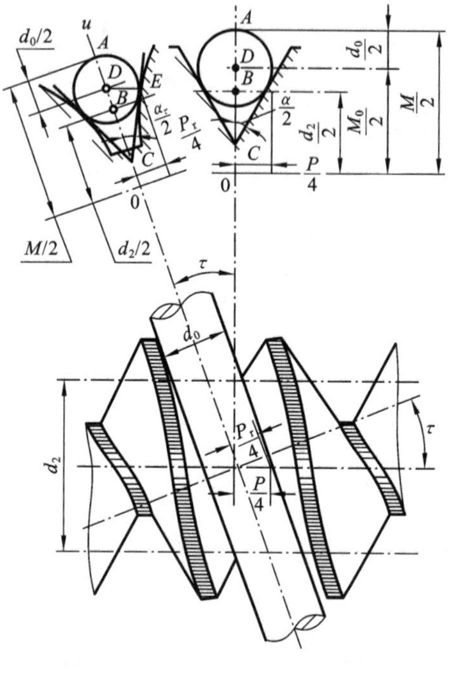

图 6-27　螺纹中径的三针测量

2) 螺纹中径的三针测量法

三针测量法主要用于测量螺纹的中径。根据被测螺纹的螺距选取直径为 d_0 的三根圆柱形量针,分别放入被测螺纹两侧的三个牙槽中,使之与牙侧接触,如图 6-27 所示。然后用接触式量仪(光学比较仪、测微仪或测长仪等)测出三根针的外母线之间的跨距 M,即可计算出螺纹的单一中径 d_{2a}。

由图 6-27 可知,

$$M/2 = d_0/2 + M_0/2 = d_0/2 + d_2/2 + \overline{DB}$$
$$= d_0/2 + d_2/2 + \overline{DC} - \overline{BC} \qquad (6\text{-}16)$$

式中:$\overline{BC} = P/[4\tan(\alpha/2)]$。

量针放入牙槽之后,其轴线并不与螺纹轴线垂直,而是顺着螺纹槽的旋向。量针与螺牙侧面的接触点并不在通过螺纹轴线的轴向剖面内,而是在接触点处的螺纹法向剖面内。螺纹轴向剖面内的基本牙型的牙侧轮廓是直线,而法向剖面内的两牙侧轮廓却是曲线,它在接触点 E 处的切线与牙槽平分线的交点跟轴向剖面内的牙侧直线与牙槽平分线的交点 C 很接近,可看做重合(严格讲并不重合),因此,$\overline{DC} = d_0/[2\sin(\alpha_\tau/2)]$。

从而可求出被测螺纹的单一中径为

$$d_{2a} = M[1 + 1/\sin(\alpha_\tau/2)]d_0 + P/[2\tan(\alpha/2)] \qquad (6\text{-}17)$$

式中:α——被测螺纹牙型角;

　　　α_τ——通过接触点 E 的法向剖面牙侧切线的夹角。

由图 6-27 可知,α 与 α_τ 之间的关系为

$$\tan(\alpha_\tau/2) = \tan(\alpha/2) \times \cos\tau$$

式中:τ——量针与螺纹接触点 E 处的螺旋升角。

通常可用中径处的螺旋升角 φ 代替 τ 进行计算。

若所用的量针与螺纹牙侧正好在中径圆柱上接触,则直径为最佳中径,其值为

$$d_0 = P/[2\cos(\alpha/2)] \qquad (6\text{-}18)$$

用三针法测量螺纹中径,在最有利的情况(螺牙的牙侧很直、仪器选择正确、量针的直径选用正确等)下,其测量精度比用量刀在万能测量显微镜上的测量精度高很多。例如,测量 50～100 mm 的螺纹塞规,用万能测量显微镜时的极限误差为 ±4.5 μm,而用 0 级精度量针和 4 等量块,在卧式光学比较仪上按三针法测量螺纹中径的极限误差为 ±1.5 μm。此外,三针法在生产条件下的应用比较方便,测量效率也较高。

6.4　圆锥结合的互换性

圆锥(cone)结合是机械制造中经常应用的一种结合形式,它具有相互结合的内、外圆锥的定心精度高、同轴度易于保证、装拆方便且间隙可调、轴向加载便可实现过盈结合等特点。实际应用中,广泛用于铣刀、钻头、铰刀、顶尖等刀具、工具与机床主轴的连接,以及流体系统中的

密封连接。

6.4.1 圆锥结合的主要几何参数

图 6-28 所示的是圆锥的基本几何参数,图中:D、d、d_x 分别为最大圆锥直径、最小圆锥直径和给定截面(距端面 x 处)圆锥直径;L 为圆锥长度,即最大与最小圆锥直径间的轴向距离;α 为圆锥角(cone angle),为通过圆锥轴线的截面内,两条素线间的夹角;C 为锥度(rate of taper),为两个垂直圆锥轴线截面的圆锥直径 D 和 d 之差与该两截面之间的轴向距离 L 之比,即

$$C=(D-d)/L \tag{6-19}$$

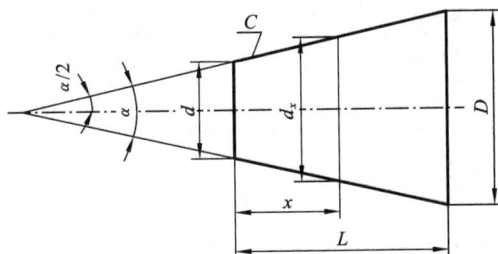

图 6-28 圆锥的基本几何参数

锥度 C 与圆锥角 α 的关系为

$$C=2\tan(\alpha/2)=1:[\cot(\alpha/2)]/2 \tag{6-20}$$

锥度一般用比例或分式形式表示,如 $C=1:20$ 或 $C=1/20$。

为了规范圆锥的制造和使用,国家标准《产品几何技术规范(GPS) 圆锥的锥度与锥角系列》(GB/T 157)规定了圆锥的锥度与锥角系列,表 6-22 所示的是一般用途圆锥的锥度与锥角系列,表 6-23 所示的是部分特定用途圆锥的锥度与锥角系列。

表 6-22 一般用途圆锥的锥度与锥角系列

基本值		推算值		基本值		推算值	
系列 1	系列 2	圆锥角 α	锥度 C	系列 1	系列 2	圆锥角 α	锥度 C
120°	—	—	1:0.2886751		1:8	7°9′9.6075″	7.15266875°	—
90°	—	—	1:0.500000	1:10		5°43′29.3176″	5.72481045°	—
	75°	—	—	1:0.6516127		1:12	4°46′18.7970″	4.77188806°	—
60°	—	—	1:0.8660254		1:15	3°49′5.8975″	3.81830487°	—
45°	—	—	1:1.2071068	1:20		2°51′51.0925″	2.86419237°	—
30°	—	—	1:1.8660254	1:30		1°54′34.8570″	1.90968251°	—
1:3		18°55′28.7199″	18.92464442°	—		1:50	1°8′45.1586″	1.14587740°	—
	1:4	14°15′0.1177″	14.25003270°	—	1:100		34′22.6309″	0.57295302°	—
1:5		11°25′16.2706″	11.42118627°	—		1:200	17′11.3219″	0.28647830°	—
	1:6	9°31′38.2202″	9.52728338°	—	1:500		6′52.5295″	0.11459152°	—
	1:7	8°10′16.4408″	8.17123356°	—					

表 6-23 部分特定用途圆锥的锥度与锥角系列

基本值	推算值		用途	
	圆锥角 α	锥度 C		
11°54′	—	—	1:4.7974511	纺织机械和附件
8°40′	—	—	1:6.5984415	
7°	—	—	1:8.1749277	
1:38	1°30′27.7080″	1.50769667°	—	
1:64	0°53′42.8220″	0.89522834°	—	
7:24	16°35′39.4443″	8.17123356°	1:3.4285714	机床主轴、工具配合
6:100	3°26′12.1776″	3.43671600°	1:16.6666667	医疗设备
1:12.262	4°40′12.1514″	4.67004205°	—	贾各锥度 / No.2
1:12.972	4°24′52.9039″	4.41469552°	—	No.1
1:15.748	3°38′13.4429″	3.63706747°	—	No.33
1:18.779	3°3′1.2070″	3.05033527°	—	No.3
1:19.264	2°58′24.8644″	2.97357343°	—	No.6
1:20.288	2°49′24.7802″	2.82355006°	—	No.0
1:19.002	3°0′52.3956″	3.01455434°	—	莫氏锥度 / No.5
1:19.180	2°59′11.7258″	2.98659050°	—	No.6
1:19.212	2°58′53.8255″	2.98161820°	—	No.0
1:19.254	2°58′30.4217″	2.97517713°	—	No.4
1:19.922	2°52′31.4463″	2.87540176°	—	No.3
1:20.020	2°51′40.7960″	2.86133223°	—	No.2
1:20.047	2°51′26.9283″	2.85748008°	—	No.1

6.4.2 圆锥公差

国家标准《产品几何量技术规范(GPS) 圆锥公差》(GB/T 11334)对圆锥公差的术语和定义、圆锥公差项目和给定方法,以及圆锥公差数值等进行了规范。

1. 基本术语及定义

(1) 公称圆锥 公称圆锥(nominal cone)是指由设计给定的理想形状的圆锥,如图 6-28 所示。公称圆锥可用两种形式确定:① 一个公称圆锥直径(最大圆锥直径 D、最小圆锥直径 d 或给定截面圆锥直径 d_x)、公称圆锥长度 L、公称圆锥角 α 或公称锥度 C;② 两个公称圆锥直径和公称圆锥长度 L。

(2) 实际圆锥 实际圆锥(actual cone)是指实际存在并与周围介质分隔的圆锥。实际圆锥是按公称圆锥要求加工而成的,通常带有加工误差;当通过测量认识实际圆锥时,将会带进测量误差。

(3) 实际圆锥直径 实际圆锥直径(actual cone diameter)是指实际圆锥上的任一直径

d_a,如图 6-29 所示。

（4）实际圆锥角　实际圆锥角（actual cone angle）是指实际圆锥的任一轴向截面内,包容其素线且距离为最小的两对平行直线之间的夹角,如图 6-30 所示。

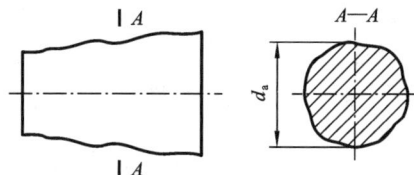

图 6-29　实际圆锥直径

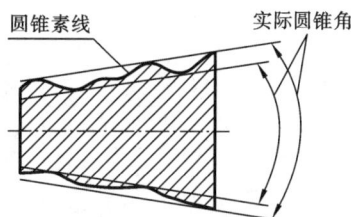

图 6-30　实际圆锥角

（5）极限圆锥　极限圆锥（limit cone）是指与公称圆锥共轴且圆锥角相等,直径分别为上极限直径和下极限直径的两个圆锥。在垂直圆锥轴线的任一截面上,这两个圆锥的直径差都相等,如图 6-31 所示。

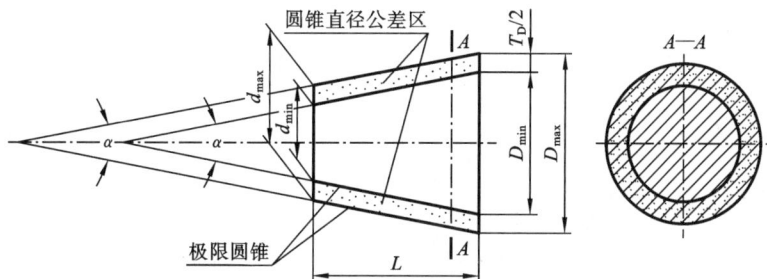

图 6-31　极限圆锥

（6）极限圆锥角　极限圆锥角（limit cone angle）是指允许的上极限或下极限圆锥角,如图 6-32所示。

2. 圆锥公差项目及定义

1）圆锥直径公差及圆锥直径公差区

圆锥直径公差（cone diameter tolerance）是指圆锥直径的允许变动量,记为 T_D,如图 6-31 所示。圆锥直径公差 T_D 一般以最大圆锥直径 D 为公称直径,按国家标准规定的标准公差选取。同样,圆锥直径

图 6-32　极限圆锥角

的极限偏差也以最大圆锥直径 D 为公称直径,按国家标准规定的标准公差选取。

圆锥直径公差区（cone diameter tolerance interval）是指由公称直径 D、直径公差 T_D 及直径 D 的极限偏差所确定的两个极限圆锥所限定的区域。图 6-31 所示的是在轴向截面内的圆锥直径公差区的示意。

2）圆锥角公差及圆锥角公差区

圆锥角公差（cone angle tolerance）是指圆锥角的允许变动量,记为 AT（角度值 AT_a 或线性值 AT_D）,如图 6-32 所示。圆锥角公差共分 12 个等级,分别表示为 $AT1,AT2,\cdots,AT12$。表 6-24 所示的是部分圆锥角公差数值。

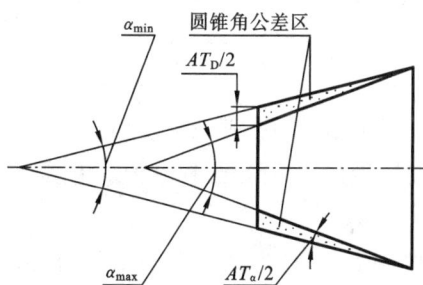

表 6-24　圆锥角公差数值

公称圆锥长度 L /mm		圆锥角公差等级											
		AT3			AT4			AT5			AT6		
		AT_α		AT_D	AT_α		AT_D	AT_α		AT_D	AT_α		AT_D
大于	至	μrad	(″)	μm	μrad	(″)	μm	μrad	(″)	μm	μrad	(′)(″)	μm
10	16	100	21	>1.0~1.6	160	33	>1.6~2.5	250	52	>2.5~4.0	400	1′22″	>4.0~6.3
16	25	80	16	>1.3~2.0	125	26	>2.0~3.2	200	41	>3.2~5.0	315	1′05″	>5.0~8.0
25	40	63	13	>1.6~2.5	100	21	>2.5~4.0	160	33	>4.0~6.3	250	52″	>6.3~10
40	63	50	10	>2.0~3.2	80	16	>3.2~5.0	125	26	>5.0~8.0	200	41″	>8~12.5
63	100	40	8	>2.5~4.0	63	13	>4.0~6.3	100	21	>6.3~10	160	33″	>10~16
100	160	31.5	6	>3.2~5.0	50	10	>5.0~8.0	80	16	>8~12.5	125	26″	>12.5~20
160	250	25	5	>4.0~6.3	40	8	>6.3~10	63	13	>10~16	100	21″	>16~25
250	400	16	3	>5.0~8.0	31.5	6	>8.0~12.5	50	10	>12.5~20	80	16″	>20~32

公称圆锥长度 L /mm		圆锥角公差等级											
		AT7			AT8			AT9			AT10		
		AT_α		AT_D	AT_α		AT_D	AT_α		AT_D	AT_α		AT_D
大于	至	μrad	(′)(″)	μm	μrad	(′)(″)	μm	μrad	(′)(″)	μm	μrad	(′)(″)	μm
10	16	630	2′10″	>6.3~10	1000	3′26″	>10~16	1600	5′30″	>16~25	2500	8′35″	>25~40
16	25	500	1′43″	>8~12.5	800	2′45″	>12.5~20	1250	4′18″	>20~32	2000	6′52″	>32~50
25	40	400	1′22″	>10~16	630	2′10″	>16~25	1000	3′26″	>25~40	1600	5′30″	>40~63
40	63	315	1′05″	>12.5~20	500	1′43″	>20~32	800	2′45″	>32~50	1250	4′18″	>50~80
63	100	250	52″	>16~25	400	1′22″	>25~40	630	2′10″	>40~63	1000	3′26″	>63~100
100	160	200	41″	>20~32	315	1′05″	>32~50	500	1′43″	>50~80	800	2′45″	>80~125
160	250	160	33″	>25~40	250	52″	>40~63	400	1′22″	>63~100	630	2′10″	>100~160
250	400	125	26″	>32~50	200	41″	>50~80	315	1′05″	>80~125	500	1′43″	>125~200

对于圆锥角公差的角度值 AT_α 和线性值 AT_D 两种表示形式,角度值 AT_α 可用微弧度或度、分、秒为单位给出,线性值 AT_D 用微米为单位给出。AT_D 和 AT_α 的换算关系为

$$AT_D = AT_\alpha \times L \times 10^{-3} \tag{6-21}$$

式中:AT_D 单位为 μm;AT_α 单位为 μrad;L 单位为 mm。

圆锥角的极限偏差可按单向或双向(对称或不对称)取值,如图 6-33 所示的三种形式。图 6-33(a)所示的为圆锥角上偏差为 $+AT/2$,下偏差为 0;图 6-33(b)所示的为圆锥角上偏差为 0,下偏差为 $-AT/2$;图 6-33(c)所示的为圆锥角上偏差为 $+AT/4$,下偏差为 $-AT/4$。

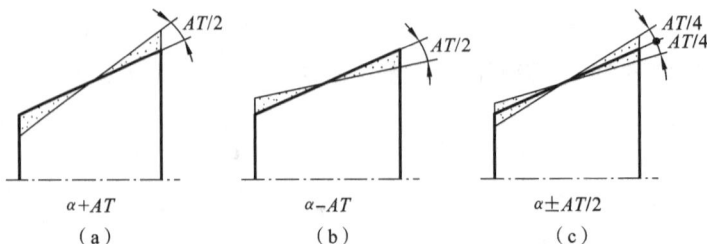

图 6-33　圆锥角的极限偏差

圆锥角公差区（tolerance interval for the cone angle）是指由公称圆锥角 α、圆锥角公差 AT 及圆锥角的极限偏差所确定的两个极限圆锥角所限定的区域。图 6-32 所示的是在轴向截面内，圆锥直径允许的变动量。

3）给定截面圆锥直径公差及给定截面圆锥直径公差区

给定截面圆锥直径公差（cone section diameter tolerance）是指在垂直圆锥轴线的给定截面内，圆锥直径的允许变动量，记为 T_{DS}，如图 6-34 所示。给定截面圆锥直径公差 T_{DS} 以给定圆锥直径 d_x 为公称直径，按极限与配合国家标准规定的标准公差选取。同样，圆锥直径的极限偏差也以给定圆锥直径 d_x 为公称直径，按国家标准规定的标准公差选取。

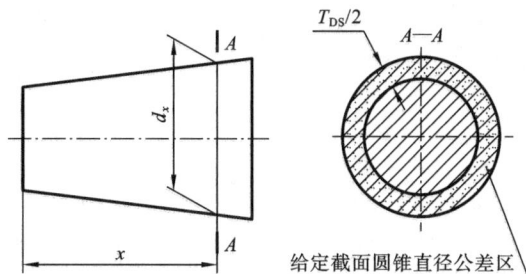

图 6-34 给定截面圆锥直径公差

给定截面圆锥直径公差区（cone section diameter tolerance interval）是指在给定截面内，由给定截面直径 d_x、直径公差 T_{DS} 及直径 d_x 的极限偏差所确定的两个同心圆所限定的区域。图 6-34 所示的是在给定截面内，圆锥直径允许的变动量。

4）圆锥的形状公差

圆锥的形状公差，记为 T_F，是指圆锥素线的直线度公差和截面圆度公差。当圆锥的形状误差需要加以特别的控制时，应规定圆锥素线的直线度公差和径向截面的圆度公差，其值可按国家标准《形状和位置公差 未注公差值》（GB/T 1184）的规定选取。

3. 圆锥公差的给定方法

对于一个具体的圆锥零件，并不需要同时给出以上四种公差，应根据其功能要求和工艺特点来规定所需的公差项目。国家标准《产品几何量技术规范（GPS） 圆锥公差》（GB/T 11334）规定了两种圆锥公差的给定方法。

1）给定圆锥公称圆锥角 α（或锥度 C）和圆锥直径公差 T_D

此时，圆锥角误差和圆锥的形状误差均应在极限圆锥所限定的区域内。当对圆锥角误差、圆锥的形状误差有更高要求时，可再给出圆锥角公差 AT、圆锥的形状公差 T_F；此时，AT 和 T_F 仅占 T_D 的一部分。

这种给定方法符合包容原则，常用于要求保证配合性质的圆锥结合。按这种方法给定圆锥公差时，在圆锥直径的极限偏差后标注"Ⓔ"符号，如 $\phi 50^{+0.039}_{0}$ Ⓔ 。

2）给定截面圆锥直径公差 T_{DS} 和圆锥角公差 AT

此时，给定截面圆锥直径和圆锥角应分别满足这两项公差的要求。T_{DS} 和 AT 的关系如图 6-35 所示。

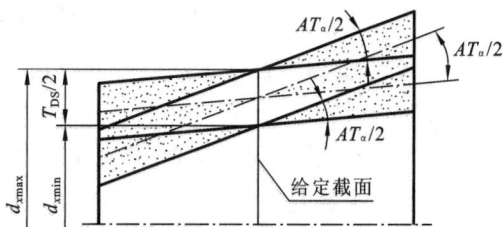

图 6-35 圆锥公差的给定方法

按这种给定方法的要求,两参数分别受各自公差带的约束,不存在极限圆锥,同时,这种方法是在假定圆锥素线为理想直线的情况下给出的,当对圆锥形状误差有更高要求时,可再给出圆锥的形状公差 T_F。

这种给定方法常用于需要限制某一特定截面的直径偏差,有良好密封性的圆锥结合,如阀类零件等。

6.4.3　圆锥配合

《产品几何量技术规范(GPS)　圆锥配合》(GB/T 12360)对圆锥结合作了统一的技术规范,其适用于锥度 C 在 1∶3～1∶500 内、长度 L 在 6～630 mm 内、直径至 500 mm 的光滑圆锥,并按上述方法一给定圆锥公差的配合。

1. 圆锥结合的类型

1) 结构型圆锥配合

结构型圆锥配合(construction type cone fit)是由圆锥结构确定装配位置,从而确定内、外圆锥公差区之间的相互关系而获得的配合。它可以是间隙配合、过渡配合或过盈配合。图 6-36(a)所示的为由轴肩接触得到间隙配合的结构型圆锥配合;图 6-36(b)所示的为由结构尺寸 a 得到过盈配合的结构型圆锥配合。

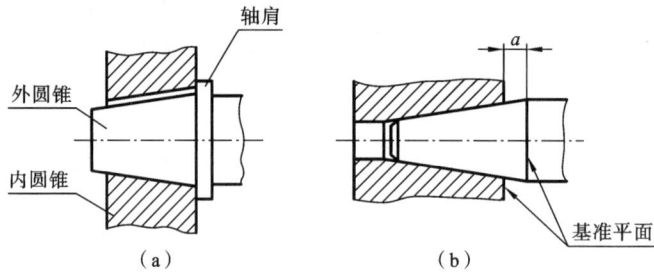

图 6-36　结构型圆锥配合

对结构型圆锥配合而言,在按内、外圆锥的结构装配后,二者的配合性质应满足设计的要求。

2) 位移型圆锥配合

位移型圆锥配合(axial displacement type cone fit)是由内、外圆锥在装配时,从二者在无轴向力接触时的实际初始位置(actual starting position)P_a 做一定相对轴向位移(axial displacement)而获得的配合。它可以是间隙配合或过盈配合。图 6-37(a)所示的为外圆锥从接触的实际初始位置 P_a 向二者松动的方向轴向位移 E_a 至终止位置(final position)P_f,从而获得间隙配合的位移型圆锥配合。图 6-37(b)所示的为在给定轴向装配力 F_s 的作用下,外圆锥从接触的实际初始位置 P_a 向压紧的方向轴向位移 E_a 至终止位置 P_f,从而获得过盈配合的位移型圆锥配合。

与结构型圆锥配合不同,位移型圆锥配合的配合性质与相配内、外圆锥的相对位置及获得该位置的相对位移有关。

(1) 极限初始位置及初始位置公差。

在位移型圆锥配合中,对于按公差要求制作出一批相互配合的内、外圆锥,它们结合时的

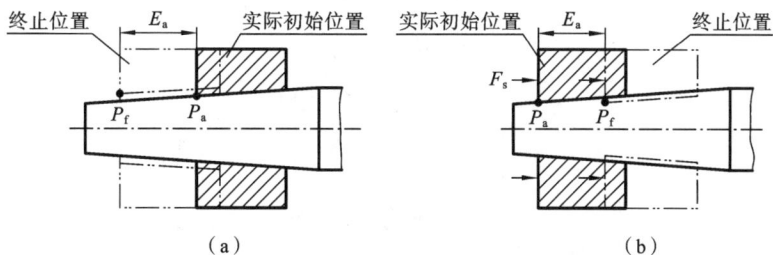

图 6-37　位移型圆锥配合

实际初始位置 P_a 是各不相同的。初始位置允许的两个界限 P_1、P_2 称为极限初始位置(limit starting position),其中极限初始位置 P_1 为内圆锥的下极限圆锥和外圆锥的上极限圆锥接触时的位置;极限初始位置 P_2 为内圆锥的上极限圆锥和外圆锥的下极限圆锥接触时的位置;实际初始位置 P_a 位于极限初始位置 P_1 和 P_2 之间。同时,称初始位置允许的变动量为初始位置公差 T_P(tolerance on the starting position),如图 6-38 所示。初始位置公差 T_P 等于极限初始位置 P_1 和 P_2 之间的距离,即

$$T_P = (T_{Di} + T_{De})/C \tag{6-22}$$

式中:C——锥度;

　　T_{Di}——内圆锥直径公差;

　　T_{De}——外圆锥直径公差。

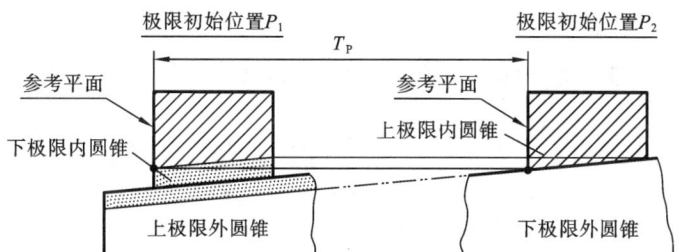

图 6-38　极限初始位置

(2) 极限轴向位移及轴向位移公差。

位移型圆锥结合中,为获得使用要求所需的间隙或过盈,内、外圆锥装配时需从相互结合的初始位置 P_a 沿轴向相对位移至得到设计要求的间隙或过盈的终止位置 P_f,如图 6-37 所示。称相互结合的内、外圆锥:从 P_a 到 P_f,以得到最小间隙或最小过盈的轴向位移为最小轴向位移(minimum axial displacement),记为 E_{amin};从 P_a 到 P_f,以得到最大间隙或最大过盈的轴向位移为最大轴向位移(maximum axial displacement),记为 E_{amax}。同时,称轴向位移允许的变动量为轴向位移公差(tolerance on the axial displacement),记为 T_E,且

$$T_E = E_{amax} - E_{amin} \tag{6-23}$$

图 6-39 所示的为在终止位置时得到最大、最小过盈及相应轴向位移公差的示意。

2. 圆锥直径配合量

圆锥直径配合量(span of cone diameter fit)是指圆锥配合在配合直径上允许的间隙或过盈的变动量,记为 T_{Df}。圆锥直径配合量类似于光滑圆柱结合的配合公差,其与配合直径上的极限间隙或过盈,以及相配内、外圆锥直径公差之间的关系如表 6-25 所示。

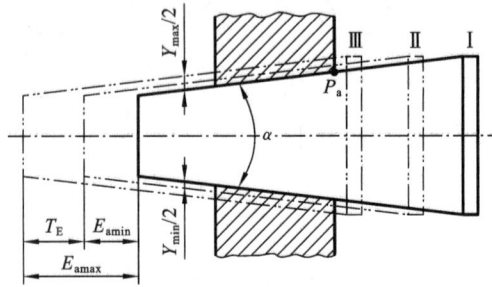

图 6-39　轴向位移公差示意

Ⅰ—实际初始位置；Ⅱ—最小过盈位置；Ⅲ—最大过盈位置

表 6-25　圆锥直径配合量

配 合 性 质	结构型圆锥配合	位移型圆锥配合
圆锥直径间隙配合量	$T_{Df} = X_{max} - X_{min}$	$T_{Df} = X_{max} - X_{min} = T_E \times C$
圆锥直径过盈配合量	$T_{Df} = Y_{min} - Y_{max}$	$T_{Df} = Y_{min} - Y_{max} = T_E \times C$
圆锥直径过渡配合量	$T_{Df} = X_{max} - T_{max}$	—
	$T_{Df} = T_{Di} + T_{De}$	

注：X_{max}、X_{min}，Y_{min}、Y_{max} 分别为配合直径的极限间隙与过盈；T_{Di}、T_{De} 分别为内、外圆锥的直径公差。

3. 圆锥配合的一般规定

对于结构型圆锥配合，推荐优先采用基孔制。内、外圆锥直径公差带代号及配合按国家标准选取。

对于位移型圆锥配合，内、外圆锥直径公差带代号的基本偏差推荐选用 H、h 和 JS、js。其轴向位移的极限值按国家标准规定的极限间隙或极限过盈来计算。

位移型圆锥配合的轴向位移极限值（E_{amin}、E_{amax}）和轴向位移公差（T_E）按表 6-26 所示公式计算。

表 6-26　位移型圆锥配合的轴向位移极限值和轴向位移公差的计算

轴 向 位 移	间 隙 配 合	过 盈 配 合
轴向最小位移	$E_{amin} = |X_{min}|/C$	$E_{amin} = |Y_{min}|/C$
轴向最大位移	$E_{amax} = |X_{max}|/C$	$E_{amax} = |Y_{max}|/C$
轴向位移公差	$T_E = E_{amax} - E_{amin} = |X_{max} - X_{min}|/C$	$T_E = E_{amax} - E_{amin} = |Y_{max} - Y_{min}|/C$

6.4.4　圆锥公差的标注

1. 按面轮廓度法标注圆锥公差

通常情况下，可按面轮廓度法来标注圆锥公差，如表 6-27 所示。

2. 按基本锥度法标注圆锥公差

按圆锥公差给定方法一，即给出圆锥公称圆锥角 α（或锥度 C）和圆锥直径公差 T_D 时，可采用基本锥度法标注圆锥公差，这种方法适用于有配合要求的结构型内、外圆锥。

表 6-27　按面轮廓度法标注圆锥公差

标 注 示 例	标 注 说 明
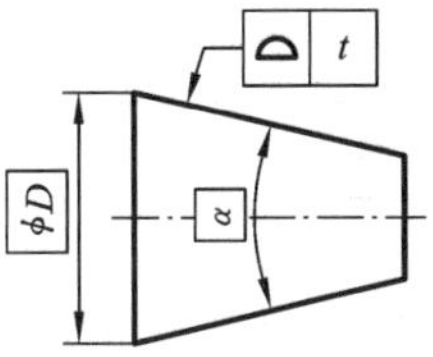 给定圆锥角的圆锥公差注法	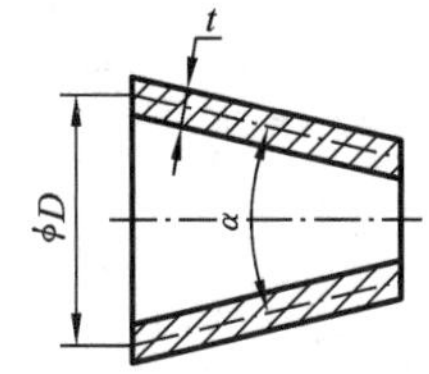
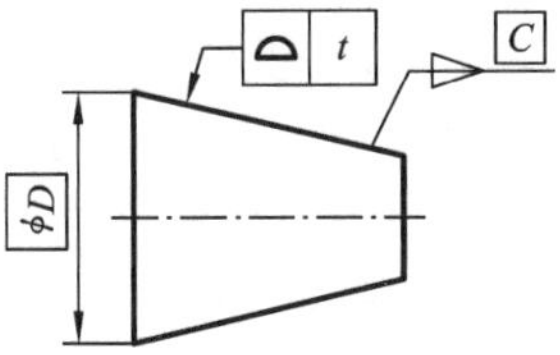 给定锥度的圆锥公差注法	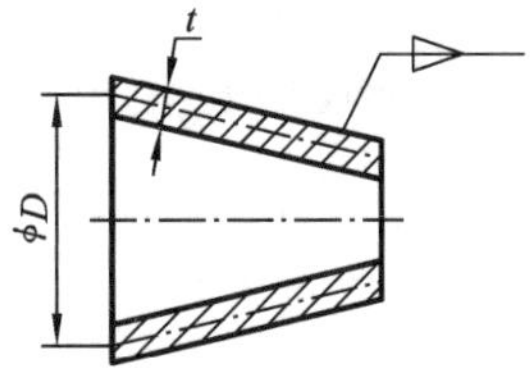
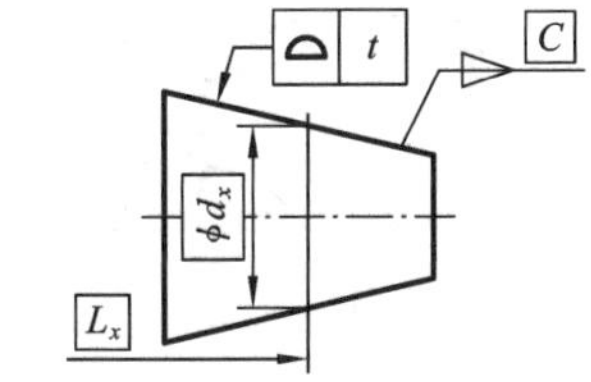 给定圆锥轴向位置的圆锥公差注法	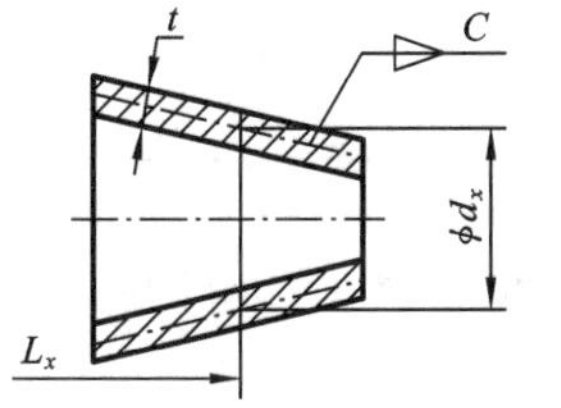
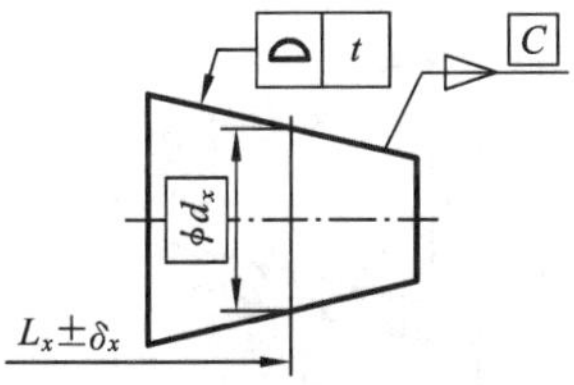 给定圆锥轴向位置公差的圆锥公差注法	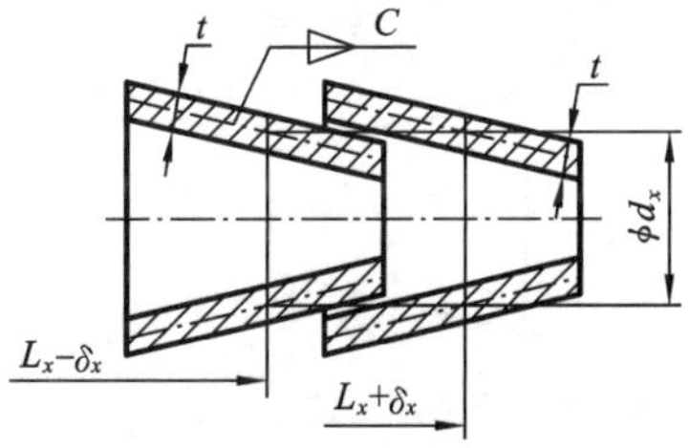
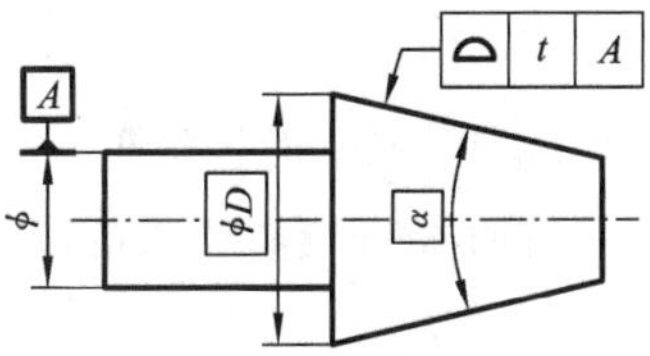 与基准线有关的圆锥公差注法	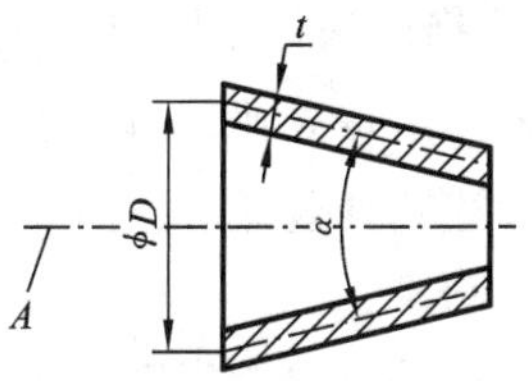

基本锥度法是表示圆锥要素尺寸与其几何特征具有相互从属关系的一种公差区域的标注方法,即由两同轴圆锥面(圆锥要素的最大实体尺寸和最小实体尺寸)形成两个具有理想形状的包容面间的公差区域,实际圆锥处处不得超越这两包容面。因此,该公差区域既控制圆锥直

径的大小及圆锥角的大小,也控制圆锥表面的形状。在有需要的情况下,亦可附加给出圆锥角公差和有关几何公差。

表 6-28 所示的是按基本锥度法标注锥度公差的示例。

表 6-28　按基本锥度法标注圆锥公差

标 注 示 例	标 注 说 明
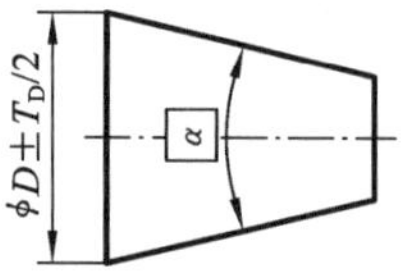 给定圆锥直径公差T_D注法	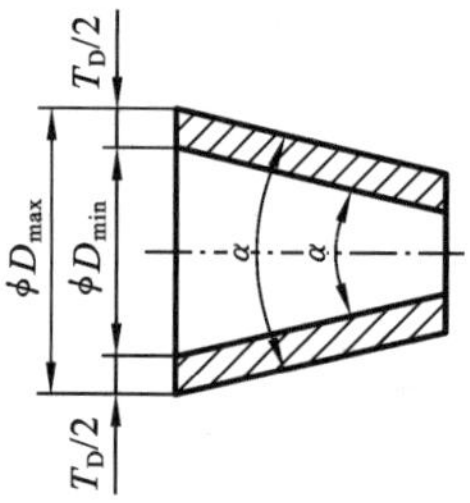
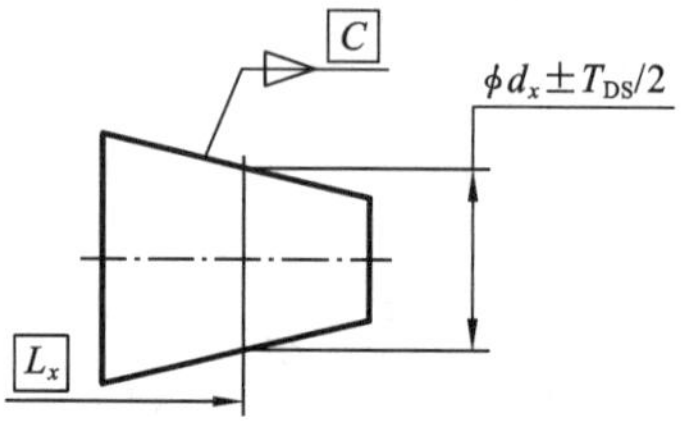 给定截面圆锥直径公差T_{DS}注法	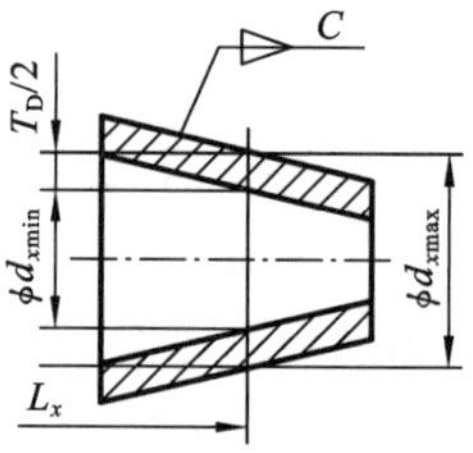
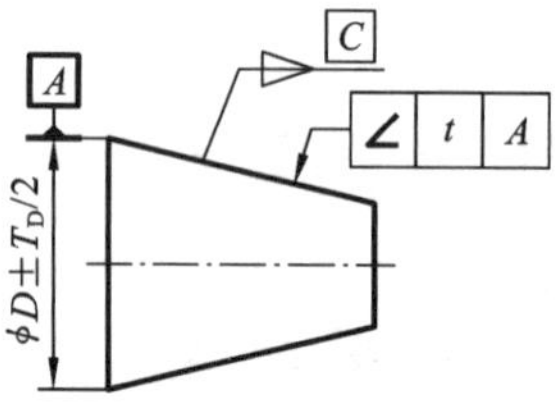 给定圆锥的形状公差T_F注法	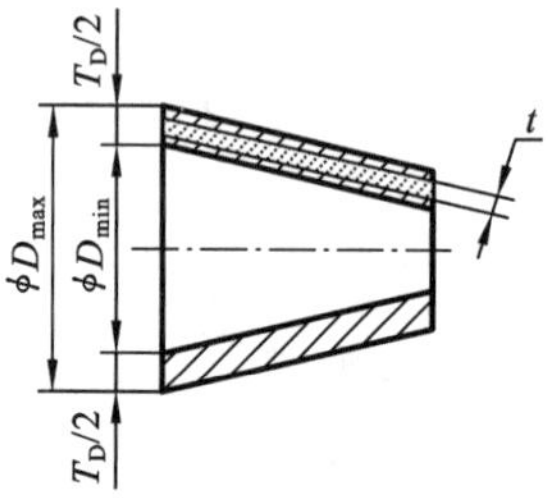

3. 按公差锥度法标注圆锥公差

按圆锥公差给定方法二,即给出给定截面圆锥直径公差 T_{DS} 和圆锥角公差 AT 时,可采用公差锥度法标注圆锥公差。这种方法适用于对某给定截面圆锥直径有较高要求的圆锥和要求密封及非配合圆锥。

公差锥度法是直接给定有关圆锥要素的公差,即同时给出圆锥直径公差和圆锥角公差,构成两同轴圆锥面公差区域的标注方法。此时,给定截面圆锥直径公差仅控制该截面圆锥直径偏差,不控制圆锥角公差,T_{DS} 和 AT 各自分别规定,分别满足要求,故按独立原则解释。在有需要的情况下,亦可附加给出有关几何公差要求。

表 6-29 所示的是按公差锥度法标注圆锥公差的示例。

表 6-29　按公差锥度法标注圆锥公差

标 注 示 例	标 注 说 明
给定最大圆锥直径公差和圆锥角公差的注法	该圆锥的直径由 $\phi D + T_D/2$ 和 $\phi D - T_D/2$ 确定；圆锥角应在 $\alpha + AT_\alpha/2$ 和 $\alpha - AT_\alpha/2$ 之间变化；圆锥素线直线度公差要求为 t。这些要求应各自独立地考虑
给定截面圆锥直径公差和圆锥角公差注法	该圆锥的给定截面圆锥直径应由 $\phi d_x + T_{DS}/2$ 和 $\phi d_x - T_{DS}/2$ 确定；锥角应在 $\alpha + AT_\alpha/2$ 和 $\alpha - AT_\alpha/2$ 之间变化；这些要求应各自独立地考虑

6.4.5　角度和锥度的测量

1. 间接测量法

1）用正弦规测量角度和锥度

正弦规是利用正弦函数原理精确地检验圆锥量规和角度样板等工具的锥度和角度偏差的计量器具。图 6-40 所示的为正弦规的结构简图，其主体的工作面平面度精度很高，并支承在两个等直径的圆柱体上。将正弦规放在平板上由两圆柱体同时接触平板时，其工作面与平板具有很高的平行度精度。

使用时，将正弦规下挡板一端的圆柱体与平板接触，另一端圆柱体与平板间，垫入组合尺寸为 h 的量块组，则正弦规工作面与平板的夹角 α 的正弦函数为

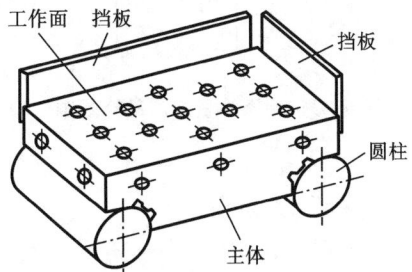

图 6-40　正弦规

$$\sin\alpha = h/L \qquad (6\text{-}24)$$

式中：α——正弦规放置的角度；

h——量块组尺寸；

L——两支承圆柱体的中心距。

图 6-41 所示的为用正弦规检验圆锥工件的示意图。检测时，由被检圆锥的公称圆锥角 α 计算得到量块组尺寸 h，使正弦规工作面与平板的夹角刚好等于被检圆锥的公称圆锥角 α。用合理精度的指示表测出图示 a、b 两点的高度差 Δh，再测出 a、b 两点的距离 l，则锥度误差为

$$\Delta C = \Delta h/l \qquad (6\text{-}25)$$

锥角误差为

$$\Delta\alpha = \Delta C \times 2 \times 10^5 \tag{6-26}$$

式中:$\Delta\alpha$ 的单位为(″)。

2)用钢球或圆柱量规测量角度和锥度

图 6-42 所示的为用两个不同直径的精密钢球测量内圆锥的方法示意。已知两钢球直径 D_1、D_2,分别测量 L_1 和 L_2,因 $H = L_1 - L_2$,故

$$\tan\alpha = (D_1 - D_2)/(2H) \tag{6-27}$$

由式(6-26)即可求出实际的角度或锥度。

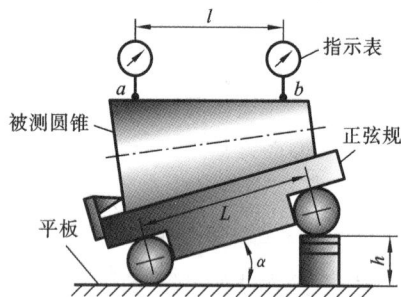

图 6-41　用正弦规检验圆锥

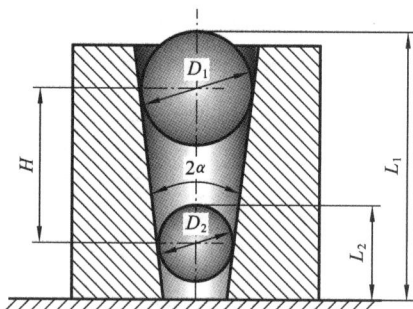

图 6-42　用钢球测量内圆锥

图 6-43 所示的为用两等直径圆柱量规和等高量块组间接测量外圆锥角的方法示意。已知量块组高度 H,分别测量图示 M_1 和 M_2,则有

$$\tan\alpha = (M_1 - M_2)/(2H) \tag{6-28}$$

由式(6-28)即可求出实际的角度或锥度。

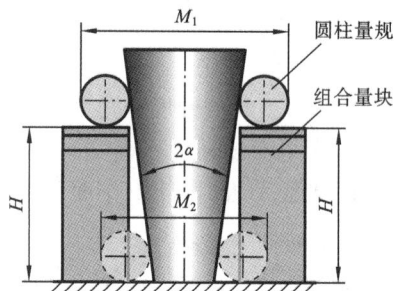

图 6-43　用圆柱量规测量外圆锥

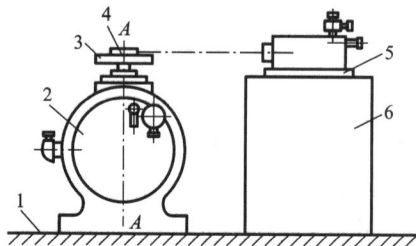

图 6-44　用光学分度头测量角度

1—平板;2—分度头;3—工件台;4—工件;5—自准直仪;6—垫块

2. 直接测量法

1)用光学分度头测量角度

光学分度头具有较高的分度精度,分度值为 5″以下的分度头可保证 10″以内的分度精度,常用来测量角度块、角度样板等工件。

如图 6-44 所示,用光学分度头测量角度时,调整分度头 2 的主轴 $A—A$ 垂直于平板 1,利用主轴锥孔安装工件台 3,待测角度工件 4 置于其上;置于平板 1 上的垫块 6 上放置分度值小于 1″的自准直仪 5,其光轴垂直于主轴 $A—A$ 并照射工件 4 的侧边。测量时,转动分度头主轴,工件 4 随之转动至准直仪瞄准角度工件 4 的一条边,从分度头读取角度 θ_1;然后继续转动分度头主轴至准直仪瞄准角度工件 4 的另一条边,从分度头读取角度 θ_2。则被测工件 4 的角

度为 $\alpha = 180° - (\theta_2 - \theta_1)$。

2）用测角仪测量角度

图 6-45 所示的是用测角仪测量角度的测量原理。测量时，将被测工件 6 放在工作台 5 上，调整工作台和自准直光管 2 的位置，使平行光管 1 中被光源 4 照射的分划板 7 上十字刻线的影像经工件表面反射以后，对准在自准直光管的双十字刻线 8 的正中间，此时从读数显微镜 3 中读取角度值 θ_1。再转动主轴，使刻度盘和工作台随之回转至工件的另一表面，并使来自平行光管十字刻线的影像经该表面反射后再次对准自准直光管双十字刻线 8 的正中间。然后从读数显微镜读取角度值 θ_2。则被测工件 6 的角度为

$$\alpha = 180° - (\theta_2 - \theta_1)$$

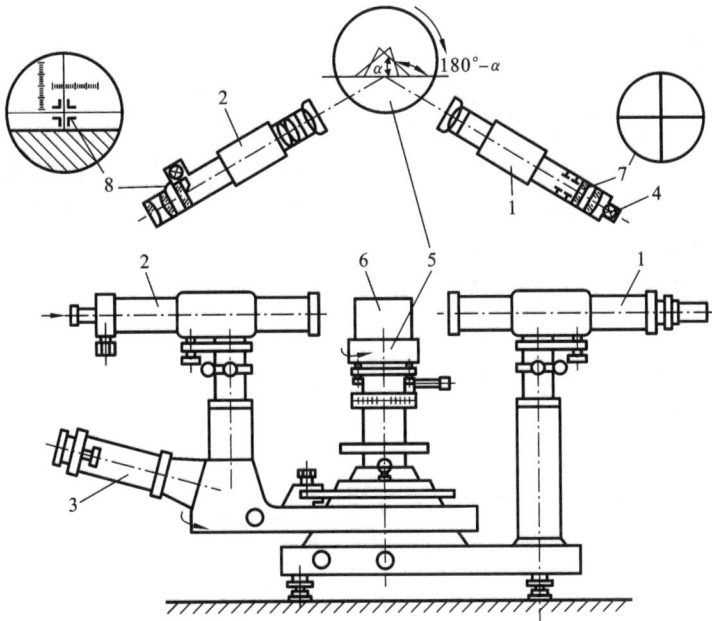

图 6-45　用精密测角仪测量角度

1—平行光管；2—自准直光管；3—读数显微镜；4—光源；5—工作台；6—被测工件；7—分划板；8—双十字刻线

3. 比较法

1）用样板比较

比较法多用于车间的零件检验。检验时常用一个角度量块或一个角度样板与被测件进行比较，通过观察被测件与量块或样板之间的光缝状态来判断工件是否合格，如图 6-46 所示。也可按角度零件的两极限角度 α_{min} 和 α_{max} 将样板制成极限样板来检验。检验时，若通端检验零件时为小端接触，止端检验时为大端接触，则该零件合格，如图 6-47 所示。

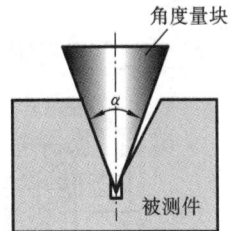

图 6-46　角度量块

2）用 90°角尺比较

90°角尺是生产车间经常使用的计量器具，分为 00 级、0 级、1 级和 2 级等四个精度等级。00 级的角尺作为基准用，应在 000 级平板上使用，一般保存在计量室；0 级用于精密检验，应在 00 级平板上使用；1 级用于一般精度检验，应在 0 级平板上使用；2 级用于画线。

根据结构不同，有圆柱直角尺（00 级、0 级）、矩形直角尺（00 级、0 级、1 级）、三角形直角尺

(00级、0级)、刀口型直角尺(0级、1级)、平面直角尺(0级、1级、2级)和宽座直角尺(0级、1级、2级)等六种形式。从检测原理上讲,90°角尺与角度量块或角度样板相同,图6-48所示的为车间常用的宽座角尺检验工件的示意图。

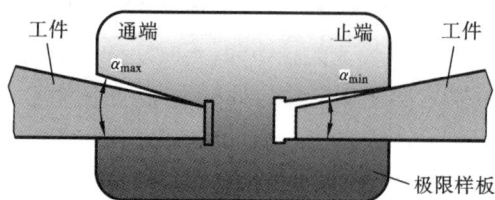

图6-47 极限角度样板

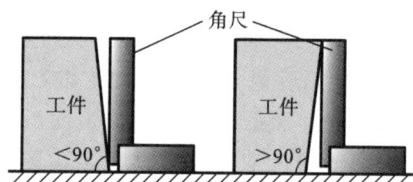

图6-48 90°角尺检验角度

4. 圆锥量规综合检验法

国家标准《圆锥量规公差与技术条件》(GB/T 11852)对圆锥量规做了统一的规范。圆锥量规多用于成批生产中综合检验内、外圆锥工件整体的合格性。圆锥量规分为不带扁尾和带扁尾等两种结构形式,如图6-49所示。用圆锥量规检验工件是按照圆锥量规与被检工件相配后,二者的轴向相对位置来判断合格与否的。为此,在圆锥量规的一端刻有 Z 标尺标记(两条相距为允许轴向位移量的刻线)或制成高度为 Z 的台阶。Z 标尺标记是根据工件圆锥直径公差 $T_{D工件}$ 和锥度 C 计算出的允许的轴向位移量,即

$$Z = (T_{D工件}/C) \times 10^3 \tag{6-29}$$

式中:$T_{D工件}$——工件的直径公差(μm);

    C——工件的圆锥锥度;

    Z——允许的轴向位移量(mm)。

量规上刻制 Z 标尺标记的计量位置,对塞规(检验内圆锥)而言,为刻线的前边缘,对于环规(检验外圆锥)而言,为刻线的后边缘,如图6-49所示。

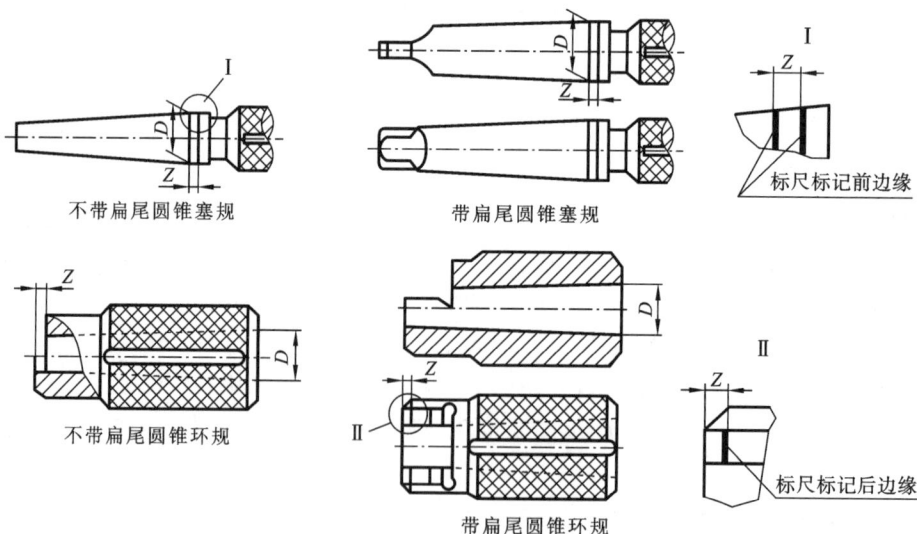

图6-49 圆锥量规的结构

用圆锥量规检验圆锥工件直径的方法如图6-50所示。圆锥环规套入被检外圆锥后,若被检外圆锥的测量面位于图示高度差为 Z 的台阶之间,则被检外圆锥直径合格;圆锥塞规插入

被检内圆锥后,若被检内圆锥的测量面位于图示 Z 标尺标记的两刻线之间,则被检内圆锥直径合格。

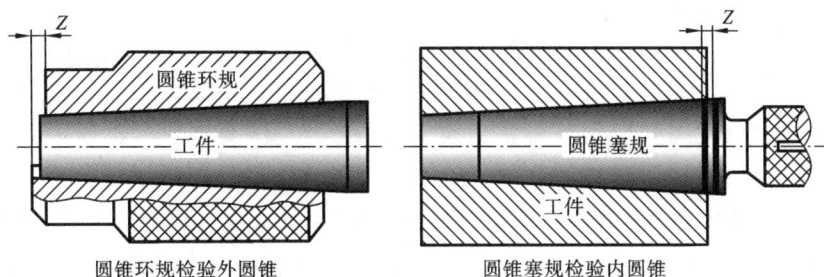

图 6-50　圆锥量规检验工件

不同公差等级内圆锥工件的锥角可用圆锥塞规(锥角公差等级为 1、2、3 级)涂色法来检验。检验时,用红丹粉沿塞规轴向涂三条均布的线;然后轻轻把塞规放入被检锥孔并使二者密合,再正、反研合转动塞规 3～5 次,每次转动 1/3 转左右且轴向力控制在 100 N 以下。对研完后轻抽出塞规,观察二者的接触情况,确定被检锥孔合格与否。按 GB/T 11852 的规定,检验时涂层厚度 δ 应不大于表 6-30 所示值,而接触率 ψ 应不小于表 6-30 所示数值。

表 6-30　涂色层厚度及接触率

圆锥工作塞规锥角公差等级	工件锥角公差等级	圆锥长度 L/mm					接触率 ψ /(%)
		>6～16	>16～40	>40～100	>100～250	>250～630	
		涂色层厚度 δ/μm					
1	AT3	—	—	—	0.5	1.0	85
	AT4	—	—	0.5	1.0	1.5	80
2	AT5	—	—	0.5	1.0	1.5	75
	AT6	—	0.5	1.0	1.5	2.5	70
3	AT7	—	0.5	1.0	1.5	2.5	65
	AT8	0.5	1.0	1.5	3.0	5.0	60

思政知识点

我国螺纹标准体系的建立

1797 年,英国机床的发明人亨利·莫兹利(Henry Maudslay)制成第一台螺纹切削车床,该车床配备丝杠主轴和滑动刀架,可车削不同螺距的螺纹,为螺纹件大批量生产奠定了技术基础。1841 年,英国工程师约瑟夫·惠特沃斯(Joseph Whitworth)提出了世界上第一份螺纹国家标准(BS 84,惠氏螺纹),构建了螺纹标准的技术体系。1905 年,英国人威廉·泰勒(William Taylor)发明了螺纹量规设计原理(泰勒原则)。

20 世纪 50 年代,我国全面引入苏联标准体系。截至 1958 年,参考苏联标准,我国发布了 12 项普通螺纹机械行业标准。此后,陆续发布了梯形螺纹、管螺纹、螺纹量规和刀具等常用的紧固和传动螺纹及其测量仪器的国家和行业标准。

到 20 世纪 80 年代,我国螺纹标准由苏联标准体系转向国际(ISO)和欧美标准体系,采用 ISO 标准发布了多项普通螺纹机械行业标准。1987 年,全国螺纹标准化技术委员会(SAC/TC 108)成立,统筹国内标准化工作并参与国际标准化活动。在国际标准化组织螺纹技术委员(ISO/TC 1)和国际管螺纹分委员会(ISO/TC 5/SC 5)中,中国由观察员(O 成员)转变为积极成员(P 成员),并于 1997 年第一次组团参加 ISO 国际螺纹标准化会议。至 2000 年,我国已建立起与国际全面接轨的螺纹标准体系,标准水平已能满足全球最大螺纹加工中心的市场需求。

2004 年,我国成功申请承担国际螺纹技术委员会(ISO/TC 1)秘书处工作,并担任该委员会的主席和秘书职位,我国专家开始承担相关国际标准项目的召集和起草工作。2005 年,国际螺纹技术委员会通过了我国提出的国际螺纹技术委员会中长期工作计划(BP)和国际螺纹标准体系。在《螺纹中径米制系列量针》国际标准制定过程中,我国专家提出螺纹量针直径精确计算公式,明确量针公差要求,纠正以前的技术错误,方案得到各国认可。2008 年,全国螺纹标准化技术委员会螺纹测量分会成立,为我国螺纹检验标准体系奠定了基础。截至 2021 年,我国牵头发布 ISO/TC1 国际标准 11 项,占 ISO/TC1 所有国际标准 21 项的 52.4%。

结语与习题

Ⅰ. 本章的学习目的、要求及重点

学习目的:了解典型零部件结合的互换性。

要求:① 了解滚动轴承公差与配合的特点及其应用;② 了解单键和花键的公差与配合特点及其应用;③ 了解螺纹互换性的特点及公差标准的应用;④ 了解圆锥结合公差与配合的特点及其应用。

重点:各典型零部件互换性的特点及其应用。

Ⅱ. 复习思考题

1. 滚动轴承的互换性有何特点?其公差与配合与一般圆柱体的公差与配合有何不同?

2. 滚动轴承的精度如何划分?各精度的代号及其应用场合如何?

3. 滚动轴承承受载荷的类型与选择配合有何关系?

4. 单键与轴槽及轮毂槽的配合有何特点?分为哪几类?如何选择?

5. 矩形花键的定心方式有哪几种?如何选择?小径定心有何优点?

6. 假定螺纹的实际中径在中径的极限尺寸范围内,是否就可以断定该螺纹为合格品?

7. 选择紧固螺纹的精度等级时应考虑些什么问题?

8. 圆柱螺纹的综合检测与单项检测各有何特点?

9. 圆锥公差如何给出并标注在图样上?

10. 圆锥体配合分哪几类?

Ⅲ. 练习题

1. 某 0 级滚动轴承外径为 $\phi90$ mm、内径为 $\phi50$ mm。与其内圈配合的轴的公差带为 k5,与其外圈配合的孔的公差带为 J6。试画出它们的公差与配合图解,并计算极限间隙(或过盈)以及平均间隙(或过盈)。

2. 用平键连接 $\phi30$H8 孔与 $\phi30$k7 轴以传递扭矩,已知 $b=8$ mm、$h=7$ mm、$t_1=4$ mm、$t_2=3.3$ mm。试确定键与槽宽的公差配合,绘出孔与轴的剖面图,并

本章练习题
参考答案

标注槽宽和槽深的基本尺寸与极限偏差。

3. 按下面给出的矩形花键连接有关参数的公差与配合查表,并分别标注在花键孔和花键轴的剖面图上。

$$6 \times 26 \frac{\mathrm{H7}}{\mathrm{f7}} \times 30 \frac{\mathrm{H10}}{\mathrm{a11}} \times 6 \frac{\mathrm{H9}}{\mathrm{d10}}$$

4. 查表确定螺栓 M24×2—6h 的外径和中径极限尺寸,并绘出其公差带图。

5. 加工 M16—6g 的螺栓,已知某种加工方法所产生的误差为 $\Delta P_\Sigma = -0.01$ mm,牙型半角误差 $\Delta \alpha_1/2 = +30'$、$\Delta \alpha_2/2 = -40'$。这种加工方法允许实际中径的变化范围是多少?

6. 附图 6-1 所示的为某内、外圆锥配合的装配示意图。

(1) 若锥度为 1∶5,求内外圆锥的最小圆锥直径 d 和锥角 α。

(2) 若内圆锥公差带为 $\phi 40\mathrm{H8}$,外圆锥公差带为 $\phi 40\mathrm{h8}$,分别画出内、外圆锥的零件图,并标注圆锥公差。

(3) 求内、外圆锥配合的轴向位移极限值(E_{amin}、E_{amax})和轴向位移公差(T_E)。

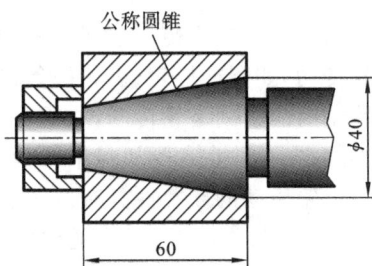

附图 6-1

第7章

渐开线圆柱齿轮传动的互换性

齿轮传动用于传递空间任意两轴间的运动或动力,其类型很多,包括:两平行轴间的平面齿轮传动,如圆柱齿轮、齿轮齿条传动等;两相交轴间的空间齿轮传动,如圆锥齿轮传动等;两交错轴间的空间齿轮传动,如蜗轮蜗杆传动等。齿轮传动准确可靠、效率高,是机械传动的基本形式之一,并在各类机械中得到广泛应用。

齿轮传动的互换性具有以下特点:其一,互换性要求的出发点在于保证齿轮副的传动精度,而非仅依赖于尺寸配合的包容性精度,因此规定的互换性参数能够分别反映传动精度的各个方面要求;其二,传动精度受到齿轮副整体质量的影响,其中既包括齿轮本身的制造精度,也包括齿轮支撑轴系精度,因此规定的互换性参数分别从齿轮加工和齿轮副装配两个方面来控制制造误差,以满足对传动精度的要求;其三,齿轮是由多个要素构成的复杂几何体,其传动精度需要通过齿轮副的实际啮合性能综合体现,而通用计量工具难以全面反映影响传动精度的制造误差,因此齿轮传动的互换性参数多采用特定的测量方法或测量项目来确定。

在各种齿轮传动中,圆柱齿轮传动是应用最广泛且最基本的形式。本章将介绍渐开线圆柱齿轮传动的互换性,以便了解其他齿轮传动互换性的一般规律。

7.1 齿轮传动的使用要求及制造误差

7.1.1 齿轮传动的使用要求

为保证齿轮传动系统的传动精度、效率及使用寿命,一般情况下,齿轮应满足下面四个方面的使用要求。

1. 传递运动的准确性

由机械原理可知,齿廓为渐开线的齿轮在传递运动时,理论上应保持恒定的传动比。但由于制造误差的影响,各轮齿的实际齿廓相对于旋转中心分布不均,且齿廓线不一定是理论上的渐开线,因而实际齿轮传动的传动比并非恒定。齿轮传递运动的准确性或运动精度的作用就是要求齿轮在一转范围内传动比的变动不超过一定限度。

齿轮传动的
使用要求及
制造误差

传动比的变动程度可通过转角误差的大小来反映。理想传动的齿轮是:主动轮转过一个角度 φ_1,从动轮应按理论传动比 $i = z_2/z_1$ 相应地转过一个角度 $\varphi_2 = \varphi_1/i$。但在实际齿轮的传动中,由于齿轮本身各项误差的影响,从动轮的实际转角 $\varphi_2' \neq \varphi_2$,存在转角误差 $\Delta\varphi = \varphi_2' - \varphi_2$,且 $\Delta\varphi$ 随齿轮的转动而变化,从而导致实际传动比 $i' = \varphi_1/(\varphi_2 + \Delta\varphi) \neq i$,且不为常数。如图7-1(a)所示的一对齿数相同的齿轮,主动轮为理想齿轮,而从动轮为存在齿距分布不均等误差的齿轮,图中虚线为从动轮的理论齿廓,实线为从动轮的实际齿廓。这对齿轮的理论传动比为 i

＝1,即在齿轮传动的过程中,当主动轮转过 180°时,从动轮理应转过 180°,但对于第 3 齿到第 7 齿,从动轮只转过 179°53′,产生转角误差 $\Delta\varphi_\Sigma = 7'$,实际传动比 $i' = 180°/179°53' \neq 1$。在齿轮传动的一转范围内,从动轮必然会产生最大转角误差 $\Delta\varphi_\Sigma$(见图 7-1(b)),其大小反映了齿轮传动比的变动,亦即反映齿轮在一转范围内传递运动的准确程度。

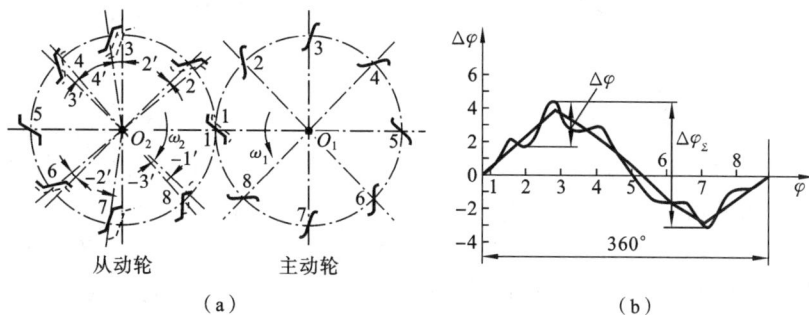

图 7-1　转角误差

在齿轮传动误差分析中,将引起齿轮在一转范围内传动比的最大变动(最大转角误差)的误差称为长周期误差。因而,要保证齿轮传动的运动精度,应控制齿轮的长周期误差。

2. 传动的平稳性

传动的平稳性(或称齿轮工作平稳性)是指齿轮在转过一个轮齿或一个齿距角范围内,瞬时传动比的变动不超过一定限度的性能。一对理想渐开线齿轮在理想安装条件下的瞬时传动比应该恒定,但实际齿轮由于存在齿廓误差、齿距误差等,传动比在任何时刻都会有波动,即使转过很小的角度也会引起转角误差。如图 7-1(b)所示,齿轮在一转范围内不仅存在最大转角误差 $\Delta\varphi_\Sigma$,而且当齿轮每转过一个齿距角时,还会存在小的转角误差 $\Delta\varphi$,并在齿轮一转中多次重复出现,通常取转角误差曲线上波峰与波谷差值中的最大者来评价瞬时传动比的变动。在齿轮传动的过程中,瞬时传动比的变化会引起噪声、冲击、振动,反映齿轮传动的平稳性。

在齿轮传动误差分析中,将引起齿轮转过一个轮齿或一个齿距角范围内瞬时传动比变动的误差称为短周期误差。要保证齿轮传动的平稳性精度,应控制齿轮的短周期误差。

3. 载荷分布的均匀性

载荷分布的均匀性(或称齿轮接触精度要求)是指在轮齿啮合过程中,要求沿工作齿面的全齿长和全齿高上保持均匀接触,并且接触面积尽可能大。理想齿轮的工作齿面在啮合过程中可以保证全部均匀接触,但实际齿轮由于存在各种误差的影响,工作齿面不可能全部均匀接触,如图 7-2 所示。这种局部接触会导致该部分齿面承受载荷过大,产生应力集中,造成局部磨损或点蚀,影响齿轮的寿命。因此,为了保证齿轮能正常传递载荷,对齿轮传动的工作齿面的接触面积应有一定要求,这就是齿轮载荷分布的均匀性要求。

4. 齿轮副侧隙

齿轮副侧隙(又称齿侧间隙)是指一对齿轮啮合时,非工作齿面间应留有的合理间隙,如图 7-3 所示。齿轮副侧隙的作用是保证啮合齿面间形成油膜润滑,同时补偿齿轮副的安装与加工误差,以及补偿受力变形和热变形,防止齿轮卡死或齿面烧伤。

一般来说,为使齿轮传动性能好,对齿轮传动的准确性、平稳性、载荷分布的均匀性及侧隙尺寸均应有一定的要求。然而,对于不同用途的齿轮,其使用要求的侧重点是不同的。例如,读数与分度齿轮主要用于测量仪器的读数装置、精密机床的分度机构及伺服系统的传动装置,

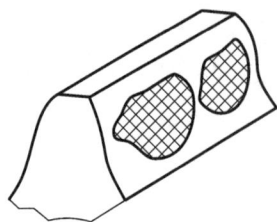

图 7-2　齿面接触区域

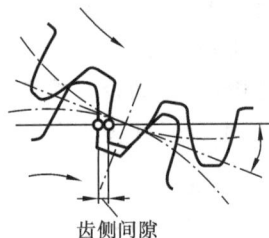

齿侧间隙

图 7-3　齿轮副侧隙

这类齿轮的工作载荷与转速都不大,主要的使用要求是传递运动的准确性。高速齿轮,如减速器、汽车、飞机中的齿轮,转速较高,对噪声、冲击、振动要求严格,其使用要求主要是运动的平稳性。传递动力的齿轮,如轧钢机、起重机及矿山机械中的齿轮,主要用于传递扭矩,其使用要求主要是载荷分布的均匀性。还有同时对准确性、平稳性、载荷分布均匀性和齿轮副侧隙四个方面要求都较高的齿轮,如蒸汽轮机、水轮机中的齿轮。也有四个方面使用要求都较低的齿轮,如手动调整用的齿轮。各类齿轮传动都应保证适当的齿轮副侧隙,但对于可逆传动中的齿轮副侧隙,应加以限制,减小回程误差。

7.1.2　齿轮制造误差分析

由于齿轮传动的传动性能受到制造误差的制约,只有充分了解各种制造误差对传动性能的影响,才能对各传动要求合理地规定不同的评定项目,并给出相应的公差或极限偏差;同时,只有了解各种制造误差的来源,才能合理选用加工方法,并在工艺过程中采取必要的措施控制制造误差,以达到设计所要求的传动精度。因而,分析研究齿轮传动制造误差(包括加工误差及齿轮副装配误差)是建立齿轮传动互换性规范的基础。

1. 齿轮传动制造误差的分类

在齿轮加工和装配的过程中,各种因素所导致的误差会影响传动精度,可从不同的角度对制造误差做下述分类。

(1) 从误差出现的结构部位来看,齿轮传动的制造误差可分为:齿距误差,即实际齿距并非理论齿距,或各同侧齿面相对于齿轮回转中心分布不均匀;齿廓误差,即实际齿廓偏离理论渐开线或并非处于正确的方位;齿向误差,即实际齿面沿齿轮轴线(或齿长方向)的形状及位置误差;齿厚偏差,即为获得必要的齿轮副侧隙而规定齿厚极限偏差,使实际齿厚并非理论齿厚;齿轮副两轴线误差,即装配后齿轮副实际中心距并非理论中心距,或两轴线的方位误差。

(2) 从误差出现的方向来看(见图 7-5(a)),齿轮传动的制造误差可分为:径向误差,即沿齿轮回转径向(对于圆柱齿轮即齿高方向)的误差;切向误差,即沿齿轮在回转的圆周方向的误差;轴向误差,即沿齿轮实际轮齿长方向的误差。

(3) 从误差对传动比的影响来看,齿轮传动的制造误差可分为:长周期误差,即引起齿轮在一转范围内传动比最大变动的误差;短周期误差,即引起齿轮转过一个齿距角范围内瞬时传动比变动的误差。

2. 齿轮的加工误差及其对传动的影响

齿轮的加工方法很多,按渐开线的形成原理可分为成形法和范成法(也称展成法)两种。

成形法是用成形刀具逐齿间断分度加工齿轮的。如图 7-4 所示,可用刀刃具有渐开线轮廓的盘状齿轮铣刀或指状齿轮铣刀加工齿轮。

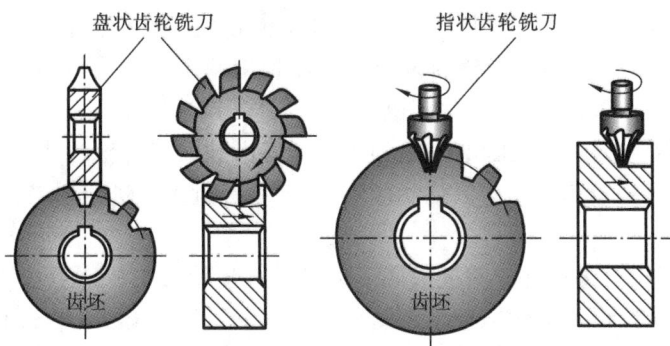

图 7-4 齿轮成形加工

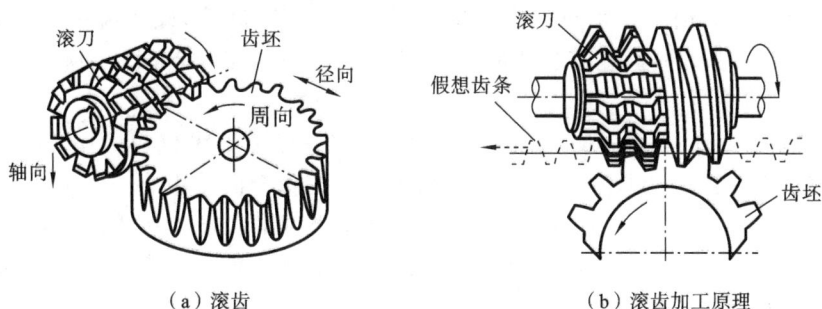

（a）滚齿 （b）滚齿加工原理

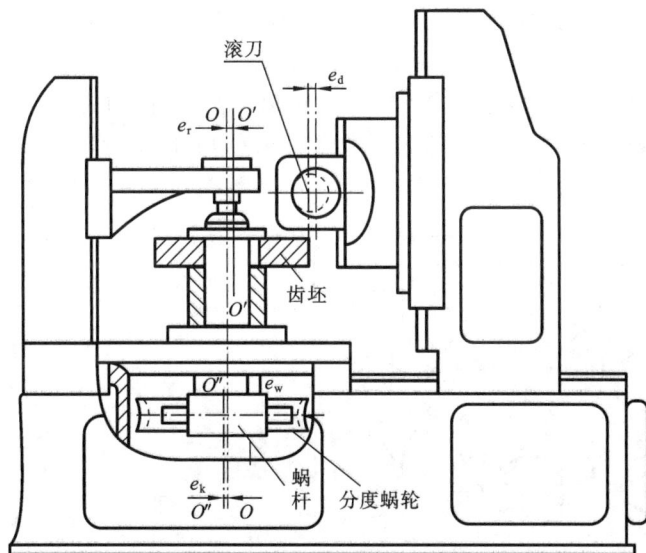

（c）滚齿机工作原理

图 7-5 滚齿加工

　　范成法是利用齿轮插刀、滚刀或砂轮等刀具,按照齿轮啮合原理进行加工。图 7-5(b)为滚齿加工原理示意图。滚刀的各刀齿依次排列在圆柱螺旋线上,并可绕轴线旋转进行切削加工。

　　在滚齿加工过程中,齿坯围绕滚齿机工作台的回转中心旋转,滚刀则绕自身轴线旋转;二者在径向上保持理论齿轮与齿条的啮合距离,同时滚刀轴线与齿坯端面的夹角即为滚刀的螺旋升角(适用于直齿轮加工),使得滚刀螺旋线的切线方向与齿坯待切齿的方向一致。由于滚刀在齿坯端面上的投影形似一条齿条,当滚刀旋转时,相当于该齿条在连续向前移动。

若滚刀为单头螺旋线滚刀,则当滚刀转一圈时,齿坯按照齿轮与齿条的啮合关系同步旋转角度为 $360°/z$(其中 z 为被加工齿轮的齿数),从而切出一个齿。当滚刀连续旋转,同时齿坯按啮合关系同步旋转一圈时,整个齿轮齿圈便被切削成形,这即是展成加工原理。另外,在实际加工中,为在全齿宽范围内加工出齿廓,滚刀应能够沿被加工齿轮的轴向移动;同时,由于全齿高齿廓并非一次性通过齿坯旋转一圈切削完成,而是经过多次进给加工,因此滚刀还应能够沿齿坯的径向移动。

在实际生产中,广泛采用基于范成法的滚齿机进行齿轮加工。这里以滚齿机加工齿轮为例(见图 7-5(c) 所示滚齿机工作原理示意图),分析整个工艺系统在工作过程中可能引起的典型齿轮加工误差。

(1) 几何偏心 e_r。

如图 7-5(c)所示,由于齿坯安装孔和滚齿机心轴之间有间隙,或者齿坯本身的外圆和安装孔不同心等因素的影响,齿坯安装孔的轴线 $O'O'$ 和滚齿机工作台回转中心 OO 不重合,其偏心量即为几何偏心 e_r。

当齿轮在加工过程中存在几何偏心 e_r 时(见图 7-6),滚刀轴线 O_1O_1 到滚齿机工作台回转中心 O 的距离 A 不变,而齿坯安装孔中心 O' 绕滚齿机工作台回转中心 O 旋转,即 O_1O_1 到 O' 的距离 A' 是变动的,且 $A'_{max} - A'_{min} = 2e_r$。此时,加工得到的轮齿一边齿深且瘦长,另一边齿浅且短肥;若不考虑其他误差的影响,各齿廓在以点 O 为圆心的分度圆上分布是均匀的,如图 7-6 所示,$P_{ti} = P_{tk}$,而在以点 O' 为圆心的圆周上分布不均匀,$P'_{ti} \neq P'_{tk}$。因此以点 O 为中心的实际齿廓相对于以点 O' 为圆心的圆周来说,呈现周期性径向移动,即径向误差,使被加工的齿轮产生齿距误差和齿厚误差。在齿轮使用时,若工作中心为 O',各齿廓相对于以点 O' 为中心的分度圆分布不均,必在一转范围内产生最大转角误差,使传动比呈长周期变化,从而主要影响齿轮传递运动的准确性;同时,实际齿廓相对于点 O' 的径向移动亦将引起齿轮副侧隙的变化。

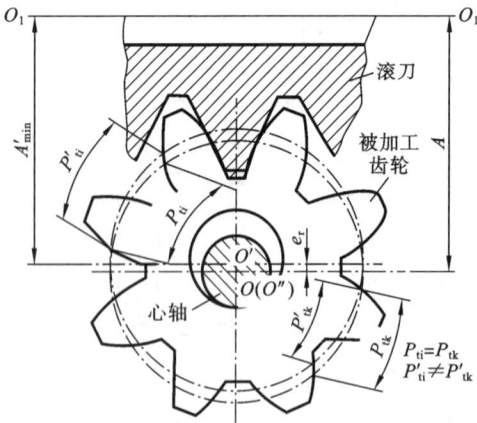

图 7-6　几何偏心　　　　　　　　　　　　图 7-7　运动偏心

e_r—几何偏心;O—滚齿机工作台回转中心;O'—齿坯基准孔中心

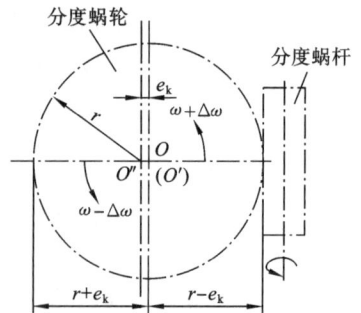

(2) 运动偏心 e_k。

如图 7-5(c)所示,由于机床分度蜗轮的加工误差或者分度蜗轮的安装存在偏心,导致机床分度蜗轮的轴线 $O'O''$ 和滚齿机工作台的回转中心 OO 不重合,其偏心量即为运动偏心 e_k。

如图 7-7 所示,分度蜗轮的分度圆中心为 O',工作台的回转中心为 O(假设和齿坯基准孔

中心 O' 重合）。假设滚刀匀速回转，经由分齿传动链后，蜗杆也匀速回转，即其线速度 v 为常数，则分度蜗轮的角速度和节圆半径的关系为 $\omega = v/r$。由于分度蜗轮的节圆半径 r 在 $(r-e_k)$ $\sim (r+e_k)$ 之间周期性变化，所以分度蜗轮连同齿坯的角速度 ω 也相应在 $(\omega + \Delta\omega) \sim (\omega - \Delta\omega)$ 之间变化，即齿坯相对于滚刀的转速不均匀，忽快忽慢，破坏了滚刀转一转齿坯转 $360°/z$ 的确定关系，导致加工出来的齿轮的齿廓在齿坯切向上产生周期性位置误差（即产生齿距误差），同时齿廓产生畸变（即产生齿形的周期性误差）。从而，在使用中齿轮传动比呈长周期变化，主要影响齿轮传递运动的准确性。

（3）机床传动链的短周期误差。

加工直齿轮时，分度传动链中各传动部件误差的影响主要表现为分度蜗杆的径向跳动和轴向窜动引起的分度蜗轮连同齿坯瞬时转速波动，从而导致加工出来的齿轮产生齿距偏差、齿形误差。在加工斜齿轮时，除分度传动链误差外，还受到差动传动链误差的影响。这些误差的影响呈短周期性，主要影响齿轮的传动平稳性及载荷分布的均匀性。

（4）滚刀的安装误差和制造误差。

如图 7-5(c) 所示，滚刀的安装偏心 e_d、滚刀本身的径向跳动、轴向窜动和齿形角偏差等，在齿轮加工过程中都会反映到被加工齿轮的每一个轮齿上，是产生齿廓偏差的主要因素，同时还会使齿轮产生基节偏差。这些误差的影响呈短周期性，主要影响齿轮的传动平稳性及载荷分布均匀性。

（5）齿坯安装偏斜或滚刀架导轨偏斜。

当齿坯安装中心线相对于滚齿机工作台回转轴线发生如图 7-8(a) 所示的倾斜，或滚刀架导轨相对于滚齿机工作台回转轴线发生如图 7-8(b) 所示的倾斜时，滚刀的进给方向与齿坯的几何中心线不平行，导致加工出的轮齿在齿长方向上一侧齿深大、一侧齿深小，从而影响齿轮的载荷分布均匀性。当滚刀架导轨相对于滚齿机工作台回转轴线发生如图 7-8(c) 所示的倾斜时，滚刀架的进给方向与齿坯的几何中心线不平行，导致加工出轮齿的齿向偏离设计齿向，从而影响齿轮的载荷分布均匀性及齿轮副侧隙，偏斜严重时甚至会导致齿轮副卡死。

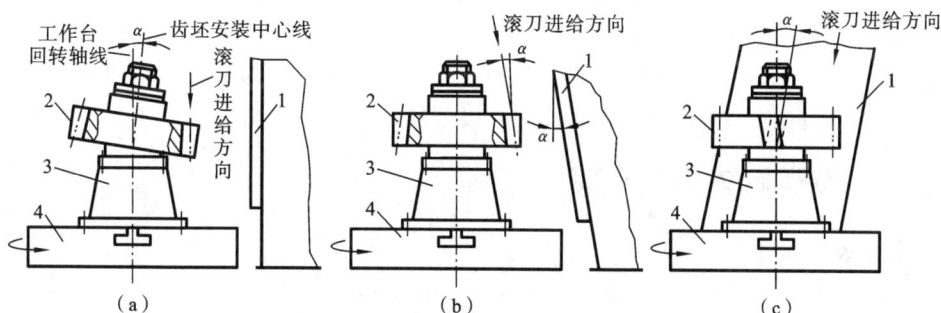

图 7-8　齿坯安装偏斜及滚刀架导轨偏斜
1—滚刀架导轨；2—齿坯；3—夹具座；4—滚齿机工作台

3. 齿轮副安装误差及其对传动的影响

齿轮传动是通过一对绕各自轴回转的齿轮相互啮合实现的，因此传动的使用要求受到齿轮轴的安装误差的影响。

对圆柱齿轮而言，理论上相互啮合的一对齿轮的回转轴线应共面且平行，但由于制造误差的存在，安装后两实际回转轴线并非共面或不平行。如图 7-9(a) 所示，圆柱齿轮副两轴线不共面；如图 7-9(b) 所示，圆柱齿轮副两轴线不平行。这两种情况都会导致两啮合齿轮的齿向相

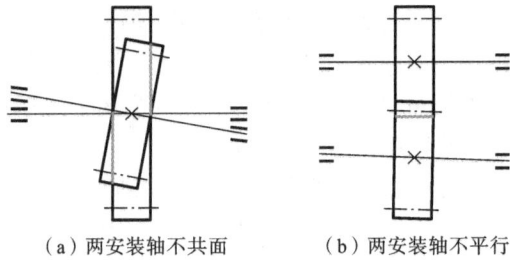

(a) 两安装轴不共面　　　　　　(b) 两安装轴不平行

图 7-9　齿轮副安装误差

互偏斜,从而影响齿轮的载荷分布均匀性及齿轮副侧隙,偏斜严重时甚至会导致齿轮副卡死。

另外,齿轮副两齿轮回转轴安装后的实际中心距偏差将影响齿轮副侧隙。

7.2　齿轮制造误差的控制及检测

如图 7-10 所示,齿轮由多个几何要素构成。轮齿左右两侧渐开线形齿廓沿齿轮回转轴方向形成左右两侧的渐开线齿面,并确定齿宽;在齿顶圆与齿根圆之间,左右两侧齿面之间形成具有理论齿厚的实体部分,构成轮齿的主体;由均布在分度圆上的多个轮齿构成整个齿轮。

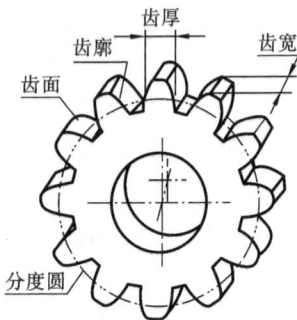

图 7-10　齿轮结构要素

在理想传动中,两相互啮合的齿轮应依照啮合原理,保证传动比的恒定与传动平稳,同时具备足够的接触承载面积和适当的齿侧间隙。然而,由于构成齿轮的各几何要素、结构参数以及齿轮间的安装存在制造误差,这些误差将影响传动质量。

为了完善我国的齿轮标准体系,促进我国齿轮产品与国际接轨,国家标准 GB/T 10095 系列《圆柱齿轮 ISO 齿面公差分级制》和国家标准化指导性技术文件 GB/Z 18620《圆柱齿轮 检验实施规范》已在我国齿轮行业广泛使用,完善了我国的齿轮标准体系,促进了我国齿轮产品与国际接轨。这些标准规定了单个渐开线圆柱齿轮齿面的制造和合格判定的公差分级制,还规定了各项齿面公差的术语、齿面公差分级制的结构和允许值。

7.2.1　齿距偏差及其检验

1. 齿距偏差

1) 任一单个齿距偏差(individual single pitch deviation)

任一单个齿距偏差 f_{pi} 是在齿轮的端平面上,测量圆上实际齿距与理论齿距的代数差。该偏差表示每个齿面相对于其相邻同侧齿面在理论位置上的位移。左右两侧齿面的 f_{pi} 值的数量均等于齿轮的齿数。如图 7-11 所示,测量圆上的端面齿距 $p_{tM} = \pi d_M / z$,其中,z 为齿数,d_M 为测量圆直径。

任一单个齿距偏差 f_{pi} 应区分正负。若实际轮齿齿面位置相对于理论位置更靠近前一轮齿,则定义为负值;反之,若实际位置远离前一轮齿,则定义为正值。

2) 单个齿距偏差(single pitch deviation)

单个齿距偏差 f_p 是指所有任一单个齿距偏差的最大绝对值,即为 $f_p = \max |f_{pi}|$。单个

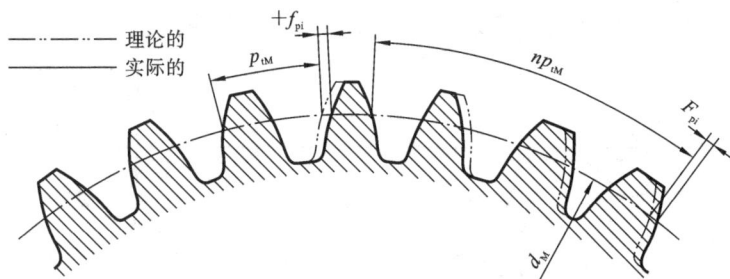

图 7-11　齿距偏差

齿距偏差是 GB/T 10095.1 规定的用于控制齿轮加工误差的参数,其反映两相邻轮齿同侧齿面间周向分布的位置误差为切向短周期误差,因此单个齿距偏差是保证齿轮工作平稳性精度的参数之一。单个齿距偏差 f_p 没有正负之分,但在检测报告中,左、右齿面的偏差值应分别注明。

齿轮的基圆齿距 P_b 是公法线上两个相邻同侧齿面的端面齿廓间的距离,也就是位于相邻的同侧齿面上渐开线齿廓起点之间的基圆圆周上的弧长,也称为基节。由渐开线齿轮的啮合原理可知,分度圆齿距(周节)P 与基圆齿距(基节)P_b 及分度圆齿形角 α 之间有如下关系:

$$P_b = P\cos\alpha \tag{7-1}$$

对上式进行全微分,则有

$$\Delta P_b = \Delta P\cos\alpha - \Delta\alpha P\sin\alpha \tag{7-2}$$

式中:ΔP_b——基节误差;

ΔP——齿距误差;

$\Delta\alpha$——齿形角误差。

此式表明,这三者均影响齿轮的工作平稳性,因而指导性技术文件 GB/Z 18620.1 给出了基圆齿距偏差(base circular pitch deviation)这一检验参数。

基圆齿距偏差 f_{pb} 是指实际基圆齿距与公称基圆齿距的代数差。根据使用和测量条件的要求,基圆齿距偏差分为端面基圆齿距偏差 f_{pbt} 和法向基圆齿距偏差 f_{pbn},且二者的关系为

$$f_{pbn} = f_{pbt}\cos\beta_b \tag{7-3}$$

式中:β_b——基圆螺旋角,对于圆柱直齿轮,$\beta_b = 0$,此时 $f_{pbn} = f_{pbt}$。

基圆齿距偏差对齿轮工作平稳性的影响主要体现在相邻同侧齿面转过一个齿距角,在进入和脱离啮合时传动比的瞬时突变。如图 7-12 所示的两啮合齿轮,主动轮 1 具有公称基节 P_{b1},而从动轮 2 的基节 P_{b2} 有偏差。若 $P_{b2} < P_{b1}$(图 7-12(a)所示),则当前一齿廓在 a_1 点和 a_2 点啮合终止时,下一齿廓的 b_1 和 b_2 点尚未进入啮合,此时主动轮 1 的齿顶点 a_1 将离开啮合线并在从动轮 2 的齿面上刮行,导致从动轮 2 突然减速;而至下一齿廓接触从动轮 2 的 b_2 点进入啮合时,从动轮 2 又突然增速至正常速度。若 $P_{b2} > P_{b1}$(图 7-12(b)所示),则当前一齿廓尚在 a_1 点和 a_2 点正常啮合时,下一齿廓将在啮合线外提前接触从动轮 2 的齿顶 b_2 点进入啮合,此时从动轮 2 突然增速并导致前一齿廓提前脱齿,直至 b_2 点刮行至啮合线上时,从动轮 2 又减速至正常速度。以上两种情况均会引起齿面转过一个齿距角时传动比的突变,说明基圆齿距偏差是一种影响工作平稳性的切向短周期误差。

3) 任一齿距累积偏差(individual cumulative pitch deviation)

任一齿距累积偏差 F_{pi} 是指 n 个相邻齿距的实际弧长与理论弧长的代数差,即为 $F_{pi} =$

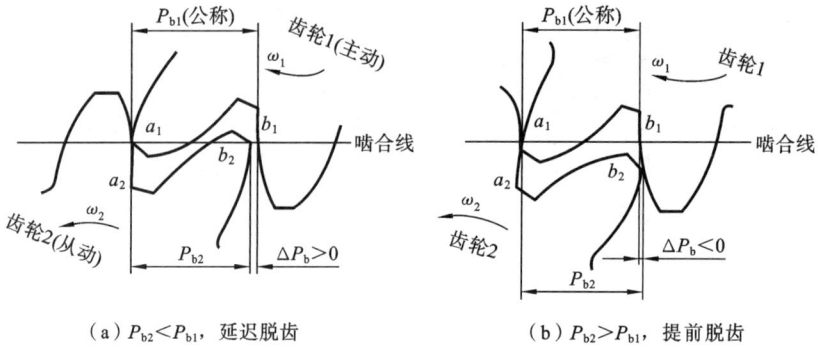

（a）$P_{b2}<P_{b1}$，延迟脱齿　　　　　　　（b）$P_{b2}>P_{b1}$，提前脱齿

图 7-12　基圆齿距偏差对传动的影响

$\sum\limits_{i=1}^{n} f_{pi}$，$n=1,2,\cdots,z$。左侧齿面和右侧齿面 F_{pi} 值的个数均等于齿数。理论上 F_{pi} 等于这 n 个齿距的任一单个齿距偏差的代数和，是相对于一个基准轮齿齿面，任一轮齿齿面偏离其理论位置的位移量。

任一齿距累积偏差 F_{pi} 有测量方向，并区分正负。在规定的测量方向（顺时针或逆时针）上，实际轮齿齿面位置相对于理论位置靠近基准轮齿齿面则定义为负值，反之则为正值。

4）齿距累积偏差（cumulative pitch deviation）

齿距累积偏差 F_{pk} 是针对指定齿侧面在所有跨 k 个齿距的扇形区域内，任一齿距累积偏差值 F_{pi} 的最大代数差。齿距累积偏差 F_{pk} 是 GB/T 10095.1 规定的控制齿轮加工误差的参数，多用于传动比较大的齿轮副中的大齿轮。对于齿数较多，精度要求较高的齿轮，为了防止在较小转角内产生过大的转角误差，应限制 F_{pi} 的波动范围。一般情况下，k 的最小可用值为 2，最大不大于齿数的八分之一。在特定情况下，k 取齿数的八分之一，记为 $F_{pz/8}$，仅用于齿数大于或等于 12 的齿轮。如果对于特殊的应用（如高速齿轮）需规定较小的 k 值。

齿距累积偏差 F_{pk} 有正负的区别。当构成齿距累积偏差 F_{pk} 的两个轮齿之间的距离小于理论距离时，齿距累积偏差 F_{pk} 为负值，反之为正值。齿距累积偏差的测量方向是在端平面内沿测量圆 d_M 的圆弧方向。

5）齿距累积总偏差（total cumulative pitch deviation）

齿距累积总偏差 F_P 是指齿轮所有齿的指定齿面的任一齿距累积偏差的最大代数差，即为 $F_P = F_{pi,max} - F_{pi,min}$。它反映了齿距累积偏差曲线的总幅度值，是 GB/T 10095.1 规定的基本参数，是单个齿轮传递运动准确性精度的评定参数之一。

齿距累积总偏差 F_P 没有固定的测量方向和正负之分。如果需要区别，可在构成齿距累积总偏差的两齿之间随意指定一个方向（顺时针或逆时针）。左、右齿面的偏差值应分别注明在检测报告中。

齿距累积偏差和齿距累积总偏差曲线的示意图如图 7-13 所示。

2. 齿距偏差的检验

齿距偏差及齿距累积偏差的测量方法可分为相对法和绝对法两类。

1）相对法

相对法常用齿距仪测量齿距偏差及齿距累积偏差。图 7-14 所示的齿距测量仪适用于模数 3～15 mm 的齿轮，固定量爪可沿主体内部的槽移动，槽侧配有按模数标定的刻度尺，其刻度间距设定为 π（约 3.14 mm），以便在调整时使两量爪之间的距离大致等于一个齿距。活动

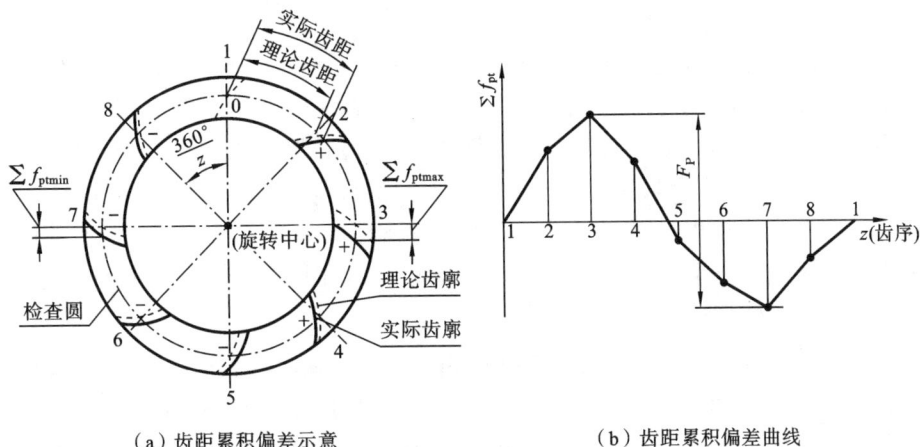

（a）齿距累积偏差示意　　　　　　（b）齿距累积偏差曲线

图 7-13　齿距累积偏差和齿距累积偏差曲线

量爪采用放大倍数为 2 的角杠杆机构与指示表相连；若指示表的最小刻度为 0.01 mm，则可实现 0.005 mm 的分辨率。

　　测量时，若以齿顶圆定位，则利用仪器的两支脚靠在齿顶圆上；若以齿根圆定位，则将两支脚调转后，用小端插入齿槽，靠在齿根圆上。随后调整支脚的伸出长度，使两量爪在分度圆附近与被测齿廓良好接触。

　　齿轮齿距偏差的相对法测量及数据处理过程如下（参见表 7-1）。

　　① 首先，以被测齿轮任意相邻两齿的实际齿距作为基准齿距，用以校正仪器；随后依照齿距序号 N 依次测量各相邻齿的实际齿距与基准齿距之差（即相对齿距偏差）。

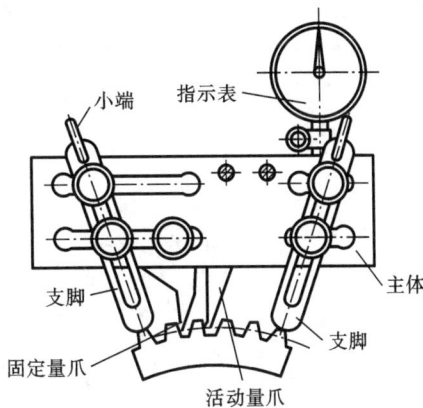

图 7-14　用齿距仪测量齿轮

　　② 将各相对齿距偏差逐项累加，求出其平均值，即 $\Delta f_{pa} = \left(\sum_{i=1}^{n} \Delta f_{pi} \right) / n$，其中 n 为齿数。

　　③ 将相对齿距偏差 Δf_{pi} 减去该平均值 Δf_{pa}，分别求得各齿距偏差，即 $f_{pi} = \Delta f_{pi} - \Delta f_{pa}$，其中 $i = 1, 2, \cdots, n$；则单个齿距偏差 $f_p = \max |f_{pi}| = 5\ \mu m$。

　　④ 将各齿距偏差累加，可以得到齿距累积偏差 F_{pi}；则齿距累积总偏差 $F_p = F_{pi, max} - F_{pi, min} = (+10)\ \mu m - (-9)\ \mu m = 19\ \mu m$。

表 7-1　齿距偏差测量数据处理　　　　　　　　　　　　　　　（μm）

齿距序数 N	1	2	3	4	5	6	7	8	9	10	11	12	13	14	15	16	17	18
相对齿距偏差 Δf_{pi}	+25	+23	+26	+24	+19	+19	+22	+19	+20	+18	+23	+21	+19	+21	+24	+25	+27	+21
所有相对齿距偏差的算术平均值 Δf_{pa}	+22.00																	
齿距偏差 f_{pi}	+3	+1	+4	+2	−3	−3	0	−3	−2	−4	+1	−1	−3	−1	+2	+3	+5	−1
齿距累积偏差 F_{pi}	+3	+4	+8	+10	+7	+4	+4	+1	−1	−5	−4	−5	−8	−9	−7	−4	+1	0

2）绝对法

绝对法利用精密分度装置(刻度盘、分度盘或多面棱体等)控制被测齿轮每次转过一个或 k 个理论齿距角,或利用定位装置控制被测齿轮每次转过一个或 k 个齿,从通过杠杆与被测齿廓接触的指示表上读取其实际转角与理论转角之差(以检查圆弧长计),即可直接测得单个齿距偏差 Δf_{pt},从而可算出齿距累积总偏差和齿距累积偏差。

用绝对法测量齿距累积总偏差和齿距累积偏差,所得结果不受测量误差累积的影响,并能在最大最小误差之处多次重复校核,因此具有较高的精度和可靠性。

3. 基圆齿距偏差的检验

图 7-15 所示为采用基节检查仪测量基圆齿距偏差。基节检查仪可测量模数为 $2 \sim 16$ mm 的齿轮,指示表的刻度值为 0.001 mm。活动量爪通过杠杆与齿轮及指示表相连,旋转微动螺杆可调节固定量爪的位置。利用仪器附件,调整量爪与量爪之间的距离至公称基圆齿距,并使指示表归零。测量时,将量爪和辅助支脚夹持于轮齿上部两侧齿廓上,旋转螺杆调节支脚的位置,使其与齿廓充分接触,从而确保测量过程中量爪位置的稳定。摆动基节检查仪,指示表指针回转点的读数为实际基圆齿距对公称基圆齿距之差,即该相邻齿廓的基圆齿距偏差。在相隔 $120°$ 的位置分别对左右齿廓进行测量,并取所得偏差中绝对值最大的数作为被测齿轮的基圆齿距偏差 Δf_{pb}。

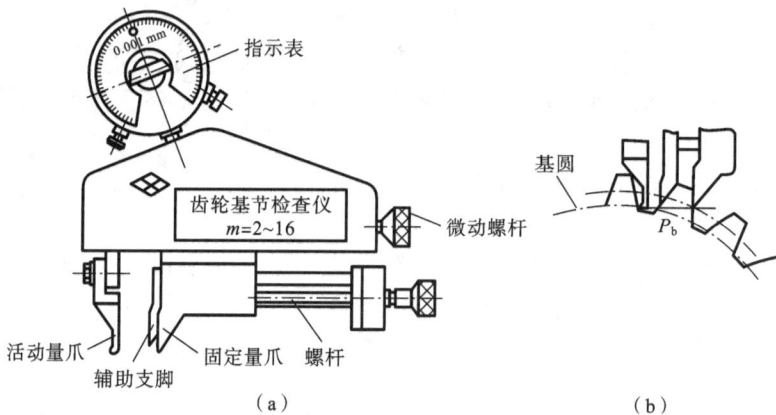

图 7-15　用基节检查仪测量基圆齿距偏差

7.2.2　齿廓偏差及其检验

1. 齿廓偏差的概念

1）被测齿廓(measured profile)

被测齿廓是指齿廓测量时,测头沿齿面走过的齿廓部分,包含从齿廓控制圆直径 d_{Cf} 到齿顶成形圆直径 d_{Fa} 在内的部分,如图 7-16 所示。齿廓控制圆直径 d_{Cf} 是指齿廓控制点 C_f 所在圆的直径,在该直径之外,齿廓形状应与设计齿廓保持一致。齿顶成形圆直径 d_{Fa} 则为齿顶圆直径扣除两倍齿顶圆角半径或齿顶倒角高度后的尺寸。

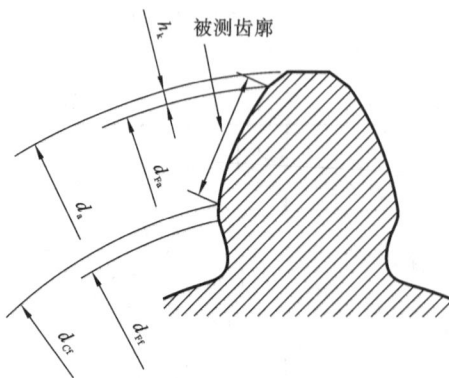

图 7-16　被测齿廓

对于被测齿廓,从齿廓控制圆直径 d_{Cf} 到齿顶成形圆直径 d_{Fa} 范围的 95%(从 d_{Cf} 算起)被称为齿廓计值范围(profile evaluation range)。端平面上,齿廓计值范围对应的展开长度被称为齿廓计值长度(profile evaluation length)。

2)齿廓偏差(profile deviation)

齿廓偏差是指在端平面内且垂直于渐开线齿廓的方向,被测齿廓偏离设计齿廓的量。齿廓图及齿廓偏差如图 7-17 所示,包括齿廓迹线(即由齿轮齿廓检验设备所记录的齿廓偏差曲线)。

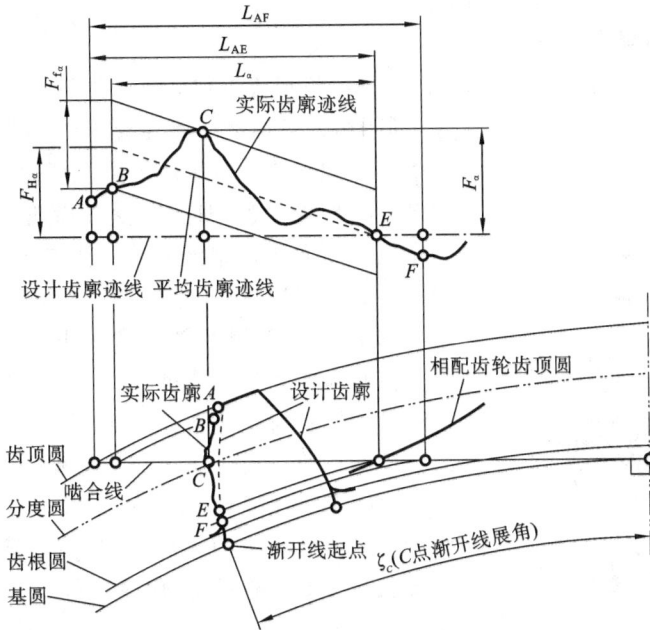

图 7-17　齿廓图及齿廓偏差

设计齿廓(design profile)是指由设计者给定的齿廓。若被测齿廓为未经修形的理想渐开线,则齿廓偏差为零,即设计齿廓为直线。未说明时,设计齿廓就是一条未修形的渐开线,呈现为直线。

由于实际齿廓往往为非理想渐开线,其所形成的齿廓迹线必然偏离设计齿廓;这种偏离反映了被测齿轮基圆所展开的渐开线齿廓与设计要求之间的差异。当实际齿廓位于设计齿廓迹线上方时,记为正偏差;反之,则记为负偏差。

平均齿廓线(mean profile line)是指与在齿廓计值范围内测得迹线相匹配的、表达设计齿廓总体趋势的直线或曲线。对未经修形的渐开线齿廓,平均齿廓迹线则为实际齿廓迹线的最小二乘直线。平均齿廓迹线用以评价实际齿廓的形状误差及位姿(位置和倾斜)误差。

3)齿廓总偏差(total profile deviation)

齿廓总偏差 F_α 是指在齿廓计值范围内,包容被测齿廓的两条设计齿廓平行线之间的距离。齿廓总偏差是短周期误差,反映了单个齿面在啮合过程中传动比的总体波动,因此齿廓总偏差是保证齿轮工作平稳性精度的参数之一,常用作齿轮质量分等的依据。

4)齿廓形状偏差(profile form deviation)

齿廓形状偏差 $f_{f\alpha}$ 是指在齿廓计值范围内,包容被测齿廓形状误差的两条平均齿廓线平行线之间的距离。

5) 齿廓倾斜偏差(profile slope deviation)

齿廓倾斜偏差 $f_{H\alpha}$ 是指以齿廓控制圆直径 d_{cf} 为起点,以平均齿廓线的延长线与齿顶圆直径 d_a 的交点为终点,与这两点相交的两条设计齿廓平行线间的距离。齿廓倾斜偏差主要反映实际齿廓在位姿上偏离渐开线齿形,从而导致的压力角的变化。

对于内齿轮和外齿轮,对比设计齿廓,当平均齿廓线显示在齿顶位置材料是增加(凸起)时,齿廓倾斜偏差 $f_{H\alpha}$ 为正值,其对应的压力角偏差定义为负值。齿廓在齿廓计值范围内进行评价,而齿廓倾斜偏差的确定应延伸至齿顶圆。

2. 齿廓偏差的测量

渐开线齿轮的齿廓偏差可在专用的渐开线齿形检查仪上进行测量。根据渐开线的形成规律,利用精密机构产生理论渐开线与实际齿廓进行比较,以确定齿廓偏差。对于成批生产精度要求不高的齿轮,可用渐开线样板检查;对于小模数齿轮,可在投影仪上将按一定比例放大的理想渐开线图形与同等比例放大的实际齿廓影像进行比对和测量。

图 7-18 是专用基圆盘式渐开线检查仪的原理示意图。被测齿轮 2 与基圆盘 1 装在同一心轴上,基圆盘 1 的直径等于被测齿轮基圆直径 d_b,且基圆盘与装在拖板 6 上的直尺 3 相切。当转动丝杠 5 使拖板 6 移动时,直尺与基圆盘之间发生纯滚动运动,杠杆测头 4 与被测齿廓接触点相对于基圆盘的运动轨迹应符合理想渐开线。若被测实际齿廓偏离理想渐开线,则杠杆测头 4 在弹簧作用下产生摆动,由指示表 7 读出其齿廓总偏差。这种仪器结构简单,传动链短,若装调适当,可达到较高的测量精度,但需要根据被测齿轮的基圆直径大小更换基圆盘,故只适用于少品种成批生产的齿轮。

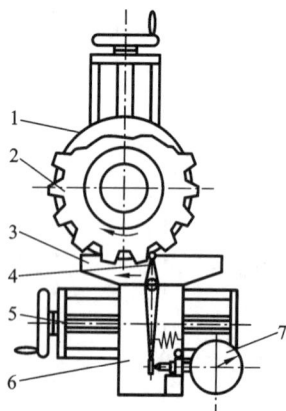

图 7-18 专用基圆盘式渐开线检查仪

1—基圆盘;2—被测齿轮;3—直尺;
4—杠杆测头;5—丝杠;6—拖板;7—指示表

图 7-19 是通用基圆盘式渐开线检查仪结构原理图。基圆盘 2 通过钢带 3 与导板 4 相连,当导板 4 直线移动时,通过铰链 5 使杠杆 6 绕支点 A 摆动,再通过滑块 7 和拉杆 15 带动拖板 9 随导板 4 平行移动。测头 8 与滑块 7 的中心连线与拉杆 15 的轴心线同处于与导板 4 运动方

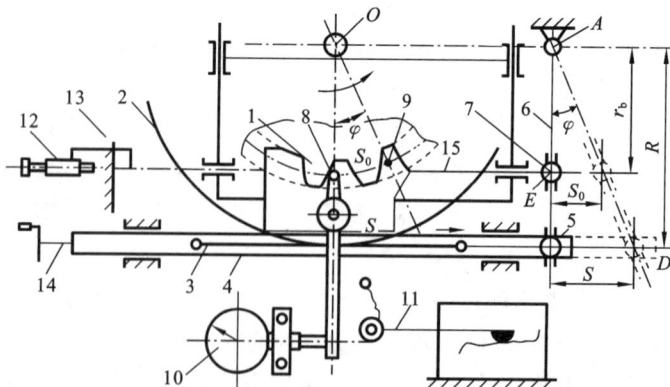

图 7-19 通用基圆盘式渐开线检查仪结构原理图

1—被测齿轮;2—基圆盘;3—钢带;4—导板;5—铰链;6—杠杆;7—滑块;8—测头;9—拖板;
10—指示表;11—记录装置;12—读数显微镜;13—刻度尺;14—丝杠;15—拉杆

向平行的平面内。

利用读数显微镜 12 和刻度尺 13,按被测齿轮 1 的基圆半径 r_b 调整拉杆 15 与 $\overline{AO}$(O 为基圆盘中心)之间的距离,使量头 8 与滑块 7 的中心连线与被测齿轮基圆相切。测量时,转动丝杠 14,使导板 4 移动一个距离 S,则基圆盘与被测齿轮转过一个角度 φ,且 $S=R\varphi$。与此同时,杠杆 6 也摆动一个角度 φ,通过拉杆 15 使拖板 9 连带测头 8 移动距离 $S_0=r_b S/R=r_b\varphi$。因此,量头相对于被测齿轮的运动轨迹是以 r_b 为基圆半径的理论渐开线。由于量头紧靠在被测齿廓上,当有齿廓偏差时,可从指示表 10 上读取其最大误差值,由记录装置 11 画出齿廓总偏差曲线。

通用圆盘式齿形检查仪可测量不同基圆半径 r_b 的齿轮,不需更换基圆盘,适用于多品种小批量生产的齿轮。

7.2.3　螺旋线偏差及其检验

1. 螺旋线偏差的概念

1) 被测螺旋线(measured helix)

测量螺旋线时,两端面之间的齿面全长与测头接触的部分被称为被测螺旋线,位于两端面之间的齿面区域是螺旋线计值范围(helix evaluation range),螺旋线计值范围的轴向长度是螺旋线计值长度 L_β(helix evaluation length)。

若存在倒角、圆角或其他修角,被测螺旋线为从修角起始点到另一端的相应区域,而螺旋线计值范围则为扣除修角部分后剩余的有效齿面区域。

在满足使用要求的前提下,螺旋线计值范围通常按沿轴线两端各扣除 5% 齿宽或一个模数长度(取其中较小者)来确定。

2) 螺旋线偏差(helix deviation)

螺旋线偏差指的是被测螺旋线与设计螺旋线之间的偏离量。螺旋线检验仪记录的曲线称为螺旋线迹线(见图 7-20)。其中,b 表示螺旋线迹线的长度;当不存在倒角或修边时,b 等于齿宽;若存在倒角或修边,则 b 为扣除倒角或修边后的有效齿宽。

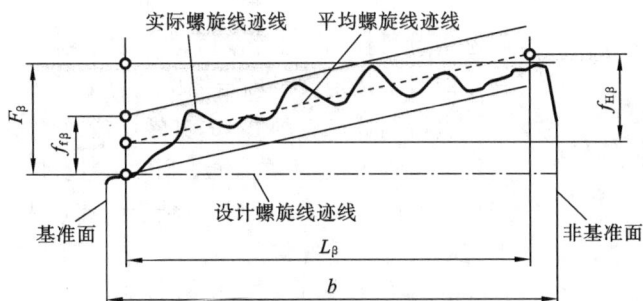

图 7-20　螺旋线图及螺旋线偏差

设计螺旋线(design helix)是指由设计者给定的螺旋线。未给定时,设计螺旋线是无修形的螺旋线。若被测齿面为未经修形的理想螺旋渐开面(直齿为渐开面),则其螺旋线偏差为零,即设计螺旋线为直线(注:修形渐开线齿廓的设计螺旋线为曲线)。由于实际齿面为非理想螺旋渐开面,因而实际螺旋线迹线将偏离设计螺旋线。平均螺旋线(mean helix line)则是与测得迹线相匹配的、表达设计螺旋线总体趋势的直线(或曲线)。对于未修形的螺旋渐开齿面,其平均螺旋线迹线是实际螺旋线迹线的最小二乘直线。平均螺旋线迹线用以评价实际螺旋线的形状误差及位姿(位置和倾斜)误差。

3）螺旋线总偏差(total helix deviation)

螺旋线总偏差 F_β 是指在螺旋线计值范围内,包容被测螺旋线的两条平行设计螺旋线之间的距离。

在理想啮合条件下,齿轮沿齿宽方向应实现线接触状态,因而螺旋线总偏差能够反映被测齿面与理想配对齿轮在啮合过程中沿齿宽方向的接触状况。因此,螺旋线总偏差是保证齿轮载荷分布均匀性精度的参数之一,常用作齿轮质量分等的依据。

4）螺旋线形状偏差(helix form deviation)

螺旋线形状偏差 $f_{f\beta}$ 是指在螺旋线计值范围内,包容被测螺旋线的两条平行螺旋线之间的距离。螺旋线形状偏差主要反映实际螺旋线偏离设计螺旋线的形状误差部分。

5）螺旋线倾斜偏差(helix slope deviation)

螺旋线倾斜偏差 $f_{H\beta}$ 是指在齿轮全齿宽 b 内,通过平均螺旋线的延长线和两端面的交点的两条设计螺旋线平行线之间的距离。螺旋线倾斜偏差主要反映实际螺旋线迹线的走向与设计螺旋线迹线间的夹角变化。

当螺旋角的绝对值大于设计螺旋角时,螺旋线倾斜偏差定义为正值;当螺旋角的绝对值小于设计螺旋角时,螺旋线倾斜偏差定义为负值。直齿轮的螺旋线倾斜偏差右旋为正,左旋为负。

2. 螺旋线总偏差的测量

螺旋线总偏差的测量方法有展成法和坐标法两类。

用展成法测量的仪器有单盘式渐开线螺旋检查仪、分级圆盘式渐开线螺旋检查仪、杠杆圆盘式通用渐开线螺旋检查仪以及导程仪等。用坐标法测量的仪器有螺旋线样板检查仪、齿轮测量中心以及三坐标测量机等。

展成法测量原理如图 7-21 所示:以被测齿轮回转轴线为基准,通过精密传动机构实现被测齿轮 1 回转和测头 2 沿轴向移动,以形成理论的螺旋线轨迹,图 7-21 中 3 为测头滑架。测头将实际螺旋线与理论螺旋线轨迹进行比较,将二者差值输入记录器绘出螺旋线偏差曲线,在该曲线上按定义可确定螺旋线总偏差 F_β。

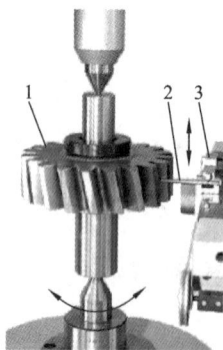

直齿圆柱齿轮的 $\beta=0$,其螺旋线总偏差的测量可用齿圈径向跳动检查仪,也可在平板上用顶尖座和千分表架等简易设备进行。如图 7-22(a)所示,将精密圆棒放入齿槽(为使圆棒在分度圆附近与两齿廓接触,对于一般齿数的齿轮,取其直径 $d_p = 1.68m,m$ 为模数),移动指示表架,测量圆棒两端 A、B 处的高度差 Δh。若被测齿宽为 b,则螺旋线总偏差为

图 7-21　展成法测螺旋线偏差

1—被测齿轮;2—测头;3—测头滑架

$$F_\beta = \frac{b}{l} \times \Delta h \qquad (7-4)$$

为了避免被测齿轮在顶尖上的安装误差(例如两顶尖不等高)对测量精度的影响,可将圆棒放入相隔 $180°$ 的两齿槽中分别测量(齿轮的位置不变),取其平均值作为测量结果。

若用指示表测头直接接触被测齿廓,在分度圆柱面附近,并沿齿轮轴线方向移动测量,则在齿宽范围内,指示表显示的最大读数与最小读数之差即为螺旋线总偏差 F_β,如图 7-22(b)所示。

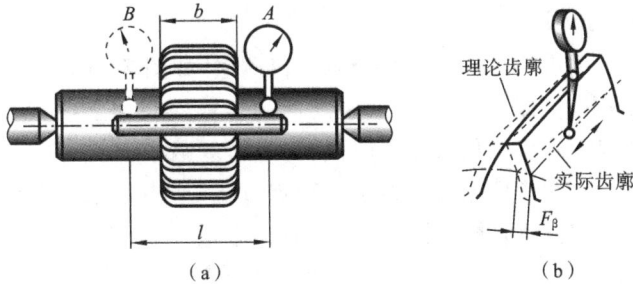

图 7-22　直齿圆柱齿轮螺旋线总偏差的测量

7.2.4　径向综合偏差

实际齿轮以齿轮副的形式成对啮合工作,单个齿轮各要素的加工误差会共同影响齿轮副的传动质量。为了综合反映和控制齿轮各要素的加工误差的综合影响,GB/T 10095 及指导性技术文件 GB/Z 18620 分别规定了综合检测参数,以评价单个齿轮加工误差对传动质量的影响。

1. 径向综合偏差的概念

1) 一齿径向综合偏差(tooth-to-tooth radial composite deviation)

一齿径向综合偏差 f_{id} 是指被测齿轮的所有轮齿与测量齿轮双面啮合测量时,中心距在任一齿距内的最大变动量。

2) 径向综合偏差(total radial composite deviation)

径向综合偏差 F_{id} 是指被测齿轮的所有轮齿与测量齿轮双面啮合测量时,中心距的最大值与最小值之差。径向综合偏差主要反映加工误差在齿轮径向上的影响,包括齿轮的几何偏心、齿形、齿厚均匀性等加工误差对齿轮传动的影响。由于其反映齿轮加工误差在一转范围内沿径向的综合影响,因此可用于评定齿轮的运动准确性。但径向综合偏差不能反映切向误差,因而不能充分反映齿轮的运动精度,只有将径向综合偏差与能反映切向误差的相应参数联合运用,才能全面评定齿轮运动的准确性。

径向综合偏差测量曲线如图 7-23 所示。由于齿轮加工误差的存在,齿轮每转过一个齿距角都会引起双啮中心距的变化,在径向综合偏差曲线中出现许多小的峰谷。在这些短周期误差中,峰谷的最大幅度值即为一齿径向综合偏差 f_{id},其主要反映了短周期误差对传动性能的影响,可用来评定齿轮的工作平稳性。因不能反映切向短周期误差,其不能充分反映齿轮的工作平稳性精度,需与反映切向误差的相应参数联合运用。

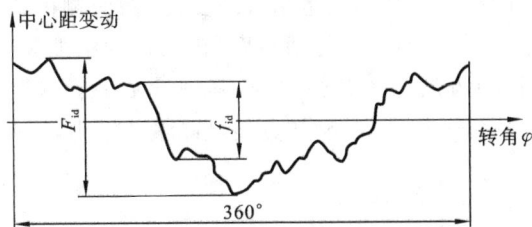

图 7-23　径向综合偏差测量曲线

齿轮径向综合公差等级由径向综合偏差 F_{id} 和一齿径向综合偏差 f_{id} 的测量结果共同确定,两者均应满足各自独立的公差要求。

2. 径向综合偏差的检测

径向综合总偏差可用齿轮双面啮合综合测量仪测量,如图 7-24 所示。被测齿轮安装在固定拖板的心轴上,基准齿轮(即测量元件)安装在浮动拖板的心轴上,在弹簧作用下,实现与被测齿轮的紧密无间隙双面啮合。使被测齿轮回转一周,双啮中心距 a 的变动将综合反映被测齿轮的径向综合总偏差。测量数据可由指示表逐点读出,或由记录装置记录误差曲线。双啮中心距的公称值 a 按下式计算,并据此来调整仪器。

$$a = \frac{m_n(z_1 + z_2)\cos\alpha_t}{2\cos\alpha_{mt}\cos\beta} \tag{7-5}$$

$$\mathrm{inv}\alpha_{mt} = \frac{2\xi_{\Sigma n}\tan\alpha_t}{z_1 + z_2} + \mathrm{inv}\alpha_t \tag{7-6}$$

式中:m_n——被测齿轮的法向模数;

z_1、z_2——被测齿轮、基准齿轮的齿数;

α_t——分度圆端面压力角;

α_{mt}——测量时的端面压力角;

$\xi_{\Sigma n}$——按法向计算的被测齿轮与基准齿轮变位系数总和,应计入原始齿廓位移量;

β——分度圆柱上的螺旋角。

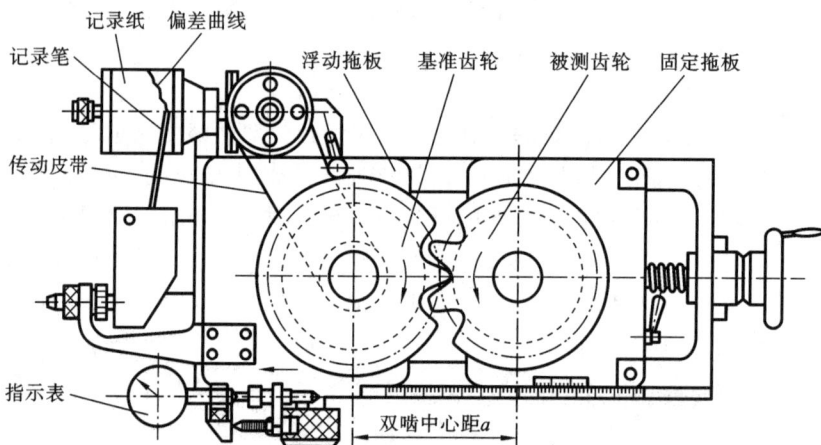

图 7-24　齿轮双面啮合综合测量仪

齿轮双面啮合综合检测的"双啮"测量状态与齿轮的"单啮"工作状态不一致,且主要反映加工误差在径向上对传动的影响;同时,测量结果还受左、右两侧齿廓和测量齿轮的精度以及总重合度的综合影响,因而不能全面反映传动精度(包括运动精度和工作平稳性)的要求。然而,"双啮"测量状态与齿轮切齿加工状态相似,故其测量结果能够反映齿坯及刀具的安装误差。同时,仪器结构简单、环境适应性好、操作方便且测量效率高,因此在大批量生产中得到广泛应用。

7.2.5 切向综合偏差

1. 切向综合偏差的概念

1)切向综合偏差(tangential composite deviation)

切向综合偏差 F_{is} 是指被测齿轮的所有轮齿与测量齿轮单面啮合检验时,被测齿轮旋转一转内,齿轮分度圆上实际圆周位移与理论圆周位移的最大差值。切向综合总偏差反映了被测齿轮一转中的最大转角误差,其反映齿轮加工中切向与径向的长、短周期误差综合作用的结果,是反映齿轮运动精度的较为完善的参数。当被测齿轮切向综合总偏差不超出规定值时,表示其能满足传递运动准确性的使用要求。

2)一齿切向综合偏差(tangential tooth-to-tooth composite deviation)

一齿切向综合偏差 f_{is} 是指被测齿轮的所有轮齿与测量齿轮单面啮合检验时,被测齿轮转过一个齿距角的范围内,齿轮分度圆上实际圆周位移与理论圆周位移的最大差值。

切向综合偏差检测的记录曲线如图 7-25 所示。由于齿轮每个轮齿在加工中径向和切向误差的存在,导致齿轮每转过一个齿距角都会引起转角误差,因而切向综合偏差检测的记录曲线上呈现许多小的峰谷。在这些短周期误差中,峰谷的最大幅度值即为该齿轮的一齿切向综合偏差 f_{is}。由于 f_{is} 能综合反映切向和径向的短周期误差,是反映齿轮工作平稳性较全面的指标。

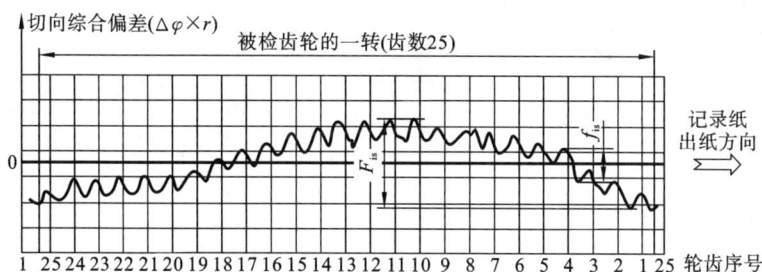

图 7-25　切向综合偏差检测记录曲线

$\Delta\varphi$—实际转角对理论转角的偏差;r—分度圆半径

2. 切向综合偏差的检测

在对单个产品齿轮进行切向综合偏差检测时,应将被测齿轮与测量齿轮按理论正确位置安装,并在低速、轻载下进行单面啮合旋转过程中检测。

切向综合偏差可用齿轮单面啮合综合检查仪(简称单啮仪)进行测量。图 7-26 为一种光栅式单啮仪的测量原理图。测量时,图中基准蜗杆(即测量元件)与被测齿轮装配中心距固定不变,由基准蜗杆回转以单面啮合形式驱动被测齿轮回转。基准蜗杆和被测齿轮上分别装有与其同步旋转主光栅 1 和主光栅 2。信号拾取头 1 和 2

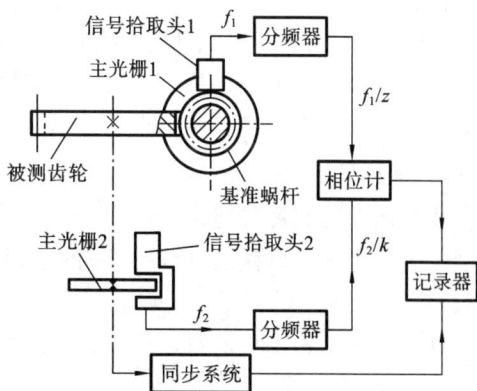

图 7-26　光栅式单啮仪工作原理图

经光电变换分别输出精确反映基准蜗杆和被测齿轮角位移的电信号频率 f_1 和 f_2,经分频器调制为 f_1/z 和 f_2/k(z 和 k 分别是被测齿轮的齿数和基准蜗杆的头数),使两路电信号的频率相同,并输入相位计。由于被测齿轮存在加工误差,其角速度发生变化,两路电信号将产生相应的相位差;经相位计比相后,输出的电压也相应地变化,于是记录器即可在圆记录纸上描绘出被测齿轮的单啮误差曲线,从而确定切向综合偏差。

7.2.6　径向跳动误差及其检验

1. 径向跳动 F_r

径向跳动(teeth radial run-out)F_r 是指在齿轮整转过程中,测头(可为球形、圆柱形或砧形)依次插入各齿槽内,并在齿轮齿高中部与齿面实现双面接触时,测头到齿轮轴线的最大径向距离与最小径向距离之间的差值。图 7-27 为径向跳动测量原理简图和径向跳动测量曲线。

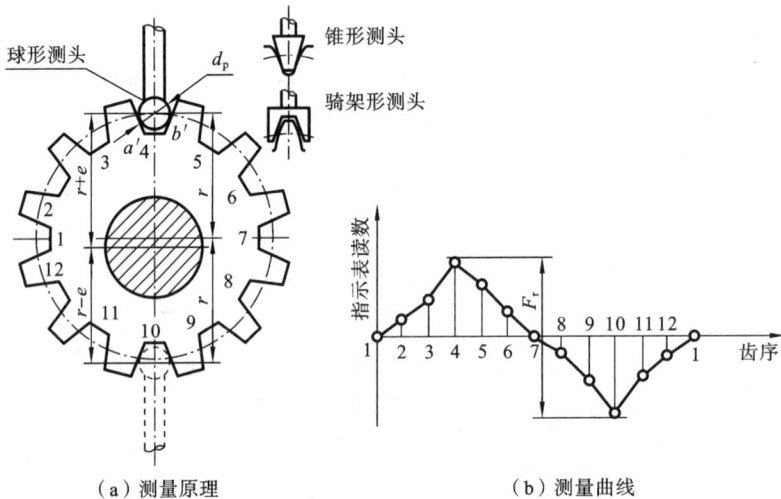

（a）测量原理　　　　　　　　　　　（b）测量曲线

图 7-27　齿轮径向跳动

径向跳动 F_r 反映了齿轮几何中心相对于工作轴线的径向偏移,其主要由加工过程中由于几何偏心 e_r 所引起的轮齿径向分布的长周期误差。由于轮齿的周向分布误差同样会影响测头的径向位置,因此径向跳动 F_r 的测量结果也包含了周向分布误差的影响,但周向分布误差一般不影响齿轮几何中心的位置。因而,径向跳动 F_r 主要反映齿轮径向制造误差在整转过程中对传动过程产生的最大转角误差的影响,即反映齿轮的运动精度状况。

2. 径向跳动的检测

径向跳动可利用普通顶尖座、指示表及表架进行测量,或用专用齿圈径向跳动检查仪进行测量。所用量头可以做成锥角为 2α 的锥形结构,最好选用直径为 d_p 的圆球或圆柱体(见图 7-27)。

对于齿形角 $\alpha = 20°$ 的直齿圆柱齿轮,为使圆球或圆柱体与被测齿廓在分度圆附近接触,其直径 d_p 按下式计算:

$$d_p = mz\sin\frac{90°}{z}\bigg/\cos\left(\alpha + \frac{90°}{z}\right) \tag{7-7}$$

式中:m、z 和 α 分别为被测齿轮模数、齿数和齿形角。

7.2.7　齿厚偏差及其检验

1. 轮齿齿厚偏差的概念

1) 齿厚偏差 f_{sn}

齿厚偏差(thickness deviation of teeth)f_{sn} 指在齿轮齿面所在的法向平面内,分度圆上的

实际齿厚 $S_{n实际}$ 与理论齿厚 S_n 之差（对于直齿轮，齿向螺旋角 $\beta=0$，其法向平面为齿轮的径向平面），如图7-28所示。该图为齿面法向平面上的齿廓，图中粗实线表示实际齿廓，点画线表示分度圆，双点画线表示理论齿廓，虚线表示极限齿廓。

齿厚偏差受齿轮加工过程中径向、切向误差影响，其大小反映了齿轮轮齿的厚薄，从而将影响传动中齿轮副侧隙的大小。

在实际制造过程中，齿轮副的侧隙一般用减薄标准齿厚的方法来获得。为了获得适当的齿轮副侧隙，规定用齿厚的极限偏差来限制实际齿厚偏差，即规定齿厚上偏差 E_{sns} 及齿厚下偏差 E_{sni}，一般情况下 E_{sni}、E_{sns} 均为负值。由图 7-28 有：

$$E_{sns}=S_{ns}-S_n \qquad (7\text{-}8)$$

$$E_{sni}=S_{ni}-S_n \qquad (7\text{-}9)$$

为获必要的传动侧隙，齿厚实际偏差 f_{sn} 需满足：

$$E_{sni}\leqslant f_{sn}\leqslant E_{sns} \qquad (7\text{-}10)$$

另外，齿厚公差 $T_{sn}=E_{sns}-E_{sni}$。

2）公法线长度 W_k

公法线的长度（base tangent length）W_k 是指在齿轮齿面的法向平面内，基圆柱切平面上跨越 k 个齿（对外齿轮）或 k 个齿槽（对内齿轮）并与两异侧齿面相切的两平行平面间的测量距离。图 7-29 为齿面法向平面上的齿廓，图中粗实线表示实际齿廓，点画线表示分度圆，双点划线表示理论齿廓，虚线表示极限齿廓；W_k 为理论公法线长度，$W_{k实际}$ 为实际公法线长度。

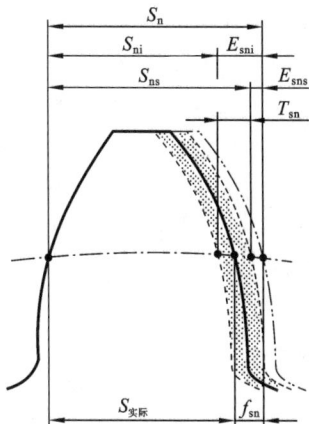

图 7-28　齿厚偏差（齿面的法向平面上）

S_n—法向齿厚；S_{ni}—齿厚最小极限；

S_{ns}—齿厚最大极限；$S_{n实际}$—实际齿厚；

E_{sni}—齿厚下偏差；E_{sns}—齿厚上偏差；

T_{sn}—齿厚公差；f_{sn}—齿厚偏差

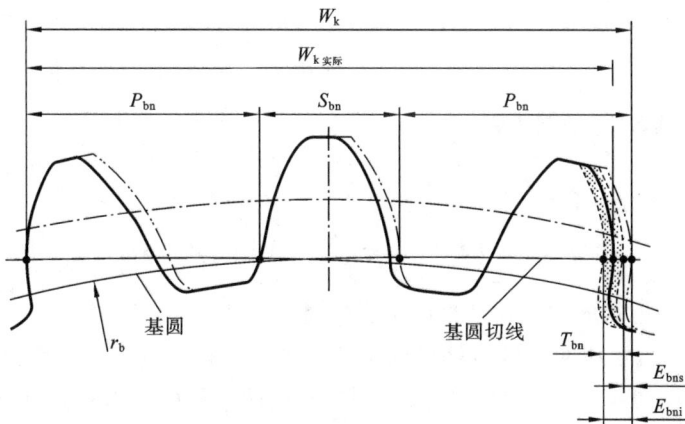

图 7-29　公法线长度（齿面的法向平面上）

$W_{k理论}$—理论公法线长度；$W_{k实际}$—实测公法线长度；P_{bn}—基节；S_{bn}—基圆齿厚；

E_{bns}—公法线长度上偏差；E_{bni}—公法线长度下偏差；T_{bn}—公法线长度公差；r_b—基圆半径

公法线长度尺寸的计算公式为

$$W_k=(k-1)P_{bn}+S_{bn} \qquad (7\text{-}11)$$

式中, P_{bn}——基节;

　　S_{bn}——基圆齿厚。

　　可见,公法线长度包含齿厚的信息,因而其被列为指导性技术文件 GB/Z 18620.2 推荐的一项检测参数,用以检测评价齿轮副侧隙。

　　为了获得适当的齿轮副侧隙,实际制造中可规定公法线长度 W_k 的极限偏差,即公法线长度上偏差 E_{bns} 及公法线长度下偏差 E_{bni} 来限制实际公法线长度,即要求:

对外齿轮

$$W_k + E_{bni} \leqslant W_{k实际} \leqslant W_{k理论} + E_{bns} \qquad (7-12)$$

对内齿轮

$$W_k - E_{bni} \leqslant W_{k实际} \leqslant W_k - E_{bns} \qquad (7-13)$$

另外,公法线长度公差 $T_{bn} = E_{bns} - E_{bni}$。

2. 齿厚偏差及公法线长度的检测

　　齿厚 S_n 是分度圆柱面上左、右齿廓间的弧长,但由于弧长难以直接测量,故实际测量分度圆上的弦齿厚 S_{nc}。图 7-30 为齿厚游标卡尺测量齿厚偏差示意图。测量时,以齿顶圆作为测量基准,按照分度圆弦齿高 h_e 的数值调整好高度游标卡尺,将高度游标尺的测量面与齿顶接触,从宽度游标卡尺上即可读出分度圆上的实际弦齿厚 S_{nc}。

　　对于标准圆柱齿轮,h_e 和 S_{nc} 的计算公式如下:

$$h_e = m\left[1 + \frac{z}{2}\left(1 - \cos\frac{90°}{z}\right)\right] \qquad (7-14)$$

$$S_{nc} = mz\sin\frac{90°}{z} \qquad (7-15)$$

式中:m、z——被测齿轮模数和齿数。

　　实际检测时,由于作为测量基准的齿顶圆存在加工误差,应根据齿顶圆半径的实测值对

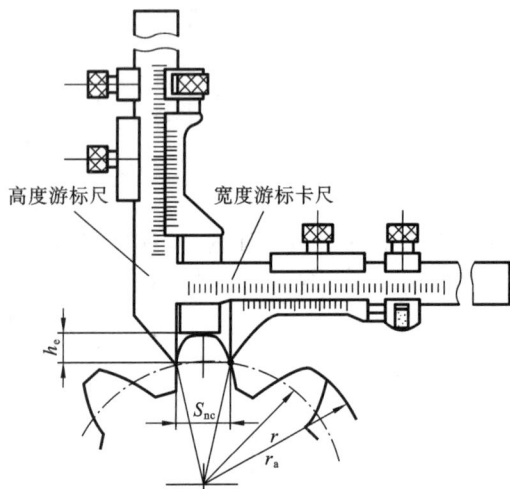

图 7-30　用齿厚游标卡尺测量齿厚

弦齿高进行修正,即

$$h_e = m\left[1 + \frac{z}{2}\left(1 - \cos\frac{90°}{z}\right)\right] \pm (r'_a - r_a) \qquad (7-16)$$

式中:r'_a、r_a——被测齿轮的实际和理论齿顶圆半径。

　　对于公法线长度,常用的测量器具有游标卡尺、公法线千分尺、公法线指示表卡规及万能测齿仪等工具。理论上,凡是具有两个平行测量面,其两量爪能插入被测齿轮相隔一定齿数的齿槽中的量具和仪器,都可用以测量公法线长度。在成批大量生产中,还可采用按公法线的极限尺寸做成的极限卡规进行测量。

　　图 7-31 为用公法线指示表卡规按相对法测量公法线长度的示意图。其固定量爪紧固在开口弹性套筒上,后者可沿空心圆杆做轴向移动,以调节固定量爪与活动量爪之间的距离。活动量爪通过簧片支承在框架上,其位移经放大倍数为 2 的杠杆传到指示表,故若用刻度值为 0.01 mm 的指示表,可得 0.005 mm 的读数值。测量公法线长度前,首先按选定的跨齿数 n 计

算被测齿轮的理论公法线长度 W_k，并按 W_k 值组合量块。跨齿数 n 的选取与被测齿轮的齿数及变位系数等有关，为减小测量误差，应使量爪的测量面在分度圆附近与被测齿廓相切。对于标准齿轮或变位系数不大($\xi = -0.3 \sim +0.3$)的齿轮，跨齿数可按 $n = (\alpha/180°)/z + 0.5$ 计算并化整。当 $\alpha = 20°$ 时，取

$$n = z/9 + 0.5 \approx 0.111z + 0.5 \tag{7-17}$$

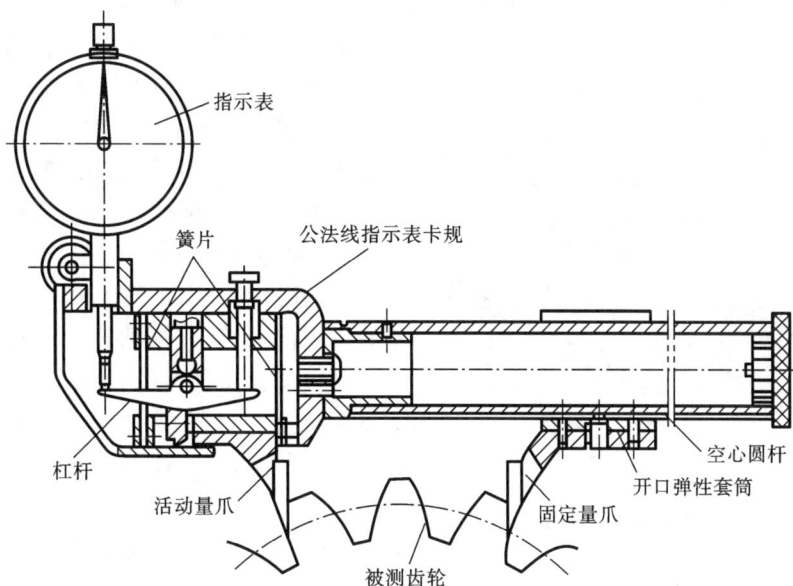

图 7-31　用公法线指示表卡规测量公法线长度

测量时，调整两量爪的测量平面分别与组合量块量两测量面贴合，并使指示表压缩约 2 圈左右，并将指针对零后锁紧开口弹性套筒。调整好后，可通过两量爪的测量平面分别与第 1 和第 n 齿的异侧齿廓相切，从指示表上读取实际公法线长度的偏差。读取的偏差值加上理论公法线长度 W_k 值即为实际公法线长度 $W_{k实际}$。

实际生产中，常用公法线千分尺按绝对法测量实际公法线长度 $W_{k实际}$，如图 7-32 所示。这种方法仪器简单、操作方便，常用于生产现场检测。

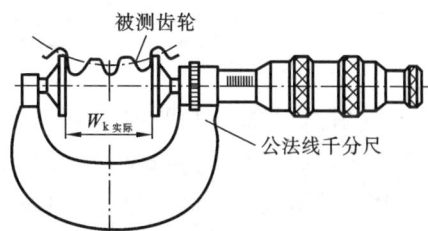

图 7-32　用公法线千分尺测量公法线长度

7.2.8　轮齿接触斑点的检验

轮齿接触斑点(tooth contact pattern)是指安装好的齿轮副，在轻微载荷条件下运转后，齿面上分布的接触痕迹。接触痕迹的大小在齿面展开图上分别用其在齿长方向和齿高方向上所占的百分比计算。接触斑点是作为指导性技术文件 GB/Z 18620.4 推荐的检测参数，是基于被测齿轮与测量齿轮在测试机架上检测的，因而主要反映单个被测齿轮制造误差与安装误差的综合效应。

接触斑点是一对齿轮在确定安装条件下的检测参数，其综合反映出齿轮加工误差及安装误差对传动的影响，所测斑点在齿面上的分布反映出载荷在齿面上的分布状况。接触斑点用

于评估齿长方向配合不准确的程度(包括齿长方向的不准确配合和波纹度),也可用于评估齿廓不准确性的程度;为保证齿轮的接触精度,主要需要控制沿齿长方向的接触长度;而沿齿高方向的接触长度主要影响齿轮传动的平稳性。需要指出的是,根据接触斑点所做出的结论具有一定的主观性,仅能提供近似评价,并依赖于检测人员的经验。

对于高速齿轮、圆锥齿轮、航天齿轮、船舰用大型齿轮、船舰和高速齿轮箱的现场组装等情况,需要使用接触斑点进行测试。检测轮齿接触斑点时,可将一对相互啮合的被测齿轮副安装在其箱体(或专用测试机架)内,检测二者的接触斑点,以评估二者轮齿间的载荷分布状况;亦可将被测齿轮与测量齿轮按接近理论正确的安装尺寸(中心距及轴线平行度等)安装在测试机架上检测二者的接触斑点,以评估被测齿轮的螺旋线偏差和齿廓偏差。

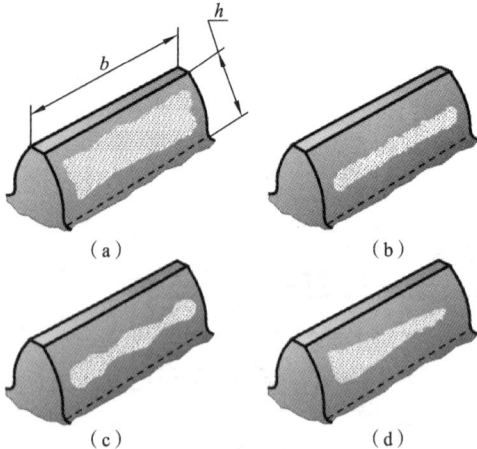

图 7-33　典型接触斑点示意

检测时,在齿面上涂上 $0.006 \sim 0.012$ mm 厚的印痕涂料,所施加的轻微载荷应能恰好保证被测齿面保持稳定的接触,根据运转后留在印痕涂料上的接触痕迹来评价齿面的接触状况。图 7-33 给出了被测齿轮与测量齿轮对滚所产生的几种典型接触斑点的分布状况,其中,图 7-33(a)所示接触斑点为典型的规范接触,近似占齿宽 b 的 80%,有效齿面高度 h 的 70%,有齿端修薄;图 7-33(b)所示接触斑点分布在齿长方向配合正确,有齿廓偏差;图 7-33(c)所示接触斑点分布具有波纹度;图 7-33(d)所示接触斑点反映齿廓正确、有螺旋线偏差和齿端修薄。

7.3　齿轮副装配误差的控制参数

一对实际齿轮副工作时,其回转轴通常是分别安装在齿轮箱体的支承孔上,因此,支承孔所体现的齿轮副实际工作轴线的位置精度将影响齿轮副的传动性能,需要对齿轮副轴线的相应参数作出技术规定,对齿轮副中心距的尺寸和轴线平行度要求提供推荐数值,以保证相啮合齿轮间的合理侧隙和齿长方向正确接触。

1. 中心距允许偏差

中心距允许偏差(limit deviations of shaft centre distance)是指实际中心距与公称中心距之差(中心距偏差)的允许值。公称中心距是在考虑了最小侧隙及两齿轮的齿顶与其相啮合的非渐开线齿廓齿根部分的干涉后确定的。

中心距偏差会影响齿轮传动时的工作侧隙,设计者应根据齿轮副可能存在的安装误差(轴、箱体、轴承的偏斜,轴线不共线或偏斜等)和工作状况(温度、离心伸胀、润滑剂等)给出中心距偏差的允许值,通常是规定对称分布于公称中心距两侧的极限偏差构成中心距公差带,如图 7-34 所示。在齿轮仅承受单向载荷且不经常反转的情况下,最大侧隙的控制并非中心距允许偏差所关注的主要因素,此时中心距允许偏差主要由重合度要求决定;而在用于运动控制的齿轮副或当齿轮上的负载经常反向时,则必须仔细考虑上述因素来确定中心距允许偏差。

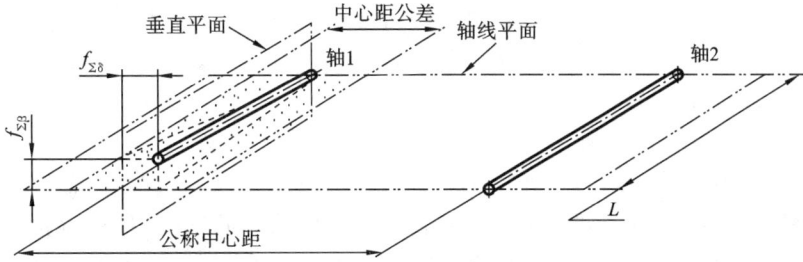

图 7-34　中心距及轴线平行度公差

2. 轴线平行度偏差

轴线平行度偏差(parallelism deviation of axes)将影响齿面的正常接触,会使载荷分布不均匀,同时还会造成齿轮副侧隙在全齿宽上大小不等。由于轴线平行度偏差对齿轮副传动性能的影响与其偏差方向有关,GB/Z 18620.3 规定了轴线平面内的平行度偏差与垂直平面上的平行度偏差两项评定参数,并给出了其公差值的计算方法。

1) 轴线平面内的平行度偏差 $f_{\Sigma\delta}$

轴线平面内的平行度偏差(parallelism deviation on the axis plane)是指两轴线公共平面上轴线的平行度偏差。如图 7-34 所示,公共平面是在齿轮副的两支承轴线中,由轴承间距(L)较长的支承轴线 2 与另一支承轴线 1 的某一端点所确定的平面;若两支承轴线跨距相同,则由支承小齿轮的轴线与支承大齿轮轴线的一个端点来确定。

2) 垂直平面上的平行度偏差 $f_{\Sigma\beta}$

垂直平面上的平行度偏差(parallelism deviation on the vertical plane)是指在公共平面的垂直面上轴线的平行度偏差,如图 7-34 所示。

7.4　齿轮副侧隙及齿轮副的配合

齿轮传动是通过齿轮副的回转来实现的,为保证无障碍地运转,齿轮副相配齿轮间需要有适当的齿轮副侧隙以形成侧隙配合。与孔、轴结合形成包容与被包容的配合不同,齿轮副两齿轮结合所形成的侧隙配合是非包容性的配合形式。

1. 齿轮副侧隙的度量参数

齿轮副侧隙,是指在两个相配齿轮的工作齿面相接触时,在两个非工作齿面之间所形成的间隙。

如图 7-35 所示,齿轮副侧隙 j 有三种度量方式,其中:圆周侧隙 j_{wt} 指当固定两个啮合齿轮中的一个,另一个齿轮所能转过的节圆弧长的最大值;法向侧隙 j_{bn} 指当两个啮合齿轮的工作面相互接触时,其非工作面之间的最短距离;径向侧隙 j_r 指将两个相配齿轮的中心距缩小,直到二者左、右两侧齿面都接触时,该缩小的量为径向间隙。三种侧隙表达方式之间的关系为

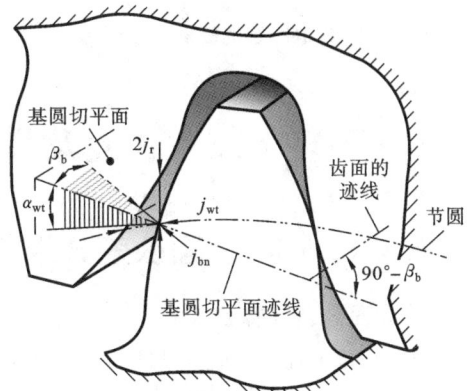

图 7-35　圆周侧隙 j_{wt}、法向侧隙 j_{bn} 及径向侧隙 j_r

$$j_{bn} = j_{wt} \cos\alpha_{wt} \cos\beta_b \qquad\qquad (7-18)$$

$$j_r = j_{wt} / (2\tan\alpha_{wt}) \qquad\qquad (7-19)$$

式中：α_{wt}——端面节圆压力角；

β_b——基圆螺旋角。

齿轮副侧隙配合状况,即侧隙 j 的大小,受相配两轮的轮齿齿厚偏差、轮齿各要素的几何偏差、轮齿位置分布偏差,以及两轮中心距和轴线平行度的共同影响,且在齿轮加工并装配完成后和运转工作时才体现出来。齿轮副在静态条件下安装于箱体内所测得的侧隙称为装配侧隙,其大小由齿轮的制造误差(加工与装配)决定;齿轮副在稳定工作状态下的侧隙称为工作侧隙,其在装配侧隙的基础上还要受工作变形等工况因素的影响。通常,装配侧隙要大于工作侧隙,同时侧隙也不是一个固定值,在齿轮不同的位置上是变动的。

显然,工作侧隙的大小影响齿轮啮合传动的松动程度。由于工作侧隙是由装配侧隙和工作状态确定的,其中装配侧隙可由规定齿厚极限偏差和齿轮副中心距极限偏差及轴线平行度公差来控制,而为保证齿轮副工作时的侧隙不为零或负值,还需考虑工况因素对侧隙的影响。为此,GB/Z 18620.2 在附录中给出了最小侧隙 j_{bnmin},即当相配齿轮副两齿轮的轮齿均为最大允许实效齿厚,且两齿轮处于最紧的允许中心距啮合时,在静态条件下存在的最小允许侧隙,同时给出了 j_{bnmin} 的推荐值。

2. 齿轮副侧隙的检测

齿轮副侧隙实际上是按测量方法定义的,现场检测通常根据圆周侧隙的定义按图 7-36 所示方法,在固定轮 1 的情况下,通过晃动轮 2 从指示表上读取 j_{wt} 的数值;也可根据法向侧隙的定义按图 7-37 所示方法,在固定轮 1 的情况下,在两轮配合的非工作面中插入厚薄规(塞尺),用能插入厚薄规的最大尺寸表示 j_{bn} 的数值。

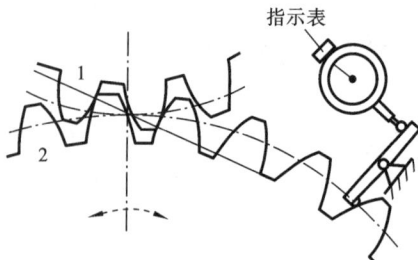

图 7-36　圆周侧隙 j_{wt} 的测量

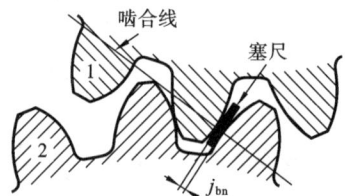

图 7-37　法向侧隙 j_{bn} 的测量

7.5　齿轮及齿轮副制造的精度设计

7.5.1　ISO 齿面公差分级制

1. 齿面公差计算公式

国家标准 GB/T 10095《圆柱齿轮　ISO 齿面公差分级制》,规定了齿面公差等级为 11 级,其中 1 级最高,11 级最低。对于给定的具体齿轮,各偏差项目可使用不同的齿面公差等级。需要注意:该标准不再给出单个齿轮齿面的齿距偏差、齿廓偏差、螺旋线偏差和径向跳动等齿面偏差的各精度等级的公差表,而是给出了齿面各项公差的计算公式、参数范围和计算值的数值圆整规则。

对于齿轮的基本参数(齿数 z、分度圆直径 d、法向模数 m_n、轴向齿宽 b、螺旋角 β)满足条件:$5 \leqslant z \leqslant 1000$,$5\ mm \leqslant d \leqslant 15000\ mm$,$0.5\ mm \leqslant m_n \leqslant 70\ mm$,$4\ mm \leqslant b \leqslant 1200\ mm$,$\beta \leqslant 45°$,齿面公差值的计算公式如表 7-2 所示。

表 7-2　齿面公差值的计算公式

序号	公差类别	公差参数	公差公式	备注
1		单个齿距公差 f_{pT}	$f_{pT} = (0.001d + 0.4m_n + 5)\sqrt{2}^{A-5}$	A 为指定齿面公差等级
2		齿距累积总公差 F_{pT}	$F_{pT} = (0.002d + 0.55\sqrt{d} + 0.7m_n + 12)\sqrt{2}^{A-5}$	
3		齿廓形状公差 $f_{f\alpha T}$	$f_{f\alpha T} = (0.55m_n + 5)\sqrt{2}^{A-5}$	
4		齿廓倾斜公差 $f_{H\alpha T}$	$f_{H\alpha T} = (0.001d + 0.4m_n + 4)\sqrt{2}^{A-5}$	加上 ± 号
5		齿廓总公差 $F_{\alpha T}$	$F_{\alpha T} = \sqrt{f_{H\alpha T}^2 + f_{f\alpha T}^2}$	$f_{f\alpha T}$、$f_{H\alpha T}$ 使用未圆整的公差值
6	齿面公差	螺旋线形状公差 $f_{f\beta T}$	$f_{f\beta T} = (0.07\sqrt{d} + 0.45\sqrt{b} + 4)\sqrt{2}^{A-5}$	
7		螺旋线倾斜偏差 $f_{H\beta T}$	$f_{H\beta T} = (0.05\sqrt{d} + 0.35\sqrt{b} + 4)\sqrt{2}^{A-5}$	加上 ± 号
8		螺旋线总公差 $F_{\beta T}$	$F_{\beta T} = \sqrt{f_{H\beta T}^2 + f_{f\beta T}^2}$	
9		齿距累积公差 F_{pkT}	$F_{pkT} = f_{pT} + $ $\dfrac{4k}{z}(0.001d + 0.55\sqrt{d} + 0.3m_n + 7)\sqrt{2}^{A-5}$	
10		齿距累积偏差 $F_{pz/8}$	$F_{pzT/8} = \dfrac{f_{pT} + F_{pT}}{2}$	齿数 $\geqslant 12$,$k = z/8$
11		径向跳动公差 F_{rT}	$F_{rT} = 0.9F_{pT} = 0.9 \times$ $(0.002d + 0.55\sqrt{d} + 0.7m_n + 12)\sqrt{2}^{A-5}$	
12	径向综合公差	一齿径向综合公差 f_{idT}	$f_{idT} = \left(0.08\dfrac{z_c m_n}{\cos\beta} + 64\right)2^{[(R-R_x-44)/4]} = \dfrac{F_{idT}}{2^{(R_x/4)}}$ $z_c = \min(|z|, 200)$ $R_x = 5\{1 - 1.12^{[(1-z_c)/1.12]}\}$	
13		径向综合总公差 F_{idT}	$F_{idT} = \left(0.08\dfrac{z_c m_n}{\cos\beta} + 64\right)2^{[(R-44)/4]}$	
14	切向综合公差	一齿切向综合公差 f_{isT}	$f_{isT,max} = f_{is(design)} + (0.375m_n + 5.0)\sqrt{2}^{A-5}$ $f_{isT,min} = f_{is(design)} - (0.375m_n + 5.0)\sqrt{2}^{A-5}$ 或 $f_{isT,min} = 0$	$f_{isT,min}$ 是计算值的较大值
15		切向综合公差 f_{isT}	$F_{isT} = F_{pT} + f_{isT,max}$	
16		径向跳动公差 F_{rT}	$F_{rT} = 0.9F_{pT} =$ $0.9 \times (0.002d + 0.55\sqrt{d} + 0.7m_n + 12)\sqrt{2}^{A-5}$	

按照表 7-2 中公式计算得到的数值需要按照下列规则进行圆整:

(1) 如果计算值大于 10 μm,圆整到最接近的整数值;

(2) 如果计算值不大于 10 μm,且不小于 5 μm,圆整到最接近的尾数为 0.5 μm 的值;

(3) 如果计算值小于 5 μm,圆整到最接近的尾数为 0.1 μm 的值。

此外,齿距累积偏差 F_{pk}、径向跳动 F_r 的测量不是强制的。

齿面公差方向由齿面偏差项目决定。如果实际测量方向和该公差方向不一致,应对原始测量数值进行补偿。齿距偏差规定的公差方向是在端平面内沿直径为 d_M 的测量圆的圆弧方向。

齿轮的径向综合公差等级与齿面公差等级不存在关联性,齿轮的径向综合公差体系将径向综合偏差和一齿径向综合偏差划分为 21 个公差等级,从 R30 至 R50,其中 R30 精度最高,R50 精度最低。对于齿数不大于 200 的齿轮(扇形齿轮除外),计算齿数 z_c 应使用默认值 200。对齿轮的一齿径向综合偏差 f_{id}、径向综合总偏差 F_{idT} 可以提出独立的公差等级要求。产品齿轮的径向综合公差等级应在最终加工工序完成后通过双面啮合测量进行评定。

切向综合偏差的短周期成分(即高通滤波)的峰-峰值振幅用来确定一齿切向综合偏差。最大峰-峰值振幅应不大于 $f_{isT,max}$,且最小峰-峰值振幅应不小于 $f_{isT,min}$。峰-峰值振幅是齿轮副测量的运动曲线中一个齿距内的最高点和最低点的差。

2. 检验参数

齿面公差等级规定的齿轮应满足表 7-3 中给出的适用于指定齿面公差等级和尺寸的所有单个偏差要求。表 7-3 中列出了符合要求应进行测量的最少参数。当供需双方同意时,可用备选参数表替代默认参数表。选择默认参数表还是备选参数表取决于可用的测量设备。评价齿轮时可使用更高精度的齿面公差等级的参数列表。通常,轮齿两侧采用相同的公差。在某些情况下,承载齿面可比非承载齿面或轻承载齿面规定更高的精度等级。此时,应在齿轮工程图上说明,并注明承载齿面。

表 7-3　被测量参数表

直径/mm	齿面公差等级	最少可接受参数	
		默认参数表	备选参数表
$d \leqslant 4\,000$	$10 \sim 11$	$F_P, f_p, s, F_\alpha, F_\beta$	$s, c_p, F_{id}^{①}, f_{id}^{①}$
	$7 \sim 9$	$F_P, f_p, s, F_\alpha, F_\beta$	$s, c_p^{②}, F_{is}, f_{is}$
	$1 \sim 6$	F_p, f_p, s	$s, c_p^{②}, F_{is}, f_{is}$
		$F_\alpha, f_{f\alpha}, f_{H\alpha}$	
		$F_\beta, f_{f\beta}, f_{H\beta}$	
$d > 4\,000$	$7 \sim 11$	$F_P, f_p, s, F_\alpha, F_\beta$	$F_P, f_p, s, (f_{f\beta}$ 或 $c_p^{②})$

注:① 根据 ISO 1328-2,仅限于齿轮尺寸不受限制时。

　② 如需采用接触斑点,应经供需双方同意。

根据接触斑点的定义及其检测方法的规定,其反映了单个齿轮制造误差的综合效应。表7-4 列出不同精度被测齿轮与测量齿轮在规定的测量方法下所检测出接触斑点的分布情况,用于对装配后的齿轮的螺旋线和齿廓精度的评估。

表 7-4　齿轮装配后的接触斑点

精度等级数	b_{c1} 占齿宽	h_{c1} 占有效齿面高		b_{c2} 占齿宽	h_{c2} 占有效齿面高		
	直齿和斜齿	直齿	斜齿	直齿和斜齿	直齿	斜齿	
$\leqslant 4$	50%	70%	50%	40%	50%	30%	
5、6	45%	50%	40%	35%	30%	20%	
7、8	35%	50%	40%	35%	30%	20%	
$9 \sim 12$	25%	50%	40%	25%	30%	20%	

接触斑点分布示意图

3. 精度等级的选择

1）齿轮精度等级的选择方法

齿轮精度等级的选用应根据齿轮的用途、使用要求、传递功率、圆周速度以及其他技术要求而定,同时要考虑加工工艺与经济性。齿轮精度等级的选择方法主要有计算法和类比法两种。

（1）计算法　计算法主要是按产品性能对齿轮所提出的具体使用要求,计算选定其精度等级。若已知传动链末端元件的传动精度要求,则可按传动链的误差传递规律来分配各级齿轮副的传动精度要求,从而确定齿轮的精度等级;若已知传动装置所允许的振动,可再确定装置动态特性过程中,依据机械动力学来确定齿轮的精度等级;若已知齿轮的承载要求,可按所承受的转矩及使用寿命,经齿面接触强度计算,确定其精度等级。

（2）类比法　根据以往产品设计、性能试验以及使用过程中所累积的经验,以及长期使用中已证实其可靠性的各种齿轮精度等级选择的技术资料,经过与所设计的齿轮在用途、工作条件及技术性能上作对比后,选定其精度等级。

表 7-5 所示为部分机械齿轮精度等级的应用情况,表 7-6 所示为齿轮精度等级与速度的应用情况。

表 7-5　部分机械的齿轮精度等级范围

应用领域	精度等级	应用领域	精度等级
测量齿轮	2～5	航空发动机齿轮	4～8
透平齿轮	3～6	拖拉机齿轮	6～9
精密切削机床	3～7	一般减速器齿轮	6～9
一般金属切削机床	5～8	轧钢机齿轮	6～10
内燃、电气机车车辆	6～7	地质、矿山绞车齿轮	8～10
轻型汽车齿轮	5～8	起重机齿轮	7～10
载重汽车齿轮	6～9	农业机械齿轮	8～11

表 7-6　齿轮精度等级与速度的应用

机器类型	圆周速度/(m/s)		应用情况	精度等级
	直齿	斜齿		
机床	>30	>50	高精度和精密的分度链末端齿轮	4
	>15～30	>30～50	一般精度分度链末端齿轮、高精度和精密的分度链的中间齿轮	5
	>10～15	>15～30	V级机床主传动用齿轮、一般精度分度链的中间齿轮、Ⅲ级和Ⅱ级以上精度机床的进给齿轮、油泵齿轮	6
	>6～10	>8～15	Ⅳ级和Ⅳ级以上精度机床的进给齿轮	7
	<6	<7	一般精度机床的齿轮	8
			没有传动要求的手动齿轮	9
动力传动		>70	用于很高速度的透平传动齿轮	4
		>30	用于高速度的透平传动齿轮、重型机械进给机构、高速重载齿轮	5
		<30	高速传动齿轮、有高可靠性要求的工业机器齿轮、重型机械的功率传动齿轮、作业率很高的起重运输机械齿轮	6
	<15	<25	高速和适度功率、大功率和适度速度条件下的齿轮,冶金、矿山、林业、石油、轻工、工程机械和小型工业齿轮箱(通用减速器)有可靠性要求的齿轮	7

续表

机器类型	圆周速度/(m/s)		应 用 情 况	精度等级
	直齿	斜齿		
动力传动	<10	<15	中等速度较平稳传动的齿轮,冶金、矿山、林业、石油、轻工、工程机械和小型工业齿轮箱(通用减速器)的齿轮	8
	≤4	≤6	一般性工作和噪声要求不高的齿轮、受载低于计算载荷的齿轮、速度大于1 m/s的开式齿轮传动和转盘齿轮	9
航空、船舶和车辆	>35	>70	需要很高的平稳性、低噪声的航空和船用齿轮	4
	>20	>35	需要高的平稳性、低噪声的航空和船用齿轮	5
	≤20	≤35	需要很高的平稳性、低噪声的航空和船用齿轮	6
	≤15	≤25	用于有平稳性和噪声要求的航空和船用齿轮	7
	≤10	≤15	用于中等速度较平稳传动的载重汽车和拖拉机的齿轮	8
	≤4	≤6	用于较低速度和噪声要求不高的载重汽车第一挡与倒挡以及拖拉机和联合收割机的齿轮	9
其他			检验7级精度齿轮的测量齿轮	4
			检验8～9级精度齿轮的测量齿轮、印刷机和印刷辊子用齿轮	5
			读数装置中特别精密传动的齿轮	6
			读数装置的传动及具有非直尺的速度传动齿轮、印刷机传动齿轮	7
			普通印刷机传动齿轮	8
单级传动效率			不低于0.99(包括轴承不低于0.985)	4～6
			不低于0.98(包括轴承不低于0.975)	7
			不低于0.97(包括轴承不低于0.965)	8
			不低于0.96(包括轴承不低于0.95)	9

2) 齿轮精度等级选择应注意的事项

在 GB/T 10095.1 同侧齿面精度制的规定中,对单个齿轮的 f_{pt}、F_{pk}、F_P、F_α、F_β 等评定参数规定精度等级时,若无其他说明,则取同一精度等级;亦可通过供需协议,对工作面和非工作面规定不同精度等级,或对不同的评定参数规定不同的精度等级;另外,也可以仅对工作面规定所要求的精度等级。

在 GB/T 10095.2 齿轮径向误差精度制的规定中,对单个齿轮的径向综合偏差 F_i'' 和 f_i'' 两评定参数规定精度等级时,若无其他说明,则取同一精度等级;亦可通过供需协议,规定不同精度等级;对径向综合偏差规定某一精度等级并不意味着对 f_{pt}、F_{pk}、F_P、F_α、F_β 等评定参数规定相同的精度等级。径向跳动 F_r 精度由供需双方协商选用。

由于不同的应用对齿轮传动准确性、工作平稳性及载荷分布均匀性等精度要求有不同的侧重,通常应根据主要的精度要求来决定齿轮的精度等级,即应先确定反映主要精度要求评定参数的精度等级,再根据具体情况确定反映其他评定参数的精度等级。若反映传动准确性精度评定参数的精度等级数为 C_I、反映工作平稳性精度评定参数的精度等级数为 C_{II}、反映载荷分布均匀性精度评定参数的精度等级数为 C_{III},根据不同评定参数所反映的齿轮制造误差的特性(如表 7-7 所示),一般情况下可按下式确定齿轮评定参数的精度等级:

$$C_{II}-1 \leqslant C_I \leqslant C_{II}+2, \quad C_{III} \leqslant C_{II} \tag{7-20}$$

在用类比法选择齿轮精度等级时,通常多选定 C_{II} 后,再按式(7-20)确定其余评定参数的精度等级。

表 7-7　评定参数的主要特性

评定参数	反映误差的主要特性	对传动精度的影响
F_P、F_{pk}、F_i'、F_i''、F_r	长周期误差,除 F_{pk} 外,均在齿轮一转范围内检测	传递运动的准确性
f_{pt}、F_a、f_{fa}、f_{Ha}、f_i'、f_i''	短周期误差,在一个齿面上或一个齿距内检测	传递运动的平稳性
F_β、$f_{f\beta}$、$f_{H\beta}$	在齿轮的轴线方向(齿长方向)上检测	载荷分布均匀性

7.5.2　齿轮坯和齿轮副的精度要求及选用

实际齿轮副的两齿轮是由齿坯加工后并安装在齿轮箱体上工作的,因此轮坯和箱体的制造质量对于齿轮副的接触条件和运行状况有着极大地影响。GB/Z 18620.3 对齿轮坯(包括基准轴线、确定基准轴线的基准面以及其他相关的基准面)及最终构成齿轮副轴线的相应参数作了精度要求的规定。

1. 齿轮坯轴线的精度要求

表 7-2 所示齿轮轮齿的精度参数及其数值要求都是基于特定的回转轴线,即基准轴线而定义的,整个齿轮的几何要素均以基准轴线为准。因此,设计时必须明确把规定齿轮公差的基准轴线表示出来,同时对用以确定基准轴线的要素(基准面)应做相应的精度规定,以保证齿轮各要素的制造精度。表 7-8 列出确定齿轮基准轴线的三种基本方法及相应基准面的公差要求。

表 7-8　齿轮基准轴线的确定方法

方法描述	方法 1:用两个短圆柱或圆锥形基准面上设定的两个圆的圆心来确定轴线上的两个点	方法 2:用一个长圆柱或圆锥面来同时确定轴线的方向和位置。孔的轴线可以用正确装配的工作芯轴来代表	方法 3:轴线位置用一个短圆柱形基准面上的一个圆的圆心来确定,而其方向则用垂直于此轴线的一个基准端面来确定
图例	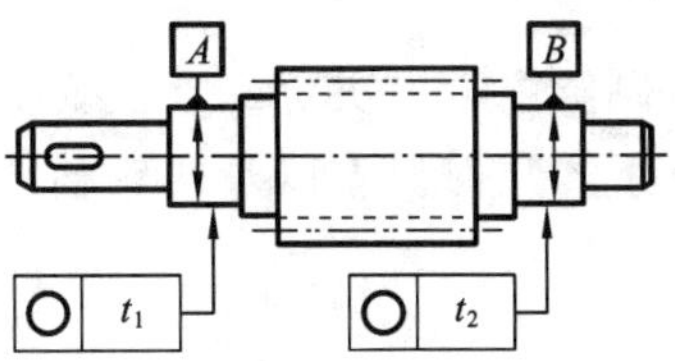	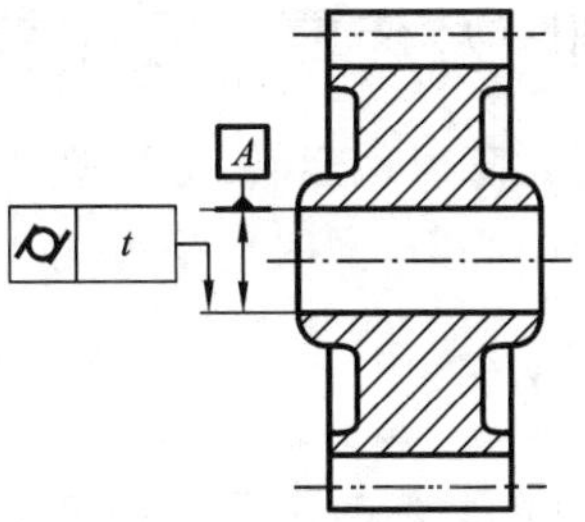	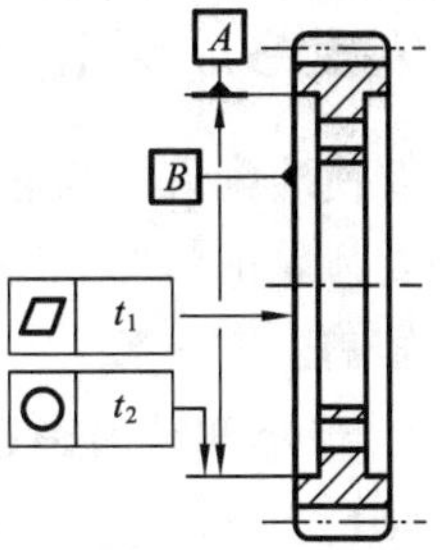
基准面公差	圆度:$0.04(L/b)F_\beta$ 或 $0.1F_P$ 取二者中之小值	圆柱度:$0.04(L/b)F_\beta$ 或 $0.1F_P$ 取二者中之小值	圆度:$0.06F_P$ 平面度:$0.06(D_d/b)F_\beta$

注:① L—轴承跨距;b—齿宽;D_d—基准面直径;
　　② 齿轮坯的公差应减至能经济地制造的最小值。

在实际生产及应用中,对与轴制成一体的小齿轮,在制造和检验时常将其安置于两端的顶尖上,即以两端的中心孔(基准面)确定齿轮的基准轴线,如图 7-38 齿轮轴零件图所示。显然,该齿轮轴的工作及制造安装面与基准面是不统一的,导致齿轮的基准轴线和工作轴线不重合。

对此类情况,GB/Z 18620.3 推荐工作安装面相对于基准轴线的跳动不应大于表7-9中规定的数值。

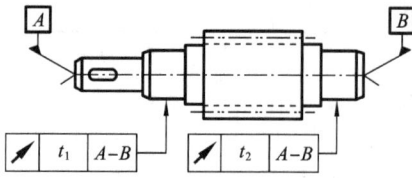

图 7-38　两端中心孔确定基准轴线

表 7-9　安装面的跳动公差

确定轴线的基准面	跳动量	
	径向	轴向
圆柱或圆锥形	$0.15(L/b)F_\beta$ 或 $0.3F_P$ 取二者中之大值	—
一个圆柱和一个端面	$0.3F_P$	$0.2(D_d/b)F_\beta$

注:① L—轴承跨距;b—齿宽;D_d—基准面直径;
　　② 齿轮坯的公差应减至能经济地制造的最小值。

2. 轴线平行度公差

　　轴线平面内的轴线平行度公差会导致螺旋线啮合偏差,其影响与工作压力角的正弦值相关;垂直平面上的轴线平行度公差的影响则与工作压力角的余弦值相关。由于余弦函数的绝对值通常大于正弦函数,垂直平面上的轴线平行度偏差对啮合偏差的影响可能显著大于轴线平面内的偏差。此外,齿轮轴需通过轴承固定于箱体或机架,而啮合作用仅发生在齿宽范围内。因此,在设定轴线平行度公差允许值时,需综合考虑轴承间距与齿宽的相对比例。基于此,GB/Z 18620.3 对轴线平面和垂直平面的平行度公差分别规定了不同的最大允许值(见图7-34 示例)。

　　① 垂直平面上平行度偏差 $f_{\Sigma\beta}$ 的推荐最大值为

$$f_{\Sigma\beta} = 0.5(L/b)F_\beta \tag{7-21}$$

式中:L——轴承间距;

　　　b——齿宽;

　　　F_β——螺旋线总偏差。

　　② 轴线平面内平行度偏差 $f_{\Sigma\delta}$ 的推荐最大值为

$$f_{\Sigma\delta} = 2f_{\Sigma\beta} \tag{7-22}$$

7.5.3　齿轮副侧隙及齿厚极限偏差的确定

　　要使装配好的齿轮副能无障碍地运转,需要适当的侧隙配合。决定配合主要要素分别为两相配齿轮的齿厚和两轮的中心距,同时也受齿轮各要素的几何误差以及两轮轴线平行度误差的影响。

1. 最小侧隙的确定

　　GB/Z 18620.2 对齿轮副的装配侧隙作了指导性规范,并在其附录中为设计者提供了最小侧隙 j_{bnmin} 的推荐值(如表 7-10 所示)和最小侧隙的计算公式。

　　表 7-10 中的最小侧隙数值可由下式计算:

$$j_{bnmin} = 2 \times (0.06 + 0.0005a_i + 0.03m_n)/3 \tag{7-23}$$

　　式(7-23)及表 7-10 给出的是基于静态条件下,相配齿轮副两齿轮的轮齿均为最大允许实效齿厚,且两齿轮处于最紧的允许中心距啮合时最小侧隙的推荐值,设计时亦可通过对各影响因素的公差分析来估算,但由于各因素对侧隙的影响通常不能简单地叠加,估算时需要结合经验进行判断。

表 7-10　对于中、大模数齿轮最小侧隙 j_{bnmin} 的推荐数值　　　　　　　（mm）

m_n	最小中心距 a_i					
	50	100	200	400	800	1600
1.5	0.09	0.11	—	—	—	
2	0.10	0.12	0.15	—	—	
3	0.12	0.14	0.17	0.24	—	
5	—	0.18	0.21	0.28	—	
8	—	0.24	0.27	0.34	0.47	
12	—	—	0.35	0.42	0.55	
18	—	—	—	0.54	0.67	0.94

注:本表推荐值用于由钢铁金属齿轮及其箱体构成的传动装置的最小侧隙,工作时节圆线速度小于 15 m/s,其箱体、
　　轴和轴承都采用常用的商业制造公差。

实际生产中,也可通过考虑下列因素来确定最小侧隙。

1）齿轮副的工作温度

补偿箱体和齿轮副温升的侧隙值为

$$j_{bnmin1} = a(\alpha_1 \Delta t_1 - \alpha_2 \Delta t_2) \times 2\sin\alpha_n \tag{7-24}$$

式中:a——中心距(mm);

　　　Δt_1、Δt_2——齿轮和箱体在正常工作下对标准温度(20 ℃)的温差（℃）;

　　　α_1、α_2——齿轮和箱体材料的线膨胀系数(1/℃);

　　　α_n——法向齿形角(°)。

2）润滑方式及齿轮圆周速度

对于无强迫润滑的低速传动(油池润滑),所需的最小侧隙可取

$$j_{bnmin2} = (0.005 - 0.01)m_n \tag{7-25}$$

对于喷油润滑,最小侧隙可按圆周速度 v 确定:

当 $v \leqslant 10$ m/s 时,$j_{bnmin2} \approx 0.01 m_n$(mm);

当 $10 < v \leqslant 25$ m/s 时,$j_{bnmin2} \approx 0.02 m_n$(mm);

当 $25 < v \leqslant 60$ m/s 时,$j_{bnmin2} \approx 0.03 m_n$(mm);

当 $v > 60$ m/s 时,$j_{bnmin2} \approx (0.03 \sim 0.05)m_n$(mm)。

综上,最小极限侧隙应为

$$j_{bnmin} \geqslant 1000(j_{bnmin1} + j_{bnmin2}) \ (\mu m) \tag{7-26}$$

2. 齿厚极限偏差的确定

设计时,当按表 7-10 选定或按式(7-26)确定最小侧隙 j_{bnmin} 后,若无其他误差影响,可根据下式来确定齿轮副两相配齿轮的齿厚上偏差 E_{sns1}、E_{sns2}:

$$|(E_{sns1} + E_{sns2})|\cos\alpha_n = j_{bnmin} \tag{7-27}$$

若 $E_{sns1} = E_{sns2} = E_{sns}$ 时,则 $j_{bnmin} = 2E_{sns}\cos\alpha_n$。

若按式(7-26)确定最小侧隙,在设计计算齿轮副的齿厚偏差时,为满足齿轮副正常运转时所需的最小侧隙,还应考虑箱体的中心距误差和齿轮的制造及安装误差的影响。即由齿轮副两轮齿厚上偏差所形成的侧隙除了要满足最小侧隙的需要,还需为中心距偏差和齿轮制造及安装误差所造成的侧隙变化留有补偿量,则式(7-27)变为

$$|(E_{sns1} + E_{sns2})|\cos\alpha_n = j_{bnmin} + f_a \times 2\sin\alpha_n + J_n \tag{7-28}$$

式中：f_a——中心距允许偏差；

　　　J_n——补偿齿轮制造及安装误差引起的侧隙减小量，J_n 可按下式计算

$$J_n = \sqrt{f_{pb1}^2 + f_{pb2}^2 + 2(F_\beta \cos\alpha_n)^2 + (f_{\Sigma\delta}\sin\alpha_n)^2 + (f_{\Sigma\beta}\cos\alpha_n)^2}$$

若 $\alpha_n = 20°$，且 $F_\beta = f_{\Sigma\delta} = 2f_{\Sigma\beta}$，则上式可简化为

$$J_n = \sqrt{f_{pb1}^2 + f_{pb2}^2 + 2.104F_\beta^2} \tag{7-29}$$

若两啮合齿轮的齿厚上偏差相等，即 $E_{sns1} = E_{sns2} = E_{sns}$，则有齿厚上偏差

$$|E_{sns}| = f_a \tan\alpha_n + \frac{j_{bnmin} + J_n}{2\cos\alpha_n} \tag{7-30}$$

齿厚下偏差

$$E_{sni} = E_{sns} - T_{sn} \tag{7-31}$$

式中：齿厚公差 T_{sn} 可按下式计算

$$T_{sn} = \sqrt{F_r^2 + b_r^2} \times 2\tan\alpha_n \tag{7-32}$$

式中：F_r——径向跳动公差；

　　　b_r——切齿时径向进刀公差，可按表 7-11 选用。

表 7-11　齿轮切齿时径向进刀公差推荐

齿轮精度等级	4	5	6	7	8	9
b_r	1.26IT7	IT8	1.26IT8	IT9	1.26IT9	IT10

7.5.4　齿坯的相关尺寸和齿面表面粗糙度要求

作为定位基准或安装基准的齿轮内孔、齿顶圆、齿轮轴的尺寸精度将影响齿轮传动精度，表 7-12 列出其尺寸公差要求。

表 7-12　齿坯尺寸公差要求

传递运动准确性参数的精度等级	1	2	3	4	5	6	7	8	9	10	11	12
齿轮孔的直径	IT4	IT4	IT4	IT4	IT5	IT6	IT7		IT8		IT8	
齿轮轴的直径	IT4	IT4	IT4	IT4	IT5		IT6		IT7		IT8	
齿顶圆直径	IT6			IT7			IT8			IT9		IT11

同样，作为传动的接触面，齿面的表面质量将影响传动精度，GB/Z 18620.4 对齿轮表面粗糙度要求作了规定，表 7-13 列出齿面表面粗糙度 Ra 的推荐值。

表 7-13　齿轮齿面表面粗糙度 Ra 的推荐极限值(μm)

模数/mm	精度等级											
	1	2	3	4	5	6	7	8	9	10	11	12
$m < 6$					0.5	0.8	1.25	2.0	3.2	5.0	10	20
$6 \leqslant m \leqslant 25$	0.04	0.08	0.16	0.32	0.63	1.00	1.6	2.5	4	6.3	12.5	25
$m > 25$					0.8	1.25	2.0	3.2	5.0	8.0	16	32

7.5.5　齿轮公差要求的规范和验收

按照国家标注规定，在技术文件(如工程图纸或齿轮计算书)上表述齿轮的公差要求时，可用参数表给出以下内容：

（1）标准文件的引用。如 GB/T10095.1—2022、GB/T10095.2—2023。

（2）各个偏差项目的齿面公差等级和公差值。对于给定的具体齿轮,各偏差项目可使用不同的齿面公差等级,指定齿面公差等级的齿轮的各项公差值可根据公式（7-21）～公式（7-32）计算。

此外,如有必要,还可以给出用于测量的基准轴线、工作基准轴线、测量圆直径、最少检查齿数、齿廓或螺旋线修形的设计形状、齿廓和螺旋线测量的计值范围、齿廓控制圆直径、齿厚、齿顶圆直径、齿根圆直径、齿根圆角轮廓,以及齿面的表面粗糙度等。

齿面公差等级的标识或规定应按下述格式表示:GB/T10095.1—2022,等级 A。其中,A 表示设计齿面公差等级。

齿轮径向综合公差等级的标注为 GB/T10095.2—2023,R35 级。其中,35 级表示设计的径向综合公差等级。

7.5.6　应用举例

例 7-1　某进给系统中的一对直齿圆柱齿轮,传递功率为 3 kW,主动齿轮 z_1 的最高转速 $n_1 = 700$ r/min,模数 $m_n = 2$ mm,齿数 $z_1 = 40$,齿宽 $b_1 = 15$ mm,齿形角 $\alpha = 20°$;从动轮 Z_2 的齿数 $z_2 = 80$,齿轮材料为 45 钢,$\alpha_1 = 11.5 \times 10^{-6}$ (1/℃),箱体材料为铸铁,$\alpha_2 = 10.5 \times 10^{-6}$ (1/℃);工作时,齿轮 Z_1 的温度为 60 ℃,箱体的温度为 40 ℃,齿轮的润滑方式为喷油润滑;Z_1 的孔径 $D_H = 32$ mm。经供需双方商定,基圆齿距偏差的允许值为 $f_{pb1} = \pm 9$ μm,$f_{pb2} = \pm 10$ μm;中心距允许偏差 $f_a = \pm 17.5$ μm;齿轮需检验 f_{pT}、F_p、F_α、F_β、F_r,齿面公差等级均为 6 级。试确定齿轮 Z_1 各评定参数的允许值、齿轮副法向侧隙及 Z_1 的齿厚极限偏差和齿坯的技术要求,并绘制齿轮 Z_1 的工作图。

解　（1）确定 Z_1 的 f_{pt}、F_p、F_α、F_β、F_r 的允许值。

因为 Z_1 的分度圆直径为 $d_1 = z_1 \times m_n = 40 \times 2$ mm $= 80$ mm;齿宽为 $b_1 = 15$ mm;f_{pt}、F_P、F_α、F_β 精度等级均为 6 级。则由表 7-2 中的公式计算得到

$$f_{pT} = \pm 8.3 \text{ μm}; \quad F_{pT} = 26 \text{ μm}; \quad F_{\alpha T} = 11 \text{ μm}; \quad F_{\beta T} = 12 \text{ μm}; \quad F_{rT} = 24 \text{ μm}$$

（2）计算齿轮副侧隙。

齿轮副中心距

$$a = (d_1 + d_2)/2 = (z_1 + z_2) \times m_n/2 = (40 + 80) \times 2/2 \text{ mm} = 120 \text{ mm}$$

由式（7-24）得

$$j_{bnmin1} = a(\alpha_1 \Delta t_1 - \alpha_2 \Delta t_2) \times 2\sin\alpha_n$$

$$= 120 \text{ mm} \times (11.5 \times 10^{-6} \times 40 - 10.5 \times 10^{-6} \times 20) \times 2 \times \sin 20° = 0.0205 \text{ mm}$$

由于

$$v = 700 \times 0.080/60 \text{ m/s} = 9.3 \text{ m/s} < 10 \text{ m/s}$$

则取

$$j_{bnmin2} \approx 0.01 m_n = 0.02 \text{ mm}$$

由式（7-26）,得

$$j_{bnmin} = 1000(j_{bnmin1} + j_{bnmin2}) = 1000(0.0205 + 0.02) \text{ μm} = 40.5 \text{ μm}$$

（3）计算齿厚极限偏差。

取两齿轮的齿厚上偏差 $E_{sns1} = E_{sns2} = E_{sns}$,$F_\beta = f_{\Sigma\delta} = 2f_{\Sigma\beta}$,则由式（7-29）可得

$$J_n = \sqrt{f_{pb1}^2 + f_{pb2}^2 + 2.104 F_\beta^2} = \sqrt{9^2 + 10^2 + 2.104 \times 11^2} \approx 21 \text{ μm}$$

由式(7-30)可得

$$E_{sns} = -\left(f_a \tan\alpha_n + \frac{j_{bnmin} + J_n}{2\cos\alpha_n} \right) = -\left(17.5\tan20° + \frac{40.5 + 21}{2\cos20°} \right) = -39.09 \ \mu m$$

则取齿轮 Z_1 的齿厚上偏差

$$E_{sns1} = E_{sns2} = -40 \ \mu m$$

查表 7-11($d_1 = 80$ mm,IT8 $= 46 \ \mu m$)并计算得齿轮 Z_1 的进刀公差

$$b_r = 1.26 \ IT8 = 58 \ \mu m$$

由式(7-32),齿轮 Z_1 的齿厚公差为

$$T_{sn} = \sqrt{F_r^2 + b_r^2} \times 2\tan\alpha_n = \sqrt{21^2 + 58^2} \times 2\tan20° = 45 \ \mu m$$

则齿轮 Z_1 的齿厚下偏差

$$E_{snil} = E_{sns1} - T_{sn} = (-40 - 45) \ \mu m = -85 \ \mu m$$

（4）确定齿坯其他技术要求。

设计以 z_1 的孔及端面为定位基准面,由表 7-12 得基准孔直径公差为 IT6,$T_H = 0.016$ mm,ES $= +0.016$ mm,EI $= 0$;齿顶圆直径公差为 IT8,$T_S = 0.054$ mm,es $= 0$,ei $= -0.054$ mm。

由表 7-8 和表 7-9 可知,端面平面度公差 $T_{\square}$($D_d = 54$ mm)及端面轴向圆跳动公差 $T_{\nearrow}$,以及内孔圆度公差 $T_{\bigcirc}$ 分别为

$$T_{\square} = 0.06(D_d/b)F_\beta = 0.06(54/15) \times 11 \ \mu m = 2.4 \ \mu m$$

$$T_{\nearrow} = 0.2(D_d/b)F_\beta = 0.2(54/15) \times 11 \ \mu m = 8 \ \mu m$$

$$T_{\bigcirc} = 0.6F_P = 0.6 \times 26 = 15.6 \ \mu m$$

取 $T_{\square} = 2 \ \mu m$,$T_{\nearrow} = 8 \ \mu m$,$T_{\bigcirc} = 15 \ \mu m$。另取齿顶圆径向圆跳动公差为 0.011 mm。

由表 7-13 查得,齿面表面粗糙度要求为:$Ra = 0.8 \ \mu m$。

（5）绘制齿轮工作图。

齿轮 Z_1 的工作图如图 7-39 所示。

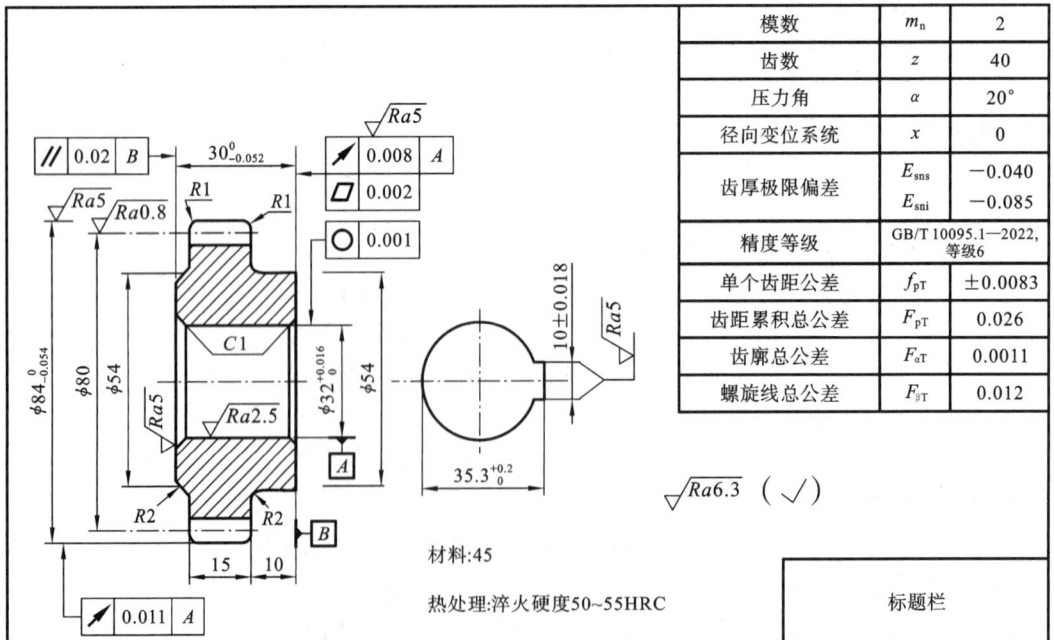

模数	m_n	2
齿数	z	40
压力角	α	20°
径向变位系统	x	0
齿厚极限偏差	E_{sns}	−0.040
	E_{sni}	−0.085
精度等级		GB/T 10095.1—2022,等级6
单个齿距公差	f_{pT}	±0.0083
齿距累积总公差	F_{pT}	0.026
齿廓总公差	$F_{\alpha T}$	0.0011
螺旋线总公差	$F_{\beta T}$	0.012

材料:45

热处理:淬火硬度50~55HRC

标题栏

图 7-39　齿轮工作图

思政知识点

王立鼎院士的齿轮人生

2024 年 4 月，工业和信息化部、国家发展和改革委员会等七部门联合印发《推动工业领域设备更新实施方案》，在制造业高端化、数字化、绿色化、安全性等方面提出了推动工业领域设备更新和技术改造升级的要求。中国科学院院士王立鼎表示："我国正在向高端制造转型升级，其前提是工业零部件的整体升级。现在我们有自信，因为工业用齿轮的升级换代使我国在技术上做好了准备。"齿轮是机床、机器人、汽车等装置的核心传动部件，齿轮的精度直接影响机械工程装备的整体精度。高精度的齿轮组运行平稳、噪声小、传动精度高，在工业生产、航空航天等领域起到关键作用。中国科学院院士王立鼎在中国科学院长春光学精密机械与物理研究所（以下简称长春光机所）从事超精密齿轮工艺与测试研究 60 余年，建立了相关精度理论与"正弦消减法"等误差补偿方法，研制出最高精度等级的精密齿轮和渐开线样板，用于工程和计量基准。

1965 年王立鼎院士针对精密雷达项目中齿轮制造精度低，严重影响雷达精度的问题，开始攻克超精密齿轮制造技术。高精度雷达中的齿轮精度要达到 2 级甚至 1 级，当时只有瑞士 MAAG（马格）公司能做出 2 级及以上精度齿轮，而我国的齿轮加工精度为 4 级。王立鼎院士对国产齿轮磨床 Y7431 进行技术改造。于 1966 年成功采用"易位法"和"正弦消减法"磨齿工艺，研制出我国首个达到雷达设计精度要求的超精密齿轮。1978 年，其研制出的高精度小模数标准齿轮达到世界先进水平，荣获第一届全国科学大会奖。

王立鼎院士创新性地将测量装置的端齿分度机构用于齿轮机床，使机床分度精度从 50 角秒提高到 1.7 角秒，这一精度是当时国内外齿轮机床从未达到过的精度，改装后的国产机床为分度精度 1 级的磨齿母机，在此基础上研制出 2 级精度中模数标准齿轮，作为中国计量科学研究院的国家级齿轮实体标准，用作我国齿轮量仪生产厂的量仪校对基准。1965—1980 年间，在改装国产齿轮磨床和提出创新独特的工艺基础上，王立鼎先后研制出 5 批世界一流的超精密齿轮——雷达编码齿轮，有力支撑于我国雷达及相关军工需求。

2017 年，王立鼎院士团队成功研制出 1 级精度基准标准齿轮、精化磨齿母机、超精密磨齿工艺，经鉴定，该成果达到国际前列水平，精度指标国际领先，具有全部自主知识产权，填补了国内外 1 级精度齿轮制造工艺技术与测量方法的空白。

结语与习题

Ⅰ. 本章的学习目的、要求及重点

学习目的：了解圆柱齿轮公差标准及其应用。

要求：① 了解齿轮制造精度各评定参数和检验项目的概念和意义及其对使用性能的影响；② 了解渐开线圆柱齿轮精度制的特点及其选用和标注；③ 了解圆柱齿轮的测量方法。

重点：影响齿轮传动质量的误差分析，各项评定参数的目的及作用；各评定参数之间的相互联系。

Ⅱ. 复习思考题

1. 齿轮传动的使用要求有哪些？彼此有何区别和联系？

2. 影响使用要求的主要误差源是什么?

3. 各评定参数和检测项目分别反映传动质量的何种特征?

Ⅲ. 练习题

1. 检测一模数 $m_n = 3$ mm,齿数 $z_1 = 30$,齿形角 $\alpha = 20°$,设计要求 7 级精度的渐开线直齿圆柱齿轮,结果为 $F_r = 20$ μm,$F_P = 36$ μm。试用表 7-2 所提供的公式,计算并评价该齿轮的这两项评定参数是否满足设计要求。

2. 用相对法测量模数 $m_n = 3$ mm,齿数 $z_1 = 12$ 的直齿圆柱齿轮齿距累积总偏差和单个齿距偏差,测得数据如附表 7-1。该齿轮设计要求为 8 GB/T 10095.1,试求其齿距累积总偏差 F_P 和单个齿距偏差 f_{pt},并判断其合格与否。

附表 7-1

序号	1	2	3	4	5	6	7	8	9	10	11	12
测量读数/μm	0	+5	+5	+10	−20	−10	−20	−18	−10	−10	+15	+5

3. 已知精度要求为 6 GB/T 10095.1 和 6 GB/T 10095.2 的某直齿圆柱齿轮副,模数 $m_n = 5$ mm,齿形角 $\alpha = 20°$,齿数分别为 $z_1 = 20$,$z_2 = 100$,内孔直径分别为 $D_1 = 25$ mm,$D_2 = 80$ mm。

(1) 用表 7-2 所提供的公式,计算 f_{pt}、F_P、F_α、F_β、F_i''、f_i'' 及 F_r 的允许值。

(2) 确定两齿轮基准面的几何公差、齿面表面粗糙度以及两轮内孔和齿顶圆的尺寸公差。

第 8 章

尺寸链

8.1 尺寸链的基本概念

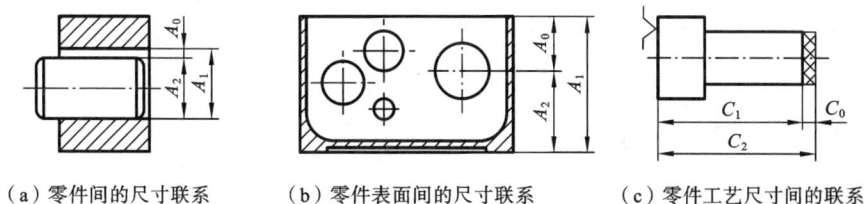

8.1.1 尺寸链的含义及作用

机械设计与制造中,通常需将零件的相关尺寸联系在一起。如图 8-1(a)所示的孔、轴装配后,将间隙 A_0、孔径 A_1 和轴径 A_2 联系在一起,并有 $A_0 = A_1 - A_2$;如图 8-1(b)所示箱体零件,顶面及右端大孔中心相对箱体底面的尺寸 A_1 和 A_2 已在设计图样上给出,将图示的尺寸 A_0(设计后自然形成)、A_1 和 A_2 联系在一起,并有 $A_0 = A_1 - A_2$;如图 8-1(c)所示的零件工序图中,要求阶梯轴由原长度 C_2 加工至 C_1,切除余量 C_0,将尺寸 C_0、C_1 和 C_2 联系在一起,并有 $C_0 = C_2 - C_1$。

尺寸链的
基本概念

（a）零件间的尺寸联系　　　（b）零件表面间的尺寸联系　　　（c）零件工艺尺寸间的联系

图 8-1　机件上各件间相互关联的尺寸

类似于图 8-1 所示的这些相互关联的尺寸,在机器的装配或零件的设计、加工过程中,由相互连接的尺寸形成封闭的尺寸组,称为尺寸链(dimensional chain)。对于尺寸链中的各个尺寸,除了它们的公称尺寸需满足机械原理设计和结构设计的要求外,由于它们形成了封闭的尺寸组,各尺寸的精度将相互影响,因而还应通过尺寸链的分析与计算进行精度设计,即在满足使用要求的前提下对它们规定经济合理的精度要求。

8.1.2 尺寸链的有关术语及定义

1. 环

尺寸链中的每一个尺寸称为环(link),如图 8-1 所示的 A_0、A_1、A_2、C_0、C_1、C_2。

2. 封闭环

尺寸链中,在装配过程或加工过程中最后形成的一环称为封闭环(closing link),如图 8-1 所示的 A_0 和 C_0。

3. 组成环

尺寸链中,对封闭环有影响的全部环称为组成环(component link)(如图 8-1 所示的 A_1、A_2、C_1、C_2)。组成环中任一环(如图 8-1 所示的 A_1、A_2、C_1、C_2)的变动必然引起封闭环的变动。

4. 增环

尺寸链中,某组成环的变动引起封闭环的同向变动,则称该环为增环(increasing link)(如图 8-1 所示的 A_1 和 C_2)。同向变动是指该环增大时封闭环也增大,该环减小时封闭环也减小。

5. 减环

尺寸链中,某组成环的变动引起封闭环的反向变动,则称该环为减环(decreasing link)(如图 8-1 所示的 A_2 和 C_1)。反向变动是指该环增大时封闭环减小,该环减小时封闭环增大。

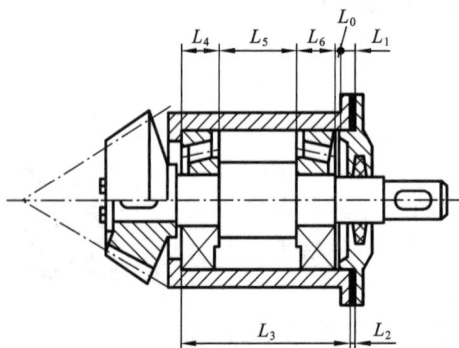

图 8-2　补偿环

6. 补偿环

尺寸链中,预先选定某一组成环,可以通过改变其大小或位置,使封闭环达到规定的要求,则称该组成环为补偿环(compensating link),如图 8-2 所示的 L_2。

7. 传递系数

表示各组成环对封闭环影响大小的系数称为传递系数(scaling factor, transformation ratio)。尺寸链中,封闭环 L_0 为各组成环 $L_i(i=1,2,\cdots,m)$ 的函数,即 $L_0=f(L_1,L_2,\cdots,L_m)$。设第 i 个组成环的传递系数为 ζ_i,则 $\zeta_i=\partial f/\partial L_i$。对于增环,$\zeta_i$ 为正值;对于减环,ζ_i 为负值。如图 8-1 所示的尺寸链中,对于 $A_0=A_1-A_2$,$\zeta_1=+1$,$\zeta_2=-1$;对于 $C_0=C_2-C_1$,$\zeta_2=+1$,$\zeta_1=-1$。

8.1.3　尺寸链的分类

1. 长度尺寸链和角度尺寸链

(1) 长度尺寸链　指全部环均为长度尺寸的尺寸链,如图 8-1、图 8-2 所示的尺寸链。

(2) 角度尺寸链　指全部环均为角度尺寸的尺寸链,如图 8-3 所示的尺寸链。图中游标卡尺两量爪测量面之间的平行度 α_0(以角度值表示)与定尺量爪测量面对定尺下侧面的垂直度 α_1(以角度值表示)及动尺量爪测量面对动尺框下侧面的垂直度 α_2(以角度值表示)构成角度测量链,有 $\alpha_0=\alpha_1-\alpha_2$。

2. 装配尺寸链、零件尺寸链与工艺尺寸链

(1) 装配尺寸链　指全部组成环为不同零件的设计尺寸所形成的尺寸链,如图 8-1(a)、图 8-2 所示的尺寸链。

(2) 零件尺寸链　指全部组成环为同一零件的设计尺寸所形成的尺寸链,如图 8-1(b)所示的尺寸链。

(3) 工艺尺寸链　指全部组成环为同一零件工艺尺寸所形成的尺寸链,如图 8-1(c)所示的尺寸链。

装配尺寸链和零件尺寸链统称为设计尺寸链;设计尺寸是指工程图样上标注的尺寸,而工艺尺寸是指工序尺寸、定位尺寸和测量尺寸。

3. 基本尺寸链与派生尺寸链

（1）基本尺寸链　指全部组成环均直接影响封闭环的尺寸链,如图 8-4 所示的 β 尺寸链。

（2）派生尺寸链　指一个尺寸链的封闭环为另一个尺寸链的组成环的尺寸链,如图 8-4 所示的 γ 尺寸链。

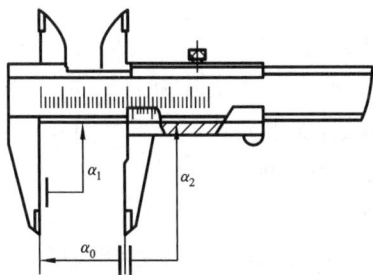

图 8-3　角度尺寸链

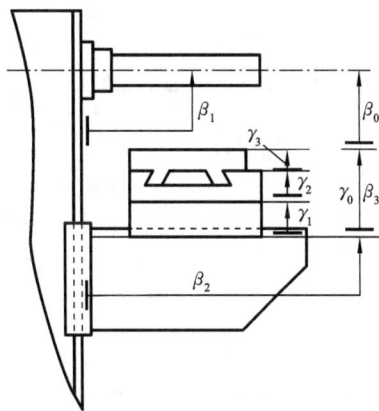

图 8-4　基本尺寸链与派生尺寸链

4. 标量尺寸链与矢量尺寸链

（1）标量尺寸链　指全部组成环为标量尺寸所形成的尺寸链,如图 8-1 至图 8-3 所示尺寸链。

（2）矢量尺寸链　指全部组成环为矢量尺寸所形成的尺寸链,如图 8-5 所示尺寸链。

5. 直线尺寸链、平面尺寸链与空间尺寸链

（1）直线尺寸链　指全部组成环平行于封闭环的尺寸链,如图 8-1、图 8-2 所示尺寸链。

（2）平面尺寸链　指全部组成环位于一个或几个平面内,但某些组成环不平行于封闭环的尺寸链,如图 8-6 所示尺寸链。

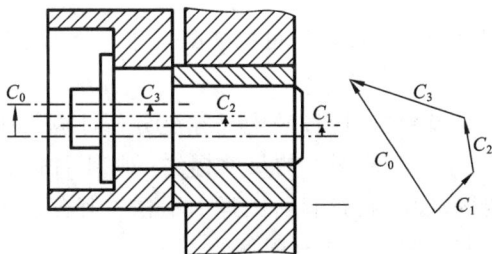

图 8-5　矢量尺寸链

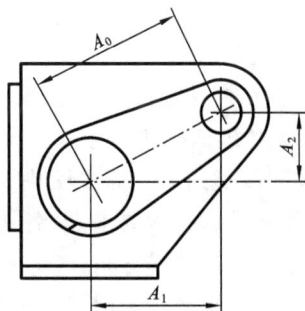

图 8-6　平面尺寸链

（3）空间尺寸链　指组成环位于几个不平行平面内的尺寸链。

8.1.4　尺寸链图的绘制及环的特征判别

正确绘制尺寸链图并判断各环的特征是分析计算尺寸链的基础。这里以图 8-2 所示的装配图为例,给出一种绘制尺寸链图的简单方法,其步骤如下。

（1）绘制相互连接的封闭尺寸线组。

按装配图或零件图的标注,从某一尺寸开始依次画出并连接各尺寸线,形成一个封闭的尺

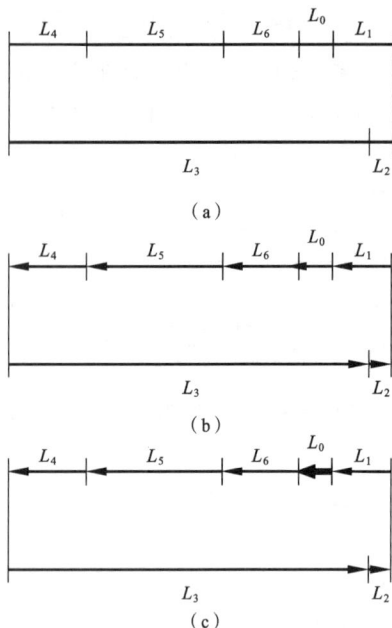

图 8-7　尺寸链图绘制

寸线组,如图 8-7(a)所示。若将具体的结构连接抽象为尺寸连接,则绘制时可不严格按照尺寸的比例,但应保持各尺寸连接和大小的逻辑关系。

(2)绘制单向箭头。

从尺寸线组中的任一尺寸线开始,将其一端标注上箭头,再按箭头方向依次将各尺寸线标注上单向箭头,形成首尾相接的单箭头尺寸链,如图 8-7(b)所示。

(3)判别封闭环。

在单箭头尺寸链上,找出装配或加工过程中最后形成的环,根据封闭环的定义确认其为封闭环,并对相应单箭头线作特殊的标记(加粗或着色等),如图 8-7(c)所示,L_0 为封闭环,将其线条加粗。

(4)判别增、减环。

对于直线尺寸链,箭头方向与封闭环箭头方向相反的组成环为增环,与封闭环箭头方向相同的组成环为减环,如图 8-7(c)所示,L_2、L_3 为增环,L_1、L_4、L_5、L_6 为减环。

8.1.5　尺寸链的作用

通过尺寸链分析计算,可以解决以下几个问题。

(1)合理地分配公差。

按封闭环的公差与极限偏差,合理地分配各组成环的公差与极限偏差。

(2)分析结构设计的合理性。

在机器、部件或机构设计中,通过对各种方案的装配尺寸链进行分析比较,可确定较合理的结构。

(3)检校图样。

检查和校核零件图尺寸、公差与极限偏差是否正确合理时,可按装配尺寸链分析计算。

(4)合理地标注尺寸。

装配图上的尺寸标注反映零部件的装配关系及要求,应按装配尺寸链分析计算封闭环的公差(装配后的技术要求)及各组成环的公称尺寸。零件图上的尺寸标注反映零件的加工要求,应按零件尺寸链分析计算,一般选最不重要的环作为封闭环,图样上不标注其公差和极限偏差,而零件上属于装配组成环的尺寸,则应对其规定公差与极限偏差。

(5)基面换算。

当按零件图上的尺寸和公差标注不便于加工或测量时,应按零件尺寸链进行基面换算。

(6)工序尺寸计算。

尺寸链分析计算在机器的精度设计中具有重要作用,国家标准 GB/T 5847《尺寸链 计算方法》给出了分析计算尺寸链的规范。

8.2　直线尺寸链的分析计算

本小节主要介绍直线尺寸链的分析计算。对于直线尺寸链,封闭环 L_0 与组成环 L_i 的基

本关系为

$$L_0 = \zeta_1 L_1 + \zeta_2 L_2 + \cdots + \zeta_m L_m \qquad (8\text{-}1)$$

对于增环,$\zeta_i = +1$;对于减环,$\zeta_i = -1$。

8.2.1 尺寸链分析计算的基本内容

在机械设计与制造中,尺寸链分析计算的内容主要包括三个方面。

(1) 设计计算。

根据装配的技术要求,设计计算各组成环的公差和极限偏差。设计计算有时也称为"解反计算问题"或"公差分配"等。设计计算的结果取决于所采用的设计方法,如等公差法、等公差级法或成本优化法等,因而其结果并非唯一。通常,对设计计算结果还要结合有关专业知识和实践经验进行适当的调整。

(2) 校核计算。

校核计算是指已知各组成环的公称尺寸、极限偏差和公差,求封闭环的公称尺寸、极限偏差和公差。校核计算有时也称为"解正计算问题""公差分析"或"公差验证"等。校核计算实质上是审核按图样标注加工各组成环后,是否能满足封闭环的要求,以验证设计的正确性。

(3) 中间计算。

中间计算是指已知封闭环和某些组成环的公称尺寸、极限偏差和公差的条件下,求另外的组成环的公称尺寸、极限偏差和公差。中间计算有时也称为部分公差分配,多用于分析解决零件的工艺尺寸问题。

8.2.2 用完全互换法(极值法)分析计算直线尺寸链

用完全互换法分析计算尺寸链问题时,考虑的是尺寸链的各环均为极限尺寸,而不考虑尺寸的实际分布状况。因而用完全互换法分析计算尺寸链问题可使产品的各组成环在装配时不需挑选或改变其大小及位置,装配后即能达到封闭环的要求。

1. 基本计算公式

根据完全互换法的出发点及式(8-1)给出的封闭环与组成环 L_i 的基本关系可知,当所有增环($\zeta_i = +1$)为最大极限尺寸,同时所有减环($\zeta_i = -1$)为最小极限尺寸时,封闭环为最大极限尺寸;当所有增环为最小极限尺寸,同时所有减环为最大极限尺寸时,封闭环为最小极限尺寸。由此可导出封闭环的公称尺寸、极限尺寸、极限偏差、中间偏差和公差的计算公式。

1) 封闭环的公称尺寸

封闭环的公称尺寸为

$$L_0 = \sum_{i=1}^{n} L_{iz} - \sum_{i=n+1}^{m} L_{ij} \qquad (8\text{-}2)$$

式中:L_0——封闭环的公称尺寸;

L_{iz}——增环的公称尺寸;

L_{ij}——减环的公称尺寸;

n——增环的个数;

m——全部组成环的个数。

2) 封闭环的极限尺寸

封闭环的极限尺寸为

$$L_{0\max} = \sum_{i=1}^{n} L_{iz\max} - \sum_{i=n+1}^{m} L_{ij\min} \tag{8-3}$$

$$L_{0\min} = \sum_{i=1}^{n} L_{iz\min} - \sum_{i=n+1}^{m} L_{ij\max} \tag{8-4}$$

式中:$L_{0\max}$、$L_{0\min}$——封闭环的最大极限尺寸和最小极限尺寸;

$L_{iz\max}$、$L_{iz\min}$——增环的最大和最小极限尺寸;

$L_{ij\max}$、$L_{ij\min}$——减环的最大和最小极限尺寸。

3)封闭环的极限偏差

由式(8-3)和式(8-4)分别减式(8-2),有

$$ES_0 = \sum_{i=1}^{n} ES_{iz} - \sum_{i=n+1}^{m} EI_{ij} \tag{8-5}$$

$$EI_0 = \sum_{i=1}^{n} EI_{iz} - \sum_{i=n+1}^{m} ES_{ij} \tag{8-6}$$

式中:ES_0、EI_0——封闭环的上极限偏差和下极限偏差;

ES_{iz}、EI_{iz}——增环的上极限偏差和下极限偏差;

ES_{ij}、EI_{ij}——减环的上极限偏差和下极限偏差。

4)封闭环的公差

由式(8-3)减去式(8-4)或由式(8-5)减去式(8-6),取差值的绝对值,有

$$T_0 = \sum_{i=1}^{m} T_i \tag{8-7}$$

式中:T_0——封闭环的公差;

T_i——第 i 个组成环的公差。

由式(8-7)可知,尺寸链中封闭环的精度最低,设计零件时往往将最不重要的尺寸作为封闭环;而装配尺寸链中,封闭环往往是反映装配精度的最重要的一环,因而可在尺寸链中预先选定某一组成环作为补偿环,通过改变其大小或位置来保证封闭环达到规定的精度要求。

5)中间偏差

中间偏差是尺寸公差带中点的偏差值,即上、下极限偏差的平均值,如图8-8所示。

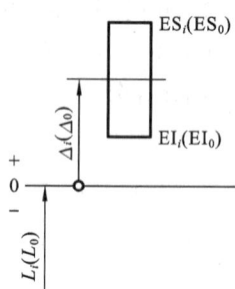

组成环的中间偏差为

$$\Delta_i = (ES_i + EI_i)/2 \tag{8-8}$$

封闭环的中间偏差为

$$\Delta_0 = \frac{ES_0 + EI_0}{2} = \sum_{i=1}^{n} \Delta_{iz} - \sum_{i=n+1}^{m} \Delta_{ij} \tag{8-9}$$

式中:Δ_{iz}——增环的中间偏差;

Δ_{ij}——减环的中间偏差。

若已知 Δ_0 和 T_0,则由图8-8可知,封闭环极限偏差为

$$ES_0 = \Delta_0 + T_0/2 \tag{8-10}$$

$$EI_0 = \Delta_0 - T_0/2 \tag{8-11}$$

图 8-8 中间偏差

2. 设计计算(反计算)

由前述,设计计算是根据装配的技术要求,设计计算各组成环的公差和极限偏差的过程。

1)各组成环公差的确定

已知封闭环的公差求各组成环的公差,即按装配总的技术要求,根据第3章介绍的有关知

识合理地给各组成环分配公差,有两种分配方法。

（1）等公差法（平均公差法）。

等公差法即假定各组成环的公差相等。先取各组成环公差为平均公差,即

$$T_i' = T_{av} = T_0/m \tag{8-12}$$

按式（8-12）计算出组成环的平均公差 T_{av} 后,再根据各组成环的公称尺寸、加工难易程度等因素适当调整,调整后的组成环公差 T_i 需满足

$$\sum_{i=1}^{m} T_i \leqslant T_0 \tag{8-13}$$

（2）等公差级法（等精度法）。

等公差级法即假定各组成环的公差等级相同,由第 3.3 节可知,此时各组成环应有相同的公差等级系数 a,则由式（3-2）和式（8-7）可得

$$T_0 = \sum_{i=1}^{m} T_i = ai_1 + ai_2 + \cdots + ai_m$$

有
$$a = \frac{T_0}{i_1 + i_2 + \cdots + i_m} = T_0 \Big/ \sum_{i=1}^{m} i_i \tag{8-14}$$

式中：i_i——各组成环的公差单位,$i_i = 0.45\sqrt[3]{L_{iav}} + 0.001L_{iav}$；

L_{iav}——第 i 个组成环公称尺寸所在尺寸段的几何平均值。

不同尺寸段相应的公差单位值如表 8-1 所示。

表 8-1　公差单位值

尺寸分段/mm	1～3	>3 ～6	>6 ～10	>10 ～18	>18 ～30	>30 ～50	>50 ～80	>80 ～120	>120 ～180	>180 ～250	>250 ～315	>315 ～400	>400 ～500
$i/\mu m$	0.54	0.73	0.90	1.08	1.31	1.56	1.86	2.17	2.52	2.90	3.23	3.54	3.86

由式（8-14）计算出 a,再由表 3-1 或表 3-2 查出与其相近的公差等级系数 a',则各组成环的公差值为

$$T_i = a'i_i \tag{8-15}$$

也可由 a' 所对应的公差等级,查表 3-4 确定各组成环的公差。同样,各组成环的公差应满足式（8-13）。

2）各组成环极限偏差的确定

各组成环的公差 T_i 确定后,按"单向体内原则"确定组成环的极限偏差。即对于包容尺寸（孔类尺寸）,可取 ES $= +T_i$,EI $= 0$；对于被包容尺寸（轴类尺寸）,可取 es $= 0$,ei $= -T_i$。计算时,通常留一合适的组成环,待其他组成环的极限偏差确定后,再按式（8-5）和式（8-6）来计算其极限偏差。

例 8-1　如图 8-9（a）所示的为装配简图,齿轮可在固定轴上转动。其端面与挡圈的间隙要求为 $+0.10 \sim +0.35$ mm。已知：$L_1 = 30$ mm；$L_2 = L_5 = 5$ mm；$L_3 = 43$ mm；L_4 是标准件（卡簧）,$L_4 = 3_{-0.05}^{\ 0}$ mm。试用完全互换法设计计算各尺寸的公差和极限偏差。

解　① 绘制尺寸链图,确定封闭环和增、减环。

根据图 8-9（a）所示各零件的装配关系,画出如图 8-9（b）所示尺寸链图。根据各零件装配顺序,最后形成的间隙 L_0 为封闭环；根据尺寸链的箭头方向判断：L_3 为增环,L_1、L_2、L_4、L_5 均为减环。

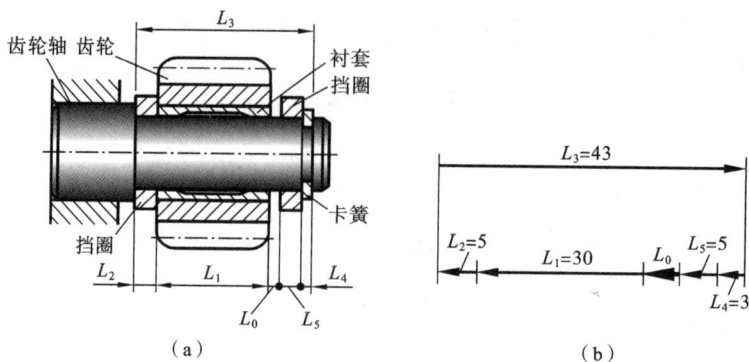

图 8-9　齿轮端面与挡圈的轴向间隙要求

② 求封闭环的公称尺寸、极限偏差及公差。

由式(8-2)可得

$$L_0 = L_3 - (L_1 + L_2 + L_4 + L_5) = 43 \text{ mm} - (30 + 5 + 3 + 5) \text{ mm} = 0 \text{ mm}$$

由题意,有封闭环极限偏差:$ES_0 = +0.35$ mm,$EI_0 = +0.1$ mm,则封闭环公差为

$$T_0 = ES_0 - EI_0 = (0.35 - 0.1) \text{ mm} = 0.25 \text{ mm}$$

③ 计算各组成环的公差与极限偏差。

由题意,组成环 L_4 为标准件,其公称尺寸、极限偏差及公差为已知,无需另外计算。以下分别用两种方法分配组成环 L_1、L_2、L_3 及 L_5 的公差并确定其极限偏差(此处作为示例,实际应用中可根据实际情况选用其中一种方法)。

(a) 用等公差法。由式(8-12)计算组成环的平均公差,有

$$T'_i = T_{av} = (T_0 - T_4)/4 = (0.25 - 0.05)/4 \text{ mm} = 0.05 \text{ mm}$$

根据各组成环的公称尺寸大小、加工的难易程度,以平均公差为基数,调整各组成环的公差 T_i 为:$T_1 = T_3 = 0.06$ mm,$T_2 = T_5 = 0.04$ mm($T_4 = 0.05$ mm 为已知)。

因 $T_1 + T_2 + T_3 + T_4 + T_5 = (0.06 + 0.04 + 0.06 + 0.05 + 0.04) \text{ mm} = 0.25 \text{ mm} = T_0$,满足式(8-13)的要求,所定各组成环的公差可行。

根据单向体内原则,各组成环(除 L_3 待定外)的极限偏差可定为

$$L_1 = 30_{-0.06}^{0} \text{ mm}, \quad L_2 = L_5 = 5_{-0.04}^{0} \text{ mm} \quad (L_4 = 3_{-0.05}^{0} \text{ mm 为已知})$$

对于组成环 L_3,由式(8-5)和式(8-6),有上极限偏差为

$$ES_3 = ES_0 + (EI_1 + EI_2 + EI_4 + EI_5) = +0.35 \text{ mm} + (-0.06 - 0.04 - 0.05 - 0.04) \text{ mm} = +0.16 \text{ mm}$$

下极限偏差为

$$EI_3 = EI_0 + (ES_1 + ES_2 + ES_4 + ES_5) = +0.1 \text{ mm} + (0 + 0 + 0 + 0) \text{ mm} = +0.1 \text{ mm}$$

故组成环 L_3 的极限偏差定为 $L_3 = 43_{+0.10}^{+0.16}$ mm。

根据所定各组成环的公差及极限偏差验算,有

$$ES_0 = ES_3 - (EI_1 + EI_2 + EI_4 + EI_5) = +0.16 \text{ mm} - (-0.06 - 0.04 - 0.05 - 0.04) \text{ mm} = +0.35 \text{ mm}$$

$$EI_0 = EI_3 - (ES_1 + ES_2 + ES_4 + ES_5) = +0.1 \text{ mm} - (0 + 0 + 0 + 0) \text{ mm} = +0.1 \text{ mm}$$

满足题意要求。

(b) 用等公差级法。从表 8-1 查出各组成环的公差单位分别为:$i_1 = 1.31$,$i_2 = 0.73$,$i_3 = 1.56$,$i_5 = 0.73$。由式(8-14),有

$$a = \frac{(0.25 - 0.05) \times 1000}{1.31 + 0.73 + 1.56 + 0.73} \approx 46$$

查表 3-1 知,各组成环的公差等级可定为 IT9,并由表 3-4 可得到各组成环的公差分别为

$$T_1 = 0.052 \text{ mm}, \quad T_2 = T_5 = 0.03 \text{ mm}, \quad T_3 = 0.062 \text{ mm}, \quad T_4 = 0.05 \text{ mm}(已知)$$

因 $T_1 + T_2 + T_3 + T_4 + T_5 = (0.052 + 0.03 + 0.062 + 0.05 + 0.03) \text{ mm} = 0.224 \text{ mm} < T_0$,满足式(8-13)的要求,所定各组成环的公差可行。

根据单向体内原则,各组成环(除 L_3 待定外)的极限偏差可定为

$$L_1 = 30_{-0.052}^{0} \text{ mm}, \quad L_2 = L_5 = 5_{-0.03}^{0} \text{ mm} \quad (L_4 = 3_{-0.05}^{0} \text{ mm } 为已知)$$

同样,因 $T_1 + T_2 + T_3 + T_4 + T_5 = 0.224 \text{ mm} < T_0$,需按所定组成环的中间偏差计算 L_3 的极限偏差。由已定组成环的极限偏差可知

$$\Delta_1 = -0.026 \text{ mm}, \quad \Delta_2 = \Delta_5 = -0.015 \text{ mm}, \quad \Delta_4 = -0.025 \text{ mm}, \quad \Delta_0 = +0.225 \text{ mm}$$

则由式(8-9),有

$$\Delta_3 = \Delta_0 + (\Delta_1 + \Delta_2 + \Delta_4 + \Delta_5) = +0.225 \text{ mm} + (-0.026 - 0.015 - 0.025 - 0.015) \text{ mm}$$
$$= +0.144 \text{ mm}$$

则有

$$ES_3 = \Delta_3 + T_3/2 = (+0.144 + 0.062/2) \text{ mm} = +0.175 \text{ mm}$$
$$EI_3 = \Delta_3 - T_3/2 = (+0.144 - 0.062/2) \text{ mm} = +0.113 \text{ mm}$$

故组成环 L_3 的极限偏差定为:$L_3 = 43_{+0.113}^{+0.175} \text{ mm}$。

根据所定各组成环的公差及极限偏差验算,有

$$ES_0 = ES_3 - (EI_1 + EI_2 + EI_4 + EI_5) = +0.175 \text{ mm} - (-0.052 - 0.03 - 0.05 - 0.03) \text{ mm}$$
$$= +0.337 \text{ mm} < +0.35 \text{ mm}$$
$$EI_0 = EI_3 - (ES_1 + ES_2 + ES_4 + ES_5) = +0.113 \text{ mm} - (0 + 0 + 0 + 0) \text{mm}$$
$$= +0.113 \text{ mm} > +0.1 \text{ mm}$$

满足题意要求。

3. 校核计算(正计算)

校核计算是已知各组成环的公称尺寸、极限偏差和公差,求封闭环的公称尺寸、极限偏差和公差的计算过程,用于检验所设计的各组成环的尺寸是否满足封闭坏的要求。

例 8-2 在图 8-9 所示尺寸链中,各组成环已设计为 $L_1 = 30_{-0.1}^{0} \text{ mm}$,$L_2 = L_5 = 5_{-0.05}^{0} \text{ mm}$,$L_3 = 43_{+0.05}^{+0.15} \text{ mm}$,$L_4 = 3_{-0.05}^{0} \text{ mm}$,其余已知条件同例 8-1。试校核封闭环能否满足规定的要求,即 $L_0 = 0$,$ES_0 = +0.35 \text{ mm}$,$EI_0 = +0.1 \text{ mm}$。

解 ①、②两步骤同例 8-1 的①、②。

③ 按组成环的设计值,计算封闭环的公称尺寸,有

$$L_0 = L_3 - (L_1 + L_2 + L_4 + L_5) = 43 \text{ mm} - (30 + 5 + 3 + 5) \text{ mm} = 0 \text{ mm}$$

④ 按组成环的设计值,计算封闭环的公差,有

$$T_0 = T_1 + T_2 + T_3 + T_4 + T_5 = (0.1 + 0.05 + 0.1 + 0.05 + 0.05) \text{ mm} = 0.35 \text{ mm}$$

⑤ 按组成环的设计值,计算封闭环的极限偏差,有

$$ES_0 = ES_3 - (EI_1 + EI_2 + EI_4 + EI_5) = +0.15 \text{ mm} - (-0.1 - 0.05 - 0.05 - 0.05) \text{ mm}$$
$$= +0.40 \text{ mm}$$
$$EI_0 = EI_3 - (ES_1 + ES_2 + ES_4 + ES_5) = +0.05 \text{ mm} - (0 + 0 + 0 + 0) \text{ mm}$$
$$= +0.05 \text{ mm}$$

由上述计算结果可见,封闭环的公差和极限偏差都不符合题意规定的要求,应重新设计。

4. 中间计算

中间计算是已知封闭环和某些组成环的公称尺寸、极限偏差和公差,求另外一些组成环的公称尺寸、极限偏差和公差的计算过程。中间计算多用于求解零件尺寸链和加工工艺尺寸链。由于零件尺寸链的封闭环与加工顺序有关,采用不同的加工顺序会有不同的封闭环,所以在中间计算中,需根据零件的制作工艺正确判定封闭环。

例 8-3 加工如图 8-10(a)所示轴的横截面,加工顺序为先车削外圆直径至 A_1,然后按尺寸 A_2 调整刀具铣削平面,最后磨削外圆直径至 A_3,要求保证尺寸 $A_4 = (45 \pm 0.2)$ mm。试计算 A_2 的公称尺寸及极限偏差。

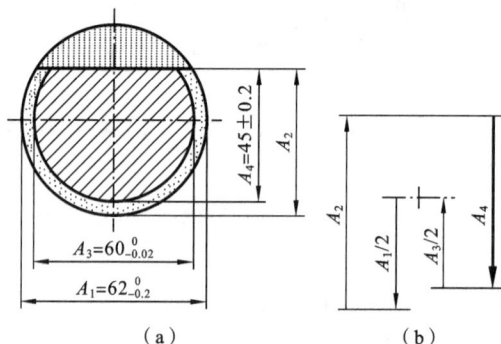

图 8-10　轴横截面的尺寸链

解 ① 绘制尺寸链图,确定封闭环和增、减环。根据题意工序安排及图 8-10(a)所示轴截面的工序尺寸关系,画出如图 8-10(b)所示尺寸链图。根据零件的加工工序,最后形成的尺寸 A_4 为封闭环;根据尺寸链的箭头方向判断:A_2、$A_3/2$ 为增环,$A_1/2$ 为减环。

因为已知封闭环 $A_4 = 45 \pm 0.2$ mm,减环 $A_1/2 = 31_{-0.1}^{0}$ mm,增环 $A_3/2 = 30_{-0.01}^{0}$ mm,求增环 A_2,故为中间计算问题。

② 计算 A_2 的公称尺寸。由式(8-2),有

$$A_2 = A_4 + A_1/2 - A_3/2 = (45 + 31 - 30) \text{ mm} = 46 \text{ mm}$$

③ 计算 A_2 的极限偏差。由式(8-5)和式(8-6),有

$$ES_2 = ES_4 - ES_{A_3/2} + EI_{A_1/2} = (+0.2 + 0 - 0.1) \text{ mm} = +0.1 \text{ mm}$$

$$EI_2 = EI_4 - EI_{A_3/2} + ES_{A_1/2} = (-0.2 + 0.01 + 0) \text{ mm} = -0.19 \text{ mm}$$

故 $A_2 = 46_{-0.19}^{+0.10}$ mm 为所求。

8.2.3　用大数互换法(统计法)分析计算直线尺寸链

大数互换法亦称统计法,是以考虑实际尺寸的实际分布状况为出发点,根据概率论与数理统计的基本原理来分析计算尺寸链的方法。采用大数互换法分析计算尺寸链问题,可使产品绝大多数的组成环在装配时不需挑选或改变其大小、位置,装配后能达到封闭环的要求。

统计法解尺寸链的主要思路是:封闭环(装配)公差等于各组成环公差的均方根。按统计法分配组成环的公差,主要基于两种考虑:① 配合精度要求高,而按极值法分配给各组成环的公差过于苛刻甚至不可能实现;② 希望各组成环公差可以比按极值法分配更经济。其应用前提是:组成环较多且所有组成环的分布中心无偏移。

1. 组成环和封闭环的概率分布

1）组成环的概率分布

按规定的公差加工以获得某一尺寸时，由于受到机床、刀具、环境及操作者等整个工艺系统中诸多不确定性因素的影响，所得实际尺寸不可能为确定值，是在公差带内及其附近呈一定概率分布的随机变量。实际尺寸的一般分布的形式（概率密度函数 $\varphi(x)$）如图 8-11 所示。

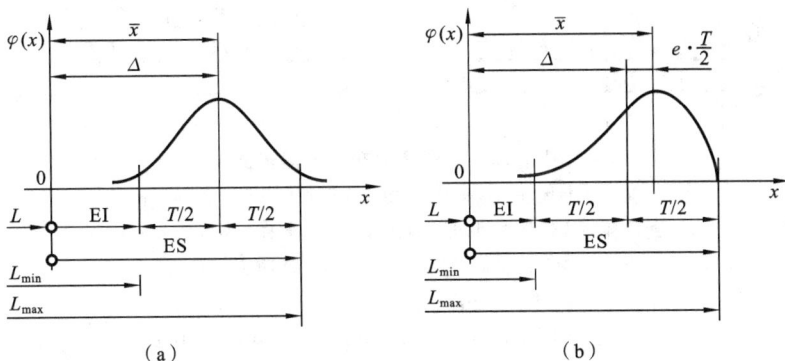

图 8-11　实际尺寸的对称与不对称分布

L—公称尺寸；L_{max}、L_{min}—最大、最小极限尺寸；T—公差；$ES=\Delta+T/2$—上极限偏差；$EI=\Delta-T/2$—下极限偏差；

$\Delta=(ES+EI)/2$—中间偏差；$\bar{x}$—平均偏差，即实际偏差的算术平均值；$e=\dfrac{\bar{x}-\Delta}{T/2}$—分布不对称系数

在机械加工中，零件尺寸的典型分布形式如表 8-2 所示。表中 K 为相对分布系数，其计算式为

$$K_i=6\sigma_i/T_i$$

表 8-2　实际尺寸典型分布曲线

分布特征	正态分布	三角分布	均匀分布	瑞利分布	偏态分布	
					外尺寸	内尺寸
分布曲线						
e	0	0	0	-0.28	0.26	-0.26
K	1	1.22	1.73	1.14	1.17	1.17

2）封闭环的概率分布

尺寸链中的组成环均可视为相互独立的随机变量 L_i，封闭环 L_0 为若干个相互独立的随机变量之和，也是随机变量，它们之间的相互关系为

$$L_0=\zeta_1 L_1+\zeta_2 L_2+\cdots+\zeta_m L_m$$

式中：$\zeta_i(i=1,2,\cdots,m)$——各组成环对封闭环影响大小的传递系数；

　　　　m——组成环的个数。

封闭环的概率分布取决于各组成环的概率分布。若所有组成环对称于公差带中心分布，则封闭环的概率分布形式如图 8-12(a)所示；若组成环为不对称分布，且 $m\geq5$，则封闭环的概率分布形式如图 8-12(b)所示。

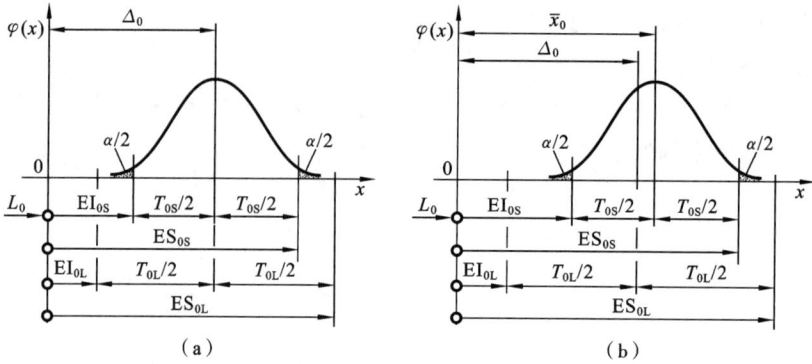

图 8-12　封闭环分布的一般形式

T_{0L}—— 封闭环的极值公差,等于全部组成环公差之和;

T_{0S}—— 封闭环的统计公差,取决于各组成环的概率分布及置信水平 $1-\alpha$;

ES_{0L}—— 封闭环极值上偏差;EI_{0L}—— 封闭环极值下偏差;

ES_{0S}—— 封闭环统计上偏差;EI_{0S}—— 封闭环统计下偏差;

Δ_0—— 封闭环中间偏差,等于极值上偏差与下偏差的平均值;

$\overline{x}_0$—— 封闭环的平均偏差;$\varphi(x)$—— 封闭环的概率密度函数

2. 基本计算公式

1)封闭环的公差

由概率论可知,若干个独立随机变量之和的方差等于各随机变量的方差之和。封闭环的方差与组成环方差的关系为

$$\sigma_0^2 = \zeta_1^2\sigma_1^2 + \zeta_2^2\sigma_2^2 + \cdots + \zeta_m^2\sigma_m^2 \tag{8-16}$$

由于 $\sigma_i = K_i T_i / 6$,故式(8-16)可写成

$$\sigma_0 = \sqrt{\left(\zeta_1\frac{K_1 T_1}{6}\right)^2 + \left(\zeta_2\frac{K_2 T_2}{6}\right)^2 + \cdots + \left(\zeta_m\frac{K_m T_m}{6}\right)^2}$$

封闭环的公差 $T_{0S} = 6\sigma_0/K_0$,故有

$$T_{0S} = \frac{1}{K_0}\sqrt{\sum_{i=1}^{m}\zeta_i^2 K_i^2 T_i^2} \tag{8-17}$$

式中:K_0——封闭环的相对分布系数;

K_i——组成环的相对分布系数。

分布系数与分布形式有关,其值如表 8-2 所示。

若 $m \geqslant 5$,封闭环的分布可近似为正态分布,有 $K_0 = 1$,故

$$T_{0S} = \sqrt{\sum_{i=1}^{m}\zeta_i^2 K_i^2 T_i^2} \tag{8-18}$$

若组成环的分布相同,即 $K_1 = K_2 = \cdots = K_m = K$,则

$$T_{0S} = K\sqrt{\sum_{i=1}^{m}\zeta_i^2 T_i^2} \tag{8-19}$$

若各组成环均为正态分布,封闭环亦为正态分布,即 $K_i = 1$,$K_0 = 1$,故

$$T_{0S} = \sqrt{\sum_{i=1}^{m}\zeta_i^2 T_i^2} \tag{8-20}$$

2)封闭环的公称尺寸

各组成环的公称尺寸为确定值,不是随机变量,在用统计方法计算尺寸链时,封闭环的公

称尺寸仍用式(8-2)计算,即

$$L_0 = \sum_{i=1}^{n} L_{iz} - \sum_{i=n+1}^{m} L_{ij}$$

3) 封闭环的平均偏差和中间偏差

由概率论可知,若干个独立随机变量之和的数学期望等于各独立随机变量数学期望之和。因此,封闭环的平均偏差 $\bar{x}_0$ 与各组成环平均偏差 $\bar{x}_i$ 的关系为

$$\bar{x}_0 = \zeta_1 \bar{x}_1 + \zeta_2 \bar{x}_2 + \cdots + \zeta_m \bar{x}_m$$

由图 8-11 可得

$$\bar{x}_i = e_i T_i / 2 + \Delta_i$$

故有

$$\bar{x}_0 = \sum_{i=1}^{m} \zeta_i \left(\frac{e_i T_i}{2} + \Delta_i \right) \qquad (8\text{-}21)$$

式中:e_i——与分布形式有关的分布不对称系数,其值如表 8-2 所示。

若所有组成环的分布均为对称于公差带中点的分布,则有 $e_i = 0$,故

$$\bar{x}_0 = \sum_{i=1}^{m} \zeta_i \Delta_i = \Delta_0 \qquad (8\text{-}22)$$

对于直线尺寸链,增环 $\zeta_i = +1$,减环 $\zeta_i = -1$,故式(8-21)可写成

$$\bar{x}_0 = \sum_{i=1}^{n} \left(\frac{e_{iz} T_{iz}}{2} + \Delta_{iz} \right) - \sum_{i=n+1}^{m} \left(\frac{e_{ij} T_{ij}}{2} + \Delta_{ij} \right) \qquad (8\text{-}23)$$

式中:e_{iz}——增环的分布不对称系数;

e_{ij}——减环的分布不对称系数;

T_{iz}——增环的公差;

T_{ij}——减环的公差。

同理,式(8-22)可写成

$$\bar{x}_0 = \Delta_0 = \sum_{i=1}^{n} \Delta_{iz} - \sum_{i=n+1}^{m} \Delta_{ij} \qquad (8\text{-}24)$$

4) 封闭环的极限偏差

由图 8-12 可见,用统计法计算的封闭环极限偏差为

$$\mathrm{ES}_{0S} = \bar{x}_0 + T_{0S}/2 \qquad (8\text{-}25)$$

$$\mathrm{EI}_{0S} = \bar{x}_0 - T_{0S}/2 \qquad (8\text{-}26)$$

若所有组成环的分布均为对称于公差带中心的分布,则有

$$\mathrm{ES}_{0S} = \Delta_0 + T_{0S}/2 \qquad (8\text{-}27)$$

$$\mathrm{EI}_{0S} = \Delta_0 - T_{0S}/2 \qquad (8\text{-}28)$$

5) 封闭环的极限尺寸

由图 8-12 可见,用统计法计算的封闭环极限尺寸为

$$L_{0\max} = L_0 + \mathrm{ES}_{0S} \qquad (8\text{-}29)$$

$$L_{0\min} = L_0 + \mathrm{EI}_{0S} \qquad (8\text{-}30)$$

3. 设计计算

1) 各组成环公差值的确定

按大数互换法确定各组成环的公差也有等公差法和等公差级法两种方法。

(1) 等公差法(平均公差法)。

设计给出的封闭环公差为 T_0,假定各组成环的公差相同,且 $m \geqslant 5$,对于直线尺寸链有

$|\zeta_i|=1$,则由式(8-18)可得组成环的平均公差 T_{iav} 为

$$T_{iav} = T_0 \Big/ \sqrt{\sum_{i=1}^{m} K_i^2} \tag{8-31}$$

若各组成环的分布形式相同,则有

$$T_{iav} = T_0 / (K\sqrt{m}) \tag{8-32}$$

若各组成环均按正态分布,则有

$$T_{iav} = T_0 / \sqrt{m} \tag{8-33}$$

可按式(8-33)计算出各组成环公差,然后作适当调整,最后应满足

$$\sqrt{\sum_{i=1}^{m} K_i^2 T_i^2} \leqslant T_0 \tag{8-34}$$

（2）等公差级法（等精度法）。

假定各组成环具有相同的公差等级,对于直线尺寸链,由式(8-18),有

$$T_0 = \sqrt{\sum_{i=1}^{m} K_i^2 a^2 i_i^2}$$

可求得各组成环的公差等级系数为

$$a = T_0 \Big/ \sqrt{\sum_{i=1}^{m} K_i^2 i_i^2} \tag{8-35}$$

若各组成环的分布形式相同,则有

$$a = T_0 \Big/ \left(K \sqrt{\sum_{i=1}^{m} i_i^2} \right) \tag{8-36}$$

若组成环均为正态分布,则有

$$a = T_0 \Big/ \sqrt{\sum_{i=1}^{m} i_i^2} \tag{8-37}$$

求出 a 后,可查出对应的公差等级和标准公差,最后按式(8-34)验算。

2）各组成环公差极限偏差的确定

各组成环公差确定后,仍按单向体内原则确定各组成环的极限偏差,方法与前述完全互换法确定各组成环的极限偏差相同。

例 8-4　零部件及已知条件同例 8-1,生产调查表明,各组成环的概率分布为正态分布。试按大数互换法确定各组成环的公差和极限偏差。

解　①、②两步骤同例 8-1 的①、②。

③ 计算各组成环的公差与极限偏差。

（a）用等公差法计算。

由式(8-33),有

$$T_{iav} = T_{0S}/\sqrt{m} = 0.2/\sqrt{4}\ \text{mm} = 0.1\ \text{mm}$$

根据各组成环的公称尺寸大小、加工的难易程度,以平均公差为基数,调整各组成环公差为

$$T_1 = T_3 = 0.14\ \text{mm}, \quad T_2 = T_5 = 0.10\ \text{mm} \quad (T_4 = 0.05\ \text{mm 为已知})$$

按式(8-34)验算,有

$$T_{0S} = \sqrt{0.14^2 + 0.10^2 + 0.14^2 + 0.05^2 + 0.10^2}\ \text{mm} \approx 0.248\ \text{mm} < 0.25\ \text{mm}$$

可以满足封闭环公差的要求。

按单向体内原则,确定组成环(除 L_3 待定外)的极限偏差为

$$L_1 = 30_{-0.14}^{0} \text{ mm}, \quad L_2 = L_5 = 5_{-0.10}^{0} \text{ mm} \quad (\text{已知 } L_4 = 3_{-0.05}^{0} \text{ mm})$$

则这些组成环及封闭环的中间偏差分别为

$$\Delta_1 = -0.07 \text{ mm}, \quad \Delta_2 = \Delta_5 = -0.05 \text{ mm}, \quad \Delta_4 = -0.025 \text{ mm}, \quad \Delta_0 = +0.225 \text{ mm}$$

由式(8-24),有

$$\Delta_3 = \Delta_0 + \Delta_1 + \Delta_2 + \Delta_4 + \Delta_5 = (+0.225 - 0.07 - 0.05 - 0.025 - 0.05) \text{ mm} = +0.03 \text{ mm}$$

所以

$$\text{ES}_3 = (+0.03 + 0.07) \text{ mm} = +0.10 \text{ mm}$$

$$\text{EI}_3 = (+0.03 - 0.07) \text{ mm} = -0.04 \text{ mm}$$

于是有

$$L_3 = 43_{-0.04}^{+0.10} \text{ mm}$$

(b) 用等公差级法(等精度法)计算。

由式(8-37),有

$$a = \frac{(0.25 - 0.05) \times 1000}{\sqrt{1.31^2 + 0.73^2 + 1.56^2 + 0.73^2}} \approx 88$$

由表 3-1 知,各组成环的公差等级介于 IT10 与 IT11 之间,取为 IT11,并由表 3-2 可得到各组成环的公差为

$$T_1 = 0.13 \text{ mm}, \quad T_2 = T_5 = 0.075 \text{ mm}, \quad T_3 = 0.16 \text{ mm} \quad (T_4 = 0.05 \text{ mm 为已知})$$

按式(8-34)验算,有

$$T_{0S} = \sqrt{0.13^2 + 0.075^2 + 0.16^2 + 0.05^2 + 0.075^2} \text{ mm} \approx 0.237 \text{ mm} < 0.25 \text{ mm}$$

可以满足封闭环公差的要求。

按单向体内原则,确定组成环(除 L_3 待定外)的极限偏差为

$$L_1 = 30_{-0.13}^{0} \text{ mm}, \quad L_2 = L_5 = 5_{-0.075}^{0} \text{ mm} \quad (\text{已知 } L_4 = 3_{-0.05}^{0} \text{ mm})$$

则这些组成环及封闭环的中间偏差分别为

$$\Delta_1 = -0.065 \text{ mm}, \quad \Delta_2 = \Delta_5 = -0.0375 \text{ mm}, \quad \Delta_4 = -0.025 \text{ mm}, \quad \Delta_0 = +0.225 \text{ mm}$$

由式(8-24),有

$$\Delta_3 = \Delta_0 + \Delta_1 + \Delta_2 + \Delta_4 + \Delta_5 = (+0.225 - 0.065 - 0.0375 - 0.025 - 0.0375) \text{ mm}$$
$$= +0.06 \text{ mm}$$

所以

$$\text{ES}_3 = (+0.06 + 0.08) \text{ mm} = +0.14 \text{ mm}$$

$$\text{EI}_3 = (+0.06 - 0.08) \text{ mm} = -0.02 \text{ mm}$$

于是有
$$L_3 = 43_{-0.02}^{+0.14} \text{ mm}$$

由本例题可见,各组成环的公差比例 8-1 所确定的组成环公差大得多,这显然对生产有利。本例中的封闭环为正态分布时,$e_0 = 0$,$K_0 = 1$,相应的置信水平 P 为 99.73%。当置信水平不同时,K_0 可取不同值,K_0 取值越大,组成环的公差越大,但出现不合格品的可能性也越大。P 与 K_0 相应的关系如表 8-3 所示。

表 8-3 置信水平 P 和相对分布系数 K_0 的数值

$P/(\%)$	99.73	99.5	99	98	95	90
K_0	1	1.06	1.16	1.29	1.52	1.82

4. 校核计算

例 8-5 已知条件同例 8-2,假设各组成环为正态分布,试按大数互换法校核封闭环能否达到规定的要求(封闭环的极限偏差:$ES_0 = +0.35$ mm,$EI_0 = +0.1$ mm)。

解 ①、②两步骤同例 8-1 的①、②。

③ 按组成环的设计值,计算封闭环的公称尺寸,有

$$L_0 = L_3 - (L_1 + L_2 + L_4 + L_5) = 43 \text{ mm} - (30 + 5 + 3 + 5) \text{ mm} = 0 \text{ mm}$$

④ 按组成环的设计值,计算封闭环的公差,有

$$T_{0S} = \sqrt{0.10^2 + 0.05^2 + 0.10^2 + 0.05^2 + 0.05^2} \text{ mm} \approx 0.17 \text{ mm} < 0.25 \text{ mm}$$

⑤ 按组成环的设计值,计算封闭环的极限偏差。

各组成环的中间偏差分别为

$$\Delta_1 = -0.05 \text{ mm}, \quad \Delta_2 = \Delta_5 = -0.025 \text{ mm}, \quad \Delta_3 = +0.10 \text{ mm}, \quad \Delta_4 = -0.025 \text{ mm}$$

由式(8-24)计算封闭环的中间偏差为

$$\Delta_0 = +0.1 \text{ mm} - (-0.05 - 0.025 - 0.025 - 0.025) \text{ mm} = +0.225 \text{ mm}$$

由式(8-27)和式(8-28)可得

$$ES_0 = \Delta_0 + T_{0S}/2 = (+0.225 + 0.17/2) \text{ mm} = +0.31 \text{ mm}$$

$$EI_0 = \Delta_0 - T_{0S}/2 = (+0.225 - 0.17/2) \text{ mm} = +0.14 \text{ mm}$$

由上述计算结果可见,封闭环的公差和极限偏差均符合题意规定的要求。

由本例题与例 8-2 对照可见,同样的组成环公差设计,按完全互换法校核不满足封闭环的要求,而按大数互换法校核可满足封闭环的要求。但应注意,本例中采用大数互换法校核的前提是假定各组成环的实际尺寸均按正态分布。若生产工艺方式不能保证题中各组成环的实际尺寸的分布为正态分布,将失去采用大数互换法的前提条件,校核结果是不可信的。

用大数互换法分析计算尺寸链,是在组成环实际尺寸的概率分布已知或设计时已做假定的基础上进行的,只有组成环的实际尺寸满足已知或假定的分布,才能使封闭环公差按一定的置信水平满足设计要求。

8.3 统 计 公 差

8.3.1 统计公差的概念

在一般公差概念中,实际尺寸只要在极限尺寸所限定的范围内即为合格的尺寸,而对实际尺寸的分布并无要求。事实上,按照极限尺寸进行加工所得到的实际尺寸往往呈现出较强的随机性,并且因加工方式不同而呈现出不同的分布形式。由于零件实际尺寸正好达到极限尺寸的可能性极小,且相关尺寸同时达到极限尺寸的可能性更低,因此,仅以极限尺寸来控制零件的实际尺寸既不合理也不经济,还应对实际尺寸的分布特性进行控制,故提出了统计公差的概念。

国家标准指导性技术文件 GB/Z 24636.1—2009《产品几何技术规范(GPS) 统计公差第 1 部分:术语、定义和基本概念》规定了统计公差的术语、概念、统计公差值、标注方法、统计质量指标及统计公差设计方法等内容,以及其在公差设计和质量改进中的应用。该文件适用于采用统计过程控制的线性尺寸,特别是适用于具有较高公差等级的配合尺寸,同时也适用于具有双侧规范限且采用统计过程控制的计量型质量特性。

1. 与规范限值有关的术语和定义

1）上规范限（upper specification limit）

上规范限（USL）是指工件特性公差限的上界限，或测量设备特性允许误差值的上界限。

2）下规范限（lower specification limit）

下规范限（LSL）是指工件特性公差限的下界限，或测量设备特性允许误差值的下界限。

3）规范中心值（middle of specification）

规范中心值（M）是指上规范限和下规范限的中间值。

$$M = \frac{\text{USL} + \text{LSL}}{2} \tag{8-38}$$

4）统计公差（statistical tolerance）

统计公差（ST）是由特定符号和数值表示的相关质量指标、过程能力指数及统计参数的允许范围，规定了与制造过程相关的质量特性概率分布。因此，统计公差不仅限制尺寸的变动范围，还约束实际尺寸的分布特性，并通过技术规范在设计和图样上反映对实际尺寸及其分布的要求。采用统计公差能够提高装配精度、改善产品性能并提升经济效益，但必须在生产过程中采取相应的附加措施，这也会增加加工工艺和测量的复杂性，因此，并非所有零部件尺寸均适宜采用统计公差。

适宜采用统计公差的情况主要有以下三种：当尺寸组成环较多且各组成环的分布中心均无偏移，单纯采用极值法计算配合尺寸已不能满足特定配合精度和质量要求时；统计公差作为设计、制造与质量控制并行改进的共同平台，为定量分析提供依据；当制造过程处于受控状态下的批量生产中，采用统计公差可以针对制造过程相关质量特性的概率分布提出控制要求，从而确保批量生产过程的稳定性。

5）过程目标值（target of process）

过程目标值（T_g）是指给定的质量特性的特定值，一般取为规范中心值 M。过程目标值满足过程对中性（process centering）的要求。

在现行的公差与配合标准中，设计者通常选定标准中的某一公差带，即给定工件特性公差限的上、下界限而不明确规定过程目标值。根据日本著名质量工程专家田口玄一博士提出的质量损失函数理论，过程对中性直接影响配合质量、产品寿命及可靠性。因此，制造部门在生产中通常以规范中心值 M 作为过程目标值，但在实际生产中，也可能出现操作工人为避免不可补救的废品而将过程目标值偏移至最大实体尺寸，或设计者在选定某一公差带时，基于特定功能需求要求过程目标值向某一方向偏移。故在设计图样上明确规定过程目标值及统计公差，可使设计者意图表达更为清晰，从而避免制造过程中出现理解偏差。

2. 与制造过程相关的质量特性值的统计参数和定义

1）过程均值（mean of process）

过程均值（μ）是指与制造过程相关的质量特性的数学期望。

2）过程标准差（standard deviation of process）

过程标准差（σ）是与制造过程相关的质量特性的方差的正平方根。

3）样本标准差（sample standard deviation）

样本标准差（s）是样本方差的正平方根。

4）过程偏移（shift of process）

过程偏移（Δ）是指均值对目标值的偏移，即为 $\Delta = \mu - T_g$。当过程目标值取为规范中心值

M 时，$\Delta = \mu - M$。

5）过程偏移参数（shift parameter of process）

过程偏移参数（k）是过程均值对目标值的偏移参数，即为

$$k = \frac{\mu - T_g}{T/2} = \frac{2\Delta}{T} \tag{8-39}$$

6）过程标准化偏移（standardized shift of process）

过程标准化偏移（δ）是指过程均值对目标值以标准偏差 σ 度量的偏移，即为

$$\delta = \frac{\mu - T_g}{\sigma} = \frac{\Delta}{\sigma} \tag{8-40}$$

传统的统计法计算尺寸链时，均假设各组成环的均值相对中心值无偏移，但这种假设是较为苛刻的，实践难以实现。在统计过程控制和过程能力分析中，特别注重对过程偏移的控制与定量分析，既关注均值对目标值的偏移 Δ（或称绝对偏移值），也关注均值对目标值的相对偏移。

Δ、k 和 δ 均包含均值对目标值偏移的方向信息，用正负号表示偏移方向，其中 k 和 δ 无量纲。

3. 与制造过程相关的质量特性值的质量指标和定义

以下质量指标均指形成该项质量特性值的工序过程处于受控稳定状态时的相关统计量。

1）过程不合格率（nonconforming percentage of process）

过程不合格率（P_d）是指质量特性值不符合规范的产品数量和投入该工序过程的产品数量之比，以百分率表示。

2）过程优等率（superior degree percentage of process output）

过程优等率（P_c）是指质量特性值在优等区内的数量和投入该工序过程的产品数量之比，以百分率表示。各等级品区在公差带中的划分如图 8-13 所示，其中 W_c 是优等区的宽度。

3）过程中间区率（percentage of process output in middle zone of specification）

过程中间区率（P_c）是指质量特性值在规定的中间区内的数量和投入该工序过程的数量之比，以百分率表示。对具有双侧规范限的质量特性优等区范围，推荐从（$M \pm T/6$）和（$M \pm T/4$）两种标准化范围选择。表示符号可与过程中间区率表示符号统一，分别为 $P_c(M \pm T/6)$ 和 $P_c(M \pm T/4)$。图 8-14 给出中间区宽度 W_c 为二分之一公差时的公差带分区。

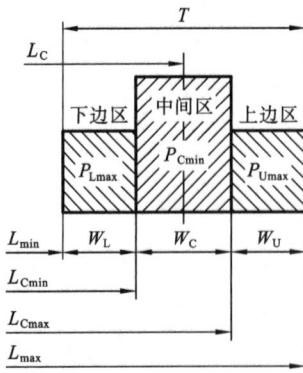

图 8-13　各等级区在公差带中的划分

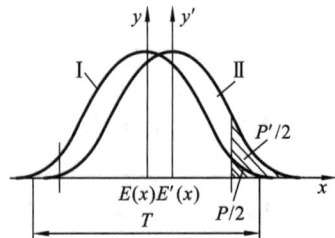

图 8-14　W_c 为 $T/2$ 时的公差带分区

4）过程平均质量损失率（fraction of average quality loss of process）

过程平均质量损失率（P_{ql}）是指制造过程中质量特性偏离目标值而造成的平均质量损失 $L(\bar{x})$ 与该产品价值 A_0 之比，即为

$$P_{ql} = \frac{L(\bar{x})}{A_0} \times 100\% \tag{8-41}$$

在过程受控条件下，质量特性值为正态分布，过程平均质量损失可表示为过程能力指数 C_p 和过程偏移参数 k 的函数形式，即为

$$L(\bar{x}) = \frac{(\mu - M)^2 + \sigma^2}{(T/2)^2} A_0 = \left[k^2 + \frac{1}{(3 \cdot C_p)^2} \right] A_0 \tag{8-42}$$

因此，过程平均质量损失率 P_{ql} 可以表示为

$$P_{ql} = \left[k^2 + \frac{1}{(3 \cdot C_p)^2} \right] \times 100\% \tag{8-43}$$

4. 与过程能力指数有关的术语和定义

过程能力指数（process capability index）是过程能力的度量，用来度量一个过程满足规范要求的程度。过程能力指数是目前生产实践中用于评价过程质量的主要指标类数据之一，在质量管理、统计过程控制、质量体系认证和六西格玛质量活动中有广泛应用。过程能力指数有多种，这里选用最广泛应用的 C_p、C_{pk}、C_{pm} 指数。

（1）过程能力指数 C_p 为制造过程处于受控状态下，质量特性的公差和形成该质量特性的工序过程能力（6σ）之比，即为

$$C_p = \frac{USL - LSL}{6\sigma} \tag{8-44}$$

（2）过程能力指数 C_{pk} 为制造过程处于受控状态下，过程质量特性值的均值与规范中心不重合时的过程能力指数，即为

$$C_{pk} = \min\left(\frac{USL - \mu}{3\sigma}, \frac{\mu - LSL}{3\sigma} \right) = C_p(1 - K) \tag{8-45}$$

式中，$K = \dfrac{|\mu - M|}{T/2} = \dfrac{2|\Delta|}{T} = |k|$，$0 \leqslant K \leqslant 1$。

（3）过程能力指数 C_{pm} 为制造过程处于受控状态下，充分反映质量特性值对目标值偏移的过程能力指数，即为

$$C_{pm} = \frac{USL - LSL}{6\sqrt{\sigma^2 + (\mu - T_g)^2}} = \frac{C_p}{\sqrt{1 + \delta^2}} \tag{8-46}$$

过程能力指数 C_p 只反映潜在的过程能力，不包含过程偏移的信息，而过程能力指数 C_{pk} 和 C_{pm} 包含过程偏移的信息。过程能力指数 C_p、C_{pk}、C_{pm} 并不能涵盖过程质量评价的全部内容，因此被称为间接的过程质量评价指标，而将 P_d、P_c、P_{ql} 等四个指标称为直接的过程质量评价指标。

8.3.2　统计公差的三个层次

质量特性相关过程的统计公差可以分为上层、中层和下层三个层次，以保证多种形式的质量要求传递到统计过程控制。上层是由单一数值表示的质量指标或过程能力指数的极限值，下层为具有量纲的过程统计参数的允许变动范围，中层则是将上层质量要求传递到下层的基于二维平面的统计公差。统计公差的三个层次关系框图如图 8-15 所示，其中用"＊"表示其相关的数值是设定值。

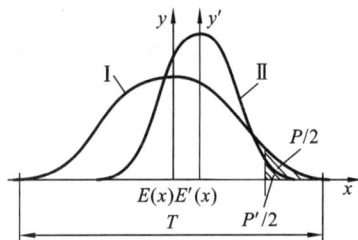

图 8-15　统计公差三个层次关系框图

上层中的单一数值表示的质量指标的统计公差有不合格率上限 P_d^*、中间区或优等率下限 P_c^* 和平均质量损失率上限 P_{ql}^*,以及由单一数值表示的过程能力指数的统计公差 C_{pk}^*、C_{pm}^*,可以定量表达一个或多个质量目标。多个质量目标可用所涉及的各单个质量目标表达式联合形式表达。这里 P_d^* 不代表验收允许的产品不合格品率,而只是对质量特性相关制造过程的测评,用于质量控制和改进。

中层中标准化的基于二维统计公差界面的统计公差提供了 C_p-k 和 $C_p-\delta$ 两个二维平面,以适应不同计量型控制图的参数设计需求,作为将上层质量目标转化为下层统计公差的不可缺少的标准化界面。二维统计公差 (C_p^*,k^*) 和 (C_p^*,δ^*) 是以数组形式表现的标准化统计公差,体现了对过程离散程度和位置偏移的各自控制要求,表示为

$$(C_p^*,k^*)\Leftrightarrow\begin{cases}C_p\leqslant C_p^*\\|k|\leqslant k^*\end{cases},\quad(C_p^*,\delta^*)\Leftrightarrow\begin{cases}C_p\leqslant C_p^*\\|\delta|\leqslant\delta^*\end{cases}\tag{8-47}$$

下层为具有量纲的统计参数的允许变动范围。过程统计参数的统计公差应用于具有实际量纲的基于二维平面的统计参数,推荐采用过程标准差-均值偏移(σ-Δ)或过程标准差-均值(σ-μ)二维平面。具有量纲的基于二维平面的统计公差数组表达形式为 (σ^*,Δ^*),其含义为

$$(\sigma^*,\Delta^*)\Leftrightarrow\begin{cases}\sigma\leqslant\sigma^*\\|\Delta|\leqslant\Delta^*\end{cases}\tag{8-48}$$

三个层次的最上层是具有标准化和数值系列化特征的质量指标,是质量目标的定量体现。中层是标准化的二维统计公差界面,这三个层次之间均有明确的函数关系,从而保证多种形式的质量要求传递到统计过程控制。

多个质量指标的统计公差可用所涉及的各单个质量目标表达式联合形式表达为

$$\begin{cases}P_d\leqslant P_d^*\\P_c\left(M\pm\dfrac{T}{6}\right)\leqslant P_c^*\end{cases}\tag{8-49}$$

统计公差带是指在相关一维或二维统计参数平面上保证预期质量指标的区域。在过程的统计参数可以获取时,统计公差带为确立相关的二维统计公差值提供依据。

二维平面 C_p-k 的质量目标函数曲线形成的统计公差可表示为 $f_{P_d}(C_p,k)\leqslant0.016\%$,统计公差带则如图 8-16 中 $f_{P_d}(C_p,k)=0.016\%$ 曲线所包围的区域所示。

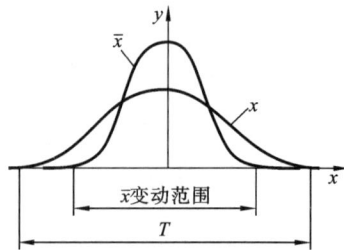

图 8-16　C_p-k 平面内基于质量目标的统计公差带

统计公差的三个层次分别体现了上层质量要求中质量指标和过程能力指数的定量要求;同时,通过标准化的二维平面,统计公差得以传递到具有量纲的下层统计参数的控制中,从而形成了一套具有可操作性的质量指标、统计公差及统计过程控制相关参数并行设计方法,并建立了一系列标准化界面。

8.3.3　统计公差值及其图样标注

1. 统计公差值的形式

过程质量指标的统计公差值由特定的统计公差应用层面决定,其数值形式的确定和层次

相关。统计公差数值的标准化是由上而下决定的,上层和中层都是标准化界面,均为无量纲的标准化数值。上层质量指标可以体现在中层的二维标准化界面上,标准规定的上层五个质量指标均是 C_p、k 和 C_p、δ 两组无量纲的二维统计参数的函数,因此,用 (C_p^*, k^*) 和 (C_p^*, δ^*) 数组中的无量纲的数值表示的二维统计公差值,其大小由上层直接质量指标或间接质量指标决定。下层具有实际量纲的基于二维统计参数界面的统计公差值用 (σ^*, Δ^*) 数组中的数值表示,其大小由标准化的二维统计公差值转换得到。

当需要采用统计过程控制但质量控制目标无特定要求时,统计公差通用要求的质量水平可按 3σ 和 4σ 质量水平推荐,按照行业和产品特性选择其中一个作为默认的统计公差通用要求,其隐含的各项统计公差数值如表 8-4 所示。对于产品制造精度较高的机床、汽车动力机械等机械制造行业,推荐按 4σ 质量水平作为统计公差通用要求,则在过程能力指数 C_p 不小于 1.33 条件下,允许过程均值有 0.5σ 的偏移,以保证过程不合格率不超出万分之三。设计部门和企业确定 4σ 质量水平作为统计公差通用要求,可以作为实现该项质量目标的工艺设备选择的重要依据之一。

表 8-4 统计公差通用要求隐含的各项统计公差数值表

质量水平	C_p^*	δ^*	k^*	P_d^*	P_c^* $(M \pm T/6)$	P_c^* $(M \pm T/4)$	P_{ql}^*	C_{pk}^*	C_{pm}^*
3σ	1	0	0	0.27%	68.3%	86.6%	11.11%	1.00	1.00
4σ	1.33	0.5	0.125	0.0244%	76.3%	92.6%	7.84%	1.16	1.19

2. 统计公差在图样上的标注

可以按照统计公差通用要求和特定要求,在相关图样和技术文件中分别用符号和数值表示。统计公差在图样上的标注应包含以下信息:

(1) ST:表示对该零件批或过程采用统计公差,ST 后无其他符号,则表示是统计公差通用要求,按照行业和产品特性选择其中一个质量水平作为默认的统计公差通用要求;

(2) 质量指标:用特定质量指标或过程能力指数的符号表示;

(3) 公差方向:用"≤"或"≥"表示给定统计公差是上限或下限;

(4) 统计公差数值;

(5) 二维统计公差带:如果采用质量目标函数来表达统计公差及其标注,则还应包含设计者希望形成二维统计公差带的平面表示。

各层次统计公差标注形式如下:

(1) 当设计者对某个具有双侧规范的尺寸或质量特性要求制造过程应用统计过程控制而无特定质量目标要求时,采用统计公差符号 ST 并标注在该尺寸或质量特性公差带代号后面。示例:

$$\phi 35h5({}^{\ 0}_{-0.011}) \text{ST}$$

(2) 当设计者对某个具有双侧规范的尺寸或质量特性要求制造过程应用统计过程控制并有特定质量目标要求时,采用统计公差符号 ST、特定质量指标或过程能力指数的符号及统计公差值并标注在该尺寸或质量特性公差带代号后面。由于中、下层统计公差和特定制造环境相关,统计公差在图样上的标注方式只涉及上层统计公差,即设计者对该质量特性的过程质量指标或兼顾过程位置与离散特性的指数 C_{pk}、C_{pm}。

(3) 过程不合格率的统计公差标注为

$$\phi 35h5({}^{\ 0}_{-0.011}) \text{ST}: P_d \leqslant 0.016\%$$

(4) 过程中间区($T:W_c=3:1$)率的统计公差标注为

$$\phi 35h5(_{-0.011}^{0})ST:P_c(34.9945\pm0.00183)\leqslant80\%$$

其中,35 为公称尺寸,34.9945 为目标值,即 $M=34.9945$,35 为最大极限尺寸,$(35-0.011)$ 为最小极限尺寸;$T=0.011$,$\dfrac{T}{6}=0.00183$。

(5) 过程中间区($T:W_c=2:1$)率的统计公差标注为

$$\phi 35h5(_{-0.011}^{0})ST:P_c(34.9945\pm0.00275)\leqslant94\%$$

其中,35 为公称尺寸,34.9945 为目标值,即 $M=34.9945$,35 为最大极限尺寸,$(35-0.011)$ 为最小极限尺寸;$T=0.011$,$\dfrac{T}{4}=0.00275$。

(6) 过程平均质量损失率的统计公差标注为

$$\phi 35h5(_{-0.011}^{0})ST:P_{ql}\leqslant6.3\%$$

(7) 由单一数值表示的过程能力指数的统计公差标注。

过程能力指数 C_{pk} 的统计公差标注:$\phi 35h5(_{-0.011}^{0})ST:C_{pk}\leqslant1.2$

过程能力指数 C_{pm} 的统计公差标注:$\phi 35h5(_{-0.011}^{0})ST:C_{pm}\leqslant1.2$

(8) 多个质量目标的统计公差标注采用统计公差符号及相关质量目标表达式的联立形式。

过程不合格率和中间区($T:W_c=3:1$)率二项要求的统计公差标注为

$$\phi 35h5(_{-0.011}^{0})ST:\begin{cases}P_d\leqslant0.016\%\\P_c(34.9945\pm0.00183)\leqslant80\%\end{cases}$$

过程中间区($T:W_c=3:1$)率的统计公差标注为

$$\phi 35h5(_{-0.011}^{0})ST:P_c(34.9945\pm0.00183)\leqslant80\%$$

8.3.4　应用

某型号发动机活塞销直径尺寸要求为 $\phi 35h5(_{-0.011}^{0})$,以监控其最后精磨工序的过程中间区频率为例,已知 C_p 值历史数据为 1.30,预期质量目标 $P_{cmin}(M\pm T/4)=94\%$;面向质量目标的统计公差标注方案如图 8-17 所示。求满足质量目标的统计公差带(C_p^*,k^*)。

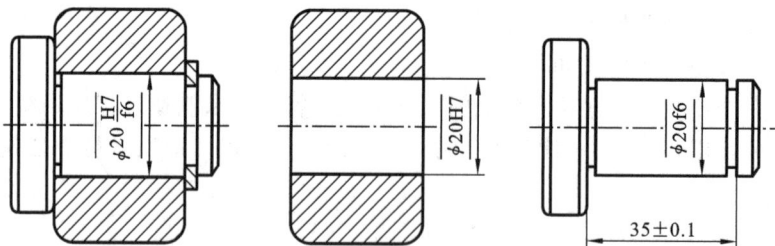

图 8-17　活塞销的面向质量目标的统计公差标注方案

已知公差 $T=0.011$ mm,C_p 值历史数据为 1.30,经查面向质量目标的统计公差表格,C_p 值为 1.30 的前提下,满足质量目标的 k^* 为 0.07,可采用数组形式的统计公差表达方式(C_p^*,k^*)=(1.30,0.07),体现在工序控制文件中。该统计公差带图形见图 8-16 中不封闭的矩形区域。

思政知识点

超精密测量与高端制造发展

高端芯片的生产依赖于超精密光刻机。超精密光刻机集成数十个超精密量级的光学、机械、电控等子系统及数万个超精密量级零部件,在高速、高加速度工况下,实现纳米级同步精度、单机套刻精度和匹配套刻精度等指标,是人类装备制造史上复杂程度最高、技术难度最大、综合精度性能最强的尖端装备之一。

光机零部件的精度和稳定性要求极高,任何一个关键零部件的不合格都将导致整机研制失败。例如光学系统中的微晶玻璃反射镜需要同时满足纳米级加工精度和亚纳米级表面粗糙度,才能确保光路系统精确聚焦并将掩模图形准确转印至晶圆表面。该部件加工涉及 108 项尺寸公差、62 项几何公差以及残余应力控制要求,制造过程需要配置 20 余种专用超精密测量仪器。整机包含的 7 万余个光机零部件中,超精密级占比超过 80%,对应需要 700 余种专用精密测量设备。

超精密光刻机被誉为"超精密装备领域的珠穆朗玛峰",持续挑战着人类制造的精度极限。我国要实现高端光刻机的自主研制,必须建立完整的专用超精密测量技术体系。目前国内测量精度较国际先进水平存在代际差距,芯片制造关键测量仪器和标准样板 90% 以上依赖进口,尚未构建支撑产业发展的计量体系。

2023 年 2 月 6 日,中共中央、国务院联合印发《质量强国建设纲要》,明确提出:到 2025 年形成先进制造业质量竞争优势,2035 年实现制造业由中低端向中高端跨越。在此战略框架下,超精密测量技术已成为高端制造不可或缺的核心能力。正如谭久彬院士强调:"要想造得出,必先测得出,要想造得精,必先测得准",构建新型工业计量体系是产业高质量发展的必由之路,而健全的仪器产业生态则是该体系建设的基础支撑。

结语与习题

Ⅰ.本章的学习目的、要求及重点

学习目的:了解相互关联尺寸公差的内在联系,学会按具体情况解决相关尺寸精度的分析及计算方法。

要求:① 建立尺寸链的概念,了解其作用及基本术语;② 掌握尺寸链的基本分析计算方法。

重点:根据相互关联尺寸的工艺联系,正确绘制尺寸链图;用完全互换法和大数互换法解算尺寸链。

Ⅱ.复习思考题

1. 如何根据装配或加工工艺将相关尺寸连接成封闭的尺寸链?
2. 绘制尺寸链图的要点有哪些? 在尺寸链中怎样确定封闭环并判断增环和减环?
3. 分析、计算尺寸链的目的是什么?
4. 解算尺寸链的方法有哪几种? 分别用在什么场合?

Ⅲ.练习题

1. 有一套筒按 $\phi65h11$ 加工外圆,按 $\phi50H11$ 加工内孔,求壁厚的公称尺寸与极限偏差。

本章练习题答案

2. 某厂加工的曲轴、连杆及衬套等零件装配后如附图 8-1 所示。经调试运转,发现部分曲轴肩与衬套端面有划伤现象。按设计要求曲轴肩与轴承衬套端面间隙 $A_0 = 0.1 \sim 0.2$ mm,而设计图规定 $A_1 = 150^{+0.016}_{0}$,$A_2 = A_3 = 75^{-0.02}_{-0.06}$。验算图样给定零件尺寸的极限偏差是否合理?

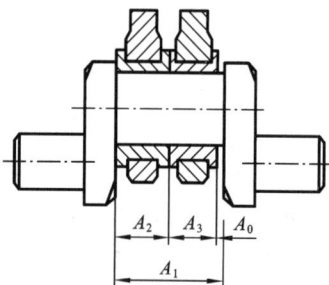

附图 8-1

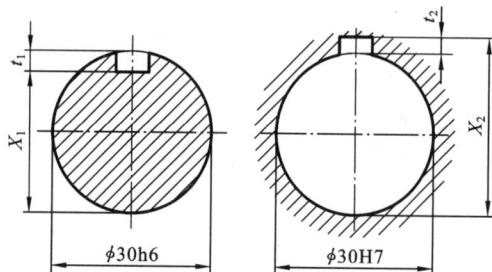

附图 8-2

3. 某车床变速齿轮内孔与轴的配合为 $\phi30H7/h6$,以平键连接(如附图 8-2 所示)。轴上键槽深 $t_1 = 4^{+0.2}_{0}$,轮毂槽深 $t_2 = 3.3^{+0.2}_{0}$。为检验方便,在零件图上常应标注尺寸 X_1 和 X_2 的尺寸偏差。试求出 X_1 和 X_2 的公称尺寸和极限偏差。

4. 如附图 8-3 所示,在轴上加工一键槽。加工顺序为:

① 车削外圆直径至 $\phi70.5^{0}_{-0.1}$;

② 铣键槽至尺寸 X;

③ 磨外圆至直径至 $\phi70h9$。

要求按此工序加工完后,键槽深度为 $7.5^{+0.2}_{0}$,求 X 的公称尺寸及极限偏差。

5. 如附图 8-4 所示的机构,A_0 为装配间隙。

(1) 用完全互换法计算装配间隙 A_0 的变动范围;

(2) 用大数互换法计算装配间隙 A_0 的变动范围(设所有组成环为正态分布)。

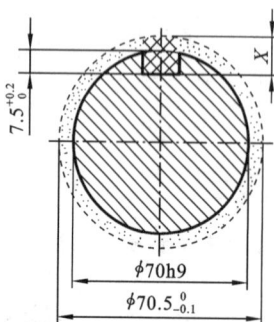

附图 8-3

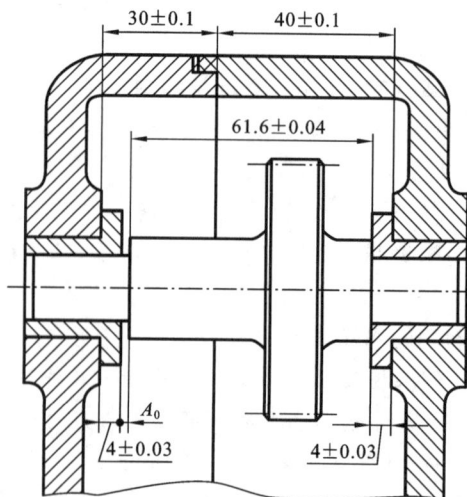

附图 8-4

第 9 章

现代精密测量技术

9.1 坐 标 测 量

1959 年,英国 Ferranti 公司展出了世界上第一台坐标测量机,该坐标测量机采用测头接触工件,通过脚踏开关记录坐标值,并计算几何元素间的位置关系。此后,随着触发式测头、计算机数字控制等技术的引入,坐标测量技术的自动化水平显著提升,逐渐应用于机械、汽车等领域。

坐标测量法通过构建坐标系,测量被测要素的空间位置坐标,将被测几何要素上的点与坐标系关联,通过测量若干点的坐标值计算被测几何参数。该方法是几何量测量的常用方法,主要应用于:不同尺度复杂物体的三维尺寸测量;结合 CAD 技术实现自动化测量,支持逆向工程需求;大型工程结构装配构件的定位与姿态调整,满足机器人运动轨迹、空间位置等参数的现场测量。

早期的坐标测量采用高度尺、量规等通用量具在平板上进行,但效率低、计算复杂且精度难以保证。随着激光、传感器、电子、计算机及精密加工技术的发展,坐标测量技术迅速发展,已成为精密制造与测量水平的重要评价标准。基于该技术的主要设备包括三坐标测量机、激光跟踪仪、激光扫描仪及工业三维测量系统等。

9.2 坐 标 测 量 系 统

9.2.1 三坐标测量机的结构和组成

三坐标测量机一般采用正交坐标系,由电机驱动,带动测头沿三个相互垂直的导轨移动,以测量被测点空间坐标。

1. 坐标测量机的结构类型

坐标测量机的结构类型有以下几种(见图 9-1)。

1) 活动桥式坐标测量机

活动桥式坐标测量机是目前中小型测量机中的主要机型,其结构简单、紧凑,刚度高,开敞性好,承载能力较强,且工件重量对测量机动态性能的影响较小;但由于桥架采用单边驱动,且 y 方向光栅尺设置在工作台一侧,导致 y 方向存在较大的阿贝臂,可能引起较大的阿贝误差,从而影响测量精度。

2) 固定桥式坐标测量机

固定桥式坐标测量机结构稳定、刚度高,其 y 方向的光栅尺及驱动机构可设置在工作台

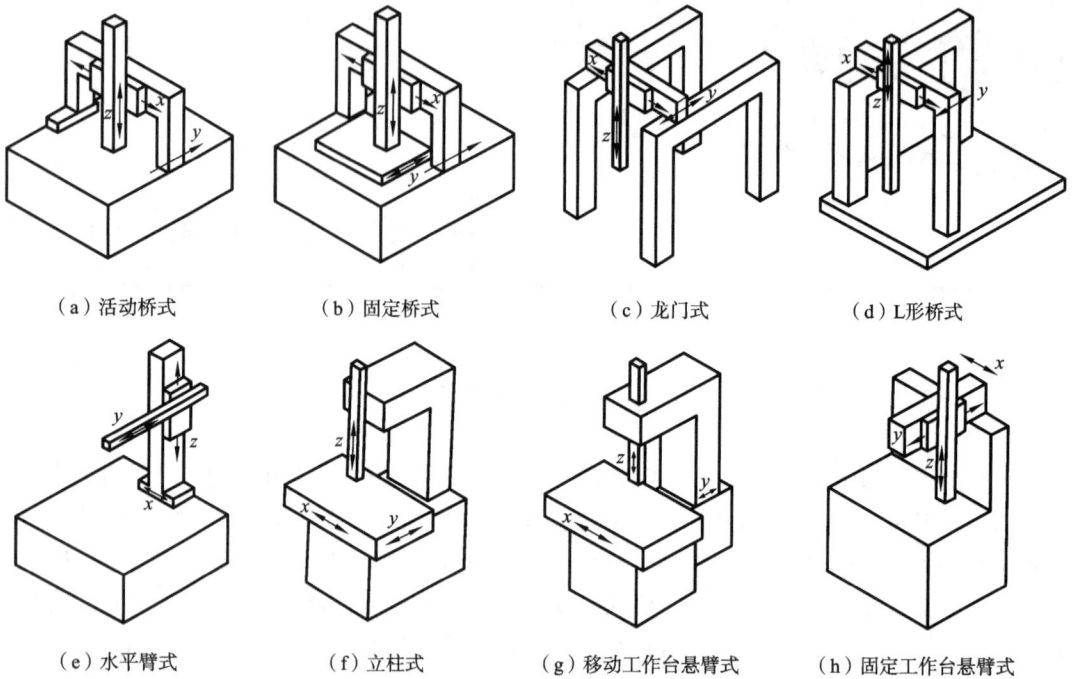

　　（a）活动桥式　　　　　（b）固定桥式　　　　　（c）龙门式　　　　　（d）L形桥式

　　（e）水平臂式　　　　　（f）立柱式　　　　（g）移动工作台悬臂式　　　（h）固定工作台悬臂式

图 9-1　坐标测量机的结构类型

下方中部;而 x 方向的阿贝臂较小;但在使用该类型测量机时,被测工件必须放置在运动工作台上,这会降低机器的运动速度,同时使承载能力相对变小。

　　3）龙门式坐标测量机

　　龙门式坐标测量机一般为中大型设备,其通过减少移动部件的质量来提高测量精度和动态性能。其行程可达数十米,且由于结构刚度较高,大尺寸工件的变形较小,从而确保了足够的测量精度;但由于 y 方向标尺与驱动装置侧置,容易形成较大的阿贝臂,并产生绕支撑轴的偏摆现象,从而可能导致较大阿贝误差,同时驱动平稳性较差。

　　4）L形桥式坐标测量机

　　L 形桥式坐标测量机综合了活动桥式与龙门式测量机的优点,一般适用于中型件测量。其工作空间开阔,同时减轻了移动部件的质量,但辅腿的热膨胀可能会影响整体垂直度。

　　5）水平臂式坐标测量机

　　水平臂式坐标测量机属于悬臂式测量机,其结构简单,测量空间开阔,具有较长的 x 轴行程和较高的支撑臂,是大型薄壁工件(如车身、车门等)测量的理想工具,但其水平臂易发生较大变形,导致测量精度较低。

　　6）立柱式坐标测量机

　　立柱式坐标测量机结构稳固、测量精度高,但工件重量可能会影响工作台的运动,通常用于中小型件测量。

　　7）移动工作台悬臂式与固定工作台悬臂式坐标测量机

　　移动工作台悬臂式与固定工作台悬臂式坐标测量机结构简单,测量空间宽敞,但其悬臂部分容易发生变形,从而影响测量精度。

2. 坐标测量机的组成

坐标测量机由主机、测头和电气控制系统三大部分组成(见图 9-2)。主机主要包括框架结构(底座、工作台、立柱、桥框、壳体等)、三个运动方向的驱动装置、导轨及标尺系统(如光栅尺等)。测头作为获取测量数据的传感器,能够在三个方向上检测目标信号和微小位移,实现瞄准与测微功能。电气控制系统则具备单轴与多轴联动控制、外围设备控制、通信控制、保护及逻辑控制等功能。

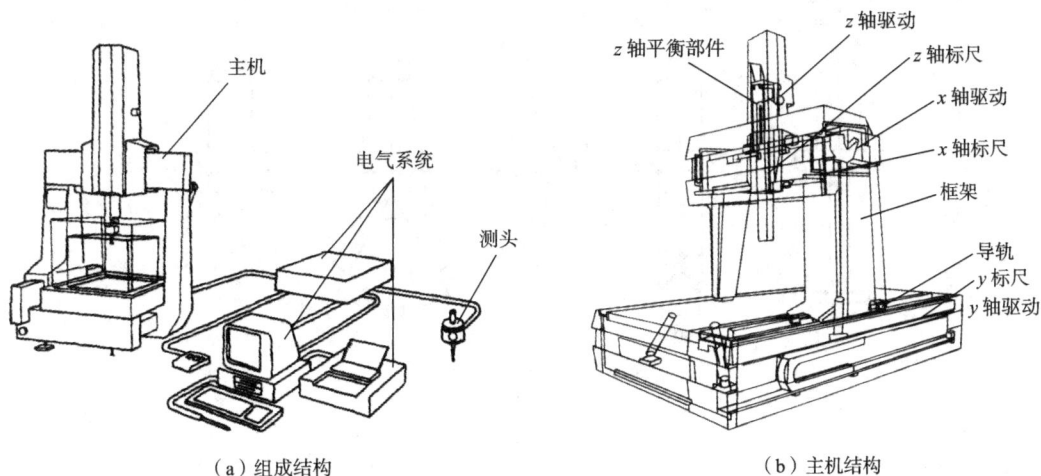

（a）组成结构　　　　　　　　　　　　　（b）主机结构

图 9-2　坐标测量机的结构

9.2.2　测头

测头是获取被测信号的关键部件,其性能决定测量机的精度、功能和工作效率。按结构原理,测头可分为机械式测头、光学式测头和电气式测头等;按测量方法,可分为接触式测头和非接触式测头两类。

1. 机械式测头

机械式测头多为硬测头,用于手动测量,成本低,操作简单方便,但测量力难以控制,易导致测头和被测件变形,进而影响测量精度。

常用的机械式测头包括圆锥测头、圆柱形测头、球形测头、回转式半圆和四分之一柱面测头、盘形测头、凹圆锥测头、点测头、V 形块测头及直角测头等,如图 9-3 所示。

2. 电气测头

电气测头在坐标测量机中使用较多,其采用电触、电感等作为传感器来接收测量信号,测量精度高。

按照功能不同,电气测头可分为电触式开关测头和模拟式电气测头。

1) 电触式开关测头

电触式开关测头也称触发测头,主要用于触发测量,通过电触头的闭合状态实现瞄准。电触式测头的典型结构如图 9-4 所示:测杆 11 安装于测头座 7 上,其底面有以 120°均布的三个圆柱体 8,这些圆柱体与下底座上安装的六个钢球 9 配合,构成三组钢球接触副。当测头 12 与被测件脱离后,外力消失,在弹簧 6 的作用下,测头座 7 恢复至原始位置,三组钢球重新接

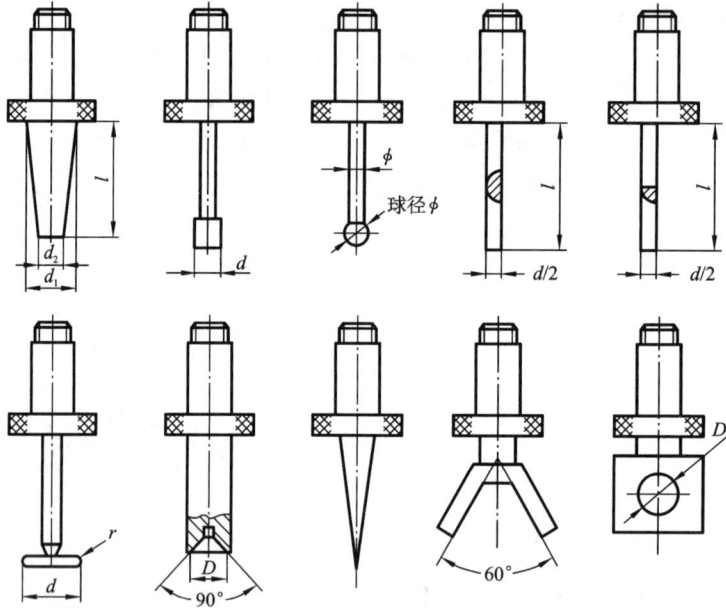

图 9-3　常用机械式测头

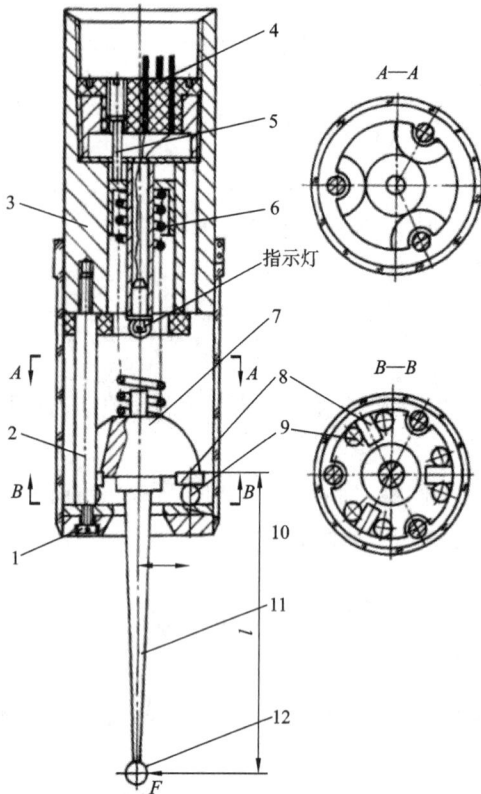

图 9-4　电气式开关测头

1—连接螺钉;2—防转杆;3—上主体;4—插座;
5—螺杆;6—弹簧;7—测头座;8—小圆柱体;
9—钢球;10—下底座;11—测杆;12—测头

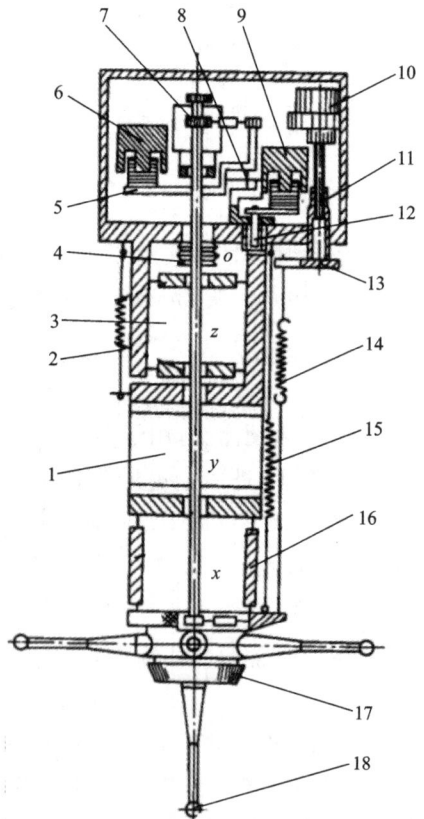

图 9-5　双片簧三维电感测头

1,3,16—具有两个片簧的平行四边形机构;2,14,15—弹簧;
4—波纹管;5—杠杆;6,9—电磁铁;7—中心杆;8—铰链;
10—电机;11—螺杆;12—顶杆;13—螺母;17—测头连接座;18—测头

触。电触式开关测头单向重复性误差小于 1 μm,轴向测量力为 0.1~1 N,结构简单、工作可靠、抗干扰能力强,在实际中应用广泛。

2) 模拟式电气测头

模拟式电气测头兼具瞄准和测微功能,其在三个坐标方向上都设有传感器,可以获取三个方向的信号和位移分量,常见于精密型坐标测量机。图 9-5 所示为德国 ZEISS 公司的双片簧层叠式三维电感测头。其采用三层片簧导轨设计,每层由两片簧悬吊支撑。测头转接座 17 通过平行四边形机构 16 的双片簧实现 x 方向运动,y 方向平移由两组平行片簧驱动,z 方向平移通过另一平行四边形片簧导轨完成。片簧中部设金属压板以增强刚度与稳定性,片簧厚度通常为 0.1 mm 以确保测量灵敏精确。z 方向导轨因水平固定需采用弹簧 2、14、15 三组平衡:螺旋升降机构含电机 10、螺杆 11、螺套 13 来调节弹簧 14 平衡力,弹簧 2 与 15 平衡 x、y 方向部件自重,以减少 z 方向簧片剪切应力导致的位移偏差。

每层导轨中部均配零位锁紧、传感器及阻尼部件。零位锁紧部件中(见图 9-6(a)),锁紧杠杆 3 的圆锥销 4 与定位块 5 凹槽精确配合,构成机械零位基准。通过可逆电机 2 正反转改变拨销 1 与杠杆 3 位置实现零位锁紧/解锁。传感器部件中(见图 9-6(b)),磁芯 3 与线圈 2 分置于导轨层,基于电感原理测量位移量。阻尼装置成对设于活动导轨层间,采用黏滞减速结构,运动时产生阻尼力以抑制片簧过度灵敏(见图 9-6(c))。

测头上部设三轴预置测力及初始位调整机构。调节电磁铁 6 电流,使杠杆 5 绕十字片簧铰链 8 转动,带动中心杆 7、测头座 17 及测头 18 调整 x 方向测力(y 方向同理)。调节电磁铁 9 电流通过顶杆 12 预置 z 方向测力与初始位。测头连接座配置 5 个触杆,可覆盖工件 x、y 轴四向及 z 轴下端测量。该测头精度高,重复精度可达 0.1 μm。

3. 光学测头

用光学测头测量时,其与被测物体没有机械接触,不产生测量力,适用于测量各种柔软的和易变形的物体;不产生摩擦,可以进行快速扫描测量,测量速度与采样频率都较高;光斑小,没有测头半径产生的余弦误差。光学测头发展迅速,主要有光学点位测头、激光三角测头、激光聚焦测头、光纤测头、影像测头等。

光学点位测头的测量原理如图 9-7(a)所示。光源 4 射出的光经透镜 5,将分划板 6 上的十字通过经反射镜 8、物镜 7 投射到工件表面。十字线的漫反射像通过棱镜 9、10 进入物镜 11,经直角屋脊棱镜 3 反射,成像在分划板 2 上,通过目镜 1 进行瞄准观测。当工件位于焦点时,

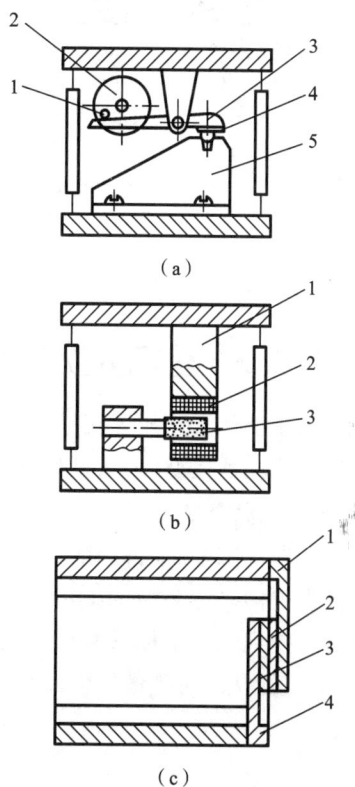

图 9-6　三维测头中的锁紧、传感器和阻尼装置

(a) 零位锁紧部件　1—拨销;2—电机;
3—杠杆;4—圆锥销;5—定位块;
(b) 传感器　1—支架;2—线圈;3—磁芯;
(c) 阻尼装置　1—上板;2,3—含硅油阻尼片;4—下板

在目镜分划板上出现一个清晰像;偏离焦点时,则出现双重模糊像。光学点位测量头的精度一般为±(1~3) μm,被测表面可倾斜 70°,适合测量涡轮叶片等不规则空间型面。

激光三角测头的工作原理如图 9-7(b)所示。由激光器发出的光,经光学系统形成一个

很细的平行光束,照到被测工件表面。由工件表面反射回来的光,可能是镜面反射光,也可能是漫反射光。三角测头利用工件表面的漫反射光进行探测,由光电检测器件(如位置敏感器件、线阵电荷耦合器件、光电二极管阵列等)检测,从而探测出被测表面的位置。

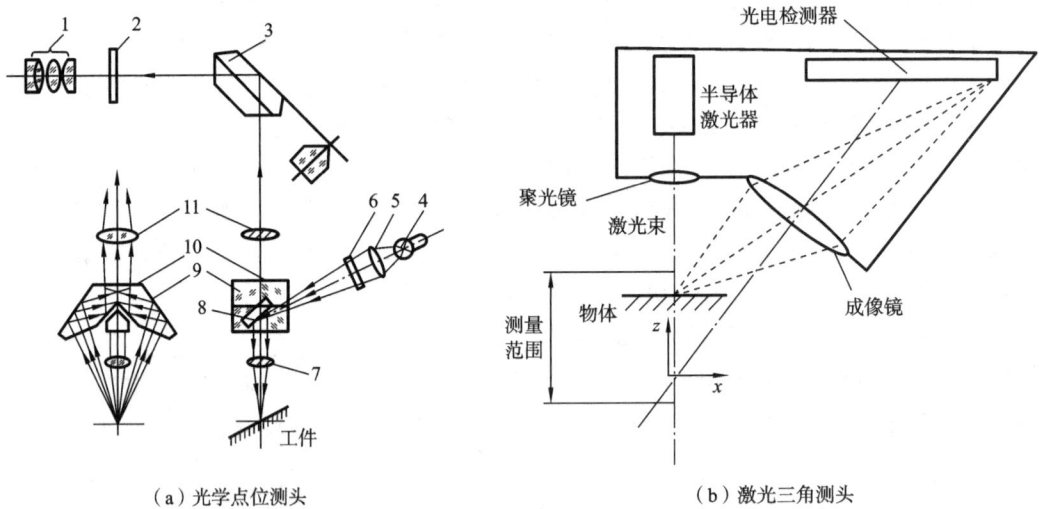

（a）光学点位测头　　　　　　　　　　（b）激光三角测头

图 9-7　光学测头

1—目镜;2,6—分划板;3,9,10—棱镜;4—光源;5—透镜;7,11—物镜;8—反射镜

9.2.3　坐标变换和数据处理

被测工件无论放置在坐标测量机工作台的何种位置,都可通过建立被测参数与采样点坐标之间的关系模型,由数据处理计算得到被测参数。具体的过程如下。

1. 坐标变换

测量机测量时,得到的是工件上各点在测量机坐标系中的三维空间坐标,并通过坐标变换转换为工件坐标系中的坐标。设 $O\text{-}xyz$ 为坐标测量机坐标系,$O'\text{-}x'y'z'$ 为工件坐标系。通过测量可得到工件坐标系原点 O' 在测量机坐标系中的坐标 (x_0,y_0,z_0),工件坐标系的三个轴 $O'x'$、$O'y'$ 和 $O'z'$ 在测量机坐标系统中的方向矢量为

$$\begin{cases} O'x' = \{l_1,m_1,n_1\} \\ O'y' = \{l_2,m_2,n_2\} \\ O'z' = \{l_3,m_3,n_3\} \end{cases} \tag{9-1}$$

则测量机坐标系中的点 $P(x,y,z)$,在工件坐标系中坐标为 $P'(x',y',z')$,两者之间的关系为

$$\begin{bmatrix} x' \\ y' \\ z' \end{bmatrix} = \begin{bmatrix} l_1 & m_1 & n_1 \\ l_2 & m_2 & n_2 \\ l_3 & m_3 & n_3 \end{bmatrix} \begin{bmatrix} x-x_0 \\ y-y_0 \\ z-z_0 \end{bmatrix} \tag{9-2}$$

2. 几何要素的数据处理

坐标测量机得到被测工件表面的离散采样点的坐标值后,需要通过几何计算得到尺寸、位置等被测参量。例如,要测量得到工件上圆孔、轴的直径和圆心位置坐标,需要在被测孔或轴的某一个圆周截面上测量大致均布三个以上的点坐标值,如图 9-8 所示。将采样点的坐标值

代入圆的方程,可以计算得到圆的半径 R 和圆心坐标 (x_C, y_C, z_C)。

$$\begin{cases} x_C = \dfrac{x_1^2(y_2-y_3)+x_2^2(y_3-y_1)+x_3^2(y_1-y_2)-(y_1-y_2)(y_2-y_3)(y_3-y_1)}{2[x_1(y_2-y_3)+x_2(y_3-y_1)+x_3(y_1-y_2)]} \\[3mm] y_C = -\dfrac{y_1^2(x_2-x_3)+y_2^2(x_3-x_1)+x_3^2(x_1-x_2)-(x_1-x_2)(x_2-x_3)(x_3-x_1)}{2[x_1(y_2-y_3)+x_2(y_3-y_1)+x_3(y_1-y_2)]} \\[3mm] z_C = z \end{cases}$$

$$\tag{9-3}$$

$$R = \frac{\sqrt{[(x_1-x_2)^2+(y_1-y_2)^2][(x_2-x_3)^2+(y_2-y_3)^2][(x_3-x_1)^2+(y_3-y_1)^2]}}{2|x_1(y_2-y_3)+x_2(y_3-y_1)+x_3(y_1-y_2)|} \pm r$$

式中:r——测量机测头的半径,测孔时取正值,测轴时取负值。

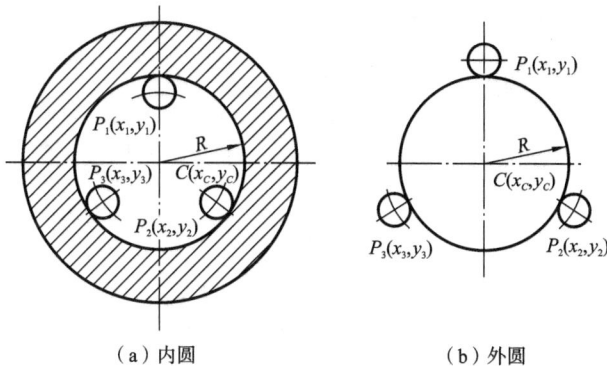

（a）内圆　　　　　　　（b）外圆

图 9-8　圆的直径和圆心测量

9.2.4　坐标测量机的误差

坐标测量机产生测量误差的主要原因包括两大部分:一是坐标测量机自身存在的误差(如机构误差、测头误差、软件误差等);二是由测量条件引起的各种误差。

坐标测量机的几何误差主要包括定位误差、直线运动直线度误差、角运动误差和垂直度误差。

1) 定位误差

定位误差指测量机运动部件的实际位置与标尺所显示位置之间的差异,因此标尺误差成为产生定位误差的主要原因。标尺误差是指整个标尺读数系统的误差,例如标尺刻度的误差以及读数系统中电路和细分引起的误差。在实际应用中,由于测量轴与标尺(基准线)常常不共线,故会产生阿贝误差,这也是定位误差的重要来源之一。

2) 直线运动直线度误差

直线运动直线度误差主要由导轨的加工误差引起,其中位置相关的系统误差占主成分;此外,由于导轨系统内摩擦变化、滚动体位置的微小变化、气浮导轨中气隙的变化及油膜厚度的不均等因素,也会引入随机误差。

3) 角运动误差

坐标测量机的运动部件并非绝对刚体,其在沿导轨做直线运动时,除了产生直线运动直线度误差,还会引起绕三个轴的旋转误差,即角运动误差。每个轴向均存在角摆误差、俯仰误差和自转误差。角运动误差主要由导轨加工过程中直线度误差(包括重力作用下引起的形变)以及导轨安装时出现的平行度误差所致,其中系统误差占主要成分。

4)垂直度误差

由于坐标测量机各部件的安装误差,导致测量机三个轴线两两之间的夹角偏离其公称值90°,从而产生垂直度误差。

坐标测量机的运动部件沿三个轴向存在的误差包括共计 18 项误差(即每个轴向存在 1 项定位误差、2 项直线运动误差及 3 项角运动误差),再加上 3 个垂直度误差,统称为坐标测量机的 21 项几何误差(如图 9-9 所示)。

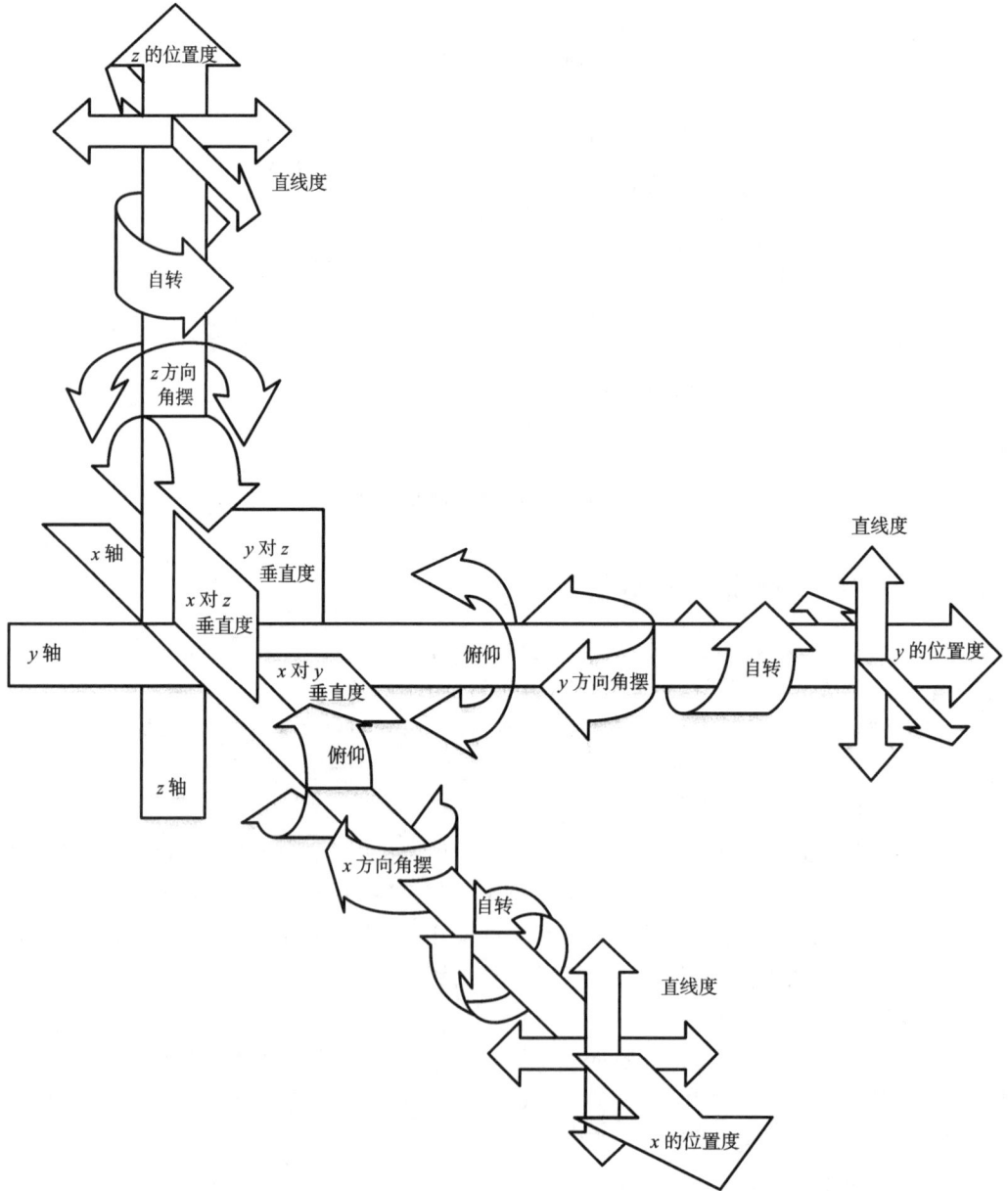

图 9-9 坐标测量机的 21 项误差

9.3 激光视觉三维测量

激光视觉测量技术是以激光为光源,利用计算机对采集的图像或视频进行处理,实现对被测物体的三维测量。激光视觉测量系统以现代光学为基础,是融合激光技术、图像处理与分析技术、计算机技术等现代科技的光机电一体化综合测量系统,具有自动化、非接触和高精度等特点,广泛应用于工业检测、智能制造、生物医学等领域。例如机械行业中汽车零配件尺寸和自动装配完整性检查、机械零件的自动识别分类和几何尺寸测量、钢板表面的自动探伤、轴承滚珠的数量及破损情况检查等,电子装配线的元器件自动定位、缺陷检测等,以及医药胶囊壁厚和外观缺陷检查、医学图像分析等。

用激光作光源可产生各种结构光,包括点结构光、线结构光及多线结构光。结构光用一个或多个 CCD 摄像机接收,通过一定算法来获取结构光所携带的被测物体的三维信息。把由结构光和 CCD 摄像机组成的测量装置称为激光视觉传感器。按激光产生结构光的形式,激光视觉传感器可分为点结构光传感器、线结构光传感器及多线结构光传感器(见图 9-10)。

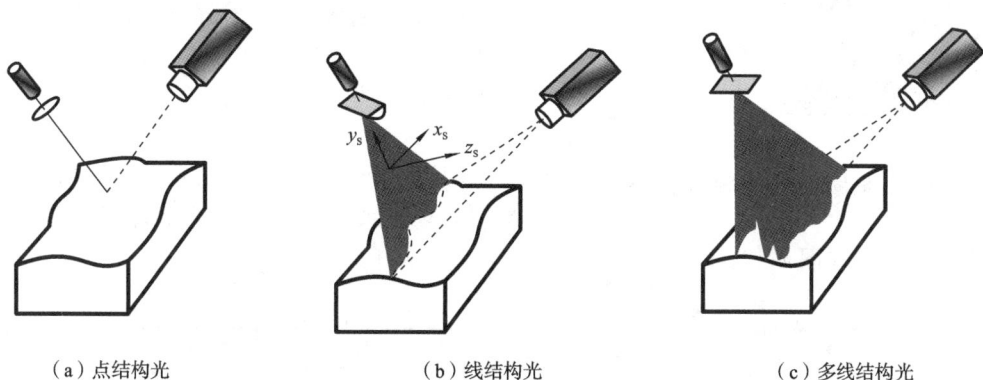

(a)点结构光　　　　　　　　(b)线结构光　　　　　　　　(c)多线结构光

图 9-10　激光视觉传感器的类别

1. 点结构光传感器

点结构光传感器以半导体激光器作为光源,其产生的光束照射被测表面,经表面散射(或反射)后,用 CCD 摄像机接收,光点在 CCD 像平面上的位置反映出被测表面高度在法线方向上的变化。

2. 线结构光传感器

半导体激光器产生的激光经柱面镜变成线结构光,透射到被测区域形成激光带,用 CCD 摄像机接收散射光,从而获得表面被照区域的截面形状或轮廓。

3. 多线结构光传感器

半导体激光器发出的激光扩束后照射到光栅上,产生多条线结构光,线结构光投射到被测表面上形成多条亮带,用 CCD 摄像机接收亮带信息,可获得被测表面的三维信息。

激光视觉传感器的数学模型是激光视觉测量技术的核心内容,所建模型越接近测量实际且模型参数能较准确地标定出来,则可获得较高的测量精度。视觉传感器中,CCD 摄像机是重要的组成部分,是视觉系统获取三维信息的工具,传感器的建模就是建立摄像机像面坐标系与测量参考坐标系之间的关系。根据模型的参数选择,建模方法主要有以下两种。

(1)完全利用投影变换理论,通过无任何物理意义的中间参数,将图像坐标系与测量参考坐标系联系起来。对该类数学模型的参数标定就是计算中间参数的过程,且对这些参数无任何约束,只要它们组合后能完成正确的三维测量即可。

(2) 通过具有明确物理意义的几何结构参数,如光学中心、焦距、位置以及方向等,建立图像坐标系与测量参考坐标系的关系。这类方法的模型参数一般分为摄像机内部参数和传感器结构参数两部分。摄像机内部参数指摄像机内部的几何和光学特性,传感器结构参数指图像坐标系相对于测量参考坐标系的位置参数。这种模型直观,可根据使用场合及要求达到的精度不同,建立不同复杂程度的数学模型。因此,在视觉检测技术中被广泛使用。

下面选择第二种建模方法,从摄像机模型出发,建立起各种结构光视觉传感器的测量模型。摄像机是视觉传感器的主要功能元件。被测物体的位置、形状等几何尺寸是从摄像机获取的图像信息中计算出来的,图像上每一点的亮度反映了空间物体表面某点散射光的强度信息,而该点在图像上的位置与空间物体表面相应点的几何位置有关,这些位置的相互关系由摄像机成像模型决定。

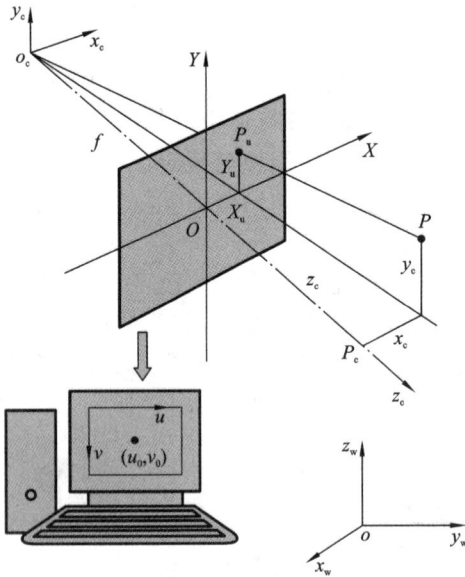

图 9-11　摄像机小孔透视成像示意图

利用摄像机小孔透视成像原理(见图 9-11),由空间坐标系到计算机图像坐标系的摄像机变换模型建立过程如图 9-12 所示。

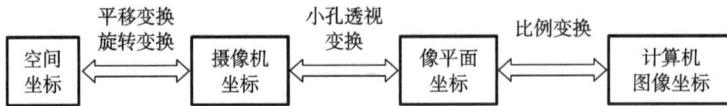

图 9-12　空间三维坐标到计算机图像二维坐标的摄像机变换模型建立过程

若点 P 在世界坐标系 $o_w\text{-}x_w y_w z_w$ 中的空间坐标为 (x_w,y_w,z_w),在摄像机坐标系 $o_c\text{-}x_c y_c z_c$ 中的坐标为 (x_c,y_c,z_c),在像平面坐标系 $O\text{-}XY$ 下的二维坐标 (X_u,Y_u),在计算机图像坐标系中的坐标为 (u,v),单位为像素;像面中心 O 点在计算机图像坐标系下的二维坐标为 $O(u_0,v_0)$,摄像机相对于世界坐标系的旋转矩阵 $\boldsymbol{R}$ 和平移矢量 $\boldsymbol{T}$ 分别为

$$\boldsymbol{R}=\begin{bmatrix} r_1 & r_2 & r_3 \\ r_4 & r_5 & r_6 \\ r_7 & r_8 & r_9 \end{bmatrix}, \quad \boldsymbol{T}=\begin{bmatrix} t_x \\ t_y \\ t_z \end{bmatrix}$$

摄像机的有效焦距即 O 和 o_c 间的距离为 f;小孔透视的比例系数 $\lambda\neq0$;CCD 图像采集的比例因子为 s_x;CCD 水平、垂直像素间距分别为 d_x、d_y;光学中心 O。由空间坐标到计算机图像二维坐标的摄像机变换模型则为

$$\lambda\begin{bmatrix} u \\ v \\ 1 \end{bmatrix}=\begin{bmatrix} (s_x d_x)^{-1} & 0 & u_0 \\ 0 & d_y^{-1} & v_0 \\ 0 & 0 & 1 \end{bmatrix}\begin{bmatrix} f & 0 & 0 \\ 0 & f & 0 \\ 0 & 0 & 1 \end{bmatrix}\begin{bmatrix} r_1 & r_2 & r_3 & t_x \\ r_4 & r_5 & r_6 & t_y \\ r_7 & r_8 & r_9 & t_z \end{bmatrix}\begin{bmatrix} x_w \\ y_w \\ z_w \\ 1 \end{bmatrix} \tag{9-4}$$

也可写成

$$
\begin{cases}
X_{\mathrm{d}} = s_x d_x (u - u_0) \\
Y_{\mathrm{d}} = d_y (v - v_0) \\
f \dfrac{r_1 x_{\mathrm{w}} + r_2 y_{\mathrm{w}} + r_3 z_{\mathrm{w}} + t_x}{r_7 x_{\mathrm{w}} + r_8 y_{\mathrm{w}} + r_9 z_{\mathrm{w}} + t_z} = X_{\mathrm{u}} \\
f \dfrac{r_4 x_{\mathrm{w}} + r_5 y_{\mathrm{w}} + r_6 z_{\mathrm{w}} + t_y}{r_7 x_{\mathrm{w}} + r_8 y_{\mathrm{w}} + r_9 z_{\mathrm{w}} + t_z} = Y_{\mathrm{u}}
\end{cases}
\tag{9-5}
$$

考虑到摄像机镜头是非理想光学系统,物点在摄像机像面上实际所成的像与理想成像之间存在光学畸变误差,实际成像点与理想成像点之间的相互关系为

$$
\begin{cases}
X_{\mathrm{u}} = X_{\mathrm{d}} (1 + k_1 r^2) \\
Y_{\mathrm{u}} = Y_{\mathrm{d}} (1 + k_1 r^2)
\end{cases}
$$

式中: r ——像点到像面中心的距离, $r = \sqrt{X_{\mathrm{d}}^2 + Y_{\mathrm{d}}^2}$;

　　　k_1 ——径向畸变系数。

则实际摄像机小孔成像透视变换模型为

$$
\begin{cases}
X_{\mathrm{d}} = s_x d_x (u - u_0) \\
Y_{\mathrm{d}} = d_y (v - v_0) \\
X_{\mathrm{u}} = X_{\mathrm{d}} (1 + k_1 r^2) = f \dfrac{r_1 x_{\mathrm{w}} + r_2 y_{\mathrm{w}} + r_3 z_{\mathrm{w}} + t_x}{r_7 x_{\mathrm{w}} + r_8 y_{\mathrm{w}} + r_9 z_{\mathrm{w}} + t_z} = X_{\mathrm{u}} \\
Y_{\mathrm{u}} = Y_{\mathrm{d}} (1 + k_1 r^2) = f \dfrac{r_4 x_{\mathrm{w}} + r_5 y_{\mathrm{w}} + r_6 z_{\mathrm{w}} + t_y}{r_7 x_{\mathrm{w}} + r_8 y_{\mathrm{w}} + r_9 z_{\mathrm{w}} + t_z} = Y_{\mathrm{u}}
\end{cases}
\tag{9-6}
$$

摄像机是一个 3D 到 2D 的转换模型,所以靠单个摄像机无法准确获取空间三维坐标,需要摄像机与结构光组合,或者两个或两个以上摄像机组合,才能构成三维测量系统。

线结构光传感器的数学模型为

$$
\begin{cases}
X_{\mathrm{d}} = s_x d_x (u - u_0) \\
Y_{\mathrm{d}} = d_y (v - v_0) \\
X_{\mathrm{u}} = X_{\mathrm{d}} (1 + k_1 r^2) = f \dfrac{r_1 x_{\mathrm{s}} + r_2 y_{\mathrm{s}} + t_x}{r_7 x_{\mathrm{s}} + r_8 y_{\mathrm{s}} + t_z} = X_{\mathrm{u}} \\
Y_{\mathrm{u}} = Y_{\mathrm{d}} (1 + k_1 r^2) = f \dfrac{r_4 x_{\mathrm{s}} + r_5 y_{\mathrm{s}} + t_y}{r_7 x_{\mathrm{s}} + r_8 y_{\mathrm{s}} + t_z} = Y_{\mathrm{u}}
\end{cases}
\tag{9-7}
$$

双目视觉三维测量原理如图 9-13 所示,空间一点 P 在世界坐标系为 $O_{\mathrm{w}}\text{-}X_{\mathrm{w}} Y_{\mathrm{w}} Z_{\mathrm{w}}$ 中的坐

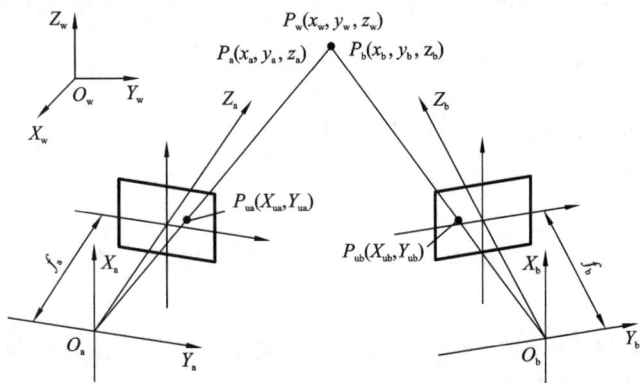

图 9-13　双目视觉三维测量原理

标 $P(x_w, y_w, z_w)$,在左摄像机坐标系 $O_a\text{-}X_aY_aZ_a$ 中的坐标为 $P_a(x_a, y_a, z_a)$,在右摄像机坐标系 $O_b\text{-}X_bY_bZ_b$ 中的坐标为 $P_b(x_b, y_b, z_b)$。

设 $\boldsymbol{R}_a$、$\boldsymbol{R}_b$ 分别为 a、b 摄像机坐标系与世界坐标系之间的旋转矩阵,$\boldsymbol{T}_a$、$\boldsymbol{T}_b$ 分别为 a、b 摄像机坐标系与世界坐标系之间的平移矩阵,则世界坐标系到摄像机坐标系的坐标转换模型为

$$\begin{cases} X_b = \dfrac{X_{ub}}{f_b} z_b \\[2mm] Y_b = \dfrac{Y_{ub}}{f_b} z_b \\[2mm] Z_b = \dfrac{f_b(f_a t_x - x_{ua} t_z)}{x_{ua}(x_{ub} r_7 + y_{ub} r_8 + f_b r_9) - f_a(x_{ub} r_1 + y_{ub} r_2 + f_b r_3)} \\[4mm] \qquad = \dfrac{f_b(f_a t_y - y_{ua} t_z)}{y_{ua}(x_{ub} r_7 + y_{ub} r_8 + f_b r_9) - f_a(x_{ub} r_4 + y_{ub} r_5 + f_b r_6)} \end{cases} \tag{9-8}$$

9.4　扫描探针显微镜

20 世纪 80 年代扫描隧道显微镜(scanning tunneling microscope,STM)和原子力显微镜(atomic force microscope,AFM)被相继研制成功,随后陆续又发展了更多新型探针显微镜,如扫描力显微镜(scanning force microscope,SFM)、横向力显微镜(lateral force microscope,LFM)等,这些显微镜被统称为扫描探针显微镜(scanning probe microscope,SPM)。与光学显微镜、电子显微镜相比(见图 9-14),SPM 可以得到高分辨率的三维表面成像,不仅能用于分析材料特性,还能在极小尺度上对物质进行改性、重组和再造,现已成为纳米科技领域不可或缺的一种表征工具,广泛应用于材料科学、物理学、化学、生物学和工程学领域。

9.4.1　扫描隧道显微镜

扫描隧道显微镜是最早出现的一种扫描探针显微镜,基于量子理论中的隧道效应进行检测,具有原子级别的超高测量分辨率,可以实时观测材料表面的原子排列和实现原子操控,对表面科学、材料科学、生命科学等学科发展意义巨大。

对于经典物理学来说,当一个粒子的动能 E 低于前方势垒的高度 V_0 时,它不可能越过此势垒,即透射系数等于零,粒子将完全被弹回。而按照量子力学的计算,由于粒子的波动性,粒子可以穿过能量高于自身的势垒,如图 9-15 所示。通过量子力学计算出穿过势垒的透射系数为

$$T \approx \frac{16E(V_0 - E)}{V_0^2} e^{-\frac{2a}{\hbar}\sqrt{2m(V_0 - E)}} \tag{9-9}$$

式中:$\hbar$——约化普朗克常量,$\hbar = 1.05 \times 10^{-34}$ J·s;

　　a——势垒宽度;

　　m——粒子质量。

T 取决于势垒宽度 a、能量差 $(V_0 - E)$ 以及粒子的质量 m,并随着势垒宽度 a 的增加,T 呈指数级衰减。

扫描隧道显微镜测量原理如图 9-16 所示。将原子线度的极细探针与被测表面作为两个电极,当样品与针尖的距离 L 非常接近时(通常小于 1 nm),在外加电场的作用下,电子会穿过两个电极之间的势垒流向另一电极,隧道电流 I 与针尖和样品之间距离 L 成指数关系,为

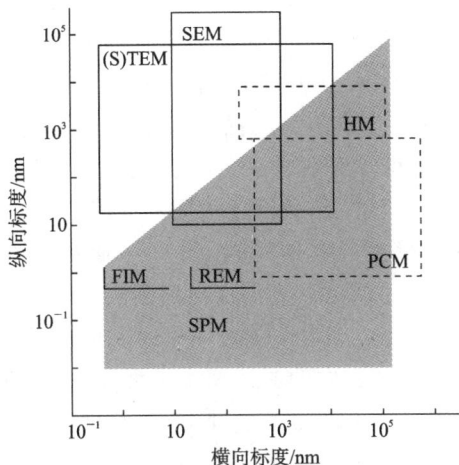

图 9-14　SPM 与其他显微镜技术的分辨本领范围比较

HM—高分辨光学显微镜;PCM—相反差显微镜;(S)TEM—(扫描)
透射电子显微镜;FIM—场离子显微镜;REM—反射电子显微镜

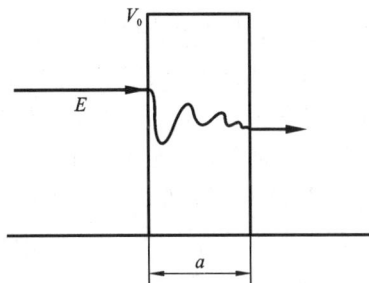

图 9-15　量子力学的隧道效应

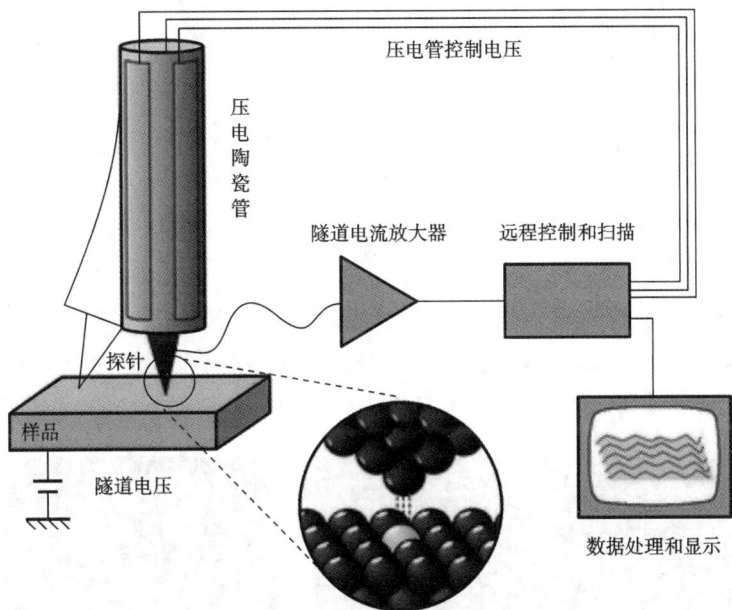

图 9-16　扫描隧道显微镜测量原理图

$$I = Ce U e^{-2\frac{\sqrt{2m\varphi}}{\hbar}L} \tag{9-10}$$

式中:C——常数;

e——电子电荷,$e = 1.6 \times 10^{-19}$ C;

U——施加电压;

φ——逸出功或功函数;

m——自由电子的质量,$m = 9.11 \times 10^{-31}$ kg。

隧道探针一般采用直径小于 1 mm 的细金属丝,如钨丝、铂铱丝等,被观测样品应具有一定的导电性才可以产生隧道电流。当针尖和被测表面之间的距离小到纳米量级时,隧道电流大小取决于针尖与样品表面的距离及样品表面的电子状态,而且对针尖与表面之间距离的变化非常敏感。如果距离 L 减小 0.1 nm,隧道电流 I 将增加一个量级。若样品表面是由同一种原子组成,由于电流与间距的指数关系,当隧道针尖在被测表面上扫描时,表面上原子尺度的起伏变化,会使电流产生 10 倍的变化,测出电流的变化,得到表面的起伏。隧道电流与探针和样品表面之间的距离的指数关系决定了 STM 的空间分辨率非常高,z 方向分辨率达到 Å 级,横向分辨率取决于探针的品质(如针尖的曲率半径、尺寸、形状及化学同一性等)。

STM 的常用扫描模式主要有恒电流模式和恒高度模式两种,如图 9-17 所示。① 在恒电流模式下,探针沿样品表面扫描测量时,反馈系统通过调节 z 方向压电驱动器的电压确保探针与样品表面之间的距离恒定,由反馈系统的输出电压可以计算得到样品的表面信息。恒电流模式是 STM 最常用的一种工作模式,探针会随着样品表面的起伏而上下运动,不会因表面起伏太大而碰撞到样品表面,所以恒电流模式适于观察表面起伏较大的样品。② 在恒高度模式下,扫描过程中保持针尖的高度不变,通过记录隧道电流的变化来得到样品的表面形貌信息。这种模式通常用来测量表面形貌起伏不大的样品。

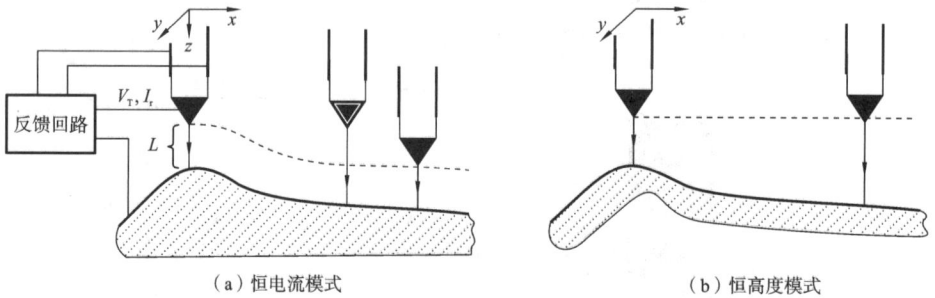

（a）恒电流模式　　　　　　　　　　（b）恒高度模式

图 9-17　STM 的工作模式

STM 具有原子级高分辨率,在横向和垂直方向的分辨率可以达到于 0.1 nm 和 0.01 nm,可以分辨单个原子,用于表面结构、表面缺陷、表面重构、表面吸附体的形态和位置研究,实时观测表面扩散等动态过程。STM 应用于材料表面结构的分析如图 9-18 至图 9-19 所示。

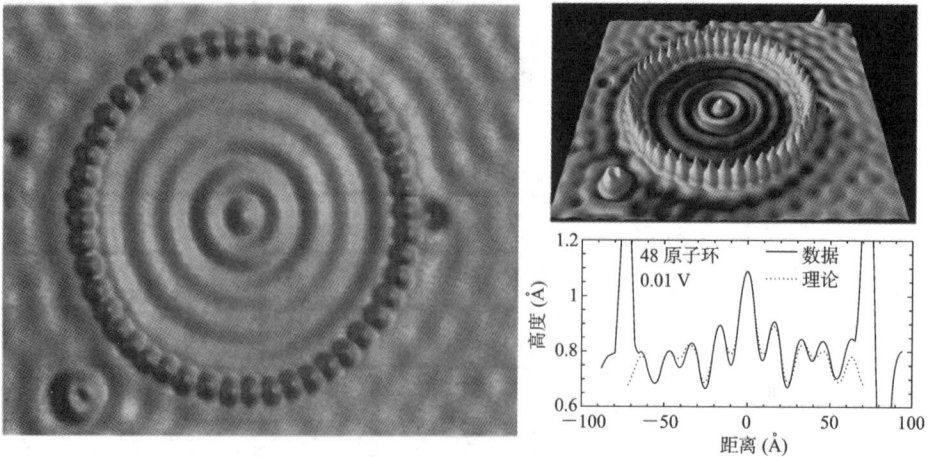

图 9-18　扫描隧道显微镜对 Cu(111) 表面上 Fe 原子的操纵形成的量子围栏

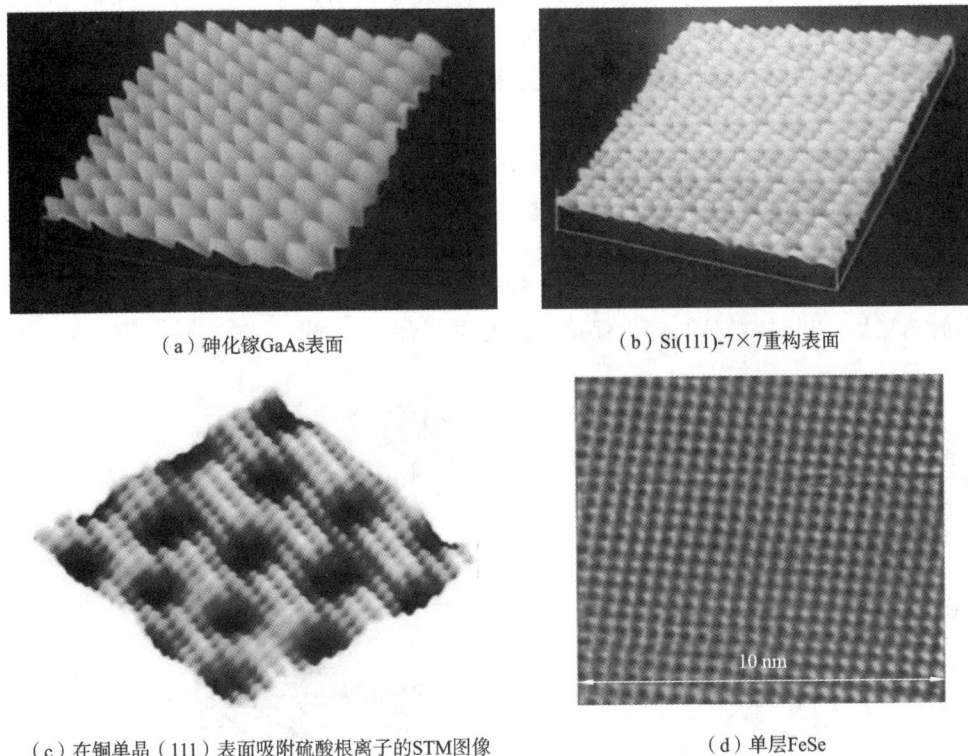

（a）砷化镓GaAs表面

（b）Si(111)-7×7重构表面

（c）在铜单晶（111）表面吸附硫酸根离子的STM图像

（d）单层FeSe

图 9-19　STM 扫描图像

9.4.2　原子力显微镜

原子力显微镜是在 STM 技术的基础上发展起来的一种扫描探针显微镜，通过检测原子间的作用力来实现对样品表面的高分辨率成像。AFM 对被测样品的导电性能没有要求，能够直接观测纳米级别的表面形貌、粗糙度、力学性质等，应用范围比 STM 更宽广，现已广泛用于检测纳米材料力学性能、操控纳米线、观测材料微观表面形貌和生物组织等。

AFM 利用微小探针与待测物之间的作用力使微悬臂梁的变形，通过检测微悬臂梁的变形获得样品表面特性。两个原子之间的范德华作用力会随距离的改变而变化，其作用力与距离的关系如图 9-20 所示。当两个原子之间的距离非常接近时，彼此电子云排斥力的作用大于原子核与电子云之间的吸引力作用，所以会表现为排斥力的作用，反之若两个原子之间的距离大于一定数值时，彼此电子云排斥力的作用小于彼此原子核与电子云之间的吸引力作用，故表现为吸引力的作用。

AFM 测量系统主要包括力检测部分、位置检测部分和反馈系统。力检测部分是利用微悬臂的变形来检测原子之间力的变化量（图 9-21）。根据样品特性、操作模式的不同，来选择不同形

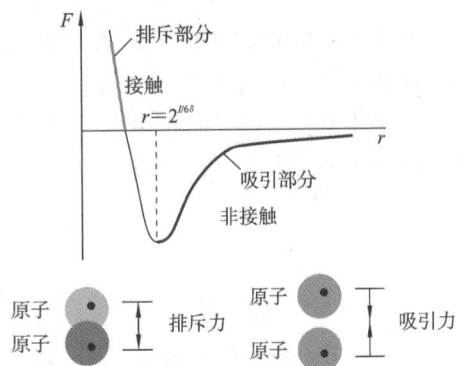

图 9-20　原子之间的作用力

状、尺寸、弹性系数的微悬臂梁。常用的微悬臂梁结构形状为矩形和三角形。矩形微悬臂梁结构简单,弹性系数较小,多用于接触模式扫描,在保证扫描分辨率和稳定性的同时降低探针对样品表面的作用力;三角形微悬臂梁刚度大、稳定性好且弹性系数和谐振频率较高,多用于轻敲模式扫描,确保扫描的分辨率和稳定性。AFM 通过位置检测部分得到微悬臂梁的变形,检测方式主要有隧道电流法、电容法、压敏电阻法、光干涉法、光反射法等,目前常用的是激光反射法。如图 9-22 所示,激光照射在微悬臂梁的末端上,即探针尖的上面,微悬臂梁的摆动会使反射光的位置产生变化,位置灵敏探测器(position sensitive detector,PSD)得到偏移量,获得样品表面的变化量。反馈系统依据位置检测部分得到的偏移量,当作反馈信号调整压电陶瓷管制作的扫描器,以保持样品与针尖保持一定的作用力。

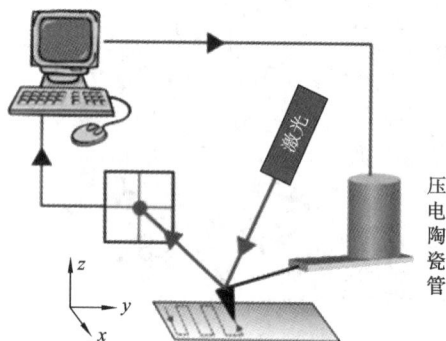

图 9-21　AFM 测量原理

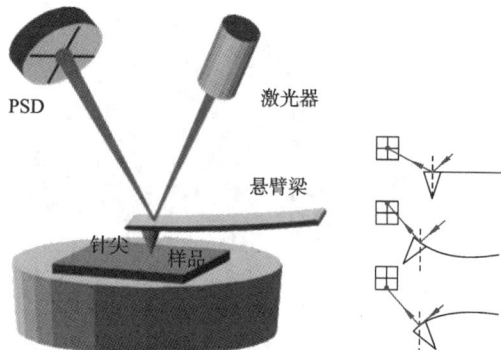

图 9-22　微悬臂梁的位置检测原理

假设探针悬臂长度为 l,悬臂与相位灵敏探测器之间距离为 D,当悬臂的偏转角度为 δ 时,经其反射至相位灵敏探测器的激光束偏转角度为 2δ,那么针尖的高度变化量 Δl 和光束在 PSD 上的移动量 ΔD 分别近似为

$$\Delta l = \delta \cdot l \tag{9-11}$$

$$\Delta D = 2\delta \cdot D \tag{9-12}$$

则这种探测方法的放大比为

$$\beta = \Delta D / \Delta l = 2D / l \tag{9-13}$$

通常悬臂与 PSD 之间的距离 D 为几十毫米,而悬臂长度 l 为几百微米,其放大比可以达到成百上千倍,从而获得很高的垂直分辨率。

根据针尖与样品之间作用力形式的不同,原子力显微镜的工作模式主要分为接触模式、非接触模式和敲击模式三种,如图 9-23 所示。

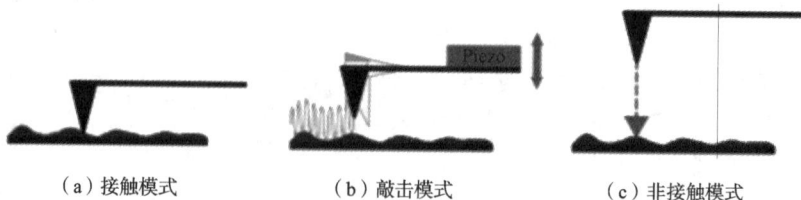

（a）接触模式　　　　　（b）敲击模式　　　　　（c）非接触模式

图 9-23　AFM 的工作模式

① 在接触模式下,整个扫描成像过程之中,探针针尖始终与样品表面保持紧密的接触,相互作用力是排斥力。接触模式的扫描速度快,分辨率高;但微悬臂施加在针尖上的力有可能破坏试样的表面结构,因此接触模式适合测量表面高度变化较小的硬质样品。

② 在非接触模式下,探针扫描样品表面时相互不接触,微悬臂在距试样表面上方 5~10 nm 处振荡,样品与针尖之间的相互作用由范德华力控制,通常为 10^{-12} N,不会损伤样品。由于针尖与样品分离,横向分辨率低;同时为了避免针尖与接触吸附层黏附,应降低扫描速度;而且室温大气环境下会使样品表面不可避免地积聚一层薄薄的水,在样品与针尖之间搭起一个小小的毛细桥,将针尖与表面吸在一起,从而增加尖端对表面的压力,刮擦样品,因此,非接触工作模式适合真空环境下柔软物体表面的检测。

③ 敲击模式介于接触模式和非接触模式之间,微悬臂工作于谐振状态,探针与样品表面发生间歇性接触。探针与样品表面的短暂接触,减小了针尖接触样品时所产生的侧向力,同时降低了由吸附液层引起的力,图像分辨率高,适用于观测柔软、易碎或黏性样品,不会损伤其表面。

由于 AFM 对被测样品的导电性能没有要求,故其应用范围比 STM 更宽广,各国都已经推出许多成熟的商业产品,广泛用于检测纳米材料力学性能、操控纳米线、观测材料微观表面形貌和生物组织等,例如天然和人造纳米级结构、细菌、纳米晶体、金属表面和原子级薄材料,如图 9-24 所示。

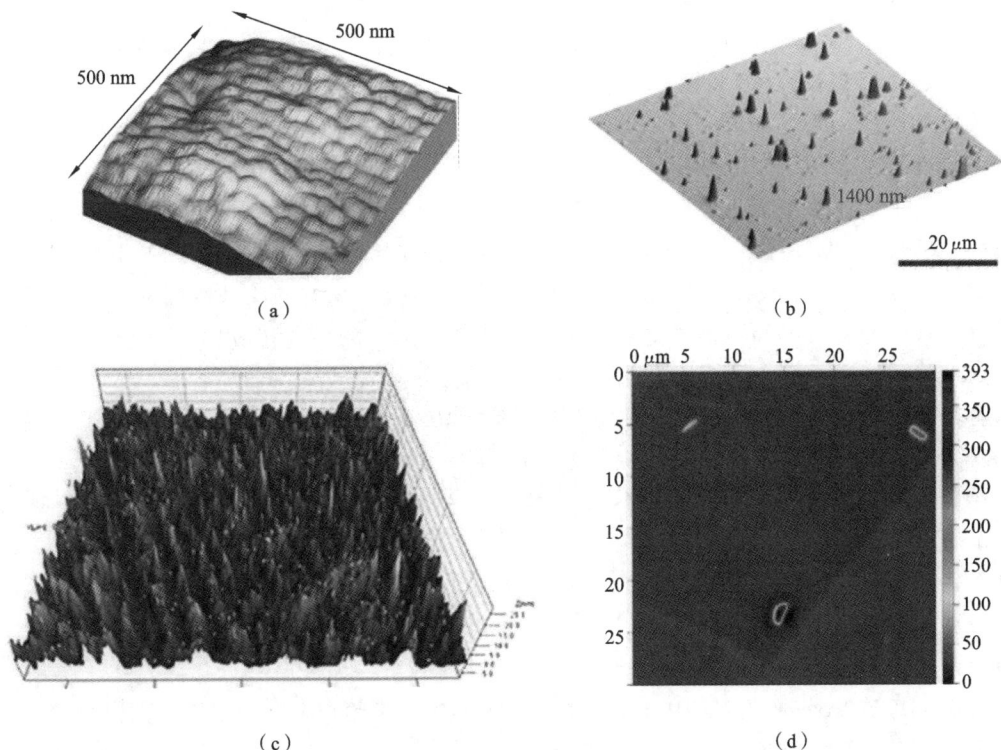

图 9-24　AFM 图像

(a)在玻璃上干燥的蓝藻振荡器的纤维状阵列;(b)基板上纳米晶体的 3D 图像;
(c)金属薄膜表面;(d)原子级 MoS_2 薄片,在聚合物表面具有两个不同厚度的区域

思政知识点

测量技术与诺贝尔奖

测量仪器与技术在现代科技和工业发展中起着至关重要的作用。纵观科学技术发展的历程,测量仪器与技术推动科学研究和技术的发展。例如,望远镜的发明与使用推动了天文学大发现,显微镜的发明和使用扩展了现代生物学、物理学及化学的研究边界。测量技术和仪器对科学技术的促进作用可以从历届诺贝尔奖中体现。下面简单列举一些和测量仪器与技术相关的诺贝尔奖。

1901 年,威廉·康拉德·伦琴(Wilhelm Conrad Röntgen,德国)因发现 X 射线而获得了首届诺贝尔奖物理学奖。X 射线的发现被誉为 19 世纪末 20 世纪初物理学的三大发现之一,标志着现代物理学的诞生,对 20 世纪以来的物理学以至整个科学技术的发展产生了巨大而深远的影响。

1907 年,诺贝尔物理学奖授予阿尔伯特·迈克尔逊(Albert Abraham Michelson,美国),以表彰他创造精密光学仪器及用之于光谱学与计量学研究所做的贡献。

威廉·布拉格(William Bragg,英国)和劳伦斯·布拉格(Larence Bragg,英国)设计出首台 X 射线光谱仪,发现了特征 X 射线,获得 1915 年诺贝尔物理学奖。

弗朗西斯·阿斯顿(Francis W. Aston,英国)研制了第一台质谱仪,并借助质谱仪发现了大量非放射性元素的同位素,为此获得 1922 年诺贝尔化学奖。

威廉·埃因托芬(Willem Einthoven,荷兰)发明了最早的心电图与量测装置,因此获得 1924 年诺贝尔生理学或医学奖。

特奥多尔·斯韦德贝里(Theodor Svedberg,瑞典)发明超速离心机,用于蛋白质胶体研究,第一次测定了蛋白质的分子量,因研究分散体系的贡献而获 1926 年诺贝尔化学奖。

钱德拉塞卡拉·拉曼(Sir Chandrasekhara Venkata Raman,印度)因光散射方面的研究工作和拉曼效应的发现,1930 年被授予诺贝尔物理学奖。拉曼光谱作为红外光谱的补充,是研究分子结构的有力武器。

奥托·斯特恩(Otto Stern,美国),发展了核物理研究中的分子束方法并发现了质子磁矩,获得了 1943 年诺贝尔物理学奖。

伊西多·艾萨克·拉比(Isidor Isaac Rabi,美国)因发现核磁共振(NMR)而获得 1944 年诺贝尔物理学奖。

1946 年,费利克斯·布洛赫(Felix Bloch,德国)和爱德华·珀塞尔(Edward Purcel,美国)各自独立观察发现了核磁共振现象,并发展了核磁精密测量的新方法,共同获得 1952 年诺贝尔物理学奖。

阿彻·马丁(Arcger J. P. Martin,英国)和理查德·辛格(Richard Synge,英国)把物理化学方法用于蛋白质等物质的分析,发明了分配色谱仪器,创立了气—液色谱法,1952 年两人被授予诺贝尔化学奖。

弗里茨·泽尔尼克(Frits L. M. Zernike,荷兰)发明相衬显微镜利用相位差来成像,获得 1953 年诺贝尔物理学奖。

1922 年雅罗斯拉夫·海洛夫斯基(Jaroslav Heyrovsky,捷克斯洛伐克)发明极谱法,1924 年制造了第一台极谱仪,1941 年海洛夫斯基将极谱仪与示波器联用,提出示波极谱法。1959

年因"发现并发展了极谱分析法"而获诺贝尔化学奖。

艾伦·科马克(Allan M. Cormack,美国)和豪斯菲尔德(Godfrey Hounsfield,英国)因发明X射线计算机断层扫描技术(CT),获1979年诺贝尔生理学或医学奖。

亚伦·克卢格(Aaron Klug,英国)因发展晶体电子显微术并解析核酸—蛋白质复合物的结构,获1982年诺贝尔化学奖。

恩斯特·鲁斯卡(Ernst Ruska,德国)因设计首台透射电子显微镜,格尔德·宾宁(Gerd Binnig,德国)和海因里希·罗雷尔(Heinrich Rohrer,瑞士)因发明扫描隧道显微镜(STM),共同获得1986年诺贝尔物理学奖。

理查德·恩斯特(Richard Ernst,瑞士)因发明傅里叶变换核磁共振波谱法和二维核磁共振技术,推动其成为化学研究的基础工具,获1991年诺贝尔化学奖。

伯特伦·布罗克豪斯(Bertram Brockhouse,加拿大)和克利福德·舒尔(Clifford Shull,美国)因发明三轴中子谱仪并推动中子散射技术发展,获1994年诺贝尔物理学奖。

保罗·劳特布尔(Paul Lauterbur,美国)和彼得·曼斯菲尔德(Peter Mansfield,英国)因在核磁共振成像(MRI)技术中实现空间编码与快速成像突破,为其临床应用奠定基础,获2003年诺贝尔生理学或医学奖。

埃里克·贝齐格(Eric Betzig,美国)、斯特凡·赫尔(Stefan W. Hell,德国)和威廉·莫尔纳(William E. Moerner,美国)因突破光学衍射极限,开发超分辨率荧光显微技术(STED/PALM),获2014年诺贝尔化学奖。

2017年诺贝尔化学奖授予雅克·杜波谢(Jacques Dubochet,瑞士)、约阿希姆·弗兰克(Joachim Frank,美国)和理查德·亨德森(Richard Henderson,英国),以表彰他们发展冷冻电子显微镜技术,实现溶液中生物分子结构的高分辨率解析。

据统计,诺贝尔自然科学奖项中,约68.4%的物理学奖、74.6%的化学奖及90%的生理学或医学奖依赖于先进仪器的突破。

结语与习题

Ⅰ.本章的学习目的、要求及重点

学习目的:了解精密测量方法和技术及其应用。

要求:了解坐标测量机的结构、测头和数据处理等;了解扫描探针显微镜(包括扫描隧道显微镜、原子力显微镜)的基本原理。

重点:坐标测量机的测头和数据处理方法。

Ⅱ.复习思考题

1. 简述坐标测量机的系统标定、误差分析和补偿方法。

2. 试分析AFM的恒高工作模式的恒流工作模式,比较优缺点。

参 考 文 献

[1]　李柱.互换性与测量技术基础(上)[M].北京:计量出版社,1984.
[2]　李柱.互换性与测量技术基础(下)[M].北京:计量出版社,1985.
[3]　谢铁邦,李柱,席宏卓.互换性与技术测量[M].3版.武汉:华中科技大学出版社,1998.
[4]　李柱,徐振高,蒋向前.互换性与测量技术[M].北京:高等教育出版社,2004.
[5]　田克华.互换性与测量技术基础[M].哈尔滨:哈尔滨工业大学出版社,1996.
[6]　杨练根.互换性与技术测量[M].武汉:华中科技大学出版社,2010.
[7]　杨曙年.机械加工工艺师手册[M].2版.北京:机械工业出版社,2011.

与本书配套的二维码资源使用说明

本书部分课程资源以二维码链接的形式呈现。利用手机微信扫码成功后提示微信登录,授权后进入注册页面,填写注册信息。按照提示输入手机号码,点击获取手机验证码,稍等片刻收到4位数的验证码短信,在提示位置输入验证码成功,再设置密码,选择相应专业,点击"立即注册",注册成功(若手机已经注册,则在"注册"页面底部选择"已有账号?立即注册",进入"账号绑定"页面,直接输入手机号和密码登录,)接着提示输入学习码,需刮开教材封底防伪涂层,输入13位学习码(正版图书拥有的一次性使用学习码),输入正确后提示绑定成功,即可查看二维码数字资源。手机第一次登录查看资源成功以后,再次使用二维码资源时,只需在微信端扫码即可登录查看。